Martin Hillenbrand

Funktionale Sicherheit nach ISO 26262 in der Konzeptphase der Entwicklung von Elektrik / Elektronik Architekturen von Fahrzeugen

Band 4
Steinbuch Series on Advances in Information Technology

Karlsruher Institut für Technologie
Institut für Technik der Informationsverarbeitung

Funktionale Sicherheit nach ISO 26262 in der Konzeptphase der Entwicklung von Elektrik / Elektronik Architekturen von Fahrzeugen

von
Martin Hillenbrand

Karlsruher Institut für Technologie
Institut für Technik der Informationsverarbeitung

Zur Erlangung des akademischen Grades eines Doktor-Ingenieurs
von der Fakultät für Elektrotechnik und Informationstechnik des
Karlsruher Institut für Technologie (KIT) genehmigte Dissertation

Martin Hillenbrand aus Rauenberg

Tag der mündlichen Prüfung: 09. November 2011
Hauptreferent: Prof. Dr.-Ing. Klaus D. Müller-Glaser
Korreferenten: Prof. Dr.-Ing. Jürgen Bortolazzi
                 Prof. Dr.-Ing. Sören Hohmann

Impressum

Karlsruher Institut für Technologie (KIT)
KIT Scientific Publishing
Straße am Forum 2
D-76131 Karlsruhe
www.ksp.kit.edu

KIT – Universität des Landes Baden-Württemberg und nationales
Forschungszentrum in der Helmholtz-Gemeinschaft

KIT Scientific Publishing 2012
Print on Demand

ISSN 2191-4737
ISBN 978-3-86644-803-2

Zusammenfassung

Die Entwicklung von Software-basierten Fahrzeugsystemen unter Befolgung des neuen Standards ISO 26262 *-Funktionale Sicherheit für Straßenfahrzeuge-* erfordert ein gemeinsames Verständnis sowie die Verzahnung des Vorgehens in beiden Domänen. Ziel dieser Arbeit ist die Berücksichtigung von Anforderungen der funktionalen Sicherheit während der Modellierung von Elektrik/Elektronik Architekturen (EEA), ihre formale Zuteilung zu Modellinhalten sowie die Unterstützung nebenläufiger und nachfolgender Aktivitäten der Fahrzeugentwicklung.

Ein gemeinsames Verständnis wird durch die gegenseitige Einstufung der adressierten Aspekte sowie der Wirkungs- bzw. Geltungsbereiche geschaffen. Methoden der Darstellung von Sicherheitsanforderungen und deren gegenseitigen Relationen aus Perspektive der EEA Modellierung sowie Gefährdungs-selektiven Beziehungen zwischen Anforderungen und Modellartefakten unterstützen die formale Kombination beider Domänen. Im Sinne der Architekturoptimierung ermöglicht dies eine Bewertung des Einsatzes von Maßnahmen der funktionalen Sicherheit. Hierzu wird eine qualitative und Gefährungs-selektive Bewertung hinsichtlich der System-bezogenen Fehlerarten »Unterlassung« und »unerwünschte Ausführung« vorgestellt.

In EEA Modellen enthaltene Daten können durch den Einsatz Kontext-bezogener Extraktionsmethoden effizient als Eingangsdaten für nachfolgende Entwicklungsaktivitäten bereitgestellt werden. Hierfür wird die Methode des Freischneidens adaptiert und beispielhaft für die Sicherheitsanalysemethode FMEA sowie die Testtechnologie Hardware-in-the-Loop dargestellt.

Im Rahmen des Freischneidens werden Modellabfragen angewendet. Diese spezifizieren mögliche Instanziierungsmuster des zu Grunde liegenden Meta Modells. In dieser Arbeit wird eine Erweiterung der Spezifikationsmittel durch Herstellung der Verfügbarkeit eines logisches Basissystems sowie die damit verbundene Methodik zur Ermittlung von Ergebnismengen präsentiert.

Im Sinne des Model Driven Engineering (MDE) können Modelle nur als Instanzen des zu Grunde liegenden Meta Modells formuliert werden. Die EEA Modellierung folgt dem MDE-Paradigma. Im Unterschied dazu werden in Ontologien Konzepte in Kategoriesysteme eingeordnet und über semantische Relationen in Beziehung gesetzt. Hier wird eine Methode zur Überführung von EEAs in Ontologien vorgestellt. Gezeigt wird, dass auf dieser Basis semantische Schlussfolgerungen zur Konsistenzprüfung hinsichtlich funktionaler Sicherheit angewendet werden können.

Abstract

The development of software-based automotive systems in compliance with the new standard ISO 26262 -functional safety for road vehicles- requires a common understanding and the interleaving of actions and methods in both domains. Considering requirements of functional safety, while modeling electric/electronic architectures (EEA), formally allocating them to the model content and supporting concurrent and succeeding activities of the automotive development are the goals of this work.

A common understanding is created by the mutual classification of addressed aspects and scopes. The formal combination of the two domains is supported by methods to present safety requirements and their mutual relations form the EEA modeling point of view as well as the hazard-selective relation between safety requirements and model artifacts. This facilitates the evaluation of functional safety measures in terms of architecture optimization. With respect to the system-related failure modes »commission« and »omission«, this work introduces a qualitative and hazard-selective evaluation approach.

By applying context-oriented extraction methods, the data contained in EEA models can be made available as input data for successive development activities. For this purpose, the free body cut methodology is adapted and exemplarily presented for the safety assessment method FMEA and the test-technology hardware-in-the-loop.

This free body cut methodology applies model queries. They specify potential instantiation-pattern from the underlying meta model. This work presents an extension to the specification measures by creating the availability of a logic basic system and the particular methodology for determining the respective set of results.

In terms of the model driven engineering (MDE), models can only be formulated as instances from the underlying meta model. The EEA modeling obeys the MDE-paradigm. In contrast, in ontologies, concepts are classified in category systems and semantically related. This work presents an approach to transfer EEAs into ontologies. On this basis, semantic inference can be applied for consistency checking with respect to functional safety.

Danksagung

Die vorliegende Arbeit entstand während meiner Tätigkeit als wissenschaftlicher Mitarbeiter am Institut für Technik der Informationsverarbeitung (ITIV) am Karlsruher Institut für Technologie (KIT). Ich möchte allen danken, die zu ihrem Gelingen beigetragen haben.

Ich bedanke mich bei den Leitern des Instituts, Herr Prof. Dr.-Ing. K. D. Müller-Glaser, Herr Prof. Dr.-Ing. J. Becker und Herr Prof. Dr. rer. nat W. Stork für die Möglichkeit am ITIV zu arbeiten.

Besonders bedanken möchte ich mich bei Herr Prof. Dr.-Ing. K. D. Müller-Glaser, für die angenehme Arbeitsatmosphäre, die Übernahme des Hauptreferates und die zahlreichen kreativen Gespräche, Anregungen, Meinungen und Ratschläge, welche mir stets eine große Hilfe waren und mit welchen nicht nur die Arbeit sondern auch ich selbst reifen konnte.

Mein Dank gilt in gleicher Weise Herr Prof. Dr.-Ing. J. Bortolazzi und Herr Prof. Dr.-Ing. S. Hohmann für die Übernahme des Koreferats und die damit einhergehende Unterstützung.

Ich möchte mich bei allen Kollegen und Mitarbeitern am Institut sowie in der Abteilung Embedded Systems and Sensors Engineering (ESS) des Forschungszentrum Informatik (FZI) bedanken, welche durch interessante Diskussionen meine Arbeit unterstützten. Namentlich bedanken möchte ich mich bei meinen Kollegen Matthias Heinz, Philipp Graf und Alexander Klimm für die freundschaftlichen Gespräche, Anregungen und stete Hilfsbereitschaft.

Bedanken möchte ich mich auch bei den Studenten, die im Rahmen ihrer HIWI Tätigkeit, Studien- oder Diplomarbeit in diesem Themengebiet arbeiteten. Hierbei möchte ich besonders Markus Mohrhard, Jochen Kramer, Thomas Glock und Zhongjian Liang für ihr Interesse und ihre Begeisterung bei der Arbeit danken.

Meiner Familie danke ich für den steten Rückhalt sowie bei meiner Freundin Kathrin, die durch ihre liebevolle Unterstützung einen wesentlichen Beitrag leisteten und mir die nötigen Freiräume zur Durchführung dieser Arbeit schufen.

Karlsruhe, im Februar 2012

Martin Hillenbrand

Inhaltsverzeichnis

1 Einleitung

1.1 Umfeld

Individuelle Mobilität hat für Menschen einen herausragenden Stellenwert. Als Sinn-
bild hierfür steht das Automobil. Die Rolle der Elektrik und Elektronik im Kraftfahrzeug hat sich über die Jahrzehnte drastisch verändert [47] (s. Abbildung 1.1).

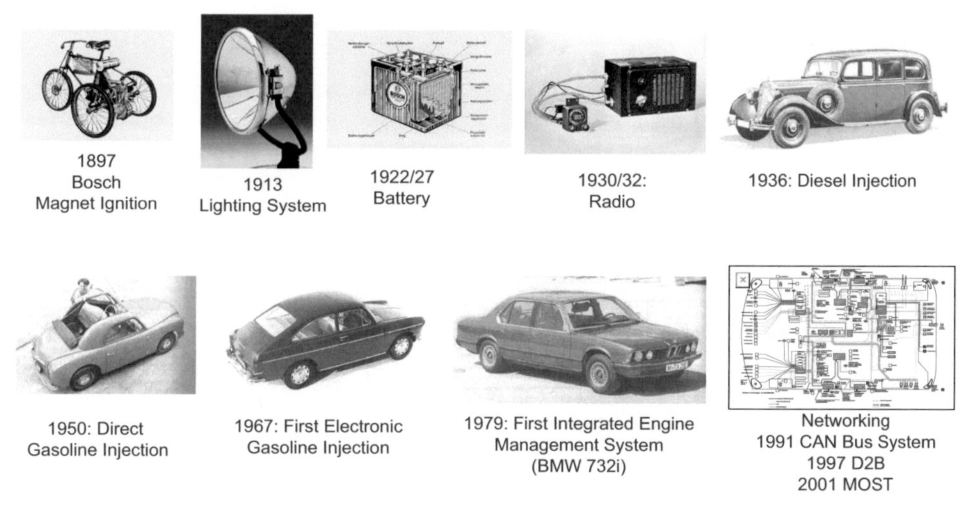

Abbildung 1.1: Historie der Elektrik und Elektronik im Kraftfahrzeug nach [47]

Während die ersten Fahrzeuge auf rein mechanischen Systemen basierten [172], ste-
hen bei aktuellen Modellen die meisten Systeme in direktem Zusammenhang mit
Elektrik oder Elektronik. Viele dieser Systeme werden durch innovativen Einsatz von
Elektrik und Elektronik effizienter oder überhaupt erst realisierbar.

Beispiele hierfür sind DKG [1], Luftfederung, ESP [2], ABS [3], ACC [4], etc. Heute gelten Sicherheit, Komfort und Effizienz als Treiber für Innovationen in der Automobilindustrie [202] und betreffen damit direkt den Bereich der Elektrik/Elektronik.

1.1.1 Komplexitätszuwachs

Diese Innovationen sind nicht zuletzt vom Kunden getrieben. Laut [38] und [157] wächst die Komplexität im Fahrzeug aufgrund gestiegener Kundenwünsche in den Bereichen Sicherheit, Komfort und Unterhaltung. Das betrifft auch die Auslegung und Anzahl von Fahrerassistenzfunktionen, welche aktiv in die Bewegung des Fahrzeugs eingreifen. Einige dieser Systeme aktueller Fahrzeugen sind: Parkassistent [88], Spurhalteassistent [5] / Toter Winkel Assistent [53] und Bremsassistent [6] [109].

Aktuelle Forschungen zielen auf ein drastischeres Eingreifen von Sicherheitssystemen in die Bewegung des Fahrzeugs ab, unter Überstimmung / Nichtbeachtung von Fahrerbefehlen. Hierzu zählen: Automatisches Rechts-Ran-Fahren [15], automatisches Ausweichen [134] oder bei erkannter Fahrunfähigkeit des Fahrers, beispielsweise durch Herzinfarkt, das Fahrzeug sicher zum stehen zu bringen [104].

Derartige Funktionen sind überwiegend softwarebasiert und stellen hohe Anforderungen an ihre Ausführung. Dies wird auf kleinen Rechnern, den Steuergeräten, realisiert. Dabei ist die Erfüllung und Abarbeitung von vorausschauenden Fahrassistenzfunktionen und sicherheitsbezogenen Funktionen zunehmend auf mehrere Steuergeräte verteilt. So sind beispielsweise laut [197] sieben [7] verschiedenartige Elektrik/Elektronik Komponenten an der Erfüllung der adaptiven Fahrgeschwindigkeitsregelung (ACC) beteiligt. Diese müssen zur Erfüllung der Systemfunktion interagieren, wobei häufig harte Realzeitbedingungen einzuhalten sind. Zur Interaktion sind Steuergeräte über Standard-Automotive-Bussysteme wie CAN, Lin, FlexRay und MOST miteinander vernetzt. In Fahrzeugen der Oberklasse kommen bei Vollausstattung heute bereits mehr als 70 Steuergeräte zum Einsatz [202]. Hätte jedes Steuergerät nur zwei Zustände, so ergäben sich dabei 2^{70} Kombinationsmöglichkeiten [172].

Dabei kann es zu Fehlern in der Ausführung von Fahrzeugfunktionen kommen, basierend auf unvorhergesehenen Kombinationen von Zuständen, welche bei der Implementierung nicht berücksichtigt wurden. Häufig besteht die Herausforderung bei der Realisierung nicht in der Erfüllung/Ausführung von Funktionen bei korrekten Umgebungsbedingungen sondern in der Vermeidung der Funktionsausführung in allen anderen Fällen.

---

[1]Doppel-Kupplungs-Getriebe.
[2]Elektronisches Stabilitäts-Programm.
[3]Anti-Blockier-System.
[4]Abstands-Regel-Tempomat (engl. Adaptive-Cruise-Control).
[5]Bei Daimler in Form selektiven Bremsens von Rädern über ESP, welches eine Gier-Bewegung erzeugt, die der Richtung der Gefährdung entgegenwirkt.
[6]Beispielsweise Distronic Plus bei Daimler.
[7]Stand 2004, hierzu gehören neben Steuergeräten auch aktive Raddrehzahlsensoren.

Um die Realisierung und Markteinführung von Fahrzeugfunktionen wie autonomes Fahren, im Sinne eines selbstständigen Zurechtfindens des Fahrzeugs im Straßenverkehr, überhaupt in greifbare Nähe zu rücken, werden große Anforderungen an die Sicherheit, Zuverlässigkeit und Verfügbarkeit der Software sowie der erfüllenden Systeme gestellt. Ebenfalls stellt der formale Umgang mit der Entwicklung von Fahrzeugsystemen und vor allem von Fahrdynamiksystemen eine große Herausforderung dar.

Eine weitere Ausprägung des Komplexitätszuwachses besteht in der Möglichkeit, Software-Funktionen zur Ausführung beliebig auf Komponenten des Hardware Netzwerks des Fahrzeugs zu verteilen. Dies bedeutet eine Auftrennung der direkten Zuordnung zwischen Software-Funktionen und ausführenden Hardware-Komponenten. Damit erwächst aus der Zuteilung ein multikriterielles Optimierungsproblem, bei welchem unter anderem Kriterien wie Belegung von Ressourcen und Timing sowie Buslast, Verfügbarkeit und funktionale Sicherheit betrachtet werden müssen.

1.1.2 Qualität

Laut [79] verdoppeln sich die Softwareumfänge im Fahrzeug mit jeder neuen Fahrzeuggeneration. Die Qualität von Software sicherzustellen ist eine komplexe und teure Aufgabe. Weit größere Kosten entstehen jedoch, wenn Fehler erst erkannt werden, wenn sich das Produkt bereits im Feld befindet. Grund für solche Fehler ist unzureichende Qualität von Software. Damit sind Fehler gemeint, die während der Erstellung der Software entstanden, jedoch erste während der Produktbenutzung erkannt werden [161].

Zur Sicherstellung der Verfügbarkeit von Fahrzeugfunktionen und -Systemen muss jedoch nicht nur sichergestellt werden, dass die Software *theoretisch/logisch* korrekt ist. Dazu gehört es auch sicherzustellen, dass sie ausgeführt werden kann. Dies betrifft die Verfügbarkeit von Recheneinheiten und den Netzwerken über welche sie zur Erfüllung verteilter Funktionen interagieren. Abbildung 1.2 stellt die entstehenden Kosten für Fehlerbehebungen über die Phasen des Lebenszyklus von Softwareprodukten dar [156]. Daraus ist ein exponentieller Anstieg der Kosten erkennbar in Bezug auf den Zeitpunkt während der Entwicklung, an welchem der Fehler entstand. Für Kosteneffizienz ist es daher erforderlich, Fehler bereits in frühen Entwicklungsphasen zu erkennen bzw. zu vermeiden.

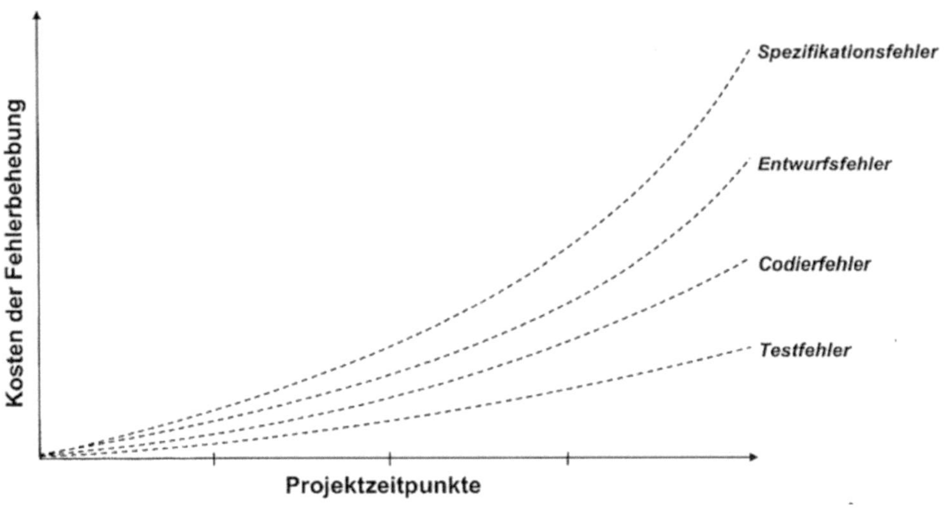

Abbildung 1.2: Kosten für Fehlerbehebung [156]

1.1.3 Unfallstatistik und Vertrauen in E/E-basierte Systeme

Ein Blick auf die Unfallstatistik, herausgegeben vom Statistischen Bundesamt Deutschland zeigt, dass trotz steigender Anzahl von Fahrzeugen und dem damit einhergehenden Anstieg der Verkehrsdichte, die Anzahl von Unfällen, vor allem aber die Anzahl der im Straßenverkehr getöteten Personen, zurückgeht (s. Abbildung 1.3). Dabei gab es in den letzten Jahren keine nennenswerten Änderungen in der Gesetzgebung [8]. Im gleichen Zuge werden Fahrzeuge größer, schwerer und leistungsstärker [205] [11] [65]. Ebenso nimmt der Anteil von Software im Fahrzeug mit aktuell mehreren Millionen Lines of Code stetig zu [202].

Damit lässt sich aus der Unfallstatistik folgern, dass Fahrassistenzfunktionen und sicherheitsrelevante Funktionen in Fahrzeugen einen Betrag zur Sicherheit im Straßenverkehr leisten [9].

---

[8] Folgende nennenswerte Regelungen wurden in den letzten 60 Jahren eingeführt: Höchstgeschwindigkeit von 50 km/h innerhalb von Ortschaften (September 1957), Höchstgeschwindigkeit von 100 km/h auf Landstraßen(Oktober 1972), 0,8 Promille-Höchstgrenze für den Blutalkoholkonzentrationswert (Juli 1973), Richtgeschwindigkeit auf Autobahnen (März 1974), Helmtragepflicht (August 1980), Gurtanlegepflicht (August 1984), 0,5 Promille-Höchstgrenze für den Blutalkoholkonzentrationswert (Mai 1998) [64].

[9] 1978 bringt BOSCH sein elektronisches Antiblockiersystem (ABS) auf den Markt. Seit dem 01.07.2004 werden aufgrund einer Selbstverpflichtung der europäischen Automobilindustrie (ACEA) alle Fahrzeuge mit weniger als 2,5 t zulässigem Gesamtgewicht serienmäßig mit ABS ausgestattet. 1995 stellt Mercedes das Elektronische Stabilitätsprogramm ESP vor. Seit dem ersten Elchtest am 21. Oktober 1997 (mit echtem Elch) gehört es zur Serienausstattung vieler Pkw [47]. Ab November 2011 müssen alle neuen Pkw- und Nutzfahrzeuge, die in der Europäischen Union zugelassen werden, mit ESP ausgerüstet sein [150].

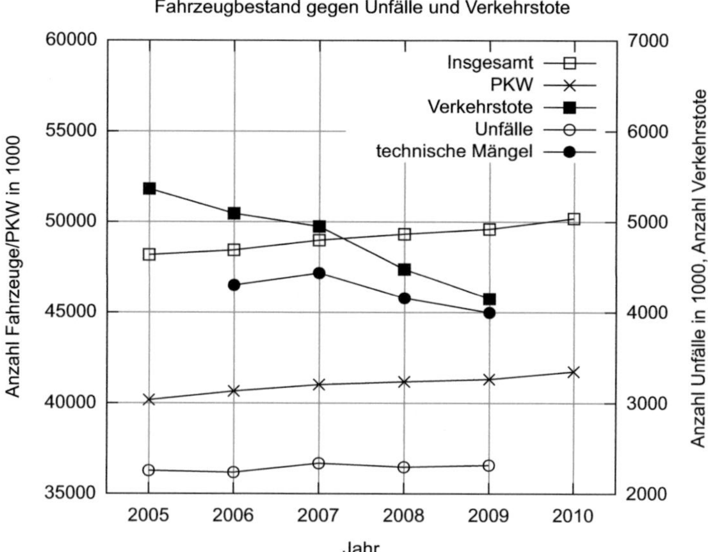

Abbildung 1.3: Entwicklung des Fahrzeugbestandes über Anzahl der Unfälle und Anzahl der getöteten Personen im Straßenverkehr [64]

Dies geht so weit, das es elektronische Fahrhilfen offensichtlich erst ermöglichen sehr leistungsstarke Fahrzeuge für den Normalverbraucher fahrbar zu machen [10]. Das bedeutet, dass merklich ein gewisses Vertrauen gegenüber softwarebasierten Systemen sowie der Elektrik/Elektronik im Fahrzeug besteht.

1.1.4 Juristische Konsequenzen

Das Vertrauen der Kunden in die Produkte der Automobilhersteller wird jedoch immer wieder durch Rückrufaktionen negativ beeinflusst. Vor allem wenn diese aufgrund bestehender, ernsthafter Gefahr für Leib und Leben von Verkehrsteilnehmern durchgeführt werden.

Neben der Tatsache, dass Rückrufaktionen, die auf Versäumnisse während der Entwicklung bzw. Entwicklungsfehler zurückzuführen sind, hohe Kosten verursachen und dem Ansehen des Herstellers schaden, so können sie auch strafrechtlich verfolgt werden.

---

[10]So die Britische TV Serie TopGear über eine aktuelle, leistungsstarke Mittelklasse-Limousine: *When the traction control is on, it interferes constantly, nearly every time you hit the throttle. But when you switch it off, you better be awake, (...) (sinngemäß -driving in this mode-) the greatest thing in life is getting out of this car alive* [35].

Nach §823 BGB [20] und §1 Abs.1 ProdHaftG [19] muss der Hersteller, der neue Produkte in Verkehr bringt, die Sicherheit und Gesundheit der Kunden bei bestimmungsgemäßer Verwendung, aber auch bei vorhersehbarer Fehlanwendung sicherstellen und bei entstandenem Schaden Schadensersatz leisten. Dies wird von geltendem EU Recht (§4 GPSG - Geräte- und Produktsicherheitsgesetz) bestätigt. In Deutschland kann jedoch nach §1 Abs.2 ProdHaftG die Ersatzpflicht des Herstellers ausgeschlossen werden, wenn er den Produktfehler zum Zeitpunkt des Inverkehrbringens bei Einhaltung des *Stands der Wissenschaft und Technik.* nicht erkennen konnte. Hier gilt die Beweislastumkehr. Das bedeutet der Hersteller muss Konformität zum Stand der Wissenschaft und Technik von Gericht nachweisen. Dokumentation durch den gesamten Entwicklungsprozess ist daher im Eigeninteresse der Hersteller erforderlich.

1.1.5 Sicherheit und komplexe Fahrassistenzfunktionen

Um sich gegenüber anderen Automobilherstellern mit ihren Produkten am Markt zu positionieren setzen Hersteller neben Design und Image vermehrt auf technische Merkmale. Diese betreffen alle Bereiche von Fahrzeugsystemen (Komfort, Effizienz, Sicherheit, etc.). Vor allem beim Kauf von Fahrzeugen des Premium Segments namhafter Hersteller erwarten Kunden eine große Anzahl funktionaler Ausstattungsmerkmale. Sie sollen das Fahren angenehmer und sicherer machen. So stehen gerade Hersteller von Fahrzeugen dieses Segments unter einem hohen Innovationsdruck.

Viele etablierte konstruktive und funktionale Sicherheitsmaßnahmen im Automobil (Seitenaufprallschutz, pyrotechnischer Gurtstraffer, Airbag, etc.) dienen der Verringerung von Auswirkungen und Schäden und werden damit der passiven Sicherheit zugeordnet. Systeme der aktiven Sicherheit sind wohlerwogen an der Vermeidung von Unfällen beteiligt oder leiten bereits vor dem Unfall reversible Maßnahmen ein, um die Auswirkungen und den Schaden zu verringern. Dass die Entwicklung in beiden Kategorien längst nicht stagniert, zeigt Mercedes-Benz mit dem Experimental-Sicherheits-Fahrzeug ESF 2009 [169].

Weiter in die Zukunft blickend, verringert sich die Verschiedenheit von aktiver Sicherheit und autonomem Fahren. Um über die Minimierung der Auswirkungen eines nicht mehr vermeidbaren Unfalls hinaus Gefährdungen aktiv abwenden zu können, ist es erforderlich, dass das Fahrzeug selbstständig in die Steuerung des Fahrzeugs eingreift. Dies betrifft Lenken, Bremsen sowie Beschleunigen. Dabei müssen diese Systeme die Einschätzung der Umgebungsbedingungen und die daraus entstehenden Schlussfolgerungen im Vergleich zu denen des Fahrers als »*richtiger*« werten. Die Fahrbefehle des Fahrers werden somit überstimmt. Damit fährt das Fahrzeug in kritischen Situationen *autonom*.

Hierzu ist eine mechanische Entkopplung zwischen Bedieneinrichtungen wie Lenkrad, Pedalen oder Schalthebel und der Aktuatorik des Fahrzeugs (Vorderräder, Drosselklappe, Einspritzanlage, Getriebe, etc.) erforderlich.

Während dies bei Gaspedal (E-Gas) und Automatikschaltung bereits umgesetzt und in den Markt eingeführt wurde, ist die *Lenkung am Draht* (Steer-by-Wire) davon noch weit entfernt. Laut [101] werden vor der Vorstellung des autonomen Fahrens (Drive-by-Wire) noch mehr als 10 Jahre (Stand 2007) vergehen.

Einer der Gründe hierfür ist die Problematik die Funktionsfähigkeit und Sicherheit solcher Systeme zu gewährleisten. Die Option, Erfahrungen in Bezug auf derartige Systeme im Feld zu sammeln und damit den Kunden zum Beta-Tester zu machen, ist nicht existent. Dies ist in der Rechtsprechung verankert. So gilt beispielsweise per Gesetz: *(...) rein elektrische Übertragungseinrichtungen (...) sind so lange verboten, bis die Vorschriften dieser Richtlinie durch spezielle Vorschriften für diese Erreichung ergänzt wurden.* Im Falle von Steer-by-Wire bedeutet dies, dass ein Hersteller ein entsprechendes System entwickeln und dessen Sicherheit nachweisen müsste. Dann könnten die zugehörigen Richtlinien erarbeitet werden, welche schließlich dem Gesetzestext hinzugefügt würden.

1.1.6 Vergleich mit Flugzeugen und Schienenfahrzeugen

Fällt die Lenkung in einem Straßenfahrzeug aus, so ist ein Unfall so gut wie unvermeidbar. Damit bestehen wesentliche Unterschiede zu den Fly-by-Wire Systemen von Flugzeugen. Diese betreffen unter anderem:

- Kontrollierbarkeit: Fällt bei einem Flugzeug das Querruder aus, so kann das Flugzeug mit den Seitenleitwerken und vor allem mit den Triebwerken gelenkt werden (bei entsprechender Vergrößerung des Wendekreises).

- Zeitliche Anforderungen: Bei Flugzeugen ist beispielsweise beim Ausfall des Querruders die notwendige Reaktionszeit viel länger als beim Fahrzeug. Bei kleinen Kursabweichungen besteht nicht das unmittelbare Risiko der Kollision mit stehenden oder bewegten Objekten wie Brückenpfeilern oder Gegenverkehr.

- Kostenverhältnis: Im Vergleich zu den Gesamtkosten des Flugzeugs ist der Absicherungsanteil von Fly-by-Wire Systemen eher gering. Fahrzeuge haben eine andere Kostenstruktur und die Automobilbranche steht darüber hinaus einem wachsenden Kostendruck gegenüber [79].

Aus einer Machbarkeitsstudie geht hervor, dass Steer-by-Wire Systeme für Fahrzeuge teuer und schwer sind [100]. Die eingesetzten Sicherheitskonzepte bei aktuellen Systemen von Schienenfahrzeugen oder Flugzeugen variieren in Abhängigkeit vom sicheren Zustand, also dem Zustand in welchen das System überführt werden muss, damit Gefährdungen abgewendet sind.

- Zweifache Auslegung der Systeme. Überführen des Gesamtsystems in einen sicheren Zustand (im Falle eines Schienenfahrzeugs wäre dies *Stop*), falls sich die Ergebnisse der Systeme unterscheiden.

- Dreifaches Auslegung der Systems. Bei Flugzeugen ist der einzige sichere Zustand das Fliegen, zumindest so lange, bis der nächste Flughafen erreicht ist. Daher muss erkannt werden, welches der Systeme nicht die richtigen Ergebnisse liefert [11].

Die Anforderungen des Fahrzeugs ähneln am ehesten denen von Flugzeugen. Jedoch beziehen sie sich auf einen kleineren Reaktionsspielraumes (Platz und Zeit). Der sicher Zustand ist auch hier ein stehendes Fahrzeug außerhalb von Gefahrenbereichen. Da dies nicht immer unmittelbar zu erreichen ist (Autobahn, Brücke, Tunnel, etc.) muss das Fahrzeug am Fahren gehalten werden können.

1.1.7 Sicherheit als Entwicklungsziel

Es lässt sich festhalten, dass die Entwicklung von Sicherheits- und Fahrerassistenzsystemen auf dem Weg zum unfallfreien bzw. autonomen Fahren an einem herausfordernden Punkt angelangt ist. Zum einen gilt es Systeme zu entwickeln, welche die gestellten, hohen Anforderungen an Sicherheit erfüllen [12], zum anderen sind Methoden und Maßnahmen erforderlich, mit welchen qualitative Aussagen über die Sicherheit dieser Systeme getroffen werden können. Diese Anforderungen beeinflussen alle Phasen des Entwicklungsprozesses bzw. des Lebenszyklus dieser Systeme.

Für die Beschreibung von Softwareentwicklungsprozessen wird häufig das V-Modell als V-Modell 97 [124] oder V-Modell XT [117] als Modell für den Produktlebenszyklus herangezogen. Ein auf den Automobilelektronikentwicklungsprozess angepasstes V-Modell, »*The Automotive V Model*« ist in Abbildung 1.4 dargestellt [47] [13].

Aus dieser Darstellung ist ersichtlich, dass die Entwicklung von Fahrzeugen und den Systemen, welche sie beinhalten eine komplexe und verteilte Aufgabe mit vielen beteiligten Rollen und Schnittstellen darstellt. Um die Sicherheit der in der Entwicklung befindlichen Systeme über den gesamten Entwicklungsprozess nachhaltig zu betrachten und zu realisieren, existieren entsprechende Verfahrensvorschriften, Richtlinien, Normen und Standards.

---

[11]Dies wird üblicherweise durch Mehrheitsentscheidungen erreicht. Eine etablierte Methode ist Triple-Modular-Redundancy, die auf einer 2 aus 3 Mehrheitsentscheidung basiert.

[12]Darüber hinaus müssen diese Systeme die Fähigkeiten in Puncto Sicherheit von bestehenden Systeme erweitern bzw. übertreffen um als Alternative überhaupt zugelassen werden zu können. Hierbei stellt beispielsweise eine Lenkung mit authentischem Lenkgefühl in allen Fahrsituationen und auf jedem Untergrund eine große Herausforderung dar.

[13]Eine alternative Darstellung als *V-Modell des Softwareentwicklungsprozesses für Automobil-Anwendungen* findet sich in [238], S. 652.

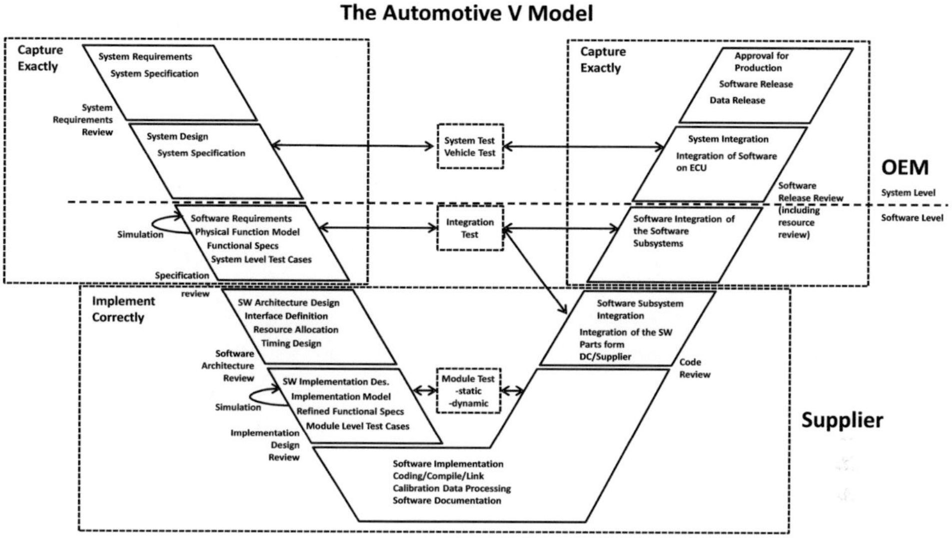

The Automotive V Model

Abbildung 1.4: The Automotive V Model [47]

1.1.8 Funktionale Sicherheit

Im Jahr 1998 wurde die internationale Norm *IEC 61508 -Funktionale Sicherheit sicherheitsbezogener elektrischer/elektronischer/programmierbar elektronischer Systeme-* veröffentlicht [131]. Sie stellt ihrerseits einen auf Sicherheitsaspekte fokussierten Lebenszyklus (sog. Sicherheitslebenszyklus) dar. Funktionale Sicherheit ist dabei derjenige Teil der Gesamtsicherheit, der von der korrekten Funktion des sicherheitsbezogenen Systems abhängt [164]. Häufig werden die Begriffe *sicherheitsbezogen* und *sicherheitsrelevant* nicht klar von einander getrennt. Im Rahmen dieses Kapitels sollen diese synonym verwendet werden.

Ein sicherheitsbezogenes System ist ein System, das eine oder mehrere Funktionen zur Umsetzung der Anforderung nach funktionaler Sicherheit besitzt und bei deren Versagen gefährliche Auswirkungen die Folge wären [48]. In der Automobilbranche benachbarten Bereichen gibt es schon seit einiger Zeit domänenspezifische Interpretationen der IEC 61508 [14]. In Bezug auf den Automobilbereich wird die Veröffentlichung der ISO 26262 [139] für 2011 erwartet. ISO 26262 ist die Anpassung der IEC 61508, um den spezifischen Anforderungen des Anwendungsgebietes von EE Systemen in Straßenfahrzeugen nachzukommen. Zum Zeitpunkt der Anfertigung dieser Arbeit liegt der Standard in der Version ISO/FDIS 26262 (ISO Final Draft International Standard) vor.

---

[14]DO-178B [199] in der Luftfahrt, EN 50129 [72] im Schienenverkehr, IEC 60601 [133] in der Medizintechnik.

1.1.9 Zur Gefährdungsreduzierung reichen herkömmliche Prozesse nicht mehr aus

Der Standard ISO 26262 spezifiziert einen Sicherheitslebenszyklus. Er beschreibt Methoden, Aktivitäten und Arbeitsprodukte (Dokumentation, Projektplanung, etc.) die während der Entwicklung sowie während Produktion, Betrieb, Wartung und Entsorgung von sicherheitsbezogenen Systemen von Kraftfahrzeugen durchgeführt werden müssen um den, durch den Standard gestellten Anforderungen nach funktionaler Sicherheit zu genügen. Funktionale Sicherheit bedeutet in diesem Zusammenhang, dass Schäden an Personen oder an der Systemumwelt, die durch den Ausfall oder das fehlerhafte Verhalten eines Systems entstehen, vermieden werden sollen. Wie bei IEC 61508, so richten sich auch bei ISO 26262 die geforderten Aufwände und Auflagen nach den Gefährdungen und Risiken, die in direktem Zusammenhang mit dem betrachteten sicherheitsbezogenen System stehen. In IEC 61508 werden betrachtete Systeme durch die Zuordnung zu *Safety Integrity Level* (SIL) entsprechend der bestehenden Gefährdungen und Risiken klassifiziert. ISO 26262 passt dieses Vorgehen sowie die Klassifizierung für die spezifische Verwendung im Automobilbereich an. Hier werden Systeme zu *Automotive Safety Integrity Levels* (ASIL) zugeordnet.

Den durch funktionale Sicherheit im Sinne der ISO 26262 gestellten Anforderungen an die Durchführung einer Entwicklung kann dabei nicht mehr durch herkömmliche Methoden des Qualitäts- und Prozess-Management wie ISO 15504/SPICE [15] [143] [118] [173], CMMI [16] [152] oder ISO 9001 [17] [138] genügt werden [18]. Dies wird in Abbildung 1.5 veranschaulicht [120].

Durch die Anwendung der ISO 26262 steigen die Komplexität der Entwicklung durch zusätzliche Aufgaben, Testaufwand [19] sowie die Arbeitsorganisation [20].

Jedoch ist funktionale Sicherheit in erster Linie eine Produkteigenschaft. Sie muss aktiv eruiert und konstruktiv entwickelt werden. Die Anforderungen an das Erreichen von funktionaler Sicherheit sind aber so hoch, dass sie nicht allein von der Rolle des Entwicklungsingenieur erreicht werden können [120]. Daher muss die Entwicklung durch Prozesse und die Einbeziehung von Rollen wie Sicherheitsverantwortlichen, Qualitäts- und Prozess-Management unterstützt werden.

---

[15] Die Abkürzung SPICE steht in diesem Zusammenhang für *Software Process Improvement and Capability Determination.*

[16] Die Abkürzung CMMI steht in diesem Zusammenhang für *Capability Maturity Model Integration.*

[17] Die ISO 9000 Familie von Standards bezieht sich auf *Quality Management Systems.*

[18] Eine Übersicht über die genannten Standards der Qualitätssicherung in der Softwareentwicklung findet sich in [34].

[19] Im Zusammenhang mit der Realisierung funktionaler Sicherheit ist es häufig erforderlich Überwachungsfunktionen u.ä. einzusetzen. Diese müssen zusätzlich zu den eigentlichen Systemfunktionen getestet werden.

[20] Zusätzliche Methoden und Assessments wie Gefährdungs- und Risikoanalyse, Fehlerbaumanalyse, etc. sind erforderlich.

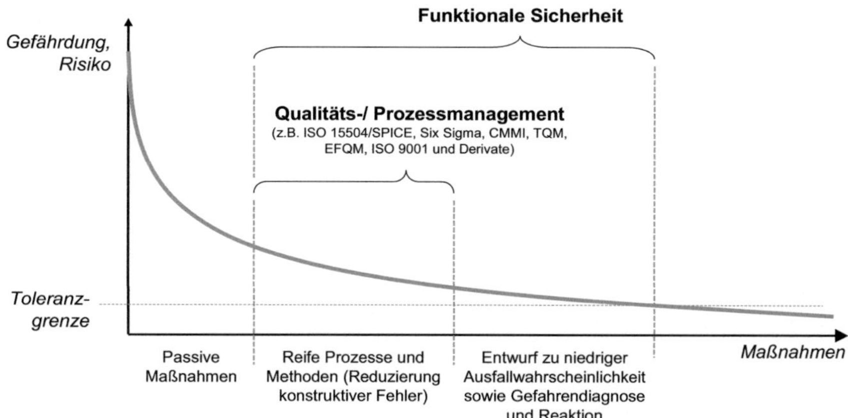

Abbildung 1.5: Zur Gefährdungsreduzierung reichen herkömmliche Methoden des Qualitäts- und Prozessmanagements nicht mehr aus [120]

1.1.10 Systemauslegung und Entwicklung

Vom Entwicklungsingenieur wird ein entscheidender Beitrag zur funktionalen Sicherheit erwartet. Funktionale Sicherheit bedeutet, Maßnahmen und deren technische Umsetzung zu entwickeln, um Gefährdungen abzuwenden bzw. gar nicht erst entstehen zu lassen. Qualitäts- und Prozessmanagement beantworten die Frage: *Wie wird entwickelt?* und *Wie kann der Entwicklungsprozess / die Qualität verbessert werden?* Darüber hinaus beantwortet funktionale Sicherheit ebenfalls die Frage: *Was wird entwickelt um Gefährdungen und Risiken zu begegnen?*

Um funktionale Sicherheit zu gewährleisten sind zwei Dinge [21] zu erfüllen:

- Eine Gefahrensituation muss als solche erkannt werden (Diagnose).

- Auf die Erkennung hin muss derart reagiert werden, dass ein Unfall verhindert oder dessen Schwere vermindert wird (Reaktion).

Diese beiden Mechanismen müssen auf alle Prozesse der Entwicklung und Detaillierungsgrade des zu entwickelnden Systems angewendet werden. Beispielsweise beschreibt *Annex D (Evaluation of Diagnostic Coverage) von Part 5: Product development: hardware level* der ISO 26262, das Hinzufügen eines Parity-Bits zu Botschaften, die über Bussysteme übertragen werden, als Methode, mit der Bit-Fehler in der Übertragung erkannt werden können. Daneben beschreibt *Part 3: Concept phase* des Standards die Ableitung von funktionalen Sicherheitsanforderungen, also Maßnahmen, die ergriffen werden um Funktionale Sicherheit zu gewährleisten.

---

[21]Neben den beiden dargestellten Dingen zur Gewährleistung funktionaler Sicherheit, kann durch das Systemdesign ebenfalls auf die Kontrollierbarkeit des Systems oder des Fahrzeugs durch den Fahrer Einfluss genommen werden. Diese Möglichkeit wird in der hier vorliegenden Arbeit nicht adressiert.

Diese Beschreibung erfolgt mit den Worten »*The functional safety requirements shall be derived from the safety goals and safe states, considering the preliminary architectural assumptions, functional concepts, operations modes and system states*« [139].

Während die Applikation von Parity-Bits einen konkreten Hinweis auf eine mögliche Implementierung darstellen, ist die Aussage über funktionale Sicherheitsanforderungen eher abstrakt. Dies hängt mit den Freiheitsgraden des Entwurfsraumes in der jeweiligen Stufe der Entwicklung zusammen. In *Part 3: Concept phase* der ISO 26262, der nebenläufig zum Bereich *System-Anforderungsanalyse (SE1)* [22] des Submodells Systemerstellung (SE) des V-Modell 97 betrachtet werden kann, wird das als grobe Architektur vorliegende sicherheitsbezogene System, in Bezug auf Gefährdungen und Risiken analysiert, die in direktem Bezug zu funktionaler Sicherheit stehen.

Als Beispiel eines solchen Systems nennt *Part 10: Guidelines on ISO 26262* die automatische Schiebetür eines Vans. Eine Gefährdung für Passagiere besteht in Bezug auf dieses System durch das fehlerhafte bzw. selbstständige Öffnen bei höheren Geschwindigkeiten, da hier Passagiere aus dem Fahrzeug fallen können. Ist dies erkannt, so bestehen viele Realisierungsmöglichkeiten für die funktionale Sicherheit des Systems.

1.2 Motivation

Bevor der Detaillierungsgrad eines Systems erhöht und mit der Realisierung und schließlich der Implementierung fortgefahren werden kann, muss festgelegt sein, mit welchen konstruktiven, architekturbildenden und funktionalen Mitteln die funktionale Sicherheit dieses Systems erreicht werden soll. Dabei hat die gewählte Architekturalternative in Bezug auf die Elektrik/Elektronik Architektur (EEA) für softwarebasierte Systeme und Funktionen im Fahrzeug einen entscheidenden Einfluss auf nachfolgende Entwicklungsschritte sowie die konstruktive Entwicklung funktionaler Sicherheit. Damit ist die Entwicklung der EEA maßgeblich und richtungsweisend an der Erfüllung funktionaler Sicherheitsanforderungen beteiligt. Laut [238] erfolgen ca. 90 % aller Innovationen im Kraftfahrzeug unter Nutzung elektronischer Systeme.

Die Entwicklung der EEA findet in einer frühen Phase des Produktlebenszyklus des Fahrzeugs statt [23]. Dabei wird die Struktur von softwarebasierten Fahrzeugfunktionen, sowie das Netzwerk von Hardwarekomponenten, welches diese Struktur ausführt, entworfen. Die EEA, genauer das statische Modell der Architektur von E/E Komponenten im Fahrzeug, stellt selbst nicht die Erfüllung von Anforderungen der funktionalen Sicherheit dar. Obwohl in der EEA keine funktionalen Abläufe dargestellt werden [24], so hat die hier stattfindende Strukturierung und die Definition von

---

[22] Auszug aus der Kurzbeschreibung des V-Modell 97 bezüglich SE1: ... *Durchführung einer Bedrohungs- und Risikoanalyse; Erarbeiten eines fachlichen Modells für Funktionen/Daten/Objekte.* [125]

[23] In Bezug auf das V-Modell 97 betrifft dies die Phasen SE1 (System-Anforderungsanalyse), SE2 (System-Entwurf) und SE3 (SW-/HW Anforderungsanalyse).

[24] Für den rechnergestützten Entwurf werden hier in der Automobilindustrie häufig Werkzeuge wie

Schnittstellen einen entscheidenden Einfluss auf die Funktionsrealisierung und somit auf die Umsetzung funktionaler Sicherheit.

Jedoch ist der Abstraktionsgrad der durch die EEA in Relation gesetzten Inhalte und
Elemente hoch, der Entwurfsraum groß [1] und die Architekturvarianten vielfältig.
Ebenfalls ist genormte Sicherheit abstrakt [101]. Bezogen auf frühe Phasen der Ent-
wicklung macht hier auch die ISO 26262 keine Ausnahme, was sich ebenfalls durch
die hohe Anzahl an abzudeckenden Realisierungsmöglichkeiten begründen lässt (s.
Kapitel 1.1.10).

Dennoch bildet das statische Modell der EEA die Grundlage für nachfolgende Entwicklungsschritte, oder deren Teilbereiche im Umfeld Elektrik/Elektronik. Damit
haben die während der Entwicklung der EEA ergriffenen architekturbildenden Maßnahmen direkten Einfluss auf die folgenden Phasen. Nur in dieser Phase und den dazu nebenläufigen Phasen der Entwicklung besteht ein umfassender Überblick über
die fahrzeugweiten Zusammenhänge in Bezug auf E/E. Ausprägungen, die von der
EEA unterstützt werden, lassen sich später nur mit erhöhten Aufwänden realisieren,
falls dies überhaupt ohne Architekturänderung möglich ist. In Anlehnung an Abbildung 1.2 hat man es hier mit Spezifikations- und Entwurfsfehlern zu tun, deren
Auswirkung nicht auf Teilfunktionen oder Teilsysteme begrenzt ist, sondern deren
Korrektur sich auf größere Teile der Gesamtentwicklung auswirken können.

Allerdings ist davon auszugehen, dass es durch die Spezifikation vorausschauen-
der Maßnahmen in der EEA Modellierung möglich ist, die Komplexitätssteigerung
(s. Kapitel 1.1.9) in folgenden Entwicklungsphasen, welche durch die Erfüllung der
durch die ISO 26262 gestellten Anforderungen entsteht, gering zu halten. Hier gilt es
unter anderen folgende Fragen beantworten zu können:

- Welche Elemente sind Teile sicherheitsbezogener Systeme?

- Wie ist während der Modellierung von EEAs mit *ASILs* zu verfahren?

- Welchen Einfluss hat die Applikation von Redundanzmitteln in der EEA auf
  die funktionale Sicherheit?

- Wie können in der EEA vorhandene Daten für nebenläufige und nachfolgende
  Entwicklungsaktivitäten verfügbar gemacht werden?

Dabei trägt die Modellierung der EEA als Entwicklungsphase nicht nur zu funktionaler Sicherheit im Sinne einer Produkteigenschaft bei. Sie führt eine gesamtheitliche
Betrachtung von Systemen durch, die später von verschiedenen Verantwortungs-
bereichen detailliert, implementiert, integriert und getestet werden. Somit stellt die
EEA Modellierung nicht nur technische Schnittstellen zwischen diesen Systemen [25]
her sondern muss auch in Bezug auf die verschiedenen Anforderungen von Systemen und den Rollen, welche sie entwickeln, ein gemeinsames Verständnis schaffen.

Simulink von Mathworks [89] oder ASCET von ETAS [84] eingesetzt.
[25]Schnittstellen zwischen Systemen im Sinne von Hardware- und Softwareschnittstellen.

1.3 Ziele und eigener Beitrag

Diese Arbeit zielt darauf ab, ein gemeinsames Verständnis bzw. eine gemeinsame Sprache zwischen der ISO 26262 und der EEA Modellierung im Sinne einer Entwicklungsphase zu schaffen, die Optimierung von EEA Modellen bzgl. funktionaler Sicherheit methodisch zu begleiten, sowie Vorgehensweisen und Werkzeuge bereitzustellen, um die in EEA Modellen enthaltenen, formalen Daten für nebenläufige und nachfolgende Entwicklungsaktivitäten gemäß dem V-Modell verfügbar zu machen sowie die Rückverfolgbarkeit zu unterstützen. In diesem Zusammenhang adressiert diese Arbeit vier Teilfragestellungen:

- Entwicklung eines gemeinsamen Verständnisses sowie sprachlich formale Mittel um entsprechende Inhalte und Relationen festzuhalten und auszudrücken.

- Mehtoden zur Unterstützung der Optimierung von EEAs hinsichtlich funktionaler Sicherheit.

- Hilfestellung zur Durchführung der Fahrzeugentwicklung gemäß V-Modell durch die Bereitstellung kontextbezogener Daten aus EEA Modellen als Eingangsdaten für nebenläufige und nachfolgende Entwicklungsaktivitäten.

- Einen Lösungsansatz in Hinblick auf Methodik und Werkzeugunterstützung zur Formulierung und Ausführung von Fragestellungen mit logischen Relationen gegenüber EEA Modellen.

Diese vier Teilfragestellungen werden im Folgenden detaillierter betrachtet.

1.3.1 Entwicklung gemeinsames Verständnis

Die Auswirkungen der ISO 26262 auf die Modellierung der EEA, im Sinne einer Entwicklungsphase, werden bestimmt. Dabei wird gezeigt, wie bestehende Anforderungen funktionaler Sicherheit in Bezug auf ihre gegenseitigen Abhängigkeiten strukturiert, dargestellt und formal auf Elemente von EEA Modellen (EEA Artefakte) bezogen werden. Dies wird anhand einer domänenspezifischen Beschreibungssprache für Elektrik/Elektronik Architekturen von Fahrzeugen gezeigt. Funktionale Sicherheit als Produkteigenschaft bezieht sich auf das Fahrzeug als Gesamtprodukt. Die ISO 26262 adressiert jedoch selektiv einzelne, sicherheitsbezogene Systeme in Bezug auf Gefährdungen, welche durch deren Ausfall bzw. fehlerhafte Ausführung entstehen können. EEA Modelle stellen eine gemeinschaftliche Betrachtung von interagierenden Systemen dar. In dieser Arbeit werden die Auswirkungen der Vernetzung von Systemen in Bezug auf die systemselektive Betrachtung der ISO 26262 dargestellt und Methoden für die Zuteilung und Propagation von Anforderungen funktionaler Sicherheit auf EEA Artefakte vorgestellt.

In die Modellierung von EEAs unter Berücksichtigung funktionaler Sicherheit fließt viel Wissen und Erfahrung seitens der Entwickler ein. In dieser Arbeit werden Ansätze vorgestellt, mit welchen durch Verwendung bestehender Mittel Wissen und weiterführende Informationen innerhalb von EEA Modellen festgehalten werden kann. Zusätzlich werden Ansätze der Wissensmodellierung aus der Domäne des Semantic Web auf die Domäne der EEA Modellierung übertragen. Dabei wird eine Methode zur Übertragung von EEA Modellen in eine Ontologie auf Basis einer Ontologiesprache vorgestellt sowie die daraus entstehenden Möglichkeiten. Eine Ontologie dient damit als gemeinsame Sprache und ermöglicht das Fassen sowie das gegenseitige, semantische in Bezug setzen von Konzepten der ISO 26262 sowie der EEA Modellierung.

1.3.2 EEA Optimierung bezüglich funktionaler Sicherheit

In Bezug auf die Überarbeitung und Optimierung von EEAs funktional sicherheitsbezogener Systeme wird die Methode der ISO 26262 ASIL Dekomposition im Zusammenhang mit dem Einsatz von Redundanzmitteln erörtert. Eine Vorgehensweise zur Überarbeitung von EEA Modellen in Hinblick auf funktionale Sicherheit sowie eine Metrik zur Bewertung von Überarbeitungen basierend auf Fehlerarten wird vorgestellt.

1.3.3 Hilfestellung bei Durchführung gemäß V-Modell

Modelle von Elektrik/Elektronik Architekturen enthalten eine systemübergreifende Betrachtung aller Elektrik/Elektronik-bezogenen Daten eines Fahrzeugs auf Basis einer formalen Beschreibungssprache. Die formalen Zusammenhänge zwischen Modellartefakten ermöglichen die Anwendung von Modellabfragen zum Konsistenz-Check oder der Akkumulation von Modellartefakten bezüglich formaler Fragestellungen. Viele dieser Informationen können nebenläufigen oder nachfolgenden Aktivitäten der Entwicklung gemäß V-Modell als Eingangsdaten bereitgestellt werden. Hierzu wird eine Methode zur kontextbezogenen Bestimmung von Daten aus EEA Modellen präsentiert, welche sich am Ansatz des Freischneidens aus der Mechanik und Statik orientiert.

1.3.4 Fragestellungen gegenüber EEA Modellen

Für die Unterstützung der Entwicklung gemäß V-Modell ist für die rechnergestützte Bestimmung von Daten aus Modellen von EEAs hinsichtlich Fragestellungen mit logischen Ausdrücken ein umfassendes Konzept zur Spezifikation und Ausführung von Fragestellungen auf Grundlage eines Basissystems hilfreich. Aktuelle Ansätze und Werkzeugrealisierungen zur Ausführung von Fragestellungen auf rechnergestützt modellierten EEAs genügen diesen Anforderungen nicht. In dieser Arbeit wird eine Erweiterung bestehender Ansätze vorgestellt, welche ein Basissystem verfügbar macht und somit die rechnergestützte Spezifikation, Ausführung und Ergebnisbestimmung umfassender Fragestellungen mit logischen Relationen ermöglicht.

Folgende Teilgebiete werden von der vorliegenden Arbeit adressiert:

- Einfluss der ISO 26262 auf die Modellierung von EEAs.

- Darstellung und Strukturierung von funktionalen Sicherheitsanforderungen.

- Formaler Bezug zwischen funktionalen Sicherheitsanforderungen und dem Inhalt von EEA Modellen.

- Gegenüberstellung von ASIL Dekomposition und dem Einsatz von Redundanzmitteln im Sinne der Optimierung von EEA Modellen.

- Bewertung von Optimierungen von EEA Modellen in Bezug auf Fehlerarten.

- Bestimmung von kontextbezogenen Daten aus EEA Modellen.

- Schaffen eines Basissystems sowie einer Methodik zur Spezifikation und Ausführung von Fragestellungen mit logischen Relationen auf Modellen von EEAs sowie Bestimmung der entsprechenden Ergebnisse.

- Betrachtung von EEA Modellen als Ontologien im Sinne der Wissensmodellierung.

1.4 Gliederung der Arbeit

Die vorliegende Arbeit wird in die drei Abschnitte *Voraussetzungen*, *Abgrenzung* und *Umsetzung* gegliedert. Jeder Abschnitt enthält ein oder mehrere Kapitel. Eine Übersicht ist in Abbildung 1.6 dargestellt.

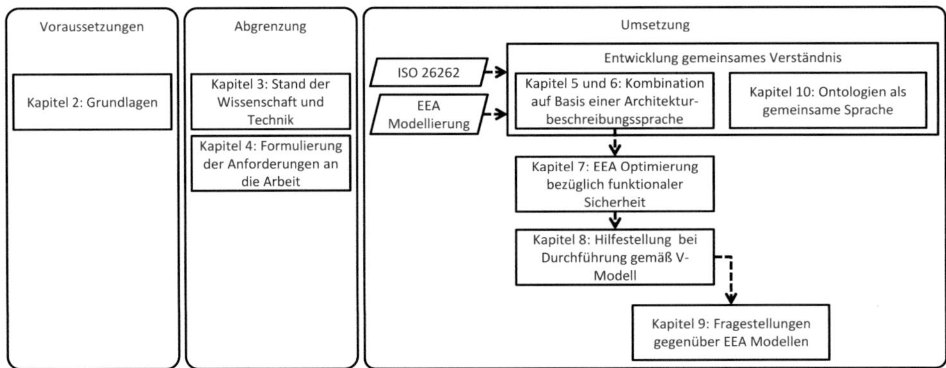

Abbildung 1.6: Gliederung der Arbeit

Im Abschnitt *Voraussetzungen* gibt Kapitel 2 zunächst einen Überblick über die Grundlagen, auf welchen die folgenden Kapitel der Arbeit aufbauen.

Abschnitt *Abgrenzung* dient zur Positionierung der vorliegenden Arbeit gegenüber dem Stand von Wissenschaft und Technik, sowie der Abgrenzung gegenüber diesem und der Formulierung der Anforderungen an die Arbeit. Ein Überblick über ISO 26262 sowie eine detaillierte Betrachtung der Teile 3, 4, 5 und 6 dieses Standards werden in Kapitel 3 vorgestellt. Ebenfalls präsentiert dieses Kapitel den aktuellen Stand der Technik, Forschung und Diskussion in Bezug auf die Umsetzung und Anwendung der ISO 26262.

Das folgende Kapitel 4 stellt die Anforderungen an den Umgang mit Sicherheitsanforderungen nach ISO 26262 in der Konzeptphase der Fahrzeugentwicklung dar. Diese beziehen sich auf die Darstellung von Sicherheitsanforderungen in Modellen von EEAs, ihrer Zuteilung zu konkreten Modellartefakten und ihre Rückverfolgbarkeit. Ebenfalls werden Anforderungen an eine Methode zur Überarbeitung von EEA Modellen in Hinblick auf funktionale Sicherheit aufgestellt. Diese Anforderungen werden mit dem Stand der Wissenschaft und Technik verglichen. Anschließend werden die Anforderungen systematisch zusammengefasst und die Vorgehensweise für ihre Erfüllung abgeleitet.

Die folgenden Kapitel widmen sich der Vorstellung und Präsentation von Methoden, Ansätzen, Werkzeugen und Beispielen und stellen die eigentlichen Inhalte der vorliegenden Arbeit dar. Sie sind unter der Überschrift *Umsetzung* zusammengefasst. Die Entwicklung eines gemeinsamen Verständnisses zwischen ISO 26262 und der Modellierung von Elektrik/Elektronik Architekturen wird drei Kapiteln unter verschiedenen Modellierungsparadigmen vorgestellt.

Kapitel 5 stellt die Zusammenhänge zwischen Anforderungen der funktionalen Sicherheit und Modellen von Elektrik/Elektronik Architekturen in der Konzeptphase der Fahrzeugentwicklung dar, sowie eine Methode zur strukturierten Darstellung dieser Anforderungen innerhalb von EEA Modellen.

Kapitel 6 beschreibt die Zuteilung von Sicherheitsanforderungen zu Artefakten von EEA Modellen. Hierbei werden zwei Methoden unterschieden. Eine beschreibt die manuelle Zuteilung, die andere eine automatisierbare Propagation von Zuteilungen entsprechend den funktionalen und vernetzungstechnischen Strukturen von EEA Modellen.

Die Kapitel 5 und 6 unterliegen dem Paradigma des Model Driven Engineering. Die folgenden Kapitel 7, 8 und 9 bauen auf der in den Kapiteln 5 und 6 gelegten Methodik auf und erweitern diese, bzw. begleiten sie durch weitere Entwicklungsaktivitäten. Kapitel 10 hingegen widmet sich der Darstellung von Konzepten und Relationen von Elektrik/Elektronik Architekturen in Form von Ontologien. Dies verfolgt auch das Ziel der Entwicklung eines gemeinsamen Verständnisses. Da dieser Ansatz jedoch in anderen Kapiteln dieser Arbeit nicht weiterentwickelt wird, ist Kapitel 10 diesen als letztes Inhaltskapitel nachgestellt.

Kapitel 7 behandelt die Optimierung und Überarbeitung von Elektrik/Elektronik Architekturen hinsichtlich funktionaler Sicherheit. Können bestehende Anforderungen von Architekturen nicht erfüllt werden, oder ist die Verteilung von ASILs (Automotive Safety Integrity Level) auf bestehende Architekturartefakte ungünstig, so besteht die Notwendigkeit zur Überarbeitung. ISO 26262 beschreibt die ASIL Dekomposition als Methode zur Aufteilung von ASILs auf mehrere Elemente, mit dem Ziel die Entwicklungsauflagen bei gleichbleibender Sicherheitsintegrität zu reduzieren. In Kapitel 7 wird die ASIL Dekomposition gegenüber dem Einsatz von Redundanzmitteln diskutiert und eine Methode zur Bewertung von Überarbeitungen von EEA basierend auf Fehlerarten vorgestellt.

Aussagen über EEA Modelle basieren auf Modelldaten. Modelle von EEAs beinhalten eine Menge von Daten und Zusammenhängen, die für Aussagen über diese Modelle selbst verwendet werden können, als auch für Aktivitäten, welche zur Modellierung von EEAs nebenläufig durchgeführt werden oder dieser nachgelagert sind. In Kapitel 8 wird eine Methode zur Bestimmung kontextbezogener Daten aus EEA Modellen vorgestellt, welche sich am Ansatz des »Freischneidens« aus der Mechanik und Statik orientiert. Diese wird beispielhaft an der Verwendung von freigeschnittenen Daten für FMEAs (engl. Failure Mode and Effect Analysis) und der Spezifikation von Hardware-in-the-Loop Testsystemen gezeigt.

Aus den vorigen Kapiteln ergibt sich die Anforderung nach der Verfügbarkeit eines Basissystems zur Spezifikation von Suchregeln für die Bestimmung von Daten aus EEA Modellen. In Kapitel 9 wird diesbezüglich der aktuelle Stand der Wissenschaft und Technik bezogen auf die Domäne der EEA Modellierung vorgestellt. Darauf aufbauend wird eine Methode präsentiert, welche die bestehenden Ansätze um die Verfügbarkeit eines Basissystems zur graphenbasierten Darstellung von Fragestellungen sowie deren Ergebnisfindung erweitert.

In die Modellierung von EEAs fließt viel Expertise und Wissen seitens der Entwickler ein. In Kapitel 10 werden bestehende Methoden diskutiert, mit welchen sich dieses Wissen in Modellen darstellen lässt. Darüber hinaus werden in Kapitel 10 Ansätze der Wissensmodellierung in die Domäne der EEA Modellierung übertragen. Hierzu wird eine Möglichkeit für die Transformation von EEA Modellen in eine ontologiesprachenbasierte Entsprechung vorgestellt, sowie die Handhabung der resultierenden EEA Ontologien an einem Beispiel beschrieben.

Die Arbeit schließt in Kapitel 11 mit einer Zusammenfassung und dem Ausblick.

2 Grundlagen

In diesem Kapitel werden Grundlagen gegeben, welche für das Verständnis der folgenden Kapitel benötigt werden. Grundlagen zur ISO 26262 finden sich im separaten Kapitel 3. Grundlagen über Hardware-in-the-Loop Testsysteme werden in Kapitel 8.3.1 gegeben, Grundlagen zu Wissensmodellierung, Ontologien und Ontologiesprachen im Umfeld des Semantic Web in Kapitel 10.

2.1 Mengenlehre

2.1.1 Mengen

Eine Menge A ist eine Zusammenfassung bestimmter, wohlunterscheidbarer Objekte a unserer Anschauung oder unseres Denkens zu einem Ganzen. Diese Definition findet sich erstmals in [55] und wird auch in [51] und [162] verwendet. Laut [61] ist eine Menge eine Zusammenfassung von gut unterscheidbaren Objekten zu einem Ganzen. Die folgenden Grundlagen zu Mengenlehre sind aus [51] entnommen.

Objekte a werden *Elemente* der Menge genannt. Für die Aussagen »a ist Element von A« schreibt man $a \in A$ (bzw. für »a ist nicht Element von A« schreibt man $a \notin A$). Eine Menge kann beschrieben werden durch Aufzählung der Elemente, die sie enthält (z.B. $M = \{a, b, c\}$) oder durch Nennung der definierten Eigenschaften, welche genau den Elementen der Menge zukommt. So kann die Menge U der ungeraden natürlichen Zahlen beschrieben werden durch
$U = \{x | x$ ist eine ungerade natürliche Zahl$\}$.

Extensionalitätsprinizp: Zwei Mengen A und B sind genau dann gleich, wenn sie die gleichen Elemente enthalten, also $A = B \Leftrightarrow \forall x (x \in A \Leftrightarrow x \in B)$ [1].

Teilmenge: Sind A und B Mengen und gilt $\forall x (x \in A \Rightarrow x \in B)$, dann ist A *Teilmenge* von B und man schreibt $A \subseteq B$. Gibt es für $A \subseteq B$ in B weitere Elemente, die nicht in A vorkommen, so ist A *echte Teilmenge* von B und man schreibt $A \subset B$.

Leere Menge: Die *leere Menge* $\emptyset$ ist eine Menge, die keine Elemente enthält. $\emptyset$ ist Teilmenge jeder Menge M ($\emptyset \subseteq M$).

Gleichheit von Mengen: Zwei Mengen sind genau dann gleich, wenn jede Teilmenge der anderen gleich ist: $A = B \Leftrightarrow A \subseteq B \wedge B \subseteq A$ [2].

[1] Wobei $\forall x$ bedeutet »für alle x gilt«.

[2] $\wedge$ steht hier für das logische »und«, $\vee$ steht für das logische »oder«.

Kardinalität/Kardinalitätszahl: Die Anzahl der Elemente einer endlichen Menge M heißt *Kardinalitätszahl* von M und wird mit $|M|$ bezeichnet.

Vereinigung: Die *Vereinigungsmenge* oder *Vereinigung* zweier Mengen A und B ist definiert durch $A \cup B = \{x|x \in A \vee x \in B\}$, man liest »$A$ vereinigt mit B«. Sind A und B durch die Eigenschaften E_1 und E_2 beschrieben, so enthält $A \cup B$ alle Elemente, die eine der beiden Eigenschaften besitzen.

Durchschnitt: Der *Durchschnitt* oder die *Schnittmenge* zweier Mengen A und B ist definiert durch $A \cap B = \{x|x \in A \wedge x \in B\}$, man liest »$A$ geschnitten B«. Sind A und B durch die Eigenschaften E_1 und E_2 beschrieben, so enthält $A \cap B$ alle Elemente, die beiden Eigenschaften besitzen.

Disjunkte Mengen: Zwei Mengen A und B, die keine gemeinsamen Elemente besitzen werden als *disjunkt* bezeichnet ($A \cap B = \emptyset$).

Komplement: Betrachtet man nur Teilmengen (beispielsweise A) einer gegebenen Grundmenge M, so besteht die *Komplementärmenge* oder *Komplementmenge* $C_M(A)$ von A bezüglich M aus allen Elementen von M, die nicht A angehören: $C_M(A) = \{x|x \in M \wedge x \notin A\}$. Man liest »Komplement von A bzgl. M«. Ist die Grundmenge M aus den Zusammenhang offenbar, so wird für das Komplement auch $\overline{A}$ geschrieben.

Differenz: Die Menge der Elemente von A, die nicht zu B gehören, wird *Differenzmenge* oder *Differenz* von A und B genannt: $A \backslash B = \{x|x \in A \wedge x \notin B\}$. Wird A durch die Eigenschaft E_1 und B durch die Eigenschaft E_2 beschrieben, dann liegen in $A \backslash B$ diejenigen Elemente, welche zwar die Eigenschaft E_1, nicht aber die Eigenschaft E_2 besitzen.

Symmetrische Differenz: Die *symmetrische Differenz* $A \triangle B$ ist die Menge aller Elemente, die zu genau einer der beiden Mengen A und B gehören: $A \triangle B = \{x|(x \in A \wedge x \notin B) \vee (x \in B \wedge x \notin A)\}$. Damit gilt auch: $A \triangle B = (A \backslash B) \cup (B \backslash A)$. Somit enthält die symmetrische Differenz alle Elemente, die genau eine der beiden Eigenschaften E_1 (zu A) und E_2 (zu B) besitzen.

Kartesisches Produkt: Das *kartesische Produkt* zweier Mengen $A \times B$ ist durch $A \times B = \{(a,b)|a \in A \wedge b \in B\}$ definiert. Die Elemente (a,b) von $A \times B$ heißen *geordnete Paare* und sind charakterisiert durch $(a,b) = (c,d) \Leftrightarrow a = c \wedge b = d$. Die Anzahl der Elemente im kartesischen Produkt zweier endlicher Mengen beträgt $|(A \times B)| = |A||B|$.

2.1.2 Relation

Relationen beschreiben Beziehungen zwischen den Elementen einer oder verschiedener Mengen. Eine *n-stellige Relation* R zwischen den Mengen $A_1, ..., A_n$ ist eine Teilmenge des kartesischen Produktes dieser Mengen, d.h. $R \subseteq A_1 \times ... \times A_n$. Sind die Mengen A_i sämtlich gleich der Menge A, so wird $R \subseteq A^n$ und heißt *n-stellige Relation* in der Menge A. Relationen sind Mengen.

So können über ihnen die üblichen Mengenoperationen ausgeführt werden. Die folgenden Grundlagen zu Relationen sind überwiegend aus [51] und [162] übernommen.

Binäre Relation: Eine zweistellige (binäre) Relation zwischen zwei Mengen A und B ist eine Vorschrift R, die für beliebige Elemente $a \in A$ und $b \in B$ festlegt, ob a in einer Beziehung R zu b steht. Steht a in der Beziehung zu b, so schreibt man aRb, anderenfalls $a\overline{R}b$. Sind A und B gleich, so spricht man von einer Relation *auf* oder *in* einer Menge.

Relationsmatrix: Eine Relationsmatrix gibt wider zwischen welchen Elementen einer Menge A eine Relation gilt bzw. nicht gilt. Dazu werden die Elemente von A als Zeilen- und Spalteneingänge einer Matrix verwendet. Am Schnittpunkt der Zeile zu $a \in A$ mit der Spalte zu $b \in A$ wird eine 1, falls aRb gilt, ansonsten eine 0 notiert. Eine häufige Anwendung ist die Adjazenzmatrix [3].

Eigenschaften von Relationen:

- *reflexiv*: $\forall a \in A(aRa)$. Wenn R eine binäre Relation ist und für alle Elemente a gilt aRa. Beispielsweise ist die Kleiner-Gleich-Relation $\leq$ auf reellen Zahlen reflexiv, da stets $a \leq a$ gilt.

- *irreflexiv*: $\forall a \in A(\neg aRa)$. Wenn R eine binäre Relation ist und für alle Elemente a gilt $\neg aRa$. Die Kleiner-Relation $<$ ist irreflexiv, da $a < a$ stets falsch ist.

- *symmetrisch*: $\forall a, b \in A(aRb \Rightarrow bRa)$. Besteht eine zweistellige Relation R zwischen den Elementen a und b, so besteht diese Relation auch zwischen den Elementen b und a. Symmetrie ist eine der Voraussetzungen für eine Äquivalenzrelation.

- *antisymmetrisch*: $\forall a, b \in A(aRb \wedge bRa \Rightarrow a = b)$. Eine zweistellige Relation R heißt antisymmetrisch, wenn für je zwei verschiedene Elemente a und b nicht gleichzeitig aRb und bRg gelten kann. Die Relationen $\leq$ und $\geq$ auf reellen Zahlen sind antisymmetrisch, da aus $a \leq b$ und $a \geq b$ folgt $a = b$.

- *transitiv*: $\forall a, b, c \in A(aRb \wedge bRc \Rightarrow aRc)$. Ist R eine zweistellige Relation, so folgt aus aRb und bRc stets aRc. Transitivität ist eine der Voraussetzungen für eine Äquivalenzrelation oder eine Ordnungsrelation. Die Kleiner-Relation $<$ auf reellen Zahlen ist transitiv, da aus $x < y$ und $y < z$ folgt $x < z$.

- *linear*: $\forall a, b \in A(aRb \vee bRa)$.

2.2 Graphentheorie

Ein Graph ist ein *anschauliches mathematisches Modell zur Beschreibung von Objekten, die untereinander in gewisser Beziehung stehen* [61]. Die folgenden Grundlagen zur Graphentheorie sind [51], [61] und [162] entnommen.

---

[3]Siehe Fußnote 4 auf Seite 20.

Graph, Knoten und Kanten: Ein Graph G ist ein geordnetes Paar (V,E) aus einer nichtleeren Menge V von *Knoten* und einer (möglicherweise leeren) Menge E von *Kanten* mit $V \cap E = \emptyset$. Auf E ist eine Abbildung Φ, die *Inzidenzfunktion* erklärt, die jedem Element von E eindeutig ein geordnetes oder ungeordnetes Paar (nicht notwendig verschiedener Elemente) von V zuordnet. Über Φ wird somit E in $V \times V$ abgebildet.

Gerichtet/ungerichtet: Man bezeichnet G als *ungerichteten Graphen*, wenn jedem Element von E ein ungeordnetes Paar zugeordnet wird. Dagegen bezeichnet man G als *gerichteten Graphen*, falls jedem Element von E ein geordnetes Paar zugeordnet wird. In diesem Falle heißen die Elemente von E *Bögen* oder *gerichtete Kanten*.

Beziehungen zwischen Knoten und Kanten: Mit *Inzidenz* wird in einem ungerichteten Graphen eine Beziehung zwischen Knoten und Kanten beschrieben. Dabei geht die Blickrichtung von der Kante zum Knoten. Ein Knoten heißt in einem ungerichteten Graph inzident mit einer Kante, wenn er von dieser Kante berührt wird.

Beziehungen zwischen Knoten: Mit *Adjazenz* wird in einem Graphen eine Beziehung zwischen Knoten und Kanten beschrieben. Die Blickrichtung geht dabei vom Knoten zur Kante. Gilt $(v, w) \in E$, dann heißt der Knoten v *adjazent* (d.h. benachbart) zum Knoten w [4]. Der Knoten v heißt *Startpunkt* von (v, w), w heißt *Zielpunkt* von (v, w), v und w heißen *Endpunkte* von (v, w). Zwei verschiedene Kanten $(g, h) \in V$ heißen ebenso adjazent zu einem gemeinsamen Knoten v. In ungerichteten Graphen redet man nur von Adjazenz und Endpunkten. Verbindet eine Kante $g \in V$ die Konten $(v, w) \in E$, so sind v und w *Nachbarknoten*. Ist (v, w) ein geordnetes Paar und g damit gerichtet, so ist w der *direkte Nachfolger* von v, bzw. v der *direkte Vorgänger* von w. Kanten, deren Endpunkte zusammenfallen nennt man *Schleife*.

Adjazenzmatrix: Graphen können als Matrix beschrieben werden: Es sei $G = (V, E)$ ein Graph mit $V = \{v_1, v_2, ..., v_n\}$ und $E = \{e_1, e_2, ..., e_m\}$. Dabei bezeichne $m(v_i, v_j)$ die Anzahl der Kanten von v_i nach v_j. Die Matrix A vom Typ (n, n) mit $A = (m(v_i, v_j))$ wird *Adjazenzmatrix* genannt. Ist der Graph zusätzlich schlicht, so hat die Adjazenzmatrix folgende Gestalt: $A = (a_{i,j}) = \begin{cases} 1, & \text{für } (v_i, v_j) \in E, \\ 0, & \text{für } (v_i, v_j) \notin E. \end{cases}$

D.h. in der Matrix A steht in der i-ten Zeile und der j-ten Spalte genau dann eine 1, wenn eine Kante von v_i nach v_j verläuft.

---

[4]Dabei besteht ein Unterschied zwischen Inzidenz und Adjazenz. Beide bezeichnen eine Beziehung zwischen Knoten und Kanten in einem Graphen. Während Inzidenz die Beziehung zwischen Knoten und Kanten betrachtet, so betrachtet Adjazenz Knoten, die über Kanten in Beziehung stehen. Dies wird durch die Darstellung als Adjazenzmatrix oder Inzidenzmatrix offenbar. In der Adjazenzmatrix repräsentieren Zeilen- und Spaltenindizes jeweils die Knoten eines Graphen. Die Elemente der Matrix sagen aus, ob es eine Kante zwischen den Knoten gibt (0 oder 1). In der Inzidenzmatrix repräsentieren Zeilen- und Spaltenindizes jeweils Knoten und Kanten eines Graphen. Die Elemente der Matrix sagen aus, ob es jeweils eine Inzidenzbeziehung zwischen einem Knoten und einer Kante gibt. Da es bei gerichteten und ungerichteten Graphen verschiedene Inzidenzbeziehungen gibt, nehmen die Elemente der Matrix Werte der Menge $\{0, 1, 2\}$ bzw. der Menge $\{-1, -0, 0, 1\}$ an (siehe [51] S. 340-341).

Folgen von Kanten / Beziehungen zwischen Kanten: In einem ungerichteten Graphen $G = (V, E)$ wird jede Folge $F = (\{v_1, v_2\}, \{v_2, v_3\}, ..., \{v_s, v_{s+1}\})$ von Elementen aus E eine *Kantenfolge* der Länge s genannt.

Ist $v_{s+1} = v_1$, dann spricht man von einer *geschlossenen Kantenfolge* oder einem *Kreis*, anderenfalls von einer *offenen Kantenfolge*.

Eine Kantenfolge F heißt *Weg*, wenn $v_1, v_2, ..., v_s$ paarweise verschiedene Knoten sind. Ein geschlossener Weg ist ein *Elementarkreis*.

Ist mehreren Kanten oder Bögen dasselbe ungeordnete oder geordnete Paar von Knoten zugeordnet, so spricht man von *Mehrfachkanten*. Eine Kante mit identischen Endpunkten heißt *Schlinge*.

Eigenschaften von Graphen: Existiert zu je zwei verschiedenen Knoten v, w in G ein Weg der v und w verbindet, so ist G ein *zusammenhängender Graph*. Legt man einen gerichteten Graphen zugrunde, so spricht man von *streng zusammenhängend*. Ist G nicht zusammenhängend, so zerfällt G in *Komponenten*, also zusammenhängende Untergraphen mit maximaler Knotenzahl. Graphen ohne Schlingen und Mehrfachkanten werden *schlicht* genannt. Als *Grad* $d_G(v)$ eines Knotens v bezeichnet man die Anzahl der mit v inzidenten Kanten.

Gibt es mindestens eine Kante in einem Graphen, welche Knoten g mit h aber nicht h mit g verbindet, so spricht man von einem *gerichteten Graphen*, anderenfalls ist der Graph *ungerichtet*. Falls es eine Folge von Kanten gibt, die von jedem beliebigen Knoten zu jedem beliebigen anderen Knoten führt, so spricht man von einem *zusammenhängenden Graphen*. Von *streng zusammenhängend* spricht man nur im Zusammenhang mit gerichteten Graphen. *Endliche Graphen* besitzen eine endliche Menge von Knoten und eine endliche Menge von Kanten. Ist $E \subseteq \emptyset$, enthält also keine Kanten, so wird der Graph *entartet* genannt. Ein ungerichteter schlichter Graph mit der Knotenmenge V heißt *vollständiger Graph*, wenn je zwei verschiedene Knoten aus V durch eine Kante verbunden sind. Ist $G = (V, E)$ ein Graph und f eine Abbildung, die jeder Kante eine reelle Zahl zuordnet, so heißt (V, E, f) ein *bewerteter Graph* und $f(e)$ die *Bewertung* der Kante e. In der Literatur ist von Bewertungen auch von *Kantengewichten* die Rede [162]. Ein Graph dessen Kanten gewichtet sind, heißt *gewichteter Graph*.

Untergraphen: Ist $G = (V, E)$ ein Graph, dann heißt ein Graph $G' = (V', E')$ *Untergraph* von G, wenn $V' \subseteq V$ und $E' \subseteq E$ gilt. Ein Untergraph von $G' = (V', E')$ von $G = (V, E)$ wird *Teilgraph* von G genannt, wenn $V' = V$, das bedeutet, wenn G' alle Knoten von G besitzt.

Baum: Ein ungerichteter zusammenhängender Graph, in dem kein Kreis existiert, wird *Baum* genannt. Jeder Baum mit mindestens zwei Knoten enthält mindestens zwei Knoten vom Grad 1. Jeder Baum mit der Knotenzahl n enthält genau $n - 1$ Kanten. Knoten eines Baumes mit dem Grad 1 werden *Blätter* genannt. Ein gerichteter Graph heißt Baum, wenn G zusammenhängend ist und keinen Zyklus enthält. Ein Baum mit einem ausgezeichneten Knoten wird *Wurzelbaum* genannt, der ausgezeichnete Knoten heißt *Wurzel*. Wege werden in einem Wurzelbaum von der Wurzel weggerichtet betrachtet. Hat ein Baum genau einen Knoten vom Grad 2 und sonst nur Knoten vom Grad 1 oder 3, dann wird er *regulärer binärer Baum* genannt.

Werden aus einem zusammenhängenden Graphen Kanten entfernt, ohne dass dabei die Eigenschaft *zusammenhängender Graph* zerstört wird, so entsteht ein Graph mit Baumcharakter der *aufspannender Baum* genannt wird.

Beziehungen/Eigenschaften zwischen Graphen: Isomorphie ist eine Eigenschaft, die zwischen zwei Graphen besteht. Ein Graph $G_1 = (V_1, E_1)$ heißt *isomorph* zu einem Graphen $G_2 = (V_2, E_2)$, wenn es je eine bijektive Abbildung φ von V_1 auf V_2 und ψ von E_1 auf E_2 gibt, die verträglich mit der Inzidenzfunktion sind. D.h. sind u, v Endpunkte einer Kante, dann sind $\varphi(u)$ und $\varphi(v)$ Endpunkte einer Kante.

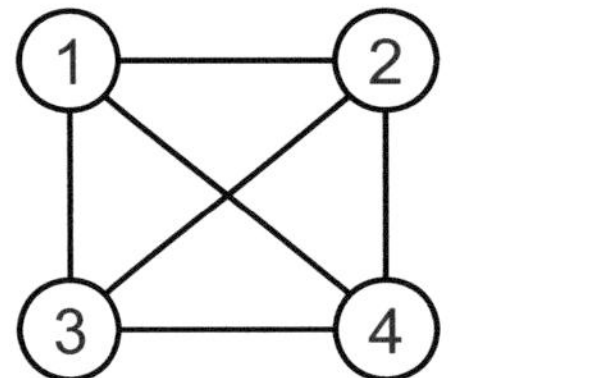
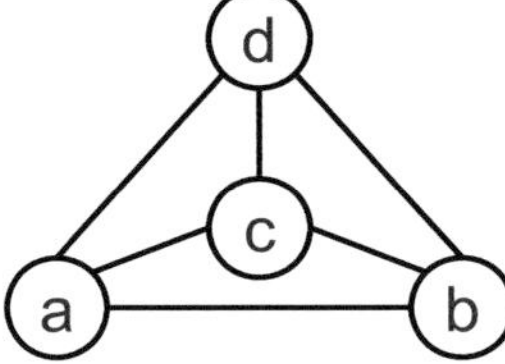

Abbildung 2.1: Beispiel zweier zueinander isomorpher Graphen [51]

2.3 Logik

Die folgenden Grundlagen zu Logik sind [51], [162], [61], [218] und [95] entnommen.

Logik ist die allgemeine Theorie der folgerichtigen Aussagen und ihrer gültigen Beziehungen [61]. Dabei wird eine Sprache (*Kalkül*) geschaffen, in der logische Zusammenhänge besser, übersichtlicher und exakter dargestellt werden können. Außerdem werden Regeln eingeführt, mit denen von gegebenen Formeln und Zeichenreihen zu anderen Formeln bzw. Zeichenreihen übergegangen werden kann.

Grundlegend für die Beschreibung von Logik sind *Aussagen* [5]. Die Menge aller Aussagen wird mit $\mathcal{S}$ bezeichnet. Um auszudrücken, dass ein Satz s aus den Sätzen s_1, s_2 und s_3 folgt, wird üblicherweise $\{s_1, s_2, s_3 \models s\}$ geschrieben. Dabei stellt $\models$ die *Schlussfolgerungsrelation* dar, welche Mengen von Aussagen zu einzelnen Aussagen in Beziehung setzt. Eine Logik L setzt sich zusammen aus einer Menge von Aussagen gemeinsam mit einer Schlussfolgerungsrelation und kann abstrakt beschrieben werden durch $L = (\mathcal{S}, \models)$ [116].

Im Folgenden werden Aussagenlogik, Prädikatenlogik und Beschreibungslogik betrachtet. In dieser Reihenfolge steigt die Ausdrucksfähigkeit der Logiken.

---

[5] Aussagen werden in der Logik auch als *Sätze* bezeichnet.

Die Wertigkeit einer Logik gibt an mit wie vielen Wahrheitswerten sie arbeitet. Eine *2-wertige Logik* arbeitet mit *wahr* und *falsch*. Ist eine Logik 2-wertig und extensional [6], so spricht man von klassischer Logik. Zu diesen gehören die Aussagenlogik und die Prädikatenlogik. Fällt das Prinzip der Extensionalität weg, so wird von intensionaler Logik, wie beispielsweise der Modallogik [7] gesprochen.

2.3.1 Aussagenlogik

Sprachen dienen der Kommunikation und dem Ausdruck von Informationen. Informationen werden in Form von Aussagen dargestellt [82]. Aussagen sind gedankliche Widerspiegelungen eines Sachverhaltes in Form eines Satzes einer natürlichen oder künstlichen Sprache. Jede Aussage ist wahr oder falsch. *wahr* (auch W oder 1) bzw. *falsch* (auch F oder 0) werden *Wahrheitswerte* der Aussage genannt und auch als *aussagenlogische Konstanten* bezeichnet. Die Aussagenlogik untersucht den Wahrheitswert von *extensionalen* [8] *Aussagenverbindungen* in Abhängigkeit von den Wahrheitswerten der einzelnen Aussagen. In Aussagen werden *Elemente* [9] über *Junktoren* [10] erweitert oder verbunden.

Der Wahrheitswert wird über Verbindung durch die folgenden klassischen Junktoren bestimmt:

- NICHT A ($\neg A$)
- A ODER B ($A \vee B$)
- A UND B ($A \wedge B$)
- WENN A, DANN B ($A \Rightarrow B$)
- A GENAU DANN, WENN B ($A \Leftrightarrow B$) [11]

Dabei bezieht sich der einstellige Junktor ($\neg$) auf ein Element, zweistellige Junktoren setzten zwei Elemente zueinander in Relation. Damit können Aussagen über Aussagen gemacht werden. Aussagen die sich nicht weiter in Aussagen unterteilen lassen, heißen *Atome*.

---

[6] Die Extensionalität (auch Wahrheitsfunktionalität) ist ein Eigenschaft von Sprachen, die besagt, dass die Bedeutung eines Wortes eindeutig durch den benannten Gegenstand, und die Bedeutung eines zusammengesetzten Ausdrucks eindeutig durch die Bedeutung der Worte und deren Zusammenhang festgelegt ist [82].

[7] Modallogik enthält zusätzlich zu den Elementen der Prädikatenlogik Operatoren, mit denen Modalitäten wie »möglich« oder »manchmal« ausgedrückt werden können.

[8] Der Wahrheitswert der Aussagenverbindung hängt nur von den Wahrheitswerten der Teilaussagen und den verbindenden Junktoren ab.

[9] In der Literatur auch als *Argumente* oder *Operanden* bezeichnet.

[10] In der Literatur, vor allem in Verbindung mit Prädikatenlogik und Wissensmodellierung, auch als *Prädikate* bezeichnet.

[11] Hierfür sind auch Sprechweisen üblich wie »A impliziert B«, «B ist notwendig für A« oder »A ist hinreichende für B«.

Wahrheitstafeln der Aussagenlogik:

Negation

A	$\neg A$
0	1
1	0

Konjunktion

A	B	$A \wedge B$
0	0	0
0	1	0
1	0	0
1	1	1

Disjunktion

A	B	$A \vee B$
0	0	0
0	1	1
1	0	1
1	1	1

Implikation

A	B	$A \Rightarrow B$
0	0	1
0	1	1
1	0	0
1	1	1

Äquivalenz

A	B	$A \Leftrightarrow B$
0	0	1
0	1	0
1	0	0
1	1	1

Mit den dargestellten Verknüpfungen (Negation, Konjunktion, Disjunktion, Implikation und Äquivalenz) können aus gegebenen Aussagenvariablen kompliziertere *Ausdrücke der Aussagenlogik* aufgebaut werden. Diese Ausdrücke werden induktiv definiert:

1. Konstanten und Variablen sind Ausdrücke.

2. Sind A und B Ausdrücke, so sind es auch $(\neg A)$, $(A \wedge B)$, $(A \vee B)$, $(A \Rightarrow B)$, $(A \Leftrightarrow B)$.

Die Aussage WENN A UND B DANN C lautet in Aussagenlogik $A \wedge B \Rightarrow C$. Für $\neg A$ wird auch häufig $\overline{A}$ verwendet.

Wird jeder Aussagenvariablen eines Ausdrucks ein Wahrheitswert zugeordnet, so wird von *Belegung* der Variablen gesprochen.

Eine n-stellige *Wahrheitsfunktion* [12] ist eine Funktion, die jedem n-Tupel von Wahrheitswerten wieder einen Wahrheitswert zuordnet. Beispielsweise ordnet die 3-stellige Wahrheitsfunktion $A \wedge B \Rightarrow C$ jedem möglichen 3-Tupel von Wahrheitswerten für die Aussagen A, B, C wieder einen Wahrheitswert zu.

Zwei aussagenlogische Ausdrücke A und B heißen *logisch äquivalent* oder *wertverlaufsgleich* ($A = B$), wenn sie die gleiche Wahrheitsfunktion repräsentieren.

NAND/NOR: Jede Wahrheitsfunktion kann durch einen aussagenlogischen Ausdruck repräsentiert werden. Auf Implikation und Äquivalenz kann dabei verzichtet werden, da durch sie formulierte Wahrheitsfunktionen auch durch Kombinationen von Negation, Konjunktion und Disjunktion ausgedrückt werden können [13]. Darüber hinaus gibt es zwei zweistellige Wahrheitsfunktionen, die einzeln zur Repräsentation aller Wahrheitsfunktionen ausreichen.

---

[12] Eine Wahrheitsfunktion ist auch eine BOOLEsche Funktion (siehe Kapitel 2.3.2).
[13] Siehe Ersetzungsregeln laut [51] S. 285.

Diese sind zum einen die *NAND*-Funktion [14] (Funktionssymbol: |), zum anderen die *NOR*-Funktion [15] (Funktionssymbol: ↓).

<table>
<tr><td align="center">NAND-Funktion</td><td></td><td></td><td align="center">NOR-Funktion</td><td></td><td></td></tr>
<tr><td align="center">A</td><td align="center">B</td><td align="center">$A\,|\,B$</td><td align="center">A</td><td align="center">B</td><td align="center">$A \downarrow B$</td></tr>
<tr><td align="center">0</td><td align="center">0</td><td align="center">1</td><td align="center">0</td><td align="center">0</td><td align="center">1</td></tr>
<tr><td align="center">0</td><td align="center">1</td><td align="center">1</td><td align="center">0</td><td align="center">1</td><td align="center">0</td></tr>
<tr><td align="center">1</td><td align="center">0</td><td align="center">1</td><td align="center">1</td><td align="center">0</td><td align="center">0</td></tr>
<tr><td align="center">1</td><td align="center">1</td><td align="center">0</td><td align="center">1</td><td align="center">1</td><td align="center">0</td></tr>
</table>

Tautologien: Mit *Tautologie* oder *allgemeingültig* wird ein aussagenlogischer Ausdruck benannt, der die Wahrheitsfunktion identisch W repräsentiert. Demnach sind die Ausdrücke A und B genau dann logisch äquivalent, wenn $A \Leftrightarrow B$ eine Tautologie ist. Hierauf basieren mathematische Schlussweisen.

2.3.2 BOOLEsche Algebra und Schaltalgebra

Es bestehen Analogien in Bezug auf die Grundgesetze der Mengenalgebra und der Aussagenlogik, welche auch auf die Rechenregeln und Operationen mit anderen mathematischen Objekten zutreffen. Die Untersuchung dieser Rechenregeln führt auf den Begriff der *BOOLEschen Algebra*.

Eine BOOLEsche Algebra [16] gründet auf den fünf *Huntingtonschen Axiomen* [17] {Abgeschlossenheit, Kommutativgesetz, Distributivgesetz, Existenz eines neutralen Elements, Komplement} [122].

BOOLEsche Algebra: Eine Menge M, versehen mit zwei binären Operationen $\sqcap$ ("Konjunktion ") und $\sqcup$ ("Disjunktion "), einer einstelligen Operation $\neg$ ("Negation ") und zwei ausgezeichneten Elementen 0 und 1 aus B, heißt *BOOLEsche Algebra* $B = (M, \sqcap, \sqcup, \neg, 0, 1)$ wenn Assoziativgesetz, Kommutativgesetz, Absorptionsgesetz, Distributivgesetz sowie

- $a \sqcap 1 = 1$ bzw. $a \sqcup 0 = a$,

- $a \sqcap 0 = 0$ bzw. $a \sqcup 1 = 1$,

- $a \sqcap \neg a = 0$ bzw. $a \sqcup \neg a = 1$

gelten. Die in BOOLEschen Algebren verwendeten Symbole für Operationen sind nicht notwendigerweise identisch mit den in der Aussagenlogik verwendeten Operationen mit gleicher Bezeichnung.

---

[14] auch *SHEFFER*-Funktion genannt.

[15] auch *PIERCE*-Funktion genannt.

[16] Mit dem Begriff *Algebra* als mathematische Struktur wird eine (meist nichtleere) Menge bezeichnet, auf der eine oder mehrere Verknüpfungen (bzw. Operationen) definiert sind und in der gewisse Axiome gelten.

[17] Ein *Axiom* ist ein nicht deduktiv (im Sinne einer Schlussfolgerung von gegebenen Prämissen auf die logisch zwingenden Konsequenzen) abgeleiteter Grundsatz einer Theorie. Laut [162] ist ein Axiomensystem ein Verknüpfungsgebilde, dessen einzelne Aussagen nicht beweisbar, aus dem aber alle weiteren Regeln ableitbar sind.

Jede endliche BOOLEsche Algebra hat 2^n Elemente. Im Falle $n = 2$, d.h. bei zwei BOOLEschen Variablen a und b, gibt es 16 verschiedene BOOLEsche Funktionen (u.a. AND, OR, NAND, NOR, XOR, Äquivalenz, Implikation) [18]. Es bezeichnet B eine zweielementige BOOLEsche Algebra. Eine *n-stellige BOOLEsche Funktion* f ist eine Abbildung von B^n in B.

BOOLEsche Ausdrücke werden induktiv definiert: Es sei $X = x, y, z, ...$ eine (abzählbare) Menge *BOOLEscher Variablen*, die nur Werte aus $0, 1$ annehmen können, dann

- sind die Konstanten 0 und 1 sowie die Booleschen Variablen aus X *BOOLEsche Ausdrücke*.

- Falls S und T BOOLEsche Ausdrücke sind, so sind auch $\overline{T}$, $(S \sqcap T)$ und $(S \sqcup T)$ *BOOLEsche Ausdrücke*.

Enthält ein BOOLEscher Ausdruck die Variablen $x_1, ..., x_n$ so stellt er eine n-stellige BOOLEsche Funktion f_T dar. Man bezeichnet m als *Belegung* der BOOLEschen Variablen $x_1, ..., x_n$ im Falle $m = (m_1, ..., m_n) \in M$, also aus der Menge M der BOOLEschen Algebra.

Basissystem: In der Schaltalgebra wird eine Menge von Verknüpfungen [19] als Basissystem bezeichnet, wenn sich mit diesen Verknüpfungen jede beliebige Schaltfunktion eindeutig darstellen lässt. So ist beispielsweise $\{\neg, \wedge, \vee\}$ ein Basissystem. Durch Anwendung der DE MORGANschen Regeln lässt sich jeweils die Operation $\wedge$ bzw. die Operation $\vee$ eliminieren, so dass auch $\{\neg, \vee\}$ bzw. $\{\neg, \wedge\}$ Basissysteme sind. Wird dabei jeweils die einstellige Verknüpfung auf das Ergebnis der zweistelligen Verknüpfung angewendet, so entstehen Basissysteme, die nur noch aus jeweils einer Verknüpfung bestehen und $\{NAND\}$ bzw. $\{NOR\}$ genannt werden. Diese sind konform zu entsprechenden Überlegungen der Aussagenlogik (siehe Kapitel 2.3.1).

2.3.3 Prädikatenlogik

Wissenschaftliche Domänen als Ausprägungen der Mathematik (z.B. Informatik) haben es häufig mit Individualbereichen zu tun, in welchen gewisse Relationen und Operationen ausgezeichnet, bzw. von Interesse sind. Diese können mit der Sprache der Aussagenlogik nur teilweise oder sehr eingeschränkt ausgedrückt werden. Zur logischen Grundlegung der Mathematik wird daher eine ausdrucksstärkere Logik als die Aussagenlogik benötigt [51]. Die Prädikatenlogik ist der Teil von Logik, der die Eigenschaften solcher Relationen und Operationen einer logischen Analyse unterzieht. Dafür sind außer logischen Symbolen auch Variablen für die Individuen des betreffenden Bereiches nötig, sowie Symbole für die eingesetzten Relationen und Operationen [194]. Die folgenden Grundlagen der Prädikatenlogik sind [51], [95], [116], [194], [212] und [218] entnommen.

---

[18]Siehe Tabelle 5.4 in [51] S. 334.
[19]Diese Verknüpfungen entsprechen Operationen der BOOLEschen Algebra.

Prädikate: Betrachtete Objekte (oder Elemente) seien zu einem *Individualbereich* X zusammengefasst. Dabei wird X als Menge dieser Objekte betrachtet. Eigenschaften dieser Objekte werden als *Prädikate* bezeichnet [20]. Ein *n-stelliges Prädikat* über dem Individualbereich X ist eine Abbildung $P : X^n \Rightarrow \{F, W\}$, die jedem n-Tupel von Individuen einen Wahrheitswert zuordnet [51]. 2-stellige Prädikate spezifizieren den Zusammenhang oder die Relation zwischen zwei Elementen eines Individualbereiches (z.B. $A \vee B$). 1-stellige Prädikate spezifizieren eine Eigenschaft eines Elements (z.B. $\neg A$).

Quantoren: Charakteristisch für Prädikatenlogik ist die Verwendung von Quantoren. Dabei erweitert die Prädikatenlogik erster Stufe die Aussagenlogik um den Allquantor $\forall$ und den Existenzquantor $\exists$. Ist P ein 1-stelliges Prädikat so wird die Aussage »Für jedes x aus X gilt $P(x)$« mit $\forall x P(x)$ und die Aussage »Es gibt ein x aus X für das $P(x)$ gilt« mit $\exists x P(x)$ bezeichnet.

Ausdrücke: [21]: *Ausdrücke des Prädikatenkalküls* sind induktiv definiert:

- Sind $x_1, ..., x_n$ Individuenvariable und P eine n-stellige Prädikatenvariable, so ist $P(x_1, ..., x_n)$ ein Ausdruck.

- Sind A und B Ausdrücke, so sind es auch $(\neg A)$, $(A \wedge B)$, $(A \vee B)$, $(A \Rightarrow B)$, $(A \Leftrightarrow B)$, $(\forall x A)$ und $(\exists x A)$.

Damit ist die Aussagenlogik ein Teil der Prädikatenlogik.

In [218] werden *Terme* als grundlegender Bestandteil prädikatenlogischer Formeln beschrieben und entsprechen *Ausdrücken* in [51]. Diese sind als abstrakte Beschreibungen von Objekten der realen Welt mit Hilfe von Variablen und Funktionen zu verstehen.

Beispiele für prädikatenlogische Ausdrücke (Terme) sind nach [95]:

- $\exists x\ see(x, princess)$ "Es existiert jemand, der die Prinzessin sieht "

- $\forall x\ see(x, princess)$ "Alle sehen die Prinzessin "

Funktion: Eine Funktion ist ein Mapping von Elementen einer bestimmten Menge zu einem bestimmten Element einer anderen Menge [95]. Betrachtet man den prädikatenlogischen Ausdruck (bezeichnet als Formel in [218]) »$father(princess) = king$«, so wird darin der Term $father(princess)$, der seinerseits aus dem Prädikat $father()$ und dem Term (bezeichnet als Variable in [95]) $princess$ besteht, auf den Term $king$ gemappt.

Regel: Mit Prädikaten, Funktionen und logischen Operatoren und Quantoren können *Regeln* spezifiziert werden, beispielsweise
$in(princess, palace) \wedge in(king, garden) \Rightarrow \neg see(king, princess)$ [95].

---

[20] Dabei adressieren Prädikate nicht nur Eigenschaften dedizierter Objekte im Sinne von Attributen, sondern auch Eigenschaften im Sinne von Relationen, die zwischen Objekten bestehen.

[21] Zur Terminologie der Begriffe *Aussage* und *Ausdruck*. Eine Aussage ist die gedankliche Widerspiegelung eines Sachverhaltes in Form eines Satzes einer natürlichen oder künstlichen Sprache. Durch Verknüpfungen entstehen aus Aussagen (Aussagenvariablen) Ausdrücke (siehe [51] S. 283).

Interpretation: Eine *Interpretation* eines Ausdrucks der Prädikatenlogik besteht aus

- einer Menge (Individualbereich) und

- einer Zuordnung, die jeder n-stelligen Prädikatenvariablen ein n-stelliges Prädikat zuweist.

Die Interpretation einer geschlossenen Formel liefert somit eine Aussage. Enthält ein Ausdruck der Prädikatenlogik freie Variablen, so repräsentiert eine Interpretation dieses Ausdrucks eine Relation im Individualbereich. In [162] werden mit Interpretation Verknüpfungsgebilde benannt, die durch Abstraktion auf ein bestimmtes Axiomensystem zurückgeführt werden können. In [116] wird der Begriff der Interpretation etwas weiter gefasst. Dies basiert auf der Grundidee Aussagen (als syntaktische Aussagen einer Logik) gegenüber *Interpretationen* ins Verhältnis zu setzen. Dabei stellt man sich Interpretationen als denkbare »Realitäten«, »Welten« oder »Ausprägungen von Realitäten« vor. Es sind Kriterien von Interesse, anhand derer entschieden werden kann ob eine konkrete Interpretation I eine konkrete Aussage $s \in S$ *erfüllt*. Hier schreibt man I sei *Modell* von s, also $I \models s$. Daraus wird die *Folgerungsrelation* abgeleitet: Eine Aussage $s \in S$ folgt aus einer Menge von Aussagen $S \subseteq S$ (also: $S \models s$) genau dann, wenn jede Interpretation I, die jede Aussage s' aus S erfüllt (also: $I \models s'$ für alle $s' \in S$), auch Modell von s ist ($I \models s$).

Dies kann als Folgerung von implizitem Wissen, bzw. der Erfüllung von hinreichenden Bedingungen betrachtet werden. Auf diesen Punkt wird in Kapitel 10 genauer eingegangen.

Prädikatenlogik erster Stufe: Verglichen mit der Aussagenlogik (siehe Kapitel 2.3.1) ermöglicht die Prädikatenlogik erster Stufe einen feingranulareren Ansatz in Bezug auf die Beschreibung und logische Schlussfolgerung von Aussagenteilen [212]. Man unterscheidet zwischen *Prädikatenlogik erster Stufe* und Prädikatenlogiken höherer Stufen. Prädikatenlogiken höherer Stufen wie Modallogik, Fuzzy-Logik oder Neuronale Netze können alle mit den Mitteln der Prädikatenlogik erster Stufe definiert werden [95] [22]. Im Gegensatz zu Prädikatenlogiken höherer Stufe sind die Quantifizierungsmöglichkeiten bei der Prädikatenlogik erster Stufe beschränkt [194] [212]. Damit sind Ausdrücke der Prädikatenlogik erster Stufe entscheidbar, was für Ausdrücke von Prädikatenlogik höherer Stufe nicht mehr gelten muss.

2.3.4 Kategorien und Konzepte

Die bisherigen Ausführungen bezogen sich überwiegend auf mathematische Grundlagen. Die betrachteten Sprachen zur Beschreibung von Logik werden für die Darstellung von Zusammenhängen zwischen konkreten sowie abstrakten Dingen angewendet.

---

[22]Sowa [212] über die Prädikatenlogik erster Stufe: »*It can be used as metalanguage for defining other kinds of logic, and even more: First-order logic has enough expressive power to define all of mathematics, every digital computer that has ever been build, and the semantics of every version of logic, including itself*«.

Da der dargestellte Inhalt auf einer Logik basiert, also aus einer Menge von Ausdrücken und einer Schlussfolgerungsrelation (vgl. Kapitel 2.3), kann daraus implizites Wissen gefolgert werden. Es ist eine große Motivation der Wissensmodellierung Wissen darzustellen und auf Wissen, welches implizit in dieser Darstellung vorhanden ist, zu schließen.

Das *Semiotische Dreieck* [175] [23] verdeutlicht das Dilemma, welches entsteht, wenn Sprache eingesetzt wird um Dinge zu beschreiben und ihnen Bedeutung zu geben (siehe Abbildung 2.2). Es gibt einen Unterschied zwischen einem Ding, Objekt oder Konzept, dem Symbol, Namen oder Identifikator der dafür verwendet wird und der Bedeutung die man damit verbindet.

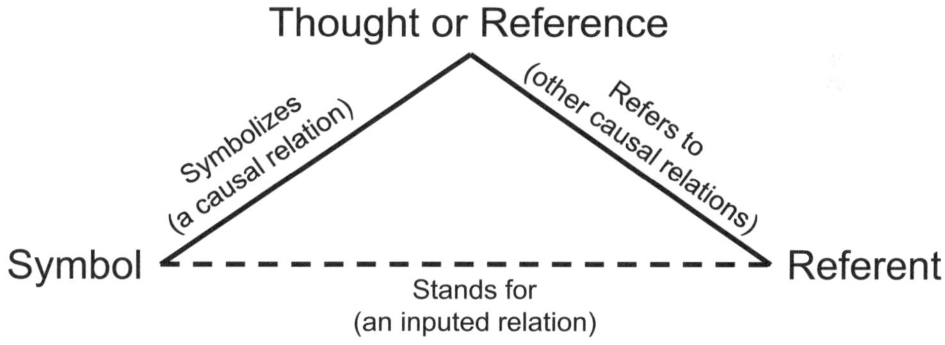

Abbildung 2.2: Semiotisches Dreieck nach [218]

Um die Klarheit von Formulierungen und Aussagen zu erhöhen, gilt es Begrifflichkeiten einzuführen und gegeneinander abzugrenzen. Hier ist der Terminus *Kategorie* zu nennen, der vergleichbar zu den Termini *Klasse* aus der Softwaretechnik, *Konzept* aus dem Ontology-Engineering oder *Begriff* aus der Linguistik zu verstehen ist.

Ein *Konzept* fasst die Erwartungen zusammen, die ein Betrachter mit Objekten verbindet, welche diesem Konzept zugeordnet werden. Der Begriff *Objekt* bezieht sich dabei auf Dinge der realen Welt, während ein *Konzept* ein fiktives Konstrukt bezeichnet. Eng verwandt mit Konzepten sind *Kategoriesysteme*. Diese ordnen Objekte aufgrund ihrer Eigenschaften in unterschiedliche Kategorien ein. Dabei kann eine hierarchische Struktur von Kategorien entstehen. Bei Kategorisierung unterscheidet man zwischen *extensionaler Beschreibung*, bei welcher die Kategorie durch die Menge der Objekte beschrieben wird, welche zur Kategorie gehören, und der *intensionalen Beschreibung*, bei welcher die Eigenschaften beschrieben werden, welche allen Objekten gemeinsam sind, die zur Kategorie gehören.

---

[23]Mit Semiotik wird die Lehre von Zeichen und ihrer Bedeutung beschrieben.

Im Rahmen dieser Arbeit wird eine Anzahl an Begriffen benötigt, deren Unterscheidung sich nicht zwangsläufig aus den Adressaten ergibt, sondern vielmehr aus den Perspektiven oder den Hintergründen vor welchen sie betrachtet werden. Die im Rahmen dieser Arbeit verwendeten Termini sind:

- **Ding**: Bezeichnung einer Sache unabhängig ob sie etwas Reales oder Fiktives, Konkretes oder Abstraktes, Spezielles oder Generelles beschreibt.

- **Element**: Begriff für ein fiktives Ding in Zusammenhang mit mengentheoretischen Betrachtungen. Mengen enthalten immer Elemente. Jedes Element kann seinerseits Konzepte erfüllen.

- **Menge**: Dieser Begriff wird als Zusammenfassung von Elementen [24] verstanden.

- **Objekt**: Bezieht sich immer auf ein Ding aus der realen Welt bzw. ein direktes Modell davon [25].

- **Klasse**: Intensionale Beschreibung einer Kategorie im Bereich des Model Driven Engineering. Eine Klasse kann auf den Ebenen M1, M2 und M3 nach [140] beschrieben sein (s. Kapitel 2.9.2).

- **Instanz**: Dieser Begriff bezieht sich ebenfalls auf den Bereich des Model Driven Engineering (s. Kapitel 2.9.2) und drückt eine Ableitung von oben nach unten aus (*Top Down*). Eine Instanz ist ein erschaffenes reales oder fiktives Ding, welches die intensional beschriebenen Eigenschaften einer Klasse erfüllt. Man sagt auch "Instanz der Klasse K" um die Ableitung zu verdeutlichen. Eine Instanz einer Klasse kann dabei Klasse einer anderen Instanz sein.

- **Konzept**: Wird synonym für die intensionale Beschreibung von Eigenschaften sowie für die Menge von Elementen, welche diesen Eigenschaften genügen, verwendet. Im Gegensatz zum Begriff »*Klasse*« wird »*Konzept*« verwendet um eine Zuordnung von unten nach oben (*Bottom Up*) auszudrücken. Durch diesen Zusammenhang beschreibt jedes Konzept auch eine Menge und damit deren Elemente.

- **Individuum**: Dinge, die einem oder mehreren Konzepten zugeordnet sind oder sich im Begriff befinden einem oder mehreren Konzepten zugeordnet zu werden. Wird ein Konzept als eine Menge verstanden, so entsprechen Individuen den Elementen.

- **Relation**: Beschreibt eine Beziehung zwischen Dingen. Dabei ist eine Relation selbst ein Ding. Relationen werden als 2-stellige Prädikate verstanden [26].

---

[24]In Kapitel 2.1.1 ist von Objekten die Rede, dieser Begriff ist allerdings hier schon vorbelegt.

[25]Nach [18] können Benutzerobjekte als Modellrepräsentationen von realen Objekten auf M1 Ebene (Metapyramide nach [140]) betrachtet werden

[26]Im Falle der Negation spricht man von einem 1-stelligen Prädikat, aber nicht von einer Relation.

2.3.5 Beschreibungslogik

Mit Beschreibungslogiken wird eine Familie von Sprachen bezeichnet, mit welcher das Wissen einer Domäne dargestellt werden kann. Die Domäne wird dabei durch Konzeptbeschreibungen beschrieben. Beschreibungslogiken verfügen im Vergleich zu ihren Vorgängern, wie beispielsweise Semantischen Netzen [211], über formale, logikbasierte Notationen. Beschreibungslogiken beschränken üblicherweise die Verwendung von Prädikaten auf einstellige und zweistellige Prädikate. Damit stellen Beschreibungslogiken eine Untermenge der Prädikatenlogik erster Stufe dar. Im Vergleich zu diesen verwenden Beschreibungslogiken eine andere Syntax und eine andere Semantik, die sich mehr an der Darstellung von Ontologien [27] orientiert [218].

Zur Darstellung von Zusammenhängen werden häufig Tripel verwendet. Das mittlere Element des Tripels beschreibt ein Prädikat, das sich auf die beiden äußeren Elemente bezieht, bzw. diese in Relation setzt. Gängig sind *Object-Attribute-Value Tripel* (O-A-V), mit welchen Werte konkreten Objekten zugeordnet werden können. Ein Beispiel eines O-A-V Tripels wäre »*Ball-hatFarbe-gelb*« [95].

Abstrakter sind *Subjekt-Prädikat-Objekt Tripel* (S-P-O). Ein S-P-O Tripel beschreibt einen Zusammenhang oder eine Relation, die durch das Prädikat zwischen einem Subjekt und einem Objekt besteht.

Ein Beispiel eines S-P-O Tripels ist »*Funktion-wirdAusgeführtAuf-Prozessor*«. Subjekte und Objekte beziehen sich je nach Anwendung oder Sprache häufig auf Dinge [98] bzw. Ressourcen [151]. Beschreibungslogiken wurden in der Erstellung verschiedener Web Ontologie Sprachen verwendet.

In Beschreibungslogiken werden zwei Mengen, sog. »Boxen« von Dingen unterschieden. Die *T-Box* beschreibt Konzepte, Klassen und terminologisches Wissen, die *A-Box* beschreibt konkrete Objekte [28]. Ein System, das auf einer Wissensbasis aufbaut, die als T-Box-A-Box-Paar strukturiert ist, kann Schlussfolgerungen über Terminologie und Aussagen treffen [95].

Es seinen A und B Ausdrücke. Dann sind Kombinationen von A und B unter Verwendung der von Beschreibungslogiken unterstützen Operatoren ebenfalls Ausdrücke:

- **Konjunktion** ($A \sqcap B$) beschreibt die Menge aller Element die Konzept A genügen und ebenfalls Konzept B.

- **Disjunktion** ($A \sqcup B$) beschreibt die Menge aller Elemente, die Konzept A genügen oder Konzept B.

- **Negation** ($\neg A$) beschreibt die Menge aller Elemente, die nicht Konzept A genügen.

---

[27]Ontologien sind ein Teilgebiet der Informatik das sich mit der meist sprachlich gefassten und formal geordneten Darstellung einer Menge von Begrifflichkeiten und der zwischen ihnen bestehenden Beziehungen in einem bestimmten Gegenstandsbereich kümmert. Ontologien beschreiben nach [102] eine »*... explizite formale Spezifikation einer Konzeptualisierung.*« (s. Kapitel 10).

[28]Dabei steht »T« für *Terminological* und »A« für *Assertional*.

- **Existenzrestriktion** ($\exists x_i A$) stellt die Forderung auf, dass es eine Relation zu einem anderen Element gibt. $\exists x_i A$ beschreibt die Menge aller Elemente, welche die Relation x_i zum Element A haben.

- **Typrestriktion** ($\forall x_i A$) stellt die Forderung auf, dass alle Elemente, die eine bestimmte Relation zum beschriebenen Element haben, einem bestimmten Konzept genügen müssen (falls die Menge möglicher Elemente nicht $\emptyset$ ist). $\forall x_i A$ beschreibt alle Elemente, welche die Relation x_i nur zu Elementen vom Typ A haben.

- **Kardinalitätsrestriktion** (z.B. $\geq 5 x_i A$) beschreibt die Menge von Elementen, die mindestens 5 Relationen vom Typ x_i zu Elementen vom Typ A haben.

Die genannten Ausdrücke lassen sich verwenden um bestimmte Mengen von Elementen zu beschreiben. Sollen Konzepte genauer beschrieben werden, so ist es erforderlich eine Verbindung zwischen Konzeptnamen und der entsprechenden Definition herzustellen. Dies geschieht durch folgende Axiome:

- **Subsumption** ($A \sqsubseteq B$) bedeutet, dass die Menge von Objekten, welche durch das Konzept A beschrieben wird, eine Untermenge der Menge von Objekten darstellt, welche durch das Konzept B beschrieben werden. Dies entspricht der Vererbungsrelation im Paradigma der Objektorientierung.

- **Äquivalenz** ($A \equiv B$) bedeutet, dass die Konzepte A und B die gleiche Menge von Elementen beschreibt. Dies entspricht dem Ausdruck $(A \sqsubseteq B) \sqcap (B \sqsubseteq A)$.

- **domain** und **range** Restriktion: Legen die Typen von Elementen fest, die in einer Relation auftreten dürfen:

    - $\exists r \sqsubseteq C$ entspricht domain Restriktion der Relation r auf Elemente vom Typ C.

    - $\top \sqsubseteq \forall r.C$ [29] entspricht der range Restriktion, da das Axiom ausdrückt, dass der Ausdruck $\forall r.C$ für alle Elemente, die ja durch $\top$ dargestellt werden, gilt [30].

2.4 Vorgehensmodelle

Die Entwicklung von umfassenden Systemen wie Industrieanlagen, Fahrzeugen, Flugzeugen, Schiffen oder Kraftwerken ist eine herausfordernde Aufgabe. Neben der Vielfalt zu bewältigender Einzelaufgaben gilt es Ressourcen für die Umsetzung einzuplanen, sowie auf eine Abnahme des Systems hinzuarbeiten. Das Gesamtsystem ist üblicherweise so komplex, dass es nicht möglich ist, Systemdetails, Systemübersicht und Entwicklungsübersicht gemeinsam sowie durch eine Rolle zu betrachten.

---

[29] Ausdrücke der Form $r.C$ bedeutet, dass sich eine Relation r auf ein Konzept C bezieht. $friends.Elephant$ beschreibt die Menge aller Elemente, die mit einem Element, das dem Konzept $Elephant$ genügt, in der Relation $friend$ stehen.

[30] Durch $\top$ wird die Menge aller Elemente, durch $\bot$ die leere Menge repräsentiert.

Dies macht eine Unterteilung des Gesamtsystems in Teilsysteme, eine Aufteilung der Entwicklung in Entwicklungsphasen sowie eine gemeinsamen Bearbeitung der Entwicklung in einem Team mit verteilten Rollen erforderlich. Daraus entsteht die Notwendigkeit von Schnittstellen zwischen den einzelnen Teilen, Rollen und Phasen. Die Softwaretechnik hat historisch eine Vorreiterrolle in der Formalisierung der Entwicklung großer Systeme. Die Grundlagen für die Vorgehensweise bei der Entwicklung von Softwareprodukten wurde in von Benington [39] gelegt. Heute existieren etliche Weiterentwicklungen und Interpretationen von Entwicklungs- und Vorgehensmodellen für verschiedene Domänen, Sichtweisen und Systemausprägungen.

Ein Prozessmodell, auch Vorgehensmodell genannt, legt fest, welche Aktivitäten in welcher Reihenfolge von welchen Personen erledigt werden, welche Ergebnisse dabei entstehen und wie diese in der Qualitätssicherung überprüft werden [32].

In Vorgehensmodellen wird der Zustand oder Status eines Systems häufig von der Wiege bis zur Bare modellhaft dargestellt. Dabei muss das System nicht in jedem beschriebenen Zustand real sein. Jede Systementwicklung, und damit auch jedes System beginnt mit einer mehr oder weniger konkreten Idee, die ihrerseits einen Zustand des Systems darstellt. Abhängig von Art und Komplexität von Systemen sowie dem Umfeld in dem sie entwickelt oder eingesetzt werden, unterscheidet sich der Fokus von Lebenszyklusmodellen sowie die betrachtete Abdeckung von Systemzuständen. Der Beginn jedes Lebenszyklusmodells ist eine Art von Anforderungsanalyse (engl. Requirements Engineering [200]). Der letzte betrachtete Zustand variiert zwischen Systemfertigstellung über Auslieferung, bis zur Entsorgung. Im Folgenden werden einige Lebenszyklusmodelle vorgestellt.

Hunger beschreibt in [121] eine ausführliche Anforderungsanalyse. Das darin vorgestellte Modell bezieht sich auf die Entwicklung militärischer Systeme und beschreibt mit den Phasen *Sortie Mission* und *Life Mission* eine differenzierte und umfassende Analyse von möglichen Einsatzszenarien des zu entwickelnden Systems sowie der Analyse möglicher Systemzustände. Die Betrachtungen dieses Vorgehensmodells schließen mit der Entwicklungsspezifikation sowie der Beschreibung von Reviews während der folgenden Umsetzung.

Das **Spiralmodell** [46] nach Boehm detailliert vor allem die Konzept- und Spezifikationsphasen einer Entwicklung. Sein Vorschlag geht dahin, in jedem Detaillierungsgrad der Entwicklung eine Risikoanalyse [31] sowie ein Prototyping durchzuführen, sowie durch Simulation oder Modellierung das Design und die Spezifikation zu verfeinern und zu dokumentieren. Das Spiralmodell geht davon aus, dass die Durchführung der Entwicklung aus mehreren gleichartigen Phasen besteht. Wobei sich diese vor allem in den kumulativen Kosten jeder Phase unterscheiden [34]. Dabei werden für jedes Teilprodukt und für jede Detaillierungsgrad vier zyklische Schritte durchlaufen. Diese sind: **Festlegung der Ziele und Beurteilung von Alternativen, Risikoanalyse, Entwicklung und Test** sowie **Planung des nächsten Zyklus.**

---

[31] [33] benennt Risiko zum antreibenden Moment für die Verwendung des Spiralmodells.

2.4.1 Wasserfallmodell

Die meisten Vorgehensmodelle basieren in irgendeiner Weise auf den Ideen, die Royce 1970 im sog. Wasserfallmodell beschrieb [198]. Darin wird ein flussorientierter Ablauf von Entwicklungsphasen angenommen. Am Ende jeder Phase existierten eine oder mehrere Dokumente, welche die Arbeitsprodukte der abgeschlossenen Phase beinhalten. Diese dienen folgenden Phasen als Eingangsdaten. Ausgangspunkt des Vorgehensmodells ist die Erkenntnis, dass jede Entwicklung von Softwareprodukten aus Analyse und Umsetzung (Coding) besteht. Diese werden detailliert in die Entwicklungsphasen (engl. Implementation Steps nach [198]):

- Systemanforderungen

- Softwareanforderungen

- Vorläufiges Programm Design (engl. Preliminary Program Design)

- Analyse

- Programm Design

- Umsetzung (engl. Coding)

- Test

- Verwendung (engl. Operations)

Da jede Phase die Arbeitsergebnisse der vorangehenden Phase detailliert, bzw. die in einer Phase erarbeiteten Ergebnisse einer nachfolgenden Phase als Eingangsdaten dienen, gibt es Iterationen zwischen benachbarten Phasen. Durch die Tatsache, dass erst der Test am Ende der Entwicklung über die Bereitstellung der geforderten Funktionalität Aufschluss gibt, muss damit gerechnet werden, dass Testergebnisse iterativ Einfluss auf das Programm Design oder gar die Softwareanforderungen nehmen. Dieser Möglichkeit soll die Phase *Vorläufiges Programmdesign* entgegenwirken. Darin gilt es die technische Realisierbarkeit nachzuweisen [32]. Im Wasserfallmodell wird ebenfalls die Idee des *Rapid System Prototyping* vorgestellt. Dabei soll basierend auf dem vorläufigen Programm Design durch Simulation gezeigt werden, dass das Endprodukt funktioniert. Dabei werden alle Folgephasen des Vorgehensmodells in einer Art Miniaturisierung zur Anwendung gebracht. Dies resultiert in nützlichen Informationen für den Durchführung der entsprechenden Phasen der eigentlichen Entwicklung.

Des Weiteren geht das Wasserfallmodell auf Planung des Testprozesses, Durchführung und Management des Testens, sowie Reviews in dedizierten Phasen der Entwicklung ein. Abbildung 2.3 stellt die Inhalte des Wasserfallmodells sowie dessen flussbasierten Ablauf dar.

---

[32]Bestimmung von Speicherbedarf, Ausführungsdauer, Synchronisation von Prozessen, etc.

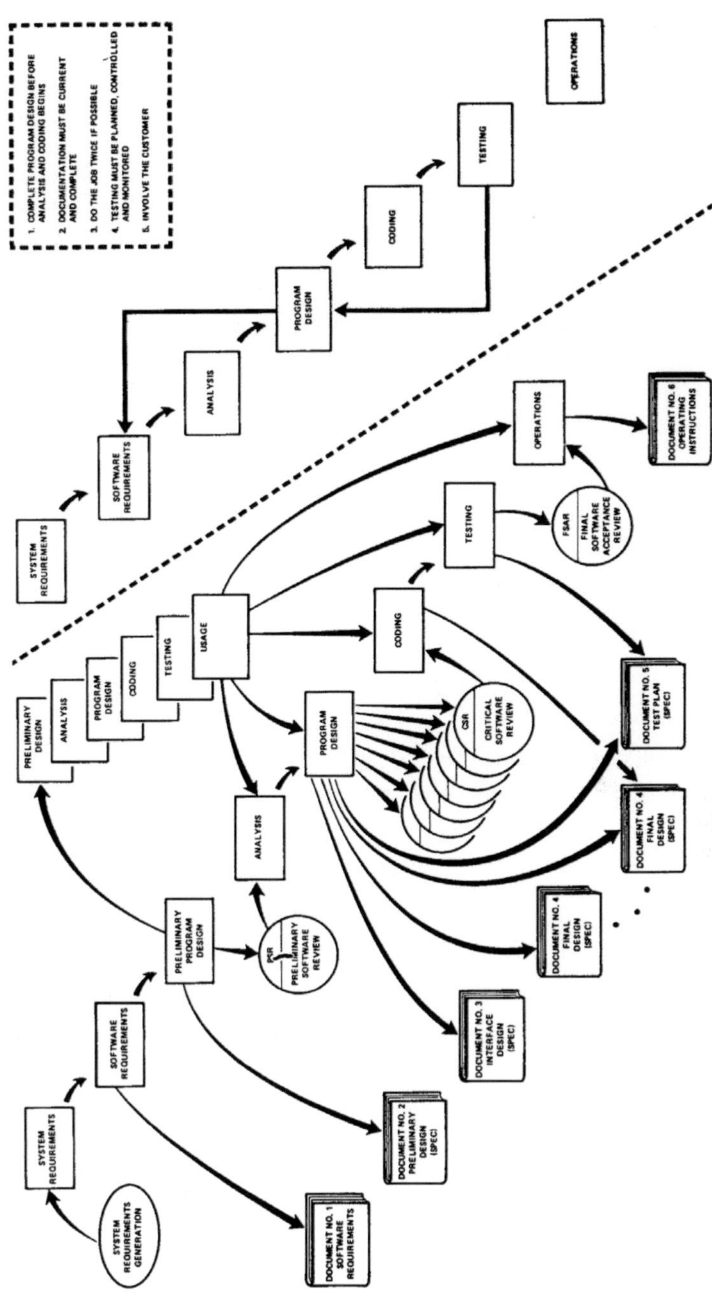

Abbildung 2.3: Wasserfallmodell nach Royce [198]

2.4.2 V-Modell

Das V-Modell ist heute bei der Entwicklung eingebetteter Systeme einer der am häufigsten eingesetzten Referenzprozesse [202]. Das V-Modell legt Aktivitäten und Produkte des Entwicklungs- und Pflegeprozesses fest. Es wurde ursprünglich für die Entwicklung eingebetteter Systeme entwickelt, wobei Software immer als ein Bestandteil eines informationstechnischen Systems (IT-System) angesehen wird [33]. Das V-Modell ist eine Entwicklungsstandard aus der IT-Branche, der aus dem Wasserfallmodel weiterentwickelt wurde. Die erste Version des V-Modells lag 1992 vor. 1997 wurde die Weiterentwicklung, das V-Modell 97 vorgestellt, 2005 das V-Modell XT [33] veröffentlicht. Aktuell ist das V-Modell XT (s. Kapitel 2.4.3) als Entwicklungsstandard für IT-Systeme des Bundes für die Planung und Durchführung von IT Projekten verbindlich vorgeschrieben [128]. Die in diesem Kapitel dargestellten Grundlagen beziehen sich auf das V-Modell 97 [126].

Das V-Modell ist eine Weiterentwicklung des Wasserfallmodells. Es integriert die Qualitätssicherung in das Wasserfallmodell [33]. Das V-Modell besteht aus den folgenden vier Submodellen, welche die verschiedenen Ausprägungen von Projekten adressieren.

- Systemerstellung (SE)

- Qualitätssicherung (QS)

- Konfigurationsmanagement (KM)

- Projektmanagement (PM)

Abbildung ?? stellt das Zusammenspiel der Submodelle des V-Modell 97 dar [34] [126].

Die Schritte des Submodells Systemerstellung (SE) werden in Form eines »V« dargestellt (s. Abbildung 2.5). Die oberen Enden der beiden Schenkel des »V« bilden die Hauptaktivitäten *Systemanforderungsanalyse* (SE1) und *Überleitung in die Nutzung* (SE9), die in der Hauptaktivität *Softwareimplementierung* (SE6) zusammenlaufen. Diese Repräsentation entspricht dem Einführen eines Knicks in der Entwicklungsphase "Coding "des Wasserfallmodells.

Das Submodell SE des V-Modells umfasst die neun Hauptaktivitäten:

- Systemanforderungsanalyse (SE1),

- Systementwurf (SE2),

- Software-/Hardwareanforderungsanalyse (SE3),

- Grobentwurf von Software und Hardware (SE4),

- Feinentwurf von Software und Hardware (SE5),

- Implementierung von Software und Hardware (SE6),

- Integration von Software und Hardware (SE7),

---

[33]Im betrachteten Kontext steht XT für *eXtreme Tailoring*.
[34]Entnommen aus EStdIT-VModell-Regelung-2EINF.DOC.

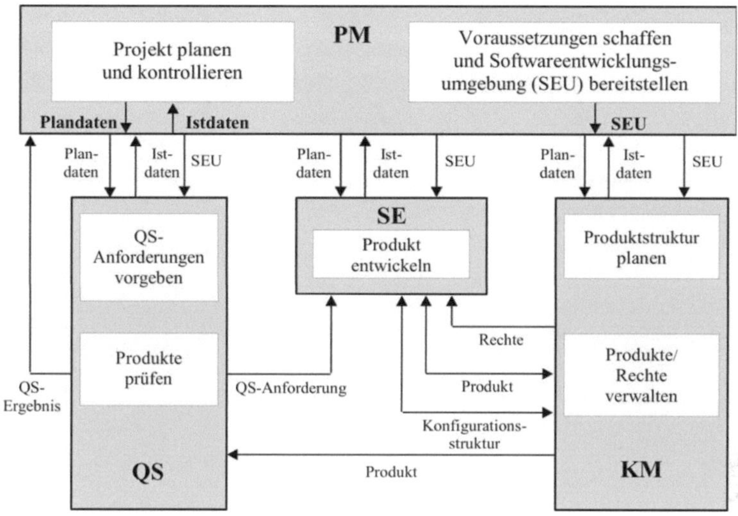

Abbildung 2.4: Zusammenspiel der Submodelle nach [126]

- Systemintegration (SE8) und

- Überleitung in die Nutzung (SE9),

die ihrerseits in Aktivitäten verfeinert sind. Zwischen den Hauptaktivitäten werden Dokumente und Materialien beschrieben, welche Arbeitsergebnisse/Arbeitsproduk-te der vorangehenden Hauptaktivität sind oder den nachfolgenden Hauptaktivitäten als Eingangsdaten dienen.

Hierbei haben Tests einen besonderen Stellenwert. Man unterscheidet mit steigender Abstraktion die Typen *Modultest, Integrationstest, Systemtest* und *Abnahmetest*, wobei die ersten drei dem Bereich der *Verifikation* zugeordnet werden, während der letztge-nannte dem Bereich der *Validierung* zugeordnet wird [35]. Der Detaillierungsgrad des Systems, welches durch einen Typ von Tests überprüft wird, entspricht im V-Modell dem Detaillierungsgrad der Systemspezifikation auf gleicher Höhe des gegenüber-liegenden Schenkels der »V« Darstellung. Dabei wird gegen die Arbeitsprodukte (Spezifikationen) getestet, die in der gegenüberliegenden Hauptaktivität erarbeitet wurden.

Im V-Modell wird die Entwicklung von Systemen mit Software- und Hardwareantei-len betrachtet. Hauptaktivitäten mit einem hohen Abstraktionsgrad führen eine ge-meinschaftliche Betrachtung auf einem System durch. Zwischen SE3 und SE8 können die Entwicklungen von Software und Hardware als nebenläufig betrachtet werden.

---

[35]Unter *Verifikation* wird die Überprüfung der Übereinstimmung zwischen einem Softwareprodukt und seiner Spezifikation, unter *Validation* (bzw. *Validierung*) die Eignung bzw. der Wert eines Pro-duktes bezogen auf seinen Einsatzzweck verstanden [33].

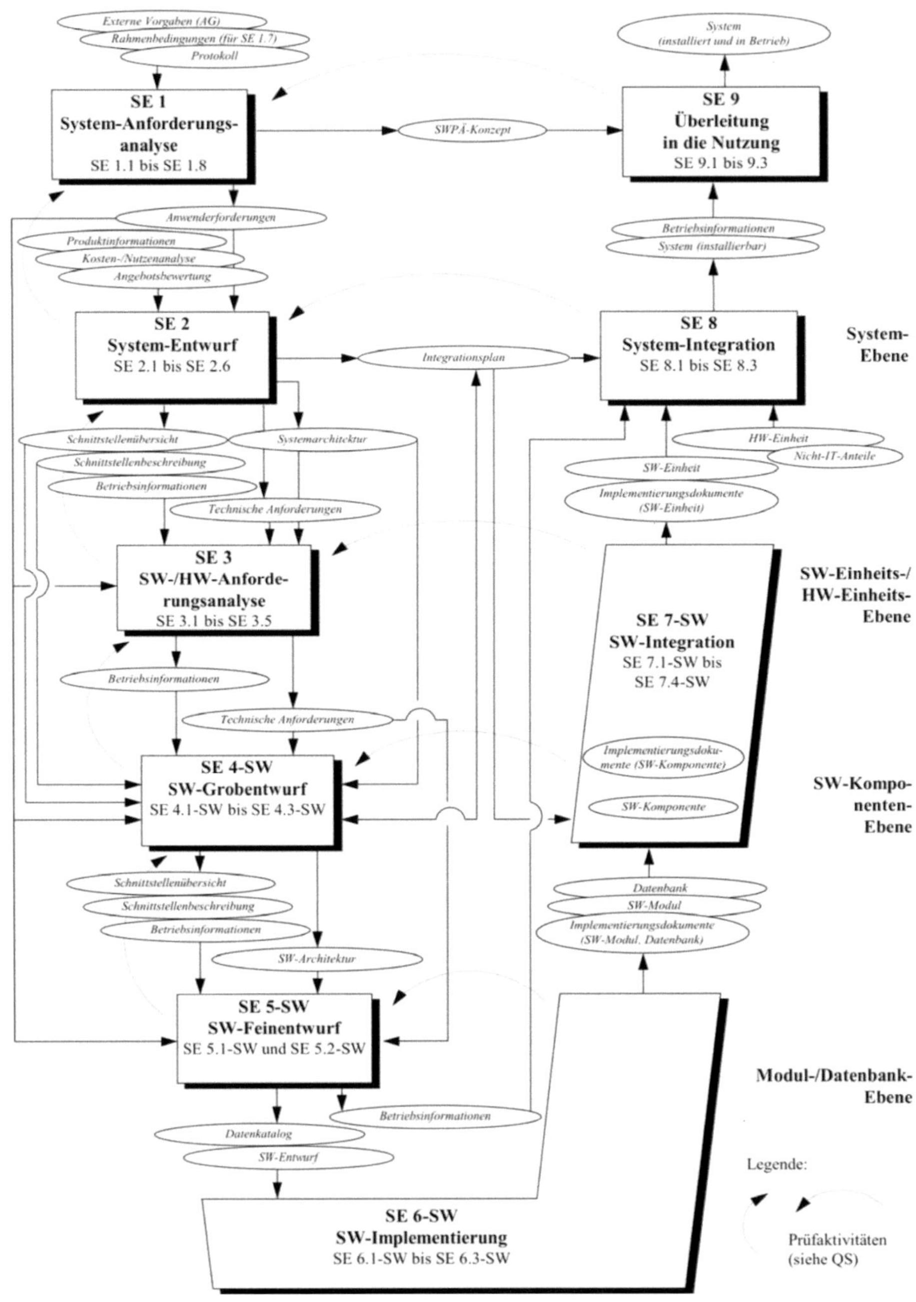

Abbildung 2.5: Submodell SE nach [126]

Abbildung 2.5 stellt die Hauptaktivitäten des Submodell SE, Arbeitsprodukte, sowie Relationen zwischen Hauptaktivitäten im Sinne von Prüfungen/Tests sowie Relationen zwischen Hauptaktivitäten und Arbeitsprodukten dar [36] [126].

2.4.3 V-Modell XT

Das V-Modell XT [127] stellt eine Weiterentwicklung des V-Modell 97 dar und adressiert Erkenntnisse und Erfahrungen die im Laufe von dessen Einsatzes gewonnen wurden. Das V-Modell XT ist ein Referenzmodell für den Prozess eines Softwareentwicklungsprojektes, ein Katalog zur Konfiguration projektspezifischer Vorgehensmodelle sowie ein Vorgehensmodell für Vorgehensmodelle. Der Fokus liegt dabei auf der universellen Einsatzmöglichkeit [117]. Vielfältige Typen von Projekten, deren Aufgabenstellungen, beteiligte Rollen, geforderte Dokumentationen und zeitliche Organisation machten ein einheitliches Regelwerk sowie eine angepasste Nomenklatur erforderlich. Das V-Modell XT führt sog. Vorgehensbausteine ein um das Vorgehensmodell auf spezifische Projektausrichtungen anpassen zu können.

Das V-Modell XT setzt sich aus den Grundkonzepten *Projekttypen, Vorgehensbausteine, Projektdurchführungsstrategien* und *Entscheidungspunkten* zusammen, die in einem Projekt zusammenspielen. Es werden die Projekttypen *Systementwicklungsprojekt eines Auftraggebers, Systementwicklungsprojekt eines Auftragsnehmers* sowie *Einführung und Pflege eines organisationsspezifischen Vorgehensmodells* unterschieden. Durch den angewendeten Projekttyp werden Vorgehensbausteine ausgewählt, die als Kern immer die Bausteine *Projektmanagement, Qualitätssicherung, Konfigurationsmanagement* sowie *Problem-* und *Änderungsmanagement* beinhalten [37]. Ebenso werden durch den Projekttyp die Projektdurchführungsstrategien ausgewählt, welche sich auf den inhaltlichen und zeitlichen Ablauf des Projektes beziehen und eine zuverlässige Planung und Steuerung ermöglichen. Eine Projektdurchführungsstrategie ist dabei eine zeitlich geordnete Folge von Entscheidungspunkten zur Ablaufgestaltung eines Projektes. Entscheidungspunkte stellen Meilensteine im Projekt dar, an welchen der aktuelle Stand des Projektes evaluiert wird. An deren graphischer Darstellung lassen sich am besten die Parallelen zwischen V-Modell XT und Submodell SE des V-Modell 97 erkennen (s. Abbildung 2.6).

Aus Gründen der Übersichtlichkeit und der grafischen Darstellung wird im Rahmen dieser Arbeit stets auf das V-Modell 97 verwiesen.

---

[36]Entnommen aus EStdIT-VModell-Regelung-4SE.DOC der Spezifikation des V-Modell 97.
[37]Eine sog. Landkarte der Vorgehensbausteine ist in [117] Seite 10 dargestellt.

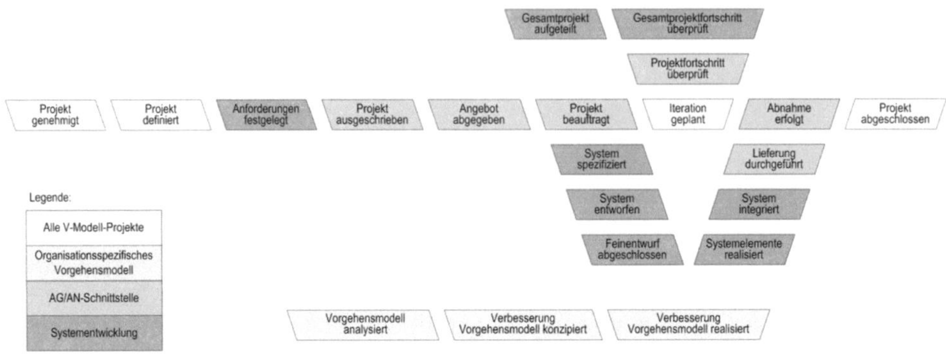

Abbildung 2.6: Entscheidungspunkte im V-Modell XT nach [127]

2.5 Sicherheit

Sicherheit bezeichnet das Nichtvorhandensein einer Gefahr für Menschen oder Sachwerte. Unter *Gefahr* ist ein Zustand zu verstehen, in dem (unter anzunehmenden Betriebsbedingungen) ein Schaden zwangsläufig oder zufällig entstehen kann, ohne dass ausreichende Gegenmaßnahmen gewährleistet sind [80]. Der Begriff »*Sicherheit*« stellt in der deutschen Sprache ein Homonym [38] dar, mit dem Angriffssicherheit und Betriebssicherheit bezeichnet werden.

Es ist üblich gemeinsam mit Sicherheit auch eine Aussage darüber zu geben auf was sie sich bezieht, bzw. wovor die betrachtete Sache oder der betrachtete Sachverhalt sicher ist. [170] bezeichnet Sicherheit als die Wahrscheinlichkeit, mit der eine Betrachtungseinheit während einer bestimmten Zeit keiner Gefahr ausgesetzt ist. Damit ist eine mathematische Betrachtungsweise von Sicherheit hergestellt. Gefahr und Sicherheit können als komplementär zueinander betrachtet werden (*Sicherheit* = $1 - Gefahr$) [155]. Zur greifbareren Definition wird der Begriff des Risikos mit einbezogen. Die Definitionen von Sicherheit in [68], [70], [136] [39], [137], [131] und [139] sind sich sehr ähnlich. Sie beschreiben Sicherheit im Sinne von Betriebssicherheit als eine Sachlage oder einen Zustand, in dem das Risiko (eines Schadens/eines Personenschadens) nicht größer ist als das Grenzrisiko [40].

Während sich Betriebssicherheit (engl. Safety) auf eine Schutz einer Umgebung vor einer Sache bezieht, so adressiert Angriffssicherheit (engl. Security) den Schutz einer Sache vor der Umgebung. Im weiteren Verlauf dieser Arbeit wird Sicherheit immer im Sinne von Betriebssicherheit verwendet und alternativ zum Begriff Safety eingesetzt. Im folgende werden Begriffe im Umgang mit Sicherheit definiert und erklärt.

---

[38] Homonym bezeichnet ein Wort, das für verschiedene Begriffe oder unterschiedliche Einzeldinge steht. Homonym kann als Antonym (Gegenteil) zu Synonym betrachtet werden.

[39] DIN 0801 wurde ersetzt durch ISO 9000.

[40] Alternativ zum Begriff »Grenzrisiko« wird auch »nicht annehmbarer Wert«, »unangemessen«, »unzumutbar« sowie »unvertretbar« verwendet.

2.5.1 Risiko

Mit *Risiko* wird die zu erwartende Häufigkeit des Eintritts eines zu Schaden führenden Ereignisses in Kombination mit dem beim Ereigniseintritt zu erwartenden Schadensausmaß beschrieben [41] [155]. Mathematisch gesehen ist das Risiko R ein Paar aus Ereignishäufigkeit H und Schadensausmaß S, $(R = (H, S))$ [40]. Ist das Risiko quantifizierbar und kann im konkreten Fall von einem mittleren Schaden bei Eintritt des Ereignisses ausgegangen werden, so kann $R = H \cdot R$ als Quantifizierung des Risikos verwendet werden. Nach [71] setzt sich die Häufigkeit H aus den folgenden drei Größen zusammen:

- der Aufenthaltsdauer im Gefahrenbereich A,

- der Möglichkeit zur Abwendung der Gefahr G und

- der Wahrscheinlichkeit des Eintritts des unerwünschten Ereignisses W.

Diese Begriffe werden in verschiedenen Methoden zur Fehler-, Gefahren- und Risikoanalyse weiter kategorisiert um detailliertere Aussagen über Risiken zu erhalten, die in Bezug auf einen Zustand bestehen. Damit sind auch Risiken unterschiedlicher Zustände miteinander vergleichbar. Beispiele hierzu sind die *Failure Model and Effect Analyses (FMEA)* (s. Kapitel 2.7.2.1) oder die *Gefährdungs- und Risiko-Analyse* entsprechend Teil 3 der ISO 26262 (s. Kapitel 3.1.1.1).

2.5.2 Grenzrisiko

In [40] wird Grenzrisiko definiert, als das größte noch vertretbare Risiko eines bestimmten technischen Vorgangs oder Zustands. Das Grenzrisiko legt eine Schwelle fest, deren Überschreitung nicht mehr vertretbar, tolerierbar oder zumutbar ist. Diese kann im allgemeinen nicht quantifiziert werden. Sie hängt von der Natur des technischen Vorgangs, dem Einsatzbereich und Einsatzzweck sowie dem persönlichen Empfinden der Benutzer bzw. des betroffenen Personenkreises ab. Das Restrisiko wird meist durch Normen, Standards, Richtlinien oder andere staatliche Maßnahmen erlassen, die aus Experteneinschätzungen und Erfahrungswerten (welche die vorherrschende Meinung bilden) resultieren.

2.5.3 Gefahr

Entsprechend Kapitel 2.5 ist *Gefahr* das Komplement von Sicherheit. Unter Einbeziehung des Grenzrisikos wird Gefahr als die Sachlage verstanden, bei der das Risiko größer als das Grenzrisiko ist.

---

[41] Dies entspricht der Definition von »*risk*« nach [139] und [131] als »... combination of the probability of occurrence of harm and the severity of that harm«.

2.5.4 Gefährdung

Ein weiterer Begriff im Zusammenhang mit Sicherheit und Risiko ist die *Gefährdung*. Nach [131] und [139] ist Gefährdung eine potentielle Schadensquelle. Damit beschreibt Gefährdung eine Situation, in der tatsächliche oder mögliche Gefahr für Personen oder die Umwelt eines betrachteten Systems besteht. Dieser Begriff wird in Sicherheitsanalysen wie beispielsweise der *Gefährdungs- und Risiko-Analyse* aus Teil 3 der ISO 26262 (s. Kapitel 3.1.1.1) eingesetzt um ausgehend vom möglichen Schaden, der bei Verwendung eines technischen Systems entstehen kann, eine Sicherheitsklassifizierung dieses Systems im Sinne von Sicherheitsstufen [41] vorzunehmen.

2.5.5 Sicherheitsrelevanz

Sicherheit wird in Bezug auf Systeme in verschiedenen Ausprägungen verwendet. Neben Angriffssicherheit und Betriebssicherheit sind die Begriffe *sicherheitsrelevant*, *sicherheitskritisch* und *sicherheitsbezogen* anzutreffen. Diese sind in ihrer Verwendung nicht immer scharf voneinander zu trennen.

- **Sicherheitsbezogen** wird in Verbindung mit Systemen verwendet, bei welchen die statistische Möglichkeit für nicht korrekte Ausführung von Systemfunktion besteht, wodurch potentielle Schadensquellen (also Gefährdungen) entstehen. Mit anderen Worten Bauteile oder Systeme, deren Fehlerhaftigkeit oder Ausfall eine unmittelbare Gefahr für Leib und Leben ihres Umfelds zur Folge haben kann. Im Rahmen dieser Arbeit wird die Verwendung dieses Begriffs bevorzugt.

- Als **sicherheitsrelevant** werden Systeme bezeichnet, die entweder selbst Gefahren verursachen können, oder aber für die Reduzierung von Risiken eingesetzt werden. [40] bezieht diesen Begriff nur auf den Aspekt eines Systems Verursacher von Gefahren zu sein.

- Als **sicherheitskritisch** werden in [206] Systeme beschrieben, bei welchen Aktuatoren von Kontrolleinheiten angesteuert werden. Durch die Tatsache, dass Aktuatoren die Bedienungen der physikalischen Umgebung verändern können, besteht die Möglichkeit der Gefahr für Leib und Leben.

2.6 Zuverlässigkeit und Verfügbarkeit

Technische Systeme bestehen aus Komponenten der realen Welt, welche physikalischen Gesetzen unterworfen und Umwelteinflüssen ausgesetzt sind. Diese wirken sich neben Materialermüdung und Korrosion auch auf Materialreinheit und Fertigungsprozesse aus. Von der idealen Vorstellung allgemeingültiger absoluter Sicherheit unter Abwesenheit jeder Gefahr kann somit nicht ausgegangen werden.

Daraus ergibt sich die Frage nach der Verhältnismäßigkeit von Sicherheit und »*Wie sicher ist sicher genug?*«.

Zuverlässigkeit (eng. Reliability) ist nach ISO 8402 [136] sowie nach [43] die Fähigkeit eines Systems, während einer vorgegebenen Zeitdauer bei zulässigen Betriebsbedingungen ein funktionsgerechtes Verhalten zu erbringen, also korrekt zu arbeiten. Bei der Betrachtung der Zuverlässigkeit eines Systems ist erforderlich, dass dieses System zu Beginn der Beobachtung korrekt funktioniert. Zuverlässigkeit ist damit die bedingte Wahrscheinlichkeit, dass ein System im Zeitintervall $[t_0, t]$ korrekt funktioniert, falls es zum Zeitpunkt t_0 korrekt funktioniert hat [174]. Um dies genauer betrachten zu können, bedarf es zusätzlich einiger stochastischer Grundlagen. Diese sind [147] entnommen.

2.6.1 Statistische Grundlagen

Ergebnis und Ereignis: Ein endlicher Ergebnisraum ist eine nichtleere Menge $\Omega = x_1, ... x_n$. Die Elemente x_i heißen Ergebnisse. Jede Teilmenge $A \subset \Omega$ wird als Ereignis, jede einelementige Teilmenge $x_i \subset \Omega$ als Elementarereignis bezeichnet.

Zufallsvariable: Eine Funktion $X = X(x) : \Omega \to \mathbb{R}$, die jedem Ergebnis $x \in \Omega$ eine reelle Zahl zuordnet, heißt Zufallsvariable, falls jedes Intervall $(-\infty, a] \subset \mathbb{R}$ einem Ergebnis des Ergebnisraumes Ω zugeordnet wird.

Verteilungsfunktion: die Funktion $F(x) := P(X \leq x)$ der reellen Variablen x heißt Verteilungsfunktion der Zufallsvariablen X.

Dichte/Dichtefunktion: Eine Zufallsvariable X heißt stetig, wenn eine integrierbare Funktion $f(x) \geq 0 \forall x \in \mathbb{R}$ existiert, so dass sich die Verteilungsfunktion $F(x) \forall x \in \mathbb{R}$ in der Form $F(x) = \int\limits_{-\infty}^{x} f(u) du$ schrieben lässt. $f(x)$ heißt Dichte von X. Da $\lim\limits_{x \to \infty} = 1$ gilt, folgt $\int\limits_{-\infty}^{\infty} f(x) dx = 1$. $f(x)$ gibt an, wie die Wahrscheinlichkeitsmasse von 1 über die x-Achse verteilt ist.

Hauptsatz der Differenzial- und Integralrechnung: Die Verteilungsfunktion $F(x)$ ist eine Stammfunktion der Dichtefunktion $f(x)$. Damit gilt für die Wahrscheinlichkeit, dass X einen Wert aus dem Intervall $(x_1, x_2]$ annimmt: $P(x_1 < X < x_2) = F(x_2) - F(x_1) = \int\limits_{x_1}^{x_2} f(x) dx$. Daraus folgt auch, dass die Wahrscheinlichkeit, dass X einen Wert aus einem infinitesimal schmalen Intervall annimmt, gleich 0 ist: $P(X = x) = \lim\limits_{\Delta x \to 0} \int\limits_{x}^{x+\Delta x} f(x) dx = 0$.

Exponentialverteilte Zufallsvariable: Eine stetige Zufallsvariable X genügt der Exponentialverteilung, falls ein reeller Paremeter λ mit $\lambda > 0$ existiert, so dass gilt:

$$f_\lambda(t) = \begin{cases} \lambda e^{-\lambda t} & x \geq 0 \\ 0 & x < 0 \end{cases}$$

2.6.2 Statistische Beschreibung von Zuverlässigkeit

Die genannten Grundlagen der Stochastik werden nun verwendet um die Zuverlässigkeit eines Systems bzw. einer Einheit zu beschreiben. Die Zufallsvariable X ordnet in dieser Betrachtung jedem Zeitpunkt t eine Wahrscheinlichkeit zu, die dem Ausfall der betrachteten Einheit zu diesem Zeitpunkt entspricht. Die x-Achse der Betrachtungen aus 2.6.1 wird zur t-Achse. Die Wahrscheinlichkeit, dass eine Einheit genau zu einem dedizierten Zeitpunkt ausfällt, ist gleich 0. In der Praxis werden daher die Ausfälle innerhalb von Zeitintervallen betrachtet, wobei die Breite der Zeitintervalle jeweils der betrachteten Einheit sowie der Erhebung angemessen gewählt ist. Aus diesen zeit- und wertediskreten Betrachtungen können Formeln abgeleitet werden, mit welchen sich die Verteilung der Ausfälle über die Zeit kontinuierlich betrachten lassen. Legt man diese Näherung zugrunde, so beschreibt die Verteilungsfunktion $F(t)$ die Wahrscheinlichkeit, dass eine Einheit bis zum Zeitpunkt t ausgefallen ist.

Dabei gilt $F(t) = \int\limits_0^t f(t)dt$. Vor dem Zeitpunkt $t = 0$ wird die Einheit nicht betrachtet. $F(t)$ ordnet also jedem Zeitpunkt t einen Wert zu, der durch Kumulation aller Ausfallwahrscheinlichkeiten entsteht, welche durch die Zufallsvariable X den einzelnen Zeitpunkten t zugeordneten sind. $F(t)$ wird auch *Kumulative Fehlerfunktion* oder *Ausfallwahrscheinlichkeit* genannt.

Zuverlässigkeit/Überlebenswahrscheinlichkeit: Zuverlässigkeit oder Überlebenswahrscheinlichkeit wird komplementär zur Ausfallwahrscheinlichkeit definiert als $R(t) = 1 - F(t)$. Dieser Wert gibt die Wahrscheinlichkeit an zum Zeitpunkt t eine funktionierende Einheit anzutreffen, vorausgesetzt, dass dies auch für den Startzeitpunkt der Betrachtung (t_0) galt. Für die Überlebenswahrscheinlichkeit gilt allgemein:

$$R(t) = e^{-\int\limits_0^t \lambda(\xi)d\xi}$$

. Die Variable λ wird als Ausfallrate/Fehlerrate bezeichnet. Die Variable ξ dient hier als Platzhalter für Variablen oder Kombinationen von Variablen, die sich aus verschiedenen betrachteten Verteilungsfunktionen ergeben.

Ausfallrate: Die Ausfallrate λ beschreibt die Ausfälle in einem Zeitintervall dt bezogen auf die Anzahl der zum Zeitpunkt t noch intakten Einheiten. Sie ist allgemein definiert als das Verhältnis von Ausfalldichte zu Überlebenswahrscheinlichkeit: $\lambda(t) = \frac{f(t)}{R(t)}$. Die Ausfallrate $\lambda(t)$ wird als die bedingte Wahrscheinlichkeit bezeichnet, mit der eine Einheit, die bis zum Zeitpunkt t korrekt funktioniert (überlebt) hat, im folgenden Zeitintervall Δt Ausfällt: $\lambda(t) = \lim\limits_{\Delta t \to 0} P(t_1 < t \leq t_1 + \Delta t)$.

Weibullverteilung: Die Weibullverteilung ist die am häufigsten angewendete Verteilungsfunktion für die Überlebenswahrscheinlichkeit von mechanischen oder elektrischen Komponenten. Die Parameter der *3-parametrigen Weibullverteilung* sind die *Ausfallsteilheit b*, die *charakteristische Lebensdauer T* und die *ausfallfreie Zeit T_0*.

Damit ergibt sich die Dichtefunktion der Weibullverteilung zu:

$f(t) = \frac{b}{T-T_0}(\frac{t-T_0}{T-T_0})^{b-1} \cdot e^{-(\frac{t-T_0}{T-T_0})^b}$. $F(t) = 1 - e^{-(\frac{t-T_0}{T-T_0})^b}$ ist die Verteilungsfunktion der Weibullverteilung. Falls $T_0 = 0$ gilt, so spricht man von der *2-parametrigen Weibullverteilung*. Für die Zuverlässigkeit gilt dann: $R(t) = e^{-(\frac{t}{T})^b}$, da $R(t) = 1 - F(t)$. Mit Werten von $b < 1$ werden Frühausfälle beschrieben, mit Werten von $b > 1$ Ausfälle durch Verschleiß. Für einen Wert von $b = 1$ reduziert sich die Weibullverteilung auf die Exponentialverteilung. Dann gilt $R(t) = e^{-\lambda t}$, wobei λ den Kehrwert der Lebensdauer darstellt ($\lambda = \frac{1}{T}$).

Hat eine relativ neue Einheit das gleiche zukünftige Fehlerverhalten wie eine Einheit die sich bereits seit einiger Zeit im Betrieb befindet, so kann ihr Ausfallverhalten durch die Exponentialfunktion beschrieben werden. Das Ausfallverhalten von elektrischen Komponenten weist drei typische Bereiche auf. Erhöhte Ausfallraten in frühen Betriebsphasen sowie gegen Ende der Lebenszeit, bedingt durch Verschleiß oder Ermüdung, sowie einen Bereich mit konstanter Ausfallrate dazwischen. Dieser Verlauf der Ausfallrate kann nach [217] mit der sog. *Badewannenkurve* modelliert werden. Sieht man von Frühausfällen und Ausfällen durch Ermüdung ab, so hat die Exponentialverteilung des Ausfallverhaltens für die meisten elektrischen Komponenten Gültigkeit.

Mittlere Lebensdauer: Mit der *Mittleren Lebensdauer* (engl. Mean Time to Failure (MTTF)) wird der Erwartungswert der Lebensdauer T einer Einheit beschrieben. Es gilt: $MTTF = \int\limits_0^\infty t \cdot f(t)dt = \int\limits_0^\infty R(t)dt$. Wird eine Exponentialverteilung mit konstanter Ausfallrate λ zu Grunde gelegt, so gilt: $MTTF = \int\limits_0^\infty e^{-\lambda \cdot t}dt = \frac{1}{\lambda} = T$. Damit ist die mittlere Lebensdauer T einer Einheit mit exponentialverteiltem Ausfallverhalten der Kehrwert der Ausfallrate λ.

Verfügbarkeit: Während die Zuverlässigkeit das Zeitintervall betrachtet, in dem eine Einheit korrekt funktioniert, bezieht sich Verfügbarkeit auf den zeitlichen Anteil, in welchem die Einheit zur Benutzung bereit steht. Dabei werden auch die Reparaturzeiten berücksichtigt. Die momentane Verfügbarkeit ist definiert als die Wahrscheinlichkeit, eine Einheit zu einem vorgegebenen Zeitpunkt t der geforderten Anwendungsdauer unter vorgegebenen Arbeitsbedingungen in einem funktionsfähigen Zustand anzutreffen.

2.6.3 Fehler

Ausfälle von Einheiten entstehen durch Fehler. Die unterschiedlichen Bedeutungen des Homonyms Fehler lassen sich leicht durch die Nennung der englischen Begriffe *Fault, Error* und *Failure* darstellen. Eine Übersicht der Begriffe kann aus [160] entnommen werden:

Fehlerursache: (engl. Fault) ist der Auslöser eines Fehlerzustandes.

Fehlerzustand: (engl. Error) ist ein Systemzustand, der dafür verantwortlich ist, dass eine Fehlerauswirkung bzw. ein Ausfall auftritt. Die Fehlerursache wird im System offenbar.

Fehlerauswirkung oder Ausfall: (engl. Failure) Abweichung der erbrachten Leistung von der in der Systemspezifikation geforderten Leistung. Ein Ausfall einer Komponente kann die Fehlerursache eines übergeordneten Systems sein.

2.6.4 Fehlerursachen

Um Fehler vermeiden zu können ist es wichtig Klarheit darüber zu haben, wie sie entstehen. In [80] werden Ursachen für Fehler beschrieben:

- **Entwurfsfehler** führen dazu, dass von vornherein ein fehlerhaftes System konzipiert wird. Dies lässt sich weiter unterteilen in:

  - **Spezifikationsfehler:** Bei der Überführung von Benutzervorgaben in eine formale oder verbale Spezifikation können sich Unvollständigkeiten, Abweichungen oder Widersprüche ergeben.

  - **Implementierungsfehler:** Die Implementierung/Umsetzung kann beispielsweise wegen Flüchtigkeitsfehlern oder Fehlinterpretationen von der Spezifikation abweichen.

  - **Dokumentationsfehler:** Die fehlerhafte Dokumentation einer Implementierung kann zu unzulässigem Gebrauch oder Wartungsfehlern führen. Da die Dokumentation Bestandteil eines Systems ist, müssen Abweichungen zwischen System und Dokumentation in die Fehlerbetrachtung einbezogen werden.

- **Herstellungsfehler:** Diese können verhindern, dass aus einem korrekten Entwurf ein fehlerfreies Produkt entsteht.

- **Betriebsfehler:** Diese erzeugen während der Nutzungsphase einen fehlerhaften Zustand in einem vormals fehlerfreien System. Diese Fehler treten erst nach der Inbetriebnahme auf und lassen sich weiter untergliedern in:

  - **Störungsbedingte Fehler:** Fehler, die auf äußere Einflüsse zurückzuführen sind. Diese können während der gesamten Betriebsdauer gleichermaßen auftreten.

- **Verschleißfehler**: Entstehen mit zunehmender Betriebsdauer. Hierfür ist die Alterung von Bauelementen verantwortlich.

- **Zufällige physikalische Fehler**: Physikalisch bedingter Ausfall der Funktion von Hardwarekomponenten.

- **Bedienungsfehler**: Entstehen durch fehlerhafte Verwendung bzw. Bedienung des Systems

- **Wartungsfehler**: Diese Art von Fehlern entsteht während Wartungsarbeiten, die nicht korrekt ausgeführt werden.

Neben der Fehlerursache ist auch der Fehlerentstehungsort von Bedeutung. Hier wird nach [80] unterschieden in:

- **Hardwarefehler**: Umfassen alle Entwurfs-, Herstellungs- und Betriebsfehler, die in der Hardware des Systems entstehen.

- **Softwarefehler**: Umfassen alle Fehler, die nicht in physikalischen Komponenten, sondern in Programmteilen entstehen. In der Regel sind Softwarefehler Entwurfsfehler, in manchen Fällen auch Herstellungsfehler oder Wartungsfehler.

2.7 Methoden zur Kategorisierung von Gefährdungen sowie Sicherheitsassessments

Durch die Unterlassung oder die nicht korrekte Ausführung der Systemfunktionen von sicherheitsbezogenen Systemen können Gefährdungen für die Umgebung des Systems entstehen. Für die Systementwicklung ist es notwendig diese Gefährdungen früh zu erkennen um das System im Folgenden so zu entwickeln, dass das mit der Verwendung oder dem Einsatz des Systems in Verbindung stehende Risiko gering gehalten wird. In frühen Phasen der Entwicklung werden daher Gefährdungsanalysen durchgeführt. Dabei wird untersucht welches die Fehlfunktionen des Systems sein können und welche Gefährdungen und Auswirkungen diese für das Umfeld des Systems mit sich bringen. Die gewählte Perspektive ist dabei von der Systemumgebung in Richtung des Systems. Ziel der Untersuchung ist es Auflagen und Anforderungen abzuleiten [42], welchen das realisierte System genügen muss. Im Verlauf der weiteren Entwicklung erhöht sich stufenweise die Granularität des Systemdesigns. Dabei muss evaluiert werden, ob das im jeweiligen Detaillierungsgrad vorliegende System in der Lage ist, die gestellten Anforderungen hinsichtlich Sicherheit zu erfüllen. Die gewählte Perspektive geht hierbei aus dem System heraus in Richtung der gestellten Anforderungen.

---

[42]Diese Anforderungen beziehen sich meist auf die maximale Ausfallrate bzw. Fehlerwahrscheinlichkeit des Systems sowie auf Prozessschritte und deren Arbeitsergebnisse die während der weiteren Entwicklung zu durchlaufen bzw. zu erstellen sind.

Dabei wird bestimmt zu welchen Fehlern es innerhalb des Systems kommen kann, und welche Auswirkungen diese auf die Komponenten des Systems oder auf das System selbst haben können. Hierzu werden qualitative oder quantitative Analysen angewendet.

Ziel dieser Analysen ist es Aussagen darüber treffen zu können, ob das System den gestellten Anforderungen genügt. Ist dies nicht der Fall, stellen die Ergebnisse der Analysen eine Grundlage für die Überarbeitung des Systems dar. Etablierte Methoden zur Analyse von Gefährdungen, Risiken, Fehlern, Fehlerfortpflanzung und Fehlerauswirkung lassen sich meist nicht eindeutig einer der beiden dargestellten Perspektiven zuordnen. Beispielsweise werden bei der Fehlerbaumanalyse (engl. Fault Tree Analysis (FTA)) (s. Kapitel 2.7.2.2) in einem ersten Schritt unerwünschte Ereignisse identifiziert, die in Verbindung mit dem System auftreten können. Dies ist der Analyse von Gefährdungen und damit der Perspektive von der Umgebung in Richtung des Systems zuzuordnen. In weiteren Schritten werden systeminterne Fehler identifiziert und qualitativ oder quantitativ bewertet, die für sich oder in Kombination zum Auftreten des unerwünschten Ereignisses führen können. Dies wiederum entspricht der Perspektive vom System in Richtung der gestellten Anforderungen.

Im Folgenden werden einige etablierte und standardisierte Methoden dargestellt, die zur Analyse und dem Assessment von sicherheitsbezogenen Systemen eingesetzt werden.

2.7.1 Bestimmung von Sicherheitsanforderungen

In frühen Entwicklungsphasen werden Gefährdungen und Risiken bestimmt, die in Verbindung mit der Verwendung von Systemen bestehen. Gibt es ernstzunehmende Gefährdungen, so muss das System dahingehend zu entwickeln, dass diese möglichst vermieden werden, bzw. dass die Wahrscheinlichkeit ihres Auftretens dem Grad der Gefährdung sowie dem damit verbundenen Risiko angemessen ist. Diese Angemessenheit wird durch Normen festgelegt. Dabei werden Systeme oder Systemfunktionen in Kategorien eingeordnet. Jede Kategorie bezieht sich auf ein qualitativ oder quantitativ festgelegtes Risikointervall und ist direkt verbunden mit Anforderungen an die Sicherheit des Systems.

Obwohl die Norm DIN V 19250 [71] zurückgezogen wurde, so beschreibt sie doch eine anschauliche Methode zu Kategorisierung von Systemen, die in ähnlicher Form auch in anderen Normen und Standards Anwendung findet und daher hier dargestellt wird [43].

---

[43]Die Normen DIN V 19250 (»Grundlegende Sicherheitsbetrachtungen für MSR-Schutzeinrichtungen«) und DIN V 19251 (»Leittechnik - MSR-Schutzeinrichtungen - Anforderungen und Maßnahmen zur gesicherten Funktion«) wurden im August 2004 zurückgezogen, da sie Festlegungen enthielten, die den Festlegungen in den Normen der Reihe DIN EN 61508 entgegenstanden oder zu ihnen redundant waren [222]. Die IEC 61508 wurde 1998 erstmals veröffentlicht und 2000 überarbeitet. 2001 wurde sie inhaltsgleich als EN 61508 übernommen. In Deutschland hat sie als deutsche Fassung seit 2002 unter dem Namen DIN EN 61508 und VDE

Dieser Methode liegt die Betrachtung des Risikos nach Kapitel 2.5.1, als Paar aus Ereignishäufigkeit H und Schadensausmaß S ($R = (H, S)$) zugrunde. Die Häufigkeit H wird weiter unterteilt in Aufenthaltsdauer A, Gefahrenabwendung G und Wahrscheinlichkeit des unerwünschten Ereignisses W. Die Kategorisierung von Systemen wird anhand des Risikographen vorgenommen, wie er in Abbildung 2.7 dargestellt ist. Durch die Betrachtung der Systeme hinsichtlich der Variablen S, A, G und W wird nach Tabelle 2.1 eine Einordnung in die Kategorien $a...h$ vorgenommen. Die Kategorien entsprechen Anforderungsklassen. Je höher der Ordnungswert der Anforderungsklasse, desto höher ist das mit dem System verbundene Risiko. Dies hat Auswirkungen auf die Anforderungen an entsprechend zu realisierende Sicherheitsmaßnahmen.

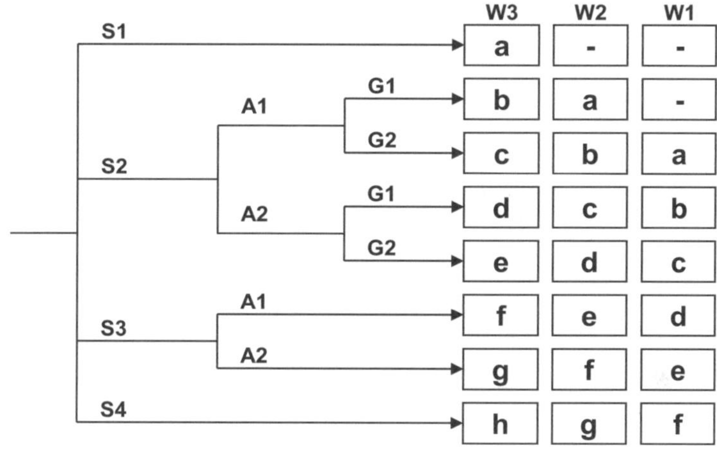

Abbildung 2.7: Risikograph nach DIN V 19250 [71]

Ähnliche Kategorien werden in der FMEA (engl. Failure Mode and Effect Analysis) zur qualitativen oder quantitativen Bestimmung der sog. Risikoprioritätszahl verwendet. Diese beziehen sich auf die Bedeutung B, die Auftretenswahrscheinlichkeit A und die Entdeckungswahrscheinlichkeit E von Fehlern. Die FMEA wird in Kapitel 2.7.2.1 beschrieben. In IEC 61508 [44] [131] werden die Anforderungsklassen der DIN V 19250 zu sogenannten Sicherheitsintegritätsleveln (engl. Safety Integrity Level (SIL)) zugeordnet, von SIL 1 bis SIL 4.

0803 [226] Gültigkeit. Ihre Anwendung ist freiwillig.

[44]IEC 61508 spezifiziert einen Sicherheitslebenszyklus für sicherheitsbezogene elektrische/elektronische/programmierbar elektronische Systeme. Abhängig von der Kategorisierung nach SIL beschreibt der Standard Maßnahmen und Anforderungen für die folgende Entwicklung, Betreibung, Wartung, Reparatur, Außerbetriebnahme und Ausmusterung der betrachteten Systeme. Auf Sicherheitslebenszyklen wird in Kapitel 3 eingegangen.

Schadensausmaß	S1	Leichte Verletzung einer Person, kleinere schädliche Umwelteinflüsse
	S2	Schwere irreversible Verletzungen einer oder mehrerer Personen oder Tod einer Person; vorübergehende, größere, schädliche Umwelteinflüsse
	S3	Tod mehrere Personen; lang andauernde, größere, schädliche Umwelteinflüsse
	S4	Katastrophale Auswirkungen, sehr viele Tote
Aufenthaltsdauer	A1	selten bis öfter
	A2	häufig bis dauernd
Gefahren-abwendung	G1	möglich unter bestimmten Bedingungen
	G2	kaum möglich
Eintritts-wahrscheinlich-keit	W1	sehr gering
	W2	gering
	W3	relativ hoch

Tabelle 2.1: Kategorisierung nach DIN V 19250 [71]

Sicherheitsintegrität ist in diesem Zusammenhang als die Wahrscheinlichkeit zu verstehen, mit der ein sicherheitsbezogenes System die geforderten Sicherheitsfunktionen unter allen festgelegten Bedingungen innerhalb eines festgelegten Zeitraumes entsprechend der geltenden Anforderungen erfüllt. Damit wird das Maß der in Bezug auf die Systementwicklung notwendige Risikominimierung quantifiziert. Die Vorgehensweise bei der Ermittlung des jeweiligen SIL ist dabei nicht vorgeschrieben und kann qualitativ oder quantitativ erfolgen. Tabelle 2.2 [45] stellt den Zusammenhang zwischen DIN V 19250 und IEC 61508 dar [46]. Die mit den einzelnen SIL verbundenen Anforderungen reichen von der maximalen Fehlerrate bis zur einzusetzenden Programmiersprache [40].

2.7.2 Sicherheitsassessments

In Sicherheitsassessments wird der Grad an Sicherheit beurteilt, der sich durch die Systemauslegung bzw. das Systemdesign ergibt. In Hinblick auf die Tatsache, dass sich der Detaillierungsgrad von Systemen im Verlauf der Entwicklung ändert, werden angepasste Analysemethoden eingesetzt um qualitative oder quantitative Aussagen bezüglich Ausfallsicherheit oder Risiko zu unterstützen. Die Analysemethoden FMEA, FTA und Markov-Ketten sind nicht nur in der Automobilindustrie etabliert. Abbildung 2.8 stellt die Kategorisierung der drei Risikoanalysen dar [47].

---

[45]E/E/PE SRS steht für Elektrisches/Elektronisches/Programmierbares Elektronisches Sicherheitsrelevantes System.

[46]SRS steht hier für »Sicherheitsrelevantes System«.

[47]Die Darstellung ist aus [225] abgeleitet.

Notwendige min. Reduktion des Risikos	SIL	Max. Fehlerrate $[\lambda]$	Fehlerwahrscheinlichkeit $[P]$
-	keine Anforderungen bezüglich Sicherheit		
a	keine speziellen Anforderungen bezüglich Sicherheit		
b,c	1	$\frac{10^{-6}}{h} \leq \lambda < \frac{10^{-5}}{h}$	$10^{-2} \leq P < 10^{-1}$
d	2	$\frac{10^{-7}}{h} \leq \lambda < \frac{10^{-6}}{h}$	$10^{-3} \leq P < 10^{-2}$
e,f	3	$\frac{10^{-8}}{h} \leq \lambda < \frac{10^{-7}}{h}$	$10^{-4} \leq P < 10^{-3}$
g	4	$\frac{10^{-9}}{h} \leq \lambda < \frac{10^{-8}}{h}$	$10^{-5} \leq P < 10^{-4}$
h	E/E/PE SRS nicht ausreichend		

Tabelle 2.2: Übersicht Risikograph / SIL / Fehlerrate und Fehlerwahrscheinlichkeit

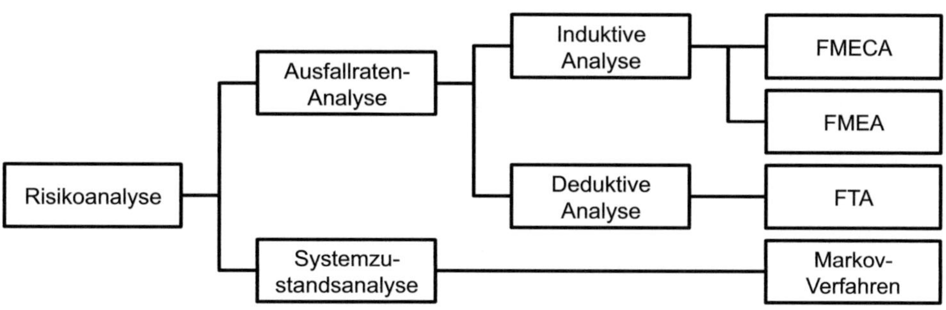

Abbildung 2.8: Gebräuchliche technische Risikoanalysen nach [225]

2.7.2.1 Fehler-Möglichkeits- und Einfluss-Analyse FMEA

Die Fehler-Möglichkeits- und Einfluss-Analyse [48] ist eine systematische Methode zur Identifizierung und Vermeidung von Produkt- und Prozessproblemen bevor diese entstehen können. Der Fokus liegt auf der Prävention von Fehlern und der Steigerung der Sicherheit [63]. Die FMEA ist eine der wichtigsten Methoden zur Prävention, die in frühen Entwicklungsphasen angewendet werden können [215].

Nach [225] werden die beiden Arten Produkt-FMEA und Prozess-FMEA unterschieden, die alle Begriffe der FMEA abdecken. Als Betrachtungsumfänge werden Systeme, Softwarefunktionen, Schnittstellen, Konstruktion, Komponenten, Fertigungsabläufe, Montageabläufe, Logistik, Transport und Maschinen genannt.

- **Produkt-FMEA**: Betrachtet die geforderte Funktion von Produkten und Systemen bis auf die Auslegung von Eigenschaften und Merkmalen. Es werden mögliche Abweichungen betrachtet und entsprechende Maßnahmen zur Sicherstellung der Anforderungen definiert.

- **Prozess-FMEA**: Betrachtet alle Abläufe zur Herstellung von Produkten und Systemen bis zu den Anforderungen an die Prozesseinflussfaktoren. Abweidungen werden betrachtet und entsprechende Maßnahmen zur Sicherstellung von Abläufen und Produktmerkmalen definiert.

Die FMEA kann um die Bewertung der Ausfallwahrscheinlichkeit von Fehlern und den zu erwartenden Schaden erweitert werden. Sie wird dann als "Failure Modes, Effects and Criticality Analysis", kurz FMECA bezeichnet [224] [49].

[225] unterscheidet in Bezug auf Ausfallratenanalysen zwischen induktiven Analysen [49] und deduktiven Analysen [50]. FMEA und FMECA zählen zu den induktiven Analysen.

Von [225] wird das **DAMUK©** Prozessmodell zur Umsetzung der FMEA Methode im Unternehmen vorgeschlagen. **DAMUK©** ist eine Abkürzung der Anfangsbuchstaben der Phasen Definition, Analyse, Maßnahmenentscheidung, Umsetzung und Kommunikation. In der Analysephase werden alle Forderungen auf Plausibilität, Verifizierbarkeit, Validierbarkeit und deren Risiken systematisch ermittelt. Für den ausgewählten Umfang werden die bekannten und bewährten Maßnahmen und Verbesserungspotentiale aufgezeigt.

---

[48] Die FMEA wurde 1963 von der NASA für das Apollo Projekt entwickelt. 1980 wurde sie in Deutschland unter der Bezeichnung »Ausfalleffektanalyse« in der DIN 25448 genormt. Diese wurde 2006 durch die DIN EN 60812 [73] »Analysetechniken für die Funktionsfähigkeit von Systemen - Verfahren für die Fehlzustandsart- und -auswirkungsanalyse (FMEA)« aktualisiert. Der Verband der Automobilindustrie (VDA) veröffentlichte 1996 eine FMEA-Systematik [224], die seit 2006 in der zweiten Auflage als »Produkt- und Prozess-FMEA« [225] vorliegt.

[49] Induktion bedeutet seit Aristoteles den abstrahierenden Schluss aus beobachteten Phänomenen auf eine allgemeinere Erkenntnis, etwa einen allgemeinen Begriff oder ein Naturgesetz, also vom Speziellen zum Allgemeinen.

[50] Mit Deduktion wird in der Philosophie und der Logik eine Schlussfolgerung von gegebenen Prämissen auf die logisch zwingenden Konsequenzen bezeichnet, also vom Allgemeinen zum Speziellen.

Die FMEA wird in der Analysephase nach dem **DAMUK©** Prozessmodell in fünf
Schritten durchgeführt (s. Abbildung 2.9). Diese Schritte werden in [225] hinsichtlich
der Produkt-FMEA und der Prozess-FMEA interpretiert und dargestellt.

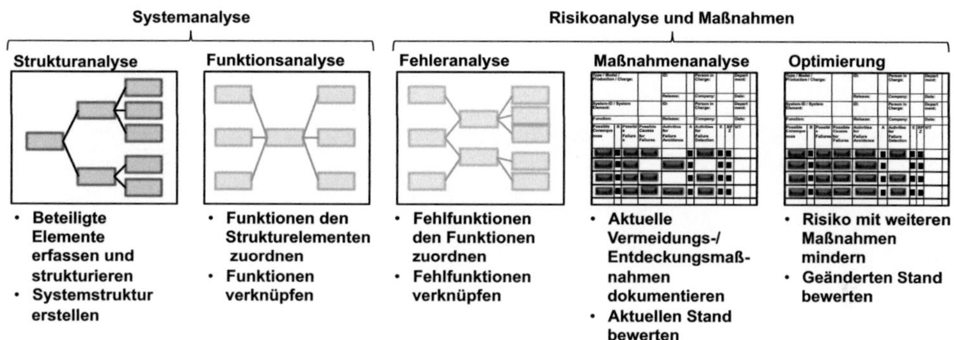

Abbildung 2.9: Fünf Schritte zur Erstellung der FMEA [225]

- **Strukturanalyse**: Systeme bestehen aus einzelnen Systemelementen. Ziel der
  Strukturanalyse ist es, die Zusammenhänge zwischen diesen Elementen festzu-
  stellen. Dabei ist die hierarchische Tiefe abhängig vom Detaillierungsgrad des
  vorliegenden Systems, welches durch die FMEA analysiert werden soll. Die erforderliche Tiefe ist erreicht, wenn Fehler in diesem Detaillierungsgrad durch
  Maßnahmen ausreichend abgesichert sind. Die unterste Ebene der jeweiligen
  Betrachtung stellen die Merkmale von Komponenten als Bestandteile von Systemelementen dar. Durch die Strukturanalyse werden auch die Schnittstellen
  zwischen den Systemelementen und deren funktionale Zusammenhänge beschrieben.

- **Funktionsanalyse**: Auf Basis der Systemstruktur werden die Systemelemente
  hinsichtlich ihrer Funktionen und Fehlfunktionen analysiert. Dazu sind umfassende Kenntnisse über das System sowie dessen Umgebungsbedingungen
  erforderlich. Ziel der Funktionsanalyse ist die Bestimmung der verschiedenen
  Funktionen bzw. Aufgaben, die jedes Systemelement als Bestandteil des Systems hat und damit zur Erfüllung der Systemfunktion beiträgt. Die Beschreibung von Funktionen muss eindeutig, verifizierbar und validierbar sein. Damit ein Systemelement seine Funktion erfüllen kann, sind in der Regel andere
  Systemelemente erforderlich. Das Zusammenwirken unterschiedlicher Systemelemente im Sinne einer Funktion wird entsprechend dargestellt [51].

---

[51]Hierzu können Funktionsnetze, Funktionsstrukturen, Funktionsbäume, Fluss- oder Ablaufdia-
gramme zum Einsatz kommen.

- **Fehleranalyse**: Hier werden mögliche Fehlfunktionen ermittelt und zu Systemelementen und Funktionen zugeordnet. Dabei werden auch die Betriebszustände der Systemelemente dargestellt um Fehlerursachen und Fehlerfolgen nachvollziehbar zu machen. In der Regel sind einer Funktion mehrere Fehlfunktionen zugeordnet. Entsprechend der Fehleranalyse werden Fehlfunktionen strukturiert dargestellt [52]. Eine Fehlfunktion kann damit als Fehlerursache, Fehler oder Fehlerfolge betrachtet werden.

- **Maßnahmenanalyse**: Bezüglich der Maßnahmen werden die beiden Gruppen *Vermeidungsmaßnahmen* und *Entdeckungsmaßnahmen* unterschieden. Vermeidungsmaßnahmen dienen der Auslegung von Systemen mit dem Ziel die Auftretenswahrscheinlichkeit von Fehlern gering zu halten bzw. zu verringern. Entdeckungsmaßnahmen haben zum Ziel Fehler während der Entwicklung zu identifizierten oder die Wirksamkeit von Vermeidungsmaßnahmen zu bestätigen. Mit jedem Fehler ist ein Risiko verbunden das beurteilt wird. Hierzu wird häufig die Metrik der »*Risikoprioritätszahl R*« herangezogen. Diese ergibt sich durch Multiplikation der Werte »*Bedeutung B*«, »*Auftretenswahrscheinlichkeit A*« und »*Entdeckungswahrscheinlichkeit E*«. B bezieht sich auf die Bedeutung der Fehlerfolge in Bezug auf den Betrachtungsumfang. Dies betrifft die Beeinträchtigungen von Sicherheit oder Funktion sowie die Verletzung von Vorschriften oder die Existenzbedrohung der Hersteller. A beschreibt die Auftretenswahrscheinlichkeit der Fehlerursache über die Systemlebensdauer unter Berücksichtigung der zugehörigen Vermeidungsmaßnahmen. Bei der präventiven Erstellung der FMEA repräsentiert der A-Wert eine Einschätzung entsprechend des aktuellen Kenntnisstandes. E stellt die Wahrscheinlichkeit dar, einen Fehler zu entdecken. Dabei werden alle vorgesehenen Entdeckungsmaßnahmen berücksichtigt. Zur Vergleichbarkeit von Analyseergebnissen werden B, A und E Zahlenwerte zwischen 1 und 10 zugeordnet. Dies resultiert in einem R-Wert zwischen 1 und 1000. Werte ab 100 werden üblicherweise als kritisch angesehen [40]. Ähnlich Tabelle 2.1 aus Kapitel 2.7.1 können in der FMEA zur Bestimmung der Werte B, A und E entsprechende Tabellen angewendet werden. Tabelle 2.3 zeigt ein unternehmensspezifisches Bewertungsblatt [53].

- **Optimierung**: In diesem Schritt werden basierend auf den Ergebnissen der vorangegangenen Schritte Maßnahmen zur Verbesserung ermittelt und deren Wirksamkeit bewertet.

Für die Dokumentation der Ergebnisse der Analysephase der FMEA werden sog. FMEA Formblätter verwendet [225], [239], [74]. Beispielhaft zeigt Tabelle 2.4 ein ausgefülltes Formblatt für die Analyse eines mechatronischen Systems nach [225].

---

[52]Für die Strukturierung von Fehlfunktionen können beispielsweise Fehlernetze oder Fehlerbäume eingesetzt werden.

[53]Das dargestellte Bewertungsblatt entspricht einer Darstellung aus [239]. Diese Darstellung wurde aus [59] abgeleitet.

Bedeutung der Fehlerfolgen		Wahrscheinlichkeit des Auftretens				Bewertung der Entdeckungswahrscheinlichkeit		
B	Fehlerfolgen	A	Auftretenswahrscheinlichkeit	Möglicher Fehleranteil	ppm-Wert	E	Entdeckung	Entdeckungswahrscheinlichkeit
10	Sicherheitsgefahr bzw. Übertretung von Gesetzen ohne Vorwarnung	10	sehr hoch	1 in 2	500.000	10	fast unmöglich	0% (fehlerhaftes Teil kann nicht gefunden werden)
9	Sicherheitsgefahr bzw. Übertretung von Gesetzen (mit Vorwarnung, Erkennen der Gefahr ist möglich, z.B. Kontrollleuchte am Instrumentenbrett)	9		1 in 3	333.333	9	unwahrscheinlich	10% (in einem von 10 Fällen wird das fehlerhafte Teil entdeckt)
8	Fahrzeuge nicht fahrbereit, Liegenbleiber, Abschleppen	8	hoch	1 in 8	125.000	8	unsicher	50% (in einem von 2 Fällen wird das fehlerhafte Teil entdeckt)
7	Fahrzeug eingeschränkt fahrbereit, unmittelbare Fahrt zur Werkstätte möglich u. erforderlich	7		1 in 8	50.000	7		80% (in 4 von 5 Fällen wird das fehlerhafte Teil entdeckt)
6		6	mäßig	1 in 80	12.500	6		90% (in 9 von 10 Fällen wird das fehlerhafte Teil entdeckt)
5	Funktionseinschränkung von Komfortsystemen, Besuch der Werkstätte mittelfristig erforderlich	5		1 in 400	2.500	5	wenig wahrscheinlich	95% (in 19 von 20 Fällen wird das fehlerhafte Teil entdeckt)
4		4	gering	1 in 2.000	500	4		98% (in 98 von 100 Fällen wird das fehlerhafte Teil entdeckt)
3		3		1 in 15.000	66	3	wahrscheinlich	99% (in 99 von 100 Fällen wird das fehlerhafte Teil entdeckt)
2	Folgen für Kunden kaum erkennbar	2	sehr gering	1 in 150.000	6	2	sehr wahrscheinlich	99.9% (in 999 von 1000 Fällen wird das fehlerhafte Teil entdeckt)
1	Folgen für Kunden nicht erkennbar	1	fast auszuschließen	1 in 1.500.000	0,66	1	sicher	100% (in 100% der Fälle wird das fehlerhafte Teil entdeckt)

Tabelle 2.3: Beispiel für FMEA-Bewertungsblatt nach [239]

FMEA			FMEA-
	☒ Produkt-FMEA ☐ Prozess-FMEA		Seite:
Typ/Modell/Fertigung/Charge: System Struktur E-Gas	Sach-Nr.: 12-456 Änderungsstand:X1	Verantw.: Meier Firma:ABCDEF	Abt.: Datum: 01.04.2005
System-Nr./Systemelement: E-Gas-System	Sach-Nr.: 345-6789 Änderungsstand:X1	Verantw.: Müller Firma:ABCDEF	Abt.: Datum: 01.06.2005

Mögliche Fehlerfolgen	B	Möglicher Fehler	Mögliche Fehlerursachen	K	Vermeidungsmaßnahme	A	Entdeckungsmaßnahme	E	RPZ	V/T
Systemelement: Pedalweggeber (PWG)										
Funktion: Fahrerwunsch ermitteln und an Motorsteuerung übertragen										
[E-Gas-System] Motorleistung entspricht nicht Fahrerwunsch	10	[Pedalweggeber (PWG)] Zu hohen Wert bezüglich Fahrerwunsch übertragen	[Pedal] Pedalwertgeber 1 und 2 im Verhältnis zur Verstellung zu weit betätigt		Maßnahmenstand - Entwicklung: 01.04.2005					
					Auslegung nach kinematischer Berechnung Meier KW 22, 2005 abgeschlossen	1	Simulation des Kraftverlaufs unter Belastung im CADSystem Müller KW 22, 2005 abgeschlossen	2 [1]	20 [10]	Meier Müller Schmidt KW 22, 2005 · KW 37, 2005 nicht umgesetzt
					Pedalgehäuse im Kraftfluss zwischen Sensoren und Pedal mittels Rippen verstärkt Meier KW 22, 2005 abgeschlossen		Komponentendauerläufe Müller KW 22, 2005 abgeschlossen			
					... Schmidt KW 22, 2005 abgeschlossen		Fahrzeugdauerläufe Schmidt KW 37, 2005 nicht umgesetzt			

Tabelle 2.4: Beispiel Maßnahmenanalyse und Optimierung bei mechatronischen Systemen nach [225]

2.7.2.2 Fehlerbaumanalyse FTA

Mit der Fehlerbaumanalyse (engl. Fault Tree Analysis (FTA)) werden die logischen Verknüpfungen von Komponenten- oder Teilsystemausfällen, die zu einem unerwünschten Ereignis führen, ermittelt und graphisch dargestellt. Die FTA ist ein deduktives Verfahren zur Ermittlung von Ausfallursachen und deren funktionaler Zusammenhänge. Sie kann sowohl präventiv als auch zur Ursachenermittlung bestehender Probleme eingesetzt werden [225]. Sie wurde ursprünglich entwickelt um das Startkontrollsystem nuklearer Interkontinentalraketen auf die Möglichkeit und Wahrscheinlichkeit eines unautorisierten oder versehentlichen Abschusses zu untersuchen [240]. Die FTA wurde 1981 in der DIN 25424 [66] und 1990 in der IEC 61025 [130] genormt.

Im Umfeld der FTA werden dedizierte Termini verwendet. Eine *Komponente* stellt die unterste Betrachtungseinheit eines technischen Systems dar. Jeder Komponenten sind ein oder mehrere *Funktionselemente* zugeordnet. *Funktionselemente* sind die untersten Betrachtungseinheit eines Funktionssystems und beschreiben nur elementare Funktionen (z.B. Drehen, Schalten). Ein *Ausfall* oder *Versagen* wird als unzulässige Abweichung einer betrachteten Einheit von ihrem Leistungsziel verstanden, unter *Fehler* eine unzulässige Abweichung eines Merkmals. *Ausfallart* oder *Versagensart* beschreibt die verschiedenen Möglichkeiten des Ausfalls einer Komponente. Mit dem Begriff *unerwünschtes Ereignis* oder *Top Event* wird der Ausfall des untersuchten Funktionssystems beschrieben. Dieser kann durch verschiedene Kombinationen von Ausfällen verursacht werden. Unter *Ausfallkombination* wird das gleichzeitige Vorliegen von Funktionsausfällen verstanden, die zum unerwünschten Ereignis führen können.

Ein Fehlerbaum entspricht einem Baum als spezielle Form eines Graphen. Das unerwünschte Ereignis ist die Wurzel des Baumes, während Ereignisse in Bezug auf Komponenten (sog. Basisereignisse) die Blätter darstellen. Die Blätter sowie das gesamte betrachtete System können jeweils zwei Zustände annehmen (intakt/defekt). Für jeden Knoten (mit Ausnahmen der Blätter) ist eine Funktion gegeben, welche den Zustand des Knotens in Abhängigkeit der Zustände seiner direkten Vorgänger beschreibt. Diese Funktionen entsprechen den Funktionen bzw. Gattern **AND** bzw. **OR** der Schaltalgebra. Unterschiedliche Ausfallarten der gleichen Komponente können sich in verschiedener Weise auf das unerwünschte Ereignis auswirken. Ist dies der Fall, so können die unterschiedlichen Ausfallarten nicht in einem Basisereignis zusammengefasst werden. Sie stellen eigenständige Basisereignisse dar und sind an verschiedenen Stellen des Fehlerbaumes einzutragen. Nach [225] werden fünf Arbeitsschritte für die Erstellung von Fehlerbäumen unterschieden:

- Systemanalyse: Ermittlung der Systemfunktionen und der Umgebungsbedingungen unter welchen das System ordnungsgemäß funktionieren soll. Ermittlung von systeminternen Abhängigkeiten.

- Definition des unerwünschten Ereignisses (Top Event) und der Ausfallkriterien. Dabei können präventive oder korrektive Ansätze zugrunde liegen.

- Bestimmung von Zuverlässigkeitskenngrößen und Zeitintervallen. Für quantitative Bewertungen wird unterschieden zwischen »Ausfallwahrscheinlichkeit über eine Zeitspanne« und »Nichtverfügbarkeit zu einem Zeitpunkt«. Für qualitative Bewertungen werden Rangfolgen (z.b. »... besser als ...«) verwendet.

- Bestimmung der Ausfallarten der Komponenten: Falls keine differenzierten Informationen über die Ausfallarten der Komponenten verfügbar sind, wird der »worst-case« angenommen. Es ist zweckmäßig der Fehlerbaumanalyse eine Fehlerartenanalyse (z.B. FMEA) vorzuschalten, damit die Menge der möglichen Fehlerarten bekannt ist.

- Erstellung des Fehlerbaumes: Ein Komponentenausfall kann durch die Veroderung von Primärausfall, Sekundärausfall oder Kommandoausfall dargestellt werden [54]. Ein Beispiel eines Fehlerbaumes wird in Abbildung 2.10 gezeigt.

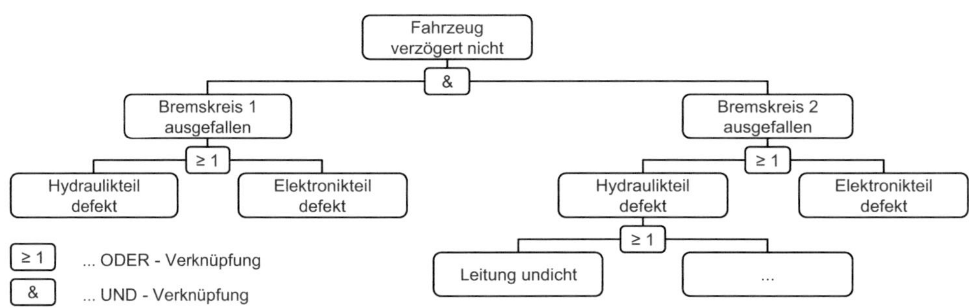

Abbildung 2.10: Beispiel zur Fehlerbaumanalyse nach [239]

Ein erstellter Fehlerbaum bildet die Basis für nachfolgende qualitative oder quantitative Analysen. Die FTA ist ein vollständiges Verfahren. Das bedeutet, es können alle Ereigniskombinationen, die zum unerwünschten Ereignis führen, gefunden werden. Die Grenzen der Methoden liegen daher im Kenntnisstand und in der Möglichkeit funktionales Aussageverhalten als kausale Wirkungskette darzustellen.

Auch wenn keine Eingangsdaten, wie beispielsweise Ausfallraten verfügbar sind, können Fehlerbäume durch qualitative Auswertungen Informationen über die Systemzuverlässigkeit geben. So ist es beispielsweise möglich kritische Pfade [55] für Systemausfälle zu ermitteln oder über die Methode der minimalen Schnittmenge die minimale Kombination von Systemkomponenten zu ermitteln, deren Ausfall zum unerwünschten Ereignis führt.

---

[54]Primärausfall beschreibt ein Ausfall unter zulässigen Umgebungsbedingungen, Sekundärausfall einen Ausfall unter unzulässigen Umgebungsbedingungen. Unter Kommandoausfall wird Missbrauch oder Fehlbedienung verstanden.

[55]Als kritischer Pfad wird ein Ast des Fehlerbaumes bezeichnet, in dem die aufgeführten Komponentenausfälle nicht durch systemeigene Vermeidungs- bzw. Prüfmechanismen belegt sind [225].

Werden die Basisereignisse von Fehlerbäumen mit Zuverlässigkeitskenngrößen wie beispielsweise Ausfallwahrscheinlichkeiten hinterlegt, so ist die quantitative Bewertungen sowie Aussagen über die Eintrittswahrscheinlichkeit des Top Events möglich. Die Rechenverfahren werden in DIN 25424, Teil 2 [66] beschrieben. Es ist von Interesse zu ermitteln, welche Basisereignisse maßgeblich zum unerwünschten Ereignis beitragen. Mit Sensitivitätsanalysen werden diese Basisereignisse aufgezeigt.

2.7.2.3 Markov-Ketten

Sollen bei komplexen Systemen und Zustandsänderungen auch stochastische Prozesse berücksichtigt werden, stößt die Fehlerbaumanalyse an ihre Grenzen. In diesen Fällen können die Probleme mit Markov Ketten dargestellt werden um die Wahrscheinlichkeit eines zuvor definierten Systemzustandes, wie beispielsweise einem kritischen Fehlerzustand, zu berechnen. Bei der Modellierung von Markov-Ketten werden die Zustände des betrachteten Systems sowie Zustandsübergänge mit zugehörigen Parametern wie Fehlerrate, Verweildauer in einem Zustand, Reparaturzeit, etc. beschrieben. Bei der Analyse werden die Wahrscheinlichkeiten für jeden definierten Systemzustand berechnet [220]. Die Verwendung von Markov-Ketten zur Zuverlässigkeitsanalyse ist mathematisch anspruchsvoll. In Bezug auf Details wird auf weiterführende Literatur verwiesen wie beispielsweise [237] [58].

2.8 Redundanz

Da technische Systeme aus Einheiten bestehen, deren Fähigkeit ihre angedachte Funktion korrekt auszuführen einem stochastischen Ausfallverhalten unterworfen ist, besteht meist nicht die Möglichkeit Systeme so zu gestalten, dass es innerhalb ihrer Grenzen nicht zu Fehlern kommen kann [56]. Zur Erkennung und Aufrechterhaltung von Systemfunktionen oder Überführung in einen sicheren Zustand werden zusätzliche Mittel eingesetzt, die unter dem Begriff *Redundanz* zusammenzufassen sind. Nach DIN 40041 [69] bedeutet Redundanz das Vorhandensein von mehr als für die Ausführung von vorgesehenen Aufgaben an sich notwendigen Mitteln. Nach [14] bezeichnet Redundanz das funktionsbereite Vorhandensein von mehr technischen Mitteln, als für die spezifizierten Nutzfunktionen eines Systems benötigt werden. Dabei wird die Fehlertoleranzfähigkeit selbst in diesem Zusammenhang nicht als eigentliche Nutzfunktion eines Systems angesehen.

Es ist das Ziel von Fehlerbetrachtungen die Möglichkeiten, dass ein System wegen eintreten eines oder mehrerer Fehler seine Funktion nicht korrekt ausführt, zu eliminieren, bzw. Sorge dafür zu tragen, dass durch Fehlfunktionen kein Schaden entsteht.

---

[56]Die in Software implementierten Funktionen eingebetteter System werden auf physikalischen Hardwareelementen ausgeführt, die beispielsweise durch Materialunreinheiten, Höhenstrahlung etc. untrennbar mit Ausfall- oder Fehlerwahrscheinlichkeiten verbunden sind.

Die Begriffe *Fehlervermeidung* und *Fehlertoleranz* werden wie folgt definiert:

- **Fehlervermeidung** bezeichnet die Verbesserung der Zuverlässigkeit durch Perfektionierung der konstruktiven Maßnahmen, um das Auftreten von Fehlern im Vorhinein zu vermeiden.

- **Fehlertoleranz** bezeichnet die Fähigkeit eines Systems, auch mit einer begrenzten Anzahl fehlerhafter Komponenten seine spezifizierte Funktion zu erfüllen.

In Bezug auf Redundanz wird eine Gruppierung in Merkmale und Aktivierung vorgenommen. Die Merkmale von Redundanz lassen sich durch die Kriterien *Struktur*, *Funktion*, *Information* und *Zeit* charakterisieren. Zur Bezeichnung der Redundanz wird bei technischen Systemen üblicherweise das *Merkmal* verwendet. Aktivierung bezeichnet den Zeitpunkt zu dem redundante Mittel aktiviert werden. Die Kategorisierung von Redundanz nach [80] ist in Abbildung 2.11 dargestellt. Mischformen werden dabei aus Gründen der Übersichtlichkeit nicht abgebildet.

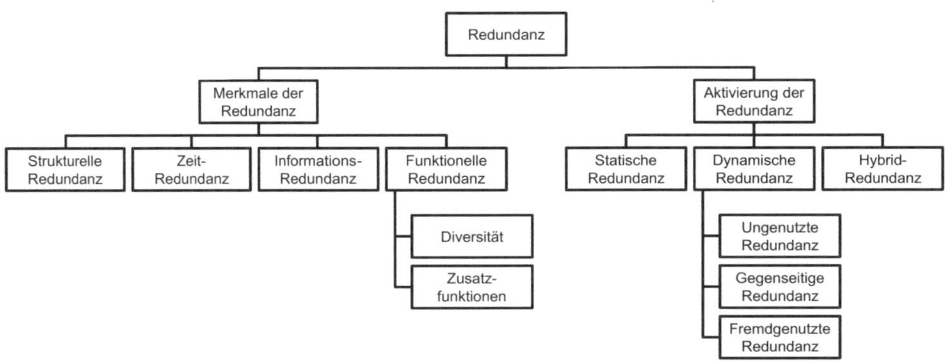

Abbildung 2.11: Überblick über Formen der Redundanz nach [80]

Die Merkmale von Redundanz lassen sich wie folgt unterscheiden, wobei die einzelnen Merkmale auch in Kombination realisiert werden können. In Bezug auf Unterscheidungskriterien für die Aktivierung von Redundanzmitteln wird auf weiterführende Literatur verwiesen (z.B. [80]).

Als **strukturelle Redundanz** wird » ... *die Erweiterung eines Systems um zusätzliche (gleich- oder andersartige) für den Nutzbetrieb entbehrliche Komponenten*« bezeichnet [80]. Triple Modular Redundancy [165] ist ein Beispiel für strukturelle Redundanz. Dabei wird die Nutzfunktion von drei gleichartigen Elementen parallel und unabhängig von einander ausgeführt. Die Ergebnisse werden von einem Entscheider verglichen, der eine Mehrheitsentscheidung durchführt. Stimmen die Ergebnisse von mindestens zwei der drei Komponenten überein, so wird dieses weitergereicht.

Ist dies nicht der Fall, hängt das weitere Vorgehen von der jeweiligen Implementierung ab [57].

Als **funktionelle Redundanz** wird »... *die Erweiterung eines Systems um zusätzliche für den Nutzbetrieb entbehrliche Funktionen* ...« bezeichnet [80]. Funktionelle Redundanz wird weiter untergliedert in *Zusatzfunktionen* und *Diversität*.

Mit **funktioneller Redundanz in Form von Zusatzfunktionen** werden Funktionen bezeichnet, »... *deren Spezifikation sich von den Spezifikationen aller Nutzbetriebs-Funktionen unterscheidet (folglich sind auch die Implementierungen verschieden)*« [80]. Ein Beispiel hierfür sind Überwachungsfunktionen, die im Falle der Überschreitung eine Abweichungsschwelle entsprechende Maßnahmen einleiten.

Funktionelle Redundanz in Form von Diversität bezeichnet »... *die Erfüllung der Spezifikation einer Nutzbetriebs-Funktion durch mehrere verschiedenartig implementierte Funktionen* ...« [80]. Beim N-Version Programming [58] [57] [30] handelt es sich um Entwurfsredundanz.

Informationsredundanz bezieht sich auf die Bereitstellung von Informationen neben den Nutzinformationen. »*Informationsredundanz beschränkt sich nicht nur auf Codierungstechniken, sondern schließt alle in einem System vorhandene Zusatzinformationen ein*« [80]. Beispiel hierfür sind Prüfinformationen wie Cyclic Redundancy Check (CRC), mit dem Verfälschungen von Rohdaten ermittelt werden können [192].

Als **Zeitredundanz** wir die Erzeugung »... *über den Zeitbedarf des Normalbetriebs hinausgehende zusätzliche Zeit, die einem funktionell redundanten System zur Funktionsausführung zur Verfügung steht*«, verstanden [80]. Hierzu zählen beispielsweise Antwort- oder Reaktionszeiten.

In Realisierungen sind meist Mischformen der genannten Redundanzmittel anzutreffen. Beispielsweise erfordert Informationsredundanz funktionelle Redundanz zu ihrer Erzeugung und strukturelle Redundanz zur Realisierung des Erzeugers.

2.9 Modellierung

2.9.1 Modell

Modelle werden nicht nur in der Wissenschaft in vielfältigen Ausprägungen und zu unterschiedlichen Zwecken eingesetzt. Eine generelle Definition eines Modells findet sich in [106]: »*Ein Modell ist eine vereinfachte Abstraktion der Realität*«. Seidewitz betrachtet ein Modell als eine Menge von Aussagen über ein untersuchtes System [207].

---

[57] Die Ergebnisse können beispielsweise verworfen oder neu angefordert werden.

[58] Mit *N-Version Programming* (NVP) oder *Multiversion Programming* wird eine Methode oder ein Prozess im Software Engineering bezeichnet, bei welchem mehrere funktional äquivalente Programme auf Basis der gleichen initialen Spezifikation unabhängig von einander erstellt werden [57].

Nach Stachowiak ist ein Modell durch die drei Merkmale *Abbildung, Verkürzung* und *Pragmatismus* gekennzeichnet [214]. Ein Modell ist somit eine Repräsentation eines natürlichen oder künstlichen Originals, wobei es nicht alle Eigenschaften/Attribute des Originals fasst, sondern nur diejenigen, die im Rahmen des Betrachtungskontextes für relevant erachtet werden. Unter Pragmatismus eines Modells wird die Zuordnung eines Modells zum Original zu einem bestimmten Zweck und für eine bestimmte Zeitspanne verstanden. Dies wird auch als Interpretation des Modells bezeichnet.

In der Entwicklung von Systemen werden Modelle hauptsächlich zu deren Entwurf [59] und Dokumentation genutzt. Allerdings nehmen Trends zum Einsatz von Modellen für den Einsatz in Analyse, Betrieb, Wartung und Diagnose von Systemen zu [99].

Das bedeutet, Modelle werden eingesetzt, um Informationen und Zusammenhänge bezüglich realer oder virtueller Dinge für einen bestimmten Zweck zu fassen. Bezieht sich ein Modell auf Dinge der Realität, so werden diese im modellhaften/virtuellen Umfeld interpretiert und zueinander in Relation gesetzt. Relationen können aus dem gegenseitigen Verhältnis zwischen Dingen der realen Welt hervorgehen oder die Interpretationen von Dingen zu einem bestimmten Zweck in einen bestimmten Zusammenhang bringen. Dabei besteht ein Unterschied zwischen Dingen der realen Welt, den Symbolen, welche diese Dinge in Modellen repräsentieren und der Bedeutung, unter welcher das Symbol mit den Dingen der realen Welt in Verbindung gebracht wird. Diese Unterscheidung zwischen Darstellung, realem Objekt und damit verbundenen Erwartungen können nach [175] als Ecken eines Dreiecks angesehen werden, die Relationen zwischen ihnen als Kanten dieses Dreiecks. In [218] findet sich die in Abbildung 2.2 gezeigte Darstellung des semiotischen Dreiecks [60].

Neben realen Dingen, verwendeten Symbolen und deren Bedeutung wird im Zuge der Bearbeitbarkeit, Speicherbarkeit und Austauschbarkeit von Modellen noch einer weiterer Aspekt betrachtet. Diese beziehen sich auf die Repräsentation der durch Modelle gefassten Inhalte. Fertigt ein Architekt im Bauwesen beispielsweise ein Modell eines Gebäudes aus Pappe, Holz und Klebstoff an, stellen die verwendeten Formen (Pappwände, etc.) jeweils Dinge der realen Welt dar (Wände, Decken, etc.). Für den kundigen Betrachter erschließt sich die Bedeutung der verwendeten Formen (Symbole) und ihrer Zusammensetzung. Im beschriebenen Beispiel stellen sie ein verkleinertes Abbild eines Gebäudes dar. Dabei wird als Repräsentation eine plastische Struktur verwendet. Den gleichen Zweck, nämlich Festhalten von Informationen in einem Kontext, würden Zeichnungen auf Papier oder Datensätze in einem CAD-Programm auf einem Speichermedium aus dem Bereich moderner EDV [61] erfüllen. Es unterscheiden sich dabei lediglich die Repräsentationen der Modelle, nicht die durch sie gefasste Information.

---

[59]Sog. *ausführbare Modelle* werden überwiegend für die Generierung lauffähiger Software eingesetzt.

[60]Das *Semiotische Dreieck* soll nach [159] in der Mitte des 17. Jahrhunderts veröffentlichten *Grammatik von Port-Royal* erstmals eingeführt worden sein.

[61]EDV bedeutet Elektronische Datenverarbeitung.

Zur Modellierung [62] werden Beschreibungssprachen/Modellierungssprachen eingesetzt. Während natürliche Sprachen von Menschen zum Informationsaustausch und zu allen Zwecken der Kommunikation verwendet werden, wurden künstliche Sprachen entwickelt um Fakten, Denkabläufe und Schlussfolgerungen zu beschreiben und zu analysieren [61]. Modellierungssprachen sind den künstlichen Sprachen zuzuordnen.

Damit hat Modellierung eine starke Relation zur Linguistik [63], da auch hier Kombinationen von Symbolen verwendet werden um Aussagen zu treffen oder festzuhalten. Daher werden zuerst einige Begriffe der allgemeinen Sprachwissenschaft [64] geklärt.

Mit **Vokabular** wird ein Wortschatz oder eine Wörterverzeichnis bezeichnet, mit **Lexikon** ein alphabetisch geordnetes allgemeines Nachschlagewerk oder Wörterbuch [77].

Semantik ist ein Teilgebiet der Linguistik. Es bezeichnet die Lehre von der inhaltlichen Bedeutung einer Sprache [61]. Semantik befasst sich mit der Bedeutung von sprachlichen Gebilden wie Wörtern, Phrasen, grammatischen Formen und Sätzen, nicht aber mit Handlungen und Phänomenen [163]. *Phonologie* befasst sich mit der Beschreibung der Gestalt von Grundausdrücken, *Morphologie* [65] mit der Bildung zulässiger Formen und *Syntax* mit den Regeln, nach welchen Wortkomplexe gebildet werden. Die Interpretation aller drei Ebenen *Wort*, *Wortform* und *Wortkomplexe* sind bedeutungsrelevant und Gegenstand der Semantik [163].

Grammatik gibt an, wie komplexe Ausdrücke aus gegebenen Grundausdrücken mit lexikalischer Bedeutung zusammenzusetzen sind [163] [66] [67].

Syntax ist ein Teilgebiet der Grammatik. Mit Syntax wird in der allgemeinen Sprachwissenschaft die Lehre von Regeln und Funktionen zur Erstellung von Satzzeichensequenzen bzw. der (formale) Bau des Satzes bezeichnet [228] [78] [61] [68].

---

[62]Modellierung bezeichnet die Erstellung eines Modells zu einer Anwendung [61].

[63]Linguistik wird in der Sprachwissenschaft die zuständige Disziplin verstanden, die unterschiedliche Gegenstandsbereiche der Sprache erforscht [85].

[64]Allgemeine Sprachwissenschaft wird auch als theoretische Linguistik bezeichnet. Diese untersucht Sprache als abstraktes System sowie der Aufstellungen allgemeiner Theorien über Sprache.

[65]Morphologie beschäftigt sich grob mit der Zusammensetzung von Worten aus einzelnen Wortbestandteilen [218].

[66]Grammatik steht für Zeichenlehre [77].

[67]Im Bereich der Informatik werden Grammatiken als Regeln aufgefasst, die aus zwei Typen von Symbolen bestehen. Zum einen den Terminalsymbolen, die in den Zeichenketten selbst vorkommen und zum anderen den Nonterminalsymbolen, welche zur Beschreibung der Struktur genutzt werden [195].

[68]In der Informatik wird die Syntax einer Programmiersprache über einen Zeichensatz C festgelegt, der zur Formulierung von Programmen zur Verfügung steht. Eine Teilmenge $S \subseteq C'$ wird als Sprache bezeichnet, S wird Syntax genannt [52].

Semiotik ist die Wissenschaft vom Ausdruck bzw. der Bedeutungslehre [78]. Nach [81] untersucht Semiotik alle kulturellen Prozesse als Kommunikationsprozesse. Ihre Absicht ist es zu zeigen, wie den kulturellen Prozessen Systeme zugrunde liegen [69]. Semiotik in Bezug auf Modellierung ist nicht Gegenstand dieser Arbeit.

2.9.2 Ausprägungen von Modellen

Als die fünf wesentlichen Charakteristika von Modellen im Umfeld der rechnergestützten, modellgetriebenen Entwicklung nennt [208] *Abstraktion, Verständlichkeit, Exaktheit, Voraussagbarkeit* und *Preiswertigkeit*. Ein entscheidender Ansatz in der rechnergestützten Software- und Systementwicklung ist die modellgetriebene Entwicklung (engl. Model Driven Engineering (MDE)). Dieser Ansatz schlägt vor zuerst ein Modell des untersuchten Systems anzufertigen, welches dann in Bestandteile der Realität transformiert werden kann [95]. Modell-getriebene Entwicklung ist ein Paradigmenwechsel von der Objekt Orientierung hin zum Model-Engineering [70].

MDE wird in der Softwareentwicklung eingesetzt um die Entwicklung von der realisierungsorientierten Sichtweise zu lösen bzw. davon zu abstrahieren. Entwicklungen werden dabei nicht auf Basis von Programmiersprachen umgesetzt, sondern auf Basis von Modellen. MDE setzt domänenspezifische Modellierungssprachen ein, die durch Metamodelle beschrieben werden. Metamodelle beschreiben Typensysteme. Elemente eines Typensystems werden verwendet um Modelle zu erstellen. Transformatoren und Generatoren werden eingesetzt um Modelle zu analysieren, Informationen abzuleiten oder ihren Inhalt in andere Repräsentationen zu überführen [204].

Eine nennenswerte Ausprägung der modellgetriebenen Entwicklung ist die *Model-Driven Architecture* (MDA). In der MDA unterscheiden sich Modelle dahingehend wie viel Information über die Zielplattform, also die Plattform auf welcher die Entwicklung ausgeführt werden soll, sie enthalten [17].

MDA erlaubt die Definition von maschinenlesbaren Applikationen und Datenmodellen, die sich durch hohe Flexibilität in Bezug auf Implementierung, Integration, Wartbarkeit, Test und Simulation auszeichnen. Dazu wird ein System durch drei Modelle betrachtet: Dem *Computation Independent Model* (CIM), dem *Plattform Independent Model* (PIM) und dem *Plattform Specific Model* (PSM) [179]. Durch den Einsatz von Modelltransformationen werden generelle bzw. plattformfernere Modelle durch die Hinzunahmen zusätzlicher Informationen zu plattformnäheren Modellen [17] [71]. MDE kann durch die zwei Relationen *Repräsentation* und *Konformität* charakterisiert werden. Repräsentation bedeutet, dass ein Modell ein Ding / eine Sache aus einer Perspektive und zu einem Zweck darstellt, während mit Konformität gemeint ist, dass ein Modell den Vorgaben eines Metamodells entspricht [95].

---

[69] Diese Begriffsklärung basiert auf einer umfassenden Diskussion anderer Quellen sowie einer Abgrenzung des Begriffes.

[70] [42] vergleicht die Grundgedanken der Objekt Orientierung und der modellgetriebenen Entwicklung: *Everything is an Objekt* und *Everything is a Model*.

[71] Dieser Prozess wird in [17] als *Model weaving* bezeichnet.

Als Metamodell wird in [176] ein Modell bezeichnet, welches eine Sprache zum Ausdruck von Modellen definiert. Es ist ein Modell, das verwendet wird um Modellierung selbst zu modellieren [181] [72].

Basierend auf dem Prinzip der Metamodellierung kann zur Veranschaulichung eine vertikale Schichtung von Modellen und Metamodellen vorgenommen werden, die als *Metapyramide* bezeichnet wird [17] [86]. Dabei stehen Komponenten benachbarter Ebenen/Modelle jeweils in einer *InstanzeOf*-Relation. Dies orientiert sich stark an der Objekt Orientierung und ist nicht für alle Betrachtungen geeignet [86].

Im Rahmen der modellgetriebenen Entwicklung hat sich die Unterteilung von Metadaten in vier Ebenen etabliert, wobei die Anzahl generell nach oben nicht begrenzt ist [201]. Diese wird in [17] als *mainstream* Metapyramide der MDE bezeichnet [73]. Die Ebenen werde wie folgt unterschieden: M0 Ebene (Objekte), M1 Ebene (Modell), M2 Ebene (Metamodell oder Sprachebene) und M3 Ebene(Metametamodell oder Sprachbeschreibungsebene). Als Schlüsselkonzepte der Modellierung werden Klassifikatoren und Instanzen sowie die Möglichkeit der Navigation von der Instanz zu ihrem Metaobjekt (ihrem Klassifikator) angesehen [181].

Als Bestandsaufnahme lässt sich festhalten, dass das Paradigma der Metamodellierung in der Existenz von Modellen besteht, die beschreiben wie modelliert wird, bzw. welche Mittel (Typen) zur Modellierung zur Verfügung stehen. MDE wird als eine Weiterentwicklung oder Konsequenz der OO [74] betrachtet. Es wird in erster Linie mit der Entwicklung von Computerprogrammen assoziiert.

Für die Beschreibung/Modellierung hierarchischer Strukturen oder Kategoriensystemen ist die *Vier Ebenen Architektur* nur teilweise geeignet. Beispielsweise lässt sich die Kategorisierung nach Abbildung 2.12 nur bedingt in die vier Ebenen der Metapyramide der MDE einordnen [75].

Die Betrachtung von *InstanzeOf*-Relationen als *one-size-fits-all* Lösung skaliert schlecht. Daher wird eine Unterscheidung in *linguistische Metamodellierung* und *ontologische Metamodellierung* [76] vorgeschlagen [18]. Linguistische Metamodellierung entspricht dabei bisheriger Betrachtung von Metamodellen nach [176], [181] und [207] als die Art und Weise Modellierungssprachen und ihre Primitive auf der Ebene eines Metamodells zu beschreiben [95].

---

[72]Eine verbreitete Definition findet sich in [207]: »*A metamodel is a specification model for a class of systems under study where each system under study in the class is itself a valid model expressed in a certain modeling language. That is, a metamodel makes statements about what can be expressed in the valid models of a certain modeling language.*«

[73]In [176] wird die vierschichtige Architektur als *traditional Framework* zu Metamodellierung bezeichnet.

[74]OO steht hier für Objekt Orientierung

[75]Der Inhalt der Abbildung geht auf *Summulae Logicales* von *Peter of Spain* zurück. Die grafische Darstellung ist aus [213] (Tree of Porphyry) entnommen. Diese Darstellung findet sich auch in [218].

[76]Eine Ontologie ist nach [102] eine explizite Spezifikation einer Konzeptionalisierung. Der Begriff stammt aus der Philosophie. Dort beschreibt Ontologie ein systematische Darstellung von Existierendem.

Konzepte der Sprache werden in Modellen (linguistisch) instanziiert. Ontologische Metamodellierung befasst sich mit der Domänendefinition. Die beiden Arten der Metamodellierung werden als orthogonal zueinander betrachtet.

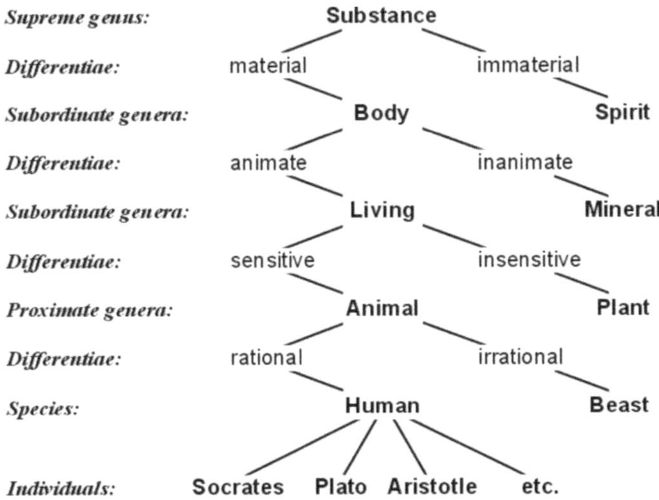

Abbildung 2.12: Beispiel eines Kategoriesystems nach [213]

Abbildung 2.13 zeigt eine mögliche Darstellung der beiden zueinander orthogonalen Modellierungsarten. L1 und L2 stellen die linguistischen Ebenen dar und entsprechen M1 und M2 der Metapyramide der MDE. O0 bis O2 stellen ontologische Ebenen dar, die als hierarchische Kategorisierung aufzufassen sind. Objekt, Klasse und Metaklasse sind Dinge, die in der Definition der Sprache, also der linguistischen Metamodellierung anzusiedeln sind. Instanzen davon befinden sich linguistisch betrachtet auf L1 Ebene, allerdings auf verschiedenen Ebenen der ontologischen Metamodellierung. Dabei ist ein Objekt (Lassie) eine ontologische Instanz einer Klasse (Collie). Mit diesen Überlegungen kann die M0 Ebene der klassischen *Vier Ebenen Architektur* verworfen werden, da es keine Grund gibt M0 und M1 in der Modellierung zu trennen [77].

---

[77]M0 stellt Dinge der realen Welt dar, die zwar durch eine separate Ebene der Metapyramide betrachtet werden, aber nie Teil eines Modells sind. Im Modellierungskontext, in welchem die M1 Ebene Dinge der realen Welt separiert repräsentiert, enthält M1 alle notwendigen Informationen, weswegen M0 nicht weiter betrachtet werden braucht.

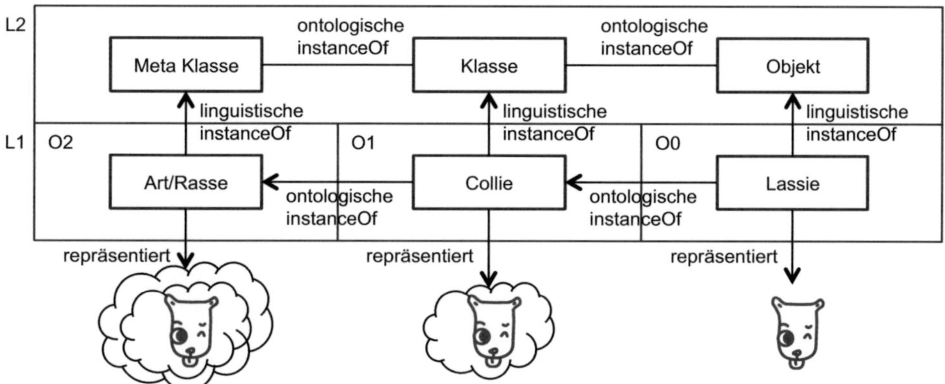

Abbildung 2.13: Ontologische und linguistische Meta Modellierung nach [18]

Diese Arbeit verwendet in erster Linie linguistische Metamodellierung. Der Bedeutung von modellierten Inhalten kommt eine gewisse Bedeutung zu. Ontologische Metamodellierung wird dabei jedoch vorerst nicht verwendet. Kapitel 10 befasst sich unter anderem mit Ontologien. Notwendige Grundlagen diesbezüglich werden zu Beginn dieses Kapitels gelegt.

2.9.3 Standards im Umfeld des Model Driven Engineering

Neben der Ausprägung *Model Driven Archtiecture* gibt es einige Standards, die im Umfeld des Model Driven Engineering von der *Object Managment Group* (OMG) [78] formuliert wurden. Hier werden die folgenden genauer betrachtet: *Meta-Object Facility* (MOF), *Unified Modelling Language* (UML) und *XML Metadata Interchange* (XMI). In diesem Zuge wird auch die *eXtensible Markup Language* (XML) vorgestellt, die vom World Wide Web Consortium (W3C) [79] spezifiziert wurde.

2.9.3.1 Extensible Markup Language XML

XML steht für *Extensible Markup Language* und beschreibt eine Klasse von Datenobjekten, den sog. XML-Dokumenten, sowie teilweise das Verhalten von Computerprogrammen, welche diese Dokumente verarbeiten [232]. XML ist eine Metasprache.

---

[78]OMG ist ein 1989 gegründetes, internationales, gemeinnütziges Konsortium der Computer Industrie. Ziel ist es herstellerunabhängige und systemübergreifende Standards im Umfeld der Programmierung und rechnergestützten Entwicklung hervorzubringen.

[79]Das World Wide Web Consortium ist ein Gremium zur Standardisierung der das World Wide Web betreffenden Techniken.

Sie stellt ein simples, klar strukturiertes, menschenlesbares und computerverarbeitbares Textformat dar, das von der SGML [80] abgeleitet ist. XML Dokumente bestehen aus zergliederten Daten, wovon mache Nutzdaten und andere *Markup* darstellen. Markup verschlüsselt die Beschreibung des Speicherlayouts oder die logische Struktur des Dokuments. Der Markup wird durch Symbole, den sog. Marken (engl. Tags), repräsentiert wobei jede Marke mit »<« beginnt und mit »>« endet. Damit ist XML eine Auszeichnungssprache [81]. Marken werden als Instruktionen oder Klassifikation von Daten interpretiert [232] [61] [196].

XML verfügt über Sprachelemente, mit denen man spezielle kontextfreie Grammatiken erzeugen kann. Diese entsprechen daher der Backus-Nauer-Form [82] [61]. Die Deklaration des XML Dokumenten Typs enthält oder zeigt auf Markup-Deklarationen, die eine Grammatik (oder den konkreten Aufbau) für eine Klasse von Dokumenten bereitstellen. Diese Grammatik wird *Dokument Type Declaration* (DTD) genannt [232]. Auf Basis von XML und Einschränkungen, wie beispielsweise DTD oder XML Schema, lassen sich anwendungsspezifische Sprachen definieren. Beispiele hierfür sind XMI, ODX, FIBEX, AUTOSAR-Templates oder XML-Schema.

```
 1  <!ELEMENT Studiengang (Student+,Vorlesung*)>
    <!ATTLIST Titel ref CDATA #REQUIRED>
 3
    <!ENTRY % AccentuatedLetters PUBLIC "ATHENS//DTD AL//FR>
 5  % AccentuatedLetters;

 7  <!ELEMENT Student (Vornahme+,Nachname+)>
    <!ELEMENT Vorname (#PCDATA)>
 9  <!ELEMENT Nachname (#PCDATA)>

11  <!ELEMENT Vorlesung (Title*,Dozent)>
    <!ELEMENT Titel (#PCDATA)>
13  <!ELEMENT Dozent (#PCDATA)>
```

Listing 2.1: Beispiel einer DTD nach [196]

```
 1  <Studiengang Titel = "Elektrotechnik (Modell 13)">
     <Student>
 3    <Vorname>John</Vorname>
      <Nachname>Foo</Nachname>
 5    </Student>
     <Vorlesung>
 7    <Titel>Systems and Software Engineering</Titel>
      <Dozent>Müller-Glaser</Dozent>
 9    </Vorlesung>
    </Studiengang>
```

Listing 2.2: Beispiel eines XML Dokuments nach [196]

---

[80] SGML steht für *Standard Generalized Markup Language* und ist standardisiert in ISO 8879 [135].

[81] Auszeichnungssprachen werden Sprachen genannt, in deren Zeichenfolgen spezielle Symbole eingefügt sind, um gewisse Teile der Zeichenfolge auszuzeichnen [61].

[82] Die Extended Backus-Nauer Form ist standardisiert als ISO/IEC 14977 [142].

Das oben stehende Beispiel (s. Listing 2.1) zeigt eine *Document Type Description* und ein dazu konformes XML Dokument (S. Listing 2.2). Die Daten des Dokuments, beispielsweise *John* werden begrenzt von Marken, in diesem Fall der Anfangsmarke *<Student>* und der Endmarke *</Student>*. Daten können weiter verschachtelt sein, wodurch im XML Dokument eine Baumstruktur entsteht.

2.9.3.2 XML Schema

XML Schema wird verwendet um eine Klasse von XML-Dokumenten zu definieren, also Dokumente, welche einem bestimmten Schema entsprechen [236]. Ein XML Schema stellt eine Möglichkeit dar, durch welche ein XML Prozessor [83] die Syntax und einen Teil der Semantik eines XML Dokuments validieren kann. XML Schemas können (optional) in XML Dokumenten referenziert werden [180].

XML Dateien werden unter anderem verwendet um spezifische Datensätze in geordneter, strukturierter und computerverarbeitbarer Form festzuhalten. Datensätze, die verschiedene Ausprägungen (Instanzen) der selben Klasse von Dokumenten darstellen, sind sich ähnlich. XML Schema wird verwendet um die möglichen (und im Sinne der Verifikation zulässigen) Ausprägungen einer Klasse von Dokumenten festzuhalten. Das folgende Beispiel (s. Listing 2.3 auf folgender Seite) zeigt die Definition zweier komplexer Typen (*Bestellstatus* und *DeAdresse*), mit ihren Elementen und Attributen. Dabei sind die Typen verschachtelt (beispielsweise referenziert *Lieferadresse* den Typ *DeAdresse*) [84]. Ein Beispiel eines zu diesem XML Schema konformen XML Dokuments ist im Folgenden dargestellt (s. Listing 2.4 [85]).

```xml
<?xml version="1.0"?>
<Bestellung bestelldatum="2011-05-10">
 <Lieferadresse land="DE">
  <Name>Alice Schmid</Name>
  <Straße>Walnussgasse 42</Straße>
  <Ort>Frankfurt/Main</Ort>
  <PLZ>60000</PLZ>
 </Lieferadresse>
 <Rechnungsadresse land="DE"> ... </Rechnungsadresse>
 <Kommentar> ... </Kommentar>
 <Waren> ... </Waren>
</Bestellung>
```

Listing 2.3: Beispiel eines XML-Dokuments

---

[83]Mit XML Prozessor wird ein rechnergestütztes Werkzeug zur Verarbeitung von XML-Dokumenten genannt.

[84]Das dargestellte Beispiel ist aus [236] entnommen.

[85](...) steht im dargestellten XML Schema Dokument als auch im XML Dokument für weitere Inhalte, die in Beispiel nicht ausführlich dargestellt sind.

```
1  <xsd:schema xmlns:xsd="http://www.w3.org/2001/XMLSchema">
2   <xsd:annotation>
3    <xsd:documentation xml:lang="DE">
4     Buchbestellung Schema für Example.com.
5     Copyright 2001 Example.com. Alle Rechte vorbehalten.
6    </xsd:documentation>
7   </xsd:annotation>
8   <xsd:element name="Bestellung" type="BestellungTyp"/>
9   <xsd:element name="Kommentar" type="xsd:string"/>
10  <xsd:complexType name="BestellungTyp">
11   <xsd:sequence>
12    <xsd:element name="Lieferadresse" type="DeAdresse"/>
13    <xsd:element name="Rechnungsadresse" type="DeAdresse"/>
14    <xsd:element ref="Kommentar" minOccurs="0"/>
15    <xsd:element name="Waren" type="WarenTyp"/>
16   </xsd:sequence>
17   <xsd:attribute name="bestelldatum" type="xsd:date"/>
18  </xsd:complexType>
19  <xsd:complexType name="DeAdresse">
20   <xsd:sequence>
21    <xsd:element name="Name" type="xsd:string"/>
22    <xsd:element name="Straße" type="xsd:string"/>
23    <xsd:element name="Ort" type="xsd:string"/>
24    <xsd:element name="PLZ" type="xsd:decimal"/>
25   </xsd:sequence>
26   <xsd:attribute name="land" type="xsd:NMTOKEN" fixed="DE"/>
27  </xsd:complexType>
28  <xsd:complexType name="WarenTyp"> ... </xsd:complexType>
29  <xsd:simpleType name="ISBNTyp"> ... </xsd:simpleType>
30  </xsd:schema>
```

Listing 2.4: Beispiel eines XML Schemas

2.9.3.3 XSL Translation (XSLT)

XSLT ist die Abkürzung für *XSL Transformation* und steht für eine Programmiersprache zur Transformation von XML-Dokumenten in andere XML-Dokumente. XSLT ist ein Teil der *Extensible Stylesheet Language* (XSL) [86]. In XSLT werden die Umwandlungsregeln selbst in einer Baumstruktur, dem sog. *Stylesheet* gefasst, so dass ein XSLT-Dokument ein gültiges XML-Dokument darstellt.

Spezielle Programme, sog. *XSLT Prozessoren*, sind in der Lage durch die in einem XSLT-Dokument spezifizierten Transformationsregeln aus einer Menge von Eingangs-XML-Dokumenten ein Ausgangs-XML-Dokument zu erzeugen. Die Spezifikation von XSLT (Version 2.0) ist in [233] zu finden.

2.9.3.4 Grundlagen der Objekt Orientierung (OO)

Im Folgenden werden einige Konzepte der Objekt Orientierung (OO) aus Sicht der Modellierungssprache UML (Unified Modeling Language) dargestellt. Unter Objektorientierung wird die Sichtweise auf Systeme kooperierender Objekte verstanden.

---

[86]Die Spezifikation von XSL (Version 1.1) ist unter [231] zu finden.

Mit **Objekt** oder Instanzbeschreibung [87] wird allgemein ein Gegenstand des Interesses, insbesondere einer Beobachtung, Untersuchung oder Messung bezeichnet. Im Kontext der OO stellt ein Objekt ein individuelles Exemplar eines Dings, einer Person oder eines Begriffs der realen Welt oder der Vorstellungswelt dar. Ein Objekt besitzt einen bestimmten Zustand und reagiert mit einem definierten Verhalten auf seine Umgebung [32]. Ein Objekt ist Instanz einer Klasse.

Eine **Klasse** [88] ist allgemein eine Gruppe von Dingen mit gemeinsamen Merkmalen. In der OO spezifiziert *Klasse* die Gemeinsamkeiten einer Menge von Objekten mit denselben Eigenschaften (Attributen), demselben Verhalten (Operationen [89]) und denselben Beziehungen [32].

Attribute [90] definieren die Eigenschaften von Objekten, indem sie eine Beziehung zwischen einem Namen (dem Attributnamen) und einem Wert herstellt. In Klassen können Attribute definiert werden, die als Typ eine andere Klasse besitzen, und so an einer Instanz auf eine weitere Instanz verweisen [149].

Generalisierung und Instanziierung: Durch Generalisierung [91] werden aus einer Menge von Klassen deren gemeinsame Eigenschaften herausgelöst und in einer neuen, generelleren Klasse gefasst. Spezialisierung ist das Gegenteil der Generalisierung. Hier wird für eine Klasse eine spezifischere Variante mit spezifischeren Eigenschaften geschaffen und diese in Beziehung zur generelleren Klasse gesetzt. Durch Generalisierung und Spezialisierung können Hierarchien von Klassen erstellt werden [149].

Assoziationen: Eine Relation zwischen mindestens zwei Klassen wird Assoziation [92] genannt. Eine Instanz einer Assoziation wird *Link* genannt. Die Anbindung einer Klasse an eine Assoziation wird Assoziationsende genannt und ist als separates Konzept definiert. Dies ist motiviert durch die Tatsache, dass sich für jedes Assoziationsende separate Eigenschaften definieren lassen, wie die *Multiplizität*, der *Rollenname* (Einschränkung der Menge von Instanzen, die in konkreter Relation zueinander stehen können) oder die *Sichtbarkeit* [149]. Um die Beziehung zwischen Instanzen der über eine Assoziation verbunden Klassen als Teile-Ganze Beziehung auszudrücken, können Assoziationen in Form von *Aggregationen* oder *Kompositionen* genauer spezifiziert werden [93].

---

[87] Definition nach [184]: »An *instance specification* is a model element that represents an instance in a modeled system«.

[88] Definition nach [184]: »A *class* describes a set of objects that share the same specifications of features, constraints, and semantics«.

[89] Definition nach [184]: »An *operation* is a behavioral feature of a classifier that specifies the name, type, parameters and constraints for invoking an associated behavior«.

[90] Definition nach [184]: »An *attribute* is a structural feature. A property related to a classifier by ownedAttribute represents an attribute. It relates an instance of the class to a value or collection of values of the type of the attribute«.

[91] Definition nach [184]: »A *generalization* is a taxonomic relationship between a more general classifier and a more specific classifier«.

[92] Definition nach [184]: »An *association* describes a set of tuples whose values refer to typed instances. An instance of an association is called a link«.

[93] Eine Aggregationen stelle eine lose Teile-Ganze Beziehung dar, während eine Komposition eine Art

Pakete: Zur Strukturierung von Modellelementen werden Pakete [94] verwendet. Diese eröffnen jeweils einen Namensraum (engl. Namespace). Pakete erlauben Hierarchisierung. Um den Zugriff von Elementen unterschiedlicher Pakete zu ermöglichen, stehen die Konzepte *Elementimport* («import», Übernehmen von Elementen außerhalb eines Paketes in dessen Namensraum), *Paketimport* («access» Übernehmen von Paketen außerhalb eines Paketes in dessen Namensraum) und *Paket-Merge* («merge») zur Verfügung. Letzteres wird verwendet, wenn Modellkonzepte, die bereits in einem Paket existieren, unter gleichem Namen in einem anderen Paket Erweiterungen erfahren sollen [149].

2.9.3.5 Unified Modeling Language (UML)

Modelle können nach [60] als Graphen dargestellt werden. Die *Unified Modeling Language* (UML) ist eine graphische Notationssprache zur Modellierung, Dokumentation, Spezifizierung und Visualisierung komplexer Softwaresysteme [201].

Zum Zeitpunkt der Erstellung dieser Arbeit liegt die UML als Version 2.3 in den beiden, sich ergänzenden Dokumenten *UML Infrastructure* [184] und *UML Superstructure* [185] vor. Die Trennung in zwei Dokumente existiert seit UML Version 2.0. UML Version 1.4.2 ist standardisiert als ISO/IEC 19501 [144].

Die UML vereint im Gegensatz zu früheren, auf konkrete Einsatzzwecke zugeschnittenen Entwurfssprachen, eine Vielzahl von Modellierungskonzepten und Modellierungsmechanismen im Sinne eines Werkzeugkastens und auf einer einheitlichen konzeptionellen Basis. Damit kann die Sprache den gesamten Entwicklungsprozess hindurch eingesetzt werden [149].

Organisation des UML Metamodells Die UML wird durch zwei getrennte Dokumente spezifiziert, der *UML Infrastructure* [184], die das Metametamodell erklärt und *UML Superstructure* [185], welche die UML selbst erläutert und dazu die *UML Infrastructure* verwendet. Das bedeutet alle Elemente des UML-Metamodells sind Instanzen der Elemente der *UML Infrastructure* und das UML-Metamodell importiert alle Elemente der *UML Infrastructure* [149]. Die Konzepte der *UML Infrastructure* entsprechen dem Kern der Sprache UML. Dies erklärt den Import, obwohl sich *UML Infrastructure* und *UML Superstructure* auf verschiedenen Metaebenen befinden. Die Konzepte der Modellierungssprache UML, also die *UML Infrastructure*, stellen wiederum ein Modell dar.

UML Infrastructure repräsentiert das Paket *InfrastructureLibrary*, welches seinerseits aus den Paketen *Core* und *Profiles* besteht. *Profiles* definiert Mechanismen zum Anpassen von Metamodellen.

---

physikalischer Inklusion beschreibt.

[94]Definition nach [184]: »A *package* is used to group elements, and provides a namespace for the grouped elements«.

Core hingegen beinhaltet Kernkonzepte der Metamodellierung und zeichnet sich durch hohe Wiederverwendbarkeit aus. UML, CWM [95] und MOF gründen auf diesem gemeinsamen *Core* (s. Abbildung 2.14). Dies ist Grundlage für die Erweiterbarkeit und Anpassbarkeit der Sprache, aber auch für die Speicherung und Verarbeitung von Modellen und Metamodell in einem einheitlichen Framework.

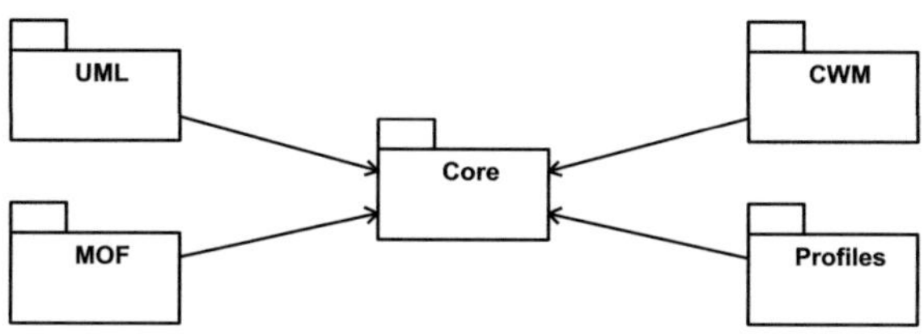

Abbildung 2.14: UML *Core* Paket als gemeinsamer Kern nach [184]

Das Paket *Core* besteht aus vier Unterpaketen: *Primitive Types* definiert primitive Datentypen; *Basic* erklärt Grundbegriffe wie Klasse, Attribut, Operation und Paket; *Abstraction* beschreibt weiterführende Konzepte wie Generalisierung, Instanz, Namensraum, Sichtbarkeit oder Relation; *Constructs* enthält das Grundkonzept der Assoziation. *Constructs* importiert («import») *Basic* und *Abstraction*, welche beide *Primitive Types* importieren. Dabei werden importierte Konzepte durch den Mechanismus der Spezialisierung mit weiteren Eigenschaften versehen [149]. Abbildung 2.15 zeigt die Metaklasse *Class* des *Constructs Package*. Dabei werden die Assoziationsenden einer Assoziation als Eigenschaften der Assoziation aufgefasst, ähnlich den Attributen einer Klasse. *Property* ist die gemeinsame Metaklasse für die Begriffe *Attribut* und *Assoziationsende*.

UML Superstructure Die UML trennt zwischen Inhalt und Form eines Modells. Unter Form wird dabei die Repräsentation eines Modells als Diagramme verstanden [149]. Dem kann die Definition eines Modells nach [207] zugrunde gelegt werden, die besagt dass ein Modell eine Menge von Aussagen über ein betrachtetes System ist. Aussagen setzten dabei Dinge in Relation zueinander. Dinge und Relationen werden als Modellartefakte bezeichnet. Soll das System von einer bestimmten Sichtweise betrachtet werden, so bezieht sich dies auf eine Untermenge der Aussagen. Die Repräsentation soll der Sichtweise angepasst sein.

---

[95]CWM steht für *Common Warehouse Model* und beschreibt eine Standard der OMG für den einfachen Austausch von Depot- und Geschäfts- Metadaten zwischen entsprechenden Werkzeugen, Plattformen und Repositories in verteilten heterogenen Umgebungen [178].

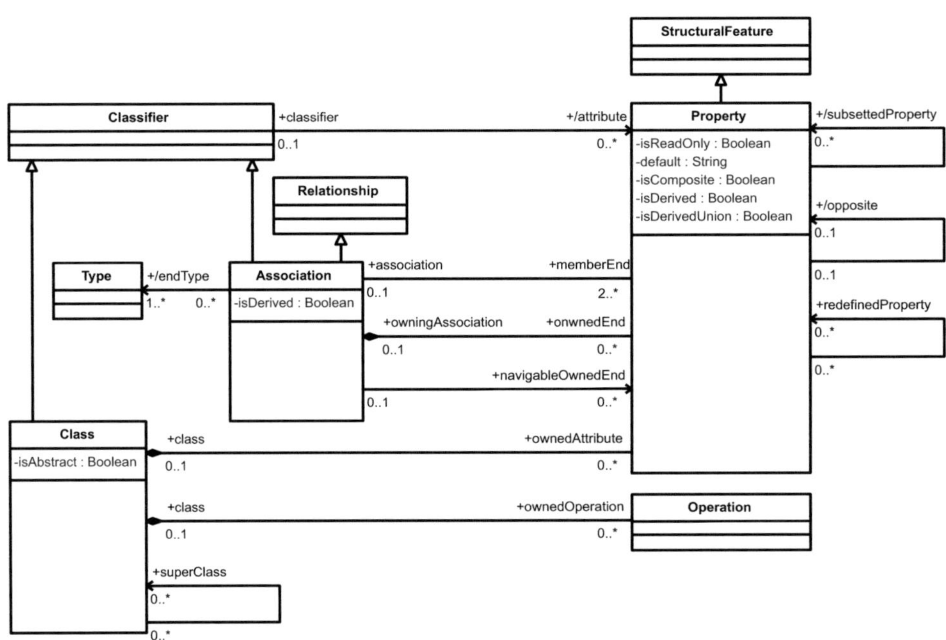

Abbildung 2.15: Klassendiagramm des *Constructs Package* nach [184]

Die *UML Superstructure* [185] verwendet die *UML Infrastructure* und beschreibt unter anderem 13 unterschiedliche Diagramme, mit teils diagrammspezifischen, teils diagrammübergreifenden Notationselementen zur sichtweisenbezogenen Darstellung von Aussagen. Dabei werden Strukturdiagramme und Verhaltensdiagramme unterschieden.

Zu den Strukturdiagrammen gehören *Klassendiagramm, Paketdiagramm, Objektdiagramm, Kompositionsstrukturdiagramm, Komponentendiagramm* und *Verteilungsdiagramm*, während *Use-Case-Diagramm, Aktivitätsdiagramm, Zustandsautomat, Sequenzdiagramm, Kommunikationsdiagramm, Timing-Diagramm* und *Interaktionsübersichtsdiagramm* zu den Verhaltensdiagrammen gezählt werden.

Die relevanten Aussagen eines Modells können sich bezüglich einer Sichtweise auf eine Anzahl von Diagrammen des gleichen Diagrammtyps verteilen. Wichtig ist die Unterscheidung von Modell und Diagramm. Ein Diagramm repräsentiert lediglich eine Menge von Aussagen als Untermenge eines Modells, entsprechend einer bestimmten Sichtweise.

Die Konzepte der UML Sprachdefinition besteht aus einer Reihe aufeinander aufbauender oder einander ergänzender Sprachdefinitionspakete, den sog. *Language Units*. Jede dieser Einheiten enthält Modellierungskonzepte, die in Bezug auf eine spezielle Betrachtungsweise oder einen bestimmten Formalismus besonders geeignet sind. *Language Units* sind hierarchisch in vier sog. *Compliance Level* eingeteilt.

- Level 0 (L0): Fasst die UML Infrastructure. Stellt eine Basis für die Interoperabilität zwischen verschiedenen Kategorien von Modellierungswerkzeugen dar.

- Level 1 (L1): Fügt L0 neue *Language Units* hinzu, beispielsweise für Use-Cases (engl. Use Case), Interaktionen (engl. Interactions), Strukturen (engl. Structures), Aktivitäten (engl. Activities) und Aktionen (engl. Actions).

- Level 2 (L2): Fügt L1 neue *Language Units* hinzu, unter anderem für Verteilung (engl. Deployment), die Modellierung von Zustandsautomaten (engl. State Machine Modeling) und Profile (engl. Profiles).

- Level 3 (L3): Diese Ebene repräsentiert die gesamte UML. Sie erweitert L2 um die Modellierung von Informationsflüssen (engl. Information Flow), Vorlagen (engl. Templates) und Modellkomprimierung (engl. Model Packing).

In der hierarchische Struktur kommt die Methode des *Paket-Merge* zum Einsatz. Das Paket *Kernel* auf L1 ist das zentrale Paket in der *UML Superstructure*. Es verwendet überwiegend Konzepte der UML Infrastructure, nämlich *Constructs* und *PrimitiveTypes*. Für weitere Informationen wird auf [185] verweisen.

2.9.3.6 Meta Object Facility

Die Definition der Symbole einer Modellierungssprache und die Spezifikation von deren Aussehen in Diagrammen wird *konkrete Syntax* genannt, das Datenmodell einer Modellierungssprache *abstrakte Syntax*.

Der Standard *Meta Object Facility* spezifiziert eine Modellierungssprache zur Modellierung der abstrakten Syntax von Metamodellen. *Meta Object Facility* kann nach [200] frei als *Metaobjektmöglichkeiten* übersetzt werden. Die konkrete Syntax von MOF ist eine Teilmenge des UML Standards [196].

Die *Meta Object Facility* (MOF) stellt ein Rahmenwerk zur Handhabung von Metadaten bereit, sowie eine Menge von Diensten/Vorgaben für Entwicklung und Austauschbarkeit von Modellen in Metadaten getriebenen Systemen [181]. MOF Version 1.4.1 ist als ISO/IEC 19502 [145] standardisiert.

Die Konzepte von MOF sowie die Konzepte der *UML Superstructure* integrieren und verwenden die Konzepte der *UML Infrastructure* (s. Abbildung 2.14) [181].

Ab Version MOF 2.0 besteht eine Aufteilung in *Essential MOF* (EMOF) und *Complete MOF* (CMOF). EMOF erlaubt die Definition einfacher Metamodelle unter Verwendung simpler Konzepte und bietet für einfache MOF-basierte Metamodelle ein einfaches Rahmenwerk für ihre Zuordnung zu Implementierungen wie beispielsweise XMI. CMOF entsteht durch die Vereinigung von EMOF und dem Paket *Constructs* der *UML Infrastructure* und ermöglicht die Definition umfassenderer Metamodelle wie beispielsweise UML 2 [181]. Eine Übersicht von Paketen der *UML Infrastructure*, MOF sowie das Paket *Kernel* der *UML Superstructure* sind in Abbildung 2.16 dargestellt. Die einzelnen Konzepte von MOF werden unter Verwendung von MOF Konzepten definiert. Dies kann mit der Erklärung eines Wortes in einem Wörterbuch verglichen werden, welche das zu erklärende Wort selbst enthält [95].

Als Bestandteil von MOF wurde unter anderem die Technologieabbildung *XML Metadata Interchange* (XMI) definiert. Dieser erklärt wie Instanzen des MOF Modells (Elemente eines Metamodells) auf XML-Dokumententyp- bzw. -Schemadefinitionen abgebildet werden [149].

2.9.3.7 XML Metadata Interchange (XMI)

MOF und die UML spezifizieren Rahmenwerke zur Beschreibung von Modellen und Sprachen mit graphischen Notationselementen. Die entstehenden Diagramme sind zwar für Menschen mit ihrer visuellen Wahrnehmung einfach zu deuten, nicht jedoch für Rechner, welche im Umgang mit Zeichenketten und Listen sehr effizient sind. Zur Unterstützung der rechnergestützten Arbeit mit Modellen und deren Austausch wurde die Technologie *XML Metadata Interchange* (XMI) von der OMG spezifiziert. Mit XML, UML und MOF integriert sie die Schlüsselstandards im Bereich der modellgetriebenen Entwicklung. XMI beschreibt unter anderem Methoden um MOF-basierte Metamodelle und UML Modelle in XML-Dokumenten zu serialisieren. Die OMG definiert XMI als eine von MOF abgeleitete Technologie für die Manipulation von Metadaten und den Metadaten getriebenen Austausch [181]. Zum Zeitpunkt der Erstellung dieser Arbeit liegt XMI in Version 2.1.1 [182] vor. XMI Version 2.0.1 ist standardisiert als ISO/IEC 19503 [146].

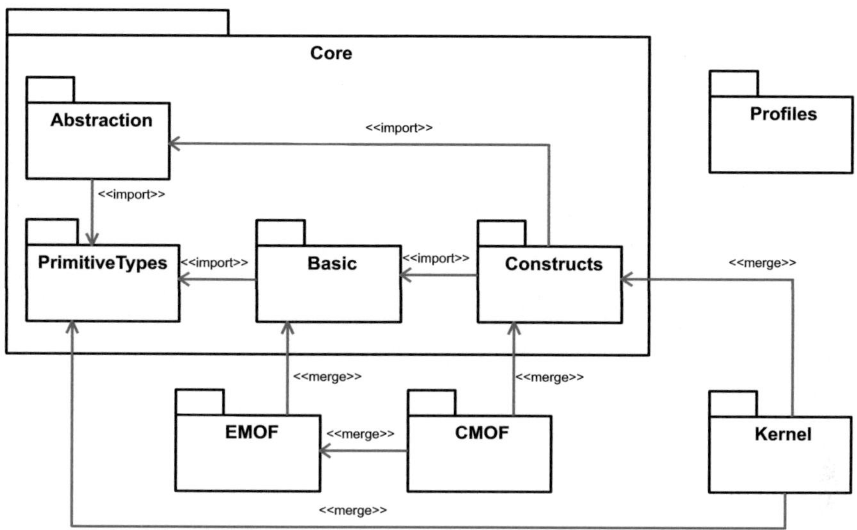

Abbildung 2.16: Abhängigkeiten zwischen Paketen von MOF und UML Infrastructure

XMI beschreibt das Mapping von MOF bzw. MOF-basierten Modellen nach XML. Die Version von XMI korreliert dabei zwangsläufig mit der gewählten Version von MOF. Beispielsweise korrespondieren XMI 1.1 [177] zu MOF 1.3 [176] und XMI 2.1 [180] zu MOF 2.0 [181].

Die Technologie von XMI umfasst regelbasierte Vorgehen für die Serialisierung von Modellen sowie eine Art von XML-Dokumenten und XML-Schemata. Fassen letztere Schemainformationen oder Modellinformationen in Bezug auf MOF-basierte Modelle, so werden sie XMI-Dokumente bzw. XMI-Schema genannt. Modelle werden auf Rechnern meist in Form von XMI-Dokumenten abgelegt.

XMI beschreibt XML Dokumente, die auf Basis von MOF Modellen produziert werden und XML Schemata, die verwendet werden können um diese Dokumente zu validieren. Sowohl XMI-Dokumente als auch XMI-Schema können auf allen Modellierungsebenen bestehen. Ihre Ausprägung orientiert sich an den Inhalten, welche serialisiert sind. Wird ein Modell einer Ebene in Bezug auf den Modellinhalt serialisiert, so handelt es sich um ein XMI-Dokument. Wird hingegen das Modell einer Ebene (in diesem Falle ein Metamodell) im Sinne der Verifikation möglicher Instanziierungen der nachfolgenden Ebene abgebildet, liegt ein XMI-Schema vor. Abbildung 2.17 [96] veranschaulicht dies. Gestrichelte Pfeile zwischen XMI-Dokumenten und XML-Schema stellen jeweils eine Konformitätsbeziehung dar.

---

[96]Die Inhalte der Darstellung stammen aus [95].

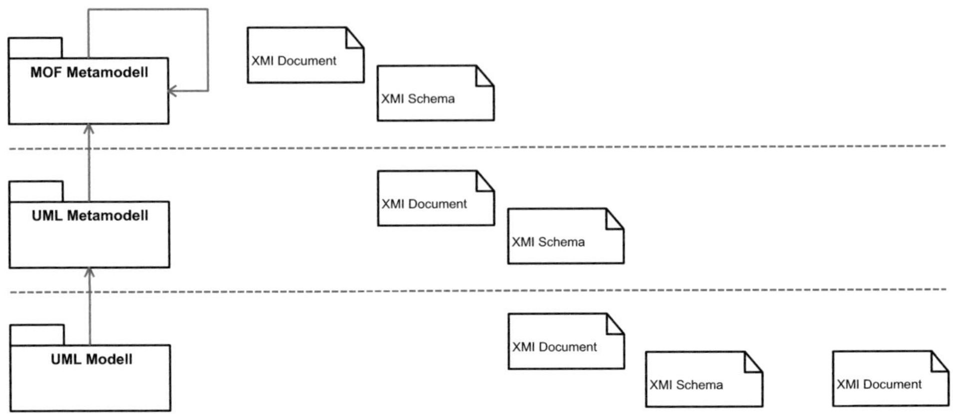

Abbildung 2.17: Mapping von Modellen nach XMI (nach [95])

XMI stellt Regeln, Spezifikationen und Produktionsregeln im Umfeld des Mappings zwischen MOF und XML bereit [180]. Dazu gehören:

- Regeln, mit welchen Schema Dateien generiert werden können für alle validen, in XMI-überführbaren MOF-basierten Modelle.

- Produktionsregeln für XML Dokumente zur Codierung und Decodierung von MOF basierten Metadaten.

- Design Prinzipien für XMI basierte Schemata und XML Dokumente.

- Produktionsregeln für den Import von XML DTDs in ein MOF basiertes Metamodell.

Ein XMI-Dokument besteht aus drei Bereichen. *Header* enthält allgemeine Inhalte des Dokuments (Namen, Version, etc.), *Content* die Modelldaten und der optionale Bereich *Extensions* (werkzeugspezifische) Zusatzinformationen.

Metaklassen werden als Schlüsselworte der Marken verwendet, Metaattribute als Attribute der Marken. In einem XMI-Dokument ist jedes Element über die `xmi.id` eindeutig identifizierbar. Dokumentenübergreifende Referenzierung ist durch die Zuweisung der `xmi.uuid` [97] möglich.

Ein MOF-basiertes Modell stellt meist einen Graphen oder ein Netz dar. Dieses wird ein einem XMI-Dokument als Baum mit Zusatzinformationen gefasst. Beziehungen zwischen Modellelementen, die einer Komposition entsprechen, können durch den Baum abgebildet werden. Für andere Beziehungen kommt ein Referenzmechanismus zum Einsatz. Eine Referenz `xmi.idref` verweist auf ein Element mit der gleichen `xmi.id`.

---

[97] UUID steht für Universally Unique Identifier.

Eine Marke beginnt in einem XMI-Dokument mit dem Typ, welcher mit der Metaklasse aus dem zugrundeliegenden MOF Modell korrespondiert. Dem folgen `xmi.id` und evtl. *xmi.uuid* als Attribute. Im Falle einer Referenz beginnt die Marke ebenfalls mit dem Typ, enthält als Attribut jedoch nur die `xmi.idref`.

Abbildung 2.18 stellt ein einfaches UML Modell dar, bestehend aus einem Paket, zwei Klassen, einem Attribut, einer Generalisierungsrelation und einer Assoziation dar. Das folgende XMI-Dokument (siehe Listing 2.5) ist die Serialisierung dieses UML Modells, unter der Annahme, dass dieses auf MOF basiert.

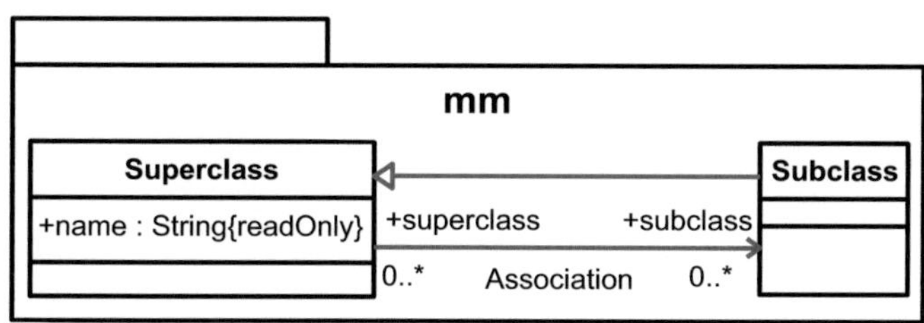

Abbildung 2.18: Beispiel eines einfachen UML Modells

2.9.3.8 ECORE

ECORE ist ein konzeptionelles Modellierungsrahmenwerk, welches in EMF [98] verwendet wird um Modelle zu modellieren [216]. EMF wurde parallel zur MDA der OMG entwickelt und bietet eine ähnliche Menge von Sprachen zur Metamodellierung und zum Modellaustausch [95]. ECORE entspricht im Wesentlichen EMOF, die Unterschiede sind gering [242]. In der aktuellen Version 2.0 kann ECORE bzw. EMF im weiteren Sinne als eine Implementierung von EMOF angesehen werden. Dies betrifft die Abbildung auf XML sowie auf Java [103].

Abbildung 2.19 zeigt die Relationen, Attribute und Operationen von ECORE Komponenten nach [129]. Dabei sind nach [216] und [95] die folgenden vier Klassen notwendig um ein Modell einer Modellierungssprache zu erstellen:

- `EClass` repräsentiert eine modellierte Klasse. Eine EClass hat einen Namen, keine oder mehrere Attribute und keine oder mehrere Referenzen.

- `EAttribute` stellt ein modelliertes Attribut dar. Attribute haben einen Namen und einen Typ.

---

[98] EMF steht für *Eclipse Modeling Framework*. Das EMF Projekt ist ein Modellierungsrahmenwerk und Hilfsmittel zur Code-Generierung um Werkzeuge und Applikationen auf Basis eines strukturierten Datenmodells aufzubauen [221].

```xml
<?xml version="1.0" encoding="UTF-8" ?>
<XMI xmi.version="1.1" xmlns:Model="omg.org/mof.Model/1.3">
 <XMI.header>
  <XMI.model xmi.name="eea" xmi.version="3.0.611"></XMI.model>
  <XMI.metamodel xmi.name="MOF" xmi.version="1.3"></XMI.metamodel>
 </XMI.header>
 <XMI.content>
  <Model:Package xmi.id="a8" name="mm" isReadOnly="true" isRoot="false" isLeaf="false" isAbstract="false"
  visibility="public_vis">
   <Model:Namespace.contents>
    <Model:Class xmi.id="a0" name="Superclass" isReadOnly="true" isSingleton="false" isAttribute="false"
    isRoot="true" isLeaf="false" isAbstract="true" visibility="public_vis">
     <Model:Reference xmi.id="a5" name="subclass" isReadOnly="true" type="a1" isChangeable="true"
     referencedEnd="a4" scope="instance_level" visibility="public_vis">
      <Model:StructuralFeature.multiplicity>
       <XMI.field>0</XMI.field>
       <XMI.field>-1</XMI.field>
       <XMI.field>false</XMI.field>
       <XMI.field>true</XMI.field>
      </Model:StructuralFeature.multiplicity>
     </Model:Reference>
     <Model:Attribute xmi.id="a7" name="name" isReadOnly="true" timeStamp="24.03.2010 09:40:27"
     type="String" isChangeable="true" isDerived="false" isVolatile="false" placementOrder="0"
     attributeKind="versionAttribute" scope="instance_level" visibility="public_vis">
      <Model:StructuralFeature.multiplicity>
       <XMI.field>1</XMI.field>
       <XMI.field>1</XMI.field>
       <XMI.field>false</XMI.field>
       <XMI.field>false</XMI.field>
      </Model:StructuralFeature.multiplicity>
     </Model:Attribute>
    </Model:Class>
    <Model:Class xmi.id="a1" name="Subclass" isReadOnly="true" isSingleton="false" isAttribute="false"
    isRoot="true" isLeaf="false" isAbstract="false" visibility="public_vis" supertypes="a0">
     <Model:Reference xmi.id="a6" name="superclass" isReadOnly="true" type="a0" isChangeable="true"
     referencedEnd="a2" scope="instance_level" visibility="public_vis">
      <Model:StructuralFeature.multiplicity>
       <XMI.field>0</XMI.field>
       <XMI.field>-1</XMI.field>
       <XMI.field>false</XMI.field>
       <XMI.field>true</XMI.field>
      </Model:StructuralFeature.multiplicity>
     </Model:Reference>
    </Model:Class>
    <Model:Association xmi.id="a3" name="richtiger Name" isReadOnly="true" isRoot="false" isLeaf="false"
    isAbstract="false" visibility="public_vis" isDerived="false">
     <Model:Namespace.contents>
      <Model:AssociationEnd xmi.id="a2" name="superclass" isReadOnly="true" isNavigable="true"
      aggregation="none" isChangeable="true" type="a0">
       <Model:AssociationEnd.multiplicity>
        <XMI.field>0</XMI.field>
        <XMI.field>-1</XMI.field>
        <XMI.field>false</XMI.field>
        <XMI.field>false</XMI.field>
       </Model:AssociationEnd.multiplicity>
      </Model:AssociationEnd>
      <Model:AssociationEnd xmi.id="a4" name="subclass" isReadOnly="true" isNavigable="true"
      aggregation="none" isChangeable="true" type="a1">
       <Model:AssociationEnd.multiplicity>
        <XMI.field>0</XMI.field>
        <XMI.field>-1</XMI.field>
        <XMI.field>true</XMI.field>
        <XMI.field>true</XMI.field>
       </Model:AssociationEnd.multiplicity>
      </Model:AssociationEnd>
     </Model:Namespace.contents>
    </Model:Association>
   </Model:Namespace.contents>
  </Model:Package>
 </XMI.content>
</XMI>
```

Listing 2.5: XMI-Serialisierung des MOF-basierten UML Modells aus Abbildung 2.18

- **EReference** repräsentiert Assoziationen zwischen Klassen.

- **EDataType** stellt Typen von Attributen dar. Diese können primitive Typen wie `int` oder `float` oder Objekt Typen wie `java.util.Date` sein.

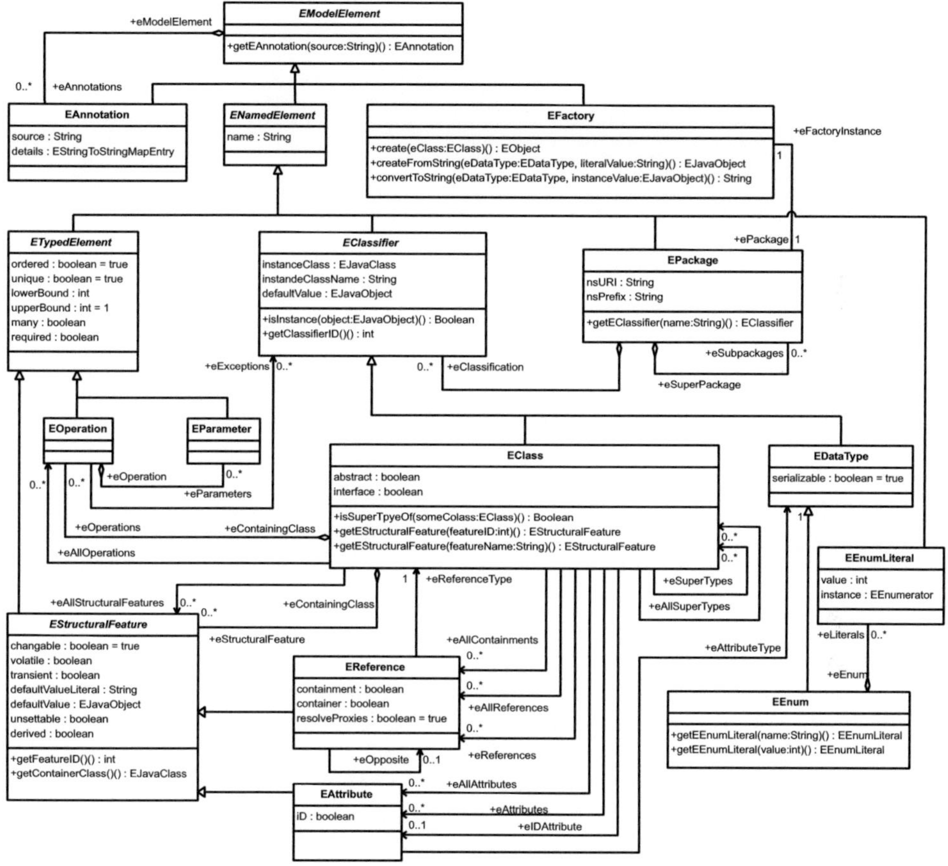

Abbildung 2.19: ECORE Definition nach [129]

Über XMI können auch ECORE basierte Modelle in XML-Dokumente serialisiert werden. Listing 2.18 zeigt die Serialisierung des UML Modells aus Abbildung 2.18 unter der Annahme, dass dieses auf ECORE basiert. Es ist ersichtlich, dass die Serialisierung des ECORE-basierten Modells weniger umfangreich ist. Dies liegt unter anderem an der Art und Weise wie in ECORE Assoziationen definiert sind.

Während bidirektionale Assoziationen in MOF separate Konzepte darstellen, so werden sie in ECORE durch zwei Referenzen modelliert, von welchen jede die andere als ihr *eOpposite* definiert [216]. In der Serialisierung des ECORE-basierten Modells sind Referenzen Attribute von Klassen, in der Serialisierung des MOF-basierten Modells sind Assoziation separat ausgewiesen.

```
 1  <?xml version="1.0" encoding="ISO-8859-1"?>
    <ecore:EPackage xmlns:ecore="http://www.eclipse.org/emf/2002/Ecore" xmlns:Model="omg.org/mof.Model/1.3"
 3  xmlns:xmi="http://www.omg.org/XMI" xmlns:xsi="http://www.w3.org/2001/XMLSchema-instance"xmlns="http://test.de"
    xmi:version="2.0" name="eea2" nsURI="http://www.itiv.kit.edu/eea" nsPrefix="eea">
 5    <ecore:eSubpackages name="mm" nsURI="http://www.itiv.kit.edu/mm" nsPrefix="UML">
      <eClassifiers xsi:type="ecore:EClass" name="Superclass" abstract="true" eSuperTypes="">
 7       <eStructuralFeatures xsi:type="ecore:EReference" name="subclass" eType="#//mm/Subclass"
        eOpposite="#//mm/Subclass/superclass" lowerBound="0" upperBound="-1"/>
 9      </eClassifiers>
      <eClassifiers xsi:type="ecore:EClass" name="Subclass" abstract="false" eSuperTypes="#//mm/Superclass ">
11       <eStructuralFeatures xsi:type="ecore:EReference"name="superclass" eType="#//mm/Superclass"
        eOpposite="#//mm/Superclass/subclass" lowerBound="0" upperBound="-1"/>
13      </eClassifiers>
      </ecore:eSubpackages>
15  </ecore:EPackage>
```

Listing 2.6: XMI-Serialisierung des ECORE-basierten Modells aus Abbildung 2.18

2.9.3.9 Modeling Spaces

Um Modelle zu beschreiben, können verschiedene Ansätze, Repräsentationen und Realisierungen angewendet werden. Nach dem Paradigma der Metamodellierung leiten sich die in einem Modell verwendeten Konstrukte konform aus der Definition dieser Konstrukte auf einer höheren Modellierungsebene ab. Dieser Vorgang kann so lange verfolgt werden, bis eine Ebene erreicht ist, die sich selbst beschreibt. Dies ist beispielsweise bei MOF der Fall. Die Konzepte dieser Ebene können durch Konzepte eines anderen Modellierungsansatzes beschrieben werden. Dabei ist nicht vorgegeben, dass die verwendeten Konzepte ebenfalls aus der höchsten, sich selbst beschreibenden Ebene entnommen sind. Ein Beispiel hierfür ist die Serialisierung von MOF in einem XML-Dokument. Während MOF als M3 Ebene anzusehen ist, stellt seine Serialisierung (ein XML-Dokument) ein Modell auf M1 Ebene dar. Dieses ist konform zur XML-Grammatik auf M2 Ebene, die wiederum konform zur Extended Backus Nauer Form (EBNF) [142] ist. Um mögliche derartige Abhängigkeiten in einer übergreifenden Sichtweise zu fassen wurden *Modeling Spaces* eingeführt [75].

Ein Modeling Space ist eine Modellierungsarchitektur die auf einem bestimmten *Supermetamodell* basiert. Als Supermetamodell wird ein Metametamodell bezeichnet, welches sich selbst definiert, wie dies beispielsweise bei MOF, ECORE oder EBNF der Fall ist. Diese werden entsprechend *MOF Modeling Space* oder *ECORE Modeling Space* genannt. Es werden parallele und orthogonale Modeling Spaces unterschieden:

- Als parallel werden Modeling Spaces bezeichnet, welche die gleiche Menge von Dingen der realen Welt modellieren, aber auf unterschiedliche Art und Weise. Beispielsweise ist der *MOF Modeling Space* parallel zum *ECORE Modeling Space*.

- Als orthogonal werden zwei Modeling Spaces bezeichnet, falls der eine Modeling Space Konzepte des anderen Modeling Space als Dinge der realen Welt darstellt. Ein Beispiel hierfür ist die Serialisierung eines MOF-basierten Modells [99] als XML-Dokument. Während MOF selbst auf M3 Ebene des MOF Modeling Space steht, entspricht seine Serialisierung einer Instanz des EBNF Modeling Spaces auf M1 Ebene.

Beispiele für parallele und orthogonale Modeling Spaces sind in Abbildung 2.20 dargestellt. Die Inhalte dieser Darstellung entsprechen [95].

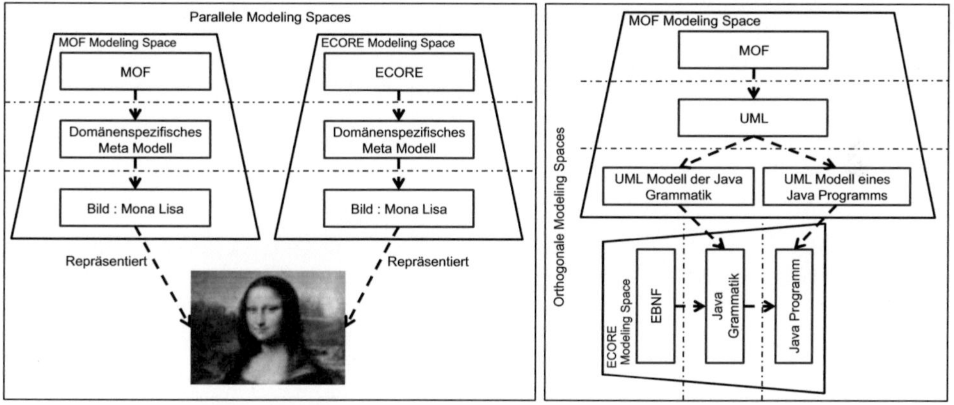

Abbildung 2.20: Parallele und Orthogonale Modeling Spaces nach [95]

---

[99] Dies kann MOF selbst, ein MOF-basiertes Metamodell oder ein MOF-basiertes Modell sein.

2.10 Modellierung von Elektrik/Elektronik Architekturen in der Automobilentwicklung

Eine umfassende Gegenüberstellung von Werkzeugen zur Modellierung der Elektrik / Elektronik Architektur (EEA) von Fahrzeugen findet sich in [167]. Im Folgenden wird auf die EEA Modellierung mit dem quasi Standard Werkzeug PREEvision [13] eingegangen.

2.10.1 PREEvision

PREEvision ist ein Werkzeug zur modellbasierten Entwicklung und Bewertung von EEAs. Es wurde in einer Kooperation zwischen der *Daimler Chrysler Forschung*, der *Daimler Chrysler Entwicklung* [100] und dem Forschungszentrum Informatik (FZI) in Karlsruhe prototypisch entwickelt. Seit 2005 kümmert sich die aquintos GmbH [101] um die Weiterentwicklung und kommerzielle Vermarktung von PREEvision. Aktuell ist PREEvision in der Version 3.1 verfügbar [102].

Das Werkzeug PREEvision basiert auf Eclipse. Ihm liegt die EEA Beschreibungssprache EEA-ADL zugrunde [167]. Diese ermöglicht die Beschreibung von EEA Modellen in verschiedenen Abstraktionsebenen (s. Abbildung 2.21). EEA-ADL stellt ein Metamodell nach dem Paradigma des Model Driven Engineering dar. Die Sprache basiert auf MOF 1.3. Das aktuell vorliegende Metamodell (Version 3.0.611) umfasst ca. 1200 Klassen, ca. 400 Assoziationen und ca. 400 Attribute. Die Modellartefakte eines EEA Modells sind Instanzen des Metamodells. Durch EEA-ADL können alle EEA relevanten Daten erstmals in einem Modell beschrieben werden.

2.10.1.1 Abstraktionsebenen

Die Abstraktionsebenen der EEA-ADL fassen die folgenden Informationen:

- Die **Anforderungsebene** beinhaltet Kundenanforderungen und Zielvorgaben in textueller Form. Diese können gruppiert und zueinander in Beziehung gesetzt werden. Die Visualisierung erfolgt in Form von Anforderungstabellen. Funktionale Anforderungen können darüber hinaus als *Feature Funktions Netzwerke* [167] in speziellen Diagrammen dargestellt werden. Hierdurch lässt sich der funktionale Zusammenhang zwischen kundenerlebbaren Ausstattungsmerkmalen, sowie deren Requestoren und Erfüllern (engl. Fulfiller) modellieren.

---

[100]Heute Daimler AG.

[101]Seit 2010 hält die Vector Informatik GmbH eine 100%-ige Beteiligung an der aquintos GmbH.

[102]Teile der vorliegenden Arbeit beziehen sich auf PREEvision Version 2.2. Die Hauptunterschiede der beiden Versionen liegen in Hinblick auf die hier vorgestellte Arbeit im Feature Funktions Netzwerk. Während dieses in Version 2.2 eine eigenständige Modellierungsebene mit eigenen Diagrammen darstellt, wurde es in Version 3.1 zu einer tabellarischen Darstellung der Artefakte im Sinne von Anforderungen.

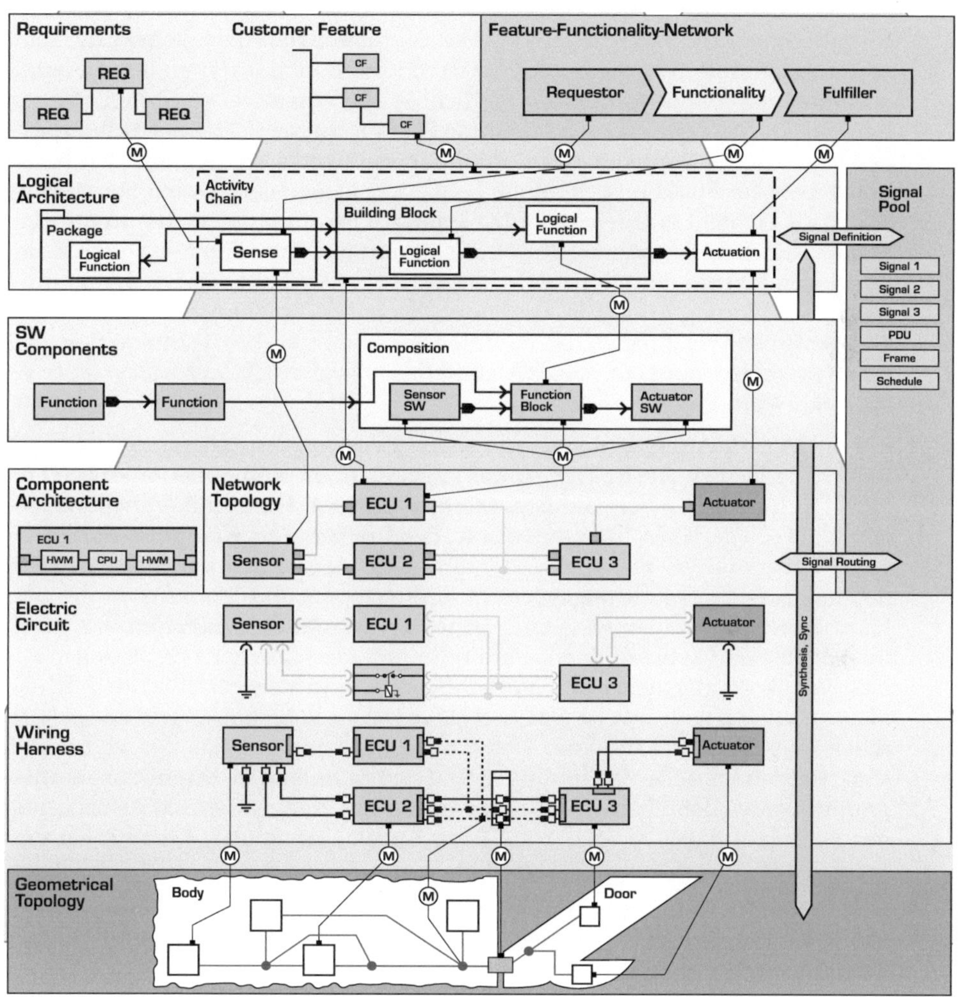

Abbildung 2.21: Abstraktionsebenen von EEA-ADL

- In der **Logischen Architektur** werden logische Zusammenhänge unabhängig von ihrer Realisierung in Hardware oder Software dargestellt.

- Im **Funktionsnetzwerk** wird die Funktionsarchitektur durch Funktionen, Schnittstellen sowie deren logischen und funktionalen Abhängigkeiten beschrieben. Das Funktionsnetzwerk orientiert sich an der Application Software sowie dem Virtual Functional Bus nach AUTOSAR und betrachtet noch keine physikalische Realisierung. Der Aufbau wird durch die Funktionstypen einer Funktionsbibliothek unterstützt und ermöglicht so die Wiederverwendung. Mit den Funktionstypen werden auch Ports (als Port Prototypen) und deren Interfaces beschrieben. Die Funktionen des Funktionsnetzwerks werden aus den Funktionstypen der Funktionsbibliothek bei Bedarf instanziiert. Durch Verbindung von Ports entsteht entsprechend den Interface Beschreibungen die Kommunikation zwischen Funktionen sowie die kommunizierten Signale. Durch Kompositionen können Funktionsnetze hierarchisch aufgebaut werden. Die graphische Modellierung erfolgt in Funktions Netzwerk Diagrammen. Die Systemzugehörigkeit von Inhalten des Funktionsnetzwerks sowie die Interaktion zwischen Systemen kann auf dieser Abstraktionsebene durch *Systemdiagramme* visualisiert werden.

- Für die Modellierung der Hardware werden verschiedene Diagrammarten mit unterschiedlichem Abstraktionsfokus angeboten. Im **Komponentendiagramm** wird das Innenleben von Hardwarekomponenten in Bezug auf enthaltene Einheiten wie CPU, RAM, Transceiver, etc. beschrieben. Das **Komponenten Netzwerk Diagramm** dient zur Spezifikation und Darstellung der logischen Vernetzung sowie des Leistungsversorgungskonzeptes und Massekonzeptes von Hardwarekomponenten wie ECUs, Sensoren, Aktuatoren, Batterien, etc. durch Bussysteme und konventionelle Verbindungen. Die logischen Schnittstellen von Hardwarekomponenten werden durch Anbindungen dargestellt. Durch Spezifikation von Netzen jeweils gleichen elektrischen Potentials sowie der elektrischen Pins, über welche diese Netze mit Hardwarekomponenten verbunden sind, werden logische Verbindungen und Anbindungen im **Stromlaufplandiagramm** weiter detailliert. Die Modellierung des Kabelsatzes als Realisierung des Stromlaufplanes mit Steckern, Pins, Kabeln, Leitungen, Trennstellen und Splices erfolgt im **Kabelsatzdiagramm**.

- Das **Topologie Diagramm** modelliert die im physikalischen Fahrzeug vorhandenen Bauräume und Topologiesegmente, in welchen Hardwarekomponenten der EEA sowie der Leitungssatz untergebracht werden können.

Die Modellartefakte verschiedener Abstraktionsebenen können über Mappings (in Abbildung 2.21 als umkreiste *Ms* zwischen den Ebenen dargestellt) zueinander in Relation gesetzt werden. Anforderungen können beinahe auf jeden anderen Typ von Modellartefakten gemappt werden. Für alle anderen Modellartefakte orientieren sich die Mappings an der Sinnhaftigkeit, also der Semantik solcher Relationen.

2.10.1.2 Modellabfragen

Das Werkzeug PREEvision offeriert verschiedene Perspektiven zur Bearbeitung von Inhalten im Umfeld der Modellierung von EEAs. In der *Perspektive PREEvision Standard* werden die Inhalte eines EEA Modells in den beschriebenen Abstraktionsebenen modelliert. Um spezifische Inhalte von EEA Modellen zu akkumulieren unterstützt PREEvision Modellabfragen, die in der *Perspektive Modellabfrageregelwerk Editor* graphisch modelliert werden können [196]. Dem Modellabfrageregelwerk liegt ein separates Metamodell zugrunde, aus welchem Regelobjekte und Links zwischen diesen zur Modellierung spezifischer Modellabfragen instanziiert werden können. Eine Modellabfrage entspricht der Left Hand Side (LHS) einer Modell zu Modell Transformation (s. Kapitel 9.1.1.1). Durch eine Modellabfrage wird ein Muster von Modellartefakten basierend auf Klassen, Assoziationen und Attributen der EEA-ADL beschreiben, welche zueinander in bestimmten Relationen stehen. Die Ausführung einer Modellabfrage auf einem EEA Modell gibt diejenigen Modellartefakte zurück, welche dem spezifizierten Muster entsprechen.

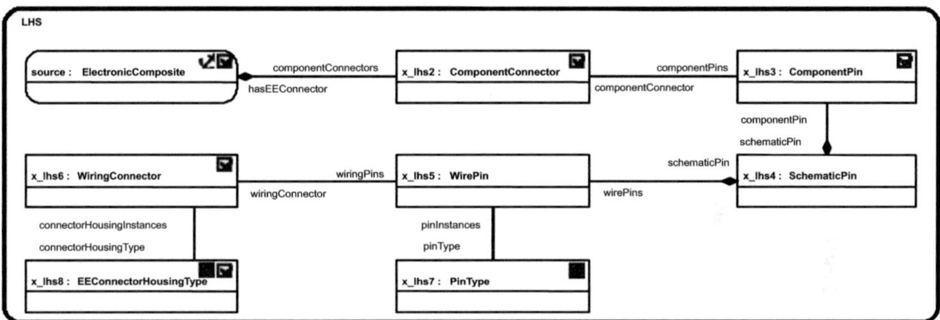

Abbildung 2.22: Beispiel einer Modellabfrage im Modellabfrageregelwerk von PREEvision

Ein Beispiel einer PREEvision Modellabfrage ist in Abbildung 2.22 dargestellt. Eine Modellabfrage hat immer einen Startknoten, *source* genannt. Die Modellabfrage wird beginnend von allen Modellartefakten, welche den Anforderungen dieses Startknotens entsprechen, ausgeführt. Durch die Beschreibung sog. Anker kann die Menge von Startobjekten eingeschränkt werden. Wird beispielsweise ein Paket als Anker definiert, so werden nur Modellartefakte dieses Pakets in Bezug auf Übereinstimmung mit dem entsprechend Regelobjekt untersucht.

Des Weiteren kann unter anderem die Rückgabereihenfolge der Rückgaben und das Vorhandensein von Ergebnissen in der Rückgabemenge der Ausführung der Modellabfrage definiert werden (in Abbildung 2.22 jeweils durch Icons in der oberen rechten Ecke der Regelobjekte dargestellt). Ebenso ist es möglich Regelobjekte als optional zu kennzeichnen. Eine spezifische Menge von Modellabfragen kann als Modellabfrageregelwerk in Form einer sog. `*.rm3` Datei gespeichert oder aufgerufen und so auf verschiedene EEA Modelle angewendet werden.

Für die Ausführung von Modellabfragen auf einem EEA Modell müssen diese Modellabfragen zuerst im Modellabfrageregelwerk generiert werden. Hierbei entsteht aus den graphisch modellierten Modellabfrage ausführbarer Code. Anschließend können die generierten Modellabfrage in das sog. *Abfragenpaket* eines EEA Modells synchronisiert werden.

2.10.1.3 Metrikdiagramm

Die Beschreibung und Ausführung von Metriken, basierend auf den Inhalten von EEA Modellen sowie der Veränderung von Modellinhalten basierend auf Ergebnissen von Metriken, kann in PREEvision im Metrik Paket festgehalten werden. In Metrik Diagrammen kann ein Programmablauf als Blockdiagramm mit spezifischen Blöcken sowie Datenflüssen graphisch modelliert werden. Für die Akkumulation von Informationen aus dem EEA Modell werden synchronisierte Modellabfrageregeln referenziert.

Für die graphische Erstellung einer Metrik stehen verschiedene Blöcke bereit, die über Datenflüsse miteinander verbunden werden können. Jeder Block kapselt dabei ein Programm, welches Operationen auf einer Menge von Daten ausführt. Über einen *Metrikkontextblock* lassen sich Anker für Modellabfragen sowie Kontexte für weitere Blöcke angeben. Modellabfragen referenzieren synchronisierte Modellabfrageregeln und stellen die zurückgegebenen Modellartefakte an ihren Ausgängen als Listen oder Tabellen zur Weiterverarbeitung bereit. *Berechnungsblöcke* enthalten Programme in Form von benutzerspezifischem Java Code. Darüber können beispielsweise Operationen wie Formatierungen der oder Metriken auf den Eingangsdaten ausgeführt werden. *Generator Blöcke*, als spezielle Form von Berechnungsblöcken können Modelländerungen vornehmen sowie Modellartefakte generieren. Die Ergebnisse von Berechnungsblöcken können zur Visualisierung an *Skalen-* oder *Ampelblöcke* oder zur Erstellung von Dokumentationen an *Reportgenerierungsblöcke* übergeben werden. Über Plugins können benutzerspezifische Methoden in *Spezifischen Blöcken* gekapselt und im Metrikdiagramm verwendet werden.

3 ISO 26262 Functional Safety for Road Vehicles – Stand von Forschung und Technik

ISO 26262 (- Funktional Safety for Road Vehicles -) [1] ist ein internationaler Standard für die funktionale Sicherheit von Straßenfahrzeugen bis zu einem max. zulässigen Gesamtgewicht von 3,5t. ISO 26262 beschreibt einen Sicherheitslebenszyklus. Die Grundnorm IEC 61508 [131], ist nach Löw [164] nur eingeschränkt nutzbar für Serienprodukte. ISO 26262 geht auf die speziellen Anforderungen hinsichtlich der Serienentwicklung und Produktion von Straßenfahrzeugen ein und stellt eine Spezialisierung der IEC 61508 dar. Entsprechend Löw [164] definiert die Norm IEC 61508 Sicherheit im Sinne von Betriebssicherheit als »Freiheit von unvertretbaren Risiken«. Funktionale Sicherheit wird als Teil der Gesamtsicherheit bezeichnet, der von der korrekten Funktion des sicherheitsbezogenen Systems abhängt. Der Sicherheitslebenszyklus nach ISO 26262 bezieht sich auf Management, Entwicklung, Produktion, Betrieb, Service und Außerbetriebnahme.

In diesem Kapitel wird auf die Hauptbestandteile der ISO 26262 sowie Herausforderungen bei ihrer Umsetzung eingegangen. Die vorliegende Arbeit beschreibt den Umgang und die Einflüsse der ISO 26262 in Bezug auf die Entwicklung von EEAs von Fahrzeugen. Die Ausführlichkeit der Beschreibung der Teile der ISO 26262 orientiert sich an dieser Zielsetzung.

Dem folgt eine Übersicht über den aktuellen Stand der Wissenschaft und Technik sowie eine erste Abgrenzung gegenüber der hier vorliegenden Arbeit.

---

[1] Zur Zeit der Ausfertigung dieser Arbeit liegt der Standard in der Version ISO/FDIS 26262 [139] vor. FDIS steht für »*Final Draft International Standard*«. Die Veröffentlichung als internationaler Standard wird im Laufe des Jahres 2011 erwartet.

3.1 Erklärung der ISO 26262

ISO 26262 ist in zehn Teile gegliedert. Die Teile 3 bis 7 beziehen sich auf die einzelnen Phasen des Lebenszyklus, die übrigen Teile sind phasenunabhängig. Diese sind [2]:

- Teil 1: Glossar (Vocabulary)
- Teil 2: Management der funktionalen Sicherheit
- Teil 3: Konzeptphase
- Teil 4: Produktentwicklung Systemebene
- Teil 5: Produktentwicklung Hardware Ebene
- Teil 6: Produktentwicklung Software Ebene
- Teil 7: Produktion und Betrieb
- Teil 8: Unterstützende Prozesse
- Teil 9: ASIL- und sicherheitsorientierte Analysen
- Teil 10: Orientierungshilfen (informativ)

Abbildung 3.1 zeigt eine Übersicht der ISO 26262 [3].

Der Sicherheitslebenszyklus nach ISO 26262 beschreibt Phasen, Aktivitäten und Arbeitsergebnisse, die parallel zu den bestehenden Entwicklungs- und Produktlebenszyklen wie dem Automotive V-Modell (s. Kapitel 1.1.7) oder dem V-Modell XT (s. Kapitel 2.4.3), Reifegradmodellen oder Methoden des Qualitäts- und Produktmanagement wie ISO 15504 / SPICE [118], Automotive SPICE [173], CMMI [152] oder ISO 9001 betrachtet werden sollen. Dabei beziehen sich die Ausprägungen der ISO 26262 ausschließlich auf funktionale Sicherheit sowie anwendbaren Maßnahmen und Methoden zu deren Einhaltung und Nachweis. Im Folgenden werden die Teile der ISO 26262 beschrieben, welche für die hier vorliegenden Arbeit relevanten sind. Diese bezieht sich auf die Betrachtung der ISO 26262 während der EEA Modellierung in der Konzeptphase der Fahrzeugentwicklung.

3.1.1 ISO 26262 Teil 3: Konzeptphase

»Teil 3: Konzeptphase« der ISO 26262 befasst sich mit der Betrachtung von Gefährdungen und der Einschätzung von Risiken, welche im Zusammenhang mit der funktionalen Sicherheit von sicherheitsbezogenen Fahrzeugsystemen bestehen. Basierend auf der Klassifizierung von Gefährdungen in sog. *Automotive Safety Integrity Level* (ASIL) werden Sicherheitsziele sowie funktionale Sicherheitsanforderungen jeweils als Anforderungen an die betrachteten Systeme oder ihre Teilsysteme definiert. Dabei wird in der ISO 26262 mit dem Begriff *Item* eine Funktion, ein System oder eine Anordnung von Systemen bezeichnet, auf welche die ISO 26262 angewendet wird.

[2]Die Übersetzungen der ursprünglich englischen Bezeichnungen sind entsprechend [164].
[3]Die Inhalte der Darstellung entsprechen [139].

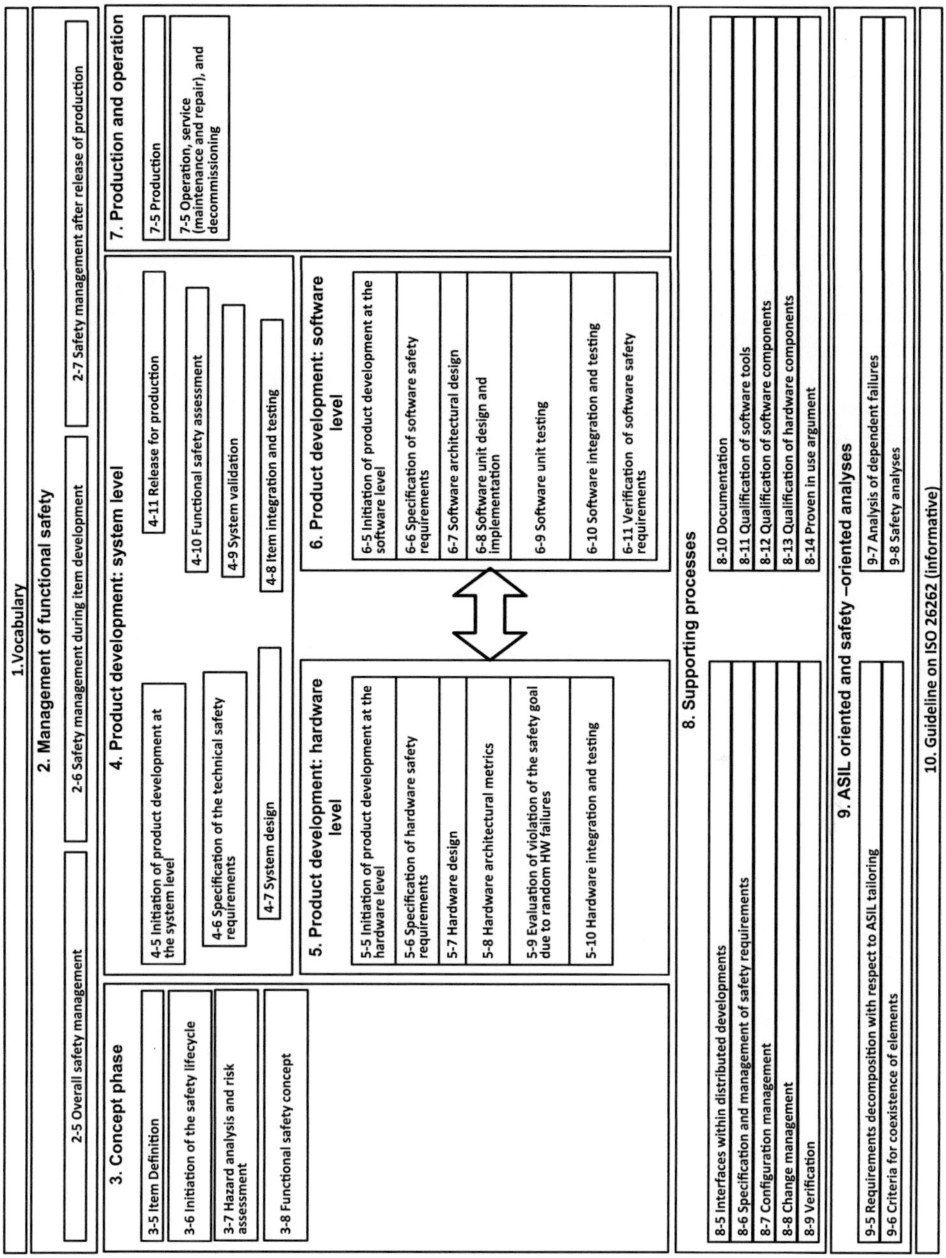

Abbildung 3.1: Übersicht der ISO 26262 nach [139]

Teil 3 beginnt mit der Definition von Items. ISO 26262 wird auf jedes Item selektiv angewendet. Im ersten Schritt ist ein grundlegendes Verständnis sowie eine Definition eines Item zu entwickeln. Hierbei sind alle verfügbaren Informationen wie nichtfunktionale, rechtliche und Sicherheitsanforderungen in Bezug auf das Item, die Elemente des Item sowie die Interaktion des Item mit seiner Umgebung, sein Verhalten und mögliche Betriebsszenarien zu betrachten. Hierzu gehören auch Anforderungen der Umgebung an das Item sowie Anforderungen des Item an dessen Umgebung.

Anschließend wird der Sicherheitslebenszyklus in Bezug auf das Item initiiert. Falls es sich bei dem Item um eine Neuentwicklung handelt, wird der komplette Sicherheitslebenszyklus angewendet. Im Falle einer Modifikation des Item wird untersucht, welche Teile des Sicherheitslebenszyklus anzuwenden sind [4]. Modifikationen beziehen sich dabei auf Design und Implementierung, die aus Veränderungen von Anforderungen, funktionaler Erweiterung oder Optimierungen hervorgehen oder aus Veränderungen in Bezug auf die Umgebung des Item (z.B. durch Einsatz in einer anderen Fahrzeugvariante).

Modifikationen werden in Bezug auf Unterschiede zwischen vorigen und zukünftigen Bedingungen des Item betrachtet [5]. Diese Veränderungen sowie ihr Einfluss auf funktionale Sicherheit und die damit in Bezug stehenden Arbeitsprodukte und Aktivitäten werden beschrieben. Hieraus sollten die Aktivitäten der anzuwendenden Phasen des Lebenszyklus in Bezug auf funktionale Sicherheit angepasst werden [6]. Im Falle einer Wiederverwendung von Systemen oder Elementen können Aktivitäten der ISO 26262 entsprechend angepasst werden. Diese Anpassung bezieht sich auf die Bereitstellung der nach ISO 26262 erforderlichen Arbeitsprodukte und der Erfüllung der Anforderungen nach ISO 26262.

3.1.1.1 Gefährdungs- und Risikoanalyse

Im nächsten Schritt erfolgt die Gefährdungs- und Risikoanalyse basierend auf der Definition des Item. Hierzu definiert die ISO 26262 zur Analyse ein qualitatives Verfahren, das auf den Automobilbereich zugeschnitten ist. Zu den Eingangsinformationen gehören die Definition des Anwendungsbereichs, eine Liste bereits bekannter Gefährdungen, eine Liste mit Betriebsbedingungen (Normalbetrieb, Wartungsbetrieb, etc.), eine Liste mit Einsatzbedingungen (Witterung, Fahrbedingungen, etc.) und ein Katalog mit möglichen Fehlbedienungen. In der Gefährdungs- und Risikoanalyse werden Items ohne Sicherheitsmechanismen betrachtet. Basierend auf den

---

[4]Die Prozessschritte und Aktivitäten in Bezug auf Modifikationen werden in Teil 3 §6.4.2 beschrieben.

[5]Diese beziehen sich beispielsweise auf Situationen der Ausführung, Schnittstellen, Installationsorte oder Umgebungsbedingungen.

[6]Dies bezieht sich auf die Planung der Sicherheitsaktivitäten in den Entwicklungsphasen des Sicherheitslebenszyklus, deren Detaillierungsgrad davon abhängt, ob es sich beim Item um eine Neuentwicklung, eine Modifikation oder ein existierendes Item handelt (Teil 2 §6.4.3.1). Bei einer Anpassung des Sicherheitslebenszyklus ist dies im Sicherheitsplan zu definierten und entsprechend 26262-8 10 zu begründen (Teil 2 §6.4.3.4).

Eingangsdokumenten werden mögliche funktionale Fehler (beispielsweise Verlust der Lenkunterstützung), ohne Analyse von Ursachen, ermittelt (Teil 3 §7.4.4.3) [7]. Dabei wird festgehalten, wie die Auswirkungen dieser Fehler auf Fahrzeugebene beobachtet werden können (Teil 3 §7.4.4.4). Diese Auswirkungen werden selektiv nach Einsatzsituationen (beispielsweise Geradeausfahrt, Kurvenfahrt, Geschwindigkeit < 20km/h, etc.) betrachtet. Gefährdungen, die außerhalb des Fokus der ISO 26262 liegen (Fehlbedienung bei korrekter funktionaler Ausführung des Item) werden im weiteren Sicherheitslebenszyklus nach ISO 26262 nicht betrachtet (Teil 3 §7.4.4.6).

Gefährdungen werden klassifiziert nach den folgenden Kriterien:

- Schwere eines möglichen Schadens (engl. Severity S)
  - S0: Keine Verletzungen
  - S1: Leichte bis mittlere Verletzungen
  - S2: Schwere Verletzungen, Überleben wahrscheinlich
  - S3: Lebensgefährliche Verletzungen, Überleben unwahrscheinlich
- Häufigkeit der Fahrsituation (engl. Probability of Exposure E)
  - E0: Unvorstellbar
  - E1: Sehr niedrige Wahrscheinlichkeit
  - E2: Niedrige Wahrscheinlichkeit
  - E3: Mittlere Wahrscheinlichkeit
  - E4 Hohe Wahrscheinlichkeit
- Beherrschbarkeit durch den Fahrer (engl. Controllability C) [8] [9]
  - C0: Im allgemeinen Beherrschbar
  - C1: Einfach beherrschbar
  - C2: Normalerweise beherrschbar
  - C3: Schwierig oder nicht beherrschbar

Basierend auf diesen Klassifizierungen werden entsprechend Tabelle 3.1 jeweils die ASILs für die betrachteten Gefährdungen bestimmt. Werte von A bis D erfordern spezielle Maßnahmen, QM steht für Qualitätsmanagement. ASILs sind nach [164] Klassen zur Spezifizierung der notwendigen Sicherheitsanforderungen des Systems, um ein akzeptables Restrisiko zu erzielen.

---

[7]Dieser Schritt kann durch Techniken wie Checklisten, Brainstorming oder FMEA unterstützt werden.

[8]C1 bedeutet, dass 99% aller Fahrer oder Verkehrsteilnehmer die Situation beherrschen können. Bei C2 wird von mehr als 90% und bei C3 von weniger als 90% ausgegangen. In Bezug auf den Fahrer wird davon ausgegangen, dass er fahrtüchtig und erfahren (im Sinne des Besitzes einer gültigen Fahrerlaubnis) ist.

[9]Falls eine Gefährdung in der Nichtverfügbarkeit von Items besteht, die keinen Einfluss auf den sicheren Betrieb des Fahrzeugs haben, wie beispielsweise rein informative Fahrerassistenzfunktionen, so werden sie mit C0 klassifiziert

		C1	C2	C3
S1	E1	QM	QM	QM
	E2	QM	QM	QM
	E3	QM	QM	A
	E4	QM	A	B
S2	E1	QM	QM	QM
	E2	QM	QM	A
	E3	QM	A	B
	E4	A	B	C
S3	E1	QM	QM	A
	E2	QM	A	B
	E3	A	B	C
	E4	B	C	D

Tabelle 3.1: ASIL Bestimmung nach ISO 26262

Diese Klassen stehen in Verbindung mit Maßnahmen und Techniken zur Risikominimierung. Die höchste Klasse ist ASIL D. Sie erfordert die anspruchsvollsten bzw. effektivsten Maßnahmen.

Entsprechend der Gefährdungen werden nun Sicherheitsziele als höchste Ebene von Sicherheitsanforderungen bestimmt. Diese beschreiben funktionale Zielvorgaben zur Vermeidung von Risiken und Gefährdungen, jedoch keine technischen Realisierungen. Ergeben sich ähnliche Sicherheitsziele für verschiedene Gefährdungen, so können diese kombiniert werden. Sicherheitsziele erben ASILs von Gefährdungen, bei Kombination jeweils den höchsten ASIL. Falls das Sicherheitsziel durch Überführung des Item in einen sicheren Zustand erfüllt werden kann, so ist dieser festzuhalten. Anschließend findet ein Review der bisherigen Arbeitsergebnisse statt.

3.1.1.2 Das funktionale Sicherheitskonzept

Es folgt die Erstellung des funktionalen Sicherheitskonzepts (§8) [10]. Dieses spezifiziert Sicherheitsmaßnahmen und -mechanismen zur Erfüllung von Sicherheitszielen in Form von funktionalen Sicherheitsanforderungen [11]. Sie werden den Elementen der Systemarchitektur des Item zugeteilt.

---

[10] Hier genannte Paragraphen beziehen sich, falls nicht anders ausgewiesen auf Teil 3 der ISO 26262.

[11] Anforderungen an das Management von Sicherheitsanforderungen nach ISO 26262 Teil 8 §6 sind unter anderem hierarchische Strukturierung, Rückverfolgbarkeit, Vollständigkeit und Konsistenz nach außen. Sicherheitsanforderungen selbst sollen eindeutig, verständlich, atomar, in sich konsistent, realisierbar, nachweisbar und wartbar sein. Sie sollen in natürlicher Sprache formuliert sein, wobei eine semiformale Notation für ASIL C und D besonders geeignet ist. Attribute von Sicherheitsanforderungen sind *Bezeichner*, *Status* (vorgeschlagen, angenommen, zugestimmt, geprüft, etc.) und *ASIL*.

Diese ist nach [164] noch nicht auf die Software- und Hardwarearchitektur herunter gebrochen, was erst im Systemdesign erfolgt. Das funktionale Sicherheitskonzept adressiert Fehlererkennung und -vermeidung, Überführung in einen sicheren Zustand, Mechanismen der Fehlertoleranz, Warnung des Fahrers und Arbitrierungslogiken (§8.2). Als Eingangsinformationen sollen die vorläufige Systemarchitektur, das funktionale Konzept sowie die Betriebszustände und -arten verfügbar sein. Zwischen Sicherheitszielen und funktionalen Sicherheitsanforderungen besteht eine 1..* zu 1..* Beziehung. Falls anwendbar, soll jede funktionale Sicherheitsanforderung unter Berücksichtigung der folgenden Informationen beschrieben werden: Betriebsart, Zeitspanne für Fehlertoleranz, sichere Zustände, Zeitspanne des Notfallbetriebs und funktionelle Redundanz (§8.4.2.3) [12]. Funktionale Sicherheitsanforderungen werden den Elementen der vorläufigen Systemarchitektur zugeteilt (§8.4.3). Dabei erben die Elemente den höchsten ASIL der ihnen zugeteilten Anforderungen [13]. Falls das funktionale Sicherheitskonzept auf Maßnahmen zur Risikoverringerung beruht, werden für diese ebenfalls funktionale Sicherheitsanforderungen abgeleitet.

Anschließend wird das funktionale Sicherheitskonzept in Bezug auf Übereinstimmung und Konsistenz mit den Sicherheitszielen verifiziert (§8.4.4). Die funktionalen Sicherheitsanforderungen werden hinsichtlich ihrer Wirksamkeit beispielsweise durch Tests, Prototypen oder Simulationen bewertet (§8.4.5) [14].

3.1.2 ISO 26262 Teil 4: Produktentwicklung auf Systemebene

Anforderungen an die Entwicklung von sicherheitsbezogenen Systemen auf Systemebene werden in Teil 4 der ISO 26262 erläutert. Dieser bezieht sich auf Aktivitäten und Methoden vor dem Herunterbrechen in Hardware und Software sowie während deren Integration. Damit hüllt Teil 4 die Teile 5: »Produktentwicklung auf Hardwareebene« und 6: »Produktentwicklung auf Softwareebene« ein.

In Teil 4 der ISO 26262 werden zuerst technische Sicherheitsanforderungen als Verfeinerung des funktionalen Sicherheitskonzeptes aus Teil 3 der ISO 26262 spezifiziert, bevor das Systemdesign durchgeführt wird. Dabei werden aus realisierungsunabhängigen funktionalen Sicherheitsanforderungen realisierungsabhängige technische Sicherheitsanforderungen [15] abgeleitet, die sich auf Hardware- oder Softwareelemente beziehen, welchen sie zugeordnet werden (§7.4.5) [16].

---

[12]Diese Aktivitäten können durch FMEA oder FTA unterstützt werden.

[13]In dieser Aktivität kann die Dekomposition von ASILs vorgenommen werden. Diese wird in Kapitel 7.1 beschrieben.

[14]Dies adressiert das Verhalten von Fehlerursachen (vorübergehende, andauernd).

[15]Durch technische Sicherheitsanforderungen werden sicherheitsbezogene funktionale und nichtfunktionale Abhängigkeiten zwischen Systemen oder Elementen des Item sowie zwischen dem Item und anderen Systemen spezifiziert (§ 6.4.6), sowie Sicherheitsmechanismen. Zu diesen zählen Maßnahmen zur Erkennung, Kennzeichnung und Überwachung von Fehlerursachen im System selbst sowie von externen Komponenten, die mit dem System interagieren, Maßnahmen zur Überführung oder zum Halten eines sicheren Zustandes sowie Wartungskonzepte (§6.4.7).

[16]Hier genannte Paragraphen beziehen sich, falls nicht anders ausgewiesen auf Teil 4 der ISO 26262.

Der Ableitung von technischen Sicherheitsanforderungen liegen vorläufige Architekturannahmen zugrunde [17].

Es folgt die Entwicklung von Systemdesign [18] und technischem Sicherheitskonzept als Erfüllung der funktionalen Anforderungen und der Spezifikation der technischen Sicherheitsanforderungen des Item. Jedes Element der Architektur wird als sicherheitsbezogen betrachtet, falls es nicht unabhängig von den sicherheitsbezogenen Elementen des betrachteten Item ist [19] oder die Implementierung das Kriterium für Koexistenz [20] erfüllt.

Zur Ermittlung systematischer Fehler (§7.4.3) werden induktive Analysen wie FMEA oder deduktive Analysen wie FTA angewendet. Zur Wiederverwendung etablierter Prinzipien [21] wird geraten. Diese sind auf ihre Eignung in Bezug auf das neue Design zu überprüfen. In Zusammenhang mit Fehlerursachen durch zufällige Hardwareeffekte, sollen abhängig vom ASIL Zielvorgaben für Fehlerraten und Diagnoseabdeckung auf der Ebene von Elementen spezifiziert werden (§7.4.4). Die Schnittstelle zwischen Hardware und Software wird während des Systemdesign spezifiziert [22] und während der Hardware- und der Softwareentwicklung detailliert (§7.4.6).

Dem folgt die Spezifikation von Anforderungen für Produktion, Betrieb, Wartung und Außerbetriebnahme (§7.4.7). Anschließend wird das Systemdesign auf Übereinstimmung und Vollständigkeit gegenüber dem technischen Sicherheitskonzept verifiziert (§7.4.8) und übergeleitet in die Teile 5 und 6 der ISO 26262. Die Ergebnisse dieser Phasen werden zum Gesamtsystem integriert, was wiederum in Teil 4 beschrieben ist. Jedes Item wird gegenüber allen Sicherheitsanforderungen getestet (§8). Das Item wird anschließend hinsichtlich der funktionalen Sicherheitsziele validiert (§9) und die funktionale Sicherheit begutachtet (§10). Dem folgt die Freigabe für die Produktion (§11).

---

[17]Dabei werden externe Schnittstellen, Umgebungsbedingungen und Anforderungen an die Systemkonfiguration betrachtet (§6.4.2).

[18]Hier soll die Verifizierbarkeit des Designs, die Wirksamkeit der Hardware- und Softwareentwicklung sowie die Testbarkeit der Systemintegration beachtet werden (§7.4.1.2). Dabei soll die Architektur jedes Systems oder Subsystems die Übereinstimmung mit technischen Sicherheitsanforderungen und ihren ASILs ermöglichen (§7.4.2.2).

[19]Hierbei sind die externen Schnittstellen von sicherheitsbezogenen Elementen präzise zu definieren um auszuschließen, dass andere Elemente nachteilige sicherheitsbezogene Effekte auf sicherheitsbezogene Elemente haben (§7.4.2.4).

[20]Entsprechend ISO 26262 Teil 9 §6.

[21]Hier werden in §7.4.3.4.1 Sicherheitsarchitektur, Hardware-, Software-, Komponentendesigns, Mechanismen zur Fehlererkennung sowie standardisierte Schnittstellen genannt.

[22]Die Betrachtung bezieht sich auf Betriebsarten, Hardwareeigenschaften, Benutzung und Zugriff auf Hardwareressourcen und zeitliche Bedingungen.

3.1.3 ISO 26262 Teil 5: Produktentwicklung Hardwareebene

Die Erstellung einer konsistenten und vollständigen Hardwarespezifikation wird in Teil 5 der ISO 26262 behandelt. Dabei können sich Anforderungen an die Hardware, dem technischen Sicherheitskonzept nach Teil 4 [23] sowie dem Softwaresicherheitskonzept nach Teil 6 ergeben. Zuerst werden Hardwaresicherheitsanforderungen in Bezug auf die Betriebssicherheit bestimmt [24] [25]. Dem folgt das Hardwaredesign. Hierbei wird die Hardware entsprechend den Spezifikationen des Systemdesigns sowie den Hardwaresicherheitsanforderungen entwickelt und gegen diese verifiziert. Jedes Hardwareelement erbt den höchsten ASIL ihm zugewiesener technischer Sicherheitsanforderungen [26]. Die Wiederverwendung etablierter Hardwarekomponenten (§7.4.1.7) [27] sowie nichtfunktionale Fehlerursachen (§7.4.1.8) [28] sollen während des Designs der Hardwarearchitektur in Betracht gezogen werden.

Metriken zur Bestimmung der Wirksamkeit der Systemarchitektur in Bezug auf zufällige Hardwarefehler sind zu bestimmen. Hierzu sind die Ausfallraten der sicherheitsbezogenen Hardwareteile zu bestimmen (§8.4.4). Für jedes Sicherheitsziel sind entsprechende Zahlenwerte für Einfachfehler und latente Fehler [29] zu bestimmen, die einzuhalten sind.

Es ist nachzuweisen, dass die Wahrscheinlichkeit einer Verletzung der Sicherheitsziele durch zufällige Hardwareausfälle in Bezug auf Einzelfehler, Restfehler und Zweipunktfehler akzeptabel gering ist. Die vermuteten Ausfallraten von Hardwareteilen können auf anerkannten Quellen, Statistiken mit adäquatem Konfidenzniveau oder Expertenurteilen beruhen.

Die jeweils akzeptablen Fehlerraten für Hardwareelemente hängen in Bezug auf deren ASILs von Ausfallwahrscheinlichkeitsklassen ab, die sich an der Zielvorgabe für ASIL D orientieren sowie der Diagnoseabdeckung [30] zur Erkennung der Ausfälle/-Fehler (§ 9.4.4.3 - §9.4.4.12).

---

[23] Für die technischen Sicherheitsanforderungen, die auf Hardware abgebildet sind.

[24] Hierzu zählen Mechanismen zur Überwachung interner Fehlerursachen der Hardware, Fehlertoleranz gegenüber externen Fehlerursachen, Entsprechen von Sicherheitsanforderungen anderer Komponenten, Erkennen und Melden interner oder externer Fehlerursachen.

[25] Arbeitsprodukte sind die Spezifikation der Hardwaresicherheitsanforderungen, von Anforderungen an Metriken der Hardwarearchitektur, Anforderungen in Bezug auf zufällige Hardwarefehler, eine Überarbeitung der Spezifikation der Hardware-Software Schnittstellen und ein Bericht zur Verifikation der Hardwaresicherheitsanforderungen.

[26] ASIL Dekomposition und das Kriterium für Koexistenz können hier angewendet werden.

[27] Hier genannte Paragraphen beziehen sich, falls nicht anders ausgewiesen auf Teil 5 der ISO 26262.

[28] Hierzu zählen Temperatur, Vibrationen, Wasser, Staub, elektromagnetische Störausstrahlung und Übersprechen.

[29] Eine Metrik für Einzelfehler findet sich in Annex C von Teil 5. Sie reflektiert die Robustheit des Item. In der entsprechenden Formel werden jeweils die Ausfallraten der Hardwareelemente des Item addiert. Eine ähnliche Metrik ergibt sich für latente Fehler.

[30] Annex D von Teil 5 der ISO 26262 befasst sich mit der Diagnoseabdeckung von in Bezug auf Einzelfehler und latente Fehler. Möglichkeiten zur Diagnose werden hier dargestellt.

3.1.4 ISO 26262 Part 6: Produktentwicklung Softwareebene

In Teil 6 der ISO 26262 werden Sicherheitsanforderungen an die Software, die aus dem technischen Sicherheitskonzept und dem Systemdesign abgeleitet werden, spezifiziert, sowie die Anforderungen an die Hardware-Software Schnittstellen detailliert. Da Software auf Hardware ausgeführt wird, ergeben sich in Bezug auf die Anforderungen diesbezügliche Randbedingungen. Sicherheitsanforderungen von Software beziehen sich auf softwarebasierte Funktionen, deren Fehlfunktion eine Verletzung von auf Software zugeteilten technischen Sicherheitsanforderungen nach sich ziehen kann (§6.4.1) [31] [32].

Nachdem die Sicherheitsanforderungen an die Software bestimmt sind, wird die Softwarearchitektur entwickelt. Dazu gehören statische und dynamische Aspekte in Bezug auf Schnittstellen zwischen Softwarekomponenten (§7.2) sowie statische und dynamische Aspekte in Bezug auf Softwarekomponenten (§7.4.5). Es wird zwischen neuen Entwicklungen von Softwarekomponenten, Wiederverwendung mit Modifikationen, Wiederverwendung ohne Modifikationen und COTS Produkten unterschieden (§7.4.8) [33]. Führt eine eingebettete Softwarekomponente unterschiedliche ASILs aus, so ist sie entsprechend des höchsten zugewiesenen ASILs zu betrachten (§7.4.10). Software kann partitioniert werden um die gegenseitige Beeinflussung zwischen Softwarekomponenten auszuschließen (Annex D) [34]. Ebenso kann an dieser Stelle ASIL Dekomposition [35] durchgeführt werden. Bezüglich Softwarekomponenten ist eine Analyse der Betriebssicherheit durchzuführen [36], bevor die Software auf Units herunter gebrochen und implementiert wird (§8). Die weiteren Abschnitte von Teil 6 befassen sich mit Software Unit Tests (§9), Software Integration und Test (§10) sowie der Verifikation von Sicherheitsanforderungen an die Software (§11), bevor zur Integration und dem Test von Software und Hardware auf Teil 4 §8 verwiesen wird.

---

[31] Hier genannte Paragraphen beziehen sich, falls nicht anders ausgewiesen auf Teil 4 der ISO 26262.

[32] Hierzu gehören Funktionen zum Überführen in und Halten eines sicheren Zustandes, zum Erkennen, Kennzeichnen und Handhaben von Fehlerursachen von sicherheitsbezogenen Hardwareelementen, zum Erkennen, Kennzeichnen und Mindern von Fehlerursachen in der Software, für On-Board und Off-Board Tests. Funktionen zur Modifikation von Software, Funktionen mit Schnittstellen zu nicht sicherheitsbezogenen Funktionen, Funktionen zum Ausführen zeitkritischer Operationen und Funktionen mit Schnittstellen oder Interaktionen zwischen Software- und Hardwareelementen.

[33] Bei Wiederverwendung ohne Modifikationen oder COTS (Commercial off-the-shelf) Produkten ist deren Qualifikation nach Teil 8 §12 nachzuweisen.

[34] Dies betrifft die Verteilung von Softwarekomponenten auf verschiedene Mikrocontroller, die Zuordnung von CPU Zeit, Speicherbereichen sowie Schnittstellen zur Kommunikation mit IOs.

[35] ASIL Dekomposition ist in Teil 9 §5 der ISO 26262 beschrieben.

[36] Maßnahmen zur Analyse der Betriebssicherheit sind in Teil 9 §8 der ISO 26262 beschrieben.

3.2 Herausforderungen bei der Umsetzung der Norm

Der Standard ISO 26262 stellt ab dem Datum seiner Veröffentlichung den aktuellen Stand der Technik dar. Somit ist, wie in der Einleitung dargestellt, die Anwendung des Standards entsprechend des Produkthaftungsgesetzes erforderlich. Dies stellt für Automobilhersteller und Zulieferer keine triviale Aufgabe dar. Bei diesen existieren bereits etablierte Lebenszyklusmodelle, welche Entwicklung, Fertigung, Wartung und Entsorgung von Fahrzeugen und deren Komponenten abdecken. Die ISO 26262 stellt einen eigenen Lebenszyklus dar, der sich ausschließlich mit funktionaler Sicherheit befasst. Den darin beschriebenen Phasen wird üblicherweise bereits in den existierenden und etablierten Lebenszyklusmodellen Rechnung getragen, jedoch unter Umständen nicht in der durch die ISO 26262 geforderten Ausführlichkeit / Umfang bzw. dem geforderten Formalismus.

Die bestehenden Phasen müssen mit den Anforderungen und Aktivitäten der ISO 26262 abgeglichen, bzw. entsprechend erweitert werden. Die ISO 26262 hat mit der Gefährdungs- und Risikoanalyse, dem Ableiten des funktionalen Sicherheitskonzeptes sowie dessen Herunterbrechens auf technische Sicherheitsanforderungen bereits großen Einfluss auf die Konzeptphase der Entwicklung. Diese Phase zeichnet sich durch einen großen Entwurfsraum für die Möglichkeit vielfältiger Architekturentscheidungen aus [1]. Die von der ISO 26262 spezifizierten Anforderungen an diese frühe Entwicklungsphase sind überwiegend abstrakt gehalten und machen nur wenige Aussagen bezüglich möglicher Realisierungsalternativen. Spezifikations- und Entwurfsfehlern muss in dieser Phase vorgebeugt werden. Dies bezieht sich auch auf die korrekte Verwendung von Anforderungen und Klassifikationen nach ISO 26262 [37].

Eine weitere Herausforderung liegt in der Wiederverwendung bereits etablierter Methoden oder Teilsysteme in zukünftigen Entwicklungen sicherheitsbezogener Fahrzeugsysteme. In diesen Fällen müssen die Methoden oder Teilsysteme hinsichtlich ihrer Konformität gegenüber ISO 26262 überprüft werden. Eine der größten Herausforderungen im Hinblick auf die effiziente Entwicklung sicherheitsbezogener Systeme liegt im »intelligenten Systemdesign«. Durch die geschickte Auswahl von EEA Alternativen, können die Entwicklungsauflagen, die sich durch die Klassifikation nach möglichen Gefährdungen ergeben, gering gehalten werden [38].

---

[37] Klassifikationen und Anforderungen der ISO 26262 in Bezug auf die Konzeptphase betreffen ASIL, Sicherheitsziel, funktionale Sicherheitsanforderungen, technische Sicherheitsanforderungen.

[38] Beispiele hierfür sind eine intelligente Verteilung von Sicherheitsfunktionen auf Steuergeräte, die zeitliche Limitierung des Systemeingriffs zur Steigerung der Kontrollierbarkeit [203] oder die Aktivierung von Airbags durch nebenläufige Teilsysteme [197].

3.3 Stand der Wissenschaft und Technik

In diesem Kapitel wird der aktuelle Stand der Wissenschaft und Technik in Bezug auf die Umsetzung der ISO 26262 in der Konzeptphase der Entwicklung von EEAs von Fahrzeugen dargestellt. Dabei werden jeweils die bestehenden Methoden oder Techniken erläutert und gegenüber der vorliegenden Arbeit abgegrenzt. Die vorliegende Arbeit enthält darüber hinaus weitere Teile, die sich mit der Erfüllung von Anforderungen, welche sich während der Umsetzung der Anforderungen der ISO 26262 in der Modellierung von EEAs ergeben. Die zur Erfüllung dieser Anforderungen beschriebenen Methoden werden in jeweiligen Kapiteln (Kapitel 9 und Kapitel 10) gesondert gegenüber dem aktuellen Stand der Wissenschaft und Technik abgegrenzt.

3.3.1 ATESST Projekt und Architekturbeschreibungssprache EAST-ADL

Die Beschreibungssprache EAST-ADL [39] wurde im Projekt EAST-EEA [40] zur Modellierung und Beschreibung von EEAs in der Automobilentwicklung entwickelt. Die Sprache wurde zu EAST-ADL2 im Abschlussprojekt ATESST [41] weiterentwickelt, wobei unter anderem AUTOSAR (s. Kapitel 3.3.4) integriert wurde. EAST-ADL beschreibt ein Metamodell, welches zur Modellierung für Dokumentations-, Design-, Analyse- und Synthesezwecken eingesetzt werden kann [167].

3.3.1.1 Beschreibung

EAST-ADL ist als MOF-konformes Metamodell spezifiziert und unterteilt in fünf Abstraktionsebenen, welche die unterschiedlichen Phasen der Fahrzeugentwicklung betrachten. Ein Teilsystem wird dabei ebenenübergreifend in den verschiedenen Abstraktionsebenen modelliert (s. Abbildung 3.2).

- Im **Vehicle Level** werden die *Features* [42] in Form von *Feature Modellen* [43] zur Beschreibung der Charakteristika eingesetzt, welche eine Fahrzeugvariante haben oder nicht haben soll [7].

---

[39]EAST-ADL steht für Electronic Architecture and Software Technology - Architecture Description Language

[40]EAST-EEA steht für Electronic Architecture and Software Technology - Embedded Electronic Architecture. Projektdauer 05/2001 - 07/2004

[41]ATESST steht für Advancing Traffic Efficiency and Safety Through Software Technology. Projektdauer: 01/2006 - 03/2008

[42]Features werden in diesem Kontext als Eigenschaften, Funktionalitäten oder Merkmale verstanden.

[43]Eine Beschreibung von Feature Modellen nach Kang findet sich in [148].

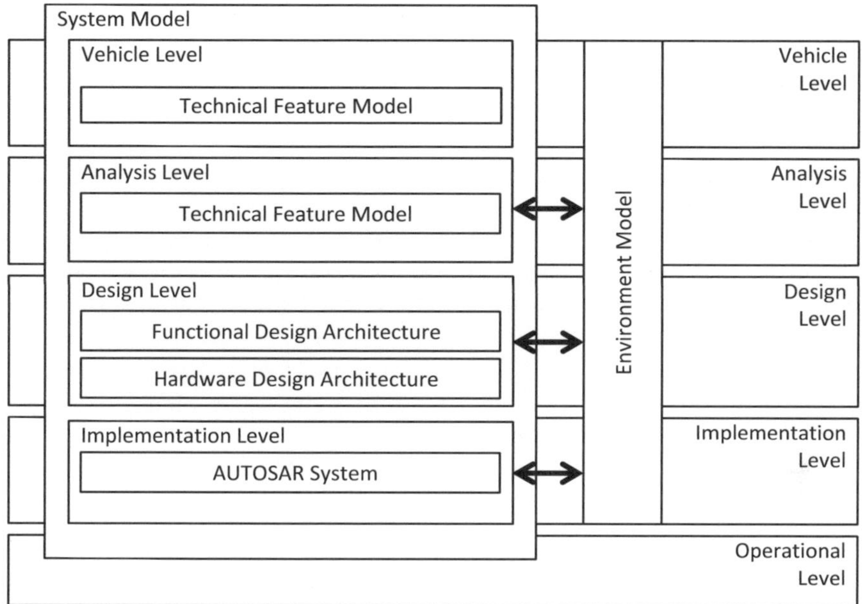

Abbildung 3.2: Abstraktionsebenen von EAST-ADL nach [3]

- Im **Analysis Level** ist die *Funktional Analysis Architecture* (FAA) beschrieben, welche das Verhalten und die Algorithmen der Features des Vehicle Level in Form von Funktionen beschreibt. Diese Ebene beinhaltet die hierarchische Dekomposition von Features auf Funktionen sowie die Modellierung von abstrakten Sensoren und Aktuatoren [3]. Auf dieser Ebene werden ebenfalls kritische Systemparameter identifiziert.

- Die **Design Architecture** enthält die *Functional Design Architecture* (FDA) sowie die *Hardware Design Architecture* (HDA). Die FDA repräsentiert die Realisierung der FAA als hierarchische Definition von Funktionsblöcken und deren Interaktion. Die HDA stellt die Architektur und Vernetzung von Hardwarekomponenten des Fahrzeugs dar. Die Funktionsblöcke der FDA werden auf diese Hardwarekomponenten verteilt [2].

- Im **Implementation Level** werden die Funktionen der FDA über AUTOSAR in eine den ausführenden Hardwarekomponenten konformen Infrastruktur eingebettet. Dabei entspricht nach [6] AUTOSAR dem Implementation Level von EAST-ADL.

- Das **Operational Level** entspricht dem eingebetteten System im realen Fahrzeug, nicht im Modell [5].

Verglichen zu UML2 (s. Kapitel 2.9.3.5) oder SysML [44], stellt EAST-ADL eine domänenspezifische Sprache dar. Die Konzepte von EAST-ADL sind als UML2 Profile verfügbar, so dass UML2 Werkzeuge zur Modellierung von EAST-ADL Modellen eingesetzt werden können. In ATESST wird auf die Verwendung des UML2 Modellierungswerkzeugs Papyrus verwiesen [5].

Das Open Source Projekt Papyrus [56] befasst sich mit der Entwicklung eines Eclipsebasierten Werkzeugs zur graphischen Modellierung von UML2 Modellen. Für dieses Werkzeug existiert ein Add-In zur Modellierung von EAST-ADL2 konformen Modellen. Dieses Add-In implementiert alle Stereotypen und verwandte Eigenschaften nach der EAST-ADL2.0 Spezifikation und kann zur Erstellung von UML Modellen in Papyrus verwendet werden.

EAST-ADL unterstützt verschiedene Arten von Anforderungen. Zum Einen *generische Anforderungen* als einfache Objekte, welche alle Information in angepassten Attributen enthalten und zusätzlich Links und Gruppen unterstützen. Zum Anderen *spezialisierte Anforderungen*, die bestimmte Attribute und Assoziationen zu einem bestimmten Zweck und mit einer bestimmten Semantik (bsp. zeitlichen Anforderungen) ausdrücken. Darüber hinaus werden *anwenderspezifische Attribute* unterstützt, welche für EAST-ADL Anforderungen und andere EAST-ADL Elemente verfügbar gemacht werden können [8]. EAST-ADL verwendet den werkzeugunabhängigen Austausch von Anforderungen über RIF [45] [9].

Die Sprachdefinition von EAST-ADL [4] spezifiziert in Bezug auf Sicherheit und Zuverlässigkeit folgende Zusammenhänge:

- **Fehlermodell** (ErrorModel): Unterstützt die Modellierung von inkorrektem Verhalten eines Systems (beispielsweise Fehler von Komponenten und deren Propagation). Dies ermöglicht Sicherheitsanalysen durch externe Werkzeuge. Es ermöglicht die Verfolgung von Fehlverhalten und Gefährdungen zu Spezifikationen von Sicherheitsanforderungen und weiter zu funktionalen und nichtfunktionalen Anforderungen bezüglich der Handhabung von Fehlern und der Vermeidung von Gefährdungen ebenso wie zu den notwendigen Aufwänden bezüglich Verifikation und Validierung. Durch die Klasse *Anomaly* wird die Fehlerart beschrieben.

- **Sicherheitseinschränkungen** (Safety Constraints): Abbildung 3.3 stellt das EAST-ADL Metamodell für Safety Constraints dar. *FaultFailure* repräsentiert eine bestimmte Fehlerursache oder eine bestimmte Fehlerauswirkung. *QuantitativeSafetyConstraint* beschreibt Werte der Zuverlässigkeit (bsp. Ausfallrate). *SafetyConstraint* stellt qualitative gefasste Einschränkungen in Bezug auf Fehlerursachen oder Fehlerauswirkungen dar.

---

[44] Die Abkürzung SysML steht für *Systems Modeling Language* und ist ein offizieller Standard der OMG zur graphischen Modellierung technischer Systeme [183].

[45] Das Requirements Interchange Format (RIF) wurde von der Herstellerinitiative Software (HIS) spezifiziert.

- **Sicherheitsanforderungen** (Safety Requirements): Beschreibt den Zusammenhang zwischen Betriebsmodus, Gefährdung, Sicherheitsziel, Sicherheitsanforderung sowie technischem Sicherheitskonzept und funktionalem Sicherheitskonzept entsprechend ISO 26262 (s. Abbildung 3.4).

- **Sicherheitsnachweis** (Safety Case): Der Sicherheitsnachweis beschreibt warum ein betrachtetes System im betrachteten Kontext mit akzeptabler Sicherheit und Zuverlässigkeit betrieben werden kann [46]. Die Klasse *Claim* bezeichnet eine Aussage, deren Wahrheit bestätigt werden muss. Diese Aussagen basieren auf Beweisen. Dies sind spezifische Fakten über Situationen, welche den *Claim* bekräftigen.

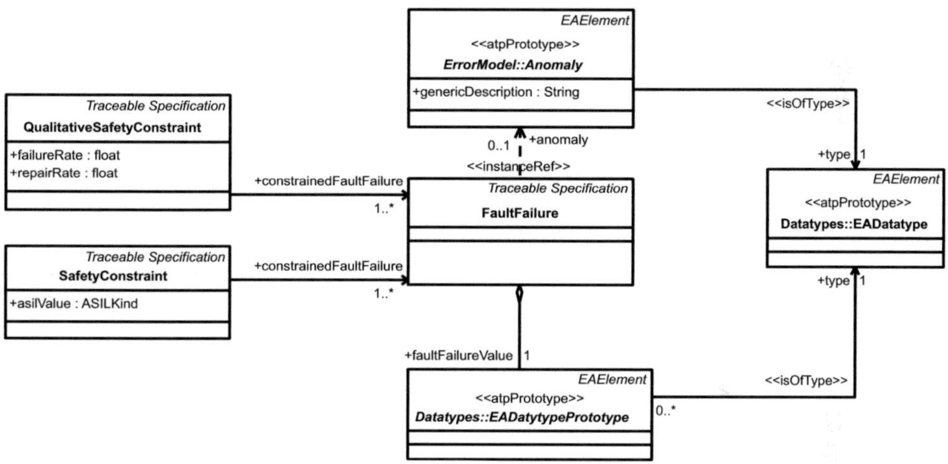

Abbildung 3.3: ATESST2: Diagramm für Sicherheitsauflagen nach [4]

EAST-ADL unterstützt Sicherheitsaspekte und ISO 26262 auf der Ebene der Sprache [47] [5]. Die Gefahren- und Risikoanalyse sowie die Spezifikation von Sicherheitszielen nach ISO 26262 Teil 3 §7 betreffen dabei den Vehicle Level, die Spezifikation von funktionalen Sicherheitsanforderungen nach ISO 26262 Teil 3 §8 den Analysis Level. Hierfür werden entsprechende Konzepte (Hazard, ASILKind, SafetyGoal, etc.) bereitgestellt. Die Spezifikation von technischen Sicherheitsanforderungen entsprechend ISO 26262 Teil 4 §6 sowie die Spezifikation des Systemdesign nach ISO 26262 Teil 4 §7 beziehen sich auf das Designlevel.

---

[46]Safety Cases wurden in der Atomindustrie eingeführt.

[47]Diese Unterstützung umfasst ASIL Kategorisierung durch Anforderungen, Unterstützung des Safety Case, Organisation von Informationen im Einklang mit ISO 26262 und Unterstützung von Methoden die von der ISO 26262 gefordert werden.

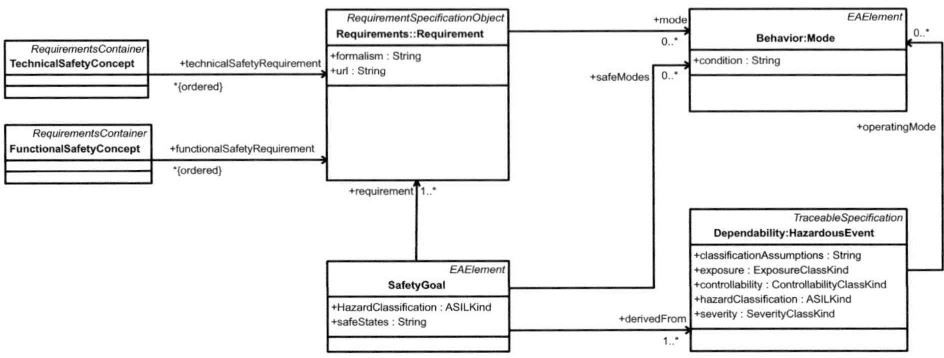

Abbildung 3.4: ATESST2: Diagramm für Konzept Betriebssicherheit nach [4]

Während die Spezifikation von Hardware-Safety-Anforderungen entsprechend ISO 26262 Teil 5 §6 sowie von Software-Safety-Anforderungen nach ISO 26262 Teil 6 §6 vom Implementation Level adressiert werden. Um Fehlerverhalten zu modellieren wird eine parallele Architektur verwendet [48].

EAST-ADL unterstützt die Modellierung von Fehlern, die Fehleranalyse, die Propagation von Fehlern, die Bildung einer Basis für die Gefährdungsanalyse, sowie eine Werkzeuganbindung für die Durchführung automatisierter FTAs und FMEAs [5]. Ein Auszug des entsprechenden Meta Modells nach [4] ist in Abbildung 3.5 dargestellt. Für die Durchführung von FTAs und FMEAs wird die Methode HiP-HOPS nach Papadopoulos [191] angewendet. Gleiches gilt für die automatische Dekomposition von ASILs, die auf Basis von HiP-HOPS-Fehlerbäumen durchgeführt wird [49] sowie für die in [10] vorgestellte Architekturoptimierung [50] [51].

---

[48] Diese bezieht sich auf Typen und Prototypen von Fehlermodellen, Fehlerverhalten, Internen Fehlerursachen, Fehlerursachen und Fehlerauswirkungen, Schnittstellen von Fehlerursachen-Fehlerauswirkungen (Propagation von Fehlerauswirkungen zwischen Fehlermodellen durch Links), Gefährdungen sowie Gefährdungs-Links zwischen komponentenbezogenen Fehlerursachen und systembezogenen Fehlerauswirkungen, Randbedingungen in Bezug auf Betriebssicherheit [10].

[49] Die Ursache für Systemfehler liegen in den Cut Sets. ASILs für Systemfehler können auf die Elemente des Cut Sets verteilt werden [10].

[50] EAST-ADL unterstützt Design Optimierung hinsichtlich der Maximierung / Minimierung von Attributen. Entsprechend der Methode HiP-HOPS werden durch Optimierung Pareto-optimale Lösungen bestimmt [188].

[51] Zum Zeitpunkt des ATESST2 Final Workshop in Juni 2011 lagen bezüglich der Applikation von HiP-HOPS im Zusammenhang mit EAST-ADL basierte Architekturen nur experimentelle Ergebnisse vor, HiP-HOPS war kein Teil der Werkzeugkette von ATESST [10].

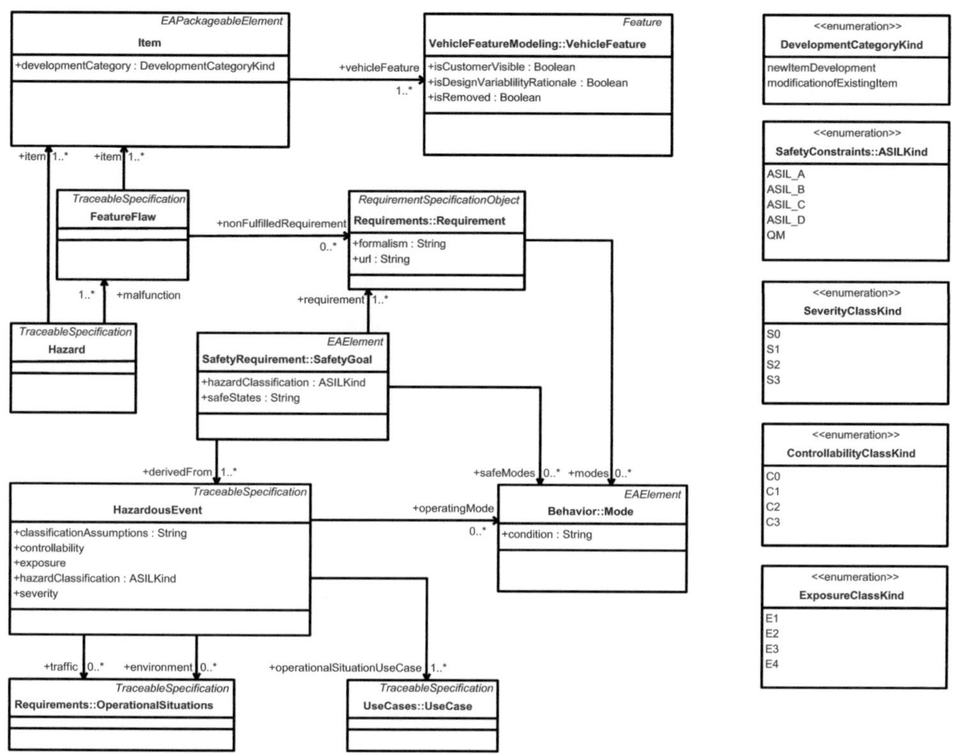

Abbildung 3.5: ATESST2: Diagramm für Betriebssicherheit nach [4]

3.3.1.2 Abgrenzung

EAST-ADL beschreibt eine Sprache für die Beschreibung von EEAs in Form eines Metamodells. Die darin enthaltenen Konzepte ermöglichen die Ableitung detaillierter und umfassender Modelle von EEAs. Nach [167] werden weder in EAST-ADL noch in ATESST Aussagen über den Entwicklungsprozess, die Vorgehensweise in der Modellierung oder die genaue Spezifikation der Visualisierung von Modellen gegeben.

Auf die strukturelle Darstellung von Sicherheitsanforderungen sowie einem formalisierten Vorgehen für die Zuteilung von Sicherheitsanforderungen zu Artefakten von EEA Modellen wird nicht eingegangen. Für die Sicherheitsanalyse in Bezug auf FTA und FMEA werden externe Werkzeuge eingesetzt. Die Auswirkungen von ASIL Dekomposition auf die Modellierung von EEAs sowie der Einsatz von Redundanzmitteln in dieser Phase der Entwicklung wird nicht behandelt. Der Umgang mit Fragestellungen in Bezug auf die Domäne der EEA Modellierung wird nicht adressiert.

Über Methoden zur Bestimmung von kontextspezifischen Daten und Relationen aus EEA Modellen wird keine Aussage gemacht. Die Beschreibung von semantischen Relationen zwischen Artefakten der EEA im Sinne der Wissensmodellierung wird nicht unterstützt.

3.3.2 E/E-Architekturen zur Ableitung von Sicherheitszielen

In seiner Dissertation mit dem Titel *Abstraktionsebenenübergreifende Darstellung von Elektrik/ Elektronik-Architekturen in Kraftfahrzeugen zur Ableitung von Sicherheitszielen nach ISO 26262* [167] beschreibt Matheis die EEA-ADL [52] sowie Erweiterungen dieser Sprache zur Ableitung und Darstellung funktionaler Sicherheitsanforderungen in Form von Sicherheitszielen.

3.3.2.1 Beschreibung

Das Funktionalitätennetzwerk, als Ebene der EEA-ADL und von Matheis vorgestellte Erweiterung, ermöglicht die Modellierung kundenerlebbarer funktionaler Anforderungen als Funktionalitäten sowie die Wechselwirkungen zwischen diesen. Wechselwirkungen werden als Wirkketten modelliert. Zur Analyse ermöglichen Wirkketten Rückschlüsse auf die Vorgänge, welche Ereignisse auslösen. Ereignisse werden von Erfüllern umgesetzt. Entsprechend ergeben sich die Modellierungsartefakte *Ereignisse, Funktionalitäten* und *Erfüller*. Eine Wirkkette besteht jeweils aus einer Menge von Ergebnissen, Funktionalitäten sowie Erfüllern. Durch die Zusatzartefakte *Bedingung, Datenartefakt, Benutzerrückmeldung* und *Aspekt* lassen sich in Bezug auf Wirkketten zusätzliche Informationen spezifizieren. Über Bedingungen lassen sich die zwischen den Elementen von Wirkketten geltenden, semantischen Beziehungen modellieren. Die Darstellung von Funktionalitätsnetzwerken kann entsprechend unterschiedlicher Perspektiven auf das Modell im *Kompositionsdiagramm*, dem *Kontextdiagramm* sowie dem *Beziehungsdiagramm* erfolgen. Über *Mappings* lassen sich die Komponenten des Funktionalitätennetzwerks mit Artefakten der übrigen Ebenen der EEA-ADL in Relation setzen.

Matheis verwendet das Funktionalitätennetzwerk zur Ableitung und Darstellung von Sicherheitsanforderungen, die sich aus der Gefährdungs- und Risikoanalyse nach ISO 26262 Teil 3 §7, angewendet auf die enthaltenen funktionalen kundenerlebbaren Anforderungen, ergeben. Hierzu werden im Metamodell der EEA-ADL unter anderem die zusätzlichen Klassen *Item, SafetyGoal, HazardDescription* (mit den Attributen *controllability, severity* und *exposure*), *Hazard, OperationMode, DrivingSituation* und *HazardAnalysis* hinzugefügt. Diese ermöglichen die Modellierung der Ergebnisse einer Gefährdungs- und Risikoanalyse entsprechend den Konzepten der ISO 26262.

---

[52]EEA-ADL steht für Elektrik/Elektronik Architektur Architecture Description Language.

Zur graphischen Darstellung wird das sog. *Gefahren- und Risikoanalysediagramm* vorgestellt, welches sich an der Repräsentation des Kompositionsdiagramms entsprechend der Darstellung von Funktionalitätsnetzwerken orientiert (s. Abbildung 3.6).

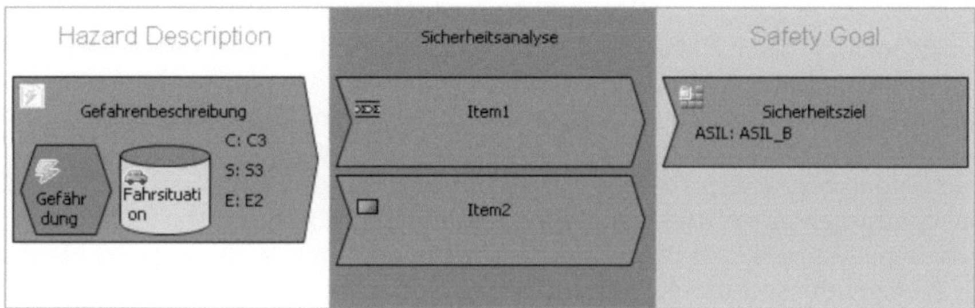

Abbildung 3.6: Diagramm Gefahren- und Risikoanalyse nach [167]

Ereignisse werden als Gefahrenbeschreibungen verwendet. Sie tragen Werte für Schwere eines möglichen Schadens (Severity), Häufigkeit der Fahrsituation (Exposure) und Beherrschbarkeit durch den Fahrer (Controllability). Die Gefährdung sowie die Fahrsituation auf welche sich die Gefahrenbeschreibung bezieht, werden als zusätzliche Modellartefakte ähnlich zu Aspekt und Datenelement des Funktionalitätennetzwerks dargestellt. Items entsprechen Funktionalitäten, Sicherheitsziele entsprechen Erfüllern. ASIL ist ein Attribut der Klasse *Sicherheitsziel*. Zur abstraktionsebenenübergreifenden Darstellung von funktionalen Sicherheitsanforderungen werden zwei Tabellen vorgeschlagen. Eine Tabelle stellt Sicherheitsziele in Bezug auf die Items, Gefährdungen und Fahrsituationen dar, die Andere gibt Aufschluss über den Bezug zwischen Hardwarekomponenten, Funktionen, Sicherheitsanforderungen und Sicherheitszielen.

Im Rahmen der hier vorliegenden Arbeit wird noch eine weiterer Aspekt der Arbeit von Matheis als Stand der Wissenschaft betrachtet. Dabei handelt es sich um den Umgang mit Fragestellungen in der Domäne der EEA Modellierung. Die Beschreibung dieses Aspekts sowie die Abgrenzung der hier vorliegenden Arbeit gegenüber diesem erfolgt gesondert in Kapitel 9.

3.3.2.2 Abgrenzung

Der Ansatz von Matheis beschreibt die Darstellung von Sicherheitsanforderungen nach Teil 3 der ISO 26262 auf Basis der EEA-ADL als Teil von EEA Modellen von Fahrzeugen. Der Fokus des Ansatzes liegt auf der Durchführung einer Gefährdungs- und Risikoanalyse nach Teil 3 §7, sowie der Darstellung von abgeleiteten funktionalen Sicherheitszielen nach Teil 3 §8 der ISO 26262.

Der Ansatz geht nicht auf die Behandlung und Darstellung von technischen Sicherheitsanforderungen entsprechend der Teile 4 bis 6 der ISO 26262 ein sowie deren Relationen zu Sicherheitsanforderungen nach Teil 3 (Sicherheitszielen und funktionalen Sicherheitsanforderungen.). Matheis interpretiert Sicherheitsziele als allgemeinste Form von funktionalen Sicherheitsanforderungen und stellt über mögliche Mappings einen Bezug zwischen Sicherheitsanforderungen und Artefakten der EEA her. Sicherheitsziele werden dabei auf Funktionen des Funktionsnetzwerks der EEA zugeordnet. Diese werden wiederum auf Komponenten des Hardwarenetzwerks ausgeführt, wodurch sich auch eine Zuordnung zwischen Sicherheitszielen und Artefakten dieses Netzwerks ergibt. Nach ISO 26262 werden aus Sicherheitszielen zuerst realisierungsunabhängige (in Bezug auf Software sowie Hardware) funktionale Sicherheitsanforderungen und schließlich realisierungsabhängige Sicherheitsanforderungen abgeleitet, die sich dann direkt auf Komponenten (Software und Hardware) der EEA beziehen. Auf diese Zusammenhänge geht Matheis nicht ein. Möglichkeiten der automatisierten oder teilautomatisierten Zuteilung von Sicherheitsanforderungen und Artefakten der EEA werden ebenfalls nicht beschrieben. Auf die Tatsache, dass ASILs gefährdungsbezogen und nicht Item-bezogen sind, wird nicht eingegangen. Der direkte Bezug zwischen ASIL Dekomposition und den daraus resultierenden Bedingungen wird nicht beschrieben. In der Erweiterung des Metamodells der EEA-ADL werden die Eigenschaften der Klasse *Item* an die Klassen *Functionality*, *FunctionBlock* und *DetailedElectricElectronic* [53] vererbt (s. Abbildung 3.7). Dies deckt sich nicht vollständig mit der Definition eines Item nach ISO 26262 [54]. Zwar passt die Vererbung zu FunctionBlock, jedoch gibt es keine Möglichkeit eine Art von System als Item zu definieren. Eine *DetailedElectricElectronic* sollte in ihrer Natur als Hardwarekomponente als Teil eines Systems gesehen werden und damit nicht als eigenständiges Item.

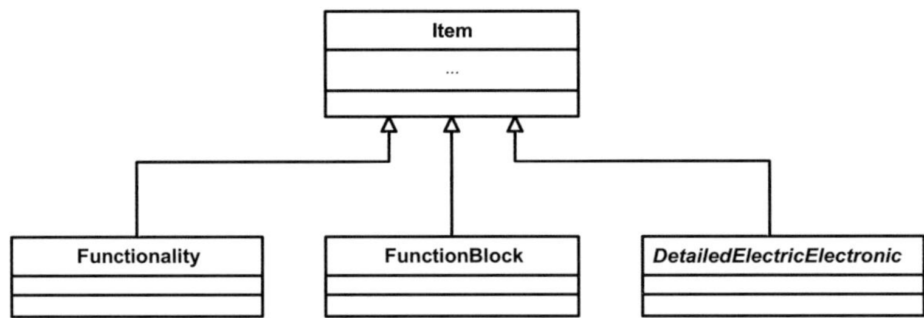

Abbildung 3.7: Metamodell Item nach [167]

---

[53]DetailedElectricElectronic ist im Metamodell der EEA-ADL eine Superklasse für Hardwarekomponenten wie Steuergeräte, Aktuatoren oder Sensoren.

[54]ISO 26262 definiert Item als eine Funktion, ein System oder ein Verbund von Systemen, auf welche die ISO 26262 anzuwenden ist.

3.3.3 Entwicklungsmethodik für sicherheitsrelevante Elektroniksysteme im Automobil

In seiner Dissertation mit dem Titel *Eine Entwicklungsmethodik für sicherheitsrelevante Elektroniksysteme im Automobil* [40] beschreibt Benz eine Anpassung bestehender Entwicklungsprozesse für Elektroniksysteme im Automobilbereich hinsichtlich der Betrachtung von Sicherheit und Zuverlässigkeit.

3.3.3.1 Beschreibung

Die Arbeit wurde 2004 veröffentlicht. Zu diesem Zeitpunkt existierten Modelle für Sicherheitslebenszyklen für elektrische/elektronische/programmierbar elektronische Systeme (IEC 61508 [131]) sowie für die Entwicklung von Flugzeugen (SEA ARP 4754 [209] sowie SAE ARP 4761 [210]), jedoch nicht für den Automobilbereich. Die Arbeit von Benz kann als einen Vorläufer der ISO 26262 bezeichnet werden. Benz beschreibt darin einen Vorschlag für einen standardisierbaren Sicherheitslebenszyklus für die Entwicklung von sicherheitsrelevanten Systemen im Automobilbereich. In Anlehnung an die Tatsache, dass sich der Entwicklungsprozess in dieser Domäne stark am V-Modell 97 orientiert, stellt die vorgeschlagene Entwicklungsmethode ein zweites »V« dar, welches Erweiterungen des bestehenden »V« hinsichtlich Sicherheit und Zuverlässigkeit beschreibt und nebenläufig zu diesem betrachtet wird. Die Erweiterung ist an signifikanten Stellen mit dem bereits bestehenden »V« verknüpft. Grundlage seiner Methode sind die Inhalte des Luftfahrtstandards SAE ARP 4761 [210] die durch Benz an die Verhältnisse in der Automobilindustrie angepasst werden. Die Verwendung einer Gefährdungsanalyse zur Bewertung von Systemen sowie den Einsatz von Methoden wie der »Fehlerbaumanalyse« oder der »Failure Mode and Effect Analysis« werden beschrieben. Zur Klassifizierung von Systemen werden Sicherheitsstufen nach [41] verwendet. Diese sind ähnlich zu SIL (Safety Integrity Level) nach IEC 61508 [131], beziehen sich jedoch auf die speziellen Gegebenheiten im Automobilbereiches. Die Entwicklungsmethode gliedert sich in die folgenden Phasen, wobei sich die Darstellung am V-Modell 97 [125] orientiert:

- **Systemanforderungsanalyse**: Definition eines funktionalen Grundkonzeptes des Systems, dessen Aufgaben sowie der bestehenden Randbedingungen.

- **Funktionaler Entwurf**: Detaillierung der Einsatzbestimmung des Systems sowie der Systemfunktionen in unterschiedlichen Hierarchieebenen, sowie Beschreibung der damit verbundenen Anforderungen. Durchführung einer funktionalen Gefährdungsanalyse auf Basis jeder Hierarchieebene.

- **Funktionale Gefährdungsanalyse**: Bestimmung der Gefährdungen, die in Zusammenhang mit der Ausführung des Systems auftreten können sowie Ableitung von funktionalen Sicherheitsanforderungen. Klassifizierung des Systems hinsichtlich der Gefährdungen in direktem Bezug zu seinen Funktionen entsprechend Sicherheitsstufen.

Zuordnung von Zuverlässigkeitsanforderungen in Form von Fehlerraten oder Fehlerwahrscheinlichkeiten zu Sicherheitsstufen. Zuordnung von Sicherheitsanforderungen zu funktionalen Einheiten. Ebenfalls Spezifikation von Methoden für die Verifikation.

- **Systementwurf** (enthält Softwareentwurf und Hardwareentwurf): Abbildung der funktionalen Systembeschreibung auf eine Systemarchitektur. Verfeinerung der Systemarchitektur (technische Architektur). Verfeinerung des Sicherheitskonzeptes bei iterativer Durchführung der entwurfsbegleitenden Systemsicherheitsbewertung. Zuordnung von Sicherheitsanforderungen auf Elemente der technischen Architektur. Spezifikation der Systemintegration und -verifikation. Ableitung von Anforderungen an Software und Hardware. Durchführung von Softwareentwurf und Hardwareentwurf, jeweils als Grob- und Feinentwurf.

- **Entwurfsbegleitende Systemsicherheitsbewertung**: Bewertung der Erfüllung der Sicherheitsanforderungen entsprechend des jeweiligen Detaillierungsgrades des Systementwurfs. Die Bewertung findet durch qualitative oder quantitative Analyse in Bezug auf Fehler oder Kombinationen von Fehlern des Systems bzw. von Systemkomponenten statt, die zu einer Gefährdung führen können. Einsatz von Methoden wie FTA, FMEA und Markov Ketten. Ableitung von Sicherheitsanforderungen für Komponenten auf den nächstniedrigeren Hierarchieebene.

- **Implementierung**: Umsetzung der durch Systementwurf und entwicklungsbegleitende Systemsicherheitsbewertung gegebenen Vorgaben für die Implementierung.

- **Integration und Test**: Schrittweise Integration der einzelnen Systemkomponenten sowie jeweils funktionaler Tests gegen die geltenden Spezifikationen, begleitet von der parallel durchgeführten Systemsicherheitsbewertung.

- **Systemsicherheitsbewertung**: Überprüfung der Erfüllung von gestellten Sicherheitsanforderungen, welches in dieser Phase, anders als in der Phase »Entwurfsbegleitende Systemsicherheitsbewertung«, physikalisch vorliegt.

- **Zulassung und Inbetriebnahme**: Erprobung des Systems und Validierung bei realen Einsatz- und Randbedingungen. Zulassung anhand von Dokumentationen wie Sicherheitskonzept oder Systementwurf.

3.3.3.2 Abgrenzung

Die Arbeit beschreibt einen Lebenszyklus zur Betrachtung von Sicherheit und Zuverlässigkeit für Entwicklungen im Automobilbereich in Anlehnung an entsprechende Standards aus der Luftfahrt. Ähnlich wie bei der ISO 26262 werden darin Prozessschritte, Aktivitäten und Arbeitsprodukte entlang der Entwicklung sicherheitsbezogener Systeme gegeben. Wie in der ISO 26262 werden in Bezug auf die Konzeptphase der Entwicklung standardisierte Methoden zur Analyse empfohlen oder gefordert.

Ebenso besteht eine Klassifikation des Systems hinsichtlich Gefährdungen in Sicherheitsstufen und der Ableitung entsprechender Sicherheitsanforderungen. Konkrete Maßnahmen in Bezug auf die modellbasierte Entwicklung von EEAs werden nicht beschrieben. Auf Hierarchisierung, Darstellung, formale Relation und Rückverfolgung von Sicherheitsanforderungen wird nicht eingegangen. Eine Unterstützung der vorgeschlagenen Methoden zur Bewertung von Sicherheit und Zuverlässigkeit mit Daten aus EEA Modellen wird nicht beschrieben.

3.3.4 AUTOSAR

AUTOSAR [55] ist ein Konsortium von OEMs [56], Tier One Zulieferern und Herstellern von Entwicklungswerkzeugen mit dem Ziel eine standardisierte Softwarearchitektur für softwarebasierte Automobilsysteme zu schaffen. *»Cooperate on Standards - Compete on Implementation«* ist der Slogan dieses Zusammenschlusses.

3.3.4.1 Beschreibung

AUTOSAR beschreibt eine in Ebenen strukturierte Softwarearchitektur für eingebettete, elektronische Systeme von Fahrzeugen. Einer der Hauptaspekte ist dabei die Trennung zwischen realisierungsunabhängigen / wettbewerbsdifferenzierenden und realisierungsabhängigen / nicht wettbewerbsdifferenzierenden Softwarekomponenten. Letztere beziehen sich auf die Softwareinfrastruktur durch welche die Ausführung und Interaktion von realisierungsunabhängigen/wettbewerbsdifferenzierenden Softwarekomponenten bereitstellen. Nach Fürst [92] stellt AUTOSAR nur den Teil der Infrastruktur der Software eines Systems dar. AUTOSAR bildet unter anderem ein statisches Modell von Software im Sinne einer Architektur. Für die Elemente der AUTOSAR Softwarearchitektur werden von AUTOSAR [57] sowohl Anforderungen an die Software sowie an die Implementierung dieser Anforderungen spezifiziert. Diese Anforderungen umfassen die Beschreibung von dynamischem Verhalten in Bezug auf die Elemente der Softwareinfrastruktur sowie deren Ansprechen bzw. Verwendung von Softwarekomponenten entsprechend der eigentlichen realisierungsunabhängigen/wettbewerbsdifferenzierenden Funktionen.

---

[55] AUTOSAR steht für AUTomotive Open System Architecture

[56] OEM steht in diesem Kontext für »Original Equipment Manufacturer«.

[57] Unter dem Begriff AUTOSAR wird in der Literatur die Sammlung von Spezifikationen, Anforderungen und Dokumentationen verstanden, welche Informationen über den AUTOSAR Ansatz die AUTOSAR Software enthalten bzw. beschreiben. Software, welche diese Anforderungen umsetzt wird »entwickelt nach AUTOSAR«, »entspricht AUTOSAR«, oder »AUTOSAR Software« bezeichnet.

Abbildung 3.8 zeigt den generellen AUTOSAR Ansatz. Die eigentlichen (wettbewerbsdifferenzierenden) Funktionen, als AUTOSAR Software Components (*SW-C*) bezeichnet, sind unabhängig von der Infrastruktur auf der sie ausgeführt werden oder über welche sie interagieren. Dies wird im oberen Teil der Abbildung dargestellt, in welchem die SW-Cs über eine gemeinsame Kommunikationsebene, dem sog. Virtual Functional Bus (*VFB* [28]) interagieren. SW-Cs werden auf Rechenknoten (Mikrocontrollern, Prozessoren, etc.) ausgeführt die neben anderen Komponenten (Speicher, Treiber, Transceiver, etc.) Bestandteile von Steuergeräten sind. Steuergeräte stehen im Fahrzeug über ein Kommunikationsnetzwerk von Direktverbindungen und standardisierten Bussystemen wie CAN, Lin oder FlexRay miteinander in Verbindung. Werden interagierende SW-Cs auf den Rechenknoten verschiedener Steuergeräte ausgeführt, so wird die Kommunikation über das Netzwerk realisiert. Die Verteilung der SW-Cs auf verschiedene Steuergeräte geht mit der Teilung des VFB einher.

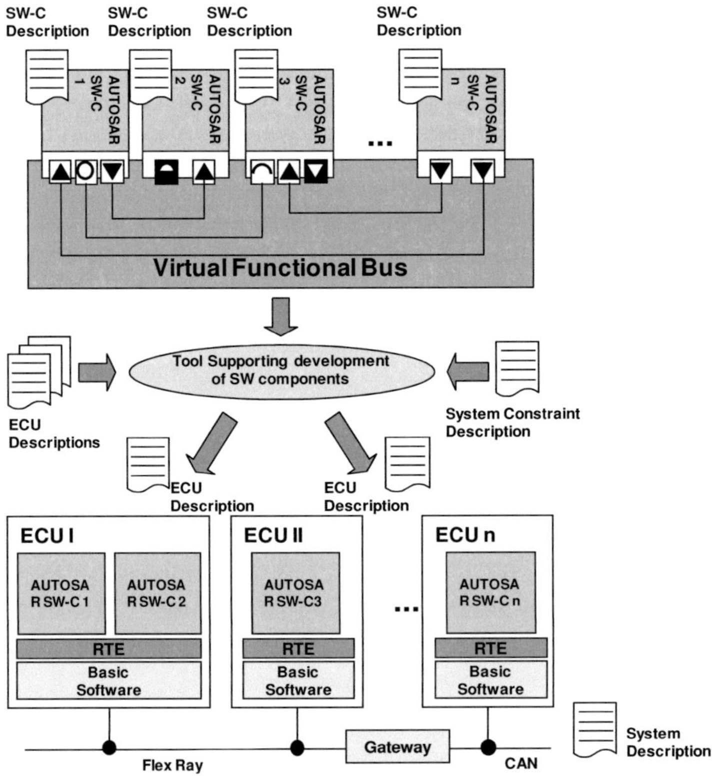

Abbildung 3.8: AUTOSAR: Vorgehensweise nach [21] und [28]

Die Realisierung eines Teils des VFB, seinerseits Teil der Software auf einem Rechenknoten, wird als Runtime Environment (*RTE* [25]) bezeichnet. Um die Ausführung dieser SW-Cs sowie die Kommunikation zu realisieren, sind zusätzliche Softwaremodule wie Betriebssystem oder Protokoll-Stack erforderlich. Diese stellen eine Infrastruktur bereit, die von der eingesetzten Hardware sowie den Kommunikationsprotokollen abhängt, in erster Linie jedoch nicht von den eigentlichen Funktionen. Da diese Infrastruktur nicht maßgeblich zur Wettbewerbsdifferenzierung beiträgt, haben sich Hersteller darauf geeinigt sie zu standardisieren. Der untere Teil von Abbildung 3.8 zeigt die Verteilung von SW-Cs auf verschiedene Rechenknoten. Die SW-Cs als Teile der sog. *Application Software* werden jeweils auf ein RTE aufgesetzt, die Infrastruktur zur Ausführung und Kommunikation wird durch die sog. *Basic Software* dargestellt.

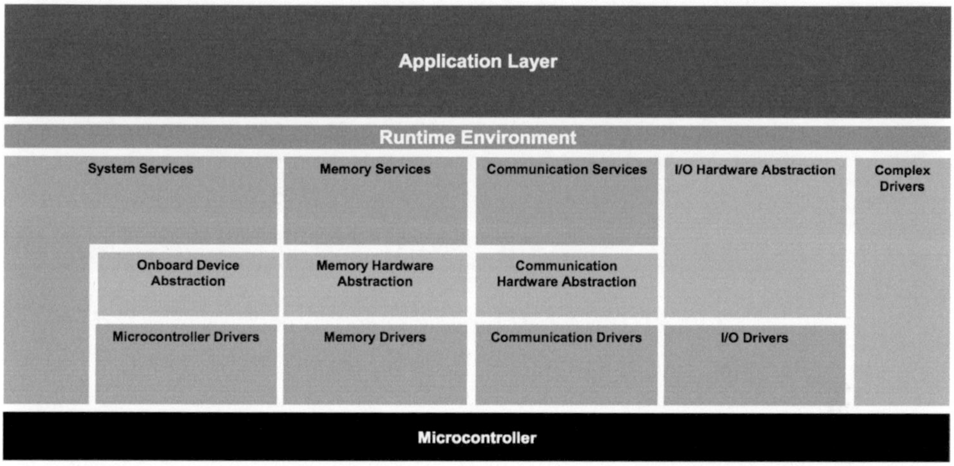

Abbildung 3.9: AUTOSAR: Übersicht über Softwareebenen nach [22]

Die Basic Software umfasst alle Softwareteile, die zur Ausführung und Kommunikation der AUTOSAR Softwarekomponenten erforderlich sind (s. Abbildung 3.9). Sie sind in vier Kategorien *Service Layer* [58], *ECU Abstraction Layer* [59], *Microcontroller Abstraction Layer* [60] und *Complex Drivers* [61] unterteilt.

---

[58] Umfasst Systemservices wie das *Betriebssystem*, *Memory Services* und *Communication Services*.

[59] Umfasst *Onboard Device Abstraction*, *Memory Hardware Abstraction*, *Communication Hardware Abstraction* und *I/O Hardware Abstraction*.

[60] Besteht aus *Microcontroller Drivers*, *Memory Drivers*, *Communication Drivers* und *I/O Drivers*.

[61] Complex Drivers kapselt Software, mit welcher das Runtime Environment unabhängig von den anderen Ebenen der Basic Software direkt mit dem Mikrocontroller bzw. dessen Registern in Verbindung gebracht werden kann. Dies kann beispielsweise bei der Verwendung von nicht standardisierten Kommunikationsprotokollen verwendet werden.

Für die Kommunikation zwischen den einzelnen Teilen der Ebenen sind standardisierte Schnittstellen erforderlich. Eine abstrakte Übersicht nach [22] in Abbildung 3.10 dargestellt.

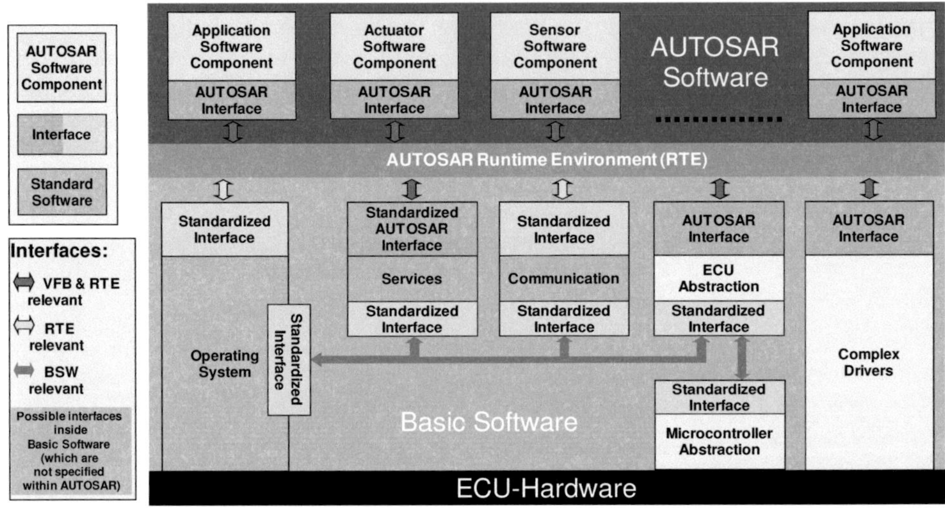

Abbildung 3.10: AUTOSAR: Komponenten und Interfaces nach [22]

Der Austausch von Daten zwischen Sendern und Empfängern von eingebetteten Systemen, die sicherheitsbezogene Funktionen ausführen, muss in Bezug auf Integrität der Daten, zufälligen Fehler der Hardware, Interferenz sowie systematischen Fehlern abgesichert werden. Anforderungen der funktionalen Sicherheit fließen daher in AUTOSAR ein. Der Ansatz bei der Entwicklung von AUTOSAR für die funktionale Sicherheit ist vergleichbar mit dem Ansatz der Entwicklung eines *kontextunabhängigen Sicherheitselements* (sog. SEooC) [62].

---

[62]ISO 26262 Teil 10 §10 [139] beschreibt die Entwicklung von SEooCs (engl. Safety element out of context). Ein SEooC ist ein sicherheitsbezogenes Element, welches zur Zeit seiner Entwicklung noch nicht Teil eines Item ist. Ein SEooC kann ein Subsystem, eine Software- oder Hardwarekomponente sein. AUTOSAR Softwaremodule sollen generisch in verschiedenen Realisierungen als Teile der Softwareinfrastruktur verwendet werden können. Damit ist ihre Entwicklung unabhängig von Items und somit unabhängig von deren Sicherheitszielen. Für die Entwicklung von SEooCs werden Sicherheitsanforderungen daher durch Annahmen (beispielsweise Erkennung und Handhabung von Ausfallarten durch das betrachtete Element) ersetzt, welche die Basis für die Implementierung solcher generischer Softwareelemente bilden [27].

Der AUTOSAR *Technical Safety Concept Status Report* [27] beschreibt Sicherheitsmerkmale, (engl. Safety Features) als Anforderungen bzw. Methoden, die sich auf funktionale Sicherheit hinsichtlich AUTOSAR tangierter/abgedeckter Bereiche eingebetteter Fahrzeugsysteme beziehen. Diese Bereiche sind:

- Merkmale in Bezug auf Monitoring des Programm Flusses

- Merkmale in Bezug auf Timing

- Merkmale in Bezug auf Monitoring von E-Gas

- Merkmale in Bezug auf Kommunikationsstacks

- Merkmale in Bezug auf die Ende-zu-Ende Kommunikationsabsicherung

- Merkmale in Bezug auf Partitionierung von Speicher und User/Supervisor-Modi

In jedem dieser Bereiche ist mindestens ein Sicherheitsmerkmal [63] im Sinne einer Methode zur Absicherung beschrieben. Für jedes Sicherheitsmerkmal ist mindestens ein Absicherungskriterium definiert. Jedes Absicherungskriterium bezieht sich auf ein oder mehrere Anforderungen aus Dokumenten der AUTOSAR Softwarespezifikation.

Die Beziehungen zwischen Sicherheitsmerkmalen, Anforderungen von AUTOSAR Softwareanforderungsspezifikationen [64] und AUTOSAR Softwarespezifikationen [65] sind tabellarisch dargestellt. Diese Darstellungen beziehen sich auf den Zusammenhang zwischen Sicherheitsmerkmalen und sicherheitsbezogenen Anforderungen entsprechend AUTOSAR Softwareanforderungsspezifikationen [66] sowie auf den Zusammenhang zwischen Anforderungen entsprechend AUTOSAR Softwarespezifikationen hinsichtlich Sicherheitsmerkmalen [67]. Diese Zusammenhänge ermöglichen die Rückverfolgbarkeit.

Zu den Sicherheitsmerkmalen in Bezug auf Kommunikations-Stacks gehören die Kontrolle von Datensequenzen [68] und der Umgang mit mehreren Kommunikationspfaden [69]. In Bezug auf die Kontrolle von Datensequenzen wird gefordert, dass AUTOSAR Mechanismen bereitstellen soll, um die Sequenz von Daten zu kontrollieren.

---

[63]Sicherheitsmerkmale werden in AUTOSAR Spezifikationen mit BRF abgekürzt.

[64]Dokumente der Art *AUTOSAR Software Requirements Specification* (Abkürzung SRS) beschreiben Anforderungen an die Implementierung von AUTOSAR Software.

[65]Dokumente der Art *AUTOSAR Software Specification* (Abkürzung SWS) beschreiben wie die Anforderungen der AUTOSAR Softwareanforderungsspezifikationen (SRS) realisiert werden sollen und stellen somit den höchsten Detaillierungsgrad der AUTOSAR Softwarespezifikation dar. Beispielsweise spezifiziert das Dokument (AUTOSAR_SWS_COM.pdf) [24] wie die Anforderungen an AUTOSAR COM Module nach (AUTOSAR_SRS_COM.pdf) [23] implementiert werden sollen.

[66]Dabei »genügen« sicherheitsbezogene Anforderungen den Sicherheitsmerkmalen.

[67]Hierbei werden Sicherheitsmerkmale von Anforderungen entsprechend AUTOSAR Softwarespezifikationen abgedeckt.

[68]AUTOSAR Safety Feature BRF00111 - Data Sequence Control.

[69]AUTOSAR Safety Feature BRF00241 - Multiple Communication Links.

Damit können Empfänger überprüfen, ob Signale entsprechend der vermuteten Reihenfolge empfangen wurden [70]. Die Unterstützung mehrerer Kommunikationspfade adressiert die Übertragung von Informationen über verschiedene Kommunikationswege zwischen Sender und Empfänger [71].

Safety-Protokolle benutzen Mechanismen wie Check-Summen, die von einigen Netzwerkstacks bereit gestellt werden. Diese leisten nach [27] einen Beitrag zu Verfügbarkeit und Fehlertoleranz, nicht aber zu Sicherheit im Sinne von Safety (FlexRay bildet hier teilweise eine Ausnahme). Um die Interaktion und Kommunikation zwischen Softwaremodulen der *Application Software* sowie der *Basic Software* in Bezug auf funktionale Sicherheit abzusichern, beschreibt der *AUTOSAR Technical Safety Concept Status Report* [27] verschiedene Arten von möglichen Fehlern (s. Abbildung 3.11). Maßnahmen zur Absicherung gegen diese Fehler auf der Ebene von Applikationen werden durch Sicherheitsmerkmale in Bezug auf die Ende-zu-Ende Kommunikationsabsicherung [72] betrachtet.

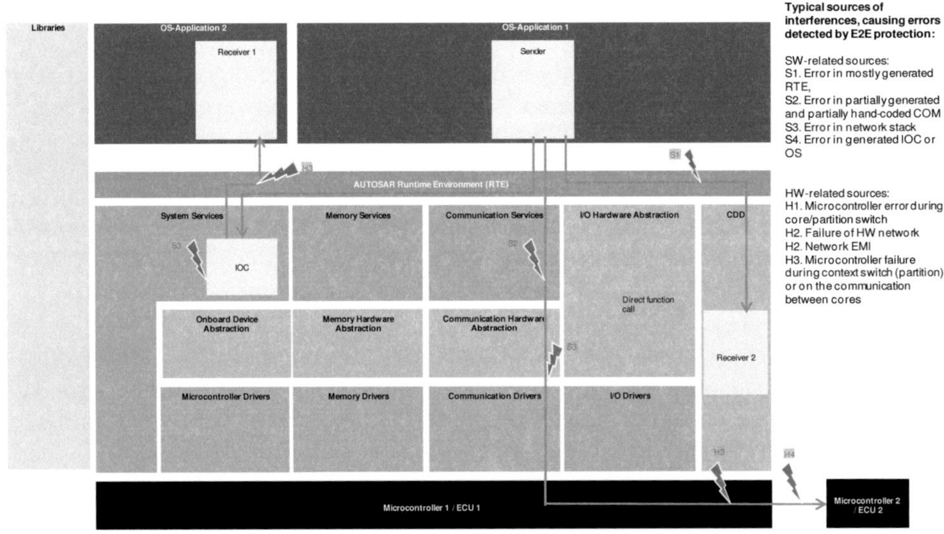

Abbildung 3.11: AUTOSAR: Ende-zu-Ende Absicherung nach [27]

---

[70] Dies kann durch das Hinzufügen von Sequenzzählern erreicht werden.

[71] Beispielsweise durch ein 1..2 Voting (Verwenden einer von zwei korrekt empfangenen Informationen) kann der Empfänger entscheiden welche Information verwendet wird. Darüber hinaus kann bei Ausfall eines Übertragungsweges kann der andere für die Kommunikation verwendet werden.

[72] AUTOSAR Safety Feature BRF00114 - SW-C end-to-end communication protection.

In [26] werden Anforderungen an die Implementierung einer standardisierten Bibliothek (E2E-Protection Library) von Ende-zu-Ende Absicherungsmechanismen beschrieben. Unter Benutzung dieser Bibliothek können einerseits kommunizierte Daten vom Sender abgesichert werden, andererseits können Empfänger Kommunikationsfehler zur Laufzeit erkennen und handhaben. Durch die Verwendung der Bibliothek wird eine zusätzliche Ebene zwischen RTE und Application Software eingefügt. Hierdurch besteht die Möglichkeit Datenelemente, welche über das RTE-gesendet werden, durch das Hinzufügen von Kontrolldaten abzusichern. Zusätzlich erlaubt die Auswertung dieser Kontrolldaten die Verifikation von Daten, welche über das RTE empfangen werden. Hierfür werden den Ports von SW-Cs zusätzliche Konfigurationsattribute hinzugefügt. Diese enthalten Status Informationen der Kommunikation.

Checks werden von zustandsunabhängigen Funktionen der E2E-Protection Library durchgeführt. Da die Nutzdatenbereiche von eingesetzten Kommunikationsnetzwerken verwendet werden um die Kontrolldaten zu fassen, ist das Sicherheitsprotokoll unabhängig vom Kommunikationsnetzwerk und kann in allen von AUTOSAR unterstützten Netzwerken und Bussen eingesetzt werden (CAN, Lin, SPI und FlexRay). Die Anforderungen an das Protokoll müssen bezüglich Zuverlässigkeit und Art des Netzwerkes, Größe und Kritikalität der übertragenen Daten und Fehlertoleranz der Applikation spezifisch angepasst werden. Die Bibliothek enthält verschiedene Profile [73] von Absicherungsmechanismen, die auf der Ebene von Datenelementen eingesetzt werden können.

3.3.4.2 Abgrenzung

AUTOSAR spezifiziert Anforderungen an eine geschichtete Softwarearchitektur sowie an die Implementierungen der Elemente dieser Architektur. Damit ist AUTOSAR in erster Linie eine Sammlung von Spezifikationen und keine Methode.

Die Verwendung/Instanziierung von AUTOSAR Softwareelementen in der Software von sicherheitsbezogenen Fahrzeugsystemen betrifft Phasen der Entwicklung, die von den Teilen 5 und 6 der ISO 26262 in Bezug auf funktionale Sicherheit betrachtet werden. Die Modellierung der EEA in der Konzeptphase der Automobilentwicklung betrifft die Struktur funktionaler Softwarekomponenten und deren Interaktion. In Werkzeugen zur Unterstützung der Konzeptphase (z.B. PREEvision [13]), orientieren sich Methoden zur Modellierung von Funktionsvernetzung häufig an der *Application Software* und dem VFB. Die Verwendung/Instanziierung von Elementen der AUTOSAR *Basic Software* werden nicht betrachtet. Die Implementierung von AUTOSAR SW-Cs (*Software Components*) ist unabhängig von der EEA Modellierung. Die Verwendung/Instanziierung von AUTOSAR SW-Cs ist dieser nachgelagert. Damit können in der EEA Modellierung Hinweise auf die Verwendung von AUTOSAR SW-Cs für die nachfolgenden Softwareimplementierung gegeben werden.

---

[73]Diese Profile verwenden Mechanismen wie CRC, Alive Counter, Sequence Counter oder Daten ID.

Dies betrifft beispielsweise die in [27] beschriebenen Sicherheitsmerkmale in Bezug auf Kommunikations-Stacks sowie die Ende-zu-Ende Kommunikationsabsicherung. In der EEA Modellierung können bereits Datenelemente, Signale, Botschaften und Transmissionen spezifiziert werden, die sich auf diese Sicherheitsmerkmale beziehen. Diese betreffen CRC, Alive-Zähler, Sequenz-Zähler oder Daten ID. Des weiteren besteht in der EEA die Möglichkeit, die Anwendung von Sicherheitsmaßnahmen in nachfolgenden Phasen der Entwicklung zu fordern (z.B. Ende-zu-Ende Kommunikationsabsicherung). Methoden bezüglich der Darstellung derartiger Forderungen werden in der vorliegenden Arbeit behandelt (s. Kapitel 10). Methoden zur graphischen Darstellung von Softwarearchitekturen sowie Formalismen zur Darstellung von Relationen zwischen Sicherheitsanforderungen und Artefakten der Softwarearchitektur werden in AUTOSAR nicht behandelt. Die in AUTOSAR spezifizierten Sicherheitsmerkmale sowie die damit in Relation stehenden Anforderungen der Softwareanforderungsspezifikation und der Softwarespezifikation sind nach ISO 26262 technische Sicherheitsanforderungen (unterschiedlicher Detaillierungsgrade) auf Softwareebene entsprechend Teil 6 der ISO 26262. Durch die Realisierungsunabhängigkeit besteht kein Zusammenhang zu Sicherheitsanforderungen der Teile 3 und 4 der ISO 26262.

Die Abgrenzung zwischen AUTOSAR und der vorliegenden Arbeit ist einerseits gegeben durch die unterschiedlichen Entwicklungsphasen auf welche sich die Ansätze beziehen, andererseits durch die Tatsache, dass bei der Implementierung von sicherheitsbezogenen Systemen bestehende AUTOSAR Komponenten verwendet bzw. referenziert werden.

3.3.5 HiP-HOPS

Die Abkürzung HiP-HOPS [191] [189] steht für *Hierarchically Performed Hazard Origin and Propagation Studies* und ist eine Methode zur Sicherheitsanalyse nach Papadopoulos. Diese Methode wird im ATESST Projekt für die Sicherheitsbewertung sowie der Architekturoptimierung von EEA basierend auf der Sprache EAST-ADL vorgeschlagen (s. Kapitel 3.3.1).

3.3.5.1 Beschreibung

HiP-HOPS verwendet Methoden wie die *Functional Failure Analysis* (FFA) [74], FMEA und FTA. Es unterstützt Sicherheitsassessments komplexer Modelle von der Betrachtung der funktionalen Ebene bis zu Ausfallarten von Hardwarekomponenten. Durch den Einsatz von HiP-HOPS kann ein großer Teil der Analyse vereinfacht, Fehlerbäume abgeleitet und die Konsistenz der Ergebnisse garantiert werden. Die Methoden, welche nach [191] im Rahmen von HiP-HOPS eingesetzt werden, sind im Folgenden beschrieben.

---

[74] Die Functional Failure Analysis (FFA) wird im Luftfahrtstandard SAE ARP 4761 beschrieben [210].

Functional Failure Analysis (FFA) FFA ist eine Methode um in einer frühen Entwicklungsphase Systeme bezüglich Sicherheit zu bewerten, die dato nur als abstraktes funktionales Modell vorliegen. Dabei werden funktionale Fehler im System sowie plausible Kombinationen solcher Fehler identifiziert und ihre Auswirkungen und deren Kritikalität bewertet. Das funktionale Modell wird dabei durch ein Blockdiagramm visualisiert, aus dem die Systemfunktionen sowie deren Abhängigkeiten in Bezug auf Interaktion, als den Austausch von Materie, Energie oder Daten, hervorgehen. Die Funktionen werden hinsichtlich ihrer Fehlerarten [75] betrachtet. Für jeden Fehler werden Fehlerauswirkungen, Kritikalität sowie Möglichkeiten zur Fehlererkennung und der Korrektur ermittelt. Die bestimmten Einzelfehler werden zu plausiblen Mehrfachfehlern kombiniert und diese bewertet. Ziel der FFA ist es, funktionale Fehler des Systems und deren Auswirkungen in einer frühen Phase der Entwicklung zu entdecken und zu vermeiden.

Interface Focused FMEA Bei der traditionellen FMEA werden Fehler untersucht, deren Ursachen innerhalb von Komponenten liegen. Fehler können jedoch auch durch Kombinationen oder zeitliche Abfolgen von Werten an den Eingängen einer Komponente verursacht werden. Ebenso ist es möglich deren Propagation durch entsprechende Reaktionen der Komponente selbst zu vermeiden [76]. Ein tabellarisches Verfahren um Fehlerarten an den Ausgängen von Komponenten in Abhängigkeit ihrer Eingänge zu beschreiben wird in [191] als *Interface Focused FMEA* (IF-FMEA) bezeichnet. Abbildung 3.12 stellt ein Beispiel einer IF-FMEA für ein elektronisches Gaspedal nach [191] dar.

Die erste Spalte enthält die Fehlerarten der Ausgänge des betrachteten Komponente, die zweite Spalte die dazugehörende Beschreibung. In Spalte 3 werden Kombinationen der Eingänge beschrieben, welche diese Fehlerart herbeiführen können. Spalte 4 enthält die dazugehörende Fehlerbeschreibung der betrachteten Komponente und Spalte 5 die zugehörigen Ausfallraten. Die IF-FMEA enthält Ausdrücke, welche die Ursache für Fehler an den Ausgängen von Komponenten als logische Kombination von komponenteninternen Fehlverhalten oder Kombinationen an den Eingängen von Komponenten beschreiben [191].

---

[75]Unter dem Begriff *Fehlerart* (engl. Failure Mode) werden in [191] die Klassen *Funktionsverlust, unbeabsichtigte Funktionsausführung* sowie *verfrühte oder verspätete Bereitstellung* unterschieden. Die Menge der Klassen von Ausfallarten unterliegt in der Literatur einer gewissen Dynamik. [54] trennt zwischen *verfrühter Ausführung, Unfähigkeit während der vorgeschriebenen Zeitdauer die korrekte Funktion zu erbringen, Unfähigkeit, die gestellte Aufgabe während der vorgeschriebenen Zeitdauer zu beenden, Ausfall während der Ausführung* und *verminderte oder überhöhte Tauglichkeit zur Ausführung*. [189] unterscheidet in Bezug auf eingebettete Systeme zwischen *Ausfall* (engl. Loss), *unbeabsichtigter Ausführung* (engl. Inadvertent Delivery) und *fehlerhaftem Betrieb* (engl. Incorrect Operation). In [190] werden im Zusammenhang mit der automatischen Allokation von SIL zu eingebetteten Systemen *fehlerhafte Ausführung* (engl. Commission) und *Unterlassung der Ausführung* (engl. Omission) voneinander abgegrenzt.

[76]Beispielsweise können die Komponenten eine unplausiblen Wert erkennen und für interne Berechnungen durch einen Default-Wert ersetzen.

Bei logischer Kombination von Komponenten, für welche IF-FMEAs vorliegen, lässt sich zurückverfolgen welche Kombinationen von Fehlerarten einzelner Komponenten in einem unerwünschten Ereignis resultieren. Dies ermöglicht die Ableitung von Fehlerbäumen. Eine Methode zur Synthese derartiger Fehlerbäume wird in [191] beschrieben.

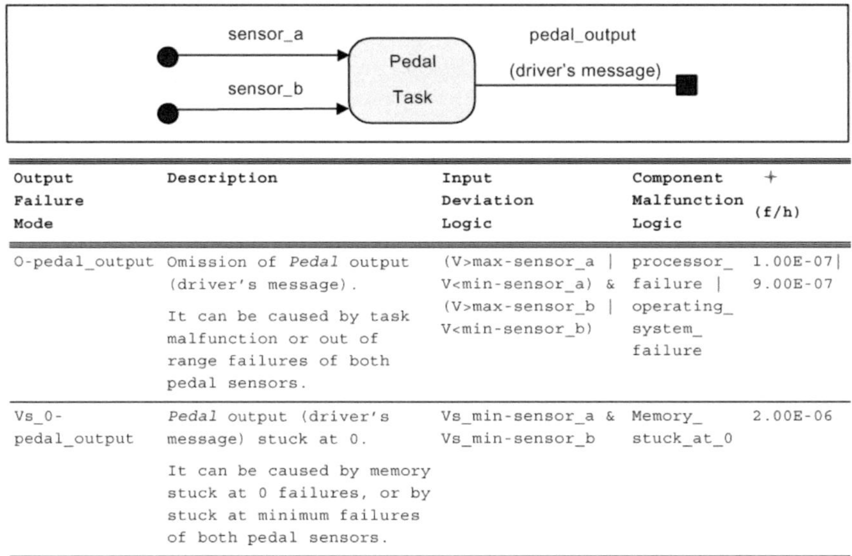

Output Failure Mode	Description	Input Deviation Logic	Component Malfunction Logic	+ (f/h)
O-pedal_output	Omission of *Pedal* output (driver's message). It can be caused by task malfunction or out of range failures of both pedal sensors.	(V>max-sensor_a | V<min-sensor_a) & (V>max-sensor_b | V<min-sensor_b)	processor_ failure | operating_ system_ failure	1.00E-07| 9.00E-07
Vs_0-pedal_output	*Pedal* output (driver's message) stuck at 0. It can be caused by memory stuck at 0 failures, or by stuck at minimum failures of both pedal sensors.	Vs_min-sensor_a & Vs_min-sensor_b	Memory_ stuck_at_0	2.00E-06

Abbildung 3.12: Modell und Fragment der IF-FMEA eines »Pedal Task« nach [191]

Unterstützung von EAST-ADL Die Methode HiP-HOPS wurde im ATESST2 Projekt auf die Analyse von EAST-ADL basierten EEA angepasst. Durch die Top-Down[77] Allokation von Sicherheitsanforderungen wird eine Bottom-Up[78] Zuverlässigkeitsanalyse durch Anwendung von IF-FMEA und der Synthese von Fehlerbäumen ermöglicht [188]. Durch ein bestehendes HiP-HOPS Plugin für das Modellierungswerkzeug Papyrus [56], werden die automatisierte Sicherheitsanalysen Gefährdungsanalyse, Fehlerbaumanalyse, Fehlerart- und Auswirkungsanalyse und HiP-HOPS unterstützt. Dazu sind Modell zu Modell und Modell zu Text Transformationen erforderlich um EAST-ADL Modelle in HiP-HOPS Modelle zu überführen [188].

---

[77]Top-Down (engl. für »von oben nach unten«) beschreibt ein Vorgehen vom Abstrakten zum Konkreten oder vom Allgemeinen zum Speziellen.

[78]Bottom-Up (engl. für »von unten nach oben«) beschreibt ein Vorgehen vom Konkreten zum Abstrakten oder vom Speziellen zum Allgemeinen.

Automatisierte Allokation von ASILs Im Rahmen des ATESST2 Projektes wurde ein Algorithmus entwickelt, welcher die Zuteilung von ASILs zu Komponenten von EE-As optimiert [188] [190]. Dieser basiert auf der Unterscheidung von ASIL-Zuteilungen zu Systemausgängen in Bezug auf die Fehlerarten. Besteht das System aus mehreren Komponenten, so werden diese in Bezug auf Fehlerarten untersucht sowie auf Kombinationen der jeweiligen Fehlerarten dieser Komponenten, welche zu den Fehlerarten an den Ausgängen des Systems führen. Basierend auf dieser Betrachtung werden die ASILs des Systems, welche sich jeweils auf Fehlerarten der Systemausgänge beziehen, auf die Komponenten des Systems verteilt/propagiert. Dabei erhalten die Komponenten jeweils den höchsten ASIL der Fehlerarten von Systemausgängen, auf welchen sie durch die Interaktionsstruktur im System Einfluss nehmen können. Abbildung 3.13 stellt beispielhaft ein Resultat der ASIL Allokation nach [188] [190] dar.

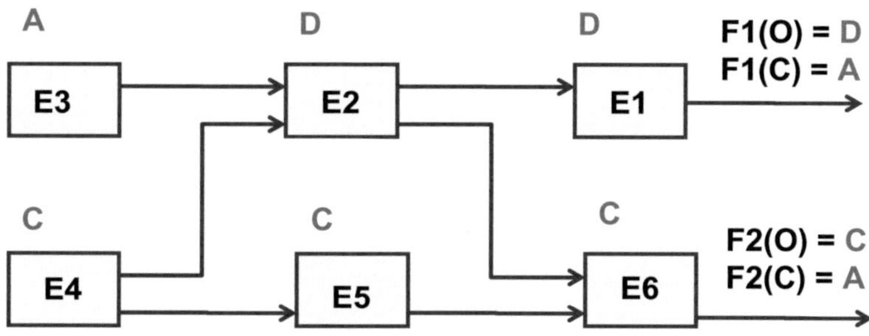

Abbildung 3.13: ASIL Allokation nach [188] und [190]

Architekturoptimierung Im Rahmen des ATESST2 Projektes wurde eine Architekturoptimierung für die Ermittlung Pareto-optimaler Lösungen für das multikriterielle Optimierungsproblem »Kosten gegen Zuverlässigkeit« vorgeschlagen [188]. Dabei stellen eine EEA, entsprechende Architekturvarianten, Fehlermodelle und Kosten der Varianten sowie Optimierungsparameter die Eingangsinformationen für die Optimierung dar. Der Einsatz von Architekturvarianten in der Architektur wird permutiert und für jede Permutation, entsprechend der hinterlegten Kostenfunktion, ein Ergebnis berechnet. Die Ergebnisse werden verglichen und die Pareto-Front ermittelt.

3.3.5.2 Abgrenzung

HiP-HOPS beschreiben eine Methode zur Sicherheitsanalyse und Architekturoptimierung, welche nebenläufig zur EEA Entwicklung, jedoch auf Daten dieser erfolgt.

Auf die Darstellung und Strukturierung von Sicherheitsanforderungen im Kontext der ISO 26262 wird nicht eingegangen. Ebenso wird die methodische Bestimmung von Daten aus EEAs und deren Verwendung als Eingangsinformationen für Sicherheitsanalysen nicht behandelt.

In Bezug auf die Architekturoptimierung wird ein Algorithmus zur Ermittlung optimaler Lösungen erwähnt. Informationen über die vielfältigen Zusammenhänge im Entwurfsraum der EEA Modellierung, den Auswirkungen von Architekturänderungen, beispielsweise bei Einsatz von Redundanzmitteln, sowie das Fassen dieser Zusammenhänge in der Optimierungsfunktion werden nicht gegeben [79]. Auf den Zusammenhang zwischen Architekturvarianten, den davon tangierten EEA Ebenen sowie den Auswirkungen beim Einsatz von Architekturvarianten im Sinne von Redundanzmitteln auf die jeweils betrachtete EEA wird nicht eingegangen.

Die Architekturoptimierung wird als vollautomatisiertes Komplettpaket vorgestellt. Die Auswirkungen und der Vergleich von Architekturüberarbeitungen in Bezug auf jeweilige systembezogene Gefährdungen als Entscheidungsgrundlage für die Anwendung von Redundanzmitteln wird nicht beschrieben.

---

[79]Informationen über derartige Zusammenhänge in Bezug auf Optimierungsaktivitäten im Umfeld von EEAs finden sich in [1].

4 Anforderungen an den Umgang mit Sicherheitsanforderungen in der Konzeptphase

In diesem Kapitel werden zuerst die Herausforderungen im Umgang mit der ISO 26262 in der Konzeptphase der Automobilentwicklung diskutiert. Der Fokus liegt dabei auf die Modellierung von E/E-Architekturen (EEAs). Anschließend werden die Anforderungen an die vorliegende Arbeit abgeleitet. Diese gliedern sich in Anforderungen bezüglich Darstellung und Rückverfolgbarkeit von Sicherheitsanforderungen, sowie die Bewertung von Überarbeitungen von EEAs in Bezug auf funktionale Sicherheit.

Kontextbezogene Aussagen (z.B. bezüglich funktionaler Sicherheit) über EEA Modelle basieren notwendigerweise auf Daten dieser Modelle. Dafür müssen entsprechende Daten kontextspezifisch bestimmt werden können. Dies macht eine Methode zur kontextspezifischen Spezifikation und Bestimmung von Daten aus EEA Modellen erforderlich, sowie eine Methode zur Spezifikation, Ausführung und Ergebnisbestimmung bezüglich Fragestellungen. Die Anforderungen in Hinblick auf diese Teile werden in den Kapiteln 8 und 9 gegeben.

Ein weiterer Teil der vorliegenden Arbeit befasst sich mit der Modellierung und dem Festhalten von Wissen in der Domäne der Entwicklung und Modellierung von EEAs sowie den sich daraus ergebenden Möglichkeiten zur semantischen Schlussfolgerung impliziten Wissens. Die damit verbundenen Anforderungen sowie der Stand der Technik werden gemeinsam mit der vorgestellten Methode und deren Realisierung in Kapitel 10 behandelt.

4.1 Diskussion der Herausforderungen

Der Sicherheitslebenszyklus nach ISO 26262 beeinflusst alle Phasen der Entwicklung von Fahrzeugen. Von besonderer Wichtigkeit sind dabei die frühen Phasen der Entwicklung. Hier werden die in Bezug auf die funktionale Ausführung der Fahrzeugsysteme bestehenden Gefährdungen identifiziert und formuliert. Ebenfalls werden Anforderungen an die Absicherung dieser Gefährdungen spezifiziert und mit den Elementen des Systemdesigns in Verbindung gebracht.

In der Konzeptphase der Entwicklung von EEAs von Fahrzeugen werden elektronik-basierte Fahrzeugsysteme sowie deren Interaktion als statisches Modell auf verschiedenen Abstraktions- und Betrachtungsebenen entworfen. Konsistente EEA Modelle stellen Basis sowie Voraussetzung für Aktivitäten zur Erstellung detaillierter Spezifikationen von elektronikbasierten Fahrzeugsystemen sowie deren Implementierung dar, welche sich in den nachfolgenden Phasen der Entwicklung anschließen.

Der Sicherheitslebenszyklus nach ISO 26262 beginnt jeweils selektiv mit der Definition von Items, auf welche (einzeln) die ISO 26262 anzuwenden ist. Jedes Item muss zur Initiierung des Sicherheitslebenszyklus als Annahme einer groben Systemarchitektur vorliegen. Die Entwicklung des Modells der EEA eines Fahrzeugs stellt eine der initialen Phasen der Automobilentwicklung dar [1]. Obwohl sie von Sicherheitsverantwortlichen begleitet wird, werden detaillierte Sicherheitsuntersuchungen und -assessments vermehrt erst auf Basis detaillierter Spezifikationen von sicherheitsbezogenen Systemen durchgeführt. Damit sind sie im Entwicklungslebenszyklus der Modellierung von EEAs nachgelagert. Die Herausforderung ist somit die EEA eines Fahrzeugs bereits so auszulegen, dass die enthaltenen Systeme entsprechend ihrer spezifizierten Struktur derart weiter detailliert und schließlich implementiert werden können, dass sie den bereits bekannten oder in folgenden Phasen ermittelten Sicherheitsanforderungen genügen und diese weitere Detaillierung und Implementierung effizient möglich ist.

Um den Aufwand durch nachträglich erforderliche Änderungen gering zu halten, müssen bereits während der Entwicklung der EEA bestmögliche Abschätzungen bezüglich Sicherheitsanforderungen und Sicherheitsklassifizierungen (ASIL) an die dargestellten Systeme gemacht werden. Nur so können zu den Prozessschritten »Item Definition«, »Initiierung des Sicherheitslebenszyklus« und »Gefährdungs- und Risikoanalyse« der ISO 26262 die erforderlichen Annahmen grober Systemarchitekturen bereitgestellt werden.

Die ISO 26262 wird selektiv auf Items angewendet. Die EEA stellt ein statisches Modell von interagierenden (Teil-) Systemen und somit von Items dar. Dabei kann nicht ausgeschlossen werden, dass sich Items in Bezug auf die Realisierung ihrer Funktionen nicht überlappen. Der korrekte Umgang mit diesem Umstand ist während der EEA Modellierung erforderlich, obwohl er von der ISO 26262 nicht adressiert wird.

Die in der EEA abgebildeten sicherheitsbezogenen Systeme können hinsichtlich ihre Struktur überarbeitet/ergänzt werden um die Erfüllung von Sicherheitszielen/-Sicherheitsanforderungen bezüglich folgender Implementierungen überhaupt zu ermöglichen oder im Sinne der ASIL Dekomposition (s. Kapitel 7.1) eine Verringerung der Sicherheitsklassifizierung und damit eine Verringerung der Anforderungen und Entwicklungsauflagen für die jeweiligen Teilsysteme zu erreichen. Überarbeitungen im Sinne der ASIL Dekomposition beziehen sich jedoch selektiv auf einen ASIL und damit auf eine Gefährdung. Diese Gefährdung stehen im Zusammenhang mit Items und so mit Teilen der EEA.

---

[1]Bei der Daimler AG ist sie beispielsweise in der sog. Vorentwicklung angesiedelt.

In Bezug auf das Design einer konsistenten Architektur, ist es erforderlich, die Auswirkungen von Architekturüberarbeitungen hinsichtlich aller in der EEA enthaltenen System- oder Subsystem spezifischen Gefährdungen zu betrachten und entsprechend des Detaillierungsgrades der EEA zu bewerten. Da in der EEA die Vernetzung und Interaktion der betroffenen Systeme mit deren Umgebung modelliert ist, lassen sich auch Auswirkungen über System- bzw. Item-Grenzen hinweg ermitteln. Darüber hinaus ist es möglich die Dekomposition über diese Grenzen hinweg vorzunehmen, indem beispielsweise Teilsysteme in andere, mit dem betrachteten Item interagierende Items verschoben werden und somit dem Entstehen von Gefährdung bereits an frühen Stellen des Kontroll- / Datenflusses entgegengewirkt werden kann [2].

Bei der Kombination der ISO 26262 und der Entwicklung von EEAs sollten Items und die realisierenden Systeme differenziert betrachtet werden. Die Rückverfolgbarkeit von Sicherheitsanforderungen, die Bewertung von Architekturalternativen sowie Sicherheitsassessments wie FMEA/FTA und Methoden der Verifikation und des Tests in nebenläufigen und nachgelagerten Entwicklungsphasen erfordern initial Daten und Zusammenhänge, die in frühen Phasen der Entwicklung spezifiziert werden. EEAs beinhalten einen Teil dieser Daten. Bestehen domänenspezifische Formalismen/Sprachen, beispielsweise in Form eines Metamodells aus welchem Architekturen abgeleitet/instantiiert werden, so können diese Daten über regelbasierte Abfragen bestimmt werden. Die Möglichkeiten zur Spezifikation von Fragestellungen in Form von regelbasierten Abfragen ist eng verknüpft mit werkzeugspezifischen Lösungen für die Darstellung und Speicherung von EEAs sowie der zugrundeliegenden domänenspezifischen Sprache. Zur automatisierten, rechnergestützten Beschreibung sowie Ausführung der Fragestellungen ist die Verfügbarkeit eines Basissystems erforderlich, sowie eine Methode zur Ausführung und Ergebnisbestimmung hinsichtlich Fragestellungen mit logischen Relationen. Die entsprechenden Anforderungen werden gesondert in den Kapiteln 8 und 9 dargestellt.

---

[2]In [203] werden Beispiele für funktionale Sicherheitskonzepte in Bezug auf die Funktion *Adaptive Cruise Control* gegeben. Der dabei betrachtete Systemverbund besteht sowohl aus Systemen für die Verzögerung sowie aus Systemen für die Beschleunigung des Fahrzeugs und der damit verbundene Sensorik / Aktuatorik. hinsichtlich verschiedener funktionaler Sicherheitskonzepte werden Teilsysteme zwischen diesen Systemen verschoben. Auch wenn dies im genannten Beitrag nicht adressiert wird, so können die Systeme ihrerseits als Items im Sinne der ISO 26262 betrachtet werden. Somit würden verschiedene funktionale Sicherheitskonzepte einer Verschiebung von Funktionen über Item-Grenzen hinweg entsprechen.

4.2 Anforderungen an die Darstellung von Sicherheitsanforderungen

Um die Konzepte der ISO 26262 bereits in der Phase der Entwicklung von EEAs zu unterstützen, ist ihre methodische Integration in die Modellierung und Darstellung von EEAs erforderlich. Diese betreffen Gefährdungen, Sicherheitsziele, funktionale und technische Sicherheitsanforderungen sowie die damit verbundenen Attribute (z.B. ASIL). Tabellen sind ein etabliertes Mittel zur Darstellung von Massendaten und Anforderungen und sollen daher für die Darstellung von Sicherheitsanforderungen verwendet werden. Sicherheitsanforderungen sollen entsprechend ihres Typs (Sicherheitsziel, funktionale/technische Sicherheitsanforderung) gegliedert sein. Da sich Sicherheitsanforderungen aus Gefährdungen ableiten, welche systemselektiv in Verbindung mit der Ausführung der Funktionen von Systemen bestehen, soll ihre Darstellung nach den Systemen, auf welche sie sich beziehen, gegliedert werden. Dabei sollen auch die Gefährdungen mit ihren Attributen »Schwere eines möglichen Schadens«, »Häufigkeit der Fahrsituation« und »Kontrollierbarkeit« dargestellt werden, sowie die konkrete »Fahrsituation« auf welche sich die Gefährdung bezieht. Da Sicherheitsanforderungen einer hierarchischen Architektur unterliegen, sollen sie durch Verwendung eines Formalismus jeweils untereinander in Beziehung gesetzt werden können. Während Sicherheitsziele systemselektiv sind, können zur Erfüllung dieser Ziele auch allgemeingültige bzw. nicht systemselektive Methoden/Mechanismen und technische Realisierungen eingesetzt werden. Einige davon können bereits während der Modellierung von EEAs angewendet, bzw. deren Anwendung in folgenden Entwicklungsphasen bereits während der Modellierung von EEAs gefordert werden.

Eine erweiterbare Menge dieser Methoden/Mechanismen und technischen Realisierungen ist zu bestimmen und in Form von funktionalen und technischen Sicherheitsanforderungen zu fassen. Diese sollen in einer erweiterbaren Bibliothek zusammengefasst werden, die durch ihre Allgemeingültigkeit auch zwischen Architekturen austauschbar sein soll. In Bezug auf dedizierte Entwicklungen sollen die von EEAs spezifizierte Sicherheitsanforderungen sollen auf die Inhalte dieser Bibliothek verweisen können. Diese Methoden/Mechanismen und technische Realisierungen betreffen teilweise auch den Einsatz von Redundanzmitteln auf verschiedenen Ebenen der EEA Modellierung. Daran gestellte Anforderungen werden in Kapitel 4.4 formuliert.

4.3 Anforderungen an die Rückverfolgbarkeit von Sicherheitsbeziehungen

Während sich das vorige Kapitel (4.2) auf die Darstellung von Sicherheitsanforderungen im Kontext der Modellierung von EEAs sowie deren gegenseitigen Relationen bezieht, werden in diesem Kapitel die Anforderungen für Beziehungen zwischen Sicherheitsanforderungen und den Artefakten von EEAs sowie der Darstellung dieser Beziehungen beschrieben.

Dies adressiert die formale Zuteilung von Sicherheitsanforderungen auf Artefakte von EEA Modellen, die Rückverfolgung dieser Zuteilungen sowie die Propagation von Sicherheitsanforderungen über in Verbindung stehende Artefakte von EEA Modellen. Sicherheitsanforderungen sollen durch Anwendung eines Formalismus Artefakten von EEA Modellen zugeteilt werden können. Ein Metamodell kann die Konzepte dieser Zuteilung fassen. Im Falle der Verwendung eines existierenden Metamodells ist zu prüfen, ob die darin beschriebenen Klassen und Assoziationen zur Erfüllung der beschriebenen Anforderungen verwendet/interpretiert werden können. Eine entsprechende Interpretation ist in diesem Falle festzuhalten.

Die Darstellung der Beziehungen zwischen Sicherheitsanforderungen und Artefakten von EEA Modellen soll bezüglich verschiedener Perspektiven der EEA Modellierung möglich sein. Eine Perspektive bezieht sich auf die Top-Down Zuteilung von Sicherheitsanforderungen auf Artefakte von EEA Modellen und der damit verbundenen Rückverfolgbarkeit und tabellarischen Darstellung. Die in Kapitel 4.2 beschriebene tabellarische Darstellung von Sicherheitsanforderungen soll erweitert werden. Durch die Erweiterung soll aus der Tabelle für jede Sicherheitsanforderung hervorgehen, welche Sicherheitsanforderung sie detailliert bzw. zur Vermeidung welcher Gefährdung sie beiträgt [3].

Ebenfalls soll ersichtlich werden, auf welche Artefakte der betrachteten EEA sie sich bezieht. Obwohl sich alle hier betrachteten Sicherheitsanforderungen entsprechend des Standards ISO 26262 für funktionale Sicherheit ergeben, betreffen sie auch Artefakte, die nicht unmittelbar die Ausführung von Funktionen realisieren. Zu diesen gehören beispielsweise Artefakte der Energieversorgung oder des Kommunikationsnetzes. Adressierte Artefakte umfassen Funktionen, Ports und deren Kommunikationsanforderungen [4], Hardwarekomponenten wie Sensoren, Aktuatoren und Steuergeräte sowie Anbindungen von Hardwarekomponenten.

Eine zweite Perspektive bezieht sich auf die Bottom-Up Zuteilung von Sicherheitsanforderungen, welche durch die Vernetzungs- und Interaktionsstruktur des EEA Modells unterstützt wird.

---

[3] Dies entspricht der nach ISO 26262 bestehenden Hierarchie zwischen Gefährdung, Sicherheitsziel, funktionaler Sicherheitsanforderung und technischer Sicherheitsanforderung.

[4] Zu Fehlerarten zählen neben Nichtverfügbarkeit oder fälschlicher Aktivierung auch verfrühte oder verspätete Aktivierung. Entsprechende Anforderungen beziehen sich auf die Schnittstellen (engl. Ports) von Funktionen.

Gefährdungen im Sinne funktionaler Sicherheit treten dann auf, wenn sich Aktuatoren und deren Ansteuerung nicht spezifikationsgemäß verhalten [112], vorausgesetzt es bestehen keine Spezifikationsfehler. Ein Sicherheitsziel, welches aus einer oder mehreren Gefährdungen abgeleitet ist und die korrekte Funktion und Ausführung eines oder mehrerer Aktuatoren fordert, betrifft jeweils sowohl den Aktuator selbst als auch Komponenten, welche zu dessen korrekter Ansteuerung beitragen. Es soll ein Mechanismus entwickelt werden, durch welchen diese Komponenten, als Artefakte des EEA Modells, automatisiert / teilautomatisiert ermittelt werden können. Es soll eine Möglichkeit entstehen, die Menge von Artefakten zu ermitteln, welche in Bezug auf die Erfüllung von Sicherheitszielen betrachtet werden sollten/müssen.

Für die rechnergestützte automatisierte / teilautomatisierte Rückverfolgung von Zuteilungen zwischen Sicherheitsanforderungen und Artefakten von EEAs, den Aufbau einer tabellarischen Übersicht der Zusammenhänge und die automatisierte / teilautomatisierte Propagation von Sicherheitsanforderungen sollen angepasste Abfrageregeln zur Bestimmung der benötigten Daten eingesetzt werden. Hierfür ist die rechnerbasierte sowie modellbasierte Darstellung von Sicherheitsanforderungen sowie EEAs erforderlich.

4.4 Anforderungen an die Überarbeitung und Bewertung von E/E Architekturen

Im Rahmen der Entwicklung ist es eventuell erforderlich EEA Modelle sicherheitsbezogener Systeme zu überarbeiten. Der Einsatz von Redundanzmitteln ist eine probate Methode zur Erhöhung der Zuverlässigkeit von Elektrik-/Elektronik-basierten Systemen. Auf dem Detaillierungsgrad der Entwicklung von EEA Modellen anwendbare Redundanzmittel sollen bestimmt werden. Ebenfalls sind die Auswirkungen ihrer jeweiligen Anwendung auf die verschiedenen Ebenen der EEA Modellierung festzuhalten.

Zur Bewertung von Überarbeitungen soll eine Vorgehensweise mit zugehöriger Metrik entwickelt werden, welche es auf dem Detaillierungsgrad der EEA ermöglicht, qualitative Aussagen über Verbesserung/Verschlechterung zu machen. Dabei sollen von den Rollen des Sicherheitsverantwortlichen sowie des jeweiligen Systemverantwortlichen Informationen über die Fehlerarten einzelner Systemkomponenten sowie den Auftrittswahrscheinlichkeiten dieser Fehlerarten einfließen.

4.5 Vergleich mit dem Stand der Technik

Die dargestellten Anforderungen an die vorliegende Arbeit adressieren die Entwicklung von EEAs in der Konzeptphase der Automobilentwicklung unter Beachtung der durch ISO 26262 gestellten (Sicherheits-) Anforderungen.

Ebenfalls beziehen sie sich auf Anforderungen hinsichtlich Festhalten und Darstellen von Informationen und Zusammenhängen in Hinblick auf die Unterstützung effizienter und konsistenter Realisierung in nachfolgenden Entwicklungsphasen. Zur Erfüllung dieser Anforderungen ist neben methodischem Vorgehen auch die formale Darstellung, Werkzeugunterstützung für die Modellierung von EEAs und die Anwendung von Fragestellungen zur Bestimmung von Daten aus EEA Modellen notwendig.

EAST-ADL (s. Kapitel 3.3.1) ist eine Sprache zur Modellierung von EEAs sowie damit in Beziehung stehender Sicherheitsanforderungen. EAST-ADL beschreibt nicht deren Darstellung und das damit verbundene methodische Vorgehen in der Entwicklungsphase der EEA Modellierung. Die Darstellung von Sicherheitsanforderungen entsprechend Matheis (s. Kapitel 3.3.2) unterstützt die Modellierung von Gefährdungen und Sicherheitszielen entsprechend ISO 26262 Teil 3 §7 und §8. Die weitere Detaillierung in funktionale und technische Sicherheitsanforderungen sowie die damit verbundene Darstellung der Zuteilungen auf Artefakte der EEA wird nicht beschrieben. Die Entwicklungsmethodik nach Benz (s. Kapitel 3.3.3) nennt im dargestellten Sicherheitslebenszyklus die Bestimmung von Sicherheitsanforderungen. Auf die notwendige Realisierung und Umsetzung der Methodik während der Modellierung von EEAs wird jedoch nicht eingegangen. AUTOSAR (s. Kapitel 3.3.4) sowie HiP-HOPS (s. Kapitel 3.3.5) liefern keine Vorschläge für die Spezifikationen oder die Darstellung von Sicherheitsanforderungen während der Entwicklung von EEAs. Obwohl AUTOSAR nicht auf funktionale Sicherheitsanforderungen eingeht, so können die in AUTOSAR beschriebene »Kontrolle der Sequenz empfangener Daten« sowie die »Ende-zu-Ende Absicherung« als generische Maßnahmen im Sinne funktionaler Sicherheit bereits während der EEA Entwicklung gefordert werden.

Die Möglichkeit zur Rückverfolgung von Sicherheitsanforderungen ist prinzipiell in allen vorgestellten Ansätzen gegeben, bei welchen sowohl Sicherheitsanforderungen als auch Artefakten von EEAs auf einer formalen Sprache basieren. Dies ist neben EAST-ADL (s. Kapitel 3.3.1) und HiP-HOPS, welches auf EAST-ADL als domänenspezifische Sprache aufbaut, auch bei Matheis (s. Kapitel 3.3.2) der Fall, dessen Arbeit auf der Sprache EEA-ADL basiert. Im Zusammenhang mit EAST-ADL wird keine Methodik für die Rückverfolgung und der damit verbundenen Darstellung beschrieben. Matheis geht auf die Modellierung von Gefährdungen und Sicherheitszielen ein, sowie auf die Rückverfolgung von Beziehungen zwischen Sicherheitsanforderungen und Artefakten von EEA Modellen und der tabellarischen Darstellung dieser Zusammenhänge. Dabei werden jedoch keine funktionalen oder technischen Sicherheitsanforderungen betrachtet. Ebenso wird bei der Rückverfolgung nur auf die Top-Down Zuteilung von Sicherheitsanforderungen auf Artefakte von EEA Modellen eingegangen, nicht aber auf die Propagation von Sicherheitsanforderungen durch die gegebene Kommunikationsstruktur von EEAs.

Die Überarbeitung von EEAs wird bei Benz, dessen Arbeit einen Sicherheitslebenszyklus vorstellt, (s. Kapitel 3.3.3), ähnlich wie in der ISO 26262, als Teil des Entwicklungslebenszyklus beschrieben.

Welche Methoden dabei eingesetzt werden, sowie die Bewertung von Überarbeitungen wird nicht adressiert. HiP-HOPS (s. Kapitel 3.3.5) enthalten eine Methode zur Sicherheitsanalyse von Fahrzeugsystemen basierend auf Fehlerarten. Die Anwendung dieser Methode erfordert detaillierte Kenntnisse über die Struktur und die funktionalen Zusammenhänge in den Systemen. Ihr Einsatzzweck liegt in der Bewertung von Systemen basierend auf Informationen über ihre strukturelle und funktionale Architektur und dient der automatisierten Synthese von Fehlerbäumen.

In Bezug auf die Überarbeitung von EEAs im Sinne funktionaler Sicherheit liegt der Fokus der hier vorliegenden Arbeit auf der Bereitstellung von Methoden, welche

- Redundanzmittel zur Überarbeitung bereitstellen und deren Auswirkungen auf die unterschiedlichen Betrachtungsebenen von EEAs beschreiben,

sowie

- der qualitativen und gefährdungsselektiven Aussagen in Hinblick auf Verbesserung/Verschlechterung bezüglich funktionaler Sicherheit bei Einsatz der Redundanzmittel.

Auf die Gefährdungsselektivität und deren Bewertung wird beim Einsatz von Architekturalternativen in HiP-HOPS nicht eingegangen.

Abbildung 4.1 betrachtet die diskutierten Methoden und Ansätze im adressierten Bereich hinsichtlich verschiedener Kriterien. Dabei wird ersichtlich, dass ein Sicherheitslebenszyklus, neben ISO 26262 auch bereits in einem anderen Ansatz beschrieben wurde.

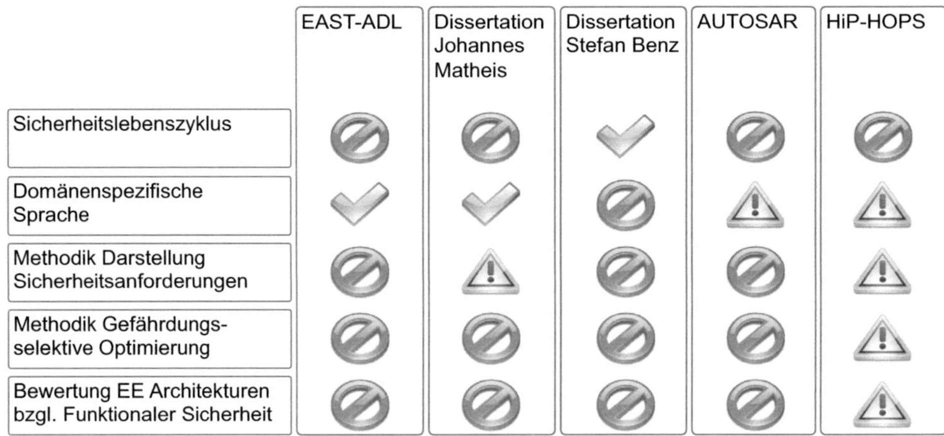

Abbildung 4.1: Gegenüberstellung Stand der Technik

Mit EAST-ADL und EEA-ADL (teilweise beschrieben und verwendet von Matheis) sind darüber hinaus domänenspezifische Sprachen verfügbar, welche zur Darstellung von Objekten und Zusammenhängen in der Domäne der EEA Modellierung eingesetzt werden können. Methodiken zur Darstellung von Sicherheitsanforderungen sind nur bedingt oder rudimentär verfügbar oder Decken nicht den gesamten erforderlichen Anwendungsbereich ab. Gleiches gilt für Methodiken für die gefährdungsselektive Optimierung von EEAs sowie die Bewertung von EEAs bezüglich funktionaler Sicherheit. Damit werden durch die unteren drei Kriterien in Abbildung 4.1 Lücken des aktuellen Standes der Technik identifiziert, welche, neben anderen Lücken [5] in der vorliegenden Arbeit adressiert und geschlossen werden.

4.6 Systematische Zusammenfassung der Anforderungen

Aus der zuvor durchgeführten Diskussion werden folgende Anforderungen die vorliegende Arbeit abgeleitet:

Darstellung von Sicherheitsanforderungen:

- Hierarchisch strukturierte und tabellarische Darstellung

- Formale und rückverfolgbare Beziehungen zwischen Sicherheitsanforderungen

- Generische, von dedizierten EEAs unabhängige und erweiterbare Bibliothek mit Sicherheitsanforderungen bzw. Realisierungen zur Erfüllung von Sicherheitsanforderungen

- Formale und rückverfolgbare Beziehung zwischen Bibliothekselementen und den dedizierten EEAs auf welche sie angewendet werden

Beziehungen zwischen Sicherheitsanforderungen und Artefakten von EEAs:

- Rückverfolgbare Zuteilung von Sicherheitsanforderungen zu Artefakten von EEAs (Top-Down)

- Erweiterung der tabellarischen Darstellung von Sicherheitsanforderungen um die Darstellung der zugeteilten EEA Artefakte

- Rechnergestützte Ermittlung der zugeteilten EEA Artefakte

- Methode zur rechnergestützten, automatisierten bzw. teilautomatisierten Propagation von Sicherheitsanforderungen entsprechend der Kommunikationsstruktur in EEAs (Bottom-Up)

---

[5]Kapitel 8 behandelt eine Lösung für die Herausforderung, dass eine Methodik zur Bestimmung kontextbezogener Informationen aus EEA Modellen im aktuellen Stand der Wissenschaft und Technik nur von Matheis generell behandelt wird. Kapitel 9 befasst sich mit dem Umgang mit Fragestellungen gegenüber EEA Modellen. In Kapitel 9 wird eine separate Betrachtung des diesbezüglichen Standes der Wissenschaft und Technik durchgeführt, Lücken darin identifiziert sowie die Anforderungen und das Vorgehen zu deren Schließung abgeleitet.

Redundanzmittel:

- Betrachtung der ASIL Dekomposition nach ISO 26262 gegenüber dem Einsatz von Redundanzmitteln

- Bestimmung von Redundanzmitteln, welche im Rahmen der EEA Modellierung angewendet werden können

- Bestimmung der Auswirkungen der jeweiligen Redundanzmittel auf die verschiedenen Ebenen von EEA Modellen

Metrik zur Bewertung von Überarbeitungen:

- Bestimmung einer Methode, durch welche auf Basis der während der EEA Modellierung vorliegenden Informationen Aussagen über die gefährdungsselektiven Auswirkungen von Modelländerungen getroffen werden können.

- Aufstellen einer Metrik zur qualitativen Bewertung der gefährdungsselektiven Auswirkungen im Sinne von Verbesserung/Verschlechterung bei Anwendung von Architekturalternativen bzw. von Redundanzmitteln.

4.7 Sprache- und Werkzeugauswahl

Die in dieser Arbeit vorgestellten Methoden zum Umgang mit den Anforderungen der ISO 26262 adressiert die rechnergestützte und modellbasierte Entwicklung von EEAs von Fahrzeugen. Damit orientiert sich ihre Auslegung und Anwendung an den in dieser Domäne existierenden Sprachen zur Modellierung von EEA sowie an Werkzeugen, welche die Modellierung auf Basis dieser Sprachen unterstützen. Die beispielhafte Umsetzung der Methoden dieser Arbeit als Machbarkeitsnachweis erfordern eine Umgebung, in welcher EEAs basierend auf einer domänenspezifischen Sprache modelliert werden können. Die Verfügbarkeit entsprechender Editoren und Diagramme sowie Techniken zur Definition und Ausführung von Modellabfragen unterstützen diese beispielhafte Umsetzung. Das EEA Modellierungswerkzeug PREEvision von Aquintos [13] erfüllt als einziges Werkzeug in der Domäne der EEA Modellierung diese Anforderungen und wird daher zur Präsentation der vorgestellten Methoden verwendet.

4.8 Vorgehensweise

Aus den bestehenden Anforderungen an die hier vorliegende Arbeit leitet sich folgendes Vorgehen ab:

Im ersten Schritt wird in Kapitel 5 die Darstellung von Sicherheitsanforderungen als Teil der Anforderungen für EEA Modelle bestimmt. Dies beginnt mit einer Interpretation des Item nach ISO 26262 in Bezug auf die Inhalte von EEA Modellen.

Anschließend wird die hierarchische Struktur von Sicherheitsanforderungen sowie die zwischen diesen geltenden Relationen bestimmt. Dem schließt sich die Beschreibung einer generischen Bibliothek mit technischen Sicherheitsanforderungen sowie Realisierungen an, sowie die Verbindung zwischen Bibliothekselementen und Sicherheitsanforderungen dedizierter Architekturen. Die Zusammenhänge werden tabellarisch und beispielhaft auf Basis der EEA-ADL dargestellt.

Im zweiten Schritt folgt in Kapitel 6 der formale Bezug zwischen Sicherheitsanforderungen und Artefakten von EEA Modellen. Dabei werden verschiedene Mechanismen betrachtet, diese Zuteilungen sowohl in der Anforderungsebene also auch in den Ebenen der EEA Modellierung darzustellen. Die in Schritt 1 beispielhafte, tabellarische Darstellung wird derart erweitert, dass auch die Artefakte präsentiert werden, auf welche Sicherheitsanforderungen zugeteilt sind. Anschließend wird eine Methode zur automatisierten/teilautomatisierten Propagation bzw. Zuteilung von Sicherheitsanforderungen auf Artefakte von EEA Modellen beschrieben.

Im dritten Schritt (s. Kapitel 7) wird die Überarbeitung von EEAs entsprechend der ASIL-Dekomposition (ISO 26262 Teil 9 §5) motiviert und bezüglich Bedeutung und Herangehensweise diskutiert. Da die ASIL Dekomposition üblicherweise eine Form von Redundanz voraussetzt um durch bestehende ASILs existente Entwicklungsauflagen auf unterschiedliche Komponenten und damit unterschiedliche ASILs aufteilen zu können, werden Redundanzmittel bestimmt, welche in der EEA Modellierung angewendet werden können. Ebenso werden deren ebenenübergreifende Auswirkungen beschrieben.

Im vierten Schritt wird in Kapitel 7 gezeigt, dass sich die Anwendung von Redundanzmitteln in Abhängigkeit von der betrachteten Gefährdung auf die Zuverlässigkeit von Systemen auswirkt. Es wird eine Metrik vorgestellt, welche eine gefährdungsselektive, qualitative Bewertung von Architekturänderungen ermöglicht.

Im fünften Schritt (s. Kapitel 8) wird eine Methode vorgestellt, nach der kontextspezifische Daten aus EEA Modellen bestimmt werden können. Dies ist angelehnt an die Methode des »Freischneidens« aus der Mechanik und Statik. Die Methode wird beispielhaft angewendet zur Bestimmung von Eingangsdaten aus EEAs für FMEAs sowie zur Bestimmung von Eingangsdaten zur Spezifikation von Hardware-in-the-Loop Testsystemen.

Im sechsten Schritt wird eine Methode zur formalen Spezifikation von Fragestellungen beschrieben, die auf die speziellen Anforderungen und Zusammenhänge der Modelle von EEAs zugeschnitten ist (s. Kapitel 9). Diese Methode erweitert bestehende Ansätze in dieser Domäne um die Verfügbarkeit eines Basissystems. Die Implementierung dieses Vorgehens wird beispielhaft als Plugin für PREEvision zur Bestimmung von Daten aus EEA-ADL basierten EEA Modellen für Fragestellungen mit logischen Relationen dargestellt.

Unter anderem stellt die Einhaltung von Normen, Standards und Richtlinien eine große Herausforderung bei der Entwicklung von EEA Modellen dar. Dieser entgegnen Entwickler mit Erfahrung und Wissen.

Im siebten Schritt werden Konzepte der Wissensmodellierung im Kontext der EEA Modellierung betrachtet (s. Kapitel 10). Dazu wird eine Methode vorgestellt, EEAs in eine ontologiesprachenbasierte Entsprechungen zu transformieren. Ebenfalls wird er Umgang mit den Transformationsergebnissen gezeigt.

Die Schritte 6 und 7 unterscheiden sich in Bezug auf Allgemeingültigkeit und adressiertem Kontext von den Schritten 1 bis 5. Daher wird in diesen Schritten der selektive Stand der Wissenschaft und Technik gesondert betrachtet und die Anforderungen an dieser Schritte aufgestellt und systematisiert. Ebenfalls wird in diesen Schritten selektiv die jeweilige Vorgehensweise abgeleitet.

5 Darstellung von Sicherheitsanforderungen

In diesem Kapitel wird die Darstellung von Sicherheitsanforderungen nach ISO 26262 in der E/E-Architektur (EEA) Modellierung vorgestellt. Hierfür wird die Phase der EEA Modellierung in den Lebenszyklus der Automobilentwicklung eingeordnet sowie die auf diese Phase bezogenen Teile bzw. Paragraphen der ISO 26262 identifiziert. Dem folgt die Bestimmung der relevanten Konzepte der ISO 26262, welche bei der Darstellung von Sicherheitsanforderungen zu berücksichtigen sind. Anschließend wird das »Item« als Geltungsrahmen der ISO 26262 in Bezug zu Systemen der EEA gesetzt. Unter Verwendung der Ergebnisse wird die formalisierte Darstellung von Sicherheitsanforderungen vorgestellt. An Ende des Kapitels wird eine Bibliothek von Sicherheitsanforderungen beschrieben, deren Elemente unabhängig von dedizierten EEA Modellen sind und Sicherheitsanforderungen beliebiger EEA Modelle zugeteilt werden können.

5.1 Konzeptphase und E/E-Architektur im Lebenszyklus der Automobilentwicklung

Im Folgenden werden jeweils ISO 26262, V-Model 97 und EEA Modellierung zueinander in Bezug gesetzt. Abbildung 5.1 visualisiert die folgenden Betrachtungen.

Bezug zwischen ISO 26262 und V-Modell 97: Der Sicherheitslebenszyklus nach ISO 26262 hat Auswirkungen auf alle Phasen der Entwicklung von funktional sicherheitsbezogenen E/E-basierten Systemen von Automobilen. Die Entwicklung derartiger Systeme orientiert sich im Automobilbereich am V-Modell. Teil 3 der ISO 26262 (»Konzept Phase«) beschreibt die Ermittlung von Gefährdungen, die in Verbindung mit funktionalen Systemen bestehen, sowie die Ableitung von Sicherheitszielen und des funktionalen Sicherheitskonzepts. Hierfür sind als Eingangsinformationen sowohl eine grobe Systembeschreibung als auch eine grobe Systemarchitektur erforderlich. Daher bezieht sich Teil 3 der ISO 26262 sowohl auf die Phasen »Anforderungsanalyse« als auch »Systementwurf« nach V-Modell 97.

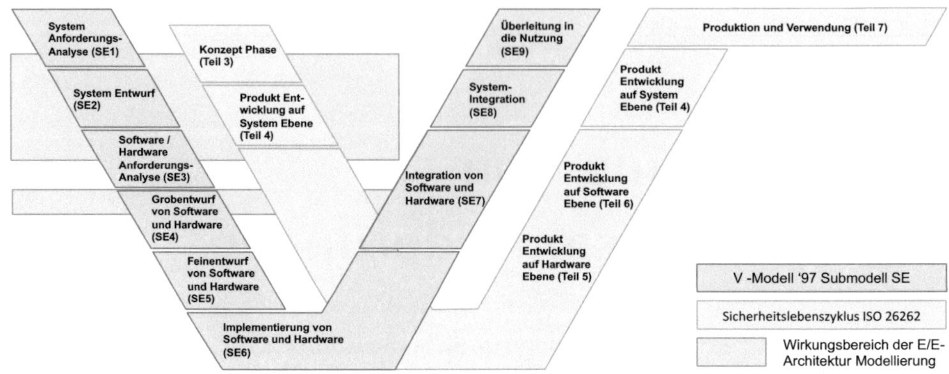

Abbildung 5.1: Wirkungsbereich der E/E-Architektur Modellierung

Teil 4 der ISO 26262 »Produktentwicklung auf Systemebene« befasst sich mit der Verfeinerung der Systemarchitektur und der damit verbundenen Detaillierung von rein systembezogenen funktionalen Sicherheitsanforderungen des funktionalen Sicherheitskonzepts in realisierungsabhängige technische Sicherheitsanforderungen. Dabei werden technische Sicherheitsanforderungen Systemteilen zugeordnet, die in folgenden Entwicklungsphasen in Hardware oder Software realisiert werden sollen. Daher ist dieser Teil sowohl von der Phase »Systementwurf« (SE2) als auch von der Phase »Hardware/Software Anforderungsanalyse« (SE3) nach V-Modell 97 beeinflusst. Anders als im V-Modell 97 werden die Teile der ISO 26262 nicht in Design, Implementierung und Integration unterschieden. Teil 4 deckt alle Entwicklungsphasen ab, in welchen ein sicherheitsbezogenes System betrachtet wird und somit auch Systemintegration und Test von Software und Hardware. Daher beeinflusst Teil 4 auch die Phasen »Systemintegration« (SE8) und »Überleitung in die Nutzung« (SE9) nach V-Modell 97. Die Teile 5 (»Produktentwicklung auf Hardwareebene«) und 6 (»Produktentwicklung auf Softwareebene«) der ISO 26262 beziehen sich jeweils auf alle Phasen der Entwicklung, in der die Hardware- bzw. die Softwareanteile des zu entwickelnden Systems betrachtet werden. Diese Teile beeinflussen daher jeweils die Phasen »Anforderungsanalyse« (SE3), »Grobentwurf« (SE4), »Feinentwurf« (SE5), »Implementierung« (SE6) und »Integration« (SE7) von Software und Hardware. Teil 7 (»Produktion und Verwendung«) der ISO 26262 bezieht sich auf Herstellung, Verwendung, Wartung und Außerbetriebnahme und hat damit teilweise Einfluss auf die Phase »Überleitung in die Nutzung« (SE9) nach V-Modell 97. Während die Teile 3 bis 7 der ISO 26262 den Sicherheitslebenszyklus beschreiben, liefern die übrigen Teile Informationen, Maßnahmen oder Methoden, die im Sicherheitslebenszyklus Anwendung finden. Aus dieser Betrachtung geht hervor, dass sich die Teile der ISO 26262 nicht direkt den Phasen des vom V-Modell 97 beschriebenen Entwicklungslebenszyklus zuteilen lassen.

Bezug zwischen EEA Modellierung und V-Modell 97: Ähnliches gilt für den Wirkungsbereich der EEA Modellierung. Die hier entworfene Vernetzungsstruktur eingebetteter Hardware-/Softwaresysteme basiert auf Informationen der »Systemanforderungsanalyse« (SE1) nach V-Modell 97. EEA Modellierung ermöglicht jedoch auch die modellbasierte Spezifikation von Anforderungen sowie der bestehenden Abhängigkeiten zwischen diesen Anforderungen. Somit hat ihr Wirkungsbereich Überschneidungen mit dieser Phase. In der EEA Modellierung wird die statische Struktur von interagierenden Systemen in Form ihrer Funktionsarchitektur sowie ihrer groben Hardware- und elektrischen Vernetzungsarchitektur beschrieben, wobei Elemente der Funktionsarchitektur zur Ausführung Einheiten der Hardwarearchitektur zugeteilt werden. Damit bezieht sie sich sowohl auf den »Systementwurf« (SE2) sowie auf den »Grobentwurf von Software und Hardware« (SE4) nach V-Modell 97. Da die elektrische Vernetzung detailliert beschrieben wird, jedoch bei der Funktionsarchitektur auf algorithmische Zusammenhänge häufig verzichtet wird, gilt letzterer Bezug nur teilweise.

Bezug zwischen EEA Modellierung und ISO 26262: Während sich die Anwendung der ISO 26262 jeweils auf einzelne Items (der Bezug zwischen Items und Systemen wird in Kapitel 5.3 dargestellt) bezieht, werden die EEA Modellierung alle E/E-basierten Systeme eines Fahrzeugs in eine Vernetzungs- und Interaktionsstruktur eingebettet. Um die effiziente Umsetzung der enthaltenen, sicherheitsbezogenen und damit entsprechend ISO 26262 zu betrachtenden Systeme zu ermöglichen, können in der EEA Modellierung entsprechende Maßnahmen ergriffen werden. Diese betreffen verschiedene Teile der ISO 26262. Obwohl die Durchführung der »Gefährdungs- und Risikoanalyse« nach Teil 3 der ISO 26262 unabhängig vom detaillierten internen Aufbau eines Systems ist, so können die Ergebnisse sowie daraus abgeleitete Sicherheitsziele und funktionale Sicherheitsanforderungen im EEA Modell formal beschrieben und auf Artefakte des EEA Modells bezogen werden. Teil 4 §5-7 der ISO 26262 bezieht sich auf die Entwicklung von Systemen, die Ableitung und Zuteilung von technischen Sicherheitsanforderungen auf Komponenten des betrachteten Systems, welches in Hardware- und Softwarebestandteile unterteilt wird. Somit können diese Paragraphen von Teil 4 in der EEA Modellierung betrachtet, bzw. Informationen für die jeweilige separate Detaillierung der Systementwicklung festgehalten werden. Die Spezifikation von Ports, Kommunikationsanforderungen und der internen Bestandteile (Transceiver, Controller, Prozessor, Speicher, etc.) von Hardwarekomponenten bezieht sich auf die Produktentwicklung auf Hardware- und Softwareebene und somit auf den »Grobentwurf von Software und Hardware« (SE4) nach V-Modell 97 und die Teile 5 und 6 der ISO 26262. Teil 5 §8.4.3 der ISO 26262 beschreibt in Bezug auf Anhang D.8 dieses Teils Mechanismen zur Absicherung bzw. Diagnose der Kommunikation zwischen Hardwarekomponenten. Die genannten Mechanismen (Hardwareredundanz, Übertragungsredundanz, Informationsredundanz, Frame Counter, etc.) können bereits in der EEA Modellierung spezifiziert und von der Realisierung in nachfolgenden Entwicklungsphasen gefordert werden.

Teil 6 §7.4.11 beschreibt die Partitionierung von Software zur Ausführung auf einem Controller, verschiedenen Controllern auf dem gleichen Steuergerät oder auf verschiedenen, durch Bussysteme verbundenen Steuergeräten. Annex D dieses Teils fordert die Beeinträchtigungsfreiheit in Bezug auf die Partitionierung von Software und adressiert Absicherungsmechanismen für die Kommunikation zwischen Softwarepartitionen (Bezeichner, Keep Alife Botschaften, Alife Counter, Sequenzzähler, etc.) zur Absicherung gegen die Fehlerursachen *Verlust der Kommunikation, Botschaftswiederholung, Verlust von Botschaften, fälschliches Einfügen von Botschaften, falsche Reihenfolge von Botschaften*, etc. Diese Maßnahmen müssen ebenfalls bereits in der EEA Modellierung berücksichtigt werden.

5.2 Relevante Konzepte der ISO 26262 für die Darstellung von Sicherheitsanforderungen

Die jeweiligen systembezogenen Sicherheitsanforderungen nach ISO 26262 sowie deren formale Abhängigkeiten müssen identifiziert und dargestellt werden um sie in der EEA Modellierung nachhaltig verwenden zu können. Abbildung 5.2 stellt die Konzepte von §7 (Gefährdungs- und Risikoanalyse) und §8 (Funktionales Sicherheitskonzept) aus Teil 3, sowie technische Sicherheitsanforderungen wie sie in den Teilen 4 bis 6 der ISO 26262 verwendet werden als Klassendiagramm dar. Die Inhalte dieser Abbildung werden bei der Darstellung von Sicherheitsanforderungen in der EEA Modellierung berücksichtigt.

5.3 Interpretation des Item in der E/E-Architektur

Die ISO 26262 wird jeweils auf sog. »Items« angewandt. Dabei wird ein Item als Funktion, System oder Systemverbund bezeichnet, welches/welcher im Sinne der 26262 zu betrachten ist/sind. Die Definition eines Item wird in Teil 3 §5 der ISO 26262 beschrieben. In Bezug auf die Definition des Geltungsbereiches eines Items sind dabei dessen Elemente, Auswirkungen seines Verhaltens auf seine Umgebung (auch auf andere Items), bestehende Anforderungen durch andere Items, Zuteilung von Funktionen auf die beteiligten Systeme/Elemente des Item sowie Betriebsszenarien (falls diese die Funktionalität des Item beeinflussen) zu betrachteten. Jedoch wird letztlich nicht beschrieben was als Item angesehen werden kann.

Die Interpretation eines Item als Ausstattungsmerkmal, kundenerlebbare Funktion oder System eines Fahrzeugs ist naheliegend, jedoch auch mit Schwierigkeiten verbunden. Diese rühren von der Vernetzung von Fahrzeugfunktionen und der nicht notwendigerweise eindeutigen Zuordenbarkeit von Software- und Hardwarekomponenten entsprechend dieser Interpretation her.

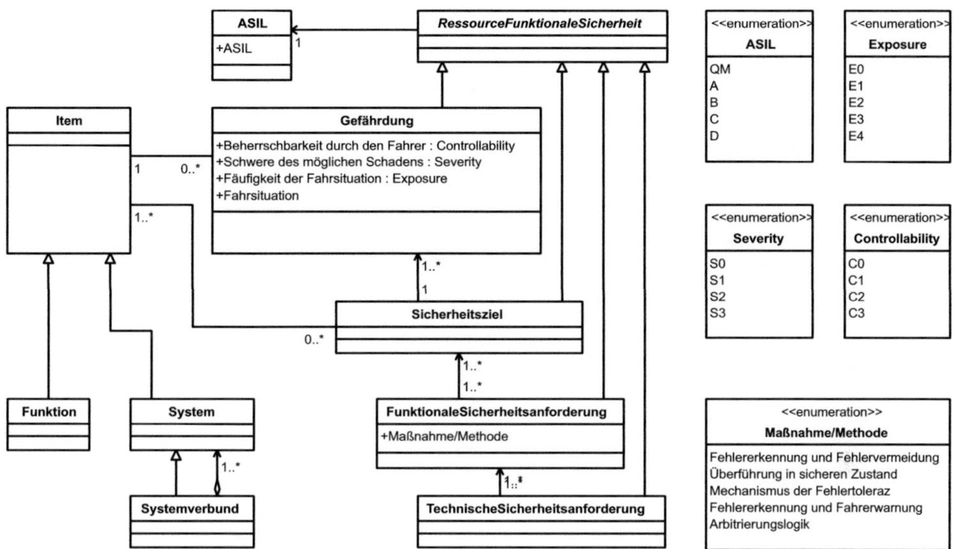

Abbildung 5.2: Konzepte der ISO 26262

Da sich Items im Sinne der funktionalen Sicherheit auf funktionale Zusammenhänge beziehen, ist es für ihre Definition nicht relevant wie diese Funktionen zur Ausführung auf Hardwarekomponenten zugeteilt werden, auch wenn diese Zuteilung einen Einfluss auf die Aufwände in nachfolgenden Entwicklungsaktivitäten hat.

5.3.1 Beispiel Automatischer Heckspoiler

Am Beispiel des Ausstattungsmerkmals »Automatischer Heckspoiler«[1][2] soll das Vorgehen bei der Definition von Items verdeutlicht werden. Die Komponenten, welche Merkmale im Umfeld des automatischen Heckspoilers realisieren, sind in Abbildung 5.3 als grobe Systemarchitektur dargestellt. Dabei ist ersichtlich, dass die Ursache einer Fehlfunktion neben der Ansteuerung und dem Aktuator selbst auch in der Bestimmung der Fahrzeuggeschwindigkeit und den dafür notwendigen Raddrehzahlsensoren liegen können.

---

[1]Ein automatischer Heckspoiler ist ein Teil der Aerodynamikmaßnahmen eines Fahrzeugs und üblicherweise in den Kofferraumdeckel integriert. Bei höheren Geschwindigkeiten wird die Orientierung oder die Position des Heckspoilers im Luftstrom über das Fahrzeugheck verändert. Damit wird der Anpressdruck an der Hinterachse erhöht und die Fahrstabilität bzw. die Fahrbarkeit des Fahrzeugs bei hohen Geschwindigkeiten verbessert.

[2]Die kundenerlebbare Funktion des automatischen Heckspoilers ist als sicherheitsbezogen einzustufen, da Fehlfunktionen, beispielsweise durch fälschliches Einfahren bei hohen Geschwindigkeiten oder Unterlassung des Ausfahrens bei Steigerung der Geschwindigkeit, negativen Einfluss auf die Fahrstabilität des Fahrzeugs nehmen.

Die Ergebnisse der Bestimmung der Fahrzeuggeschwindigkeit werden jedoch neben dem betrachteten System auch von anderen Systemen wie beispielsweise *Elektronisches Stabilitätsprogramm* (ESP) oder *Anti-Blockier-System* (ABS) als Eingangsinformationen verwendet. All diese sind funktional sicherheitsbezogene Ausstattungsmerkmale und daher ebenfalls im Sinne der ISO 26262 zu behandeln. Würde die Bestimmung der Fahrzeuggeschwindigkeit jedem dieser Ausstattungsmerkmale (Feature) zugeteilt, so müsste sie im Umfeld jedes Sicherheitslebenszyklus nach ISO 26262 betrachtet und entsprechende Aktivitäten durchgeführt werden.

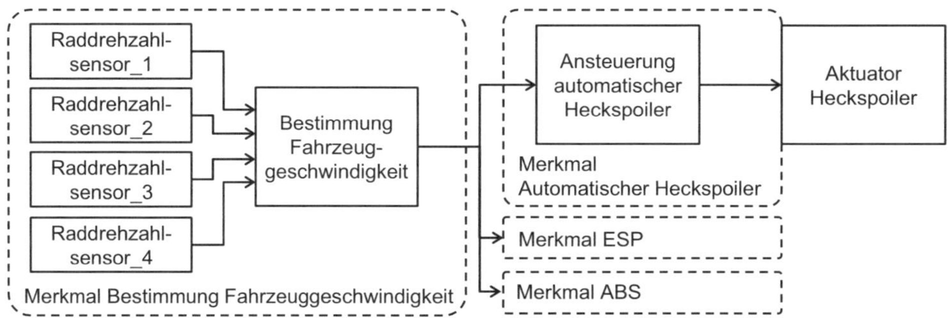

Abbildung 5.3: Merkmale zur Definition von Items

Gefährdungen, im Sinne funktionaler Sicherheit nach ISO 26262, bestehen in Verbindung mit sicherheitsbezogenen Systemen, falls sich diesen Systemen zugerechnete Aktuatoren in einer Art verhalten, in der die angedachten Systemfunktionen nicht korrekt umgesetzt werden und durch diese Verhalten negative Auswirkungen auf die Sicherheit des Umfeldes (Fahrer, Verkehrsteilnehmer, Mechaniker, etc.) des Fahrzeug hat. Somit sind Komponenten, welche Aktuatoren elektrisch ansteuern, durch deren inkorrekte Ausführung Gefährdungen im Sinne funktionaler Sicherheit bestehen, entsprechend des Sicherheitslebenszyklus nach ISO 26262 zu entwickeln. Jeder Aktuator wird zur Erfüllung eines (evtl. abstrakten) Merkmals eingesetzt (z.B. Erhöhen der Fahrstabilität bei hohen Geschwindigkeiten durch Erhöhung des Anpressdrucks an der Hinterachse). Diese Merkmale werden jeweils als Item interpretiert. Sind die Beschreibungen von Merkmalserfüllungen mehrerer Aktuatoren in Bezug auf die Interaktion mit der Umgebung der EEA deckungsgleich, so können diese zu einem Item zusammengefasst werden.

Aktuatoren selbst, im Sinne von Wandlern elektrischer Informationen in Interaktion mit der Umgebung der EEA (bsp. Luftwiderstand im Falle des automatischen Heckspoilers) unterliegen nicht dem Wirkungsbereich der ISO 26262 [3].

---

[3]Beinhalten Aktuatoren elektronische Komponenten, so unterliegen diese Anteile dem Wirkungsbereich der ISO 26262.

Die Ansteuerung von Aktuatoren basiert auf dem aktuellen Zustand des Fahrzeugs sowie den Informationen von Sensoren über welche die EEA ihre Umgebung wahrnimmt (z.B. Raddrehzahl). In der Informationskette zwischen Sensoren und Aktuatoren können an vielen Stellen Fehlerursachen auftreten, von denen eine Gefährdung ausgeht.

5.3.2 Zuordnung von Einheiten der EEA zu Items

Von den Aktuatoren ausgehend werden die Einheiten der groben Funktionsarchitektur (in ISO 26262 Teil 3 »*Preliminary System Architecture Assumptions*« genannt) jeweils so lange den identifizierten Items zugeordnet (die Einheit Ansteuerung automatischer Heckspoiler gehört somit zum Item), bis Informationen nicht mehr exklusiv für ein Item zur Verfügung stehen. Dies ist im Beispiel für die übermittelte Fahrzeuggeschwindigkeit der Fall. An dieser Stelle endet der Geltungsbereich des bisher betrachteten Items. Nun werden entsprechend Teil 3 §5.4.3 der ISO 26262 Anforderungen an die Bereitstellung der Informationen gestellt, welche vom betrachteten Item eingelesen werden [4]. Die bereitzustellende Information selbst wird als Ausgangspunkt für die Definition eines neuen Item verwendet. Die initiale Komponente dieses Items generiert die betrachtete Information. Da dieses nicht in unmittelbarer Interaktion mit der Umgebung der EEA steht, richtet sich die Benennung nach der Funktion, welche durch diese Merkmal realisiert wird (z.B. Bestimmung der Fahrzeuggeschwindigkeit). Dieser Mechanismus wird so lange verfolgt, bis alle am Signalpfad beteiligten Komponenten betrachtet und jeweils einem Item zugeordnet sind. Sensoren werden dabei dem Geltungsbereich des Merkmals zugeordnet, da ihre Fähigkeit zur korrekten Wahrnehmung der Umgebung einen wesentlichen Einfluss auf funktionale Sicherheit hat. Durch Anwendung dieser Methode ist sichergestellt, dass jede funktionale Einheit exklusiv einem Item zugeordnet wird. Die funktionale Abhängigkeit zwischen Items wird durch gerichtete Anforderungen spezifiziert.

5.4 Formalisierte Darstellung von Sicherheitsanforderungen

In den vorigen Kapiteln wurde die Phase der EEA Modellierung einem Lebenszyklusmodell (V-Modell 97) sowie dem Sicherheitslebenszyklus nach ISO 26262 gegenübergestellt sowie der Geltungsbereich von Items und damit der selektiven Anwendung der ISO 26262 dargestellt. Um in der EEA Modellierung Informationen über Sicherheitsanforderungen und deren gegenseitige Abhängigkeiten formal verfügbar zu machen, wird nun eine Struktur dieser Informationen in Form einer Tabelle vorgestellt.

---

[4]Auf Einzelheiten dieser Anforderungen wird in Kapitel 6.3 eingegangen.

Diese kann unabhängig von der Nutzung konkreter Werkzeugrealisierungen zur EEA Modellierung geführt und gepflegt werden. Die Spezifikation der tabellarischen Übersicht innerhalb eines Werkzeugs zur EEA Modellierung unter der Verwendung werkzeugspezifischer Konzepte ist ebenfalls möglich. In diesem Fall können Mechanismen zur Rückverfolgung von Abhängigkeiten und Zuteilungen automatisiert werden. Tabelle 5.1 zeigt zur Beschreibung der Struktur beispielhaft einen Auszug einer solchen Darstellung. Zeilen entsprechen jeweils Anforderungen als konkrete Objekte oder Pakete zur Realisierung einer hierarchischen Struktur. Spalten adressieren jeweils Attribute der Objekte oder Zusammenhänge zwischen Objekten. Es wird angenommen, der Auszug entstamme einem Paket mit der Bezeichnung »Funktionale Sicherheit« als Untermenge aller formalisierten Anforderungen an ein Fahrzeug.

Hierin besteht das Anforderungspaket »Items«, welches wiederum ein Anforderungspaket für jedes Item (genannt Item-Anforderungspaket) enthält (hier »Automatischer Heckspoiler« und »Bestimmung der Fahrzeuggeschwindigkeit«). Jedes dieser Anforderungspakete enthält eine Anforderung, in welcher das als Item interpretierte Merkmal beschrieben wird, sowie jeweils ein weiteres Anforderungspaket für »Anforderungen an andere Items«, »Anforderungen von anderen Items«, »Gefährdungen«, »Sicherheitsziele«, »Funktionale Sicherheitsanforderungen« und »Technische Sicherheitsanforderungen«. Diese enthalten Anforderungsobjekte, von welchen jedes jeweils eine bestehende Gefährdung bzw. Anforderung repräsentiert und beschreibt. Die folgenden Spalten geben Attribute der Anforderungsobjekte oder bestehende Beziehungen wieder. Die Spaltenbezeichner werden wie folgt interpretiert (Die Spalte »Technische Sicherheitsanforderungen« sowie die Zeilen unter »Bibliothek« werden im folgenden Kapitel 5.5 beschrieben):

- **Anforderung an andere Items - Item als Ziel der Anforderung**: Gibt für jedes Anforderungsobjekt des Pakets »Anforderungen an andere Items« diejenigen Item-Anforderungspakete zurück, welche Anforderungsobjekte im Paket »Anforderungen von anderen Items« auf welche die betrachtete Anforderung zugeteilt ist.

- **Funktionale Sicherheitsanforderung - Anforderung an andere Items als Ziel**: Anforderungen an andere Items stellen Maßnahmen/Methoden und damit funktionale Sicherheitsanforderungen dar um Sicherheitsziele zu erfüllen. In dieser Spalte wird für jedes Anforderungsobjekt des Pakets »Funktionale Sicherheitsanforderungen« diejenigen Anforderungsobjekte des Pakets »Anforderungen an andere Items« zurückgegeben (im gleichen Item-Anforderungspaket), auf welche sie zugeteilt sind.

- **Anforderungen von anderen Items - Item als Quelle der Anforderung**: Entgegengesetzt zu »Anforderungen an andere Items - Item als Ziel der Anforderung.

- **Betrachtete Fahrsituation**: Beschreibung der Fahrsituationen in welchen jeweils die betrachtete Gefährdung besteht.

- **Severity**: engl. für »Schwere eines möglichen Schadens«, Attribut einer betrachteten Gefährdung.

Items	Anforderungs-Gruppen	Anforderungen	Anforderung an andere Items - Items als Ziel der Anforderung	Funktionale Sicherheits-anforderung - Anforderung an andere Items als Ziel	Anforderung von anderen Items - Item als Quelle der Anforderung	Betrachtete Fahrsituation	Severity	Exposure	Controllability	ASIL	Fehlerart	Sicherheitsziele_Gefährdungen	Funktionale Sicherheits-anforderung - Sicherheitsziel	Technische Sicherheits-anforderungen - Funktionale Sicherheits-anforderungen	Technische Sicherheits-anforderungen - Bibliotheks-elemente
Items															
	Item "Automatischer Heckspoiler"														
	Beschreibung des Merkmals														
		Ausfahren des Heckspoilers bei höheren Geschwindigkeiten zur Erhöhung des Anpressdrucks an der Hinterachse und damit Erhaltung bzw. Steigerung der Fahrstabilität des Fahrzeugs													
	Anforderungen an andere Items														
		Die Information der aktuellen Fahrzeuggeschwindigkeit ist bereitzustellen	Item "Bestimmung der Fahrzeuggeschwindigkeit"							C					
	Anforderungen von anderen Items														
	Gefährdungen														
		Wird bei höheren Geschwindigkeiten nicht ausgefahren				Fahrt mit Geschwindigkeit > 120 km/h	S3	E3	C2	B	Unterlassung				
		Wird bei höheren Geschwindigkeiten ungewollt eingefahren				Fahrt mit Geschwindigkeit > 120 km/h	S3	E3	C3	C	Falsche Ausführung				
	Sicherheitsziele														
		Heckspoiler soll bei Erhöhung der Geschwindigkeit auf über 100 km/h ausfahren								B		Wird bei höheren Geschwindigkeiten ungewollte eingefahren			
		Heckspoiler soll bei Geschwindigkeiten über 120km/h nicht einfahren								C		Wird bei höheren Geschwindigkeiten ungewollte eingefahren			
	Funktionale Sicherheitsanforderungen														
		Die präzise Fahrzeuggeschwindigkeit soll "Ansteuerung automatischer Heckspoiler" zur Verfügung stehen		Die Information der aktuellen Fahrzeuggeschwindigkeit ist bereitzustellen						C			Heckspoiler soll bei Geschwindigkeiten über 120km/h nicht einfahren		
		Die Ansteuerung des "Aktuator Heckspoiler" wird bei Geschwindigkeiten überhalb 120 km/h nicht erlaubt								C			Heckspoiler soll bei Geschwindigkeiten über 120km/h nicht einfahren		
		Sind Informationen über die Fahrzeuggeschwindigkeit nicht verfügbar oder implausibel, wird der sichere Zustand "Hechspoiler ausgefahren" hergestellt								C			Heckspoiler soll bei Geschwindigkeiten über 120km/h nicht einfahren		
	Technische Sicherheitsanforderungen														
		Absicherung Kommunikation zur Übertragung der Fahrzeuggeschwindigkeit								C				Die Ansteuerung des "Aktuator Heckspoiler" wird bei Geschwindigkeiten überhalb 120 km/h nicht erlaubt	Botschaftszähler / Checksumme / Informationsredundanz / PDU Routing
		Physikalische Unterbrechung der physikalischen Ansteuerung des "Aktuator Heckspoiler" bei Geschwindigkeiten > 120 km/h								C				Die präzise Fahrzeuggeschwindigkeit soll "Ansteuerung automatischer Heckspoiler" zur Verfügung stehen	Serielle Aktivierung durch zusätzlichen Unterbrecher
		Plausibilitätscheck der Information Fahrzeuggeschwindigkeit								C				Sind Informationen über die Fahrzeuggeschwindigkeit nicht verfügbar oder implausibel, wird der sichere Zustand "Heckspoiler ausgefahren" hergestellt	Verifizierung von Eingangswerten durch Vergleich mit Gradient entsprechend Historie
	Item "Bestimmung der Fahrzeuggeschwindigkeit"														
	Beschreibung des Merkmals														
		Bestimmung der Fahrzeuggeschwindigkeit aus der Bestimmung der Drehzahlen der Räder des Fahrzeugs und zur Verfügungstellung der Fahrzeuggeschwindigkkeitsinformation für Merkmale mit geschwindigkeitsabhängigen Funktionen													
	Anforderungen an andere Items														
	Anforderungen von anderen Items														
		Die Information über die aktuelle Fahrzeuggeschwindigkeit ist bereitzustellen			Item "Automatischer Heckspoiler"					C					
Bibliothek															
	Kommunikations Maßnahmen														
		Informationsredundanz													
		Checksumme													
		Botschaftszähler													
		Alive Counter													
		PDU Routing													
	Topologie Maßnahmen														
		Redundante Verlegewege von Kommunikationsnetzen													
	Software Maßnahmen														
		Verifizierung von Eingangswerten durch Vergleich mit Gradient entsprechend Historie													
		Aktuator Monitoring und Vergleich mit erwarteten Werten													
	Hardware Maßnahmen														
		Serielle Aktivierung durch zusätzlichen Unterbrecher													
		Redundante Spannungsversorgungseingänge													

Tabelle 5.1: Tabellarische Darstellung von Sicherheitsanforderungen incl. Bibliothek mit technischen Sicherheitsanforderungen

- **Exposure**: engl. für »Häufigkeit der Fahrsituation«, Attribut einer betrachteten Gefährdung.

- **Controllability**: engl. für »Beherrschbarkeit durch den Fahrer«, Attribut einer betrachteten Gefährdung.

- **ASIL**: Aus den Attributen resultierender ASIL [5] nach Kapitel 3.1.1.1. ASILs werden jeweils für Gefährdungen bestimmt und entsprechend der Ableitungsstruktur auf Sicherheitsziele, funktionale und technische Sicherheitsanforderungen vererbt.

- **Fehlerart**: Klassifizierung der betrachteten Gefährdung nach ihrer Fehlerart.

- **Sicherheitsziele - Gefährdungen**: Gibt für jedes Anforderungsobjekt aus »Sicherheitsziele« diejenigen Anforderungsobjekte aus »Gefährdungen« zurück, auf welche es zugeteilt ist.

- **Funktionale Sicherheitsanforderungen - Sicherheitsziel**: Gibt für jedes Anforderungsobjekt aus »Funktionale Sicherheitsanforderungen« diejenigen Anforderungsobjekte aus »Sicherheitsziele« zurück auf welche es zugeteilt ist.

- **Technische Sicherheitsanforderungen - Funktionale Sicherheitsanforderungen**: Gibt für jedes Anforderungsobjekt aus »Technische Sicherheitsanforderungen« diejenigen Anforderungsobjekte aus »Funktionale Sicherheitsanforderungen« zurück auf welche es zugeteilt ist.

Werden die Pakete, Anforderungen und Attribute auf Basis einer domänenspezifischen Modellierungssprache wie der EEA-ADL im Werkzeug PREEvision spezifiziert, so können Anforderungen durch Links aufeinander bezogen werden. Da der überwiegende Teil der Spalten der Tabelle Ergebnisse von Rückverfolgungen von Links zwischen Anforderungen darstellen, können sie automatisch befüllt werden. Dabei wird jede Spalte einer Modellabfrageregel zugeordnet, die auf jeder Anforderung (jeder Zeile der Tabelle) ausgeführt wird und deren Ergebnisse in die jeweils aktuelle Zelle der Tabelle eingetragen werden. Diese Modellabfrageregeln sind speziell auf die verwendete hierarchische Struktur von Sicherheitsanforderungen sowie die Benennung der Pakete angepasst.

Abbildung 5.4 zeigt als Beispiel die verwendete Modellabfrageregel für die Bestimmung der Inhalte der Spalte »Anforderungen an andere Items - Items als Ziel der Anforderung«. Die Modellabfrageregel wird auf jedem Anforderungsobjekt ausgeführt (»source:Requirement« ist Wurzelelement der Modellabfrageregel). Ergebnisse bestehen, falls sich diese Objekte in einem *RequirementPackage* mit dem Namen »Anforderungen an andere Items« befindet, über einen *RequirementLink* mit einem andern *Requirement* verbunden ist, das sich in einem *RequirementPackage* mit dem Namen »Anforderungen von anderen Items« befindet und dieses wiederum in einem anderen *RequirementPackage* liegt.

---

[5]Die hier aufgeführte Einstufung ist rein akademischer Natur und dient ausschließlich der Lieferung von plausiblen Beispieldaten. Als Vorlage diente die Gefährdungsanalyse und Risikoeinschätzung einer Auswahl von PKW-Funktionen gem. ISO/DIS 26262, welche 2009 von einem Arbeitskreis aus Lieferanten der Automobilindustrie als informative Liste aufgestellt wurde.

Entsprechend der zugrundeliegenden hierarchischen Struktur repräsentieren letztere jeweils Item-Anforderungspakete. Trifft die Modellabfrageregel, so wird das Item Anforderungspaket als Teil der Ergebnismenge zurückgegeben und in der entsprechenden Zelle als Schnittpunkt der Zeile des aktuellen Anforderungsobjektes und der Spalte, welcher die Modellabfrageregel zugeordnet ist, eingefügt.

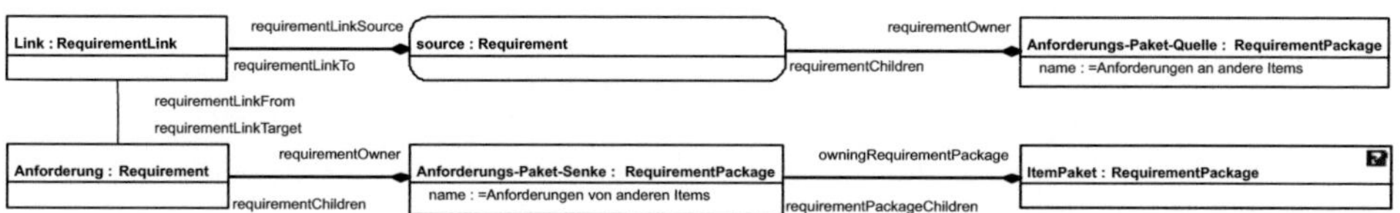

Abbildung 5.4: Regel der Spalte »Anforderungen an andere Items - Items als Ziel der Anforderung« entsprechend Abbildung 5.1

5.5 Bibliothek mit technischen Sicherheitsanforderungen

Technische Sicherheitsanforderungen betreffen teilweise konkrete Realisierungen, welche zur Erfüllung von Sicherheitszielen eingesetzt werden können. Realisierungen, welche nicht spezifisch für eine bestimmte Architektur sind, können architekturübergreifend angewendet werden. Diese lassen sich in einer Bibliothek zusammenfassen, welches als Anforderungspaket in unterschiedliche Architekturen eingebunden werden kann. Diese Realisierungen können in Bezug auf ihre Berücksichtigung in der Modellierung der EEA folgendermaßen kategorisiert werden [6]:

- **Maßnahmen bezüglich Kommunikation**: Betreffen die Absicherung der Kommunikation zwischen interagierenden Einheiten eines Items sowie verschiedener Items. Hierunter fallen keine Maßnahmen, die durch die Verwendung eines Kommunikationssystems von diesem bereitgestellt werden (z.B. CRC bei CAN Bus), da diese nicht in den betrachteten Einflussbereich der EEA Modellierung fallen. Somit werden nur Maßnahmen betrachtet, die in der Applikationsschicht der Softwarearchitektur Anwendung finden. Hierzu zählen neben »Ende-zu-Ende Absicherung« nach AUTOSAR (s. Kapitel 3.3.4) auch Informationsredundanz (s. Kapitel 2.8), PDU-Routing [7].

---

[6]In Bezug auf die aufgelisteten Beispiele besteht kein Anspruch auf Vollständigkeit.

[7]PDU steht für Protocol Data Unit. Werden unterschiedliche Signale zur Übertragung zu Gruppen/PDUs zusammengefasst, und werden diese Gruppen bei der Übertragung über Gateways jeweils wie ein Signal behandelt, so spricht man von PDU-Routing.

Ebenso gehören dazu die redundante Übertragung der gleichen Information über unterschiedliche Übertragungswege/-arten (z.B. als Signal über Bussystem sowie als Direktverbindung).

- **Maßnahmen bezüglich Topologie**: Können angewendet werden, wenn die Platzierung von E/E-Komponenten sowie von Leitungen zur Signalübertragung in dedizierte Bauräume und Topologiesegmente des geometrischen Fahrzeugs Einfluss auf die funktionalen Sicherheit bzw. Betriebssicherheit von Fahrzeugsystemen hat. Hierzu zählen die Platzierung von E/E-Komponenten in Crashgeschützten oder vibrationsarmen Bauräumen sowie die Verwendung Crashgeschützter Topologiesegmente für die Verlegung von Leitungen, welche sicherheitsbezogene Signale übertragen oder die Auswahl unterschiedlicher Topologiesegmente für die Verlegung von Leitungen zur redundanten Übertragung von Signalen.

- **Softwaremaßnahmen**: Umfassen alle Arten von Überwachungs- und Sicherheitsmaßnahmen, welche in Software realisiert werden und einen positiven Beitrag zur funktionalen Sicherheit liefern. Hierzu gehören strukturelle Softwareredundanz sowie funktionale Redundanz in Form von Zusatzfunktionen oder Diversität. Beispiele sind die Verifizierung von Eingangsinformationen, Überwachung von Aktuatoren, Einsatz von Beobachtern (Observer), Vergleich von Ausgangswerten, Voting, etc.

- **Hardwaremaßnahmen**: Umfassen alle Maßnahmen, bei welchen eingesetzte Hardwareeinheiten einen positiven Beitrag zur funktionalen Sicherheit liefern. Hierzu zählen beispielsweise redundante Spannungsversorgungseingänge oder die Verwendung eines Unterbrechers im Ansteuerungspfad zu einem Aktuator (s. Kapitel 7.2.1).

Die Implementierung etlicher dieser Maßnahmen hat kategorieübergreifende Auswirkungen auf Kommunikation, Topologie, Software und Hardware. In Bezug auf technische Sicherheitsanforderungen werden hier die initialen Maßnahmen als Motivation für die Implementierung verwendet. Diese Motivation kann in den meisten Fällen einer dieser Kategorien zugeordnet werden. Auf die Auswirkungen bei der Anwendung wird in Kapitel 7 eingegangen.

Wie in Tabelle 5.1 dargestellt, bildet die Bibliothek ein zusätzliches Anforderungspaket. Um die Inhalte der Bibliothek unabhängig von bestimmten Architekturen zu halten, werden architekturabhängige, technische Sicherheitsanforderungen zu Bibliothekselementen in Relation gesetzt. Über den Einsatz von dedizierten Modellabfrageregeln werden auch hier diese Relationen nachverfolgt. Die letzte Spalte der Tabelle stellt diejenigen Bibliothekselemente dar, auf welche die jeweilige technische Sicherheitsanforderung bezogen ist.

5.6 Zusammenfassung der Darstellung von Sicherheitsanforderungen

Zur Unterstützung der Spezifikation und Ableitung von Sicherheitsanforderungen im Sinne der ISO 26262 in der EEA Modellierung wurde in diesem Kapitel eine Methode vorgestellt, um Sicherheitsanforderungen in übersichtlicher Form darzustellen. Dies ermöglicht es in EEAs einen Grundstock von Anforderungen bezüglich funktionaler Sicherheit zu spezifizieren. Da die Methode Konzepten von Sprachen aus der Domäne der EEA Modellierung berücksichtigt, lässt sie sich leicht in der jeweils eingesetzten Werkzeugumgebung anwenden.

Die vorgestellte Methode zur Identifikation von Items im Sinne von Merkmalen und die Verwendung von Item-übergreifenden Anforderungen ermöglicht die klare Trennung von Items und somit die dedizierte Zuordnung von Gefährdungen und den daraus abgeleiteten Sicherheitsanforderungen. Durch die Verwendung einer domänenspezifischen Sprache wie EEA-ADL wird die formale Definition von Konzepten und ihrer Hierarchie sowie die regelbasierte Rückverfolgbarkeit der Relationen zwischen Sicherheitsanforderungen als Instanzen dieser Konzepte unterstützt.

Die Einführung einer Bibliothek von technischen Sicherheitsanforderungen, die unabhängig von speziellen EEA sind, und der Möglichkeit Anforderungen spezieller Architekturen auf diese zu verweisen, unterstützen Architekten bei der Ableitung von Anforderungen an technische Lösungen als Beitrag zur funktionalen Sicherheit.

6 Zuteilung und Rückverfolgung von Sicherheitsanforderungen

Nachdem im vorigen Kapitel (5) eine formale Darstellung zur Repräsentation von Items, Gefährdungen und Sicherheitsanforderungen sowie deren gegenseitiger Relationen eingeführt wurden, beschreibt dieses Kapitel die Erstellung von Relationen zwischen Sicherheitsanforderungen und Artefakten von Elektrik/Elektronik Architektur (EEA) Modellen. Dabei wird unterschieden zwischen der Top-Down Zuteilung, bei welcher Anforderungsobjekte auf Artefakte von EEAs zugeteilt werden und Bottom-Up Zuteilung, bei der die Zuteilung von Sicherheitsanforderungen durch die bestehende Kommunikations- und Vernetzungsstruktur der betrachteten EEA bestimmt wird. Methoden zur Durchführung sowie zur Darstellung der Zuteilungen werden im Folgenden präsentiert.

6.1 Unterscheidung zwischen Top-Down und Bottom-Up Zuteilung

Entsprechend der Chronologie des Sicherheitslebenszyklus nach ISO 26262 werden ausgehend von der Definition des Item sowie seiner groben Systemarchitektur Gefährdungen identifiziert und daraus Sicherheitsziele und funktionale Sicherheitsanforderungen abgeleitet. Diese werden den Elementen der groben Architektur zugeteilt. Im Verlauf der Entwicklung werden die grobe Architektur sowie die Sicherheitsanforderungen detailliert und Sicherheitsanforderungen auf Artefakte des EEA Modells zugeteilt. Dieses Vorgehen erfordert, dass die Detaillierung der EEA entsprechend der Verfeinerung von Sicherheitsanforderungen zunimmt. So werden technische Lösungen zur Erfüllung des funktionalen Sicherheitskonzeptes sowie technischer Sicherheitsanforderungen erdacht, gefordert oder entwickelt. EEA-spezifische Ausprägungen dieser Konzepte werden der bestehenden und betrachteten Architektur hinzugefügt. Zur Repräsentation von Sicherheitsanforderungen werden Anforderungsobjekte verwendet, welche auf die entsprechenden Artefakte der EEA zugeteilt werden. Bei der Entwicklung von Automobilen werden unter anderem etablierte Lösungen, evtl. in abgewandelter Form wiederverwendet.

Dies bezieht sich auf das generelle Architekturkonzept sowie auf die Verwendung von Teilarchitekturen als Basis für neu hinzukommende Merkmale [1].

Im Falle der Integration neuer Merkmale in bestehende Architekturen ist von Interesse, wie sich Sicherheitsanforderungen an diese Merkmale, auf deren Architektur sowie auf die bestehende Architektur auswirken. Hierfür können aus der Kommunikationsstruktur und Interaktionsstruktur innerhalb des Merkmals sowie gegenüber der bestehenden Architektur erste Indizien für die Auswirkungen abgeleitet werden. Es wird eine Methode vorgestellt, die durch formalisierte Bestimmung von Zusammenhängen in Kommunikationsstrukturen und Interaktionsstrukturen von EEAs diejenigen Artefakte bestimmt, welche eine Zuteilung von Sicherheitsanforderungen erfahren. Da die Zuteilung von Seiten der EEA initiiert wird, wird dieses Vorgehen als Bottom-Up Zuteilung von Sicherheitsanforderungen bezeichnet.

---

[1] ISO 26262 Teil 3 §6.2 und §6.4.2 unterscheiden in Bezug auf Items zwischen »Neuentwicklungen«, »Modifikationen« oder »Verwendung bestehender Items«.

Bei Neuentwicklung sind alle Teile des Sicherheitslebenszyklus anzuwenden.

Im Falle einer Veränderung von Items oder deren Einsatzbedingungen sind diese Modifikationen zu beschreiben (Teil 3 §6.4.2.3-4), in Bezug auf den Zustand vor der Modifikation darzustellen (Teil 3 §6.4.2.5) und zu bewerten (Teil 3 §6.4.2). Des weiteren werden die Auswirkungen der Modifikation auf funktionale Sicherheit beschrieben (Teil 3 §6.4.2.6), die betroffenen Arbeitsergebnisse identifiziert (Teil 3 §6.4.2.7), die Ergebnisse der Einflussanalyse dokumentiert (Teil 3 §6.4.2.8) sowie die Aktivitäten betreffend Betriebssicherheit in Bezug auf anwendbare Phasen des Lebenszyklus angepasst (Teil 3 §6.4.2.9). Dem folgt die Durchführung der Gefährdungs- und Risikoanalyse, bei welcher nach Teil 3 §7.4.3 auch bereits implementierte Sicherheitsmechanismen zum funktionalen Sicherheitskonzept und damit auch zur vorläufigen Annahme der Systemarchitektur gehören.

Der Sicherheitslebenszyklus des Item kann nach Teil 2 §6.4.2.4 aufgrund einer Modifikation angepasst werden.

Handelt es sich bei dem Item um ein bewährte Technik, so kann basierend auf einem sog. »Proven in Use Argument« (PiUA) ebenfalls der Sicherheitslebenszyklus angepasst werden. Hierfür müssen entsprechende Informationen verfügbar sein. PiUAs können auch auf Produkte angewendet werden, deren Definition und Einsatzbedingungen gleich oder sehr ähnlich mit einem neuen Produkt sind, welches sich bereits im Betrieb befindet (Teil 8 §14.2). Wenn ein »neues« Produkt mit geändertem Design oder anderer Implementierung ein bestehendes Produkt ersetzen soll, kann das PiUA nicht angewendet werden. Ist ein Kandidat bestimmt, werden die Relevanz der Erhebungen (aus Test, Probeläufen oder dem Feld) sowie die Veränderungen bestimmt. In Bezug auf die Analyse von Daten aus dem Feld, werden die betrachteten Einheiten nach Teil 8 §14.4.5.2 der Erfüllbarkeit von Sicherheitszielen mit entsprechenden ASILs zugeordnet. Das Maß hierfür sind die mit einer Sicherheitswahrscheinlichkeit von 70 % erkannten Ereignisse, aus welchen Fehler entstehen konnten, die das Potential zur Verletzung eines Sicherheitsziels haben (Teil 8 §14.4.5.2.4).

In Bezug auf die Produktentwicklung wird die Verwendung vertrauter Designprinzipien zur Vermeidung von Fehlern nach Teil 4 §7.4.3.4 angeraten. Hierzu zählen *Sicherheitsarchitekturen, Elemente, Hardware- und Softwarekomponenten, Mechanismen zur Fehlererkennung und Fehlerbeherrschung* sowie *standardisierte Interfaces*. Diese Prinzipien sind auf ihre Eignung in Bezug auf die neue Entwicklung zu untersuchen (§7.4.3.4.2). Im Falle von ASIL D ist zu begründen, warum ein vertrautes Design Prinzip nicht angewendet wird (§7.4.3.4.3).

6.2 Top-Down Zuteilung

In diesem Kapitel wird die Top-Down Zuteilung von Sicherheitsanforderungen auf Artefakte der EEA beschrieben. Diese umfasst eine Diskussion von Zuteilungszielen, die Darstellung und Rückverfolgung von Zusammenhängen auf der Ebene von Anforderungen sowie auf den Ebenen des EEA Modells.

6.2.1 Zuteilung von Gefährdungen und Sicherheitszielen

Zur beispielhaften Beschreibung des Vorgehens wird das Beispielsystem zur Beeinflussung der Fahrzeuglängsbewegung betrachtet, dessen grobe Systemarchitektur in Abbildung 6.1 dargestellt ist [2]. Die Grundfunktionalitäten dieses Systems sind die Verzögerung durch mechanisches Abbremsen der Räder durch ein elektrisches Bremssystem, das Fahren mit elektrischem Antrieb sowie die Verzögerung unter Verwendung der E-Maschine.

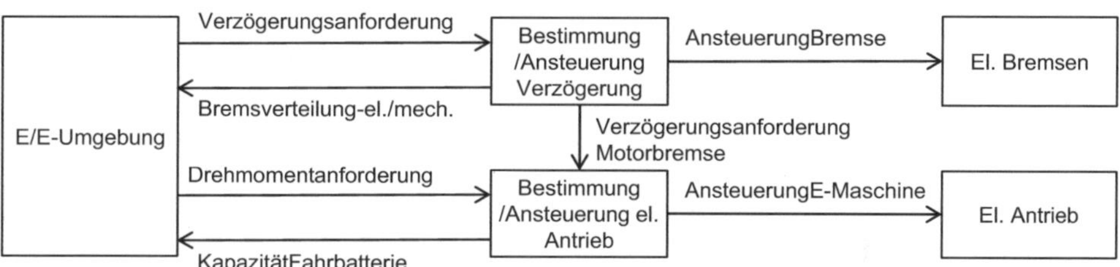

Abbildung 6.1: Beispielsystem Beeinflussung der Fahrzeuglängsbewegung

Die grobe Systemarchitektur enthält eine Komponente zur Bestimmung der Verzögerung basierend auf der Verzögerungsanforderung, welche von einem anderen System der E/E bereitgestellt wird. Diese steuert elektrische Bremsen als Aktuatoren an und gibt eine Verzögerungsanforderung für die Motorbremse an die Komponente zur Bestimmung und Ansteuerung des elektrischen Antriebes des Fahrzeugs weiter. Die Komponente *Bestimmung/Ansteuerung el. Antrieb* steuert den elektrischen Antrieb als Aktuator entsprechend der Verzögerungs- oder der Drehmomentanforderung der E/E-Umgebung (z.B. El. Gaspedal, Tempomat, ACC) an. Die beiden Komponenten geben jeweils Informationen über ihre aktuellen Zustände an die E/E-Umgebung zur dortigen Verwendung weiter.

---

[2]Das Beispiel wird zur Erläuterung der Methodik der Zuteilung von Gefährdungen und Sicherheitszielen verwendet. Auf Vollständigkeit sowie analoger Umsetzung in realen Entwicklungen wird nicht bestanden.

Die vorgestellten Merkmale im Sinne der Beeinflussung der Fahrzeuglängsbewegung werden als ein Item interpretiert, für welches im Rahmen einer beispielhaften Gefährdungs- und Risikoanalyse folgende Gefährdungen und zugehörige Sicherheitsziele identifiziert wurden:

- Gefährdung 1: »Ungewollte Aktivierung der elektrischen Bremsen« mit Sicherheitsziel 1: »Verhinderung der ungewollten Aktivierung der elektrischen Bremsen«.

- Gefährdung 2: »Ungewollte Beschleunigung« mit Sicherheitsziel 2: »Verhinderung ungewollten Beschleunigens«.

- Gefährdung 3: »Ungewollte Aktivierung der Verzögerung durch die E-Maschine« mit Sicherheitsziel 3: »Verhinderung der ungewollten Aktivierung der Verzögerung durch die E-Maschine«.

Die Geltungsbereiche der Item-Definition sowie der bestimmten Sicherheitsziele zeigt Abbildung 6.2. Entsprechend der Diskussion aus Kapitel 5.3 beziehen sich Gefährdungen auf Aktuatoren, die selbst jedoch nicht dem Definitionsrahmen des Item zuzuordnen sind.

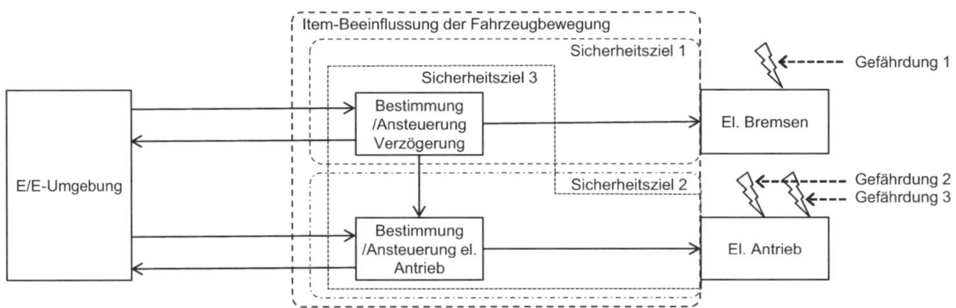

Abbildung 6.2: Gefährdungen und Geltungsbereich von Sicherheitszielen

Der Geltungsbereich von Gefährdungen und Sicherheitszielen ist nicht notwendigerweise deckungsgleich mit den Merkmalen, welche den Definitionsrahmen des Item bilden. Gefährdungen und Sicherheitsziele beziehen sich nur auf diejenigen Komponenten des Item, in Bezug auf deren eigener Fehlfunktion oder Weiterleitung von Fehlern ein Zustand an den Ausgängen des Item hervorgerufen werden kann, durch welchen Gefährdungen der Umgebung des Item (Fahrer, Passagiere, Verkehrsteilnehmer, etc.) bestehen.

Gibt es in Bezug auf ein Item unterschiedliche Gefährdungen mit entsprechenden Sicherheitszielen [3], so können sich diese entsprechend der funktionalen Zusammenhänge im Item, auf unterschiedliche Komponenten der groben Architektur beziehen. Dabei können sich die Geltungsbereiche von Sicherheitszielen in Bezug auf Komponenten überlappen.

Sicherheitsziel 1 des Beispiels bezieht sich auf Verzögern unter Verwendung elektrischer Bremsen. Dies adressiert die Verfügbarkeit der Verzögerungsanforderung, die Bestimmung/Ansteuerung der Verzögerung sowie die Ansteuerung der Aktuatoren. Sicherheitsziel 2 bezieht sich auf elektrisches Fahren aufgrund einer Drehmomentanforderung und betrifft die Bestimmung und Ansteuerung des el. Antriebs. Sicherheitsziel 3 umfasst durch die Verwendung des elektrischen Antriebs für die Verzögerung sowohl die Bestimmung der Verzögerung als auch die Bestimmung und Ansteuerung des Antriebs. Entsprechend werden die drei Sicherheitsziele auf die Komponenten der groben Systemarchitektur zugeteilt.

Für die Entwicklung von EEAs werden domänenspezifische Modellierungssprachen sowie entsprechende Modellierungswerkzeuge eingesetzt. Die folgende Methodik stellt die Initiierung der EEA Modellierung als Übergang aus der groben Systemarchitektur und der Bestimmung von Gefährdungen und Sicherheitszielen vor. Die umfassenden Konzepte der EEA-ADL (s. Matheis [167]) und die vorhandene etablierte Werkzeugunterstützung durch PREEvision (s. [13]) eignen sich gut zur Darstellung der Methodik und werden daher zugrunde gelegt bzw. verwendet. Jedoch kann die Methode auch auf andere EEA Modellierungssprachen aufgesetzt werden.

6.2.1.1 Initiierung der Sicherheitsmodellierung

Die Bestimmung von Gefährdungen und die Ableitung von Sicherheitszielen erfolgt auf Basis von Items sowie deren grober Architektur. Im Sinne der funktionalen Sicherheit werden dabei in erster Linie funktionale Zusammenhänge betrachtet. Das Funktionsnetzwerk der EEA-ADL stellt die Interaktion von funktionalen Einheiten dar und orientiert sich an der Struktur von Softwarekomponenten des *Application Layer* sowie des *Runtime Environment* nach AUTOSAR (s. Kapitel 3.3.4). Es unterstützt hierarchische Strukturierung durch zusammenfassen von Artefakten zu Kompositionen sowie die Definition von Kompositionen als System. Durch die Betrachtung funktionaler und realisierungsunabhängiger Zusammenhänge wird diese Darstellung als erste formale EEA Realisierung des Item verwendet.

Im Vergleich zur groben Systemarchitektur des Beispiels betrachtet ein EEA-ADL basiertes Funktionsnetzwerk alle Softwarekomponenten, Funktionen für Sensoren und Aktuatoren sowie deren Ports und Interaktionen, welche die Systemmerkmale erfüllen. Die Komponenten der Systemarchitektur sowie deren Interaktion werde durch die Verwendung mehrerer Artefakte detailliert. Dies macht eine Zuteilung von Sicherheitszielen zu diesen Artefakten erforderlich.

---

[3] Nach ISO 26262 Teil 3 §7.4.8 wird für jede Gefährdung ein Sicherheitsziel abgeleitet.

Durch eine selektive Zuteilung nur auf die von der Erfüllung von Sicherheitszielen betroffenen Artefakten wird auf dieser Betrachtungsebene der Geltungsbereich von Sicherheitszielen ebenfalls detailliert.

6.2.1.2 Auswirkungen auf weitere Modellierungsebenen

Zur Berechnung werden die Funktionen des Funktionsnetzwerks auf reale Komponenten der Elektrik/Elektronik des Hardwarenetzwerks zugeteilt. Hier wird der Grad der Detaillierung wiederum durch den internen Aufbau von Steuergeräten, physikalische Übertragungswege oder den Leistungsversorgung erhöht. Durch die Zuordnung von Funktionen zu ausführenden Einheiten erfolgt auch hier eine selektive Zuteilung von Sicherheitszielen auf die Artefakte des Hardwarenetzwerks.

Da sich der Geltungsbereich von Sicherheitszielen unterschiedlich auf die Artefakte der verschiedenen Ebenen der EEA auswirken kann, ist ein Mechanismus, erforderlich, der die (Ebenen-)selektive Zuteilung und Rückverfolgung unterstützt. Dazu werden Sicherheitsannotationen eingesetzt.

Hier werden nur die Ebenen des Funktionsnetzwerks (FN) und des Komponentennetzwerks (CMPN) unterschieden. Auswirkungen von Sicherheitszielen auf den Leitungssatz und die Topologie werden nicht direkt betrachtet sondern im Sinne technischer Realisierungen durch die Zuteilung technischer Sicherheitsanforderungen.

6.2.2 Sicherheitsannotationen

Komponenten, die sich im Geltungsbereich eines Item befinden, werden jeweils zu Gruppen zusammengefasst. Die Zuteilung zu einer Gruppe ist nicht exklusiv. Eine Komponente kann mehreren Gruppen zugeteilt werden. Für die Beschreibung einer Gruppe sowie für die Zuteilung von Komponenten zu dieser Gruppe werden Anforderungsobjekte im Sinne von Sicherheitsannotationen eingesetzt. Diese werden den Komponenten zugeteilt. Ein Sicherheitsziel wird jeweils der Sicherheitsannotation zugeteilt, welche die Gruppe als Menge von Komponenten im Geltungsbereich des betrachteten Sicherheitsziels beschreibt bzw. diese annotiert. Verglichen mit der direkten Zuteilung der Sicherheitsziele auf die einzelnen Komponenten bietet dieses Vorgehen eine thematische Trennung von Sicherheitsbetrachtungen (Gefährdungen und Sicherheitsanforderungen) sowie die Möglichkeit zur ebenenspezifischen Bildung von Gruppen.

Es werden drei verschiedene Typen von Sicherheitsannotationen (SA) vorgeschlagen. Jede einzelne orientiert sich an einer spezifischen Ebene der EEA Modellierung. Adressiert werden das Funktionsnetzwerk (FN) und das Komponentennetzwerk (CMPN). Die Konzepte von Sicherheitsannotationen und ihr Bezug zu Anforderungen der funktionalen Sicherheit (FuSi) sowie den Konzepten der EEA werden in Abbildung 6.3 dargestellt.

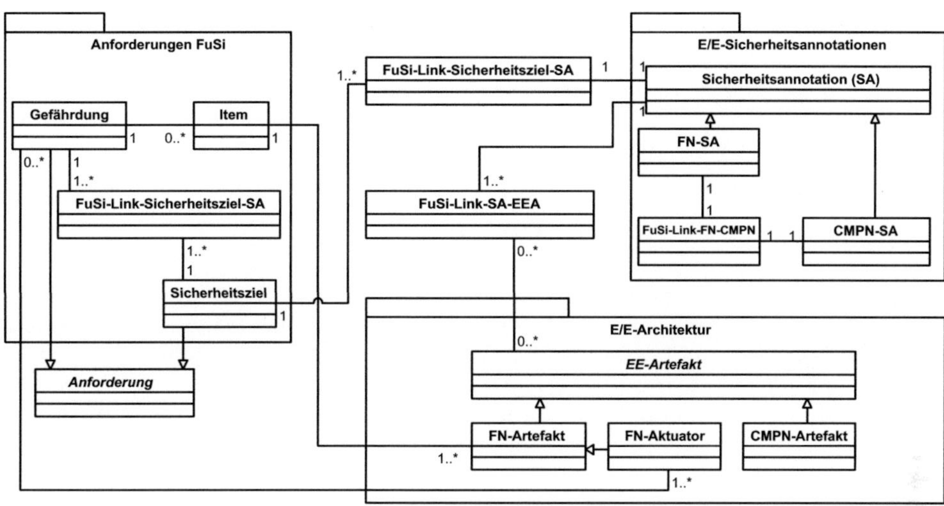

Abbildung 6.3: Darstellung von Sicherheitsannotationen als Klassendiagramm

Artefakte des FN, welche an der Erfüllung von Funktionen des betrachteten Merkmals/Items beteiligt sind, oder Eingangsinformationen für dieses liefern, erhalten jeweils eine FN-SA zugeteilt. Entsprechend wird mit CMPN-SAs verfahren, die denjenigen Hardwarekomponenten zugeteilt werden, welche entsprechend annotierte Funktionen des FN ausführen. Falls durch die Ausführung von Funktionen auf Hardwarekomponenten ein direkter Bezug zwischen CMPN-SAs und FN-SAs besteht, wird dieser durch eine entsprechende Relation (FuSi-Link-FN-CMPN) formal gefasst. Diese Relation ist nicht notwendigerweise vorhanden, da beispielsweise Anbindungen für Bussysteme als Komponenten des CMPN zwar nicht direkt Funktionen ausführen, jedoch im Falle der Beteiligung an der Interaktion sicherheitsbezogener Komponenten berücksichtigt werden müssen.

Es ist zu beachten, dass durch diese Methode Gefährdungen/Sicherheitsziele nicht direkt (oder indirekt über Sicherheitsannotationen) auf Items zugeteilt werden. Gefährdungen ergeben sich zwar aus der Betrachtung des Item, bestehen jedoch selektiv für Interaktionspunkte des Item mit dessen Umgebung. Ein Sicherheitsziel betrifft jeweils diejenigen Komponenten des Item, welche Einfluss auf die Gefährdung nehmen können. Durch die sicherheitszielspezifische Betrachtung von Komponenten ergeben sich durch die verschiedenen Geltungsbereiche von ASILs unterschiedliche Auflagen und Anforderungen an die Entwicklung [4].

---

[4]Für die detailliertere Betrachtung der Komponenten in Bezug auf ihre Bestandteile und deren Beteiligung an der Erfüllung von Sicherheitszielen beschreibt ISO 26262 in Teil 9 §6 das Kriterium für Koexistenz von Elementen. Sind demnach nur Teile der betrachteten Komponenten von der notwendigen Erfüllung eines Sicherheitsziels betroffen, so gelten die gestellten Anforderungen und Auflagen nur für diese Teile, falls bewiesen werden kann, dass von den nicht von der notwendigen Erfüllung des Sicherheitsziels betroffenen Teile keine Beeinflussung der betroffenen Teile ausgeht.

An das physikalische Kommunikations- und Leistungsversorgungsnetzwerk der EEA sind sowohl sicherheitsbezogene als auch nicht sicherheitsbezogene Hardwarekomponenten angebunden. Die Verfügbarkeit des Kommunikations- und Leistungsversorgungsnetzwerks ist ebenfalls Aspekt der funktionalen Sicherheit und wird durch ein angepasstes Vorgehen behandelt.

6.2.2.1 Annotationen von Kommunikationsnetzen

Im Kommunikationsnetzwerk aus Bussystemen und Direktverbindungen werden Informationen als Signal- oder Botschaftstransmissionen ausgetauscht. Signale sind die informationstechnische Repräsentation von Daten, welche zwischen Komponenten des Funktionsnetzwerks (FN) ausgetauscht werden. Signale enthalten keine Details über ihre physikalische Realisierung. Eine Signaltransmission (und ebenso eine Frametransmission) repräsentiert die Übertragung (und damit die physikalische Übermittlung) von Signalen (und Frames) in einem Kommunikationsnetz. Signale verwenden logische Netze zur Interaktion. Ein bestimmtes logisches Netz muss somit den Sicherheitsanforderungen der Funktionen entsprechen, deren Signale es überträgt.

Automotive Bussysteme wie CAN, Lin oder FlexRay implementieren verschiedene Sicherheitsmethoden (CRC, ID, priorisierte Arbitrierung, etc.) und decken damit einen gewissen Grad an Sicherheit ab. Jedoch betreffen die Spezifikationen dieser Bussysteme den *Physical Layer* (Ebene 1) und den *Data Link Layer* (Ebene 2) entsprechend des *Open Systems Interconnection* (OSI) Modells nach ISO/IEC 7498 [141]. Die Ebenen 3 bis 6 des OSI Modells werden vom eingesetzten Softwarestack auf den Mikrocontrollern von Steuergeräten gehandhabt. Dazu gehört nicht die Applikationssoftware. Dieser Softwarestack umfasst *Hardwareabstraktionsschicht, Betriebssystem, Kommunikationsstacks* und *Middleware*. Entsprechend der AUTOSAR Architektur (s. Abbildung 3.9) betrifft dies die Ebenen *Microcontroller Abstraction, Basic Software* und *Runtime Environment*. Funktionen des FN der EEA Modellierung entsprechen Softwarekomponenten des AUTOSAR *Application Layer* und sind Ebene 7 (*Application Layer*) des OSI Modells zuzuschreiben. Die Bussysteme Lin, CAN und FlexRay umfassen Spezifikationen bezüglich des Aufbaus und der Absicherung von Interaktionen (OSI Ebenen 1-6). Diese werden vom Funktionsnetzwerk der EEA Modellierung nicht adressiert. Jedoch müssen diese Informationen in Hinblick auf ISO 26262 betrachtet werden. Dies bezieht sich auf Aktivitäten der Entwicklung, welche der EEA Modellierung nachgelagert sind. Kommunikation kann zusätzlich durch Anwendung spezieller Maßnahmen auf dem *Application Layer* (OSI Ebene 7) abgesichert werden. IEC 62280-2 [132] spezifiziert Maßnahmen für die Kommunikation in offenen Systemen, die auch von AUTOSAR in Bezug auf die »Ende-zu-Ende Absicherung« [27] (vgl. Kapitel 3.3.4.1) adressiert werden. Diese Methoden betreffen den *Application Layer* und sind daher in der EEA Modellierung zu berücksichtigen. Sie sind jedoch unabhängig von den eingesetzten Kommunikationssystemen (Bussystemen).

Alle Komponenten (Mikrocontroller, logische Anbindungen (zu sehen als Kombination von Kommunikationscontroller und Transceiver), logische Verbindungen, Signal- und Frametransmissionen), die an der Übertragung von Signale oder Frames beteiligt sind, welchen eine Sicherheitsannotation zugeteilt ist, erhalten eine Zuteilung der entsprechenden CMPN-SA für jede adressierte Signal-/Frame-Übertragung. Bevor die Zuteilung möglich ist, werden zuerst Signalartefakte für jede über das logische Netzwerk kommunizierte Information instantiiert [5]. Jede erzeugte Instanz wird mit derjenigen CMPN-SA annotiert, die jeweils der FN-SA zugeteilt ist, welche im Funktionsnetzwerk den Geltungsbereich des Sicherheitsziels beschreibt, in welchem die kommunizierte Information liegt. Hat eine Recheneinheit mehrere Anbindungen zu Kommunikationsnetzen, so werden nur diejenigen annotiert, welche an der Übertragung sicherheitsbezogener Signale beteiligt sind. Damit wird die eventuell folgende Anwendung des Kriteriums der Koexistenz von Elementen (ISO 26262 Teil 9 §6) durch die differenzierte sicherheitsbezogene Betrachtung deren Schnittstellen unterstützt. Die Annotationen von Recheneinheiten (Mikrocontroller, etc.) in Kombination mit den Annotationen der von ihnen kommunizierten Signale adressieren deren Softwarestack und dessen Realisierung in folgenden Entwicklungsphasen.

Für die weitere Sicherheitsbetrachtung, die Überarbeitung der Architektur und die Anwendung von Redundanz wird das Kommunikationssystem separat von den Gruppen von Funktionen sowie den ausführenden Komponenten betrachtet. Dies trägt der Tatsache Rechnung, dass alle Anbindungen an ein Kommunikationsnetz, über welches sicherheitsbezogene Signale übertragen werden, dem geforderten Sicherheitsstandard entsprechen müssen. Dies ist unabhängig davon ob das zugehörige Gerät (Steuergerät, Sensor, Aktuator, etc.) sicherheitsbezogene Signale überträgt.

6.2.2.2 Annotationen von Leistungsversorgungsnetzen

Komponenten der Leistungsversorgung umfassen Batterien, Generatoren, Sicherungs-/Relaisboxen, Masseanbindungen, etc., sowie die zugehörigen Übertragungsnetze. Da nur versorgte Komponenten ihre Funktionen ausführen können, muss die Leistungsversorgung im Sinne der ISO 26262 betrachtet werden. Mit einer Lebenserwartung von ca. 5 Jahren können Batterien alleine die gestellten Anforderungen an Verfügbarkeit der Leistungsversorgung nicht erfüllen. Jedoch wird die Leistungsversorgung im Fahrzeug nicht nur von der Batterie gespeist. Wenn der Verbrennungsmotor läuft, speist der Generator Leistung ein, die Batterie ist in diesem Falle ein System der Standby-Redundanz. Die vorgestellte Methode adressiert nicht die Erzeugung von Leistung.

Entsprechend der Methodik für die Behandlung von Kommunikationsnetzen, werden diejenigen Artefakte annotiert, die an der Leistungsversorgung von annotierten Hardwarekomponenten beteiligt sind.

---

[5]Die Instanziierung von Signalen wird im Werkzeug PREEvision durch einen automatisieren Signal Router unterstützt.

Dies wird ausgehend von der entsprechenden logischen Anbindung (Leistungsversorgungseingang / -ausgang) bis zur nächsten Sicherungsbox oder Relaisbox bzw. der nächsten Masseanbindung durchgeführt. Es betrifft die Leistungsversorgungseingänge und -ausgänge der betrachteten Komponenten, die verbundenen Leistungsversorgungsnetze und Massenetze sowie die entsprechenden Masseanbindungen und Sicherungsboxen oder Relaisboxen. Diese werden mit der entsprechenden CMPN-SA annotiert. Das betrifft jede Annotation, welche Hardwarekomponenten, die mit dem jeweiligen Netz verbunden sind, aufweisen.

Wie Kommunikationsnetze werden auch Leistungsversorgungsnetze in Bezug auf die Überarbeitung von Architekturen getrennt von den Funktionsgruppen betrachtet.

6.2.3 Darstellung von Sicherheitsannotationen

Die Zuteilung von Sicherheitsannotationen auf Artefakte der EEA kann sowohl aus Sicht der Annotationen, als auch aus der Perspektive der annotierten Artefakte dargestellt werden.

Abbildung 6.4 zeigt das Diagramm eines Funktionsnetzwerks (FN) der Komponenten des Beispiels nach Abbildung 6.1 mit zugeteilten Sicherheitsannotationen. Hierdurch werden die Relationen aus der Perspektive der Artefakte der EEA dargestellt. Abkürzungen der Form *»FN AN SZ #«* stehen jeweils für eine dem *Sicherheitsziel_#* entsprechende Annotation auf Ebene des Funktionsnetzwerks. Funktionen und Ports tragen nur Annotationen derjenigen Sicherheitsziele, in deren Geltungsbereich sie fallen.

Abbildung 6.5 zeigt das Diagramm eines Komponentennetzwerks (CMPN), auf dessen Komponenten die Funktionen aus Abbildung 6.4 zur Ausführung zugeordnet sind. Abkürzungen der Form *»CMPN AN SZ #«* stehen jeweils für eine dem *Sicherheitsziel_#* entsprechenden Annotationen auf Ebene des CMPN. Hier wird die Information »Verzögerungsanforderung Motorbremse« zwischen dem Bremsensteuergerät »Bremsen-SG« und dem Steuergerät »EE-ElAntrieb« über die Komponente *Gateway* geroutet. Aus den Annotationen wird ersichtlich, dass die Funktionen »VerzögerungsFunktion« auf dem Steuergerät «Bremsen-SG« und die Funktion »LeistungsregelungElAntrieb« auf dem Steuergerät «EE-Antrieb« ausgeführt wird. Da beide Funktionen und damit die zwischen ihnen bestehende Interaktion im Geltungsbereich von »Sicherheitsziel_3« liegen und das Gateway diese Interaktion realisiert, wird es auch mit der entsprechenden Annotation »CMPN AN SZ 3« versehen.

Tabelle 6.1 zeigt die zugehörige tabellarische Darstellung der Zuteilungen aus der Perspektive der Sicherheitsannotationen. Die Inhalte erweitern die tabellarische Darstellung von Sicherheitsanforderungen aus Kapitel 5.4 (s. Tabelle 5.1). Der Eintrag »Sicherheitsannotationen« steht auf der gleichen Hierarchiestufe wie »Items« und »Bibliothek«. Die nächste Spalte enthält die betrachteten Items, für welche Annotationen in Bezug auf FN und CMPN unterschieden werden.

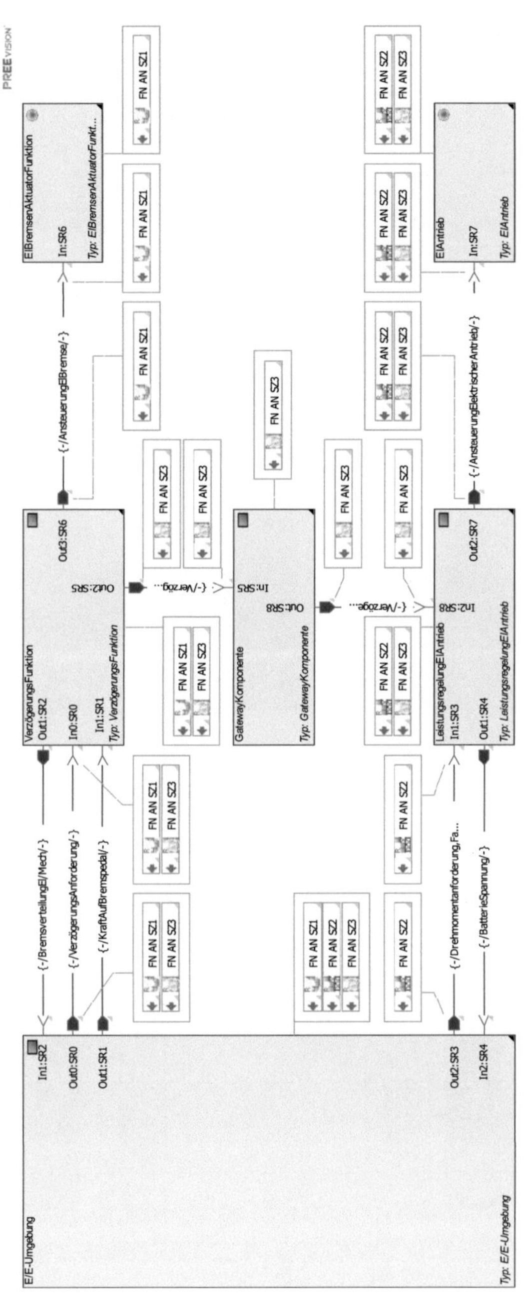

Abbildung 6.4: Sicherheitsannotationen im Funktionsnetzwerk

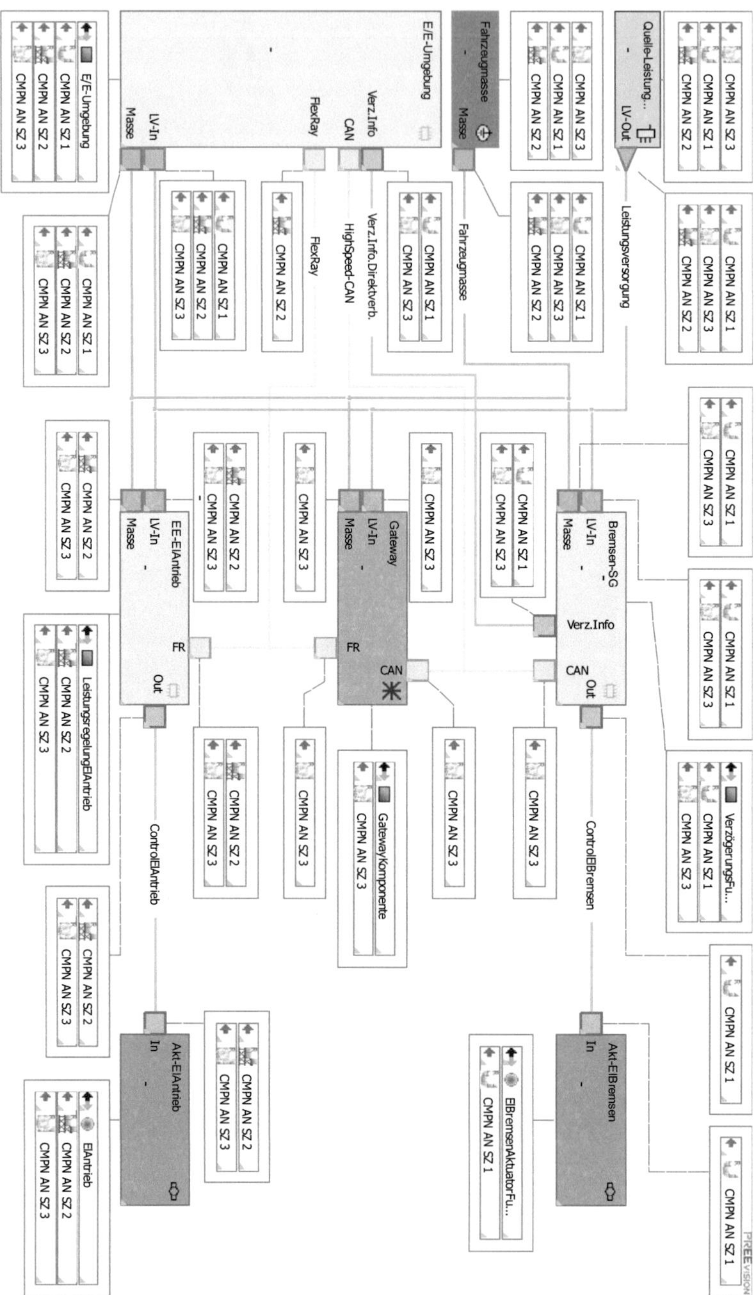

Abbildung 6.5: Sicherheitsannotationen im Komponentennetzwerk

Unter jeder dieser Annotationskategorien werden die bestehenden Annotationen gelistet. Für jede dieser Annotationen wird das referenzierte Sicherheitsziel (entsprechend Tabelle 5.1) sowie die jeweils annotierten Software- und Hardwarekomponenten, deren Schnittstellen in Form von Ports, Anbindungen, Pins und Steckern, sowie Signale und Frames, Signal- und Frametransmissionen und Komponenten der Leistungsversorgung wiedergegeben.

Anforderungspaket / Funktionale Sicherheit / Items / Annotationsgruppen / Annotationen	Verlinkte Sicherheitsziele	Annotierte Komponenten	Annotierte Schnittstellen	Annotierte Signale, Frames und Transmissionen	Annotierte Artefakte der Leistungsversorgung
Sicherheitsannotationen					
Item Beeinflussung der Fahrzeugbewegung					
FN Annoationen					
FN AN SZ 1					
	Sicherheitsziel 1	ElBremsenAktuatorFunktion	In:SR6		
		VerzögerungsFunktion	In0:SR0 Out3:SR6		
		E/E-Umgebung	Out0:SR0		
FN AN SZ2					
	Sicherheitsziel 2	ElAntrieb	In:SR7		
		LeistungsregelungElAntrieb	In1:SR3 Out2:SR7		
		Umgebung	Out2:SR3		
FN AN SZ3					
	Sicherheitsziel 3	ElAntrieb	In:SR7		
		LeistungsregelungElAntrieb	In1:SR3 In2:SR8 Out2:SR7		
		GatewayKomponente	In:SR5 Out:SR8		
		VerzögerungsFunktion	In0:SR0 Out2:SR5		
		Umgebung	Out0:SR0		
CMPN Annotationen					
CMPN AN SZ1					
	Sicherheitsziel 1	Akt-ElBremsen Bremsen-SG E/E-Umgebung	In Out CAN Verz.Info Verz.Info	AnsteuerungElBremse_In_ControlElBremsen VerzögerungsAnforderung_In0_Verz.Info.Direktverb.	LV-In_Bremsen-SG LV-In_EEA-Umgebung LV-Out_QuelleLeisungsversorgung Masse_Bremsen-SG Masse_EEA-Umgebung Masse_Fahrzeugmasse Quelle_Leistungsversorgung Fahrzeugmasse
CMPN AN SZ2					
	Sicherheitszeil 2	Akt-ElAntrieb EE-ElAntrieb Umgebung	In Out FR FlexRay	AnsteuerungElektrischerAntrieb_In_ControlElAntrieb Drehmomentanforderung_In1_FlexRay Fahrzeuggeschwindigkeit_In1_FlexRay	LV-In_EE-ElAntrieb LV-In_EEA-Umgebung LV-Out_QuelleLeisungsversorgung Masse_EE-ElAntrieb Masse_EEA-Umgebung Masse_Fahrzeugmasse Quelle_Leistungsversorgung Fahrzeugmasse
CMPN AN SZ3					
	Sicherheitsziel 3	Akt-ElAntrieb EE-ElAntrieb Gateway Bremsen-SG E/E-Umgebung	In Out FR FR CAN Verz.Info CAN Verz.Info	AnsteuerungElektrischerAntrieb_In_ControlElAntrieb VerzögerungsAnforderung_In0_Verz.Info.Direktverb. VerzögerungsAnforderungMotorbremseCAN_In_HighSpeed-CAN VerzögerungsAnforderungMotorbremseFlexRay_In2_FlexRay	LV-In_Bremsen-SG LV-In_Gateway LV-In_EE-ElAntrieb LV-In_EEA-Umgebung LV-Out_QuelleLeisungsversorgung Masse_Bremsen-SG Masse_Gateway Masse_EE-ElAntrieb Masse_EEA-Umgebung Masse_Fahrzeugmasse Quelle_Leistungsversorgung Fahrzeugmasse
Beispielitem 2					
FN Annotationen					
Annotation Sicherheitsziel X					

Tabelle 6.1: Übersichtstabelle mit Sicherheitsannotationen

6.2.4 Zuteilung von funktionalen und technischen Sicherheitsanforderungen

Funktionale Sicherheitsanforderungen (FSA) stellen Maßnahmen und Methoden zur Erfüllung von Sicherheitszielen dar [6]. FSAs sind realisierungsunabhängig und enthalten noch keine Informationen bezüglich ihrer Realisierung in Hardware oder Software. Entsprechend Abbildung 5.1 stellen FSAs das »Was« in Bezug auf die Erfüllung von Sicherheitszielen dar, während technische Sicherheitsanforderungen (TSA) auf das »Wie« und somit die Realisierung der FSAs eingehen. FSAs werden in der Konzeptphase des Sicherheitslebenszyklus abgeleitet, ihr »Was« bezieht sich auf funktionale Zusammenhänge auf Basis der groben Systemarchitektur.

In Kapitel 5.4 wurde diskutiert, dass Anforderungen an andere Items in Bezug auf den Geltungsbereich von Sicherheitszielen als Notwendigkeit zur Funktionserfüllung des Item zu verstehen sind. Da sie zur Erfüllung der sicherheitsbezogenen Funktionen des Item beitragen, sind Methoden und Maßnahmen erforderlich um diese Anforderungen abzusichern. Daher werden Anforderungen an andere Items als FSAs interpretiert. Während Sicherheitsziele einen Geltungsbereich in Bezug auf die Komponenten des Item haben, beziehen sich FSAs auf diejenigen Teile des Item, die in der groben Systemarchitektur entweder noch nicht vorhanden sind oder, falls die grobe Systemarchitektur bereits Sicherheitsmaßnahmen berücksichtigt, auf Teile, die ohne Sicherheitsanforderungen nicht notwendig wären. Die EEA ist die Detaillierung der groben Systemarchitektur. FSAs werden selektiv auf diejenigen Artefakte des betrachteten EEA Modells bezogen, welche entsprechende Sicherheitsmaßnahmen und -methoden realisieren sollen.

Für die Zuteilung von FSAs zu Artefakten des EEA Modells werden ähnlich wie bei der Zuteilung von Sicherheitszielen Annotationen eingesetzt. Jedoch werden FSA Annotationen (FSA-AN) nicht nach Architekturebenen unterschieden. FSA-ANs referenzieren direkt Sicherheitsziele und nicht deren Annotationen. Im Vergleich zu einer Architektur ohne Sicherheitsziele betreffen FSAs immer bereits vorhandene oder hinzuzufügende Anreicherungen zur Realisierung der spezifizierten Sicherheitsmethoden und -maßnahmen. Diese Anreicherungen beziehen sich im Sinne der ISO 26262 auf funktionale Zusammenhänge und sind damit auf der Ebene des Funktionsnetzwerks anzusiedeln. FSA-ANs referenzieren FSAs entsprechend Tabelle 5.1.

FSA-ANs werden jeweils auf alle Komponenten des FN zugeordnet, die von der Realisierung der referenzierten FSA im Sinne ihrer funktionalen Erfüllung betroffen sind. Interaktionen und Ports betreffen die technische Realisierung und sind daher von der Zuteilung von FSAs nicht betroffen (erst von der Zuteilung von TSAs). Bei dieser Sichtweise werden bestehende Funktionen (oder Kompositionen von Funktionen) des FN als Komponenten der groben Systemarchitektur des Item interpretiert.

---

[6]Hierzu zählen Methoden und Maßnahmen zur Fehlererkennung und Fehlervermeidung, Überführung in sicheren Zustand, Mechanismen der Fehlertoleranz, Warnung des Fahrers oder Arbitrierungslogiken.

Ist durch die Verwendung von Kompositionen in der betrachteten EEA bereits eine hierarchische Funktionsstruktur vorhanden, so wird die Zuordnung über diese Hierarchiestufen hinweg vorgenommen. Dabei werden von detaillierteren Stufen nur diejenigen Kompositionen/Funktionen annotiert, welche zur Erfüllung der Sicherheitsmethode oder -maßnahme beitragen. Wird das FN, auf welches bereits alle bestehenden FSA-ANs zugeteilt wurden, im Laufe der weiteren Entwicklung detailliert, so ist es nicht zwingend erforderlich, FSA-ANs nachzuziehen. Die Detaillierung betrifft technische Realisierungen, die von TSAs adressiert werden, welche sich aus FSAs ableiten. Da der Detaillierungsgrad von TSAs mit der Detaillierung des EEA Modells zunimmt und hier entsprechende Annotationen nachgezogen werden, bleiben Konsistenz und Rückverfolgbarkeit gewährleistet. Dies betrifft jedoch nur die interne Detaillierung von Komponenten des Funktionsnetzwerks. Wird, beispielsweise durch Dekomposition, die Erfüllung von FSAs auf mehrere Komponenten des Funktionsnetzwerks verteilt, so sind FSA-ANs nachzuziehen.

In Bezug auf Sicherheitsziele betreffen TSAs das »Wie« und damit die dedizierte technische Realisierung von FSAs. Der Detaillierungsgrad von TSAs steigt mit der Entwicklung, wobei generellere TSAs von detaillierteren TSAs beschreiben werden. TSAs werden auf diejenigen Artefakte der EEA bezogen, welche die Realisierung repräsentieren. Auch hierfür werden Annotationen eingesetzt. TSAs der generellsten Stufe sind jeweils den funktionalen Sicherheitsanforderungen (FSA) zugeordnet, auf deren Realisierung sie sich beziehen. TSAs speziellerer Stufen sind jeweils TSAs der nächst generelleren Stufe zugeordnet. Damit besteht die Zuordnung vom Generellen zum Allgemeinen oder in Richtung der Erfüllung/Vermeidung der Gefährdung. Die Zuordnung von TSAs auf Artefakte der EEA findet auf vergleichbarer Detaillierungsstufe statt. Propagationen genereller TSAs auf detailliertere Hierarchiestufen (z.B. interne Struktur von Funktionskompositionen) werden nicht vorgenommen. Somit wird eine selektive Zuteilung unterstützt. Die Rückverfolgung wird über Links zwischen den TSAs verschiedener Detaillierungsstufen vorgenommen, nicht über die Struktur der EEA. Wie FSA-ANs werden auch TSA-ANs nicht in Bezug auf Ebenen der EEA Modellierung unterschieden.

Abbildung 6.6 zeigt die Zuteilung von TSA Annotationen (TSA-AN) auf Kompositionen oder Elemente der jeweiligen Hierarchiestufen des EEA Modells. Da die EEA Modellierung in frühen Entwicklungsphasen angesiedelt ist, wird hier nicht die detaillierteste Stufe von TSAs beschrieben sein. Bezieht sich ein TSA auf eine technische Realisierung, die in der EEA nur grob spezifiziert wird, so kann nur eine Annotation auf abstrakter Stufe erfolgen, wie dies in der Abbildung beispielsweise für »TSA-AN 2 Stufe x« der Fall ist. Werden in der EEA viele Details einer technischen Realisierung als Beitrag zur Erfüllung von Sicherheitszielen spezifiziert (z.B. »TSA-AN 1 Stufe x«), so können auch Detaillierungen der TSA-ANs den entsprechenden Modellartefakten zugeteilt werden.

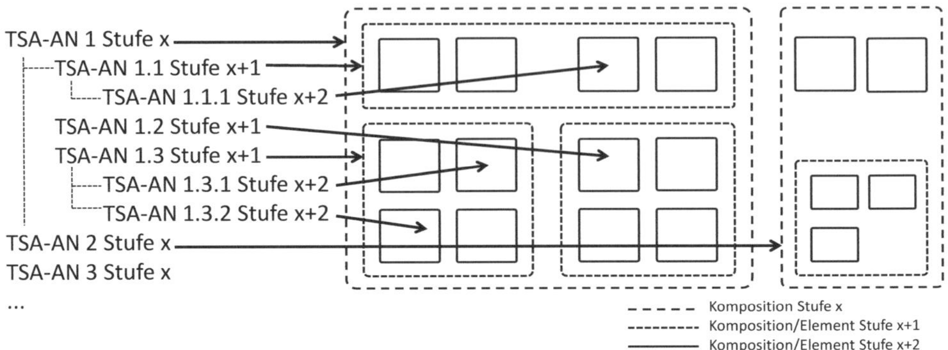

Abbildung 6.6: Zuteilung von TSAs auf Artefakte des Funktionsnetzwerks

Die Konzepte und Relationen der Zuteilung von FSAs und TSAs auf Artefakte von EEA Modellen durch Einsatz von Annotationen ist in Abbildung 6.7 dargestellt [7]. Diese erweitern das Klassendiagramm aus Abbildung 6.3. Die Konzepte beziehen sich auf »Anforderung«, »Anforderungszuteilung« und »EE-Artefakt« als Konzepte der zugrundeliegenden Sprache (beispielsweise EEA-ADL oder EAST-ADL). Oben rechts in der Abbildung werden die Vererbungsrelationen zwischen den hier vorgestellten sicherheitsbezogenen Konzepten und Konzepten der zugrunde liegenden Sprache dargestellt. Technische Realisierungen können auch Anforderungen an den Leitungssatz sowie die Topologie stellen, weswegen diese Ebenen in Bezug auf TSRs beleuchtet werden.

6.2.5 Übersicht der Aktivitäten

Eine Übersicht über die Aktivitäten in Bezug auf die Handhabung von Sicherheitsanforderungen in Bezug auf EEA Modelle wird in Abbildung 6.8 dargestellt. Die Aktivitäten der Definition des Item, seiner groben Systemarchitektur, die Bestimmung von Gefährdungen und Sicherheitszielen, die Bestimmung von Anforderungen an andere Items sowie die Zuteilung dieser Anforderungen sind noch unabhängig vom EEA Modell. Die Ergebnisse dieser Aktivitäten können in tabellarischer Form entsprechend Kapitel 5.4 Tabelle 5.1 dargestellt werden. Dies kann durch die Verwendung von EEA Modellierungswerkzeugen unterstützt werden. Die folgenden Aktivitäten beziehen sich auf die Zuteilung bestehender Anforderungen auf die EEA Modelle, der Ableitung und Detaillierung von FSAs und TSAs sowie deren Zuteilung auf Artefakte von EEA Modellen. Diese Aktivitäten sind abhängig von den spezifischen Zusammenhängen im EEA Modell und unter Verwendung von Konzepten domänenspezifischer Sprachen wie EEA-ADL oder EAST-ADL durchzuführen.

---

[7]FN steht für Funktionsnetzwerk, CMPN für Komponentennetzwerk, WH für Kabelsatz (von engl. Wiring Harness) und TOP für Topologie.

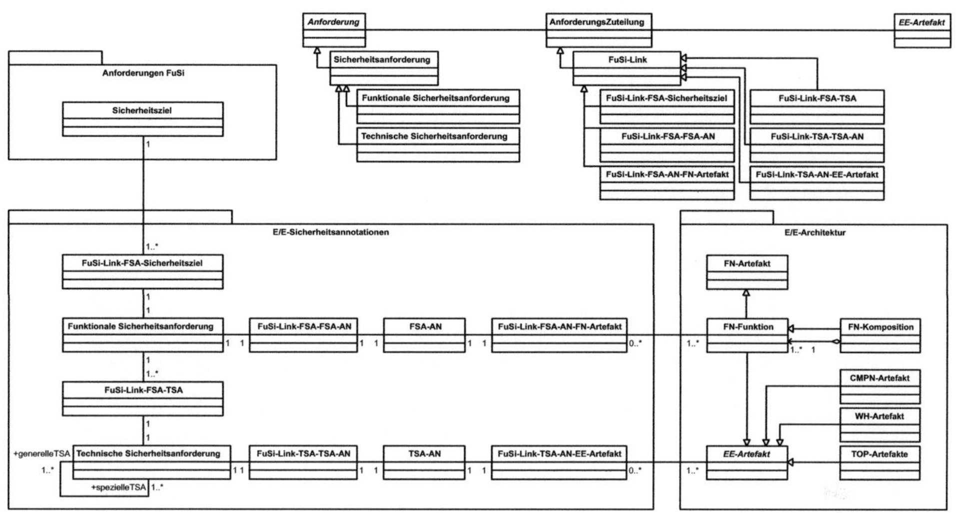

Abbildung 6.7: Klassendiagramm für Annotationen von FSAs und TSAs

6.3 Bottom-Up Zuteilung

Im vorangehenden Kapitel wurden Methoden und Aktivitäten für die Betrachtung und Zuteilung von Sicherheitsanforderungen auf Artefakte von EEA Modellen vorgestellt. Diese Aktivitäten sind händisch durchzuführen und ihre Anwendung eignet sich in Verbindung mit parallel entwickelten sowie bestehenden EEA Modellen. Um den Aufwand bei der Zuteilung von Sicherheitsannotationen bei bestehenden EEA Modellen zu verringern wird in diesem Kapitel eine Methode vorgestellt, die einen Teil der Zuteilungen automatisiert.

Die Automatisierung bezieht sich auf die Zuteilung von Sicherheitsannotationen, welche Sicherheitsziele adressieren, auf Artefakte von EEA. Damit wird der Geltungsbereich von Sicherheitszielen aufgespannt. Die Kommunikationsstruktur und Interaktionsstruktur der bestehenden Architektur ist Grundlage für die Durchführung. Da sich FSAs und TSAs selektiv auf Artefakte innerhalb des Geltungsbereiches von Sicherheitszielen beziehen, ist für deren Zuteilung Entwicklerwissen erforderlich. Daher werden FSAs und TSAs bei der automatisierten Zuteilung nicht berücksichtigt.

Die vorgestellte Methode ist als Unterstützung der Sicherheitsbetrachtungen zu verstehen sowie dem schnellen Übersichtsgewinn über die Geltungsbereiche von Sicherheitsanforderungen und den damit verbundenen ASIL-Klassifizierungen. Durch die Verwendung der Kommunikationsstruktur und Interaktionsstruktur ermöglicht sie Aussagen in Bezug auf die Ebenen Funktionsnetzwerk (FN) und Komponentennetzwerk (CMPN).

Abbildung 6.8: Aktivitäten der Ableitung und Zuteilung von Gefährdungen und Sicherheitsanforderungen auf Artefakte von EEA Modellen

Die automatisierte Zuteilung erfordert als Anfangsbedingung, dass die Funktionen der betrachteten Merkmale des aktuell betrachteten Item zu einer dem Item entsprechenden Komposition zusammengefasst sind. Durch die automatisierte Zuteilung werden jeweils die auf Gefährdungen bezogenen Sicherheitsziele durch die bestehende Kommunikations- und Interaktionsstruktur der EEA propagiert.

6.3.1 Propagation von Annotationen im Funktionsnetzwerk

Die Propagation beginnt mit der Zuteilung von Gefährdungen zu den entsprechenden Aktuatorfunktionen. Die Propagation wird selektiv für jede zugeteilte Gefährdung durchgeführt. Sie beginnt mit der Zuteilung der Sicherheitsannotation auf die entsprechende Aktuatorfunktion und von dort aus über die Vernetzungsstruktur des Funktionsnetzwerks bis zu den jeweiligen elementaren Funktionen, welche zur Ansteuerung der Aktuatorfunktion beitragen. Die Propagation erfolgt über Hierarchiestufen hinweg, welche durch Kompositionen realisiert werden. Kompositionen selbst werden nicht annotiert. Dabei wird die Nomenklatur festgelegt, dass ein »Ausgangsport« einer Komposition einem »hierarchischen Eingang« und ein »Eingangsport« einer Komposition einem »hierarchischen Ausgang« jeweils auf der nächsten detaillierteren Hierarchiestufe entspricht. Ist ein Eingangsport der Item-Komposition erreicht, so wird eine »Anforderung an ein anderes Item« als Anforderungsobjekt angelegt. Die aktuell betrachtete Sicherheitsannotation wird diesem Anforderungsobjekt zugeteilt. Die »Anforderung an ein anderes Item« wird dem betrachteten Eingangsport der Item-Komposition zugeteilt. Entsprechend der Vernetzungsstruktur propagieren die Zuteilungen dieser Anforderung bis zu den elementaren Funktionen des anderen Items, welche zur Bereitstellung von Daten für diesen Eingangsport beitragen. Ebenfalls wird die Komposition des andern Item annotiert.

Elementaren Funktionen von EEA Modellen sind nicht notwendigerweise Übertragungsfunktionen hinterlegt aus denen hervorgeht, welche Eingänge bei der Bereitstellung eines bestimmten Ausgangs berücksichtigt werden. Um die Durchführung der automatisierten Zuteilung zu ermöglichen, werden diese Informationen jeweils in der Beschreibung von elementaren Funktionen hinterlegt. Ist

- $E = \{e_1, e_2, e_3, e_4, e_5\}$ die Menge der Eingänge einer elementaren Funktion und

- $A = \{a_1, a_2, a_3\}$ die Menge der Ausgänge einer elementaren Funktion, so beschreibt

- $a_1 : (e_1, e_3); a_2 : (e_2, e_3, e_4); a_3 : (e_1, e_3, e_5)$ die Abhängigkeiten der Ausgänge aus A von den Eingängen aus E.

Hierdurch ist die Propagation der Annotationszuteilungen von Ausgängen auf Eingängen möglich. Abbildung 6.9 stellt die automatisierte Zuteilung von Sicherheitsannotationen für Sicherheitsziele als Programmablaufplan dar.

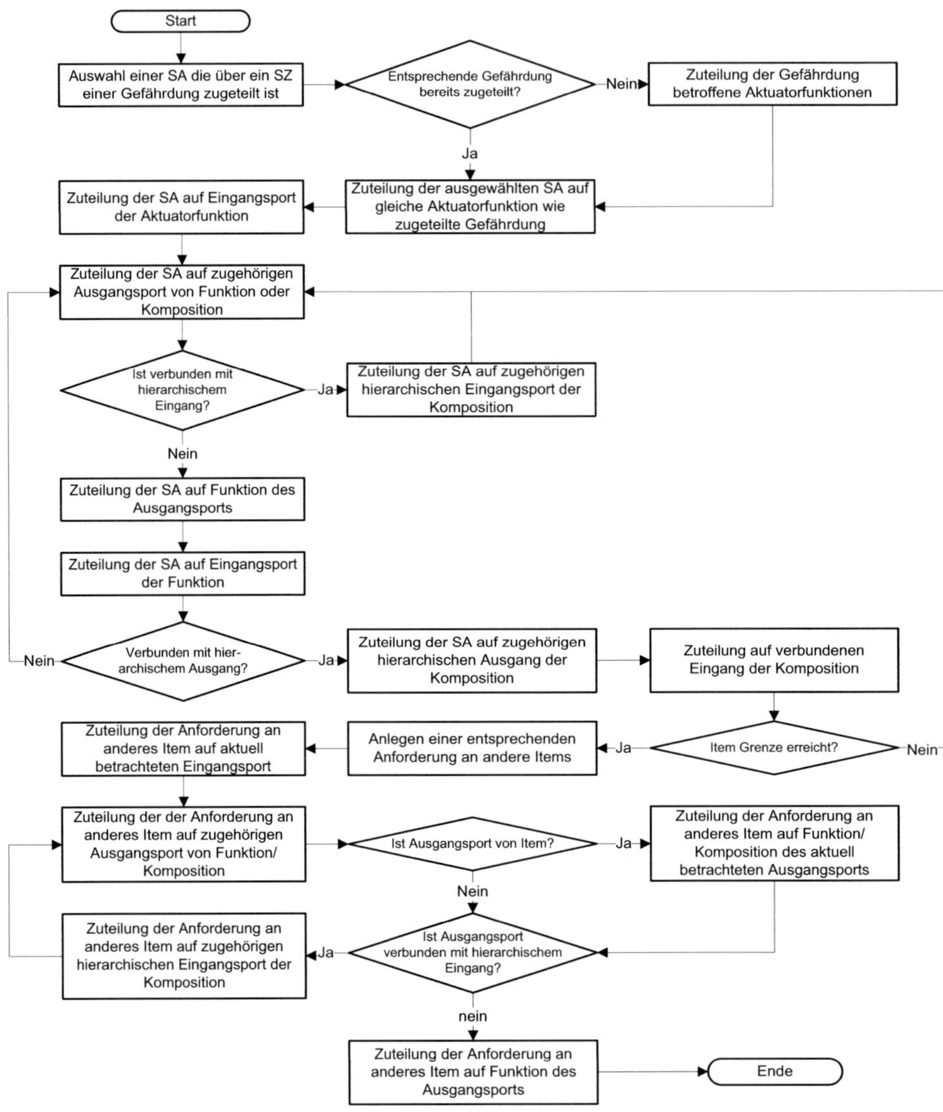

Abbildung 6.9: Programmablaufplan für automatisierte Zuteilung von SAs für SZs auf Artefakte des FN

6.3.2 Propagation von Annotationen im Komponentennetzwerk

Durch bestehende formale Zuteilungen von Funktionen des Funktionsnetzwerks (FN) auf ausführende Hardwarekomponenten des Komponentennetzwerks (CMPN) kann die automatisierte Zuteilung von Sicherheitsannotationen (SA) für Sicherheitsziele (SZ) auch auf das CMPN ausgeweitet werden. Der entsprechende Programmablaufplan wird in Abbildung 6.10 dargestellt. Hierbei werden die komponentennetzwerkspezifischen Annotationen CMPN-SA verwendet.

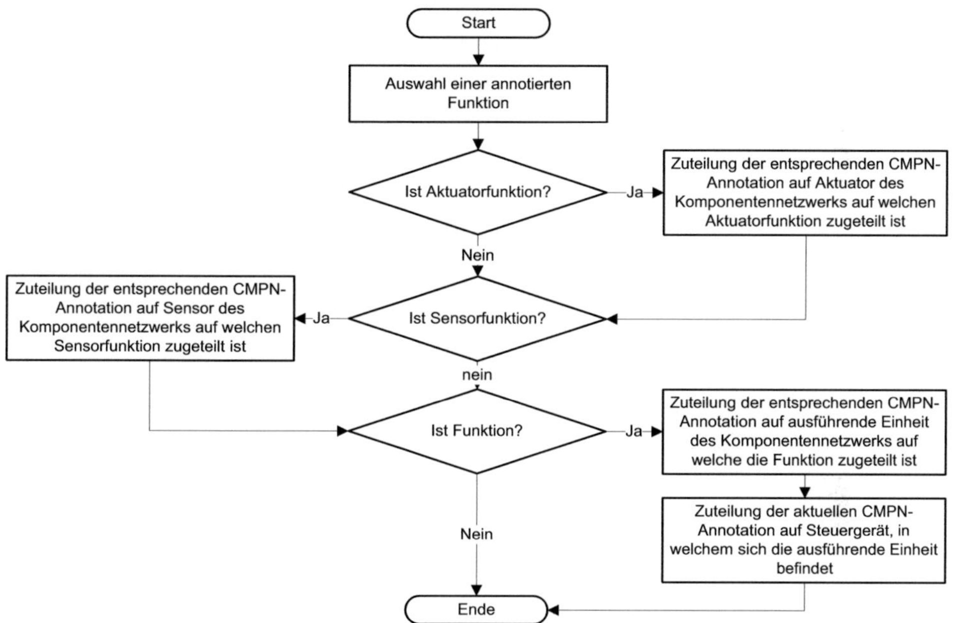

Abbildung 6.10: Programmablaufplan für automatisierte Zuteilung von SAs für SZs auf Artefakte des CMPN

6.3.3 Propagation von Annotationen auf Netze der Kommunikation und Leistungsversorgung

Die Anwendung der Propagation kann auf Übertragungen von Signalen und Frames sowie Komponenten von Kommunikations- und Leistungsversorgungsnetzen entsprechend der Diskussion in den Kapiteln 6.2.2.1 und 6.2.2.2 angewendet werden.

Dabei werden Annotationen des Typs CMPN-SA auf Übertragungen angewendet, welche Signale übertragen, die den zwischen entsprechend annotierten Eingangs- und Ausgangsports des FN kommunizierten Informationen entsprechen. Anbindungen und Verbindungen, welche diese Übertragungen senden oder empfangen werden ebenfalls mit CMPN-SA annotiert. Der zugehörige Programmablaufplan ist in Abbildung 6.11 dargestellt. Für Leistungsversorgungsnetze ergibt sich ein Programmablauf, der Leistungsversorgungsanbindungen annotierter Komponenten des Komponentennetzwerks ebenfalls diese Annotationen zuteilt. Die in Bezug auf Leistungsversorgungsanbindungen vorhandenen Annotationen werden ebenfalls den entsprechenden Verbindungen (Leistungsversorgungsnetze) sowie den entsprechenden Massestellen und Sicherungs-/Relaisboxen zugeteilt.

6.3.4 Realisierung

Die domänenspezifische Sprache EEA-ADL bietet die Konzepte *Anforderung* sowie *Anforderung-to-X-Mapping*, welche hier für eine beispielhafte Implementierung verwendet werden. Das Konzept *Anforderung* wird jeweils für Objekte der Art »Gefährdung«, »Sicherheitsziel« und »Sicherheitsannotation« instanziiert, *Anforderung-to-X-Mapping* jeweils für Relationen zwischen diesen Objekten sowie für Relationen zwischen diesen Objekten und Artefakten der EEA.

Die Realisierung wird unter Einsatz von Modellabfrage-, Berechnungs- und Genratorblöcken in einem Metrikdiagramm (s. Kapitel 2.10.1.3) gefasst. Die Ausführung erfolgt jeweils auf den Anforderungsobjekten im Paket »Gefährdungen« des jeweils betrachteten Item (s. Tabelle 5.1). Jede Gefährdung wird von einem oder mehreren Sicherheitszielen referenziert, die ihrerseits Instanzen des Konzeptes *Anforderung* sind. Diese liegen im Paket »Sicherheitsziele« des betrachteten Item. Zur Realisierung dieser Referenz werden FuSi-Links als Instanzen des Konzeptes *Anforderung-to-X-Mapping* eingesetzt.

Zuerst erfolgt die Zuteilung von Sicherheitsannotationen auf Artefakte des Funktionsnetzwerks (FN). Eine entsprechende Annotation (FN-SA) als Instanz des Konzepts *Anforderung* wird im Paket »FN Annotationen« (s. Tabelle 6.1) des jeweils betrachteten Item angelegt sowie ein FuSi-Link als Instanz des Konzepts *Anforderung-to-X-Mapping*, als Referenz zwischen dieser Annotation und dem Sicherheitsziel auf welches sie sich bezieht. Die Zuteilung der Annotationen wird entsprechend des Programmablaufplans nach Abbildung 6.9 selektiv für jedes Sicherheitsziel des Item durchgeführt. Für jedes zu annotierende Artefakt des Funktionsnetzwerks wird ein FuSi-Link als Instanz von *Anforderung-to-X-Mapping* angelegt als Referenz zwischen der aktuell betrachteten Sicherheitsannotation und dem Artefakt. Ergeben sich Anforderungen an andere Items, so wird für die betrachtete Annotation eine Instanz des Konzepts *Anforderung* im Paket »Anforderungen an andere Items« des aktuell betrachteten Item angelegt sowie ein FuSi-Link als Instanz des Konzepts *Anforderung-to-X-Mapping* zwischen diesem Anforderungsobjekt und dem aktuell betrachteten Sicherheitsziel (entsprechend Tabelle 5.1).

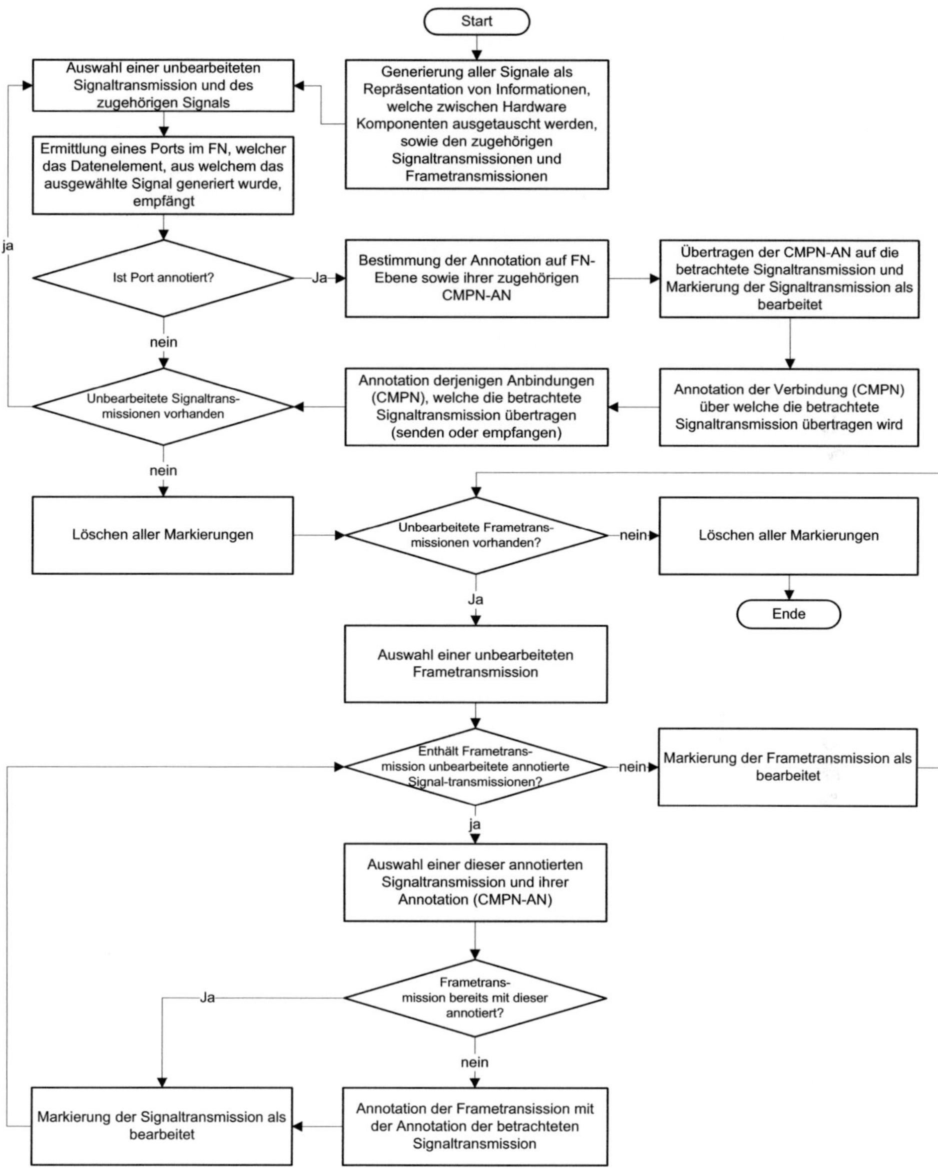

Abbildung 6.11: Programmablaufplan für automatisierte Zuteilung von SAs für SZs auf Netze der Kommunikation und Leistungsversorgung

Entsprechend wird jeweils ein Anforderungsobjekt im Paket »Anforderungen von anderen Items« des jeweils anderen Items angelegt. Dem Programmablaufs nach Abbildung 6.9 folgend, wird für jedes bestimmte E/E-Artefakt des anderen Items ein FuSi-Link (Instanz des Konzepts *Anforderung-to-X-Mapping*) als Referenz zwischen dem betrachteten E/E-Artefakt und dem jeweiligen Anforderungsobjekt im Paket »Anforderungen von anderen Items« des anderen Item erstellt.

Für die Zuteilung von Annotationen zu Artefakten des CMPN, zu Signal- und Frametransmissionen sowie zu Artefakten von Kommunikations- und Leistungsversorgungsnetzen wird entsprechend verfahren. Auch hier werden jeweils entsprechende FuSi-Links als Relation zwischen CMPN-spezifischen Sicherheitsannotationen (CMPN-SA) und Artefakten des EEA Modells angelegt.

Durch die Generierung der Zusammenhänge zwischen Sicherheitszielen und Artefakten der Ebenen FN und CMPN des EEA Modells entsteht eine schnelle Übersicht über den vermeindlichen Geltungsrahmen von Sicherheitszielen. Dies bildet die Grundlage für Überarbeitungen der EEA, die Gegenstand des folgenden Kapitels (Kapitel 7) sind.

7 Optimierung von E/E-Architekturen unter Berücksichtigung funktionaler Sicherheit

In den beiden vorigen Kapiteln 5 und 6 wurden Methoden zum Umgang mit Sicherheitsanforderungen in Bezug auf deren Geltungsbereiche in E/E-Architektur (EEA) Modellen dargestellt. Dieses Kapitel beschäftigt sich mit der Überarbeitung von EEAs in Hinblick auf die Bereitstellung sicherer, funktional sicherheitsbezogener Merkmale [1]. Hierbei wird die Bedeutung der ASIL Dekomposition beschrieben, sowie die Anwendung von Redundanzmitteln zur Steigerung der funktionalen Sicherheit [2].

Schließlich wird eine Metrik vorgestellt, mit welcher sich Architekturalternativen in Bezug auf funktionale Sicherheit vergleichen lassen.

7.1 ASIL Dekomposition nach ISO 26262

ISO 26262 stellt in Teil 9 §5 eine Methode zur Dekomposition von ASILs vor. Dieser liegt zugrunde, dass sich die an eine Komponente gestellten Anforderungen und Auflagen entsprechend einer ASIL-Klassifikation auf mehrere Komponenten verteilen lassen, wobei die Klassifikation für jede dieser Komponenten in Bezug auf die ursprüngliche Klassifikation herabsetzen lässt. Abbildung 7.1 stellt die ASIL Dekompositionsmetrik nach ISO 26262 Teil 9 §5.4.7 dar. Dabei steht die Bezeichnung *QM* für Maßnahmen der Qualitätssicherung und des Qualitätsmanagement. Bezeichnungen der Form *ASIL X(Y)* geben die Ableitung eines *ASIL X* von einem *ASIL Y* wieder. Dies bezieht sich auf zusätzliche Anforderungen an die beiden Komponenten, auf welche der vor der Dekomposition bestehende gültige ASIL verteilt wird. Diese Anforderungen sind in Teil 9 §5.4.8 und §5.4.9 beschrieben.

---

[1]Die Inhalte dieses Kapitels wurden vom Autor der hier vorliegenden Arbeit und Co-Autoren in [112] veröffentlicht.

[2]Teile der in diesem Kapitel dargestellten Inhalte wurden im Zuge der vom Autor der vorliegenden Arbeit betreuten Studienarbeit von Herrn Thomas Glock mit dem Titel »Methodische Beschreibung von Redundanz in Bezug auf ASIL Dekomposition nach ISO 26262 zur Erhöhung der funktionalen Sicherheit in Automobilen« [Glo11] erarbeitet.

Dabei wird unter anderem die Unabhängigkeit der Komponenten, auf welche der ursprüngliche ASIL verteilt wird, in Bezug auf gemeinsame Fehler gefordert. Darauf bezogen wird die Unabhängigkeit der Komponenten dadurch begründet,

- dass die Analyse abhängiger Fehler keinen Fall abhängiger Fehler aufdeckt, welcher zu einer Verletzung der vor der Dekomposition bestehenden Sicherheitsanforderung führen kann, oder,
- wenn jeder aufgedeckte Fall von abhängigen Fehlern durch eine adäquate Maßnahme mit dem ASIL des geltenden Sicherheitsziels kontrolliert wird.

Die Dekomposition von ASILs kann an einigen Stellen des Sicherheitslebenszyklus nach ISO 26262 angewendet werden:

- Allokation von funktionalen Sicherheitsanforderungen nach Teil 3 §8.4.3.2
- Spezifikation des Systemdesigns und des technischen Sicherheitskonzepts nach Teil 4 §7.4.2.5
- Hardwaredesign nach Teil 5 §7.4.3.1
- Design der Softwarearchitektur nach Teil 6 §7.4.12

Damit kann es sich bei Komponenten auf welchen die ASIL Dekomposition angewendet wird um Komponenten des groben Architekturdesign, des Systemdesign, des Hardwaredesign oder der Softwarearchitektur handeln.

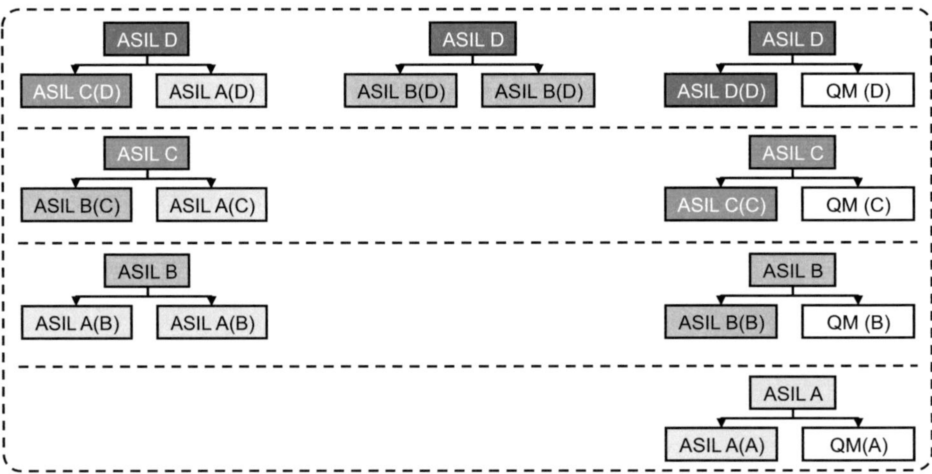

Abbildung 7.1: Klassifikationsschema von ASILs für die Dekomposition von Sicherheitsanforderungen nach ISO 26262

7.2 Diskussion der ASIL Dekomposition

Die ASIL Dekomposition bezieht sich jeweils auf eine Komponente der jeweils betrachteten Detaillierungsstufe der Entwicklung. Dabei ist es der prinzipielle Gedanke, die in Bezug auf die betrachtete Komponente mit einem Sicherheitsziel verbundenen Anforderungen an funktionale Sicherheit durch mehrere Komponenten zu erbringen. Da diese Erbringung auf mehrere Komponenten verteilt wird, kann der Grad der Klassifizierung und die damit verbundenen Auflagen für jede dieser Komponenten im Vergleich zum Zustand vor der Dekomposition verringert werden. Werden die Komponenten, auf welche der vor der Dekomposition bestehende ASIL verteilt wird, gemeinsam betrachtet, so entspricht diese Kombination der vor der Dekomposition geltenden Klassifizierung, auch wenn für jede einzelne Komponente dieser Kombination geringere Sicherheitsanforderungen bestehen.

Jedoch wird beispielsweise aus der Klassifikation ASIL C durch Dekomposition nicht nur ASIL B und ASIL A. Es bestehen zusätzliche Anforderungen zwischen den beiden dekomposierten Klassifikationen, wie beispielsweise die Unabhängigkeit in Bezug auf gemeinsame Fehler. Daher ist zu berücksichtigen, wie Klassifikationen zustande gekommen sind. Aus diesem Grund werden die Ergebnisse mit ASIL B(C) und ASIL A(C) betitelt.

Die Dekomposition von ASILs bezieht sich jeweils einzeln auf Sicherheitsziele bzw. Gefährdungen, welche in der Gefährdungs- und Risikoanalyse nach ISO 26262 Teil 3 §7 mit den vor der Anwendung der Dekomposition geltenden ASILs klassifiziert wurden. Werden in Hinblick auf die Anwendung der ASIL Dekomposition Maßnahmen der funktionalen Sicherheit angewendet, so muss die ASIL Dekomposition für jedes für die betrachtete Komponente geltende Sicherheitsziel einzeln angewendet werden. Daraus kann sich ergeben, dass eine Verteilung der vor der Dekomposition bestehenden ASILs für ein oder mehrere geltenden Sicherheitsziele möglich ist, für andere jedoch nicht.

7.2.1 Dekompositionsbeispiel

Dies soll anhand eines Beispiels verdeutlicht werden. Hierzu wird das Merkmal eines automatischen Heckspoilers (AHS) betrachtet, wie bereits in Kapitel 5.3 beschrieben. In Bezug auf den AHS werden folgende Gefährdungen betrachtet [3]:

- Der Spoiler fährt bei Erhöhung der Geschwindigkeit nicht aus. Damit geht die Gefährdung des Wegbrechens des Fahrzeughecks einher. Eine Gefährdungs- und Risikoanalyse nach ISO 26262 Teil 3 ergab eine Klassifikation der Schwere eines möglichen Schadens mit S3, der Häufigkeit der Fahrsituation mit E3 sowie der Beherrschbarkeit durch den Fahrer mit C2. Daraus resultiert ASIL B.

---

[3]Die dargestellte Klassifizierung ist rein akademischer Natur und dient ausschließlich der Bereitstellung von Beispieldaten. Sie stehen in keinerlei Bezug zu bestehenden oder aktuell entwickelten Systemen.

- Der Spoiler fährt unerwünscht bei höheren Geschwindigkeiten ein. In diesem Falle kann ebenfalls das Fahrzeugheck wegbrechen. Eine Gefährdungs- und Risikoanalyse nach ISO 26262 Teil 3 ergab eine Klassifikation der Schwere eines möglichen Schadens mit S3, der Häufigkeit der Fahrsituation mit E3 sowie der Beherrschbarkeit mit C3. Daraus resultiert ASIL C.

Damit bestehen zwei Gefährdungen in Bezug auf das Merkmal AHS [4]. Abbildung 7.2 stellt die grobe Systemarchitektur des Merkmals AHS dar, welches in diesem Zusammenhang als Item interpretiert wird [5].

Für das Item sowie für die darin enthaltene Komponente »Ansteuerung automatischer Heckspoiler« gelten Anforderungen und Entwicklungsauflagen entsprechend der am höchsten klassifizierten Gefährdung, die in Zusammenhang mit der nicht korrekten Erfüllung der Funktion des Item besteht. Diese sind ASIL B und ASIL C, woraus sich eine Klassifizierung des Item zu ASIL C ergibt.

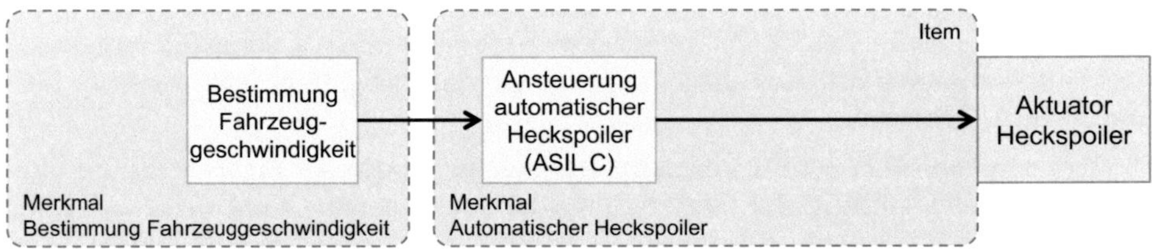

Abbildung 7.2: Grobe Systemarchitektur des AHS vor Dekomposition

Zur Erhöhung der funktionalen Sicherheit des Systems, kann eine zusätzliche Komponente in den Kontrollpfad des Aktuators des AHS eingebracht werden, welche eine Ansteuerung zulassen muss, bzw. unterbrechen kann. Abbildung 7.3 stellt die resultierende grobe Systemarchitektur dar.

Die zusätzliche Komponente bestimmt anhand der Fahrzeuggeschwindigkeit und anderer Parameter [6] ob eine Ansteuerung zur aktuellen Situation zulässig ist. Hier wurde bereits eine ASIL Dekomposition durchgeführt. Das Einbringen der zusätzlichen Komponente trägt zur funktionalen Sicherheit bezüglich der Gefährdung des Einfahrens des AHS bei höheren Geschwindigkeiten bei. ASIL Dekomposition wird in Hinblick auf diese Gefährdung und die damit verbundene Klassifikation durchgeführt.

---

[4]Dies ist eine akademische Betrachtung im Sinne der Verfügbarkeit eines Beispiels. Es wird kein Anspruch auf Vollständigkeit erhoben.

[5]Abbildung 7.2 entspricht einem Auszug von Abbildung 5.3 aus Kapitel 5.3.

[6]Würden Bestimmung der Fahrzeuggeschwindigkeit und deren Übertragung in Bezug auf die Komponenten des Item auf gleiche Weise realisiert, so wäre die Unabhängigkeit gegenüber gemeinsamen Fehlern, wie falsch bestimmte Fahrzeuggeschwindigkeit oder Fehler bei der Übertragung, nicht gegeben und somit die Dekomposition nicht zulässig.

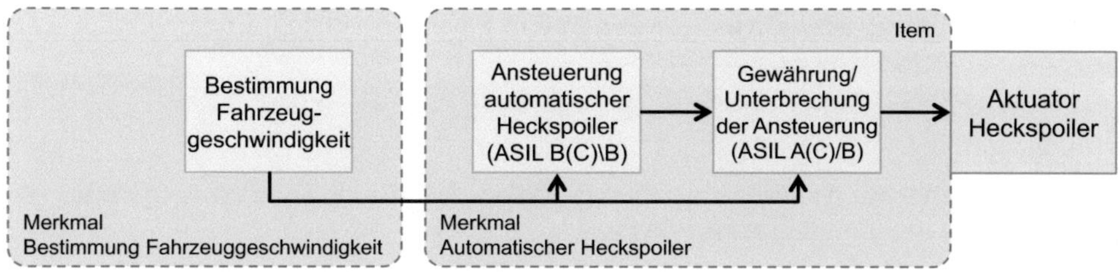

Abbildung 7.3: Grobe Systemarchitektur des AHS nach Dekomposition

Entsprechend Abbildung 7.1 wird die Dekomposition von ASIL C zu ASIL B(C) und ASIL A(C) gewählt. ASIL B(C) bleibt auf der ursprünglichen Komponente, ASIL A(C) wird auf die hinzugekommene Komponente übertragen.

In Bezug auf die andere bestehende Gefährdung bleibt die Klassifikation der ursprünglichen Komponente unverändert. Da von dieser Gefährdung auch die hinzugekommene Komponente betroffen ist, wird sie ebenfalls mit ASIL B klassifiziert. Somit müssen beide Komponenten des Item entsprechend der Klassifikation ASIL B entwickelt werden. Zusätzlich gelten auf die Dekomposition bezogenen Anforderungen, welche jeweils durch Angabe des Zustandekommens der Klassifikation ausgedrückt werden können. Wird das Item von außen betrachtet, so bleiben die Parameter der Gefährdungseinstufung unverändert [7].

7.2.2 Bezug zwischen Dekomposition und Architekturänderungen

Wie im vorigen Kapitel dargestellt ist die ASIL Dekomposition jeweils abhängig von bestehenden Gefährdungen bzw. Sicherheitszielen und deren ASIL Klassifizierung. Zudem werden bei Anwendung der ASIL Dekomposition zusätzliche Anforderungen an die Komponenten gestellt, auf welche der vor der Dekomposition für die ursprüngliche Komponente geltende ASIL verteilt wird. EEA spezifische Maßnahmen können einen Einfluss auf die Zuverlässigkeit der modellierten Merkmale haben und damit zur möglichen Anwendung der ASIL Dekomposition beitragen. Bestehen in Zusammenhang mit einem Merkmal mehrere Sicherheitsziele, so haben Anwendungen von Architekturmaßnahmen häufig Auswirkungen auf diese. Sicherheitsziele werden in Bezug auf Gefährdungen abgeleitet, welche durch Abweichungen des beabsichtigten Verhaltens der Erfüllung des betrachteten Merkmals entstehen.

---

[7]Während in Bezug auf die Parameter »Schwere eines möglichen Schadens« und »Häufigkeit der Fahrsituation« üblicherweise kein Einfluss durch Maßnahmen der Elektrik und Elektronik genommen werden kann, so lässt sich die »Kontrollierbarkeit durch den Fahrer« durch entsprechende Maßnahmen verändern. Dies kann zu einer veränderten ASIL Klassifizierung führen.

Dabei können diese Abweichungen generell in zwei Fehlerarten unterschieden werden:

- **Unterlassung**: Eine Funktion des Merkmals ist erforderlich, wird aber nicht ausgeführt.

- **Unerwünschte Ausführung**: Eine Funktion des Merkmals wird ausgeführt, obwohl sie nicht angefordert wurde.

Zur Erhöhung der Sicherheit und Zuverlässigkeit von merkmalserfüllenden Systemen lassen sich Maßnahmen der Architekturänderung anwenden. Dabei besteht jedoch grundsätzlich die Möglichkeit, dass Maßnahmen, welche sich positiv auf die Sicherheit und Zuverlässigkeit bezüglich Gefährdungen der einen Fehlerart auswirken, einen negativen Einfluss auf Gefährdungen der anderen Fehlerart haben.

7.2.3 Betrachtung im Zuverlässigkeits-Block-Diagramm

Die Zuverlässigkeit eines Systems, das aus mehreren Komponenten besteht, kann entsprechend der Methode von Zuverlässigkeits-Block-Diagrammen (ZBD) (engl. Reliability Block Diagram) [223] dargestellt und berechnet werden [8].

Abbildung 7.4 stellt Zuverlässigkeits-Block-Diagramme (ZBDe) des Automatischen Heckspoilers vor und nach dem Einsatz einer Sicherheitsmaßnahme dar. Diese beziehen sich jeweils auf die Zuverlässigkeit der Erfüllung des Merkmals »automatischer Heckspoiler« in Bezug auf die ermittelten Fehlerarten »Unterlassung« und »Unerwünschte Ausführung«. Der linke Teil der Abbildung zeigt das ZBD vor Einsatz der Sicherheitsmaßnahme und entspricht der groben Systemarchitektur nach Abbildung 7.2. Die Merkmalserfüllung wird hier ausschließlich durch die Komponente »Ansteuerung automatischer Heckspoiler« realisiert, die im ZBD als *AHS-Controller* bezeichnet ist. Damit haben die Zuverlässigkeits-Block-Diagramme für diese Systemarchitektur in Bezug auf die beiden betrachteten Fehlerarten die gleiche Struktur. Der mittlere sowie der rechte Teil der Abbildung zeigen die ZBDe entsprechen der groben Systemarchitektur nach Anwendung der Sicherheitsmaßnahme, wie in Abbildung 7.3 dargestellt.

---

[8]In einem ZBD werden die Komponenten des betrachteten Systems in Form untereinander verbundener Blöcke dargestellt. Jeder Block repräsentiert die Zuverlässigkeit der jeweiligen Komponente. Die Verbindung der Blöcke orientiert sich dabei nicht am Kontroll- oder Datenfluss im System sondern an der Aufrechterhaltung der Systemfunktion. Dabei werden die Blöcke so miteinander verbunden, wie es ihrem Beitrag zur Aufrechterhaltung der Systemfunktion entspricht. Repräsentieren in einem ZBD die beiden Blöcke R_{K1} und R_{K2} jeweils die Zuverlässigkeiten (engl. Reliability) von zwei Systemkomponenten $K1$ und $K2$, und sind diese in einer seriellen Struktur angeordnet, so können diese zu einem Block $R_{seriell}$ zusammengefasst werden. Die resultierende Zuverlässigkeit dieses Blocks berechnet sich zu $R_{seriell} = R_{K1} \cdot R_{K2}$. Im Falle einer parallelen Struktur der beiden Blöcke R_{K1} und R_{K2} können diese zu einem Block $R_{parallel}$ zusammengefasst werden, dessen Zuverlässigkeit sich zu $R_{parallel} = R_{K1} + R_{K2} - R_{K1} \cdot R_{K2}$ berechnet. Dies gilt jedoch nur unter der Annahme, dass die Zuverlässigkeiten der Komponenten $K1$ und $K2$ stochastisch unabhängig von einander sind.

Die eingesetzte Architekturmaßnahme besteht im Einbringen einer zusätzlichen Komponente, welche die Ansteuerung des Heckspoilers weiterleitet oder unterbricht. Der mittlere Teil bezieht sich auf die Fehlerart »Unerwünschte Ausführung«. Dieser Fehler wird vermieden, wenn eine der beiden Komponenten AHS-Controller oder AHS-Switch (entspricht der Komponente »Gewährung/Unterbrechung der Ansteuerung nach Abbildung 7.3) ordnungsgemäß funktioniert, also der Heckspoiler entweder korrekt angesteuert oder die Ansteuerung bei erkanntem Fehler unterbrochen wird. Hieraus ergibt sich eine Parallelschaltung, da ein valider Pfad vom Eingang des Zuverlässigkeits-Block-Diagramms zum Ausgang besteht, wenn mindestens eine der Komponenten ordnungsgemäß funktioniert. Der rechte Teil zeigt das ZBD in Bezug auf die Anwendung der gleichen Sicherheitsmaßnahme, jedoch unter Betrachtung der Fehlerart »Unterlassung«. Um den Aktuator des Heckspoilers korrekt ansteuern zu können ist es erforderlich, dass beide Komponenten ordnungsgemäß funktionieren. Daraus ergibt sich eine Serienschaltung im ZBD. Durch die Stochastik werden Zuverlässigkeiten Werte zwischen 0 und 1 zugeordnet. Entsprechend der Formel für die Parallelschaltung im ZBD liegt der Wert und damit die Zuverlässigkeit höher als der jeder Einzelkomponente. Bei der Serienschaltung ist er niedriger als bei jeder Einzelkomponente.

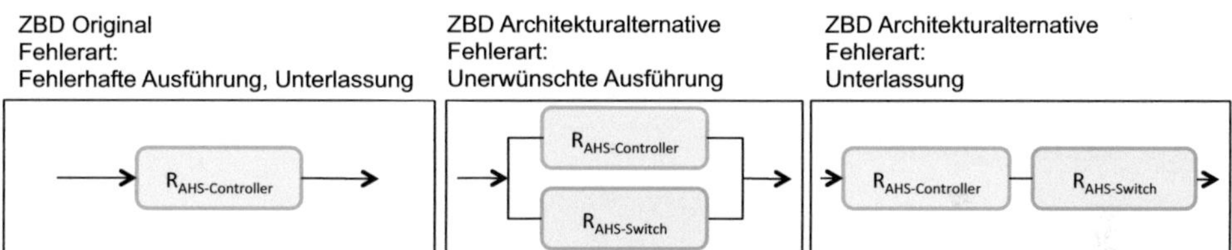

Abbildung 7.4: Zuverlässigkeits-Block-Diagramme für Architekturalternativen des Merkmals automatischer Heckspoiler

7.2.4 Vorgehen bei der Dekomposition

Die Möglichkeiten der Anwendung der ASIL Dekomposition erfordert den Einsatz von Sicherheitsmechanismen und -methoden. Diese müssen dem betrachteten System hinzugefügt werden. Sie tragen üblicherweise nicht zur Merkmalserfüllung des Systems selbst bei sondern zur Erfüllung der Anforderungen nach funktionaler Sicherheit. Etliche können den Mechanismen von Redundanz (s. Kapitel 2.8) zugeschrieben werden. Somit ist die ASIL Dekomposition eng mit dem Einsatz von Redundanzmechanismen verbunden, wobei diese in den meisten Fällen Voraussetzung für die Anwendung der ASIL Dekomposition sind.

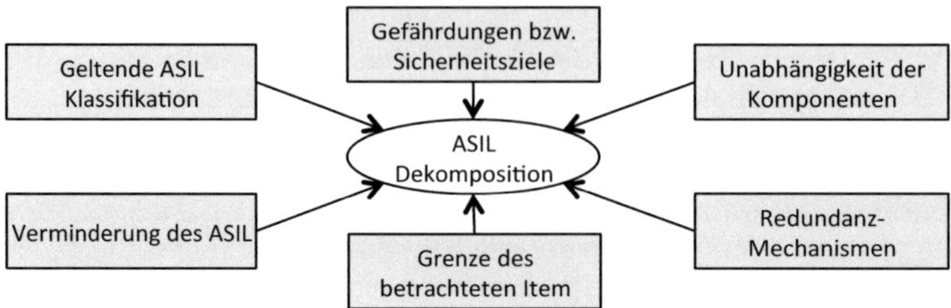

Abbildung 7.5: Randbedingungen der ASIL Dekomposition

Abbildung 7.5 stellt die Randbedingungen dar, die bei der ASIL Dekomposition zu betrachten sind. Um die Betrachtung dieser Randbedingungen bei der Überarbeitung oder dem initialen Design von EEA Modellen zu strukturieren wird im Folgenden eine entsprechende Methodik vorgestellt. Diese besteht aus zwei Teilen. Zum Einen einem Nachschlagewerk, welches mögliche Redundanzmittel und deren Auswirkungen auf die EEA beschreibt. Die erweiterbare Struktur eines solchen Nachschlagewerks wird hier beispielhaft dargestellt. Zum Anderen aus einem methodischen Vorgehen zum Einbringen von Redundanzmittel in neue oder bestehende EEA und der folgenden Anwendung der ASIL Dekomposition.

7.2.4.1 Nachschlagewerk

Das Nachschlagewerk soll einen Überblick über Redundanzmittel bieten, die im Rahmen der EEA Modellierung einsetzbar sind. Beim Anlegen von Einträgen für das Nachschlagewerk sollte darauf geachtet, werden, dass die Lösungen hinreichend allgemein sind. Sie sollten mehr Design Pattern (engl. für Entwurfsmuster) darstellen als konkrete Realisierungen. Nach [76] ist ein Design Pattern eine verallgemeinerte Lösung, die auf ein vorkommendes allgemeines Problem angewendet werden kann. Um ein Design Pattern als solches verwenden zu können, muss es auf ein häufiges wiederkehrendes Problem nützlich anwendbar sein. Entsprechend [76] gehören zur Beschreibung eines Design Pattern ein Bezeichner, der Einsatzzweck, die Lösung sowie die Folgen.

Folgende Kategorien des Nachschlagewerks berücksichtigen das Konzept von Design Pattern:

- **Ebene der EEA Modellierung**: Beschreibt die Ebene der EEA Modellierung, auf welcher der Einsatz des Redundanzmittels initiiert wird. Hierzu zählen das Funktionsnetzwerk (FN), das Komponentennetzwerk (CMPN), der Leitungssatz sowie der Signalpool.

- **Redundanzmittel**: Beschreibt das eingesetzte Redundanzmittel. Hierzu zählen in Bezug auf das FN:

- **Funktionelle Redundanz**
- **Funktionelle Redundanz im Form von Zusatzfunktionen**
- **Funktionelle Redundanz in Form von Diversität**

in Bezug auf das CMPN:

- **Strukturelle Redundanz**

sowie in Bezug auf den Signalpool:

- **Informationsredundanz**

- **Zeitredundanz**: In Bezug auf die EEA Modellierung bezieht sich dies auf die zeitlichen Kommunikationsanforderungen von Signalen.

- **Mechanismen**: Beschreibt den speziellen Typ des Redundanzmittels. Hierzu zählen Überwachungs- und Beobachterfunktionen, Rückfallebenen, N-Version Progamming, sowie der Einsatz von Strukturen und Komponenten in Kontroll- und Ansteuerungspfaden zur Unterbrechung der Ansteuerung oder Überführung in einen sicheren Zustand.

- **Auswirkungen auf Fehlerarten**: Bezieht das eingesetzte Redundanzmittel auf Anwendbarkeit im Sinne der Absicherung gegen die Fehlerarten »Unterlassung« oder »Unerwünschte Ausführung«.

- **Struktur vor der Anwendung**: Gibt die Struktur der EEA bzw. den betroffenen Teil vor Anwendung des Redundanzmittels wieder.

- **Struktur nach der Anwendung/Architekturalternative**: Gibt die Struktur der EEA bzw. den betroffenen Teil nach der Anwendung des Redundanzmittels als Architekturalternative wieder.

- **Verweis auf Beispiele**: Verweist in Bezug auf das jeweilige Redundanzmittel auf repräsentative Beispielarchitekturen.

- **Auswirkungen auf Ebenen der EEA Modellierung**: Beschreibt die Ebenen der EEA, auf welche sich die Anwendung der Architekturalternative auswirkt. So hat beispielsweise das Einbringen von Überwachungsfunktionen wie Watchdog oder Beobachtern, die auf dem gleichen Prozessor wie die abzusichernden Funktionen ausgeführt werden, Auswirkungen auf das FN, nicht aber auf das CMPN, den Leitungssatz oder den Signalpool. Die Duplikation eines Signals zur Übertragung über verschiedene Übertragungswege des Kommunikationsnetzwerks betrifft die Verfügbarkeit zusätzlicher Ports von Funktionen im FN, sowie eventuell das CMPN und den Leitungssatz, wenn die verwendeten zusätzlichen Übertragungswege noch nicht vorhanden sind (redundante Übertragung eines Signals über eine Direktverbindung).

Beispielhaft werden die Bestimmungen von Einträgen des Nachschlagewerks entsprechend einiger Sicherheitsmaßnahmen dargestellt, wie sie nach [197] in Airbag Steuergeräten eingesetzt werden.

Die entsprechenden Einträge sind in Tabelle 7.1 dargestellt. Die Spalten »Vorher« und »Nachher« referenzieren auf Beispielarchitekturen, auf welche in der Darstellung aus Gründen der Übersichtlichkeit verzichtet wurde.

7.2.4.2 Methodisches Vorgehen

Das methodische Vorgehen in Bezug auf die Anwendung von Redundanzmitteln sowie die folgende ASIL Dekomposition ist in die drei Teile »Voraussetzungen«, »Durchführung« und »Zusätzliche Kriterien« gegliedert. Notwendige Eingangsinformationen werden im Teil »Voraussetzungen« beschrieben. Hierzu zählen:

- Grenzen des betrachteten Item, seinen funktionellen Merkmalen, sowie der groben Systemarchitektur.

- Abgeschlossene Gefährdungs- und Risikoanalyse, ASIL Klassifikation der ermittelten Gefährdungen und sowie formulierte Sicherheitsziele.

- Vormodellierte oder skizzierte EEA des Items und seiner Umgebung oder Gesamtarchitektur des Fahrzeugs.

- Geltungsbereiche der Sicherheitsziele in Bezug auf die grobe Systemarchitektur sowie auf die Artefakte des bestehenden EEA Modells. Anforderungen an andere Items sowie Anforderungen von anderen Items mit den jeweils verbundenen Sicherheitszielen und ASILs.

Der Ablauf der Auswahl eines geeigneten Redundanzmittels sowie der folgenden ASIL Dekomposition ist in Abbildung 7.6 dargestellt. Dieser Ablauf kann auf Items angewendet werden, die entweder als grobe Systemarchitektur oder EEA Modell vorliegen. Der rechte obere Teil des Ablaufplans bezieht sich auf Maßnahmen der Überarbeitung, die sich auf die Gefährdung selbst auswirken indem sie die Kontrollierbarkeit durch den Fahrer erhöhen. Dies kann eine Änderung des ASIL nach sich ziehen. Die beiden Teile links und rechts unten beziehen sich jeweils auf die Teilprozesse »Bestimmung eines geeigneten Redundanzmittels ...« sowie »Anwendung des Redundanzmittels ...«. Bestehen in Bezug auf das betrachtete Item verschiedene Sicherheitsziele mit unterschiedlichen ASIL Klassifizierungen, so ist es ratsam die Methodik jeweils auf die Komponenten mit der höchsten Klassifizierung anzuwenden.

Redundanzmittel sind unter Betrachtung verschiedener Kriterien auszuwählen:

- Anwendbarkeit,

- Verhältnis zwischen Entwicklungs-, Produktions- und Wartungsaufwand und dem Ergebnis im Sinne der funktionalen Sicherheit, und

- Beeinflussung der Erfüllung anderer Sicherheitsziele durch den Einsatz zusätzlicher Komponenten.

ID	Bezeichnung	Beschreibung	Ebene der E/E-Architektur Modellierung	Redundanzmittel	Mechanismus	Fehlerart	Vorher	Nachher	Beispiel	Auswirkungen auf die Ebenen der E/E-Architektur Modellierung
01	Verwendung verschiedenartig bestimmter Eingangsinformationen	Informationen, die als Eingangsinformationen für Merkmalserfüllung verwendet werden, werden auf unterschiedliche Arten und/oder mehrfach bestimmt.	Funktionsnetzwerk, Komponentennetzwerk, Leitungssatz und Signalpool	Funktionelle Redundanz in Form von Zusatzfunktionen (Sensorfunktionen und Ports) und Diversität in form verschiedenartiger Sensoren; Strukturelle Redundanz durch zusätzliche Komponenten	Zusatzinformationen	Unterlassung und Unerwünschte Ausführung			Airbag-Steuergerät	Funktionsnetzwerk für zusätzliche Sensorfunktionen und Ports zur Informationsübertragung, Komponentennetzwerk für zusätzliche Sensoren, Anbindungen und Übertragungswege, Leitungssatz für zusätzliche Pins, Stecker und Leitungen, Signalpool für zusätzliche Signale und Transmissionen,
02	Einlesen der gleichen Information über verschiedene Schnittstellen	Die gleiche Information wird unter Verwendung verschiedener physikalischer Übertragungswege vom Sender zu den Empfängern übertragen	Funktionsnetzwerk, Komponentennetzwerk, Leitungssatz und Signalpool	Fuktionelle Redundanz (durch zusätzliche Schnittstellen),	Redundante Informationen	Unterlassung und Unerwünschte Ausführung			Airbag-Steuergerät	Funktionsnetzwerk für zusätzliche Ports zur Informationsübertragung, evtl. Komponentennetzwerk für zusätzliche Anbindungen und Verbindungen, evtl. Leitungssatz für zusätzliche Pins, Stecker und Leitungen, Signalpool für zusätzliche Signale und Transmissionen
03	Redundante Ausführung des Funktionsalgorithmus	Der Funktionsalgorithmus zur Merkmalserfüllung wird auf verschiedenen Recheneinheiten des selben Steuergeräts ausgeführt. Beide Ergebnisse müssen zur Weiterleitung der Ergebnisse übereinstimmen.	Funktionsnetzwerk, Komponentennetzwerk (interner Komponentenaufbau)	Funktionelle Redundanz in Form von Diversität; Strukturelle Redundanz	Diversität und redundante Ausführung, Prüfung der Ergebnisse auf Übereinstimmung	Unerwünschte Ausführung			Airbag Steuergerät	Funktionsnetzwerk für zusätzliche Funktion, Komponentennetzwerk in Bezug auf Veränderung des internen Aufbaus des ausführenden Steuergeräts durch Notwendigkeit einer zweiten Recheneinheit (Controller, etc.) sowie Vergleicher
04	Verschiedenartige Implementierung redundant ausgeführter Funktionsalgorithmen	Die Funktionsalgorithmen werden auf verschiedene Arten implementiert, compiliert sowie auf verschiedenartigen Controllern ausgeführt (erfordert "Redundante Ausführung des Funktionsalgorithmus")	Funktionsnetzwerk, Komponentennetzwerk (interner Komponentenaufbau)	Funktionelle Redundanz in Form von Diversität	Diversität und redundante Ausführung	Unterlassung und Unerwünschte Ausführung			Airbag Steuergerät	Funktionsnetzwerk für zusätzliche Funktion, Komponentennetzwerk in Bezug auf Veränderung des internen Aufbaus des ausführenden Steuergeräts durch Notwendigkeit einer zweiten Recheneinheit (Controller, etc.)
05	Trennung von Treiberansteuerung und Treiberaktivierung	Zur Verstärkung von Ansteuerungssignalen für Aktuatoren durch Treiber wird die Übergabe der zu verstärkenden Signale sowie die Aktivierung der Treiber von unterschiedlichen Quellen auf einem Steuergerät bereitgestellt	Funktionsnetzwerk, Komponentennetzwerk (interner Komponentenaufbau)	Strukturelle Redundanz	Übereinstimmung von Ergebnissen	Unerwünschte Ausführung			Airbag Steuergerät	Funktionsnetzwerk durch zusätzliche Funktionen, Ports und Informationen, Komponentennetzwerk in Bezug auf Veränderung des internen Aufbaus des ausführenden Steuergeräts
06	Zusätzliche Leistungsversorgung	Durch im Steuergerät vorhanden Pufferbatterie kann Merkmalserfüllung auch bei Trennung der externen Leistungsversorgung noch für best. Zeit aufrecht erhalten werden	Komponentennetzwerk (interner Komponentenaufbau)	Strukturelle Redundanz	Redundante Leistungsversorgung	Unterlassung			Airbag Steuergerät	Komponentennetzwerk in Bezug auf Veränderung des internen Aufbaus des betroffenen Steuergeräts
07										

Tabelle 7.1: Beispiel Nachschlagewerk mit in der EEA Modellierung anwendbaren Redundanzmitteln

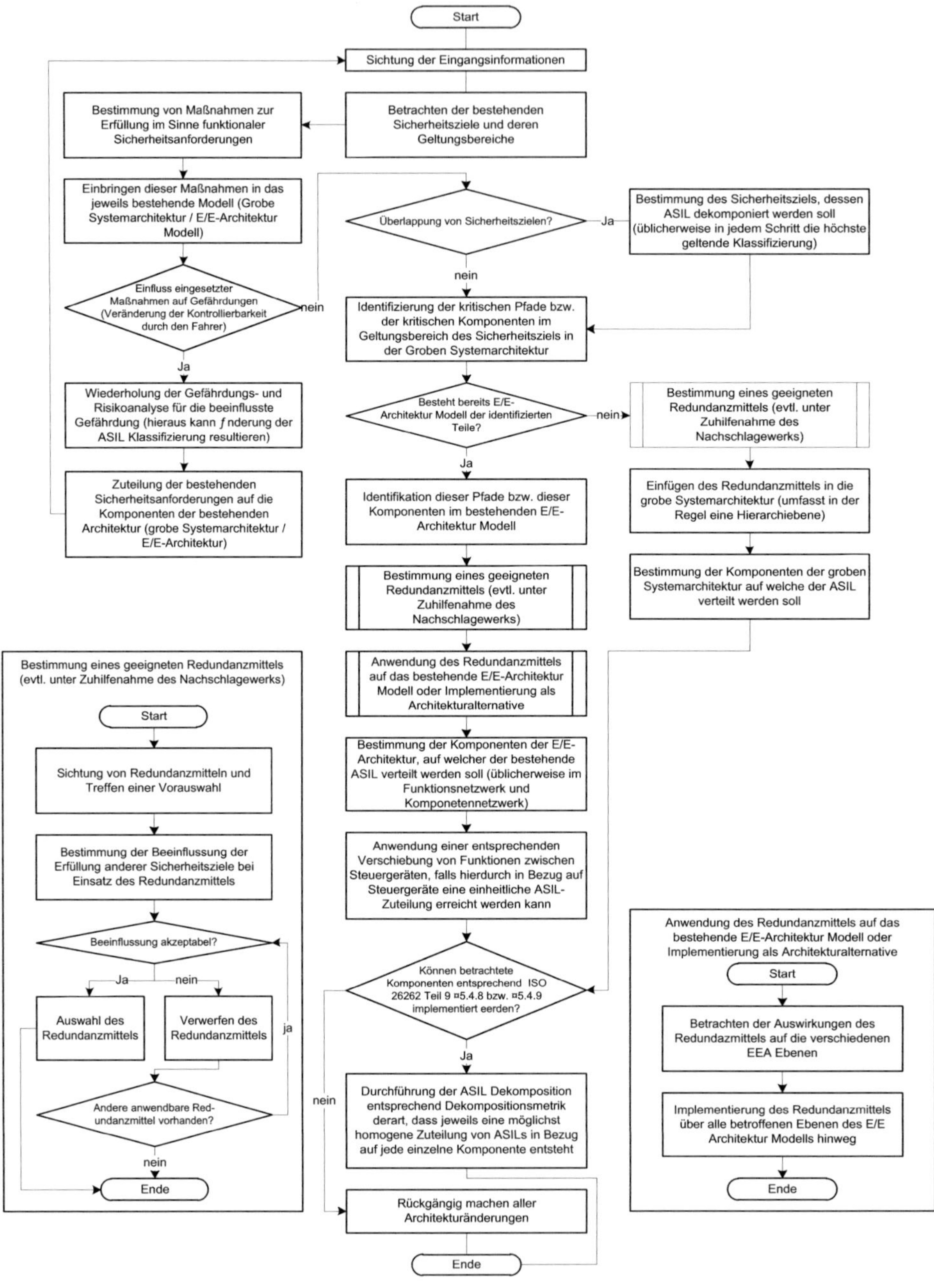

Abbildung 7.6: Methodisches Vorgehen bei Auswahl von Redundanzmitteln und Dekomposition

Wird ein Redundanzmittel auf die EEA angewendet, so sind dessen Auswirkungen auf allen Ebenen des EEA Modells zu bestimmen und bei der Anwendung zu berücksichtigen. Bei Items, bei welchem die merkmalserfüllenden Funktionen auf mehrere Steuergeräte verteilt werden, kann evtl. durch gezieltes Verschieben von Funktionen oder Teilfunktionen zwischen Steuergeräten eine Verringerung der Anzahl von Steuergeräten erreicht werden, welche Funktionen mit hoher ASIL Klassifizierung ausführen. Nach Anwendung des Redundanzmittels ist zu überprüfen, ob diejenigen Komponenten, auf welche der vor der Überarbeitung bestehende ASIL verteilt werden soll, entsprechend der Kriterien nach ISO 26262 Teil 9 §5.4.8, bzw. §5.4.9 entwickelt bzw. implementiert werden können. Ist dies der Fall, kann eine ASIL Dekomposition durchgeführt werden.

In ersten Veröffentlichungen zur Thematik der ASIL Dekomposition nach ISO 26262 wird zur Darstellung der Vorgehensweise nur ein Sicherheitsziel betrachtet. Der Einsatz von zusätzlichen Funktionen für die Validierung, die Beobachtung oder Begrenzung von Ansteuerungen ist darin ein probates Mittel zur Realisierung der Anforderungen an funktionale Sicherheit und der Möglichkeit der Dekomposition von ASILs. In [153] wird eine Assistenzfunktion mit Bremseingriff betrachtet. Durch die Reduzierung der Ansteuerungsdauer der automatischen Bremsung wird die Kontrollierbarkeit durch den Fahrer erhöht. Allerdings muss die Ansteuerungsdauer überwacht und gegebenenfalls die Ansteuerung unterbrochen werden. Der ursprünglich geltende ASIL kann durch Einsatz einer Überwachungs- und Begrenzungsfunktion auf die ursprüngliche Funktion und die Zusatzfunktion verteilt werden. In [203] werden verschiedene funktionale Sicherheitskonzepte für ACC [9] Systeme betrachtet, ebenfalls unter spezieller Betrachtung »automatischen, gefährlichen Bremsens«. Auch hier werden zusätzliche Funktionen zur Limitierung der Bremskraft und der Priorisierung des Fahrerwunsches eingesetzt, um eine geschickte Funktionsverteilung und ASIL Kategorisierung vornehmen zu können.

Funktionen der Validierung, Beobachtung, Begrenzung und Priorisierung sind probate Mittel um die Erfüllung von Merkmalen in Bezug auf die bestehenden Anforderungen nach funktionaler Sicherheit abzusichern. Derartige Sicherheitsfunktionen werden im Nachschlagewerk besonders berücksichtigt.

Bei Einsatz dieser Sicherheitsfunktionen besteht die Möglichkeit den bestehenden ASIL zwischen der Komponente, welche das Merkmal erfüllt sowie der jeweiligen Sicherheitsfunktion aufzuteilen. Ist die eingesetzte Sicherheitsfunktion verglichen mit der eigentlichen Funktion einfacher im Sinne ihrer Entwicklung und Produktion und / oder genügt sie unter Verursachung geringerer oder gleicher Kosten höheren Sicherheitsanforderungen, so ist es ratsam die Dekomposition derart vorzunehmen, dass die einfachere oder günstigere Komponente die höhere Klassifikation erhält.

---

[9] ACC steht für Adaptive Cruise Control.

Steht eine Komponente hinsichtlich der Merkmalserfüllung eines Item in Bezug zu mehreren Sicherheitszielen, so kann, falls keine anderen Anforderungen verletzt werden, für jedes Sicherheitsziel jeweils ein Sicherheitsmechanismus oder eine Sicherheitsfunktion angewendet werden, um die Merkmalserfüllung gegen die bestehenden Gefährdungen abzusichern. Bei der Dekomposition können höhere ASILs jeweils den Sicherheitsmechanismen zugeteilt werden, während der Merkmalserfüllung selbst die niedrigeren ASILs zugeteilt werden. Abbildung 7.7 zeigt die Erfüllung eines Merkmals bei dessen Ausführung drei Gefährdungen bestehen.

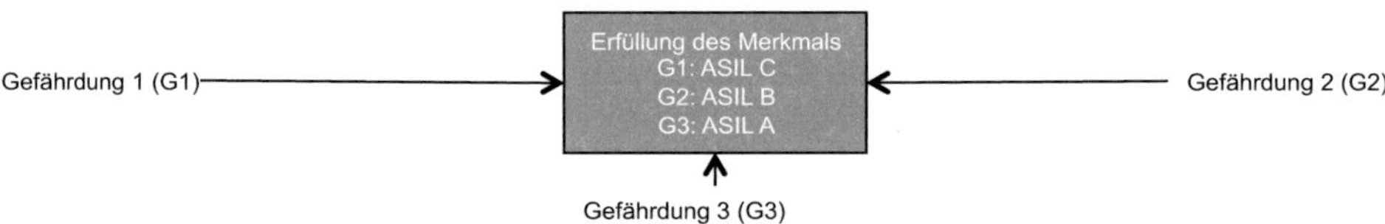

Abbildung 7.7: Erfüllung eines Merkmals ohne Sicherheitsfunktionen

Abbildung 7.8 zeigt die gleiche Erfüllung des Merkmals unter Einsatz der Sicherheitsfunktionen SF1 bis SF3. Erfüllen diese die Anforderungen nach ISO 26262 Teil 9 §5.4.8, so kann jeweils eine Dekomposition der bestehenden ASILs vorgenommen werden. In der Abbildung werden die ASILs nach der Dekompositionsmetrik so verteilt, dass sich eine Konzentration von ASIL A aus der Erfüllung des Merkmals ergibt.

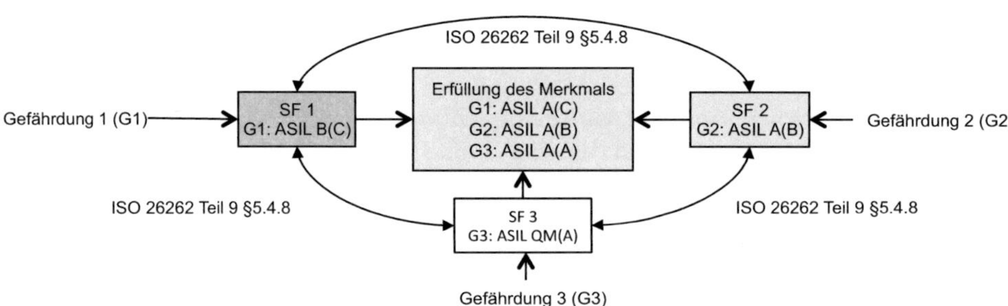

Abbildung 7.8: Erfüllung eines Merkmals mit Sicherheitsfunktionen

7.3 Redundanzmittel und Dekomposition in E/E-Architektur Modellierung

In den vorigen Kapiteln wurde die Anwendung von Redundanzmitteln und der Dekomposition während der EEA Modellierung diskutiert. Dieses Kapitel beschreibt, wie entsprechende Informationen über die Anwendung dieser Mittel auf Basis einer domänenspezifischen Sprache für die Beschreibung von EEA Modellen festgehalten werden können. Dabei werden wie in Kapiteln 6.2.2 und 6.2.4 die Konzepte »Anforderung«, »Anforderungs-Zuteilung« und »EE-Artefakt« der zugrundeliegenden Sprache verwendet, um Aussagen zu formulieren. Durch die Spezifikation der spezifischen Verwendung dieser Konzepte im Kontext der Modellierung der Anwendung von Redundanzmitteln und der Dekomposition entsteht, wie auch in den beschriebenen Fällen der genannten Kapitel, eine semantische Zwischenschicht. Diese beschreibt die kontextbezogenen Verwendung von Konzepten.

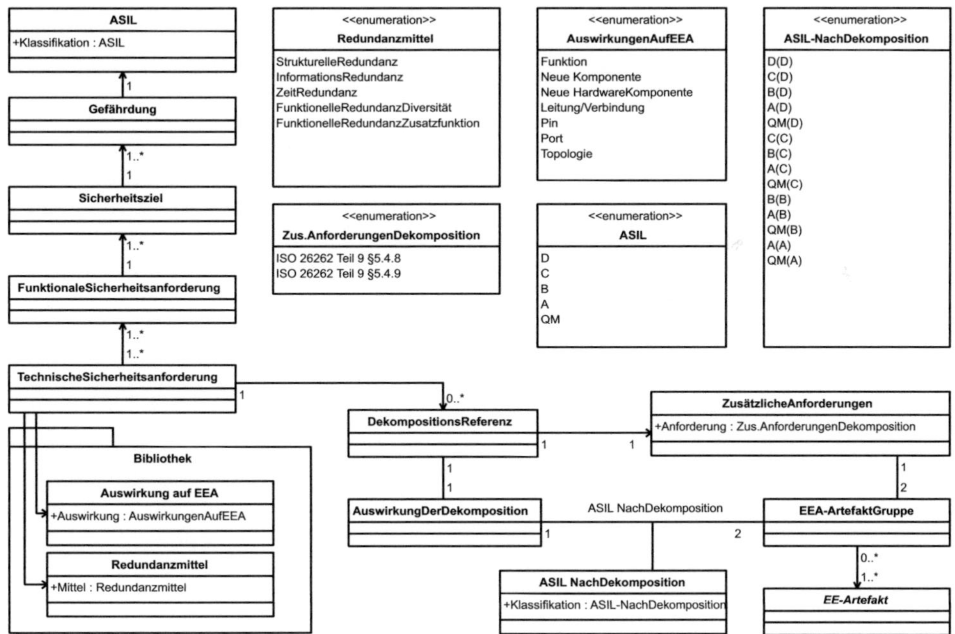

Abbildung 7.9: Modellierung von Redundanzmitteln und Dekomposition

Abbildung 7.9 zeigt die in diesem Zusammenhang wichtigen Konzepte dieser Zwischenschicht. Alle dargestellten Klassen sind vom Typ »Anforderung«, mit Ausnahme von »EE-Artefakt«, welche sich auf Artefakte des EEA Modells bezieht.

Zwischen den dargestellten Klassen bestehen jeweils Anforderungszuteilungen (wie beispielsweise Anforderungs-to-X-Mapping), durch welche bei zugrunde legen einer entsprechenden domänenspezifischen Sprache die im Klassendiagramm dargestellten Assoziationen ausgedrückt werden. Aus Gründen der Übersichtlichkeit wurden diesen in Abbildung 7.9 weggelassen. Die dargestellte Ableitungsstruktur von *Gefährdung*, *Sicherheitsziel*, *Sicherheitsanforderung* und *ASIL* entspricht der Darstellung aus Abbildung 5.2. TSAs beziehen sich auf technische Realisierungen von Methoden und Maßnahmen der funktionalen Sicherheit. Redundanzmittel entsprechen technischen Realisierungen. Die Bibliothek mit TSAs nach Kapitel 5.5 wird daher um die Kategorien »Redundanzmittel« und »Auswirkungen auf EEA« erweitert. Diese repräsentieren die Inhalte der jeweiligen Kategorien des Nachschlagewerks aus Kapitel 7.2.4.1. Zu »Auswirkungen auf E/E-Architektur« zählen die in Aufzählung »AuswirkungenAufEEA« von Abbildung 7.9 dargestellten Literale. Zu »Redundanzmittel« zählen die Literale der Aufzählung »Redundanzmittel«. Wird in einer TSA die technische Realisierung einer Sicherheitsmaßnahme unter Anwendung von Redundanz beschrieben, so kann diese Anforderung zur genaueren Spezifikation auf die genannten Elemente der Bibliothek verweisen.

Im Zuge der Umsetzung von TSAs kann die Dekomposition von ASILs vorgenommen werden, falls die Randbedingungen dies erlauben. Hierbei ist von Interesse, ob in Verbindung mit der Realisierung einer TSA eine Dekomposition von ASILs vorgenommen wurde, auf welche Artefakte sie sich auswirkt und wie der zuvor bestehende ASIL verteilt wurde. Hierzu wird das Konzept »DekompositionsReferenz« eingesetzt. Eine Instanz dieses Konzepts wird bei Bedarf von einer TSA referenziert. Die »DekompositionsReferenz« selbst wird als Container oder Paket betrachtet, welches eindeutig identifizierbar ist und alle Informationen über die Dekomposition in Bezug auf eine TSA enthält. Hierzu zählen zum Einen die Auswirkungen der Dekomposition im Sinne der Verteilung des ursprünglichen ASIL, zum Anderen die von der Dekomposition betroffenen Artefakte der EEA. Da Komponenten, auf welche sich die ASIL Dekomposition bezieht, in den meisten Fällen aus mehreren Artefakten unterschiedlicher Ebenen der EEA bestehen, wird durch das Konzept der »EEA-ArtefaktGruppe« ein Mechanismus bereitgestellt, die Artefakte entsprechend ihrer Zugehörigkeit zu einer solchen Komponente zusammenzufassen. Eine Instanz vom Typ EEA-ArtefaktGruppe wird durch Instanzen von »Anforderungs-to-X-Mapping« mit den jeweiligen Artefakten des EEA Modells verbunden. »AuswirkungDerDekomposition« bezieht sich auf die EEA-ArtefaktGruppen durch die ASIL Dekomposition zugeteilten ASILs. Die Möglichkeiten sind in Aufzählung »ASIL-NachDekomposition« zusammengefasst. Für die Zuteilung besteht die Regel, dass jeweils geklammerte Klassifikation dem vor Anwendung der Dekomposition geltenden ASIL entsprechen muss und dass die Dekompositionsmetrik nach ISO 26262 Teil 9 §5.4.7 angewendet wird.

Um die durch die ASIL Dekomposition entstandenen Anforderungen in Bezug auf die Komponenten, auf welche der ursprüngliche ASIL verteilt wurde, auszudrücken, wird das Konzept »ZusätzlicheAnforderungen« instanziiert. Eine Instanz verweist jeweils auf die gültigen Anforderungen sowie auf die Gruppen von Artefakten zwischen welchen diese Anforderungen bestehen.

Hiermit besteht eine Struktur, welche das methodische Vorgehen bei Auswahl und Anwendung von Redundanzmitteln, sowie bei der ASIL Dekomposition unterstützt und formal festhält. Diese kann sowohl zur Spezifizierung der Inhalte und Relationen verwendet werden als auch zur Rückverfolgung, falls die gewählte, domänenspezifische Sprache und das Modellierungswerkzeug dies unterstützen. Unter Einsatz entsprechender Rückverfolgungsregeln wird hier folgende Struktur vorgeschlagen. Gemeinsam mit einer TSAs, welche den Einsatz von Redundanzmitteln beschreibt, werden die referenzierten Bibliothekselemente »Auswirkung auf EEA« und »Redundanzmittel« angegeben. Wird auf die E/E-Artefakte, welche diese Anforderung realisieren eine ASIL Dekomposition angewendet, so wird ebenfalls die entsprechende »DekompositionsReferenz« angegeben. Jede »DekompositionsReferenz« gibt Auskunft über die »AuswirkungDerDekomposition«, die damit verbundenen Instanzen des Typs »EEA-ArtefaktGruppe« sowie die geltenden Instanzen des Typs »ZusätzlicheAnforderungen«. »ZusätzlicheAnforderungen« beziehen sich jeweils auf die referenzierten Instanzen des Typs »EEA-ArtefaktGruppe«. Diese geben ihrerseits jeweils diejenigen »EE-Artefakte« wieder, welche sie gruppieren, sowie die Instanz des Typs »ASIL NachDekomposition«, welcher ihnen zugeordnet ist. Tabelle 7.2 stellt eine entsprechende Anforderungstabelle für das Merkmal »Elektronisches Gaspedal« als Teil des E-Gas dar [10].

---

[10]Die Position des Gaspedals wird meist über zwei Potentiometer mit unterschiedlichen Arbeitsbereichen bestimmt. Die Informationen werden über getrennte Leitungen übertragen. Aufgrund dieser und anderer Informationen steuert das Motorsteuergerät die entsprechenden elektrischen Aktuatoren des Antriebsmotors an [238] [123].

Anforderungs-paket Funktionale Sicherheit	Items	Anforderungs-Gruppen	Anforderungen	ASIL	Redundanzmittel	Auswirkungen auf die Ebenen des E/E-Architektur Modells	Referenz zu Dekompostion	Auswirkungen der Dekomposition	Zusätzliche Anforderungen	Anforderungstyp	Betroffene EEA-Artefakt Gruppen	EE-Artefakt
Items												
	Item E-GAS											
		Gefährdungen (Auszug)										
			Plötzlich ungewollte Fahrzeugbeschleunigung	B								
		Technische Sicherheitsanforderungen (Auszug)										
			Die Gaspedalstellung soll von zwei unabhängigen Sensoren ermittelt und an das Motorsteuergerät über unabhängige Übertragungswege übermittelt werden		Strukturelle Redundanz	Neue Komponente, Leitung/Verbindung, Pin, Port	Dekomposition 1					
		Dekomposition										
			Dekomposition 1					A(B)	Zusätzliche Anforderung 1		Gruppe 1 Gruppe 2	
		Zusätzliche Anforderungen										
			Zusätzliche Anforderung 1							§5.4.8	Gruppe 1 Gruppe 2	
		EEA-Artefakt Gruppen										
			Gruppe 1									Gaspedalsensor_1:SensorFunktion GaspedalSensor_1:Senosr Gaspedalstellung_1:OuputPort Gaspedalstellung_1:InputPort Gaspedalstellung_1_Out:Anbindung Gaspedalstellung_1_In:Anbindung Gaspedalstellung_1:Direktverbindung
			Gruppe 2									Gaspedalsensor_2:SensorFunktion GaspedalSensor_2:Senosr Gaspedalstellung_2:OuputPort Gaspedalstellung_2:InputPort CAN:Bus-Anbindung CAN:Bus-Anbindung CAN:Bus-Verbindung
Bibliothek												
	Redundanzmittel											
		Strukturelle Redundanz										
		Funktionelle Redundnaz in Form von Diversität										
		Funktionelle Redundanz in Form von Zusatzfunktionen										
		Informationsredundanz										
		Zeitredundanz										
	Auswirkungen auf Ebenen/Artefakte											
		Funktion										
		Neue Komponenten										
		Neue Hardware Komponente										
		Leitung/Verbindung										
		Port										
		Pin										
		Topologie										

Tabelle 7.2: Tabelle mit Relationen zwischen EEA Modell, Redundanzmitteln und ASIL Dekomposition

7.4 Methode zur Bewertung von Überarbeitungen

In den vorangehenden Kapiteln wurde die Überarbeitung von EEAs unter Einsatz von Redundanzmitteln dargestellt, sowie die gefährdungsbezogene Dekomposition von ASILs in Bezug auf eingesetzte Maßnahmen zur Realisierung von Anforderungen der funktionalen Sicherheit. In Kapitel 7.2 wurde beschrieben, dass die Anwendung von Sicherheitsmaßnahmen, im Falle der Überlappung von Sicherheitszielen in Bezug auf merkmalserfüllende Komponenten, unterschiedliche Auswirkungen bezüglich der geltenden Sicherheitsziele haben kann. So besteht die Möglichkeit, dass durch Einsatz einer entsprechenden Maßnahme die Zuverlässigkeit und funktionale Sicherheit der Erfüllung eines Merkmals in Bezug auf eines der geltenden Sicherheitsziele erhöht wird, während sie sich in Bezug auf andere geltende Sicherheitsziele verschlechtert. Um bereits während der EEA Modellierung Aussagen über das Maß an Verbesserung bzw. Verschlechterung machen zu können, wird in diesem Kapitel eine Methode zur qualitativen Bewertung von Überarbeitungen von EEAs bezüglich funktionaler Sicherheit vorgestellt.

7.4.1 Anforderungen an eine Methode zur qualitativen Bewertung

Benötigt wird eine einfache Berechnungsmethode um die Qualität spezifizierter Systeme zur Erfüllung von Merkmalen bezüglich funktionaler Sicherheit bewerten zu können. Dies entspricht dem Grad der Detaillierung der EEA Modellierung. Die Methode muss jedoch bedeutungsvoll genug sein, um Unterschiede herauszustellen. Da die Methode in der Domäne der EEA Modellierung eingesetzt werden soll und nicht generell in der Sicherheitsanalyse, genügen qualitative und zeitinvariante Ergebnisse.

7.4.2 Überblick über die Methode

Für die Bestimmung werden verschiedene Fehlerarten von Komponenten merkmalserfüllender Systeme betrachtet, Wahrscheinlichkeiten mit welchen sich die betrachteten Komponenten in der jeweiligen Fehlerart befinden sowie die Propagation von Fehlerarten.

Eingesetzt wird die Methode zum Vergleich der Zuverlässigkeit (engl. Reliability) des merkmalserfüllenden Systems gegenüber den »systembezogenen« Fehlerarten »Unterlassung« (mit *UL* bezeichnet) und »Unerwünschte Ausführung« (mit *UA* bezeichnet).

Dieser Vergleich basiert auf den Wahrscheinlichkeiten, mit welchen sich die internen Komponenten eines betrachteten Systems ihrerseits in bestimmten Fehlerzuständen bzw. Fehlerarten befinden. In Bezug auf Komponenten werden Fehlerarten unterschieden, die dem Detaillierungsgrad der internen Systemstruktur angepasst sind.

Diese werden als »ausgangsbezogene« Fehlerarten bezeichnet, da sie den Zustand (Fehlerzustand) der Ausgängen der Komponenten oder des Systems beschreiben. Die möglichen Fehlerarten am Systemausgang werden aufgrund der möglichen Fehlerarten der Ausgänge der internen Komponenten bestimmt. Durch Verknüpfung der Zustandswahrscheinlichkeiten der internen Komponenten können so Aussagen hinsichtlich der Zuverlässigkeit des Systems bezüglich der systembezogenen Fehlerarten getroffen werden. Dabei wird nicht zwischen verschiedenen Ausgangsports oder -pins von Komponenten unterschieden. Betrachtet werden Ausgangszustände in Hinblick auf ihren Beitrag zu Fehlerzuständen des Systems. Da die Methode für den Vergleich von Überarbeitungen der Architektur hinsichtlich der systembezogenen Fehlerarten eingesetzt werden soll, werden die Ergebnisse jeweils in Relation zu dem System Design gesetzt, welches vor der Überarbeitung bestand. Damit ergibt sich eine qualitative Aussage über die relative Verbesserung/Verschlechterung der Überarbeitung im Vergleich um ursprünglichen Design.

7.4.3 Methode im Detail

Die Methode betrachtet Wahrscheinlichkeiten, welche ausdrücken, dass sich eine bestimmte Komponente in einer gewissen Fehlerart befindet bzw. eine gewisse Fehlerart in Bezug auf eine bestimmte Komponente vorliegt. Die Variable $p_{C,FA}$ steht für die Wahrscheinlichkeit, dass sich der Ausgang einer Komponente (oder eines Systems) entsprechend des Bezeichners C in der Fehlerart entsprechend des Bezeichners FA befindet. Es wird zwischen den systembezogenen Fehlerarten UL und UA sowie zwischen ausgangsbezogenen Fehlerarten unterschieden. Die ausgangsbezogenen Fehlerarten sind:

- **Kein Fehler** ($FA = 0$): Es liegt kein Fehler am Ausgang der betrachteten Komponente bzw. des betrachteten Systems vor.

- **Ausgangsinformation nicht vorhanden** ($FA = 1$): Am Ausgang der betrachteten Komponente bzw. des betrachteten System liegt keine Information zur Weitergabe bzw. Weiterverarbeitung an.

- **Ausgangsinformation statisch** ($FA = 2$): Der Ausgang der betrachteten Komponente bzw. des betrachteten Systems hängt auf einem statischen Wert fest.

- **Ausgangsinformation zufällig** ($FA = 3$): Der Ausgang der betrachteten Komponente bzw. des betrachteten Systems liefert zufällige Werte.

7.4.3.1 Durchführung in Bezug auf jeweils eine systembezogene Fehlerart

Für jede betrachtete Komponente besteht eine Wahrscheinlichkeit, mit welcher sich der Zustand ihres Ausgangs durch eine der ausgangsbezogenen Fehlerarten $FA \in \{0, 1, 2, 3\}$ beschreiben lässt.

Die Variable $p_{C,FA}$ beschreibt somit jeweils die Wahrscheinlichkeit eines Fehlers im betrachteten Zeitintervall [11] und weist damit Parallelen zur Ausfallrate auf (s. Kapitel 2.6.2). Die entsprechenden Wahrscheinlichkeiten, mit welchen sich Komponenten in den betrachteten Fehlerarten befinden, wird in Form einer Matrix festgehalten. Die Matrix »Wahrscheinlichkeit für ausgangsbezogene Fehlerarten« aus Abbildung 7.10 stellt dies beispielhaft für zwei Komponenten *KompA* und *KompB* dar. Werden mehr als zwei Komponenten betrachtet, ist die Matrix entsprechend zu erweitern. Die Variable m_i repräsentiert jeweils die Auftrittswahrscheinlichkeit einer Fehlerart von *KompA* entsprechend des Bezeichners i. Gleiches gilt für die Variable n_j in Bezug auf die Auftrittswahrscheinlichkeit einer Fehlerart von *KompB* entsprechend des Bezeichners j.

$$p_{KompA,i} = m_i; \quad p_{KompB,j} = n_j; \quad i, j \in \{0, 1, 2, 3\} \tag{7.1}$$

Wahrscheinlichkeiten für ausgangsbezogene Fehlerarten

$p_{C,FA}$	KompA	KompB
FA = i,j	m_i	n_j

Matrix1: Resultierende Fehlerart des Systems je Kombination von Fehlerarten

$a_{i,j}$	KompB
KompA	**FA = j**
FA = i	$FA = a_{i,j}$

Matrix2: Auftrittswahrscheinlichkeit je Kombination von Fehlerarten

$b_{i,j}$	KompB
KompA	**FA = j**
FA = i	$b_{i,j} = P_{Komp\_A,mi} \bullet P_{Komp\_B,nj}$

Abbildung 7.10: Matrizen zur Darstellung der Methode zur Bewertung von Überarbeitungen von EEAs

Es werden zwei weitere Matrizen (Matrix1 und Matrix2 entsprechend Abbildung 7.10) eingesetzt. Zur Darstellung der Methode wird ein System *Sys* angenommen, das aus den beiden Komponenten *KompA* und *KompB* besteht. Die Fehlerarten in Bezug auf den Systemausgang von *Sys* hängen von den Fehlerarten dieser beiden internen Komponenten ab. Da bei dieser Betrachtung nur zwei Komponenten beteiligt sind, kann der Ansatz in Form von jeweils zweidimensionalen Matrizen dargestellt werden.

Da Kombinationen von Fehlerarten der Komponenten *KompA* und *KompB* betrachtet werden, repräsentieren die Fehlerarten einer dieser Komponenten jeweils die vertikale, die der anderen Komponente jeweils die horizontalen Achse von Matrix1 und Matrix2 in Abbildung 7.10.

---

[11]Die zugrundeliegenden Wahrscheinlichkeiten können sich beispielsweise auf die aufgetretenen Fehlerfälle in Bezug auf die Anzahl an Probanden (Parts per Million (ppm)) während einer bestimmten Zeitdauer, beispielsweise der erwarteten Fahrzeuglebensdauer, beziehen. Hier kann auf Vergleichswerte bestehender Systeme zurückgegriffen oder die entsprechenden Werte können abgeschätzt werden.

Die Werte i, j sind die Indizes von Matrix1 und Matrix2 und korrespondieren mit den Bezeichnern der Fehlerarten von *KompA* und *KompB* ($i, j \in \{0, 1, 2, 3\}$).

Jede Zelle $a_{i,j}$ von Matrix1 repräsentiert die resultierende Fehlerart des Systems *Sys*, die besteht, falls sich *KompA* in der Fehlerart i und *KompB* in der Fehlerart j befindet. Dabei fließt die interne Struktur des Systems *Sys* indirekt über die Bestimmung der resultierenden Fehlerarten ein. Es ist dabei unerheblich wie diese Komponenten miteinander verbunden sind. Entscheidend ist, wie sich Fehlerarten ihrer Ausgänge auf die Fehlerart des Systemausgangs hinsichtlich der Erfüllung des Merkmals auswirken. Jede Zelle $b_{i,j}$ von Matrix2 gibt die Wahrscheinlichkeit wieder, dass sich *KompA* in der Fehlerart i und *KompB* in der Fehlerart j befindet (hier wird die statistische Unabhängigkeit der Fehlerarten von *KompA* und *KompB* vorausgesetzt).

$$b_{i,j} = P_{KompA,m_i} \cdot P_{KompB,n_j} \tag{7.2}$$

Tritt in Matrix1 ein bestimmter Wert von $a_{i,j}$ öfter auf, so bedeutet dies, dass es mehrere Kombinationen von Fehlerarten der *KompA* und *KompB* gibt, welche in der gleichen Fehlerart in Bezug auf den Ausgang von *Sys* resultieren. In jeder Zelle von Matrix2 steht jeweils die Wahrscheinlichkeit für eine bestimmte Kombination von Fehlerarten von *KompA* und *KompB*. Für die Bestimmung der Wahrscheinlichkeit, dass sich der Ausgang von *Sys* in einer bestimmten Fehlerart befindet, werden alle Zellen von Matrix2 betrachtet, mit den gleichen Indizes wie diejenigen Zellen von Matrix1, in welchen der Bezeichner dieser bestimmten Fehlerart eingeschrieben steht. Jede Zelle von Matrix1 stellt eine exklusive Kombination von Fehlerarten von *KompA* und *KompB* dar. Unterschiedliche Zellen stehen somit in einer exklusiven Oder-Relation zueinander. Aus diesem Grund können die entsprechenden Wahrscheinlichkeitswerte der Zellen aus Matrix2 in Bezug auf die Bestimmung der Wahrscheinlichkeiten für ausgangsbezogene Fehlerarten des Systems addiert werden.

Das System *Sys* befindet sich in einer bestimmten Fehlerart entsprechend des Bezeichners k ($k \in \{0, 1, 2, 3\}$) für jede Kombination von Fehlerarten von *KompA* und *KompB*, die in einem Wert von k in Matrix1 resultieren ($a_{i,j} = k$).

Die Werte $p_{Sys,k}$ beschreiben jeweils die Wahrscheinlichkeit, dass in Bezug auf den Ausgang des Systems *Sys* eine Fehlerart entsprechend des Bezeichners k besteht $k \in \{0, 1, 2, 3\}$. Jeder dieser Werte ergibt sich durch Akkumulation derjenigen Werte aus Zellen von Matrix2, für welche die entsprechenden Zellen von Matrix1 mit den gleichen Indizes den gleichen Wert wie k enthalten (s. Gleichung 7.3).

$$p_{Sys,k} = \sum_{i=0}^{i=3} \sum_{j=0}^{j=3} b_{i,j} \text{ nur wenn } a_{i,j} = k \tag{7.3}$$

Besteht ein betrachtetes System aus mehr als zwei Komponenten, muss die entsprechende Anzahl von Dimensionen (> 2) den Matrizen und den Berechnungen hinzugefügt werden.

7.4.3.2 Vergleich zwischen Ergebnissen vor und nach einer Überarbeitung sowie in Bezug auf verschiedene, systembezogene Fehlerarten

Um einen Vergleich der Überarbeitung betreffend Verbesserung/Verschlechterung in Bezug auf die systembezogenen Fehlerarten ($SbFA$) »Unterlassung« (UL) und »Unerwünschte Ausführung« (UA) vornehmen zu können, wird die Methode je einmal für jede systembezogene Fehlerart angewendet. Im Folgenden repräsentiert $SysA$ das System vor, $SysB$ das System nach der Überarbeitung. Jede Ausführung resultiert in Werten für die betrachteten ausgangsbezogenen Fehlerarten k ($k \in \{0,1,2,3\}$) des Systems. Üblicherweise unterscheiden sich diese für die betrachteten systembezogenen Fehlerarten. Es wird der Multiplikator $M_{SbFA,k}$ eingeführt, der jeweils für jede Durchführung der Methode (also jeweils für die systembezogenen Fehlerarten $SbFA$ ($SbFA \in \{UL, UA\}$)) den Faktor zwischen den Ergebnissen jeweils gleicher ausgangsbezogener Fehlerarten k in Bezug auf eine systembezogene Fehlerart UL oder UA darstellt. Der Faktor $M_{SbFA,k}$ berechnet sich entsprechend Gleichung 7.4, wobei $p_{SbFA,Sys,k}$ jeweils für ein Ergebnis der Gleichung 7.3 für die systembezogene Fehlerart $SbFA$, das System Sys und die ausgangsbezogene Fehlerart k steht.

$$
M_{SbFA,k} = \begin{cases} \dfrac{p_{SbFA,SysA,k}}{p_{SbFA,SysB,k}}, & p_{SbFA,SysA,k} > p_{SbFA,SysB,k} \\[2ex] \dfrac{p_{SbFA,SysB,k}}{p_{SbFA,SysA,k}}, & p_{SbFA,SysA,k} < p_{SbFA,SysB,k} \\[2ex] 0, & p_{SbFA,SysA,k} = p_{SbFA,SysB,k} \end{cases}
\tag{7.4}
$$

Der Wert $M_{SbFA,k}$ gibt den Faktor der Verbesserung/Verschlechterung zwischen dem System vor der Überarbeitung und überarbeitetem System an und ist stets positiv. Um zusätzlich eine Information über Verbesserung oder Verschlechterung zu erhalten wird die zusätzliche Variable $I_{SbFA,k}$ ($I_{SbFA,k} \in \{+,-,=\}$) eingeführt (I steht für Improvement (engl. für Verbesserung)). Die Bedeutung der Variable I unterscheidet sich in Bezug auf die betrachteten ausgangsbezogenen Fehlerarten. Es wird unterschieden zwischen $k \in \{0\}$ (s. Gleichung 7.5) und $k \in \{1,2,3\}$ (s. Gleichung 7.6). Ein höherer Wert in Bezug ein Fehlerart $\in \{0\}$ bedeutet eine Verbesserung, während ein höherer Wert in Bezug auf die Fehlerarten $\in \{1,2,3\}$ eine Verschlechterung ausdrückt.

$$
I_{SbFA,k;\, k\in\{0\}} = \begin{cases} +, & p_{SbFA,SysA,k} < p_{SbFA,SysB,k} \\ -, & p_{SbFA,SysA,k} > p_{SbFA,SysB,k} \\ =, & p_{SbFA,SysA,k} = p_{SbFA,SysB,k} \end{cases}
\tag{7.5}
$$

$$
I_{SbFA,k;\, k\in\{1,2,3\}} = \begin{cases} +, & p_{SbFA,SysA,k} > p_{SbFA,SysB,k} \\ -, & p_{SbFA,SysA,k} < p_{SbFA,SysB,k} \\ =, & p_{SbFA,SysA,k} = p_{SbFA,SysB,k} \end{cases}
\tag{7.6}
$$

Der Einsatz von Maßnahmen der funktionalen Sicherheit, wie beispielsweise Redundanzmitteln, kann sich in einer Änderung der Verteilung von Wahrscheinlichkeiten bezüglich ausgangsbezogenen Fehlerarten niederschlagen. Dies betrifft die Verschiebung der Wahrscheinlichkeitsmasse zwischen den betrachteten ausgangsbezogenen Fehlerarten. Eine Verbesserung muss nicht zwangsläufig im Wert + für alle $I_{SbFA,k}$; $k \in 0, 1, 2, 3$ resultieren. Das gleiche gilt für die Betrachtung der Überarbeitung hinsichtlich der betrachteten systembezogenen Fehlerarten. Eine Verbesserung hinsichtlich der Absicherung gegenüber einer dieser Fehlerarten kann eine Verschlechterung gegenüber der anderen ergeben. Experten der Domänen EEA Modellierung sowie der funktionalen Sicherheit sollten unter anderem auf Basis der Ergebnisse der hier vorgestellten Methode gemeinsam über die Auswahl von Überarbeitungsmaßnahmen und Architekturalternativen entscheiden.

7.4.4 Beispielhafte Anwendung der Methode

Im Folgenden wird die im vorigen Kapitel vorgestellte Methode zur Bewertung von Architekturänderungen hinsichtlich der funktionalen Sicherheit gegenüber systembezogener Fehlerarten beispielhaft auf das Merkmal des »automatischen Heckspoilers« angewendet. Dieses Merkmal wurde bereits in den Kapiteln 5.3 und 5.4 erläutert und für die Anwendung eines Redundanzmittels und der Durchführung einer beispielhaften Dekomposition (s. Kapitel 7.2.1) herangezogen.

Abbildung 7.11 zeigt das CMPN des automatischen Heckspoilers entsprechend Abbildung 7.2 aus Kapitel 7.2.1. Die Fahrzeuggeschwindigkeit wird auf dem Steuergerät des Antriebsstranges ermittelt und über den CAN-Bus an das Steuergerät des automatischen Heckspoilers übertragen, welcher seinerseits den Aktuator des automatischen Heckspoilers über eine Direktverbindung ansteuert.

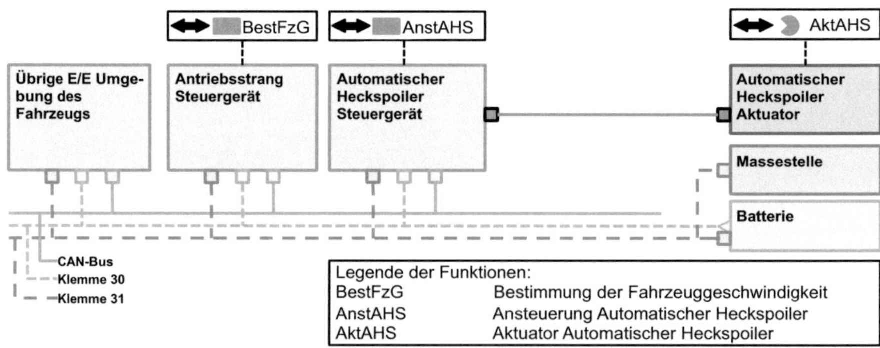

Abbildung 7.11: Komponentennetzwerk vor Überarbeitung

Abbildung 7.12 stellt das entsprechende CMPN nach der Überarbeitung dar und entspricht Abbildung 7.3 aus Kapitel 7.2.1. Hier wurde ein zusätzliches Sicherheitssteuergerät eingesetzt, welches ebenfalls die Daten über die aktuelle Fahrzeuggeschwindigkeit vom Steuergerät des Antriebsstrangs über den CAN-Bus empfängt. Es nimmt, basierend auf diesen Informationen, eine Validierung der Ansteuerung des Aktuators seitens des Steuergerätes des automatischen Heckspoilers vor und leitet diese weiter oder unterbricht die Ansteuerung.

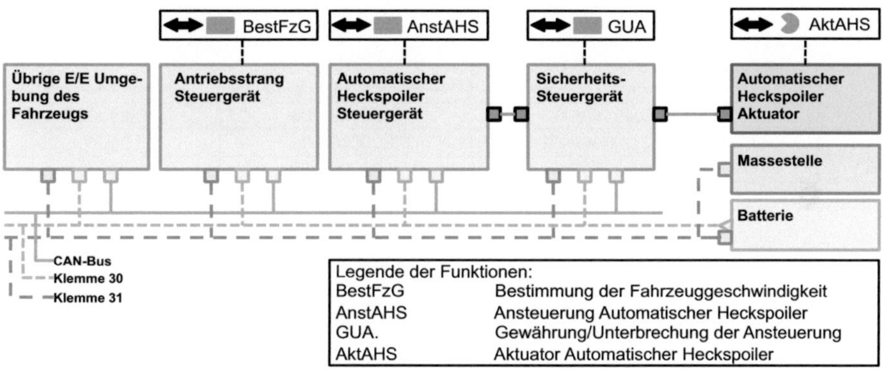

Abbildung 7.12: Komponentennetzwerk nach Überarbeitung

7.4.4.1 Durchführung auf ursprünglichem System

Es werden die drei Komponenten »Antriebsstrang Steuergerät« (ASG), »Automatischer Heckspoiler Steuergerät« (AHSS) und »Sicherheitssteuergerät« (SHSG) betrachtet. Dabei werden die in Tabelle 7.3 dargestellten Wahrscheinlichkeiten zugrunde gelegt. Diese Wahrscheinlichkeiten entsprechen dem linken Teil von Abbildung 7.10 [12] [13]. Die Werte der Tabelle geben jeweils die Wahrscheinlichkeiten an, mit welcher sich der Ausgang der jeweiligen Komponente (Spalten) in der jeweiligen ausgangsbezogenen Fehlerart (Zeilen) befindet. Die Werte 0 bis 3 entsprechen den in Kapitel 7.4.3 beschriebenen ausgangsbezogenen Fehlerarten.

Nun werden die ausgangsbezogenen Fehlerarten der Systemkomponenten betrachtet, und jeweils die ausgangsbezogene Fehlerart des Systems in Abhängigkeit derer der Systemkomponenten bestimmt.

---

[12] Die dargestellten Werte sind rein akademischer Natur und dienen der Vorstellung der Methode als Beispieldaten. Sie stehen in keinerlei Bezug zu bestehenden oder aktuell entwickelten Systemen.

[13] Die dargestellten Werte in Tabellen sind jeweils auf drei bis fünf Nachkommastellen gerundet. Einträge der Form $2,000E - 05$ sind gleichbedeutend mit $2,000^{-5}$.

Die linke Tabelle von Abbildung 7.13 stellt die Resultate für die Betrachtung des Systems gegenüber der systembezogenen Fehlerart UL dar (in Bezug auf Matrix1 aus Abbildung 7.10). Da die beiden Komponenten zur Ansteuerung des Aktuators in einer Reihenstruktur vorliegen, wird jeweils die Fehlerart der letzten Komponente (AHSS) übernommen, außer wenn diese korrekt funktioniert. In diesem Fall wird angenommen, dass sie die Eingangswerte vom ASG auf Plausibilität überprüft und im Falle eines erkannten Fehlers keine Ansteuerung des Aktuators vornimmt. In Bezug auf den Schutz von Unterlassung entspricht dies einer nicht vorhandenen Ausgangsinformation (FA = 1).

$p_{C,FA}$	$p_{Antriebsstrang\ Steuergerät,FA}$	$p_{Automatischer\ Heckspoiler\ Steuergerät,FA}$	$p_{Sicherheitssteuergerät,FA}$
0	9,99968E-01	9,99929E-01	9,99900E-01
1	2,00000E-05	2,00000E-05	2,00000E-05
2	2,00000E-06	5,00000E-05	3,00000E-05
3	1,00000E-05	1,00000E-06	5,00000E-05

Tabelle 7.3: Wahrscheinlichkeiten für ausgangsbezogene Fehlerarten

Die rechte Tabelle von Abbildung 7.13 stellt jeweils die Wahrscheinlichkeit einer entsprechenden Kombination von ausgangsbezogenen Fehlerarten der Systemkomponenten dar und bezieht sich auf Matrix2 aus Abbildung 7.10.

$a_{i,j}$	FA ASG			
FA AHSS	0	1	2	3
0	0	1	1	1
1	1	1	1	1
2	2	2	2	2
3	3	3	3	3

$b_{i,j}$	FA ASG			
FA AHSS	0	1	2	3
0	9,999E-01	2,000E-05	2,000E-06	9,999E-06
1	2,000E-05	4,000E-10	4,000E-11	2,000E-10
2	5,000E-05	1,000E-09	1,000E-10	5,000E-10
3	1,000E-06	2,000E-11	2,000E-12	1,000E-11

Abbildung 7.13: Ausgangsbezogene Fehlerarten und zugehörige Wahrscheinlichkeiten für Unterlassung vor Überarbeitung

Abbildung 7.14 stellt die entsprechenden Tabellen für die Betrachtung der systembezogenen Fehlerart UA dar. Funktioniert das AHSS korrekt (FA = 0), so erkennt es einen Fehler an seinem Eingang und steuert den Aktuator nicht an. Ist die Ausgangsinformation am AHSS nicht vorhanden (FA = 1), wird der Aktuator ebenfalls nicht angesteuert. In beiden Fällen kommt es nicht zu einer unerwünschten Ausführung. Im Kontext dieser systembezogenen Fehlerart liegt demnach kein Fehler vor (jeweils 0 in linker Tabelle). Liefert der Ausgang des AHSS einen statischen (FA = 2) oder zufälligen (FA = 3) Wert, so kann keine Aussage über die Ansteuerung des Aktuators getätigt werden (jeweils 3 in linker Tabelle).

$a_{i,j}$	FA ASG					$b_{i,j}$	FA ASG			
FA AHSS	0	1	2	3		FA AHSS	0	1	2	3
0	0	0	0	0		0	9,999E-01	2,000E-05	2,000E-06	9,999E-06
1	0	0	0	0		1	2,000E-05	4,000E-10	4,000E-11	2,000E-10
2	3	3	3	3		2	5,000E-05	1,000E-09	1,000E-10	5,000E-10
3	3	3	3	3		3	1,000E-06	2,000E-11	2,000E-12	1,000E-11

Abbildung 7.14: Ausgangsbezogene Fehlerarten und zugehörige Wahrscheinlichkeiten für unerwünschte Ausführung vor Überarbeitung

7.4.4.2 Durchführung auf überarbeitetem System

Nun wird die Überarbeitung am System vorgenommen und basierend auf dem Resultat die entsprechenden Tabellen hinsichtlich der beiden systembezogenen Fehlerarten erstellt. Die Tabellen der Abbildungen 7.15 und 7.16 beziehen sich auf die Komponenten des Hardwarenetzwerks entsprechend Abbildung 7.12. Durch die zusätzlich betrachtete Komponente »Sicherheitssteuergerät« (SHSG) erhöhen sich die Dimensionen der Tabellen im Vergleich zu den Abbildungen 7.13 und 7.14 jeweils um eins.

$a_{i,j}$		FA ASG				$b_{i,j}$		FA ASG			
FA AHSS	FA SHSG	0	1	2	3	FA AHSS	FA SHSG	0	1	2	3
0	0	0	1	1	1	0	0	9,998E-01	2,000E-05	2,000E-06	9,998E-06
	1	1	1	1	1		1	2,000E-05	4,000E-10	4,000E-11	2,000E-10
	2	1	1	1	1		2	3,000E-05	4,000E-10	6,000E-11	3,000E-10
	3	3	1	1	1		3	4,999E-05	4,000E-10	9,999E-11	5,000E-10
1	0	1	1	1	1	1	0	2,000E-05	4,000E-10	4,000E-11	2,000E-10
	1	1	1	1	1		1	4,000E-10	8,000E-15	8,000E-16	4,000E-15
	2	1	1	1	1		2	6,000E-10	1,200E-14	1,200E-15	6,000E-15
	3	1	1	1	1		3	1,000E-09	2,000E-14	2,000E-15	1,000E-14
2	0	2	1	1	1	2	0	4,999E-05	9,999E-10	9,999E-11	5,000E-10
	1	1	1	1	1		1	1,000E-09	2,000E-14	2,000E-15	1,000E-14
	2	2	2	2	2		2	1,500E-09	3,000E-14	3,000E-15	1,500E-14
	3	3	3	3	3		3	2,500E-09	5,000E-14	5,000E-15	2,500E-14
3	0	3	1	1	1	3	0	9,999E-07	2,000E-11	2,000E-12	9,999E-12
	1	1	1	1	1		1	2,000E-11	4,000E-16	4,000E-17	2,000E-16
	2	3	3	3	3		2	3,000E-11	6,000E-16	6,000E-17	3,000E-16
	3	3	3	3	3		3	5,000E-11	1,000E-15	1,000E-16	5,000E-16

Abbildung 7.15: Ausgangsbezogene Fehlerarten und zugehörige Wahrscheinlichkeiten für Unterlassung nach Überarbeitung

7.4.4.3 Bestimmung der qualitativen Vergleichswerte

Damit liegen die vermuteten ausgangsbezogenen Fehlerarten des ursprünglichen sowie des überarbeiteten Systems jeweils in Abhängigkeiten der beiden betrachteten systembezogenen Fehlerarten vor.

$a_{i,j}$		FA ASG				$b_{i,j}$		FA ASG			
FA AHSS	FA SHSG	0	1	2	3	FA AHSS	FA SHSG	0	1	2	3
0	0	0	0	0	0	0	0	9,998E-01	2,000E-05	2,000E-06	9,998E-06
	1	0	0	0	0		1	2,000E-05	4,000E-10	4,000E-11	2,000E-10
	2	0	0	0	0		2	3,000E-05	4,000E-10	6,000E-11	3,000E-10
	3	0	0	0	0		3	4,999E-05	4,000E-10	9,999E-11	5,000E-10
1	0	0	0	0	0	1	0	2,000E-05	4,000E-10	4,000E-11	2,000E-10
	1	0	0	0	0		1	4,000E-10	8,000E-15	8,000E-16	4,000E-15
	2	0	0	0	0		2	6,000E-10	1,200E-14	1,200E-15	6,000E-15
	3	0	0	0	0		3	1,000E-09	2,000E-14	2,000E-15	1,000E-14
2	0	0	0	0	0	2	0	4,999E-05	9,999E-10	9,999E-11	5,000E-10
	1	0	0	0	0		1	1,000E-09	2,000E-14	2,000E-15	1,000E-14
	2	3	3	3	3		2	1,500E-09	3,000E-14	3,000E-15	1,500E-14
	3	3	3	3	3		3	2,500E-09	5,000E-14	5,000E-15	2,500E-14
3	0	0	0	0	0	3	0	9,999E-07	2,000E-11	2,000E-12	9,999E-12
	1	0	0	0	0		1	2,000E-11	4,000E-16	4,000E-17	2,000E-16
	2	3	3	3	3		2	3,000E-11	6,000E-16	6,000E-17	3,000E-16
	3	3	3	3	3		3	5,000E-11	1,000E-15	1,000E-16	5,000E-16

Abbildung 7.16: Ausgangsbezogene Fehlerarten und zugehörige Wahrscheinlichkeiten für unerwünschte Ausführung nach Überarbeitung

Im nächsten Schritt werden die Ergebnisse für das ursprüngliche System und das überarbeitete System jeweils für die beiden systembezogenen Fehlerarten verglichen. Dazu werden zuerst die Wahrscheinlichkeiten entsprechend Gleichung 7.3 berechnet und über den Faktor $M_{SbFA,k}$ entsprechend Gleichung 7.4 in Relation gesetzt. Zudem wird die Variable $I_{SbFA,k}$ jeweils in Bezug auf die Eingangsdaten für $M_{SbFA,k}$ berechnet. Abbildung 7.17 stellt die Ergebnisse für UL dar. Die linke Tabelle bezieht sich dabei auf das ursprüngliche System, die Tabelle in der Mitte auf das überarbeitete System. Die Ergebnistabelle stellt $M_{SbFA,k}$ jeweils als den Faktor dar, der zwischen den $p_{Sys,k}$ der beiden anderen Tabellen in Bezug auf die gleiche ausgangsbezogene Fehlerart besteht. $I_{SbFA,k}$ gibt Auskunft ob die Überarbeitung zu einer Verbesserung oder Verschlechterung in Bezug auf eine bestimmte ausgangsbezogene Fehlerart geführt hat. Im Beispiel bleiben die Änderungen für die Fehlerarten $\in \{0, 1, 2\}$ gering, während die Überarbeitung in Bezug auf Fehlerart $\in \{3\}$ eine Verschlechterung um den Faktor 50 mit sich bring [14].

k	$p_{Sys,k}$	k	$p_{Sys,k}$	k	$I_{UL,k}$	$M_{UL,k}$
0	9,999E-01	0	9,998E-01	0	-	1,000
1	5,200E-05	1	1,020E-04	1	-	1,962
2	5,000E-05	2	4,999E-05	2	+	1,000
3	1,000E-06	3	5,100E-05	3	-	50,997

Abbildung 7.17: Ergebnisse für Fehlerart »Unterlassung«

---

[14]Die dargestellten Werte sind jeweils auf drei Nachkommastellen gerundet.

Abbildung 7.18 zeigt die entsprechenden Ergebnisse für die systembezogene Fehlerart UA. Hier wirkt sich die Überarbeitung in Bezug auf die ausgangsbezogenen Fehlerarten $\in \{0, 1, 2\}$ ebenfalls gering aus, während sich für Fehlerart $\in \{3\}$ eine Verbesserung um den Faktor 12500 ergibt.

k	$p_{Sys,k}$
0	1,000E+00
1	0,000E+00
2	0,000E+00
3	5,100E-05

k	$p_{Sys,k}$
0	1,000E+00
1	0,000E+00
2	0,000E+00
3	4,080E-09

k	$I_{UA,k}$	$M_{UA,k}$
0	+	1,000
1	=	0,000
2	=	0,000
3	+	12500,009

Abbildung 7.18: Ergebnisse für Fehlerart »Unerwünschte Ausführung«

7.4.4.4 Diskussion der Ergebnisse

In der beispielhaften Durchführung der Gefährdungs- und Risikoanalyse für das Merkmal »automatischer Heckspoiler« in Kapitel 7.2.1, wurden die ermittelten Gefährdungen »Der Spoiler fährt bei Erhöhung der Geschwindigkeit nicht aus« mit ASIL B und »Der Spoiler fährt unerwünscht bei höheren Geschwindigkeiten ein« mit ASIL C klassifiziert. Die erste Gefährdung entspricht der systembezogenen Fehlerart UL, während die Zweite der Fehlerart UA entspricht. Die Ergebnisse der Bewertung ergeben durch den Einsatz der Überarbeitungsmaßnahme eine Verbesserung gegenüber der mit ASIL C klassifizierten Gefährdung um den Faktor 12500, während sich gegenüber der mit ASIL B klassifizierten Gefährdung eine Verschlechterung um den Faktor 50 ergibt. Auf Basis dieser Informationen können Entwickler der EEA und Sicherheitsverantwortliche über den Einsatz der Überarbeitungsmaßnahme entscheiden.

7.4.5 Fazit

Die vorgestellte Methode zur Bewertung von Überarbeitungen bietet Architekten und Sicherheitsbeauftragten bereits in frühen Phasen der Entwicklung von EEAs die Möglichkeit, die Auswirkungen des Einsatzes von Sicherheitsmaßnahmen in Bezug auf ermittelte Gefährdungen zu bestimmen und qualitativ zu vergleichen. Das dargestellte Beispiel basierte auf Wahrscheinlichkeiten, für das Vorliegen bestimmter Fehlerarten. In den frühen Phasen der Entwicklung kann hierfür beispielsweise auf Daten vergleichbarer und bereits eingesetzter Komponenten und Systeme zurückgegriffen werden [15]. Ebenfalls sind benutzerspezifische Skalen einsetzbar.

---

[15]In Anlehnung an das »Proven in Use Argument« entsprechend ISO 26262 Teil 8 §14, s. Kapitel 6.2.

Die Bestimmung der jeweiligen ausgangsbezogenen Fehlerart am Systemausgang erfordert eine gewisse Kenntnis über die Implementierung der Komponentenfunktionen oder stellt Anforderungen an die nachfolgende Implementierung dieser Funktionen. Dies bezieht sich darauf, welche Fehler bzw. Fehlerkombinationen an den Eingängen einer Komponenten erkannt werden sollen und welches Verhalten der Komponenten in den jeweiligen Fällen gefordert wird. Die Methode kann für komponentenbasierte merkmalserfüllende Systeme angewendet werden. Der Aufwand der Durchführung skaliert mit jeder zusätzlichen Komponente um einen Faktor entsprechend der betrachteten ausgangsbezogenen Fehlerarten. Daher wird die Anwendung für übersichtliche Systeme mit wenigen Komponenten empfohlen. Durch den matrixbasierten Ansatz können die Berechnungsschritte leicht automatisiert werden. Die Berechnung basiert auf der statistischen Unabhängigkeit der betrachteten Komponenten in Bezug auf bestehende Fehlerarten. Dies ist für eine Abschätzung der Auswirkungen von Architekturänderungen ausreichend, da komplexe Berechnungen vermieden werden. Das hinterlegen von Ergebnissen für Beispielsysteme im Nachschlagewerk (s. Kapitel 7.2.4.1) ist denkbar.

8 Hilfestellung zur Durchführung anhand der Beispiele FMEA und HiL-Test

Der Sicherheitslebenszyklus nach ISO 26262 adressiert alle Phasen des Automobillebenszyklus. In den vorigen Kapiteln wurde der Einfluss der ISO 26262 auf die Modellierung von E/E-Architekturen (EEAs) in der Konzeptphase der Automobilentwicklung sowie der nachhaltigen Handhabung der resultierenden Anforderungen dargestellt. Teil 4 der ISO 26262 adressiert die Produktentwicklung auf Systemebene und damit auch die Integration von Software und Hardware zu funktional sicherheitsbezogenen Systemen und deren Verifikation. Um den formalen Bezug sowie die damit verbundene Rückverfolgbarkeit zwischen Design und Integration zu unterstützen, ist es erforderlich, dass die jeweils relevanten Inhalte und Informationen der verschiedenen Phasen des Entwicklungslebenszyklus auf dem gleichen Metamodell, bzw. auf vergleichbaren Metamodellen basieren.

Viele der EEA Entwicklung nachgelagerte Phasen des Automobilentwicklungszyklus, beispielsweise Sicherheitsanalysen und -bewertungen oder Verifikation und Test, basieren unter anderem auf Daten, die im Modell der EEA bereits strukturiert vorhanden sind. Es existieren domänenspezifische Sprachen, auf deren Grundlage EEA Modelle spezifiziert werden können. Daten aus EEA Modellen können als Eingangsinformationen für nachfolgende Phasen und Aktivitäten des Entwicklungslebenszyklus dienen. Damit reduzieren sich für diese Phasen die Aufwände der Aktivitäten zur Datenbeschaffung sowie die Möglichkeiten für Spezifikations- und Entwurfsfehler durch inkonsistente Daten.

In diesem Kapitel wird eine Methode zur spezifischen Bestimmung und Sammlung (Akkumulation) von Daten aus EEA Modellen zur kontextspezifischen Verwendung in anderen Entwicklungsphasen und -aktivitäten vorgestellt. Diese Methode sowie die Beispiele werden auf Basis von EEA-ADL [167] und der damit verbundenen guten Werkzeugunterstützung durch PREEvision [13] präsentiert. Die beschriebene Herangehensweise orientiert sich an der Methode des »Freischneidens« aus der Mechanik und Statik. Dieser Ansatz wird jeweils Anhand der Verwendung der akkumulierten Daten für die Durchführung von Fehler-Möglichkeits- und Einfluss-Analyse (FMEA) sowie für die Spezifikation von Hardware-in-the-Loop Testsystemen demonstriert. Beide sind probate Methoden zur Analyse und Verifikation funktionaler Sicherheit im Sicherheitslebenszyklus nach ISO 26262.

8.1 Akkumulation kontextspezifischer Daten

In der Mechanik und Statik existiert die Methode des »Freischneidens«. Dabei werden durch Freischnitt eines Körpers aus einer Struktur alle an diesem Körper angreifenden Kräfte und Momente bestimmt [50]. In der hier vorgestellten Methode wird das Freischneiden auf Modelle von EEAs übertragen.

Während sich in der Mechanik das Freischneiden auf die Kräfte und Momente bezieht, so hängen die zu bestimmenden Daten aus EEA Modellen vom Kontext ihrer weiteren Verwendung ab [1]. Für Sicherheitsassessments sind beispielsweise andere Informationen relevant als für die Spezifikation von Testsystemen. Zudem unterscheiden sich die zugrundeliegenden Datenformate der jeweiligen Verwendungsaktivität [2] in den meisten Fällen von der zur Modellierung von EEAs eingesetzten Sprache. Auch kann nicht vorausgesetzt werden, dass durch Daten aus EEA Modellen alle für die betrachtete Verwendungsaktivität erforderlichen Eingangsdaten bereitgestellt werden können. Die Daten von EEA Modellen setzten sich aus Artefakten zusammen, die untereinander über verschiedene Modellierungs- und Betrachtungsebenen in Zusammenhang stehen.

Zur Nutzung von EEA Daten als Eingangsinformationen für andere Verwendungsaktivitäten ist es notwendig, die zu bestimmenden Daten dem Verwendungskontext entsprechend zu wählen [3]. Sollen beispielsweise Informationen über ein Steuergerät als Modellartefakt des Komponentennetzwerks (CMPN) für die Spezifikation eines Hardware-in-the-Loop Testsystems gesammelt werden, so ist es nicht trivial, den Rahmen für die Informationsbeschaffung (elektrische Anbindungen und deren mechanische Ausführung, Kommunikation mit der Umgebung, etc.) abzustecken, auch wenn das Steuergerät im CMPN offensichtlich ist. Soll das gleiche Steuergerät Gegenstand einer Sicherheitsanalyse sein, liegen andere Informationen im Fokus. Im Vergleich zum Freischneiden in der Mechanik und Statik sind die Möglichkeiten an relevanten Informationen bei EEA Modellen vielfältiger. Sie werden durch den Kontext ihrer Verwendung bestimmt. Verwendungsaktivitäten werden überwiegend rechner- und werkzeuggestützt durchgeführt. Daher ist es zusätzlich erforderlich die akkumulierten Daten ihrer weiteren Verwendung entsprechend zu formatieren, bzw. dem zugrundeliegenden Datenformat entsprechend anzupassen. Eine Alternative besteht in der Vermeidung eines Werkzeugwechsels, wie in Kapitel 8.2 anhand der Durchführung von FMEAs im EEA Werkzeug PREEvision dargestellt wird.

Da EEA Modelle auf Basis domänenspezifischer Sprachen spezifiziert werden, lässt sich diese Sprache ebenfalls dazu verwenden um Konzepte und Zusammenhänge als Muster zu formulieren, welchen zu akkumulierende Daten genügen sollen.

---

[1]Im Folgenden werden zwischen Daten und Informationen unterschieden. Daten sind spezifisch und beziehen sich auf konkrete Objekte und Werte. Informationen hingegen beziehen sich auf Konzepte und Zusammenhänge, die in einem bestimmten Betrachtungskontext von Interesse sind.

[2]Verwendungsaktivität bezeichnet Domäne und Aktivität, in welcher Daten aus EEA Modellen verwendet werden.

[3]Der generelle Ansatz des Freischneidens von Daten aus EEA Modellen wurde vom Autor der hier vorliegenden Arbeit und Co-Autoren in [115] veröffentlicht.

Dies kann, wie vom Werkzeug PREEvision unterstützt, in Form von ausführbaren Modellabfragen geschehen. Ausgeführt auf einem EEA Modell geben sie diejenigen Daten zurück, welche die formulierten Muster erfüllen.

Zur Durchführung einer kontextabhängigen Akkumulation von Daten aus EEA Modellen sowie deren Formatierung sind die Prozessschritte entsprechend Abbildung 8.1 anzuwenden.

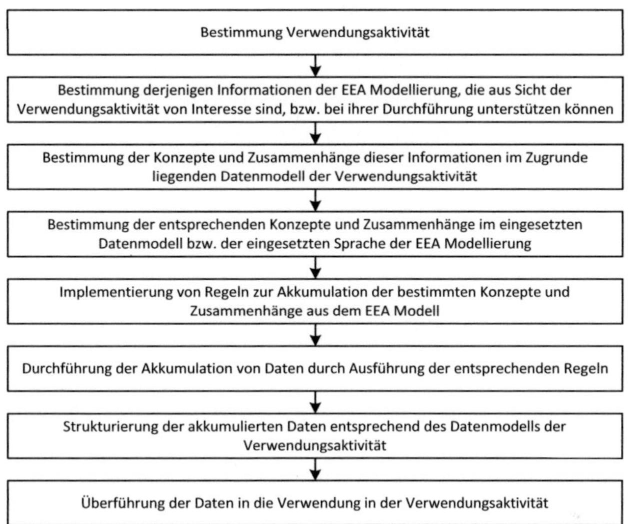

Abbildung 8.1: Prozessschritte des Freischneidens zur Anwendung auf EEA Modellen

8.2 Freischneiden für Sicherheitsanalysen

Sicherheitsanalysen basieren auf Daten über die zu bewertenden Einheiten (Systeme oder Komponenten). Anhand der Struktur der Einheit, den Funktionen ihrer Elemente, den zu erfüllenden Aufgaben im Sinne von Merkmalen werden mögliche Fehlerursachen, deren Auswirkungen und die damit verbundenen Gefährdungen und Risiken ermittelt. Sicherheitsanalysen können in Hinblick auf die Bereitstellung von Daten über Strukturen und Funktionen sowie durch Kataloge von Fehlerursachen und vordefinierten Kategorien zur Bewertung einzelner Charakteristika unterstützt werden, stellen als Ganzes jedoch eine kognitive und nicht (vollständig) automatisierbare Aktivität dar.

In diesem Kapitel wird am Beispiel der Fehler-Möglichkeits- und Einfluss-Analyse FMEA (s. Kapitel 2.7.2.1) dargestellt, wie sich die Bestimmung von Daten zur Ermittlung von Strukturen und Funktionen aus Modellen von EEA durch Anwendung der Methode des Freischneidens unterstützen lässt. Darüber hinaus wird gezeigt, wie auch die weiteren Schritte der FMEA innerhalb des EEA Modellierungswerkzeugs PREEvision durchgeführt werden können, womit ein Werkzeugwechsel vermieden werden kann [4] [5].

8.2.1 Durchführung am Beispiel der FMEA

Am Markt verfügbare FMEA-Werkzeuge legen den Fokus unter anderem auf Sicherheitsanalysen und Qualitätsmanagement. Das Werkzeug »DATA-SOFT FMEA« [62] von DATA-SOFT basiert auf Microsoft Access Datenbanken und erlaubt die Entwicklung einer Wissensbasis, das Werkzeug »IQ-FMEA« [12] von APIS stellt eine umfassende Umgebung für Sicherheitsanalysen und der Verfolgung von Aktivitäten bereit. Diese Werkzeuge bieten umfangreiche Möglichkeiten zur Durchführung von Analysen sowie der Darstellung von Ergebnissen und werden in der Automobilentwicklung eingesetzt. Jedoch muss die Struktur der zu bewertenden Einheit hinterlegt werden.

Domänenspezifische Sprachen zur Modellierung von EEAs, wie EEA-ADL, bieten mit den bereits in vorigen Kapiteln vorgestellten Mitteln zur Modellierung von Anforderungen und deren Relationen gute Möglichkeiten die für FMEAs relevanten Daten unter Verwendung der Modellierungssprache abzubilden. Zudem sind in EEA Modellen die Strukturen selbst enthalten und Anforderungen können unter Verwendung formaler Relationen auf die jeweilig adressierten Modellartefakte bezogen werden. Wird eine FMEA unter Verwendung der Konzepte der EEA Modellierungssprache durchgeführt, so können sie auf der modellierten Architektur selbst basieren. Bei Änderungen der Architektur werden die Auswirkungen in Bezug auf die FMEA direkt offensichtlich, ein Nachziehen der Änderungen in einem anderen Werkzeug ist nicht erforderlich. Dies reduziert die Möglichkeiten für Inkonsistenzen.

Jedoch können unter Verwendung der Sprache zur EEA Modellierung nicht alle Konzepte und Fähigkeiten spezieller Sicherheitsanalysewerkzeuge abgedeckt werden. Auch sind diese Werkzeuge häufig als fester Bestandteil im Entwicklungsprozess von Automobilen etabliert. Allerdings ist ihre initiale Verwendung durch das Beschreiben der notwendigen Datenbasis (Informationen über Struktur und Funktionen der zu analysierenden Einheit) mit entsprechenden Aufwänden verbunden.

---

[4]Die Inhalte dieses Kapitels wurden vom Autor der hier vorliegenden Arbeit und Co-Autoren in [111] veröffentlicht.

[5]Teile der in diesem Kapitel dargestellten Inhalte wurden im Zuge der vom Autor der vorliegenden Arbeit betreuten Studienarbeit von Herrn Vladimir Belau mit dem Titel »Implementierung der FMEA Methodik in die Modellierung von EEAs im Automobilbereich mit PREEvision« [Bel09] erarbeitet.

Die folgende Methode kann eingesetzt werden, um formale und werkzeugunterstützte Sicherheitsanalysen mit Unterstützung von Sicherheitsbeauftragten bereits in der Phase der EEA Modellierung auf Basis der modellierten Daten durchführen zu können oder Informationen über die zu analysierenden Einheiten als Eingangsdaten für umfassende und etablierte Sicherheitsanalysen in nachfolgenden Entwicklungsphasen bereitzustellen.

8.2.2 FMEA auf Basis von E/E-Architektur Modellen

Die Produkt FMEA auf Systemebene (s. Kapitel Kapitel 2.7.2.1) betrachtet die geforderte Funktion von Produkten und Systemen bis auf die Auslegung von Eigenschaften und Merkmalen. Diese Art der FMEA entspricht dem Detaillierungsgrad von EEA Modellen. Ihre Durchführung mit Unterstützung von Daten aus EEA-ADL basierten EEA Modellen sowie ihre Durchführung innerhalb des Werkzeugs PREEvision wird im Folgenden betrachtet.

Die folgenden Erläuterungen werden beispielhaft anhand der EEA des Merkmals »Automatischer Außenspiegel« veranschaulicht, der die Merkmale »Anklappen des Spiegelgehäuses in Bezug auf Garagenposition oder Komfortschließen«, »Anklappen des Spiegelgehäuses bei Precrash Erkennung«, »Automatische Spiegelheizung« und »Automatisches Abblenden« umfasst. Abbildung 8.2 stellt alle für die Analyse relevanter Daten erforderlichen Artefakte des EEA Modells des automatischen Außenspielgels sowie dessen direkter Umgebung dar. Diese beziehen sich auf die Ebenen des *Feature Funktions Netzwerks* (FFN) (s. Abbildung 8.2 oben), des *Funktionsnetzwerks* (FN) (s. Abbildung 8.2 Mitte) sowie des *Komponentennetzwerks* (CMPN) (s. Abbildung 8.2 unten). Die folgenden Erläuterungen orientieren sich an dieser Abbildung.

8.2.2.1 Strukturanalyse der FMEA

Die Produkt FMEA auf Systemebene, wie auch die Gefährdungs- und Risikoanalyse der ISO 26262 adressieren Systeme (in Bezug auf die Erfüllung von Merkmalen). Das Item definiert die Systemgrenze des betrachteten Systems. Dies resultiert in der Partitionierung des Gesamtprodukts (Fahrzeug) in Subsysteme. Für die Produkt FMEA auf Systemebene enthält die Spezifikation des betrachteten Subsystems Daten über Hardware- und Softwarekomponenten, die zur Erfüllung des Merkmals beitragen.

EEA-ADL bietet die Möglichkeit der Modellierung sog. Funktionalitäten im Sinne funktionaler Anforderungen. Diese können mit einem Merkmal (oder Item) gleichgesetzt werden [167]. Funktionalitäten werden in PREEvision [6] im *Feature Funktions Diagramm* (FFN-Diagramm) modelliert (s. (1) in Abbildung 8.2). *Funktionalitäten* repräsentieren Merkmale wie Precrash (2), die Bestimmung von Wetterbedingungen (3) oder Lichtverhältnissen (4) oder die funktionalen Merkmalen eines automatischen Außenspiegels (7) (wie oben genannt).

---

[6]Für die hier beschriebenen Ausführungen beziehen sich auf PREEvision Version 2.2.#.

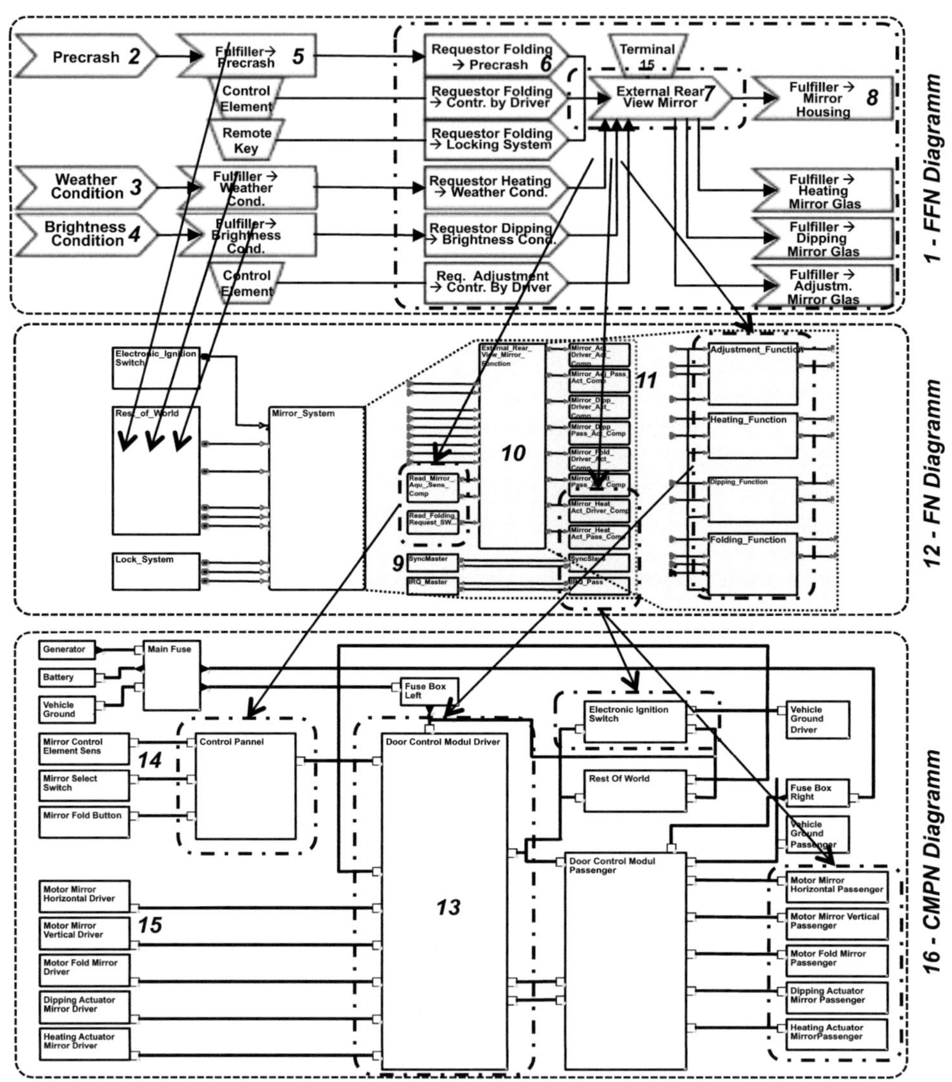

Abbildung 8.2: E/E-Architektur Modell des Merkmals »Automatischer Außenspiegel«

Requestoren (6) fordern Funktionalitäten an, *Erfüller* (8) erfüllen Funktionalitäten. Die Bestimmung einer Precrash Situation wird von der entsprechenden Funktionalität erbracht. Informationen über eine aktuelle Precrash Situation werden an andere Funktionalitäten, wie den automatischen Außenspiegel übertragen. Die Funktionalität des automatischen Außenspiegels bestimmt nicht selbst die Precrash Situation. Sie wird von der Funktionalität, welche die Precrash Situation bestimmt, angefordert. Die Zusammenhänge des FFN-Diagramms repräsentieren Daten für die Strukturanalyse als Teil der FMEA.

8.2.2.2 Funktionsanalyse der FMEA

In der Funktionsanalyse werden die Funktionen jeder Komponente des betrachteten Merkmals bestimmt. In Bezug auf das Modell einer EEA betrifft dies die Bereitstellung von Ausgangsdaten basierend auf der Historie, dem aktuellen Zustand sowie den aktuellen Eingangsdaten. Dies wird von Softwarekomponenten realisiert, die durch Sensor- (9), Funktions- (10) und Aktuatorblöcke (11) im FN dargestellt werden (s. (12) in Abbildung 8.2). Zusätzlich adressiert ist die Verfügbarkeit von Hardwarekomponenten zur Berechnung und Kommunikation (13), Sensoren (14) und Aktuatoren (15). Diese sind als Artefakte des CMPN (16) dargestellt.

Abbildung 8.2 zeigt die Abhängigkeit von E/E-Artefakten. Für die Sicherheitsanalyse der Funktionalität des automatischen Außenspiegels müssen zusätzlich die Funktionalität der Requestoren und Erfüller betrachtet werden. Der Geltungsbereich der zu betrachtenden Artefakte ist durch Umrandung von (6), (7) und (8) dargestellt. Dieser Rahmen repräsentiert den Freischnitt. Artefakte des FN, welche die entsprechenden Artefakte des FFN realisieren, sind ebenfalls vom Freischnitt betroffen. Ebenso diejenigen Komponenten des CMPN, welche die betroffenen Funktionen ausführen. Diese werden in Abbildung 8.2 jeweils durch Freischnittrahmen bezüglich FN Diagramm und CMPN Diagramm dargestellt.

8.2.2.3 Fehleranalyse, Analyse von Aktivitäten sowie Optimierung und Dokumentation der FMEA

Wenn Funktionen im Kontext der Funktionsanalyse der FMEA nicht verfügbar sind, können Fehler auftreten. Dies hat Konsequenzen für die Verfügbarkeit von Merkmalen. Für jede Funktion werden daher in der Phase der »Fehleranalyse« der FMEA mögliche Fehler, ihre Ursachen und Auswirkungen bestimmt. Während die beiden vorigen Phasen zum Teil automatisierbar sind, wird diese Aktivität von der Rolle des Sicherheitsexperten durchgeführt.

Für jede Funktion wird ein FMEA Formblatt entsprechend Kapitel 2.7.2.1 Abbildung 2.4 geführt. Dieses Dokument wird verwendet um die Ergebnisse der Analyse festzuhalten und zusammenzufassen.

In der Phase »Analyse von Aktivitäten« der FMEA werden basierend auf den bestimmten Tripeln von *Fehler*, *Ursachen* und *Auswirkungen* der vorigen Phase, die entstehenden Gefährdungen und Risiken in Bezug auf die betrachtete Funktion bestimmt. Die *Risikoprioritätszahl* fasst die Ergebnisse zusammen. Basierend auf deren Wert werden Maßnahmen zur Überarbeitung abgeleitet. Die Ergebnisse werden im FMEA Formblatt vermerkt.

In der Phase der »Optimierung und Dokumentation« der FMEA wird das betrachtete System überarbeitet und erneut analysiert um die Auswirkungen der durchgeführten Maßnahmen zu bestimmen. Die Ergebnisse werden ebenfalls im FMEA Formblatt festgehalten.

8.2.3 Akkumulation von Daten für die FMEA

Die Akkumulation der relevanten Daten aus einem Modell der EEA beginnt mit der Identifikation von Konzeptketten im Metamodell der zugrundeliegenden Sprache. Das Metamodell stellt einen Graphen dar (s. Kapitel 9). Konzepte (Klassen) sind die Knoten des Graphen, Relationen (Assoziationen und Attribute) die Kanten. Konzeptketten bilden jeweils einen Untergraphen. Werden Konzeptketten als Suchmuster definiert, das auf einem EEA Modell ausgeführt wird, so besteht jedes Ergebnis jeweils aus einer Menge von Artefakten und Attributwerten, welche durch ihre gegenseitigen Zusammenhänge dem Muster genügen. Für die vorliegende Anwendung werden Konzeptketten in der Art spezifiziert, dass die Ergebnismengen diejenigen Daten repräsentieren, welche für die Verwendungsaktivität (hier als Eingangsdaten für die FMEA) relevant sind.

Das Werkzeug PREEvision offeriert die Möglichkeit Konzeptketten entsprechend im Metamodell vorhandener Relationen (Assoziationen und Attribute) zu spezifizieren. Die Spezifikation von Negationen in Bezug auf Konzepte oder Relationen wird nur bedingt, die Spezifikation von Alternativen gar nicht unterstützt. Um alle relevanten Daten zu akkumulieren ist somit die Spezifikation mehrerer Konzeptketten erforderlich. Diese Konzeptketten können sich in bestimmten Konzepten überschneiden, was redundante Daten in Bezug auf die Menge der Ergebnisse zur Folge hat. Diese Redundanzen müssen in einem nachfolgenden Schritt beseitigt werden.

Für die Durchführung wird wieder das Merkmal des automatischen Außenspiegels nach Abbildung 8.2 betrachtet. Abbildung 8.3 zeigt einen Auszug der EEA-ADL, mit einem Teil der für die FMEA relevanten Konzepte. Daraus kann nur die Konzeptkette in Bezug auf Funktionen abgeleitet werden. Für Sensor- und Aktuatorfunktionen existieren ähnliche Strukturen aus welchen sich die entsprechenden Konzeptketten ableiten lassen. Die dargestellte Struktur zeigt von links unten nach rechts unten die Zusammenhänge zwischen Konzepten des FFN, des FN und ausführenden Hardwareartefakten des CMPN. Abbildung 8.4 zeigt eine Konzeptkette in Form einer ausführbaren Modellabfrage zur Ermittlung von Steuergeräten, auf welchen Funktionen zur Erfüllung des betrachteten Merkmals ausgeführt werden.

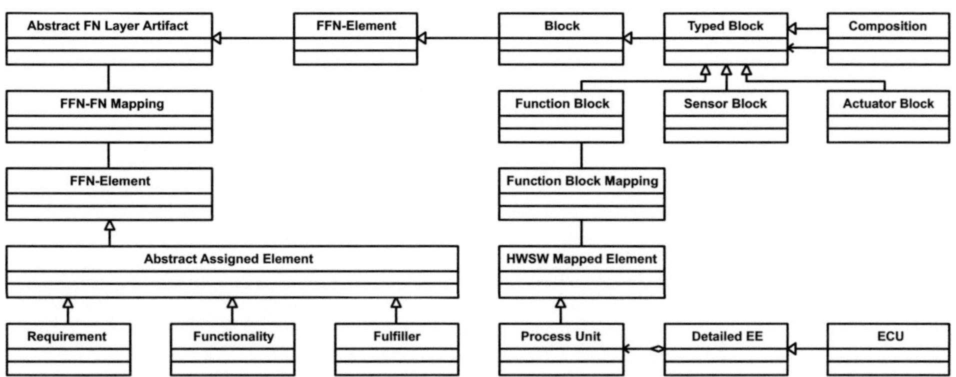

Abbildung 8.3: Teil von EEA-ADL mit relevanten Konzepten in Hinblick auf die Akkumulation von Daten zur Verwendung in FMEAs

Die Modellabfrage beginnt mit einem Artefakt der FFN-Ebene und ermittelt Zuteilungen zu Artefakten der FN-Ebene (oben). Da Funktionen sowie Kompositionen auf Artefakte des CMPN zugeteilt sein können, ermittelt ein Iterationsblock (Mitte) Funktionen, welche in Kompositionen enthalten sind. Eine ermittelte atomare Funktion wird auf Zuteilung zu Artefakten des CMPN hin untersucht (unten). Zur Bestimmung aller Hardwareartefakte die einen Beitrag zur Erfüllung des Merkmals liefern, sind zusätzliche Regeln für Zuteilungen zu Sensoren und Aktuatoren als Artefakte des CMPN erforderlich.

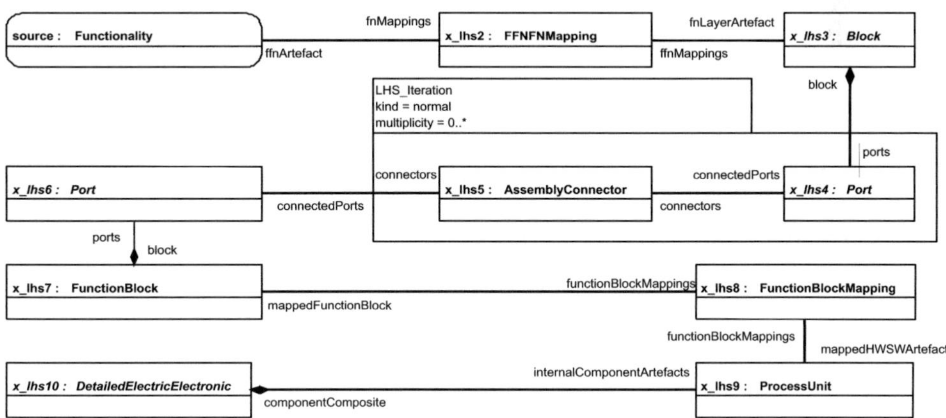

Abbildung 8.4: Beispiel Modellabfrage für Akkumulation von Daten für die FMEA

Die Ergebnisse der Ausführung der Modellabfrage auf einem EEA Modell werden nun im Sinne ihrer kontextbezogenen Verwendung gefiltert. Berechnungsblöcke im Metrikdiagramm von PREEvision können hierfür verwendet werden. Abbildung 8.5 zeigt den Datenfluss von der Ausführung von Modellabfragen und der Formatierung der Ergebnisse. Der Block mit der Bezeichnung »Kontext« (1) repräsentiert den Kontext der Abfrage, hier die Funktionalität des Automatischen Außenspiegels, in Bezug auf deren Erfüllung beitragende Hardwareartefakte ermittelt werden sollen. Hierdurch wird das »source-Objekt« der Modellabfrage definiert und so die Menge von Artefakten auf welchen die Modellabfrage ausgeführt wird, eingeschränkt. Der Modellabfrageblock mit der Bezeichnung »Datenbestimmung_FFN« (2) führt hinterlegte Modellabfragen aus und gibt eine Liste mit Requestoren und Erfüllern zurück, welche mit dem Kontext in Verbindung stehen. In einer Schleife (3) werden für alle zuvor ermittelten Requestoren und Erfüller diejenigen Funktions- und Hardwareartefakte ermittelt, auf welche sie zugeteilt sind. Die entsprechenden Ergebnisse werden jeweils durch Ausführung einer entsprechenden Modellabfrage (4: »Datenbestimmung_FN/CMPN«) bestimmt. In den folgenden Metrikblöcken (5: »Anpassung« und FFilter«) werden die Ergebnismengen zusammengefasst und redundant vorhandene Informationen gelöscht. Am Ausgang des letzten Blocks steht eine sortierte Liste der ermittelten Hardwareartefakte zur Weiterverarbeitung oder Speicherung bereit. Diese Informationen können in Werkzeuge für Sicherheitsassessments importiert werden oder, wie im folgenden Kapitel dargestellt, Basis für die Durchführung der FMEA im EEA Modellierungswerkzeug PREEvision sein.

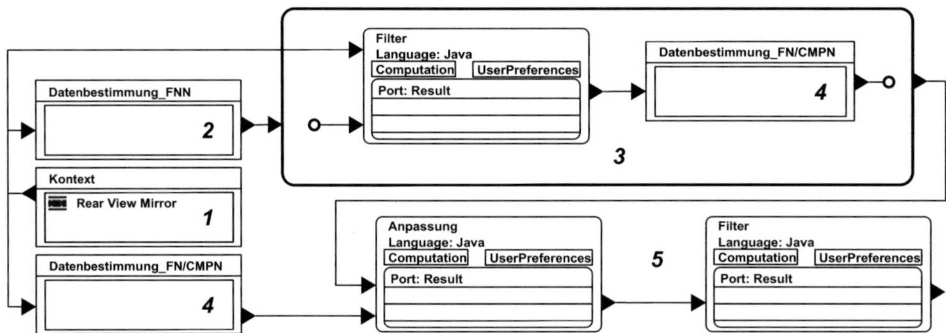

Abbildung 8.5: Metrikdiagramm zur Bestimmung von Modellabfrageergebnissen und deren Formatierung

8.2.4 Durchführung der FMEA im EEA Modellierungswerkzeug PREEvision

Mit Anforderungstabellen stellt PREEvision eine Möglichkeit zur Handhabung und Präsentation von Anforderungen bereit, auf welche bereits in den Kapiteln 5 und 6 verwiesen wurde. In der FMEA werden sog. FMEA-Formblätter (ihrerseits Tabellen) für die Durchführung der Analyse sowie der Dokumentation der Ergebnisse herangezogen. Durch den Einsatz von Anforderungstabellen im Werkzeug der EEA Modellierung zur Darstellung und Handhabung der akkumulierten Daten, zur Durchführung der Analyse und zum Festhalten der Ergebnisse, können FMEA-Daten gemeinsam mit dem Modell der EEA gespeichert werden. So wird ein Werkzeugwechsel vermieden.

8.2.4.1 Generierung von Anforderungstabellen

Um die FMEA im EEA Modellierungswerkzeug zu ermöglichen, ist es notwendig, die Werkzeugstrategie an diese Verwendungsaktivität zu adaptieren. In der Anforderungstabelle von PREEvision repräsentieren Zeilen Anforderungsobjekte als Instanzen des Konzeptes »Requirement« der Sprache EEA-ADL. Spalten stellen die Attribute dieser Objekte dar. Dementsprechend wird für jedes zuvor bestimmte E/E-Artefakt ein Anforderungsobjekt (im Folgenden FMEA-Objekt genannt) erzeugt.

FMEA-Objekte sollen entsprechend den Kriterien von FMEA-Formblättern analysiert werden. Daher werden für FMEA-Objekte eine Menge von Attributen definiert, wobei jedes Attribut einer Zelle des FMEA-Formblattes entspricht. Die Datentypen der Attribute werden den Datentypen des FMEA-Formblattes entsprechend auf *Integer* oder *String* festgelegt. Bei der Generierung von FMEA-Objekten können Attributwerte jeweils automatisch auf Standardwerte (Datum, Zuständigkeit, Laufende Nummer des FMEA-Formblattes, etc.) oder Daten aus der vorangegangenen Akkumulation gesetzt werden.

Abbildung 8.6 zeigt das Metrikdiagramm für die Generierung der Anforderungstabelle und der FMEA-Objekte. Block 1 (»Kontext_Paket«) spezifiziert den Kontext der folgenden Generierung. Hier wird das Anforderungspaket im Modellbaum des EEA Modells angegeben, in welches die FMEA-Objekte erzeugt werden sollen. Die folgenden Schritte der Generierung werden für jedes Artefakt der Eingangsliste entsprechend der vorangegangenen Akkumulation durchgeführt (s. Loop-Block (2)).

Block 3 (»Bestimmung_Bezeichner«) gibt den Bezeichner des eingehenden Artefakts zurück. Block 4 (»Generierung_FMEA_Objekt«) generiert eine neues Anforderungsobjekt (FMEA-Objekt) und weist ihm den bestimmten Bezeichner zu.

Die Blöcke 6 (»Attribut_Type« und »Attribut_Fault«) stellen eine Auswahl an Attributen dar, welche dem generierten Objekt durch Block 5 (»Attribut_Zuteilung«) zugeordnet werden. Sind Standardwerte hinterlegt, werden diese von Block (5) dem entsprechenden Attribut zugeordnet.

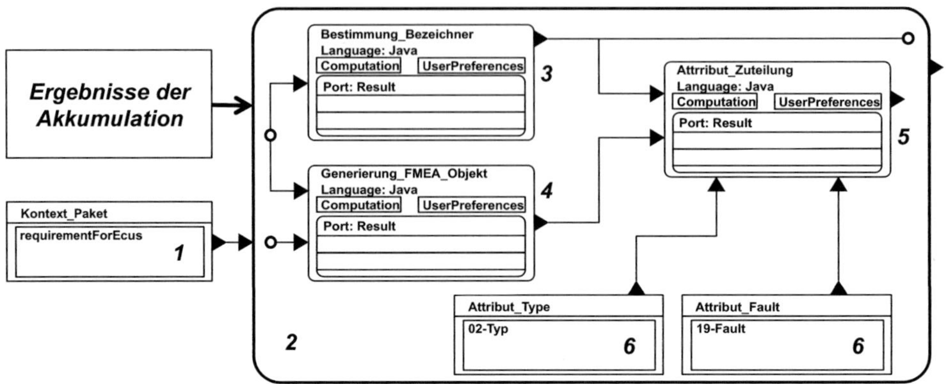

Abbildung 8.6: Metrikdiagramm zur Generierung von FMEA-Objekten

8.2.4.2 Durchführung der FMEA

Basierend auf der generierten Tabelle führen nun Sicherheitsexperten die FMEA durch. Dabei werden Werte für Bedeutung (B), Auftretenswahrscheinlichkeit (A) und Entdeckungswahrscheinlichkeit (E) bestimmt. Für die Berechnung der Risikoprioritätszahl (R) wurde eine entsprechende Metrik implementiert. Diese analysiert jedes FMEA-Objekt der FMEA-Tabelle (Kontext dieser Metrik) nach Werten für B, A und E, bestimmt R und weist den Wert dem Attribut RPZ des FMEA-Objekts jeweiligen zu.

Hiernach bestimmen die Assessoren, falls notwendig, Maßnahmen der Überarbeitung. Anschließend wird eine erneute Bewertung durchgeführt um die Auswirkungen der Überarbeitung zu beurteilen. Alle Ergebnisse werden in die entsprechenden Zellen der FMEA-Tabelle eingetragen. Abbildung 8.7 zeigt ein Beispiel einer teilweise ausgefüllten FMEA-Tabelle im Werkzeug PREEvision.

	Id	Name	...	02-Typ	17-Consequences		19-Failure	20-Cause	21-Prevent...	22-A	24-E	25-RPZ
1-1	1.1	DCM_Driver	1	Typ der ECU: DCM_Driver	Mirror functionality driver not ava...	4	Ecu without power supply	Contact problems	Alternative ...	3	3	36
2-1	1.2	DCM_Pass	2	Typ der ECU: DCM_Pass	Mirror functionality passenger not ...	4	Ecu without power supply	Contact problems	Alternative ...	3	3	36
3-1	1.3	RestOfWorld	3	Typ der ECU: RestOfWorld	---			---	---	---	---	---
4-1	1.4	ElectronicIgnitionSwitch	4	Typ der ECU: ElectronicIgnitionSwitch	Most vehicle functionalities, inclu...	7	vehicle not usable	No authentication ...	Timely repo...	2	1	14
5-1	1.5	DoorControlModule	5	Typ der ECU: DoorControlModule	Controlling of mirror functionality...	3	Failure of Ecu:	Mechanical distruct...	Ruggedized...	4	1	12
6-1	1.6	FoldingActuatorDriver	6	Typ der ECU: FoldingActuatorDriver	Vehicle can not pass narrow passa...	2	Failure of Ecu:	Ice in mechanics	Sealing	6	1	12
7-1	1.7	AdjustmentActuatorDri...	7	Typ der ECU: AdjustmentActuatorDri...	Rear traffic can not be tracked	4	Failure of Ecu:	Position sensor def...	High class m...	5	1	20
8-1	1.8	HeatingActuatorDriver	8	Typ der ECU: HeatingActuatorDriver	Ice or rain negatively affect the t...	4	Failure of Ecu:	Corossion	High class m...	3	3	36

Abbildung 8.7: Beispiel für FMEA-Tabelle auf Basis der EEA-ADL in PREEvision

8.2.4.3 Generierung von Reports

Das Werkzeug PREEvision bietet die Möglichkeit der Generierung von OpenOffice.org™Dokumenten [187]. Zu Dokumentationszwecken wird dieser Generator verwendet um für jedes FMEA-Objekt ein FMEA-Formblatt zu erzeugen, gefüllt mit den entsprechenden Attributwerten des jeweiligen FMEA-Objekts. Die Reportgenerierung wird auf Basis einer für diesen Zweck definierten Vorlage durchgeführt. Darin wird das Format des Reports definiert, sowie die jeweiligen Stellen, an welchen Informationen aus dem EEA Modell eingefügt werden sollen. Im ersten Schritt wird der Umfang der FMEA-Tabelle erfasst um die Anzahl der zu generierenden Reports zu bestimmen. Die Befüllung der Zellen der Vorlage wird in Anlehnung an die Generierung der FMEA-Tabelle durchgeführt. Durch spezielle Regeln wird die FMEA-Tabelle (Kontext der Regelausführung) nach FMEA-Objekten durchsucht. Die Attributwerte eines FMEA-Objekts werden sequenziell ermittelt und an den entsprechenden Stellen des Reports eingetragen. Tabelle 8.1 zeigt einen generierten Report, bei welchem Teile der Zellen zu Demonstrationszwecken ausgefüllt sind. Reports können zu jedem Zeitpunkt während der Analyse generiert werden, vorausgesetzt es existieren bereits FMEA-Objekte.

		Fehler-Möglichkeits- und Einfluss-Analyse System-FMEA Produkt System-FMEA Prozess					FMEA-Nr	2
Typ/Modell/Fertigung/Charge:		Typ der ECU: Verarbetungs- funktion	Sachnummer:	Verantw.:		Abt:		
			Änderungsstand:	Firma:		Datum:		
System-Nr./Systemelement:			Sachnummer:	Verantw.:		Abt.:		
Funktion/Aufgabe:		Verarbeitungs- funktionen:	Änderungsstand:	Firma:		Datum:	19.05.11	
Mögliche Fehlerfolgen:	B	Mögliche Fehler:	Mögliche Fehlerursachen:	Vermeidungs-maßnahmen:	A	Entdeckungs-maßnahmen:	E	RPZ	V/T
Folge #1	1	Fehler der ECU: Standardfehler der ECUs #1	Ursache #1	Vermeidungs-maßnahme #1	5		9	45	

Tabelle 8.1: Generierter FMEA Report

8.2.5 Ergebnisse

Durch Akkumulieren von Eingangsdaten für die FMEAs direkt aus EEA Modellen schafft die hier vorgestellte Methode eine formale Verbindung zwischen EEA Modellen und Sicherheitsassessments. Dies resultiert in konsistenten und eindeutigen Informationen über das zu bewertende Merkmal. Damit wird die Dauer der Datenbeschaffung für Sicherheitsanalysen verringert. Durch die formalen Beziehungen zwischen Artefakten in EEA Modellen kann die Methode des Freischneidens zur Akkumulation kontextrelevanter Daten angewendet werden.

Die dafür notwendigen Modellabfragen und Formatierungen wurden entsprechend des Kontextes der Verwendungsaktivität definiert. Durch Generierung spezifischer Modellobjekte und Attribute im Sinne der durchzuführenden Sicherheitsanalyse kann diese ohne Notwendigkeit eines Werkzeugwechsels direkt im Werkzeug der EEA durchgeführt werden.

Damit wurde gezeigt, dass die Anwendung der Methode des Freischneidens auf EEA Modelle detaillierte Kenntnisse der Konzepte der Verwendungsaktivität voraussetzt, sowie detaillierte Kenntnisse über die entsprechenden Konzepte und Relationen in der Sprache, welche dem betrachteten EEA Modell zugrunde liegt. Die Beschreibung von Modellabfragen zur Ermittlung von Konzeptketten in PREEvision unterstützt nur Konjugationsrelationen zwischen Konzepten und Attributwerten. Da somit kein Basissystem (s. Kapitel 2.3.2) vorhanden ist, müssen zur Ermittlung der relevanten Daten notwendigerweise mehrere Modellabfragen spezifiziert werden, deren Ergebnismengen gemeinsame Elemente enthalten können. Dadurch können umfangreiche Filterungs- und Formatierungsaktivitäten erforderlich werden, wie im nächsten Kapitel demonstriert wird [7].

8.3 Einsatz Freischneiden für Verifikation und Test

ISO 26262 nennt in Teil 4 §8 (»Item Integration and Testing«) Testmethoden in Bezug auf »Hardware-Software Integration und Test« (§8.4.2) und »Systemintegration und Test« (§8.4.3). Etliche dieser Methoden können und werden durch den Einsatz der Hardware-in-the-Loop Technologie in der Integrations- und Testphase des Entwicklungslebenszyklus der Automobilentwicklung abgedeckt.

Das Testen von Hardware und Software von merkmalserfüllenden funktional sicherheitsbezogenen Fahrzeugsystemen ist erforderlich um die funktionale Korrektheit und die Erfüllung der Anforderungen nachzuweisen. Während der Integrationsphase von Hardware und Software wird Hardware-in-the-Loop Technologie (HiL) eingesetzt um reproduzierbare und belastbare Tests von merkmalserfüllenden Funktionen durchzuführen, die auf Hardwarekomponenten des verteilten Kontrollsystems eines in der Entwicklung befindlichen Fahrzeugs ausgeführt werden [202]. Dabei werden elektronische Komponenten des Kontrollsystems an ihren elektrischen (und teilweise mechanischen) Schnittstellen mit HiL-Testsystemen verbunden. Diese emulieren die Umgebung der Komponente (andere Steuergeräte, Sensoren, Lasten, etc.). Durch Einsatz ausführbarer Verhaltensmodelle können in Bezug auf die zu testende Komponente (SuT, engl. für System under Test) authentische Situationen reproduzierbar eingeprägt und das Verhalten des SuT gegenüber seiner Spezifikation verifiziert werden.

---

[7]Teile der in diesem Kapitel dargestellten Inhalte wurden im Zuge der vom Autor der vorliegenden Arbeit betreuten Studienarbeit von Herrn Zhongjian Liang mit dem Titel »Entwurf eines domänenspezifischen EE-Fahrzeugmodells mit PREEvision zur Konfiguration und Bewertung von Realisierungsalternativen« [Lia09] erarbeitet.

Verschiedene Rollen (HiL Spezifikation, HiL Integration, HiL Betreibung, Test Design, ECU Spezifikation, ECU Integration, etc.) sind oder können an der Spezifikation und der strukturellen Auslegung von HiL-Testsystemen beteiligt sein. Emuliert ein HiL-Testsystem nicht authentisch die Umgebung des SuT, so können die Testergebnisse nicht zur Verifikation herangezogen werden. Daher ist die Unterstützung von Methoden und Werkzeugen erforderlich um der Spezifikation von HiL-Testsystemen authentische Eingangsdaten bereitzustellen. Damit kann der Entwicklungsprozess beschleunigt und die Möglichkeiten für Spezifikationsfehler reduziert werden.

Das EEA Modell eines Fahrzeugs enthält eine Vielzahl formalisierter Informationen über funktionale Zusammenhänge und Strukturen, welche die Spezifikation von HiL-Testsystemen unterstützen können. Die Entwicklung von EEA ist ein iterativer Prozess, Architekturen können nachträglich geändert werden. Dies hat Auswirkungen auf die Spezifikation von HiL-Testsystemen.

Die Methode des Freischneidens wird in diesem Kapitel auf die Bestimmung von Informationen aus EEA Modellen angewendet, die im Zusammenhang mit der Spezifikation von HiL-Testsystemen relevant sind [8].

8.3.1 Grundlagen zu HiL-Testsystemen

HiL-Testsysteme bestehen aus Hardware- und Softwarekomponenten, deren Elementen nach [114] in verschiedene Ebenen entsprechend Abbildung 8.8 eingeteilt werden. Ein Kontrollrechner (*Testing Host*) verwaltet die Ausführung von Tests sowie die Analyse der Ergebnisse. das HiL-Testsystem selbst setzt sich aus folgenden Bestandteilen zusammen: ein Echtzeitrechner (*Rechner Einheit*) führt die Simulation der funktionalen Umgebung für das SuT aus. Die *IO Generierung* generiert fahrzeugspezifische elektrische Signale. Hierzu zählen digitale und analoge Ein- und Ausgänge sowie Datagramm-basierte Kommunikationen wie CAN oder FlexRay. Die *Signalkonditionierung* realisiert die elektrischen Anforderungen an den Verbindungen zum SuT. Die *Fehlersimulation* prägt elektrische Fehler wie Kurzschlüsse oder getrennte Verbindungen ein. Ein angepasster Kabelsatz verbindet das HiL-Testsystem, mit dem SuT. Die Software des HiL-Testsystems besteht aus einem ausführbaren Modell (*Simulation*), welche das funktionale Verhalten der Umgebung darstellt sowie einem *Signal Pool*, welcher den aktuellen Zustand des Modells sowie die aktuellen Werte der mit dem SuT kommunizierten Signale beinhaltet.

HiL-Testsysteme kommen in unterschiedlichen Ausbaustufen für unterschiedliche Anwendungen zum Einsatz. Bei einem *Komponenten HiL-Testsystem* wird ein einzelnes Steuergerät (SuT) an ein HiL-Testsystem angebunden, welches die funktionale, elektrische und elektronische Umgebung des SuT nachbildet. Diese Variante kommt häufig bei der Steuergeräteentwicklung bei Zulieferern oder OEMs [9] zum Einsatz.

---

[8]Die Inhalte dieses Kapitels wurden vom Autor und Co-Autoren in [114] und [115] veröffentlicht.
[9]Die Abkürzung OEM steht für Original Equipment Manufacturer und bezieht sich auf Automobilhersteller.

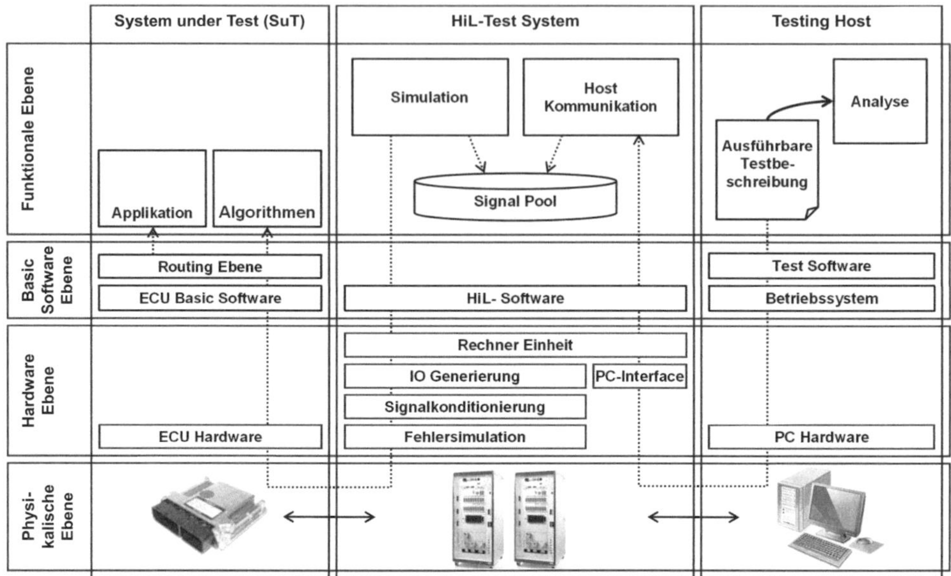

Abbildung 8.8: Struktur eines HiL-Testsystems nach [114]

In der Entwicklungsphase der Systemintegration werden alle Steuergeräte, welche der Domäne des gleichen Kommunikationsbusses zugeordnet sind (Antriebsstrang, Body, Chassis, etc.), mit einem sog. *Integrations HiL-Testsystem* verbunden. Steuergeräte, die noch nicht verfügbar sind, können durch das HiL-Testsystem emuliert werden. Jede Leitung, die zwischen den Steuergeräten besteht, wird zur Beobachtung, Manipulation oder der Einprägung elektrischer Fehler über das HiL-Testsystem geführt. Mit 20 oder mehr Steuergeräten an einem Bussystem ist der Berechnungs- und Hardwareaufwand von Integrations HiL-Testsystemen enorm.

8.3.2 Aktuelle Durchführung der Spezifikation von HiL-Testsystemen

Aktuell werden HiL-Testsysteme manuell auf Basis von Spezifikationen der zu testenden Komponenten spezifiziert. Diese Dokumente beschreiben das Verhalten des SuT textuell oder in Form von UML-Diagrammen. Die Steckerbelegungen des SuT sind in Form von Listen dargestellt [91]. Da textuelle Beschreibungen häufig nicht eindeutig und Spezifikationen lebende Dokumente sind, ist für eine passende Spezifikation des HiL-Testsystems ist eine gute Kommunikation zwischen den beteiligten Rollen erforderlich.

In seiner Dissertation stellt Sebastian Fuchs ein Datenmodell als domänenspezifische Sprache für die Beschreibung von HiL-Testsystemen vor [90]. Damit ist die Spezifikation aller für den Aufbau eines HiL-Testsystems notwendigen Daten in einem Modell möglich, die Datenbeschaffung muss jedoch wie zuvor durchgeführt werden.

8.3.3 Rahmenbedingungen - Freischneiden zur Spezifikation von HiL-Testsystemen

In diesem Kapitel wird die Methode des Freischneidens für die Verwendung der ermittelten Daten im Kontext der Spezifikation von HiL-Testsystemen vorgestellt. So sollen durch Freischneiden alle in einem EEA Modell in Verbindung mit einem Steuergerät vorhandenen Daten akkumuliert werden, welche für die Spezifikation von HiL-Testsystemen relevant sind. Die Bedeutung des Ansatzes ist in Abbildung 8.9 beispielhaft an einem Komponentennetzwerk dargestellt [10].

Das *Türsteuergerät Fahrerseite* soll mit einem HiL-Testsystem verbunden werden und stellt somit das SuT dar. Um die Umgebung des SuT authentisch nachzubilden, muss das HiL-Testsystem alle Verbindungen und Interaktionen dem SuT und seiner Umgebung berücksichtigen. Dies wird in Abbildung 8.9 durch die gestrichelte Linie dargestellt, welche das SuT »freischneidet«. Für die Akkumulation der relevanten Daten soll ein allgemein einsetzbarer Satz von Modellabfragen implementiert werden, der diese Daten jeweils in Bezug auf ein definierbares Steuergerät als Artefakt des EEA Modells akkumuliert. Redundanzen sollen aus den Ergebnismengen beseitigt werden. In Hinblick auf die weitere Verwendung sollen die bestimmten Daten entsprechend der Verwendungsaktivität (beispielsweise der formalen Spezifikation von HiL-Testsystemen nach Fuchs) strukturiert und in einem Austauschformat bereitgestellt werden.

8.3.4 Akkumulation von Daten

Relevante Informationen beziehen sich auf funktionale Zusammenhänge in Hinblick der Realisierung eines ausführbaren Umgebungsmodells sowie auf elektrische Eigenschaften des SuT selbst und seiner Verbindung mit der Umgebung im CMPN der EEA.

---

[10] Abbildung 8.9 zeigt Hardwareartefakte, welche zur Erfüllung des bereits im vorigen Kapitel beschriebenen Merkmals des automatischen Außenspielgels beitragen. Die Ansteuerung der Aktuatoren der Außenspielgel wird von den jeweiligen Türsteuergeräten auf der Fahrer- und Beifahrerseite realisiert. Aktionen können durch Bedienelemente an der Fahrertür oder von anderen Steuergeräten (*Elektronischer Zündschlossschalter*, *Rest des Fahrzeugs*) angefordert werden, welche über Bussysteme mit dem Türsteuergerät der Fahrerseite verbunden sind. Die Reaktionen werden auf dem *Türsteuergerät Fahrerseite* berechnet. Zur Ansteuerung sind die Aktuatoren des Spiegels der Fahrerseite direkt mit diesem Steuergerät verbunden. Die Aktuatoren des Spiegels der Beifahrerseite hängen am *Türsteuergerät Beifahrerseite*, das ebenfalls über ein Bussystem mit dem *Türsteuergerät Fahrerseite* in Kommunikation steht.

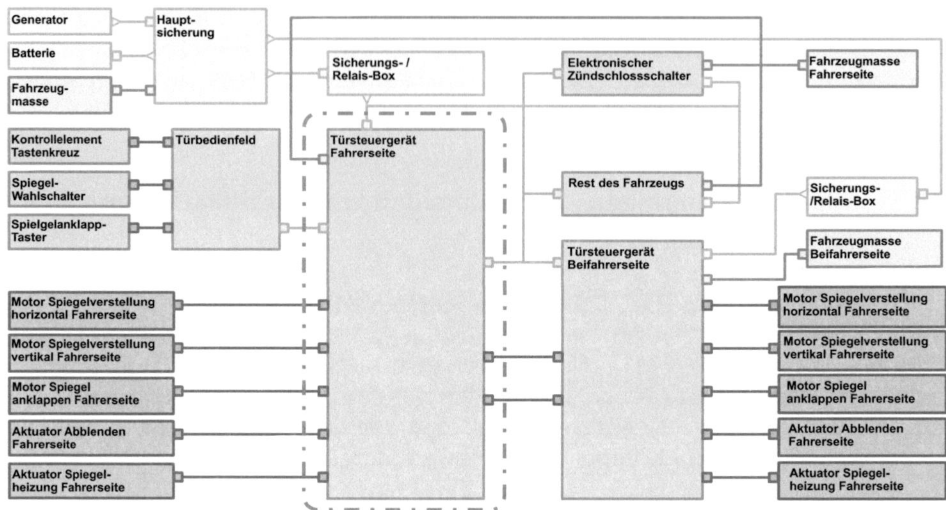

Abbildung 8.9: Darstellung der Methode des Freischneidens im CMPN

Diese Informationen können durch eine Untermenge der EEA-ADL bestehend aus ca. 40 Konzepte und den zwischen ihnen bestehenden Relationen bestimmt werden.

Abbildung 8.10 zeigt diese Konzepte jeweils gruppiert in software- und funktionstechnische Informationen (links) sowie Hardware- und elektrische Informationen (rechts). Das grau unterlegte Konzept steht in jeder Gruppe für das Konzept des SuT. Die Gruppierung orientiert sich an den beiden grundlegenden Betrachtungsweisen von HiL-Testsystemen. Für das Hardwaresetup des Testsystems liegen die elektrischen Eigenschaften von Pins sowie die elektrischen Verbindungen zwischen SuT und HiL-Testsystem im Fokus der Betrachtung. Für die Erstellung des Umgebungsmodells sind die kommunizierten Signale sowie die zwischen ihnen bestehenden funktionalen Zusammenhänge relevant.

Software- und funktionsbezogene Daten geben Aufschluss über Transmissionen, Input- und Outputports zum Informationsaustausch, die Interfaces dieser Ports, sowie Signale. Darin sind auch Daten enthalten, über die Anbindungen und Verbindungen über welche Informationen übertragen werden. Dies betrifft den Verbindungstyp, die Organisation von Signalen in Frames sowie die logische Interpretation elektrischer Werte (bsp. Spannung, Strom, Frequenz). Das zentrale Element dieser Betrachtung ist das Signal.

Details über Hardwareartefakte umfassen Informationen über Sensoren, ECUs und Aktuatoren, deren Betriebsbedingungen, Anbindungen, Pins und Steckverbindungen, Leitungen und Leitungstypen. Das zentrale Element dieser Betrachtung ist der Pin.

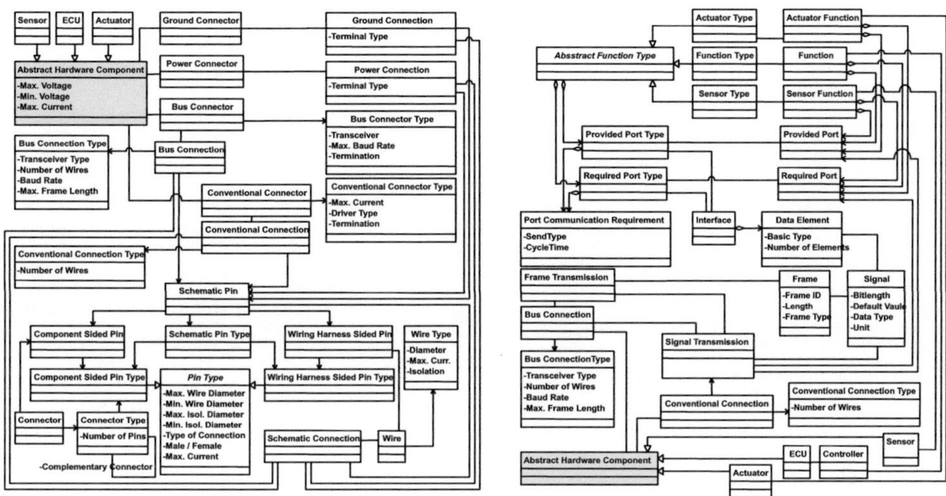

Abbildung 8.10: Im Kontext der HiL-Spezifikation relevante Konzepte der EEA-ADL

Akkumulierte Daten über diese Artefakte und die zwischen ihnen bestehenden Zusammenhänge werden in ein Übergabeformat übertragen, dessen Struktur der Verwendungsaktivität sowie den in diesem Kontext bestehenden Perspektiven angepasst ist.

8.3.4.1 Verwendungsaktivitätspezifisches Übergabeformat

Zur Darstellung der Speicherung und dem Austausch von akkumulierten Daten wird ein Übergabeformat definiert. Dieses fasst alle Informationen zusammen, welche aus EEA Modellen für die Verwendung zur Spezifikation von HiL-Testsystemen gesammelt werden können. Gespeichert werden die Daten im von Rechnern leicht zu verarbeitenden XML-Format (s. Kapitel 2.9.3.1). Auf höchster Ebene in der Serialisierung steht das SuT (ECU, engl. für Electronic Control Unit) auf der nächsten Ebene folgen Daten in Bezug auf elektrische, nicht funktionale und geometrische Informationen sowie Daten über Betriebsbedingungen, elektrische Verbindungen (zusammengefasst im Paket *ConnectionBasedInfo*) und Transmissionen (zusammengefasst im Paket *TransmissionBasedInfo*). Abbildung 8.11 stellt diese Konzepte in Form eines Klassendiagramms dar. Kompositionen entsprechen darin jeweils Hierarchieebenen der XML-Datei.

Abbildung 8.12 zeigt die im Paket *ConnectionBasedInfo* enthaltenen Konzepte bzw. Hierarchien der XML-Datei. Darin sind alle Informationen enthalten, die in Bezug auf die Verbindung des SuT an das HiL-Testsystem sowie den elektrischen Betrieb des SuT am HiL aus Modellen der EEA bestimmt werden können.

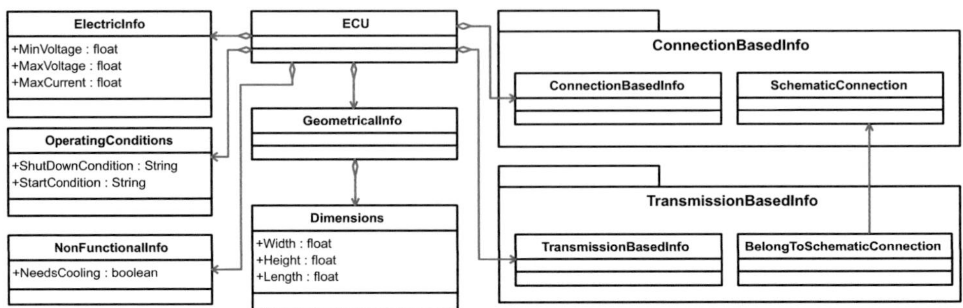

Abbildung 8.11: Übergabeformat des Freischnittes - Übersicht

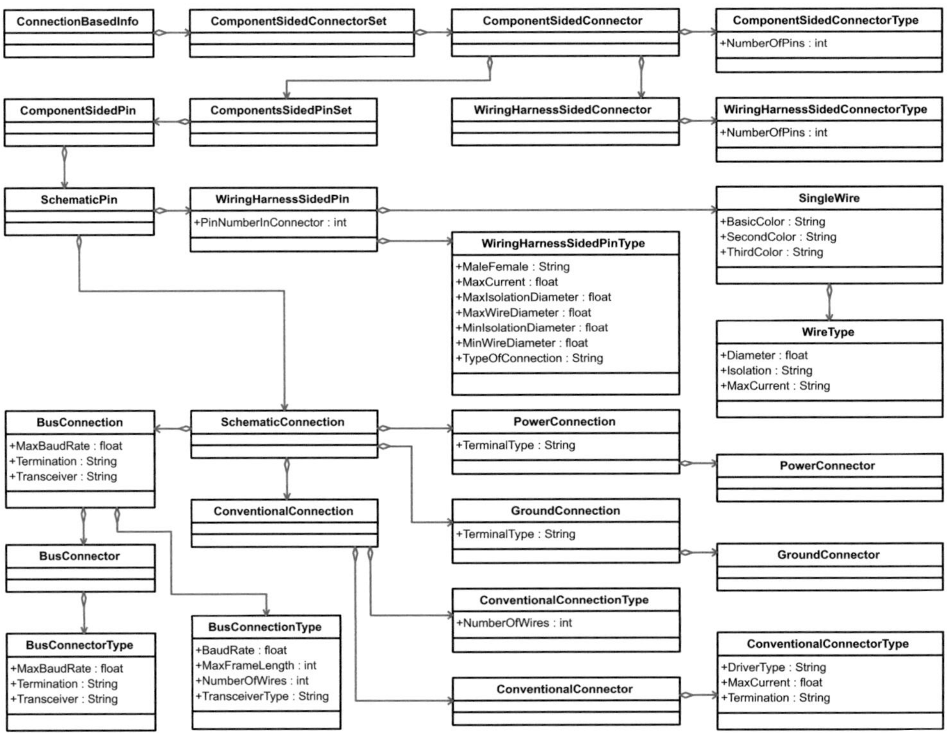

Abbildung 8.12: Übergabeformat: Konnektierungs-bezogene Informationen

Abbildung 8.13 zeigt selbiges in Bezug auf die Interaktion mit dem SuT und stellt Informationen dar, welche für die Entwicklung des Verhaltensmodells relevant sind. Für die Verbindung dieser beiden Betrachtungsweisen muss bekannt sein, welche elektrischen Anschlüsse (oder Gruppen elektrischer Anschlüsse im Falle von Bussystemen oder benötigten anschlussspezifischen Bezugspotentialen) für Transmissionen verwendet werden. Hierfür werden Referenzen zwischen den jeweiligen elektrischen Verbindungen (in Abbildung 8.12 dargestellt durch *SchematicConnection*) und den zugeteilten logischen Verbindungen (dargestellt durch *RepresentingLogicalLayerArtefact*) verwendet.

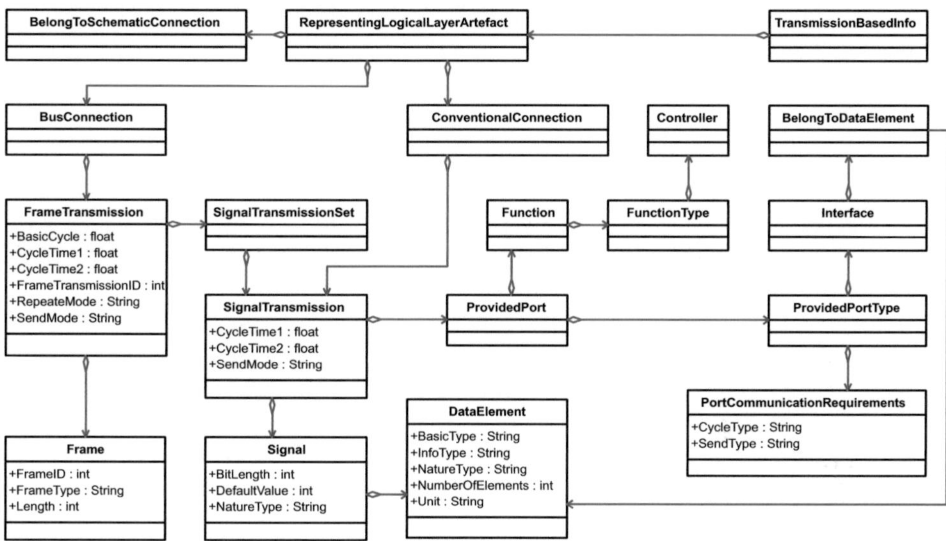

Abbildung 8.13: Übergabeformat: Transmissions-bezogene Informationen

8.3.4.2 Realisierung

Zur Akkumulation der relevanten Daten wurden 12 Modellabfragen implementiert. 4 Regeln sind notwendig für die Bestimmung von Daten in Bezug auf die elektrischen Anschlüsse des Steuergeräts, welches das SuT darstellt. Dies betrifft jeweils eine Modellabfrage für Masseanschlüsse, Leistungsversorgungsanschlüsse, Bussysteme und Direktverbindungen. Abbildung 8.14 zeigt als Beispiel die Modellabfrage zur Bestimmung von Daten in Bezug auf Bussysteme.

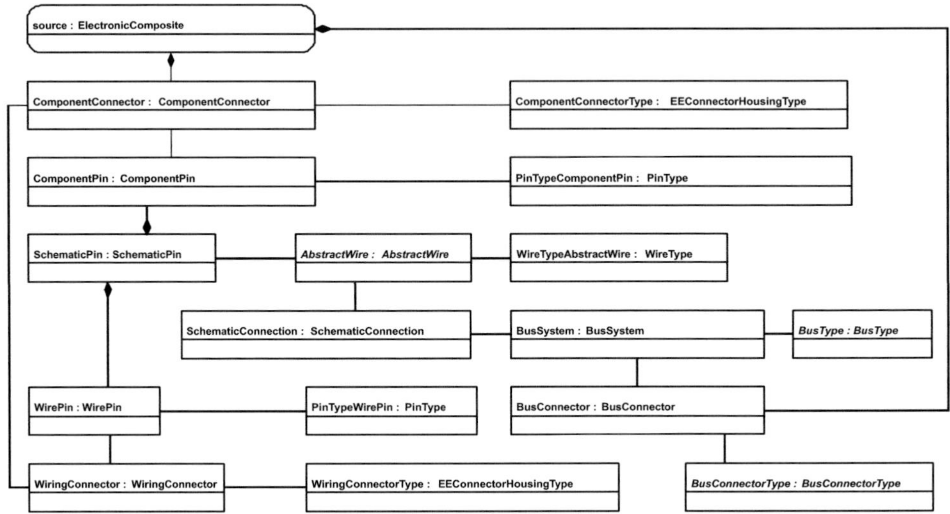

Abbildung 8.14: Modellabfrage zur Bestimmung von Daten über Bussysteme

Zur Bestimmung von Daten hinsichtlich der Interaktion des SuT mit seiner Umgebung sind 8 Regeln notwendig. Diese ergeben sich aus der Unterscheidung zwischen Frametransmissionen und Signaltransmission, der damit verbundenen Interaktion über Bussysteme oder Direktverbindungen und darauf bezogen ob die Transmissionen gesendet oder empfangen werden.

Abbildung 8.15 zeigt das Metrikdiagramm mit den für die Bestimmung der Daten und der Generierung der Übergabedatei eingesetzten Blöcken. Diese sind in vier Spalten angeordnet. Der Kontextblock in der ersten Spalte dient zur Definition des oder der Steuergeräte als Artefakte des EEA Modells, über welche Daten akkumuliert werden sollen. Werden hier mehrere Artefakte angegeben, so wird die Datenbestimmung selektiv für jedes dieser Artefakte ausgeführt. Ebenfalls wird bezogen auf jedes dieser Artefakte eine separate Übergabedatei generiert. Die zweite Spalte enthält Modellabfrageblöcke, denen jeweils eine Modellabfrage zugeordnet ist (aus Gründen der Übersichtlichkeit sind hier nur die Blöcke entsprechend der 4 Modellabfrage in Bezug auf elektrische Anschlüsse dargestellt. Für die Akkumulation aller Daten werden 12 Regeln eingesetzt.). Eine Tabelle der Modellabfrageergebnisse wird jeweils an einen Berechnungsblock der folgenden Spalte übergeben. Die Aufgabe dieser Berechnungsblöcke ist es jeweils die Eingangsinformationen entsprechend der Struktur des Übergabeformates (s. Abbildungen 8.11, 8.12 und 8.13) zu organisieren. Die Ergebnisse werden jeweils als String an den nachfolgenden Block (s. Block *Merge_ConnectionInfo* in Abbildung 8.15) übergeben.

Dieser erzeugt aus jedem der eingehenden Strings eine XML-Datei entsprechend der Struktur des Übergabeformates und speichert diese ab. Nach Generierung und Speicherung aller zwölf Dateien stößt er den nachfolgenden Block (*FileGeneration*) an. Dieser liest die zuvor generierten Dateien ein und fügt sie zu einer Einzigen entsprechend des Übergabeformates zusammen, welche wiederum gespeichert wird.

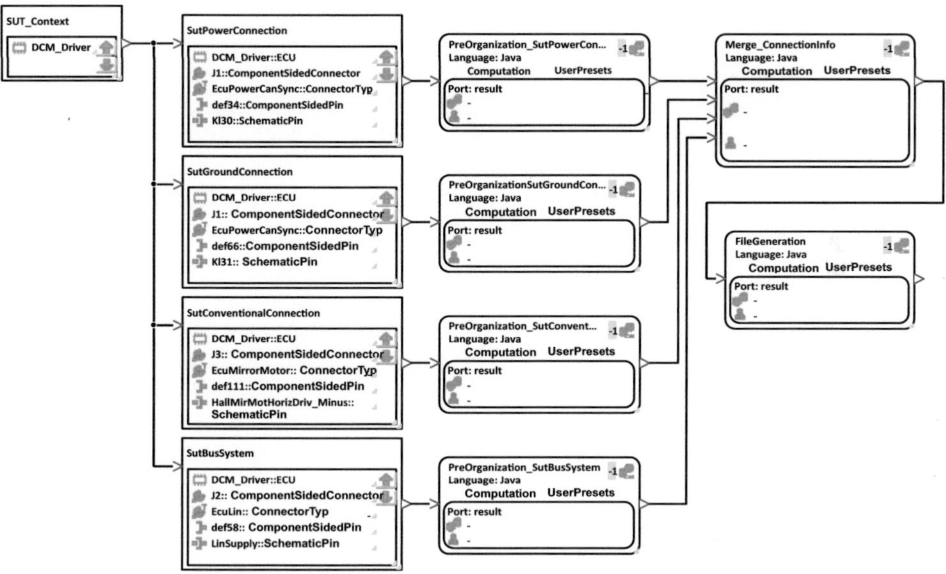

Abbildung 8.15: Metrikdiagramm für Ausführung des Freischneidens für HiL-TS Spezifikation

8.3.4.3 Test

Die Implementierung wurde am Beispiel des EEA Modells des zuvor beschriebenen automatischen Außenspiegels getestet. Die Akkumulation der Daten für Türsteuergerät der Fahrerseite benötigte inklusive Generierung der XML-Datei ca. 4 Sekunden auf einem aktuellen Standard-PC. Die XML-Datei umfasste in diesem Fall mehr als 1000 Elemente und Attributwerte. Wurde noch das Türsteuergerät der Beifahrerseite hinzugefügt, so dauerte die Bearbeitung ca. 5 Sekunden auf dem gleichen Rechner. Die generierten XML-Dateien enthielten dabei ca. 1400 Elemente und Attributwerte.

8.3.5 Diskussion der Ergebnisse

In Bezug auf Freischneiden für die Verwendung der akkumulierten Daten im Kontext der Spezifikation von HiL-Testsystemen wurde ein methodisches Vorgehen zum Bestimmen aller in diesem Kontext relevanten und aus EEA Modellen extrahierten Daten vorgestellt. Des Weiteren wurde diese Methode implementiert.

Die Implementierung ist speziell zugeschnitten auf die Akkumulation von Daten entsprechend der Verwendungsaktivität (Spezifikation von HiL-Testsystemen) und präsentiert diese in einem angepassten Übergabeformat. Die Implementierung kann ohne große Anpassungen (nur der Pfad unter welchem die Übergabedatei gespeichert werden soll) für beliebige EEA Modelle (basierend auf EEA-ADL) angewendet werden. Bei Ausführung sind die Ergebnisse innerhalb weniger Sekunden verfügbar.

Die Methode wurde am Beispiel der Spezifikation eines HiL-Testsystems für ein einzelnes Steuergerät vorgestellt. Da bei Integrations-HiL-Testsystemen alle Leitungen und Interaktionen zwischen den angeschlossenen Steuergeräten über das Testsystem geführt werden, entsprechen die hierfür benötigten Daten der Gesamtmenge der Daten, welche durch selektive Anwendung des Freischneidens auf jedes einzelne Steuergerät akkumuliert werden, das mit dem Integrations-HiL-Testsystem verbunden werden soll. Durch die Durchführung des Freischneidens für jedes Artefakt, das als Kontext der Implementierung des Blocks *SUT_Context* definiert wurde, und die Erzeugung separater Übergabedateien, sind die für die Spezifikation eines Integrations-HiL-Testsystems relevanten Daten nach einmaliger Ausführung der Implementierung verfügbar.

Neben den Daten, die aus EEA Modellen gewonnen werden können, sind bei der Spezifikation von HiL-Testsystemen weitere Randbedingungen zu berücksichtigen, die sich unter anderem an den eingesetzten Hardwaremodulen, der Ausbaustufe und dem Einsatzzwecks orientieren. Diesbezügliche Daten sind in EEA Modellen nicht verfügbar. Daher ist die Ableitung einer umfassenden Spezifikation von HiL-Testsystemen aus EEA Daten nicht möglich.

Die schnelle Verfügbarkeit eines Teils der benötigten Daten trägt jedoch wesentlich zur Verringerung der Spezifikationsdauer sowie den Möglichkeiten für Spezifikationsfehler bei. Die Implementierung ist durch die Notwendigkeit von 12 Modellabfragen umfangreich, zumal sich einige Regeln nur wenig unterscheiden. Dies hängt damit zusammen, dass für die Spezifikation von Modellabfragen im verwendeten Werkzeug PREEvision kein Basissystem zugrunde liegt und somit keine Alternativen oder Negationen spezifiziert werden können.

8.4 Zusammenfassende Diskussion des Freischneidens

Im Modell der EEA eines Fahrzeugs, welchem eine domänenspezifische Sprache (Metamodell) zugrunde liegt, ist eine Vielzahl von Daten und Zusammenhänge vorhanden. Diese stellen für nachfolgende Aktivitäten des Entwicklungslebenszyklus sowie des Sicherheitslebenszyklus nach ISO 26262 eine Untermenge der relevanten Eingangsinformationen dar. Durch die formale Basis der beschriebenen EEA Modelle wird die formale Bestimmung von Zusammenhängen und Artefakten als Instanzen von Konzepten der eingesetzten Sprache ermöglicht. Die rechnerbasierte Werkzeugunterstützung zur Modellierung von EEAs begünstigt die automatisierbare Bestimmung dieser Untermengen.

Die Bestimmung der relevanten Daten orientiert sich an der Methode des »Freischneidens« aus der Mechanik und Statik und ist für verschiedene Verwendungsaktivitäten adaptierbar. Das methodische Vorgehen in Bezug auf Freischneiden von Informationen aus EEA Modellen entspricht dabei jeweils den in Kapitel 8.1 (s. Abbildung 8.1) dargestellten Schritten. In Bezug auf die Aktivitäten des Sicherheitslebenszyklus nach ISO 26262 wurde die Methode des Freischneidens auf EEA Modellen zur Unterstützung zweier Aktivitäten demonstriert. Diese Aktivitäten werden zur Bewertung und Verifikation der funktionalen Sicherheit von eingebetteten Systemen in unterschiedlichen Phasen des Entwicklungslebenszyklus eingesetzt [11].

Die Vorteile der Methode des Freischneidens auf EEA Modellen liegen in der Reduzierung von Aktivitäten und Dauer zur Datenbeschaffung, der Verfügbarkeit formaler Relationen zwischen den bestimmten Daten sowie der Verringerung der Möglichkeiten für Spezifikations- und Entwurfsfehler (in Bezug auf die Aktivitäten, in welchen die bestimmten Daten eingesetzt werden). Bei nachträglicher Änderung des EEA Modells sind diese Änderungen durch erneute Anwendung der Methode zeitnah für die jeweilige Entwicklungsaktivität verfügbar.

Die Methode des Freischneidens auf EEA Modellen ist von Art und Zielsetzung der zu bestimmenden Informationen abhängig und damit kontextspezifisch. Die Ausführung wird durch speziell dem jeweiligen Kontext entsprechend implementierten Modellabfragen realisiert. Um die gesammelten Informationen ihrer Verwendungsaktivität zuzuführen, sind zusätzlich Filterungs- und Formatierungsschritte erforderlich. Es hängt von der eingesetzten Werkzeugunterstützung der Verwendungsaktivität ab, in welcher Form die gesammelten Daten präsentiert werden sollen. In diesem Kapitel wurde am Beispiel der Durchführung von FMEAs die werkzeuginterne, sowie am Beispiel der Spezifikation von HiL-Testsystemen die werkzeugübergreifende Verwendung der gesammelten Daten dargestellt.

---

[11]Neben den im Rahmen dieser Arbeit dargestellten Anwendungen, wurde die Methode des Freischneidens im Zuge der Bestimmung von Eingangsdaten zur automatisierten und bedarfsgerechten Konfiguration von FlexRay Parametersätzen verwendet. Diesbezügliche Ergebnisse sind in [108] und [107] veröffentlicht. Der Autor dieser Arbeit war an den genannten Veröffentlichungen als Co-Autor beteiligt.

Die erforderlichen Filterungsschritte resultieren in der eingesetzten Werkzeugunterstützung vor allem durch die Nichtverfügbarkeit eines Basissystems in Bezug auf die Spezifikation von Modellabfragen. Daher ist es erforderlich spezifische Regeln für die jeweiligen Zusammenhänge zwischen Konzepten der zugrundeliegenden Sprache zu implementieren, deren Instanzen im Sinne des Verwendungskontextes bestimmt werden sollen. Im folgenden Kapitel wird ein Ansatz und dessen Realisierung dargestellt, durch welchen ein Basissystem für die Spezifikation von Fragestellungen in Bezug auf EEA Modelle verfügbar wird.

9 Fragestellungsgraphen

In den vorigen Kapiteln wurden Fragestellungen dargestellt, die sich im Zusammenhang mit Elektrik/Elektronik Architektur (EEA) Modellen ergeben. Die Ableitung von Daten aus EEA Modellen zur spezifischen Verwendung als Eingangsdaten für FMEAs wurde in Kapitel 8.2, für die Spezifikation von Hardware-in-the-Loop Testsystemen in Kapitel 8.3 dargestellt. In beiden Fällen wurden Modellabfragen für die jeweilige Bestimmung der Daten verwendet. Durch die variantenreichen Zusammenhänge der zu bestimmenden Daten war die Spezifikation mehrerer Modellabfragen mit redundanten Artefakten notwendig. Dies bringt vermeidbare Aufwände mit sich. Diese bestehen hinsichtlich der Aufteilung der Fragestellung in Modellabfragen sowie der Bestimmung von Ergebnissen im Sinne Fragestellung aus den Ergebnissen einzelner Modellabfragen.

In diesem Kapitel wird eine Methode zur Spezifikation und Ausführung von komplexen logischen Fragestellungen vorgestellt, die auf graphenbasiert modellierte EEAs bezogen sind. Durch die ebenfalls vorgestellte Realisierung dieser Methode werden die genannten zusätzlichen Aufwände verringert.

Zunächst wird der Stand der Wissenschaft und Technik in Bezug auf Fragestellungen hinsichtlich EEA-ADL basierter EEA Modelle dargestellt. Darauf aufbauend wird eine Erweiterung der Spezifikation und Ausführung von Fragestellungen identifiziert sowie die sich ergebenen Anforderungen festgehalten. Dem folgt die schrittweise Erläuterung und Darstellung der Methode zur Spezifikation und Ausführung umfassender Fragestellungen durch das verfügbar machen eines Basissystems (s. Kapitel 2.3.2). Dies erfolgt zuerst hinsichtlich graphenbasierter Zusammenhänge, anschließend bezüglich der besonderen, domänenspezifischen Eigenschaften von EEA Modellen. Abschließend wird eine domänenspezifische Implementierung der Methode beschrieben und die Ergebnisse anhand eines Ausführungsbeispiels vorgestellt. Das Kapitel schließt mit einer Zusammenfassung sowie einer Diskussion der Methode und einem Ausblick auf weiterführende Aktivitäten.

9.1 Stand der Wissenschaft und Technik

In diesem Kapitel wird der Stand der Wissenschaft und Technik in Bezug auf Fragestellungen und deren Ergebnisermittlung dargestellt. Die Betrachtung beschränkt sich auf die Domäne der EEA Modellierung, genauer auf EEA-ADL basierte Modelle. Diesbezüglich existieren bereits wissenschaftliche Arbeiten und Werkzeugrealisierungen. Die in diesem Teil der Arbeit vorgestellte Methode zum Umgang mit Fragestellungen stellt eine Erweiterung der existierenden Ansätze dar. Dafür werden diese Ansätze teilweise verwendet.

9.1.1 Mustersuche der Modell-zu-Model-Transformation

In seiner Dissertation beschreibt Reichmann [196] graphisch notierte Modell-zu-Modell-Transformationen basierend auf der Sprache M^2ToS für den Entwurf eingebetteter Systeme.

9.1.1.1 Beschreibung

Die Modell-zu-Modell-Transformation der Sprache M^2ToS besteht aus den Schritten *Mustersuche, Erzeugung, Objektzuordnung* und *Verschmelzen*. Die »Mustersuche« beschreibt das Auffinden von Objekten eines Modells, die einem vorgegebenen Muster genügen. Ein »Muster« ist dabei definiert als:

- *»Ein Muster besteht aus einem zusammenhängenden, attributierten und markierten Graphen von typisierten Objekten und Links. Die Knoten des Graphen korrespondieren mit UML-Objekten, die Kanten mit UML-Links. Die Objekte und Links sind Instanzen von MOF Klassen und MOF Relationen genau eines Metamodells. Es kann keine zwei identischen Objekte oder Links geben.«* [1].

Eine Modell-zu-Modell-Transformation besteht jeweils aus mindestens zwei Mustern. Eines, die sog. Left Hand Side (LHS), beschreibt einen Teil eines Modells vor der Transformation, das Andere, die sog. Right Hand Side (RHS), einen Modellteil, durch welchen dieser im Zuge der Transformation ersetzt wird. Die LHS beschreibt einen Regeltest. LHS bzw. Regeltest wird definiert als:

- Die LHS *»... besteht aus einem Muster, das konform zum Quellmetamodell ist. Zusätzlich kann die LHS Muster enthalten, die konform zu den deklarierten zusätzlichen Datenquellen sind.«* [2].

---

[1]Siehe [196] S. 128.
[2]Siehe [196] S. 128.

9.1.1.2 Abgrenzung / Erweiterung

Bei Reichmann wird ein Muster im Sinne einer LHS als Graph entsprechend Instanzen des Quellmetamodells beschrieben. In Bezug auf EEA Modelle würde ein Muster demnach ein (»kleines«) EEA Modell beschreiben, welches aus der zugrundeliegenden Sprache (im betrachteten Fall EEA-ADL) abgeleitet bzw. instantiiert werden kann. Damit beziehen sich die Kanten zwischen den Knoten des Musters auf Relationen entsprechend Links, die sich aus dem Metamodell instantiieren lassen. Durch Links sind alle Arten von Assoziationen des Quellmetamodells instantiierbar. Diese drücken eine Form von Kenntnis oder Zugehörigkeit zwischen den Instanzen von Klassen des Metamodells aus, jedoch keine logischen Relationen. Durch die Spezifikation von Fragestellungen alleine durch Muster können die Anforderungen an ein Basissystem nicht erfüllt werden [3].

9.1.2 Modellabfrageregelwerk im E/E-Architektur Modellierungswerkzeug PREEvision

Das EEA Modellierungswerkzeug PREEvision von Aquintos [13] stellt eine umfassende Werkzeugunterstützung für die Modellierung von EEA-ADL basierten EEA Modellen [97], die Bestimmung von Daten aus EEA Modellen durch die Ausführung von LHS-basierten Abfragen und die Bewertung von EEA Modellen anhand von Abfrageergebnissen und benutzerdefinierbaren Metriken [96] bereit. Die Methode der Modell-zu-Modell-Transformation nach Reichmann [196] (s. Kapitel 9.1.1) ist in die Implementierung des Werkzeugs PREEvision eingeflossen.

9.1.2.1 Beschreibung

In der Ansicht *Perspektive Modellabfrage-Regeleditor* des Werkzeugs können Modellabfragen graphisch spezifiziert werden. Eine Modellabfrage besteht aus Regelobjekten und Links zwischen diesen Regelobjekten. Regelobjekte und Links sind Instanzen der Konzepte eines separaten Regelmetamodells. Regelobjekte referenzieren Klassen der EEA-ADL. Links beziehen sich auf Assoziationen (entsprechend der EEA-ADL) zwischen den referenzierten Klassen. Gemeinsam mit Links können die jeweiligen Rollennamen der entsprechenden Assoziationsenden spezifiziert werden. Gemeinsam mit Regelobjekten können die in Bezug auf Instanzen geforderte konkreten Werte für Attribute der durch das Regelobjekt referenzierten Klasse angegeben werden. Abbildung 9.1 zeigt ein Beispiel einer einfachen Modellabfrage mit den beschrieben Bestandteilen.

---

[3] Ausnahmen bestehen jeweils, falls eine Fragestellung durch ein einziges Muster, im Sinne der LHS, ausgedrückt werden kann, da in diesem Falle keine logischen Relationen zwischen Mustern erforderlich werden.

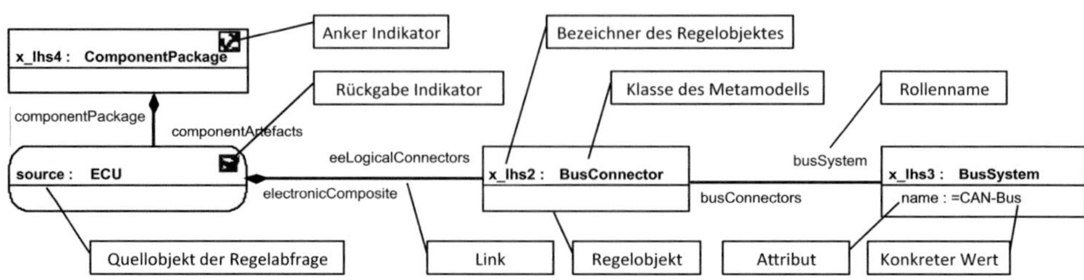

Abbildung 9.1: Beispiel einer Modellabfrage

Bevor eine Modellabfrage auf einem EEA Modell ausgeführt werden kann, wird in einem Generierungsschritt ein ausführbares Programm der Modellabfrage erzeugt. Als Bestandteil des Abfragenpakets *Model Query* kann diese ausführbare Repräsentation der Modellabfrage als *LHS-basierte Abfrageregel* in ein EEA Modell synchronisiert und anschließend in diesem verwendet werden. In einem Modell lassen sich *LHS-basierte Abfrageregeln* von *Modellabfragen* verwenden. *Modellabfragen* sind Blöcke eines Metrikmodells, welche *LHS-basierte Abfrageregeln* auf dem EEA Modell ausführen und eine Liste der Ergebnisse präsentieren sowie diese zur Weiterverarbeitung im *Metrikdiagramm* zur Verfügung stellen.

Abbildung 9.2 zeigt ein *Metrikdiagramm* mit einem *Kontextblock* zur Einschränkung der Grundmenge, auf der eine *LHS-basierte Abfrageregel* ausgeführt werden soll, sowie einen Modellabfrage (*Modellabfrageblock*) mit Ergebnissen entsprechend der Modellabfrage aus Abbildung 9.1. Die darin enthaltenen Ergebnisse sind Teil eines EEA Modells ähnlich dem in Abbildung 8.9 dargestellten Komponentennetzwerk.

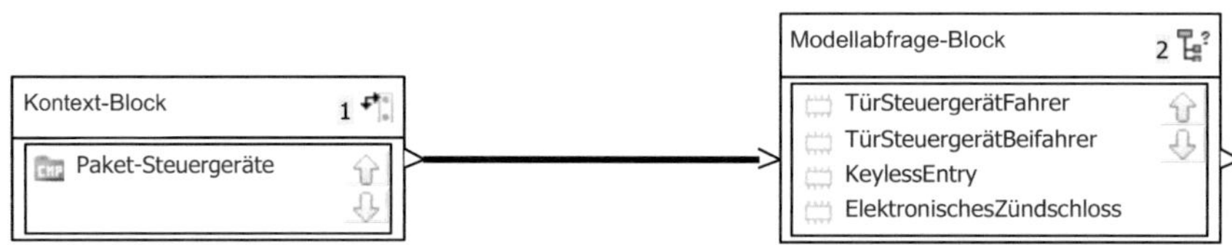

Abbildung 9.2: Metrikdiagramm mit Kontext-Block und Modellabfrage

Zudem wird die bedingte Ausführung von Modellabfragen unterstützt. Dabei wird eine Modellabfrage nur dann ausgeführt, wenn die Ergebnismenge einer Anderen (mit der die Erste in einer bedingten Ausführungsrelation steht) nach deren Ausführung gleich/ungleich der leeren Menge ist.

9.1.2.2 Abgrenzung / Erweiterung

Eine Modellabfrage beschreibt eine Struktur oder einen Bauplan einer Art von Ableitungen (Instanziierungen) aus einem Metamodell oder einer Sprache. Bei der Spezifikation einer Modellabfrage kommen Konzepte aus zwei Modellierungsebenen zum Einsatz. Zum Einen beschreibt der Bauplan spezifisch die Instanziierungen von Klassen des Metamodells sowie die zwischen diesen geltenden Relationen, die ihrerseits Instanzen von Assoziationen des Metamodells sind. Um den Geltungsbereich dieses Bauplans weiter einzuschränken, besteht zum Anderen die Möglichkeit, Instanziierungen der Klassen mit konkreten Werten in Bezug zu setzen (z.B. `name:=CAN-Bus`). Bei Ausführung auf einem Modell werden alle Kombinationen von Modellartefakten bestimmt, welche den durch die Modellabfrage (den Bauplan) spezifizierten Bedingungen (Instanziierung von Klassen und Assoziationen sowie konkreten Werten für Attribute) genügen.

Durch eine Modellabfrage wird ein Bauplan für einen Teil eines EEA Modells beschrieben, der vollständig konform zum verwendeten Metamodell ist. Das bedeutet, dass sich die Regelobjekte und Links nur auf Klassen und Assoziationen des Metamodells beziehen können. Logische Relationen werden somit nicht unterstützt. Die bedingte Ausführung von Modellabfragen bietet keine umfassende Möglichkeit zur formalen Spezifikation von Fragestellungen, basierend auf den logischen Relationen eines Basissystems.

9.1.3 Abstraktionsebenenübergreifende Darstellung von E/E Architekturen in Kraftfahrzeugen

Die Dissertation von Matheis [167] befasst sich unter anderem mit dem Thema von Fragestellungen in Bezug auf EEA Modelle.

9.1.3.1 Beschreibung

Für den Umgang mit Fragestellungen in der Domäne der EEA Modellierung werden die Schritte entsprechend Abbildung 9.3 für eine phasenbasierte Vorgehensweise vorgeschlagen:

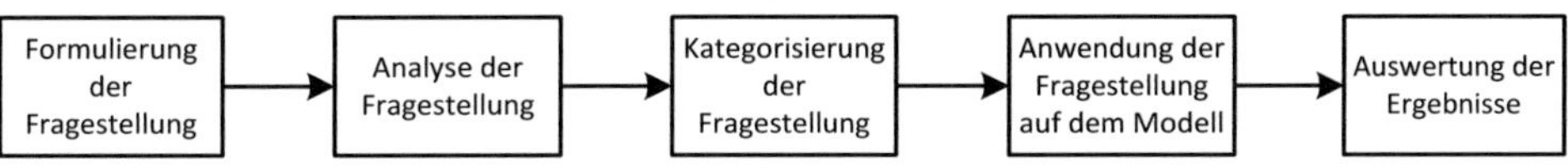

Abbildung 9.3: Phasenbasiertes Vorgehen nach Matheis [167]

- **Formulierung der Fragestellung**: Die Fragestellung wird in natürlicher Sprache formuliert. Damit ist sie auch für Personen verständlich, die nicht direkt in die werkzeugspezifische Modellierung von EEAs involviert sind.

- **Analyse der Fragestellung**: Nachdem die Fragestellung in eine modellnahe Form gebracht wurde, werden die Ziele der Fragestellung untersucht. Hat eine Fragestellung mehr als ein Ziel, so wird sie in Teilfragestellungen aufgeteilt. Dies geschieht so lange, bis jede Teilfragestellung nur noch ein Ziel hat. In jeder Teilfragestellung wird ein Ursprungsartefakt als Ausgangspunkt für die Beantwortung der Fragestellung beschrieben.

- **Kategorisierung der Fragestellung**: Auswahl von Mechanismen, die genutzt werden um die Fragestellung zu beantworten. Diese sind davon abhängig, ob sich die gewünschten Informationen auf konkrete Modellartefakte, Typen von Modellartefakten oder Messergebnissen bezieht. Suchregeln fassen dabei Teilfragestellungen in ausführbarer Form. Hierfür kann Code in einer Programmiersprache oder die LHS einer Modell zu Modell Transformation nach Reichmann [196] zum Einsatz kommen.

- **Anwendung der Fragestellung auf dem Modell**

- **Auswertung der Ergebnisse**: Hier werden die Ergebnisse der Ausführung der Teilfragestellung auf dem EEA Modell interpretiert und in natürlicher Sprache formuliert.

In der weiteren Arbeit legt Matheis seinen Fokus auf die Darstellung von Ergebnissen von Fragestellungen bezogen auf EEA-ADL basierte EEA Modelle. Für die Spezifikation und Ausführung von Teilfragestellungen wird der Ansatz nach Reichmann [196] eingesetzt.

9.1.3.2 Abgrenzung / Erweiterung

Die Arbeit liefert einen Ansatz für den Umgang mit Fragestellungen in Bezug auf EEA Modelle. Dabei wird das generelle Vorgehen von der menschenverständlichen textuellen Notation einer Fragestellung zu deren rechnergestützter Ausführung auf einem Modell sowie der Interpretation der Ergebnisse betrachtet. Die einzelnen Schritte werden methodisch umrissen, jedoch nicht detailliert ausgeführt. Bei den Schritten *»Kategorisierung der Fragestellung«* und *»Anwendung der Fragestellung auf dem Modell«* wird auf die Verwendung bestehender Implementierungen verwiesen. Damit ergeben sich keine weiterführenden Möglichkeiten zur Verwendung logischer Relationen bei Spezifikation Modellabfragen.

Die Prozessschritte *»Analyse der Fragestellung«*, in dem Fragestellungen in Teilfragestellungen zerlegt werden, *»Kategorisierung der Fragestellung«*, in welchem Teilfragestellungen in eine ausführbare Form gebracht werden und *»Auswertung der Ergebnisse«*, im welchem aus den Ergebnisse der Teilfragestellungen die Ergebnisse der eigentlichen Fragestellung ermittelt werden, sind nicht detailliert ausgeführt.

Diese, nach Matheis manuell durchgeführten Tätigkeiten, könnten durch die Bereitstellung eines logischen Unterbaus im Sinne eines Basissystems teilweise automatisiert werden. Hierdurch würde die beschriebene Vorgehensweise erweitert bzw. detailliert.

9.2 Anforderungen

9.2.1 Anforderungen an die Akkumulation von Daten aus E/E-Architektur Modellen

Die in den Kapiteln 4.2 und 4.3 aufgestellten Anforderungen benötigen eine Möglichkeit zur Bestimmung von Daten aus EEA Modellen. Um regelbasierte Fragestellungen sowie deren rechnergestützte Ausführung verfügbar zu machen, ist es erforderlich, dass die betrachteten EEAs auf einer Sprache bzw. einem Metamodell basieren, wodurch die formalen Zusammenhänge und Abhängigkeiten zwischen den verwendeten Konzepten bzw. Klassen spezifiziert sind. So können die Klassen bzw. Konzepte bei der Formulierung von Fragestellungen verwendet werden und eine rechnergestützte Ermittlung von Übereinstimmungen zwischen Fragestellungen und Inhalten von EEA Modellen ist möglich.

In Kapitel 8 wurde die Bestimmung von Daten aus EEA Modellen zur weiteren kontextbezogenen Verwendung außerhalb der Domäne der EEA Modellierung vorgestellt. Dabei können für die Realisierung der Fragestellung mehrere Modellabfragen notwendig werden, wenn sich die Fragestellung auf verschiedene Ketten von Elementen (Artefakten) des Modells (bei Matheis als Teilfragestellung bezeichnet) bezieht. Im Sinne der Fragestellung (nach Kapitel 8.3) stehen die Ergebnisse der Teilfragestellungen in einer OR-Beziehung.

Komplexere Fragestellungen ergeben sich bei der Überprüfung von EEA Modellen hinsichtlich Konformität gegenüber verschiedener Entwicklungsvorgaben, die unterschiedliche Realisierungen zulassen [4]. Ist ein EEA Modell konform zu einer Entwicklungsvorgabe, wenn es auf eine oder eine andere, jedoch nicht auf eine dritte Arte realisiert wird, so ist die Spezifikation logischer Relationen zwischen diesen Realisierungsarten bereits in der Spezifikation der Fragestellung notwendig. Diese logischen Relationen können die Abhängigkeit zwischen Teilfragestellungen mit unterschiedlichen Zielen bzw. Teilfragestellungswurzelobjekten ausdrücken, aber auch die logische Relation zwischen Elementen einer Teilfragestellung, in Bezug auf das gleiche Wurzelobjekt.

Die textuelle Formulierung von Fragestellungen ist für Menschen einfach verständlich, jedoch bei der Beschreibung komplexer und umfangreicher Zusammenhänge unübersichtlich und nicht eindeutig.

---

[4]Siehe dazu auch Kapitel 10

Eine formale Beschreibung von Fragestellungen, bestehend aus den Möglichkeiten
zur Spezifikation von Modellabfragen entsprechend der Kapitel 9.1.1 und 9.1.2 sowie der Möglichkeit der Spezifikation logischer Relationen zwischen Regelobjekten
in Form von Junktoren (s. Kapitel 2.3.1) oder Booleschen Funktionen (s. Kapitel 2.3.2),
ist hingegen eindeutig. Zudem können damit die Ergebnisse rechnergestützt ermittelt werden.

Daraus ergeben sich die folgenden Anforderungen: Zur logischen Formulierung von
Fragestellungen soll ein Basissystem verfügbar gemacht werden, um die Formulierung von Teilfragestellungen (Ketten von Modellelementen und konkreten Werten
entsprechend Assoziations- oder Attribut-Beziehungen des zugrundeliegenden Metamodells), Alternativen und Negationen zu ermöglichen. Bei der Auswahl der verwendeten Sprache zur Darstellung von EEAs bzw. des verwendeten Werkzeugs zur
Modellierung von EEAs sind die verfügbaren Möglichkeiten zur Formulierung und
rechnergestützten Ausführung von Fragestellungen hinsichtlich der Verfügbarkeit
eines Basissystems zu bewerten. Falls erforderlich sind bestehende Methoden derart zu erweitern, dass sie die Formulierung von Fragestellungen mit den Mitteln der
Logik sowie die rechnergestützte Bestimmung von Ergebnissen unterstützen.

9.2.2 Vergleich mit dem Stand der Technik

Die rechnergestützte Bestimmung von Daten aus EEAs erfordert die Spezifikation
von Zusammenhängen der EEA basierend auf einer formalen Sprache. Hierfür kommen unter anderem [5] EAST-ADL sowie EEA-ADL in Frage. Während für EAST-ADL
kein spezifisches Vorgehen für die Bestimmung von Daten beschrieben ist, bietet das
EEA Modellierungswerkzeug PREEvision, in welchem EEA-ADL zugrunde liegt,
einen Mechanismus zur Datenbestimmung in Form von Modellabfragen. Dessen Implementierung orientiert sich an der Methode von Reichmann [196] und unterstützt
die Spezifikation von Teilfragestellungen auf Basis von Zusammenhängen entsprechend des zugrundeliegenden Metamodells (EEA-ADL) sowie Relationen zu konkreten Werten. Damit liegt jedoch noch kein Basissystem für die Spezifikation und
Ausführung von Fragestellungen vor.

Die meisten Schritte der Vorgehensweise bezüglich des Umgangs mit Fragestellungen nach Matheis [167] basieren auf Aktivitäten, die manuell durchzuführen sind.
Nur in Schritt »Anwendung der Fragestellung auf dem Modell« erfolgt rechnergestützt. Hierbei können nur Modellabfragen im Sinne von Teilfragestellungen ausgeführt werden. Mit Ausnahme von Assoziations- und Attribut-Relationen, die als
logisches AND interpretiert werden können, werden keine logischen Relationen unterstützt.

Durch die Verfügbarkeit derartiger Relationen würden bereits für den ersten Schritt
der Vorgehensweise nach Matheis (»Formulierung der Fragestellung«) eine formale

---

[5]In [167] findet sich eine ausführliche Gegenüberstellung von modellbasierten Entwurfsmethodiken
zur Entwicklung von EEAs.

Formulierung der Fragestellung auf Basis logischer Zusammenhänge bereitgestellt. Durch entsprechende Werkzeugunterstützung könnten die weiteren Schritte automatisiert werden. Damit könnten Ergebnisse im Sinne der Fragestellung und nicht nur im Sinne einzelner Teilfragestellungen rechnergestützt ermittelt werden. Die manuelle Aufteilung der Fragestellung in Teilfragestellungen sowie die Interpretation von deren Ergebnissen im Sinne der Fragestellung könnte vermieden werden.

9.2.3 Systematische Ableitung von Anforderungen

Aus der vorangegangenen Diskussion ergeben sich folgende Anforderungen an die Realisierung der Spezifikation und Ausführung von Fragestellungen unter Verwendung logischer Relationen:

- Bestimmung eines Formates zur Spezifikation von Fragestellungen auf Basis logischer Zusammenhänge, welches von Rechnern verarbeitet werden kann.

- Aufbau bzw. Erweiterung bestehender Konzepte, Realisierungen und Werkzeugunterstützungen im Zusammenhang mit Fragestellungen in der Domäne der EEA Modellierung.

- Auswahl einer Menge von logischen Relationen sowie Spezifikation von deren Bedeutungen, welche in Bezug auf die Beschreibung von Fragestellungen im Rahmen der Modellierung von EEAs zu verwenden sind.

- Realisierung und Integration der Methode in eine bestehendes und etablierte modellbasierte und rechnergestütztes Vorgehen zur Entwicklung von EEAs.

9.3 Detaillierte Betrachtung der E/E-Architektur Modellierung in Bezug auf Fragestellungen

In diesem Kapitel werden EEA Modelle in Bezug auf Fragestellungen als Graphen interpretiert und darauf basierend eine graphenbasierte Darstellung von Fragestellungen abgeleitet.

9.3.1 M-Graphen und MM-Graph

Ein EEA Modell wird für die weitere Betrachtung als Graph interpretiert. Artefakte einer EEA sind dabei Knoten des Modellgraphen (im folgenden M-Graph genannt), Links zwischen den Artefakten entsprechen Kanten. Die Inhalte eines EEA Modells sind aus dem zugrundeliegenden Metamodell instantiiert [6].

---

[6]Für die hier geführte Betrachtung wird die EEA-ADL als Metamodell verwendet.

Das Metamodell stellt seinerseits einen Graphen dar, der im folgenden als Metamodellgraph (MM-Graph) bezeichnet wird. Die Klassen des Metamodells sind die Knoten des MM-Graphen, Assoziationen und Vererbungsrelationen die Kanten. Die Knoten des M-Graphen entsprechen Instanzen von Klassen des Metamodells und damit Instanzen der Knoten des MM-Graphen. Wegen der Instanziierungsrelation zwischen Knoten des M-Graphen und Knoten des MM-Graphen werden die Knoten des M-Graphen im Folgenden auch als Modellobjekte bezeichnet. Links zwischen Modellobjekten entsprechen Instanzen von Assoziationen des Metamodells und beziehen sich dabei auf einen Teil der Kanten des MM-Graphen (Kanten entsprechend Vererbungsrelationen des MM-Graphen werden nicht instanziiert). Modellobjekte stehen im M-Graphen über eine weitere Arte von Kanten mit konkreten Werten in Relation. Diese Relationen entsprechen Attributen von Metamodellklassen (MM-Klasse), aus welcher das jeweilige Modellobjekt instantiiert wurde.

9.3.1.1 M-Graph

Ein M-Graph als Graph eines (Instanz-) Modells kann wie folgt beschrieben werden:

Ein M-Graph ist geordnetes Paar (MV, ME) aus einer nichtleeren Menge MV von Knoten und einer (möglicherweise leeren) Menge ME von Kanten mit $MV \cap ME = \emptyset$. Die Menge $MLnkE \subset ME$ beinhaltet alle Kanten, welche Instanzen von Assoziationen des zugrundeliegenden MM-Graphen darstellen. Die Menge $MAttrE \subset ME$ beinhaltet alle Kanten, welche Attributrelationen entsprechen. Es gilt $MLnkE \cap MAttrE = \emptyset$. Die Menge $MObjV \subset MV$ beinhaltet alle Knoten, welche Instanzen von Klassen des zugrundeliegenden MM-Graphen darstellen. Die Menge $MWrtV \subset MV$ beinhaltet alle Knoten, die konkrete Werte darstellen. Es gilt $MObjV \cap MWrtV = \emptyset$. Eine Kante $g \in MLnkE$ besteht zwischen zwei verschiedenen Knoten $(v, w) \in MObjV$. Eine Kante $h \in MAttrE$ besteht zwischen einem Knoten $v \in MObjV$ und einem Knoten $w \in MWrtV$.

9.3.1.2 MM-Graph

Ein MM-Graph als Graph eines Metamodells kann wie folgt beschrieben werden:

Ein MM-Graph ist ein geordnetes Paar (MMV, MME) aus einer nichtleeren Menge MMV von Knoten und einer (möglicherweise leeren) Menge MME aus Kanten mit $MMV \cap MME = \emptyset$. Die Menge $MMVrrbE \subset MME$ beinhaltet alle Kanten, die eine Vererbungsrelation darstellen. Die Menge $MMAsszE \subset MME$ beinhaltet alle Kanten, die eine Assoziationsrelation darstellen. Die Menge $MMAttrE \subset MME$ beinhaltet alle Kanten, die eine Attribut darstellen. Es gilt $MMVrrbE \cap MMAsszE = \emptyset$, $MMVrrbE \cap MMAttrE = \emptyset$ und $MMAttrE \cap MMAsszE = \emptyset$.

Die Menge $MMKlssV \in MMV$ beinhaltet alle Knoten, die einer Klasse entsprechen. Die Menge $MMAttrWrtV \in MMV$ beinhalten alle Knoten, die nach der Instanziierung ein konkreter Wert zugeordnet werden kann.

Es gilt $MMKlssV \cap MMAttrWrtV = \varnothing$. Eine Kante $f \in MMVrrbE$ besteht zwischen zwei notwendigerweise verschiedenen Knoten $(r,s) \in MMKlssV$. Eine Kante $g \in MMAsszE$ besteht zwischen zwei nicht notwendigerweise verschiedenen Knoten $(t,u) \in MMKlssV$. Eine Kante $h \in MMAttrE$ besteht zwischen einem Knoten $v \in MMKlssV$ und einem Knoten $w \in MMAttrWrtV$.

9.3.1.3 Teilfragestellungsgraph (TFS-Graph)

Aktuelle Implementierungen von Fragestellungen beschränken sich auf Teilfragestellungen. Jede Teilfragestellung (TFS) hat ein Ziel bzw. bezieht sich auf ein Wurzelelement. Wird eine TFS als Graph interpretiert, so beziehen sich die darin verwendeten Knoten und Kanten auf die Mengen von Knoten und Kanten von M-Graphen und MM-Graphen. Ein TFS-Graph als Graph einer Teilfragestellung kann wie folgt beschrieben werden:

Ein TFS-Graph besteht aus einem geordneten Paar $(TFSV, TFSE)$ aus einer nichtleeren Menge $TFSV$ von Knoten und einer (möglicherweise leeren) Menge $TFSE$ von Kanten mit $TFSV \cap TFSE = \varnothing$. Die Menge $TFSLnkE \subset TFSE$ beinhaltet alle Kanten, die sich auf Kanten der Menge $MLnkE$ des M-Graphen als Instanzen von Kanten der Menge $MMAsszE$ des MM-Graphen beziehen. Die Menge $TFSAttrE \subset TFSE$ beinhaltet alle Kante, die sich auf Kanten der Menge $MAttrE$ des M-Graphen als Instanzen von Kanten der Menge $MMAttrE$ des MM-Graphen beziehen. Die Menge $TFSObjV \subset TFSV$ beinhaltet alle Knoten, die sich auf Knoten der Menge $MObjV$ des M-Graphen als Instanzen von Knoten der Menge $MMKlssV$ des MM-Graphen beziehen. Die Menge $TFSWrtV \subset TFSV$ beinhaltet alle Knoten, die sich auf Knoten der Menge $MWrtV$ des M-Graphen als die konkreten zugeordneten Werte von Instanzen der Menge $MMAttrWrtV$ des MM-Graphen beziehen. Eine Kante $i \in TFSLnkE$ bestehen zwischen zwei verschiedenen Knoten $(n,o) \in TFSObjV$. Eine Kante $j \in TFSAttrE$ bestehen zwischen einem Knoten $p \in TFSObjV$ und einem Knoten $q \in TFSWrtV$.

Damit stellt ein TFS-Graph einen Bauplan oder eine Struktur für Untergraphen eines M-Graphen dar, die aus dem MM-Graphen instanziiert werden können. Dabei werden im TFS-Graphen Konzepte (Knoten und Kanten) des MM-Graphen in Hinblick auf die Struktur des Untergraphen verwendet. Darüber hinaus können im TFS-Graphen konkrete Werte als Knoten der Menge $TFSWrtE$ spezifiziert werden, welche mit Werten als Knoten der Menge $MWrtV$ des Untergraphen übereinstimmen sollen. Ein TFS-Graph kann somit als Relation zwischen dem MM-Graphen und allen Untergraphen des M-Graphen aufgefasst werden, die dem spezifizierten Bauplan entsprechen. Wird ein TFS-Graph als Suchregel realisiert und auf einem M-Graphen ausgeführt, so werden alle Untergraphen zurückgegeben, welche dem durch den TFS-Graph spezifizierten Bauplan genügen. Ein TFS-Graph verwendet nur Konzepte, die sich auf Konzepte des MM-Graphen oder des M-Graphen sowie deren Instanziierungsrelation beziehen. Der durch einen TFS-Graph spezifizierte Bauplan ist eindeutig und enthält keine logischen Relationen.

9.3.2 Graphenbasierte Darstellung von Fragestellungen

Als Grundlage für das weitere Vorgehen wird die graphenbasierte Darstellung von Fragestellungen anhand von Beispielen diskutiert. Dabei werden zuerst die Herausforderungen bei der Verwendung von Teilfragestellungsgraphen dargestellt. Diese werden anschließend um logische Relationen erweitert.

Jeder Teilfragestellungsgraph bezieht sich auf ein Wurzelelement. Der linke Graph in Abbildung 9.4 stellt einen einfachen Teilabfragegraphen mit dem Wurzelelement $A*$ dar. Hierbei gilt $(A*, B, C, D, E) \in TFSObjV$ und $(F'a) \in TFSWrtV$ (die Endung $'a$ symbolisiert, dass sich der Knoten auf einen konkreten Wert bezieht). Für die Kanten gilt $\{(A*, B), (B, C), (B, D), (C, E)\} \in TFSLnkE$ und $\{(D, F'a)\} \in TFSAttrE$. Durch diese Art von Graph können Relationen zwischen den Knoten ausgedrückt werden, die sich direkt aus dem zugrundeliegenden MM-Graphen ableiten lassen.

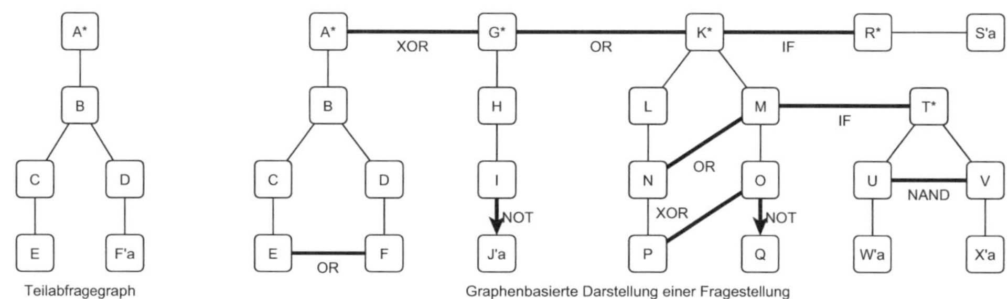

Abbildung 9.4: Beispiel Teilfragestellungsgraph und graphenbasierte Darstellung einer Fragestellung

Im Hinblick auf die Spezifikation von Fragestellungen ist dies jedoch nicht ausreichen. Wie in den vorigen Kapiteln diskutiert, ist ein Basissystem erforderlich um logische Relationen zwischen den Knoten einer Fragestellung auszudrücken. Hierzu zwei Beispiele:

- **Alternativen**: Unterschiedliche Kombinationen von Knoten $\in MObjV$ erfüllen die Fragestellung. Diese unterschiedlichen Kombinationen können sich auf das gleiche oder auf verschiedene Wurzelelemente beziehen. Bei Verwendung von Teilfragestellungsgraphen muss für jede valide Kombination ein separater Teilfragestellungsgraph spezifiziert und ausgeführt werden. Aus der Menge der Ergebnisse der Teilfragestellungsgraphen ist anschließend manuell die Ergebnismenge im Sinne der Fragestellung zu ermitteln.

- **Negationen**: Die Fragestellung ermittelt Kombinationen von Knoten $\in MObjV$. Dabei soll ein bestimmtes Element eines Ergebnisses im M-Graphen nicht in einer bestimmten Relation zu Elementen eines bestimmten Typs (Instanzen einer bestimmten Klasse des MM-Graphen) stehen. Beispiel hierfür wäre die Suche nach Steuergeräten, die keinen FPGA [7] beinhalten.

  Negationen können nicht aus dem zugrundeliegenden MM-Graphen abgeleitet und damit in Teilabfragegraphen nicht verwendet werden. Hier kann die Spezifikation von zwei Teilabfragegraphen Abhilfe schaffen, aus welchen zur Bestimmung der Ergebnismenge der Fragestellung manuell das Komplement gebildet wird.

Der rechte Graph in Abbildung 9.4 stellt eine Erweiterung des Konzeptes von Teilabfragegraphen dar. Dabei werden logische Relationen entsprechend der Fragestellung in eine graphenbasierte Darstellung integriert. Dieser Graph veranschaulicht einige der Herausforderungen beim formalen Umgang mit Fragestellungen. Ein Graph dieser Art wird *Graphenbasierte Darstellung einer Fragestellung* genannt. Er besteht aus einer Menge von Knoten in Anlehnung an Knoten $\in TFSObjV$ und $\in TFSWrtV$. Ein »*« symbolisiert ein Wurzelelement der Fragestellung, ein $'a$, dass sich der Knoten auf einen konkreten Wert bezieht. Die dünn dargestellten Kanten beziehen sich auf Assoziations- und Attributbeziehungen des zugrundeliegenden MM-Graphen. Fett dargestellte Kanten repräsentieren eine Auswahl logischer Relationen zwischen einzelnen Knoten.

Einige logische Relationen beziehen sich auf Wurzelelemente $\{(A^*, G^*), (G^*, K^*)\}$, einige auf Elemente, die über Relationen entsprechend Assoziations- und Attributbeziehungen des zugrundeliegenden MM-Graphen $\{(E, F), (N, M), (P, O), (U, V)\}$. Andere logische Relationen $\{(I, J'a), (O, Q)\}$ drücken eine Negationsbeziehung (NOT) aus. Mit IF bezeichnete Relationen setzten Ergebniselemente von Knoten in eine bedingte Beziehung zu Ergebnismengen, die sich durch die Ausführung von Elementkombinationen des Graphen auf einem M-Graphen ergeben. Diese Bedingungen können sich auf Wurzelelemente beziehen $(\{(K^*, R^*)\})$ oder auf Elemente, die keine Wurzelelement darstellen $(\{(M, T^*)\})$. Die detaillierte Bedeutung dieser Relationen wird in Kapitel 9.8 gegeben.

Dieses Beispiel repräsentiert die eigentliche Idee hinter der graphenbasierten Darstellung bzw. Spezifikation von Fragestellungen. Im Folgenden wird die graphenbasierte Darstellung von Fragestellungen sowie deren Aufteilung in Kombinationen von Elementen vorgestellt, zwischen welchen ausschließlich Relationen bestehen, die aus dem zugrundeliegenden MM-Graphen abgeleitet werden können. Die Ergebnisse dieser Aufteilung entsprechen dem Konzept von Teilfragestellungsgraphen, die unter Verwendung bestehender Realisierungen rechnergestützt auf M-Graphen ausgeführt werden können. In Hinblick auf die Aufteilungsschritte wird jedoch eine angepasste Nomenklatur eingeführt.

---

[7]FPGA steht für Field Programmable Gate Array. Dies ist ein integrierter Schaltkreis, in den eine Schaltung auf der Ebene logischer Gatter programmiert werden kann [45].

Definition 9.1 *Als **Logische Relationen** werden Relationen in der graphenbasierten Darstellung einer Fragestellung oder den Graphen, die durch dessen Aufteilung entstehen, bezeichnet, welche sich nicht auf Assoziations- oder Attributbeziehungen des zugrundeliegenden MM-Graphen beziehen.*

Definition 9.2 *Als **Konjunktionsrelationen** werden Relationen in der graphenbasierten Darstellung einer Fragestellung oder den Graphen, die durch dessen Aufteilung entstehen, bezeichnet, welche sich auf Assoziations- oder Attributbeziehungen des zugrundeliegenden MM-Graphen beziehen.*

Definition 9.3 *Ein **Graphenbasierte Darstellung einer Fragestellung** fasst die Konzepte und Relationen einer Fragestellungen als Graph. Ein graphenbasierte Darstellung einer Fragestellung enthält ein oder mehrere Wurzelelemente. Umfasst sie mehr als ein Wurzelelement, müssen diese über logische Relationen miteinander verbunden sein. Elemente graphenbasierter Darstellungen von Fragestellungen, die keine Wurzelelemente sind, können untereinander über logische Relationen oder Konjunktionsrelationen in Beziehung stehen, wobei es immer genau eine Kantenfolge von Konjunktionsrelationen oder dazu ähnlichen Logischen Relationen geben muss, über welche ein Element mit genau einem Wurzelelement in Beziehung steht.*

Als zu Konjunktionsrelationen ähnliche logische Relationen werden logische Relationen bezeichnet, die sich in einer Art von Negation auf Assoziations- oder Attributbeziehungen des zugrundeliegenden MM-Graphen beziehen.

9.3.3 Graphenbasierte Darstellung einer Abfrage

Im Folgenden wird die Aufteilung von graphenbasierten Darstellungen von Fragestellungen (später detailliert als Fragestellungsgraphen) beschrieben. Dies geschieht in drei Aufteilungsschritten, deren Arbeitsprodukte jeweils spezielle Graphen darstellen. Diese Graphen werden als *graphenbasierte Darstellung von Abfragen* (später detailliert als Abfragegraphen), *Regelabfragegraphen* und *Konjunktionsgraphen* bezeichnet.

Definition 9.4 *Eine **Graphenbasierte Darstellung einer Abfrage** ist ein Untergraph einer graphenbasierten Darstellung einer Fragestellung, der nur ein Wurzelelement enthält, sowie Knoten, die über eine Kantenfolge von Konjunktionsrelationen oder dazu ähnlichen logischen Relationen mit diesem Wurzelelement in Beziehung stehen. Zwischen Knoten, die keine Wurzelelemente sind, können logische Relationen bestehen.*

Entsprechend dieser Definition ergeben sich aus der graphenbasierten Darstellung der Fragestellung aus Abbildung 9.4 die graphenbasierten Darstellungen von Abfragen entsprechend Abbildung 9.5. Um die schrittweise Aufteilung von graphenbasierten Darstellungen von Fragestellungen rechnergestützt durchführen zu können, wird ein Datenformat vorgestellt, auf Basis dessen derartige Darstellungen spezifiziert und von einem rechnergestützten Werkzeug ausgewertet werden können. Vorher wird jedoch noch auf Besonderheiten von EEA Modellen eingegangen, welche für die Anwendbarkeit von graphenbasierten Darstellungen von Fragestellungen in der Domäne der EEA Modellierung nicht unberücksichtigt bleiben können.

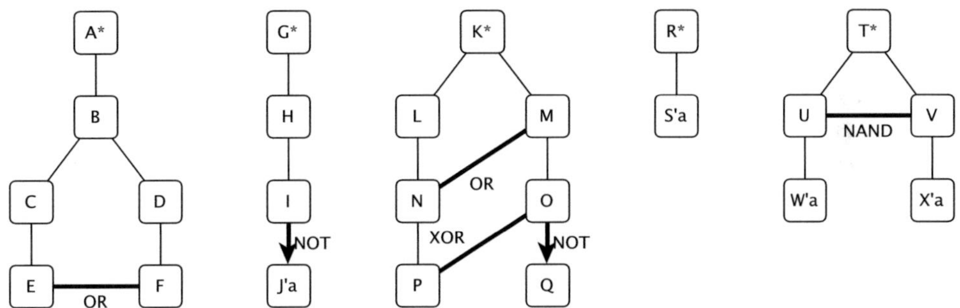

Abbildung 9.5: Graphenbasierte Darstellungen von Abfragen

9.4 Bedeutung von Artefaktkombinationen

In domänenspezifischen Sprachen zur Instanziierung/Ableitung von EEA Modellen, wie der EEA-ADL, werden zulässige Kombinationen von Modellartefakten spezifiziert, welche von Modellen eingehalten werden müssen. Fragestellungen müssen sich an diesen Vorgaben orientieren um auf EEA Modelle angewendet werden zu können. Um dies beispielhaft darzustellen wird eine Fragestellung betrachtet, die nach allen Steuergeräten (ECUs) sucht, die entweder mit einem Aktuator oder einem Sensor kommunizieren. Abbildung 9.6 zeigt eine graphenbasierte Darstellung einer Abfrage, welche dies auf pragmatische Weise ausdrückt. Da sich die Fragestellung auf ein Wurzelelement (ECU*) bezieht, ist die sich ergebende graphenbasierte Darstellung der Fragestellung gleich der enthaltenen graphenbasierten Darstellung der Abfrage.

Abbildung 9.7 stellt einen Auszug der EEA-ADL mit den entsprechend Klassen dar, die bei der sprachenspezifischen Spezifikation dieser Fragestellung zu berücksichtigen sind.

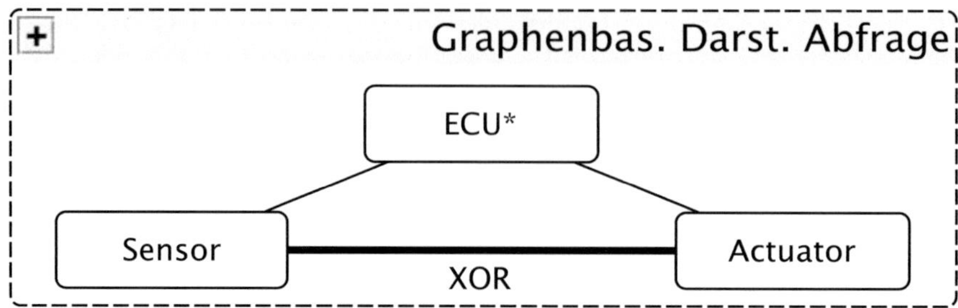

Abbildung 9.6: Pragmatische graphenbasierte Darstellung einer Abfrage

Daraus ist ersichtlich, dass es keine direkte Verbindung in Form von Assoziationen zwischen den Klassen *ECU, Sensor* und *Actuator* gibt. Verbindungen zum Informationsaustausch erfordern entsprechende Anbindungen (*LogicalConnector*) an diesen Artefakten (*DetailedElectricElectronic*). Die Anbindungen wiederum stehen mit Verbindungen (*SignalConnection*) in Bezug. Da sich eine Fragestellung am MM-Graphen (in diesem Fall EEA-ADL) orientieren soll, müssen die dort spezifizierten Konzepte in der Beschreibung der Fragestellung berücksichtigt werden.

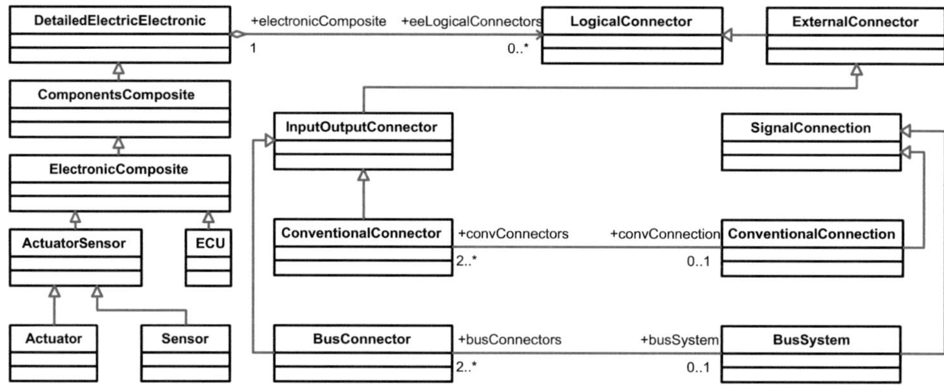

Abbildung 9.7: Auszug der EEA-ADL

Die Ausführung einer Fragestellung auf einem M-Modell resultiert in einer (eventuell leeren) Menge von Ergebnissen. Die Spezifikation und Bedeutung von Fragestellungen und deren Ausführung muss notwendigerweise in Hinblick auf die erwarteten Ergebnisse und deren Struktur betrachtet werden.

Definition 9.5 *Als **Ergebnis** wird ein Untergraph des M-Graphen bezeichnet. Ein Ergebnis besteht aus einer Menge von Knoten $\in MObjV$ oder $\in MWrtV$ sowie aus einer Menge von Kanten $\in MLnkE$ oder $\in MAttrE$. Die Knoten eines Ergebnisses entsprechen Instanzen von Knoten $\in MMKlssV$ bzw. $\in MMAttrWrtV$ des zugrundeliegenden MM-Graphen, die Kanten eines Ergebnisses entsprechen Instanzen von Kanten $\in MMAsszE$ bzw. $\in MMAttrE$ dieses MM-Graphen. Die Struktur von Knoten und Kanten eines Ergebnisses stellt eine Artefaktkette dar und entspricht den Knoten und Kanten einer zusammenhängenden Kantenfolge von Konjunktionsrelationen bezüglich einer Konjunktionskette.*

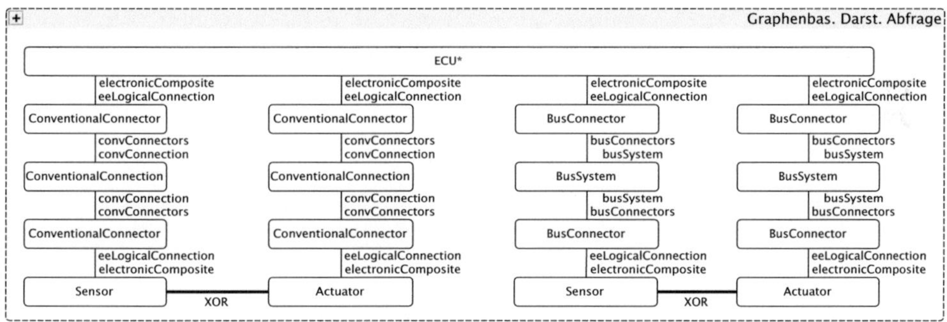

Abbildung 9.8: Graphenbasierte Darstellung einer Abfrage - Lösungsansatz 1

Abbildung 9.8 zeigt einen Versuch die in Abbildung 9.6 dargestellte graphenbasierte Darstellung einer Abfrage entsprechend der Knoten und Kanten des zugrundeliegenden MM-Graphen zu erweitern. Dabei wird die logische Relation XOR verwendet. Diese Spezifikation der Fragestellung führt jedoch aus zwei Gründen nicht zum gewünschten Ergebnis.

Erstens: Die dargestellten Kanten der Menge *AFLnkE* der graphenbasierten Darstellung der Fragestellung beziehen sich auf Kanten der Menge *MMAsszE* des MM-Graphen. Diese sind nach der Diskussion in Kapitel 9.3.3 Konjunktionsrelationen (AND) gleichzusetzen. Die XOR Relation im linken Teil von Abbildung 9.8 drückt aus, dass entweder ein *Sensor* oder ein *Actuator* über die jeweils darüberliegende Kante entsprechend der Rollenbeziehungen (*eeLogicalConnection / electronicComposite*) mit einem *ConventionalConnector* verbunden sein soll. Diese logische Relation XOR bezieht sich demnach neben den Knoten auch auf die in der Abbildung darüberliegenden Kanten. Wird der linke Teil der Abbildung separat betrachtet, so sucht der resultierende Abfragegraph nach einer ECU mit zwei *ConventionalConnetors*, von welchen jeder mit einer *ConventionalConnection* verbunden ist, die ihrerseits eine Verbindung zu zwei weiteren *ConventionalConnectors* besitzen.

Falls einer dieser *ConventionalConnectors* zu einem *Sensor* gehört, so darf der andere nicht zu einem *Actuator* gehören, und umgekehrt. Eine ECU, die nur eine *ConventionalConnection* besitzt, über welche sie mit einem Sensor interagiert, würde durch das Fehlen eines Zweiten in der Ergebnismenge der Fragestellung nicht berücksichtigt, obwohl sie die notwendigen Bedingungen hinsichtlich der eigentlichen Fragestellung erfüllt. Im eigentlichen Sinne der Fragestellung bezieht sich die XOR Relation jedoch auf Artefaktketten, jeweils ab den Knoten *ConventionalConnectors* als Teil des Wurzelements *ECU*. Damit bestehen Kombinationen von Artefakten als Teile von Artefaktketten, die nur gemeinsam betrachtet Sinn haben (im dargestellten Beispiel ECU, Sensor und Actuator mit ihren jeweiligen Anbindungen).

Zweitens: Angenommen, das in der vorigen Diskussion aufgezeigte Problem sei gelöst, so liefert die dargestellte graphenbasierte Darstellung einer Abfrage dennoch nicht die gewünschten Ergebnisse. Sensoren und Aktuatoren können über konventionelle Verbindungen oder Bussysteme mit Steuergeräten kommunizieren. Interagiert ein Steuergerät über eine konventionelle Verbindung mit einem Sensor und einem Bussystem mit einem Aktuator, so wird es der Ergebnismenge der graphenbasierten Darstellung der Abfrage hinzugefügt. Dies entspricht jedoch nicht der Fragestellung. Im dargestellten Fall führt das Einfügen zusätzlicher XOR Relationen entsprechend Abbildung 9.9 zur Lösung dieses Problems. Jedoch ist diese Art des Umgangs mit logischen Relationen umständlich und entfernt die Spezifikation von graphenbasierten Darstellungen von Fragestellungen von der eigentlichen Fragestellung.

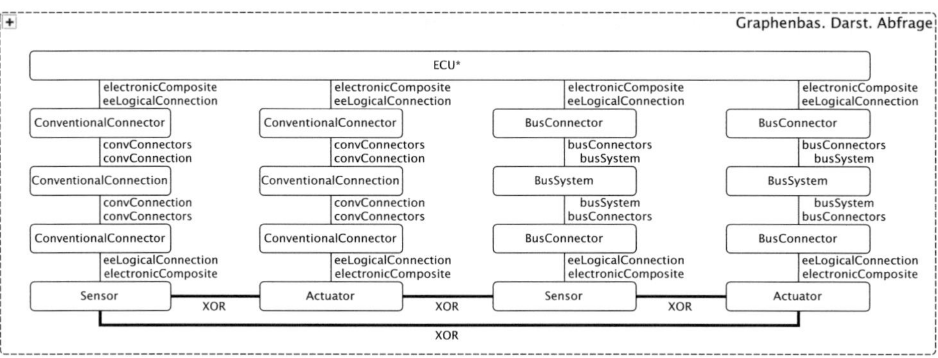

Abbildung 9.9: Graphenbasierte Darstellung einer Abfrage - Lösungsansatz 2

Aus den beiden dargestellten Problemen entstehen weitere Anforderungen an die graphenbasierte Darstellung und Spezifikation von Fragestellungen. Diese soll:

- eine einfache Übertragung von textuell oder verbal beschriebenen Fragestellungen erlauben. Hierfür ist es notwendig den Geltungsrahmen von logischen Relationen festlegen zu können. Bei der textuellen Notation algebraischer Aussagen wird hierfür das Konzept der Klammerung verwendet. Ein entsprechendes Konzept ist auf die graphenbasierte Spezifikation von Fragestellungen zu übertragen.

- das Zusammenfassen von Knoten graphenbasierter Darstellungen von Abfragen entsprechend sinnvoll zusammengehörender Artefakte ermöglichen.

- Relationen, welche sich auf Kanten $\in MMAsszE$ bzw. $\in MMAttrE$ des zugrundeliegenden MM-Graphen beziehen gemeinsam mit dem jeweiligen Zielknoten in der graphenbasierten Darstellung der Fragestellung betrachten.

9.5 Strukturierung graphenbasierter Darstellungen

Im Folgenden werden die beiden Konzepte *Abfrageelement* und *Abfragegruppe* vorgestellt, welche zur Erfüllung der in Kapitel 9.4 aufgestellten Anforderungen in die graphenbasierte Darstellung von Fragestellungen und Abfragen einfließen. Unter Anwendung der beiden Konzepte werden diese dann als Fragestellungsgraphen bzw. Abfragegraphen bezeichnet.

9.5.1 Abfrageelement

In der graphenbasierten Darstellung einer Fragestellung hat eine Kante, die sich auf eine Kante der Menge $\in MMAsszE$ bzw. $\in MMAttrE$ bezieht, nur dann Sinn, wenn es zwei Knoten gibt, zwischen welchen diese Kante besteht und die sich wiederum auf Knoten der Menge $\in MMKlssV$ bzw. $\in MMAttrWrtV$ beziehen.

Eine graphenbasierten Darstellung einer Fragestellung wird dadurch detailliert, dass vom Wurzelelement ausgehend Verbindungen zu weiteren Knoten gefordert werden, welche mögliche Ergebnisse genauer spezifizieren. Durch das Anhängen weiterer Knoten entstehen so Ketten oder Bäume, wobei hierfür jeweils eine Kante und ein Knoten erforderlich sind. Damit kann eine Kante, die eine Konjunktionsrelation oder eine dazu ähnliche logische Relation darstellt, gemeinsam mit dem anzuhängenden Knoten betrachtet werden.

Eine derartige Kombination einer Kante und eines Knotens in der graphischen Darstellung einer Fragestellung wird als *Abfrageelement* bezeichnet. Der enthaltene Knoten wird als *Abfrageelementknoten*, die enthaltene Kante als *Abfrageelementkante* bezeichnet.

Entsprechend der Kette oder des Baums, welche durch die Aneinanderreihung von Abfrageelementen entstehen, wird ausgehend von Wurzelabfrageelement zwischen *Abfrageelementvorgängern* und *Abfrageelementnachfolgern* bzw. zwischen *direkten Abfrageelementvorgängern* und *direkten Abfrageelementnachfolgern* unterschieden.

Jedes Abfrageelement hat eine beliebige Anzahl von direkten Abfrageelementnachfolgern, aber nur einen Abfrageelementvorgänger. Ein Wurzelabfrageelement hat nur Abfrageelementnachfolger, ein Blattabfrageelement nur Abfrageelementvorgänger. Ein Wurzelabfrageelement besteht nur aus einem Abfrageelementknoten.

Definition 9.6 *Ein **Abfrageelement** ist synonym zu einer Kante (Abfrageelementkante) und einem Knoten (Abfrageelementknoten) in der graphenbasierten Darstellung einer Fragestellung. Eine Abfrageelementkante stellt eine Konjunktionsrelation oder eine dazu ähnliche logische Relation dar. Durch die Abfrageelementkante wird der Abfrageelementknoten mit dem direkten Abfrageelementvorgänger verbunden bzw. im Sinne der Fragestellung in Relation gesetzt. Abfrageelemente erhalten jeweils die Bezeichnung ihres Abfrageelementknotens.*

Abbildung 9.10 stellt beispielhaft und unter Vernachlässigung einiger logischer Relationen die Elemente der Ketten bzw. Bäume aus Abbildung 9.5 als Abfrageelemente dar. Ein Abfrageelement wird dabei durch jeweils eine Abfrageelementkante sowie den Abfrageelementknoten am kreisförmigen Ende dieser Kante dargestellt. Die Abfrageelementkanten der Abfrageelemente $J'a$ und Q repräsentieren jeweils zu Konjunktionsrelationen ähnliche logische Relationen.

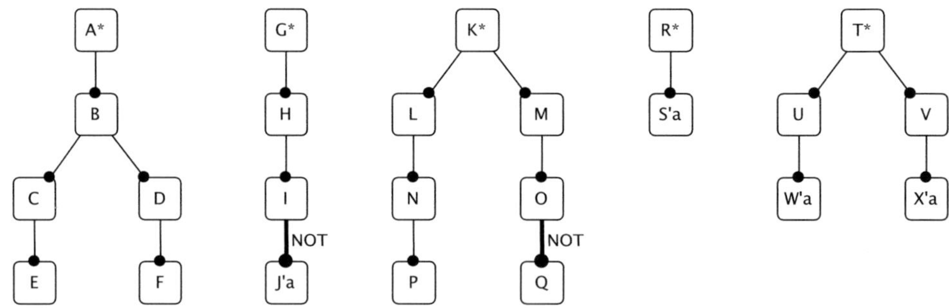

Abbildung 9.10: Darstellungen entsprechend Abbildung 9.5 mit Abfrageelementen

9.5.2 Abfragegruppe

Zur Erfüllung der bestehenden Anforderungen an die Erweiterung des Konzeptes der graphenbasierten Darstellung von Fragestellungen werden Abfragegruppen eingeführt.

Definition 9.7 *Abfragegruppe: In einer Abfragegruppe werden Abfrageelemente oder Abfragegruppen zusammengefasst. Abfragegruppen ermöglichen eine Hierarchisierung und Gruppierung der Elemente von graphenbasierten Darstellungen von Fragestellungen. Eine Abfragegruppe enthält entweder nur Abfrageelemente oder nur Abfragegruppen. Logische Relationen können zwischen Abfragegruppen bestehen, auch über die hierarchische Struktur hinweg.*

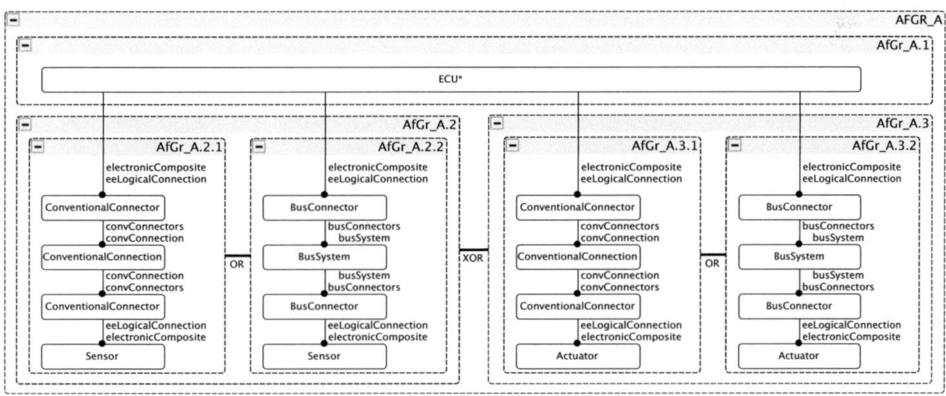

Abbildung 9.11: Graphenbasierte Darstellung einer Abfrage mit Abfragegruppen und Abfrageelementen

Abbildung 9.11 zeigt eine graphenbasierte Darstellung einer Abfrage ($AFGR\_A$) entsprechend Abbildung 9.6 unter Verwendung von Abfragegruppen. Darin sind jeweils die Kommunikationsbeziehungen zu Sensoren und Aktuatoren in den Abfragegruppen $AfGr\_A.2$ und $AfGr\_A.3$ zusammengefasst und über XOR in Relation zueinander gesetzt. Innerhalb dieser Gruppen besteht jeweils eine weitere Hierarchieebene in welcher die Abfrageelemente entsprechend einer Kommunikationsbeziehung über eine konventionelle Verbindung (*ConventionalConnection*) oder ein Bussystem (*BusSystem*) zusammengefasst sind. Für Sensoren ergeben sich die Gruppen $AFGr\_A.2.1$ und $AfGr\_A.2.2$, für Aktuatoren die Gruppen $AfGr\_A.3.1$ und $AfGr\_A.3.2$. Diese sind jeweils innerhalb der Gruppen $AfGr\_A.2$ und $AfGr\_A.3$ über OR in Relation gesetzt.

Daraus entsteht ein logisch korrekter Graph, der unter Verwendung der Konzepte des zugrundeliegenden MM-Graphen (s. Abbildung 9.7) die pragmatische Darstellung der Fragestellung entsprechend Abbildung 9.6 spezifiziert. Es können sich Fragestellungen ergeben, welche nach geschlossenen Ketten von Abfrageelementen suchen. Für die Darstellung geschlossener Ketten ist es erforderlich, dass sich alle Abfrageelemente einer Kette innerhalb einer Abfragegruppe befinden.

9.5.3 Abfragegraph

Unter Verwendung der Konzepte *Abfrageelement* und *Abfragegruppe* wird nun der *Abfragegraph* als spezielle Form der graphenbasierten Darstellung von Abfragen definiert.

Definition 9.8 *Ein **Abfragegraph** ist eine graphenbasierte Darstellung einer Abfrage unter Verwendung der Konzepte Abfrageelement und Abfragegruppe. Ein Abfragegraph bezieht sich auf ein Abfragewurzelelement. In einem Abfragegraphen gibt es nur Abfrageelemente oder Abfragegruppen. In einem Abfragegraphen bestehen logische Relationen, die nicht ähnlich zu Konjunktionsrelationen sind, ausschließlich zwischen Abfragegruppen.*

9.5.4 Fragestellungsgraph

Mit der Definition von Abfragegraphen kann nun die Definition von »Fragestellungsgraphen« als spezielle Form der graphenbasierten Darstellung von Fragestellungen gegeben werden.

Definition 9.9 *Ein **Fragestellungsgraph** besteht aus Abfragegraphen sowie logischen Relationen, die nicht ähnlich zu Konjunktionsrelationen sind sowie bedingten Relationen zwischen diesen Abfragegraphen. Ein Fragestellungsgraph ist eine vollständige Beschreibung einer Fragestellung.*

Abbildung 9.12 zeigt einen Fragestellungsgraphen entsprechend der Fragestellung aus Abbildung 9.4. $AFGR\_A$ bis $AFGR\_E$ sind die Abfragegraphen des Fragestellungsgraphen.

Die Kanten $(AFGR\_A, AFGR\_B)$, $(AFGR\_B, AFGR\_C)$, $(AFGR\_C, AFGR\_D)$ sind die logischen bzw. bedingten logischen Relationen des Fragestellungsgraphen. Die Kante $(AfGr\_C.3, AFGR\_E)$ ist eine bedingte logische Relation zwischen einem Abfragegraphen und einer Abfragegruppe. In Hinblick auf die folgende Aufteilung von Fragestellungsgraphen wird diese Relation ebenfalls dem Fragestellungsgraphen zugerechnet.

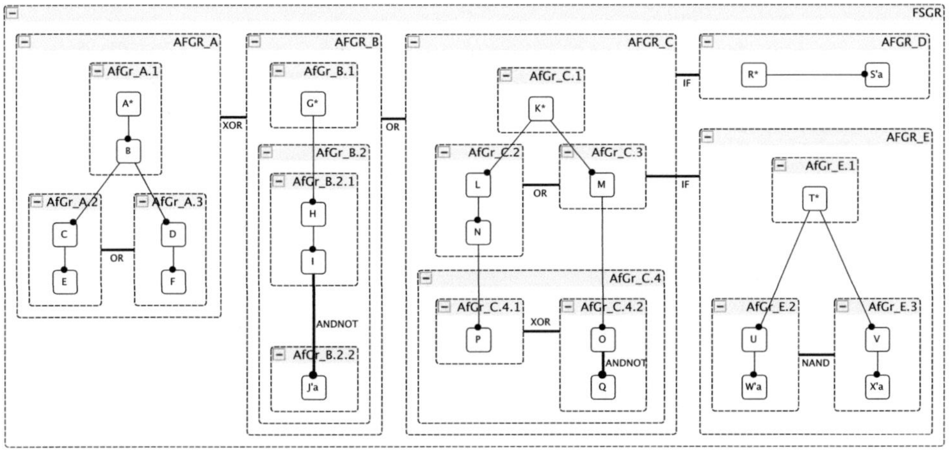

Abbildung 9.12: Fragestellungsgraph entsprechend Abbildung 9.4

In der hier gewählten Nomenklatur bezeichnet $AFGR\_\#$ (Großbuchstaben) einen Abfragegraphen, während $AfGr\_\#$ (Groß- und Kleinbuchstaben) eine Abfragegruppe bezeichnet. Durch die Verwendung von Trennzeichen (.) wird in Bezeichnungen von Abfragegruppen deren Hierarchiestufe innerhalb des Abfragegraphen angegeben. Generell sind jedoch beliebige eindeutige Bezeichner einsetzbar.

9.6 Datenformat für Fragestellungsgraphen

Für die rechnergestützte Auswertung von Fragestellungsgraphen wird ein Datenformat benötigt, welches alle Informationen einer Fragestellung fassen, auf Rechnern gespeichert und von einem Programm zur Ausführung von Fragestellungsgraphen ausgewertet werden kann. Hierfür wird ein XML-basiertes Datenformat vorgestellt. Die Konzepte dieses Datenformats zeigt Abbildung 9.13 in Form eines Klassendiagramms.

In einem nachfolgenden Schritt der Aufteilung werden Fragestellungsgraphen, die im Format des vorgestellten Datenformats vorliegen, durch eine Menge von Graphen repräsentiert, die unter Verwendung einer bestehenden Realisierung auf M-Grpahen ausgeführt werden können. Die hier vorgestellte Darstellung orientiert sich an M-Graphen als EEA Modelle basierend auf der EEA-ADL. Hierfür notwendige Daten werden bereits im vorgestellten Datenformat für Fragestellungen berücksichtigt.

Eine `Fragestellungsgraph.xml` Datei besteht aus drei Sektionen. Diese sind ihrerseits XML-Elemente, die im XML-Element Root der XML-Datei enthalten sind.

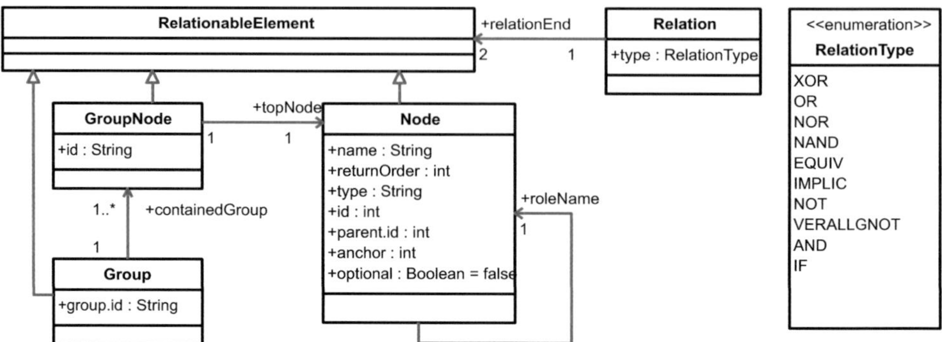

Abbildung 9.13: Klassendiagramm Austauschformat Fragestellungsgraph

Die Sektionen einer `Fragestellungsgraph.xml` Datei sind:

- **NodeSection**: Die nicht optionale *NodeSection* enthält Daten über Abfrageelemente und Abfragegruppen. Je ein Abfrageelement ist einem XML-Element *Node* (Knoten) zugeordnet. Eine Abfragegruppe wird durch einen sog. *GroupNode* repräsentiert. Jeder Knoten ist dabei ein direktes oder indirektes Kindelement eines *GroupNode*. Enthält ein *GroupNode* mehrere Knoten, so wird deren Hierarchie durch die Verwendung von Kindelementen spezifiziert. Ein *GroupNode* enthält genau einen Knoten als direktes Kindelement.

- **GroupSection**: In der *GroupSection* werden Verbindungshierarchien von Gruppen (*Group*) definiert. Die *GroupSection* kann entsprechend Fragestellungsgraphen mehrere Gruppen als Kindelemente enthalten. Einer Gruppe der Hierarchiestufe x ($x \in \mathbb{Z}_0^+$) werden die damit in Zusammenhang stehenden Gruppen der Stufe $x + 1$ etc. zugeordnet. Ein Gruppe kann eine beliebige Anzahl (≥ 0) von Gruppen als Kindelemente enthalten. Jede Gruppe der *GroupSection* referenziert genau einen *GroupNode* der *NodeSection*.

- **RelationSection**: In dieser optionalen Sektion werden logische Relationen (*Relation*) zwischen Konten der *NodeSection* oder Gruppen der *GroupSection* spezifiziert. Falls der dargestellte Fragestellungsgraph keine logischen Relationen enthält, entfällt diese Sektion. Die *RelationSection* beinhaltet eine beliebige Anzahl von Relationen. Jede Relation hat genau zwei Kindelemente. Diese referenzieren jeweils eine Gruppe als XML-Element der *GroupSection*.

Abbildung 9.14 zeigt einen Fragestellungsgraphen, der eine Fragestellung zum Auffinden von ECUs spezifiziert, die über ein Bussystem entweder mit einem Aktuator oder einem Sensor kommunizieren. Dabei besteht die zusätzliche Bedingung, dass Ergebnisse nur gültig sind, falls im M-Graphen, auf welchem der Fragestellungsgraph ausgeführt werden soll, mehr als drei ECUs existieren. Die Knoten entsprechen Abfrageelementen entsprechend der Klasse *Node* des Klassendiagramms aus Abbildung 9.13.

Das Datum jeweils in der ersten Zeile vor dem Doppelpunkt bezieht sich auf das Attribut *name*, das Datum danach auf das Attribut *type*. Die Attribute *anchor* und *returnOrder* beziehen sich auf die spätere werkzeugspezifische Ausführung. Hier kann auch das Attribut *optional* verwendet werden. *anchor* bezieht sich auf einen spezifizierten Kontext (Paket oder E/E-Artefakt), durch welches die Grundmenge des M-Graphen, auf welchem die Fragestellung ausgeführt wird, eingeschränkt werden kann. Ein Wert von »-1« bedeutet keine Einschränkung. *returnOrder* adressiert die Reihenfolge, in welcher E/E-Artefakte als Ergebnis eines Knotens der Menge *AFObjV* zurückgegeben werden. Die Knoten der Abbildung bilden jeweils mit den darüberliegenden Kanten Abfrageelemente. Die Kanten beziehen sich auf Assoziationen entsprechend des zugrundeliegenden MM-Graphen (s. Abbildung 9.7). Die Bezeichnung der Kanten entsprechen jeweils dem Rollennamen der Assoziationsenden an der Klasse, auf welche sich das Abfrageelement zu welchem die Kante gehört, bezieht. Beispielsweise bildet der Knoten *Sens:Sensor* mit der Kante *eeLogicalConnectors* ein Abfrageelement, das sich auf den Knoten *BCon12:BusConnector* bezieht. Im MM-Graphen besteht eine Assoziation zwischen den Klassen *Sensor* und *BusConnector*. Dort ist *eeLogicalConnectors* der Rollenname des Assoziationsendes an der Klasse *BusConnector*.

Die Suchrichtung in einem Fragestellungsgraphen orientiert sich an den Elementen seiner Abfragegraphen. In jedem Abfragegraphen gibt es ein Abfrageelement, bei welchem die Suche starten soll.

Definition 9.10 *Mit **Abfragegraphwurzelabfrageelement** wird das Abfrageelement bezeichnet, bei welchem die Suche in Bezug auf einen Abfragegraphen startet.*

Definition 9.11 *Mit **Abfragegraphblattabfrageelement** wird ein Abfrageelement bezeichnet, das keine Nachfolger hat.*

Definition 9.12 *Mit **Abfragegraphwurzelgruppe** wird die Gruppe eines Abfragegraphen bezeichnet welche das Abfragegraphwurzelabfrageelement enthält.*

In einem Abfragegraphen startet die Suche bei einem Abfragegraphwurzelabfrageelement und pflanzt sich in Richtung seiner Nachfolger fort. Dabei werden üblicherweise auch Grenzen von Abfragegruppen überschritten.

Definition 9.13 *Mit **Abfragegruppewurzelabfrageelement** wird das Abfrageelement einer Abfragegruppe bezeichnet, das entsprechend der Suchreihenfolge innerhalb der Abfragegruppe keinen Vorgänger in Form eines Abfrageelements hat.*

In Abbildung 9.14 ist Abfragegruppe *id*0 die Abfragegraphwurzelgruppe. Das Abfrageelement *source:ECU* ist das Abfragegraphwurzelabfrageelement des Abfragegraphen. Die Abfrageelemente mit den Bezeichnungen *source:ECU*, *BCon11:BusConnector*, *BCon21:BusConnector* und *source:ECU* sind jeweils die Abfragegruppenwurzelabfrageelemente der Abfragegruppen *id*0, *id*1, *id*2 und *id*3. Die Abfrageelemente *Sens:Sensor* und *Act:Actuator* sind die Abfragegraphblattabfrageelemente des dargestellten Abfragegraphen.

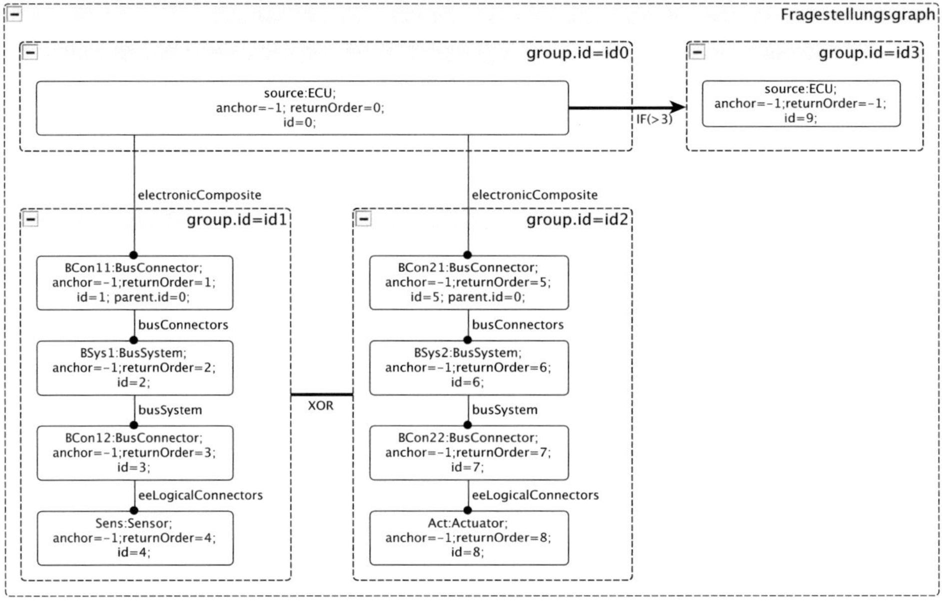

Abbildung 9.14: Beispiel Fragestellungsgraph

Listing 9.1 zeigt die XML-Serialisierung des Fragestellungsgraphen nach Abbildung 9.14. In der *NodeSection* werden jeweils die Abfrageelemente und ihre Anordnung spezifiziert. Laut Definition enthält eine Gruppe entweder nur Gruppen oder nur Knoten. Daher existiert für die Fragestellungswurzelelemente *source:ECU* jeweils ein separater *GroupNode* (*id*0 bzw. *id*3). Die Hierarchie der Knoten in den *GroupNodes* *id*1 und *id*2 stellt die Abfolge der enthaltenen Abfrageelemente entsprechend der Suchrichtung der Fragestellung dar. In der *GroupSection* werden die existierenden *GroupNodes* der *NodeSection* in einer hierarchischen Struktur angeordnet. In der *RelationSection* wird eine Relation spezifiziert sowie die Elemente auf welche sie sich beziehet.

```xml
1  <?xml version="1.0" encoding="UTF-8"?>
   <Root xmlns:xsi="http://www.w3.org/2001/XMLSchema-instance" xsi:noNamespaceSchemaLocation="Schema.xsd">
3    <NodeSection>
     <GroupNode id="id0">
5      <Node anchor="-1" name="source" returnOrder="0" roleName="" type="ECU" id ="0">
       </Node>
7    </GroupNode>
     <GroupNode id="id1">
9      <Node anchor="-1" name="BCon11" returnOrder="1" roleName="electronicComposite" type="BusConnector" id ="1"
       parent.id="0">
11       <Node anchor="-1" name="BSys1" returnOrder="2" roleName="busConnectors" type="BusSystem" id ="2">
         <Node anchor="-1" name="BCon12" returnOrder="3" roleName="busSystem" type="BusConnector" id ="3">
13         <Node anchor="-1" name="Sens" returnOrder="4" roleName="eeLogicalConnectors" type="Sensor" id ="4"/>
         </Node>
15       </Node>
       </Node>
17   </GroupNode>
     <GroupNode id="id2">
19     <Node anchor="-1" name="BCon21" returnOrder="5" roleName="electronicComposite" type="BusConnector" id ="5"
       parent.id="0">
21       <Node anchor="-1" name="BSys2" returnOrder="6" roleName="busConnectors" type="BusSystem" id ="6">
         <Node anchor="-1" name="BCon22" returnOrder="7" roleName="busSystem" type="BusConnector" id ="7" >
23         <Node anchor="-1" name="Act" returnOrder="8" roleName="eeLogicalConnectors" type="Actuator" id ="8"/>
         </Node>
25       </Node>
       </Node>
27   </GroupNode>
     <GroupNode id="id3">
29     <Node anchor="-1" name="source" returnOrder="-1" roleName="" type="ECU" id ="9">
       </Node>
31   </GroupNode>
     </NodeSection>
33   <GroupSection>
     <Group group.id="id0">
35     <Group group.id="id1"/>
       <Group group.id="id2"/>
37   </Group>
     <Group group.id="id3"/>
39   </GroupSection>
     <RelationsSection>
41   <Relation type="XOR">
     <group1 group.id="id1"/>
43   <group2 group.id="id2"/>
     </Relation>
45   <Relation type="IF" value="3" compareType="Greater">
     <group1 group.id="id0"/>
47   <group2 group.id="id3"/>
     </Relation>
49   </RelationsSection>
     </Root>
```

Listing 9.1: Austauschformat `Fragestellung.xml` entsprechend Abbildung 9.14

9.7 Ergebnistabellen

Mit dem beschriebenen Austauschformat können Fragestellungsgraphen mit einem
oder mehreren Abfragegraphwurzelabfrageelementen und den entsprechenden Abfragegraphen dargestellt werden. Im Austauschformat selbst wird nicht zwischen
der Betrachtungsebene der Fragestellungsgraphen und der Betrachtungsebene der
Abfragegraphen unterschieden.

Die Enumeration *RelationType* in Abbildung 9.13 listet daher alle logischen Relationen, ungeachtet zwischen welchen Arten von Abfrageelementen, Abfragegruppen oder Abfragegraphen sie verwendet werden dürfen, bzw. ihre Verwendung zu den gewünschten Ergebnissen führt.

Bevor die gelisteten logischen Relationen in Bezug auf ihre Relationsenden und ihre Bedeutung definiert werden, müssen die Ergebnisse von Fragestellungsgraphen und Abfragegraphen genauer betrachtet werden. Auf einem M-Graphen selbst werden nur sog. Konjugationsgraphen ausgeführt.

Definition 9.14 *Als **Suchpfad** wird in einem Abfragegraphen oder daraus abgeleiteten Graphen ein zusammenhängender evtl. verzweigter Kantenzug von Abfrageelementkanten von einem Abfragegraphwurzelabfrageelement zu einem oder mehreren Abfragegraphblattabfrageelementen bezeichnet.*

Definition 9.15 *Als **Konjunktionsgraph** wird ein Untergraph eines Abfragegraphen bezeichnet, der nur aus Knoten, welche sich auf Knoten $\in MMKlssV$ oder $\in MMAttrWrtV$ des zugrundeliegenden MM-Graphen bezieht, sowie aus Konjunktionsrelationen als Kanten zwischen diesen Knoten besteht. In Konjunktionsgraphen gibt es keine Kanten, die logischen Relationen oder Relationen, die ähnlich Konjunktionsrelationen sind, entsprechen.*

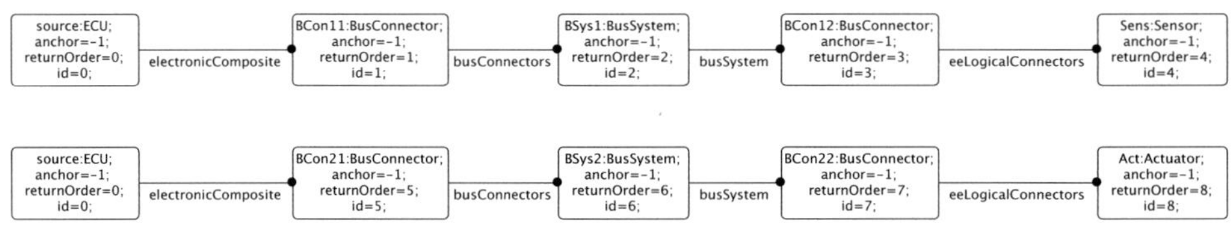

Abbildung 9.15: Beispiel Konjunktionsketten

Abbildung 9.15 zeigt zwei Konjunktionsgraphen. Diese entsprechen den beiden Suchpfaden des Fragestellungsgraphen aus Abbildung 9.14. Ein Konjunktionsgraph stellt nicht notwendigerweise den Graphen entsprechend eines kompletten Suchpfades dar.

Wird ein Konjunktionsgraph auf einem M-Graphen ausgeführt, so werden jeweils Untergraphen des M-Graphen als Ergebnisse zurückgegeben, welchen dem durch den Konjunktionsgraphen spezifizierten Bauplan (Struktur) entsprechen. Ein solcher Untergraph wird Konjunktionsgraphenergebnis genannt.

Definition 9.16 *Ergebniselement: Knoten der Menge MObjV des M-Graphen als Ergebnis oder Bestandteil eines oder mehrerer Ergebnisse eines Fragestellungsgraphen oder eines davon abgeleiteten Graphen.*

Definition 9.17 *Konjunktionsgraphenergebnis: Genügen geordnete Untermengen von Knoten der Menge MObjV des M-Graphen (als Ergebniselemente) dem durch den betrachteten Konjunktionsgraphen spezifizierten Bauplan, so beschreibt ein Konjunktionsgraphenergebnis in Bezug auf den betrachteten Konjunktionsgraphen jeweils eine solche Untermenge.*

Konjunktionsgraphen lassen sich übersichtlich in Tabellen darstellen. In einer solchen *Konjunktionsgraphenergebnistabellen* entspricht jede Zeile einem Konjunktionsgraphenergebnis.

Definition 9.18 *Als **Konjunktionsgraphenergebnistabelle** wird eine Tabelle bezeichnet, die Konjunktionsgraphenergebnisse jeweils als Zeilen einer Tabelle darstellt. Die Spalten der Tabelle beziehen sich jeweils auf Abfrageelemente des betrachteten Konjunktionsgraphen. Die Zellen einer Zeile enthalten jeweils Elemente eines Konjunktionsgraphenergebnisses entsprechend der Spaltenreferenz.*

Abbildung 9.16 zeigt jeweils eine Konjunktionsgraphenergebnistabelle entsprechend der Konjunktionsgraphen aus Abbildung 9.15. Darin sind beispielhaft Knoten der Menge *MObjV* eines M-Graphen als Elemente von Konjunktionsgraphenergebnissen dargestellt.

source	BCon11	Bsys1	BCon12	Sens
KlimaSteuergerät	KlimaSgKomfortCAN	KomfortCAN	TempSensKomfortCAN	TemperaturSensor
TürSteuergerätFahrer	TSG-Fahrer-CAN	FahrerTürCAN	TürBedienfeld-CAN	TürBedienfeld
ParkSteuergerät	ParkSteuergerät-Lin	Park-Lin	ParkSensor-Lin	ParkSensor

source	BCon21	Bsys2	BCon22	Act
TürSteuergerätFahrer	TSG-Fahrer-CAN	FahrerTürCAN	FenstHebMotorF-CAN	FenstHebMotorF
TürSteuergerätBeifahrer	TSG-Beifahrer-CAN	BeifahrerTürCAN	FenstHebMotorBF-CAN	FenstHebMotorBF
KlimaSteuergerät	KlimaSgKomfortCAN	KomfortCAN	KlimaAggregatCAN	KlimaAggregat

Abbildung 9.16: Beispiel Konjunktionsgraphenergebnistabelle nach Abbildung 9.15

Die ersten Spalten der dargestellten Konjunktionsgraphenergebnistabellen beziehen sich jeweils auf das Konjunktionsgraphenwurzelabfrageelement (source) vom Typ ECU als Knoten der Menge *MMKlssV* des MM-Graphen.

Definition 9.19 *Konjunktionsgraphenwurzelabfrageelement: Abfrageelement eines Konjunktionsgraphen, welches in Bezug auf den betrachteten Konjunktionsgraphen keinen Vorgänger hat.*

Definition 9.20 *Konjunktionsgraphenergebniselement: Ergebniselement als Element eines Ergebnisses in Bezug auf einen Konjunktionsgraphen hinsichtlich eines Knotens der Menge MObjV oder MWrtV.*

In diesem Beispiel gibt es Knoten der Menge *MObjV* des M-Graphen, die als Ergebniselemente jeweils in Bezug auf das Konjunktionsgraphenwurzelabfrageelement in beiden Konjunktionsgraphenergebnistabellen vorkommen (TürSteuergerätFahrer, KlimaSteuergerät). Das bedeutet, dass es in Bezug auf die beiden Konjunktionsgraphen Ergebniselemente als Knoten der Menge *MObjV* des M-Graphen, auf welchem die Konjunktionsgraphen ausgeführt wurden, gibt, die in beiden Konjunktionsgraphenergebnismengen enthalten sind. Ergebniselemente als Teile von Ergebnissen, die sich auf eine Wurzelabfrageelement beziehen werden Wurzelergebniselemente genannt.

Definition 9.21 *Als **Wurzelergebniselement** wird ein Ergebniselement als Element eines Ergebnisses bezeichnet, welches bezogen auf den jeweiligen Graphen (Fragestellungsgraph, Abfragegraph, Konjunktionsgraph) keinen Vorgänger hat.*

Definition 9.22 *Fragestellungsgraphenergebnis: Menge von Elementen eines Ergebnisses, welche durch die spezifische Kombination dieser Elemente im M-Graphen einem oder mehreren im Sinne der Fragestellung geforderten Bauplänen genügt.*

Definition 9.23 *Fragestellungsgraphenergebnismenge: Menge aller Fragestellungsgraphenergebnisse in Bezug auf einen Fragestellungsgraphen.*

Um die Bestimmung von Ergebnissen hinsichtlich logischer Relation herzuleiten wird deren Bedeutung an einem Beispiel diskutiert. Dabei soll eine Fragestellungsgraphenergebnismenge aus den Ergebnismengen von Konjunktionsgraphen (ihrerseits Untergraphen des betrachteten Fragestellungsgraphen) bestimmt werden, wobei zwischen den Konjunktionsgraphen eine logische Relation besteht.

Für das Beispiel sei angenommen, die beiden Konjunktionsgraphen aus Abbildung 9.15 seinen Untergraphen eines Fragestellungsgraphen. Durch jeden Konjunktionsgraphen wird jeweils ein Bauplan für Konjunktionsgraphenergebnisse in Bezug auf Abfragewurzelelemente dieses Fragestellungsgraphen beschreiben. Zwischen den Ergebnismengen der beiden Konjunktionsgraphen bestehe eine XOR Relation.

Im Sinne der Mengenlehre würde dies bedeutet, dass jedes Ergebnis exklusiv in nur einer Ergebnismenge der beiden Konjunktionsgraphen vorkommt. Durch einen Konjunktionsgraphen wird die Existenz eines Sensors, durch den anderen die Existenz eines Aktuators gefordert. Damit trifft die Forderung nach Exklusivität in Bezug auf Ergebnisse der beiden Konjunktionsgraphen immer zu. Jedoch entspricht diese Betrachtungsweise nicht der eigentlichen Bedeutung logischer Relationen in Fragestellungen, welche nicht komplette Ergebnisse sondern einzelne Ergebniselemente adressieren. Dies führt zu folgender Definition der Bedeutung logischer Relationen:

Definition 9.24 *Logische Relationen in Fragestellungen beziehen sich auf Ergebnisse als Elemente von Ergebnismengen, hinsichtlich spezifischer Knoten $\in$ MObjV bez. $\in$ MWrtV entsprechend Abfragegruppenwurzelabfrageelementen, die Quelle oder Ziel der logischen Relation darstellen.*

Werden die beiden Konjunktionsgraphen aus Abbildung 9.15 entsprechend des Fragestellungsgraphen aus Abbildung 9.14 in eine XOR Relation zueinander gesetzt, so bezieht sich diese Relation auf Ergebnisse der beiden resultierenden Ergebnismengen hinsichtlich gleicher Ergebniselemente für die jeweiligen Konjunktionsgraphenwurzelabfrageelemente der beiden Konjunktionsgraphen. In den Tabellen von Abbildung 9.16 existieren Ergebnisse, die in Bezug auf das jeweilige Konjunktionsgraphenwurzelabfrageelement das gleiche Ergebniselement aufweisen. Diese sind *KlimaSteuergerät* und *TürSteuergerätFahrer*. In Hinblick auf die genannte XOR Relation gehören die jeweiligen Ergebnisse mit diesen Ergebniselementen in Bezug auf die jeweiligen Konjunktionsgraphenwurzelabfrageelemente nicht zur Ergebnismenge im Sinne der Fragestellung. Die übrigen Ergebnisse der beiden Konjunktionsgraphenergebnismengen werden zur Fragestellungsgraphenergebnismenge zusammengefasst. Tabelle 9.1 zeigt die entsprechende Ergebnismenge.

source	BCon11	BCon21	Bsys1	Bsys2	BCon12	BCon22	Act	Sens
ParkSteuergerät	ParkSteuergerät-Lin		Park-Lin		ParkSensor-Lin			ParkSensor
TürSteuergerätBeifahrer		TSG-Beifahrer-CAN		BeifahrerTürCAN		FenstHebMotorBF-CAN	FenstHebMotorBF	

Tabelle 9.1: Tabellarische Darstellung der Fragestellungsergebnismenge

9.8 Logische Relationen

In Kapitel 9.3.2 wurden Definitionen für *Logische Relationen* und *Konjunktionsrelationen* in Hinblick auf graphenbasierte Darstellungen von Fragestellungen gegeben. Nach den in den vorigen Kapiteln gegebenen Definitionen und der geführten Diskussion über die Bedeutung logischer Relationen, werden in diesem Kapitel deren Ausprägung sowie die Bedeutung ihrer jeweiligen Verwendung beschrieben.

Einige der vorgestellten logischen Relationen bestehen auf der Ebene von Abfragegraphen, andere zusätzlich oder exklusiv auf der Ebene von Fragestellungsgraphen. Logische Relationen beziehen sich im Falle von Abfragegraphen auf Ergebnisse, im Falle von Fragestellungsgraphen auf die Kardinalität von Ergebnismengen bezüglich ihrer Relationsenden. In Anlehnung an die Wahrheitstafeln für Junktoren der Aussagenlogik (s. Kapitel 2.3.1) werden folgende logische Relationen für die Anwendung in graphenbasierten Darstellungen von Fragestellungen definiert:

XOR

A	B	A XOR B
0	0	0
0	1	1
1	0	1
1	1	0

OR

A	B	A OR B
0	0	0
0	1	1
1	0	1
1	1	1

NOR

A	B	A NOR B
0	0	1
0	1	0
1	0	0
1	1	0

AND

A	B	A AND B
0	0	0
0	1	0
1	0	0
1	1	1

NAND

A	B	A NAND B
0	0	1
0	1	1
1	0	1
1	1	0

Äquivalenz

A	B	A EQUIV B
0	0	1
0	1	0
1	0	0
1	1	1

Implikation

A	B	A IMPLIC B
0	0	1
0	1	1
1	0	0
1	1	1

NOT

A	NOT A
0	1
1	0

Den logischen Relationen wird darüber hinaus die bedingte Relation IF sowie die verallgemeinernde Negation VERALLGNOT zugeordnet, obwohl sich ihre Art von den übrigen logischen Relationen unterscheidet. Sie werden daher gesondert betrachtet.

9.8.1 Logische Relationen auf Ebene von Fragestellungsgraphen

Auf der Ebene von Fragestellungsgraphen können die logischen Relationen XOR, OR AND und IF eingesetzt werden. Die folgenden Ausführungen beziehen sich nicht auf die Relation IF.

Durch die Wahrheitstafeln dieser Relationen (s. Kapitel 9.8) wird jeweils ausgedrückt, in welcher Konstellation die Ergebnismengen der Relationsenden vorliegen müssen, um daraus eine gültige Ergebnismenge im Sinne der Relation zu bestimmen. Die Betrachtung der einzelnen Ergebnismengen beschränkt sich in Bezug auf die betrachteten logischen Relationen auf deren Kardinalität. In den Wahrheitstafeln stehen die Spaltenbezeichner A und B jeweils für die Relationsenden der logischen Relation und damit für die Ergebnismengen des jeweiligen Abfragegraphen. Eine Wahrheitswert von 0 in der Wahrheitstafel drückt aus, dass die Ergebnismenge des entsprechenden Abfragegraphen gleich der leeren Menge ist. Ein Wahrheitswert von 1 drückt entsprechend eine nicht leere Menge aus. Eine Kombination des Wahrheitswertes 0 für A und des Wahrheitswertes 1 für B bedeutet, dass bei der Ausführung des Abfragegraphen A auf einem M-Graphen keine Ergebnisse sowie bei der Ausführung des Abfragegraphen B auf dem gleichen M-Graphen eine beliebige Anzahl von Ergebnissen (> 0) zurückgegeben wurde. Ein Wahrheitswert von 1 in der Spalt der logischen Relation (z.B. A XOR B) bedeutet, dass die entsprechende Kombination von Wahrheitswerten in Bezug auf die Relationsenden zu einem gültigen Ergebnis führt. Ein Wahrheitswert von 0 bedeutet entsprechend, dass es sich um keine gültige Kombination handelt. Die Ergebnisse verschiedener Abfragegraphen sind nicht vergleichbar, da sie sich auf unterschiedliche Abfragegraphwurzelabfrageelemente beziehen. Daher besteht die Ergebnismenge im Sinne einer logischen Relation aus der Kombination der Abfragegraphergebnismengen der Relationsenden, falls die Kardinalitäten der Abfragegraphergebnismengen die Bedingungen der logischen Relation entsprechend der Wahrheitstafel erfüllen.

Abbildung 9.17 zeigt ein Beispiel einer logischen Relation auf der Ebene eines Fragestellungsgraphen. Hier besteht die Relation XOR zwischen den Abfragegraphen $AFGR\_A$ und $AFGR\_B$. Entsprechend der Wahrheitstafel von XOR besteht die Ergebnismenge des Fragestellungsgraphen aus der Ergebnismenge bezüglich $AFGR\_A$, falls die Ergebnismenge bezüglich $AFGR\_B$ gleich der leeren Menge ist, bzw. umgekehrt.

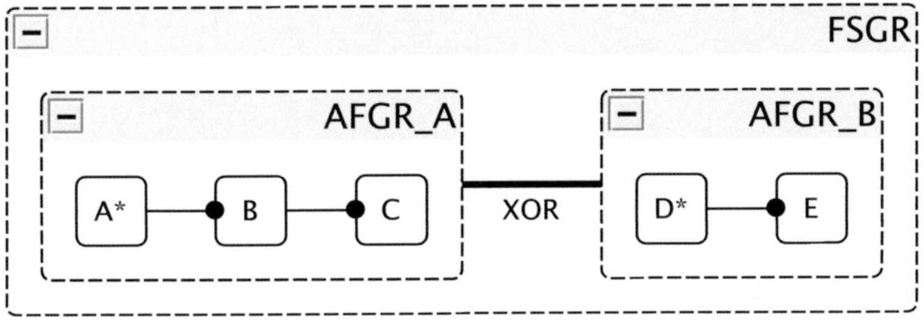

Abbildung 9.17: Beispiel logischer Relation auf Ebene von Fragestellungsgraph

9.8.1.1 Bedingte Logische Relation IF

Über die gerichtete, bedingte logische Relation IF wird eine Kardinalitätsbedingung gegenüber den Ergebnissen eines Abfragegraphen gesetzt. Dabei sind (bestimmte) Ergebnisse eines Abfragegraphen als Quelle der Relation nur dann als Ergebnisse im Sinne der Fragestellung gültig, wenn die Kardinalität der Ergebnisse des Abfragegraphen, als Ziel der Relation der diesbezüglich bestehenden Bedingung entspricht. Bedingungen werden unter Verwendung eines Vergleichsoperators aus der Menge $\{<, \leq, =, \neq, \geq, >\}$ spezifiziert.

Abbildung 9.18 zeigt die beiden Varianten der Verwendung der Relation IF. In Variante 1 bildet Abfragegraph *AFGR_A* die Quelle der Relation. Das bedeutet, dass alle Ergebnisse dieses Abfragegraphen nur dann gültige Ergebnisse im Sinne des Fragestellungsgraphen *FSGR_A* darstellen, falls die Ergebnismenge des Abfragegraphen *AFGR_B* genau 3 Ergebnisse enthält. In Variante 2 bezieht sich die Relation nur auf die Abfragegruppe *AfGr_A.3*. Ergebnisse des Abfragegraphen *AFGR_A* können wegen der geltenden XOR Relation nur Ergebnisse enthalten, welche entweder Ergebniselemente entsprechend *B* als Abfrageelement der Abfragegruppe *AfGr_A.2* oder Ergebniselemente entsprechend *C* als Abfrageelement der Abfragegruppe *AfGr_A.3* enthalten. In diesem Falle gelten nur Ergebnisse des Abfragegraphen *AFGR_A*, welche Ergebniselemente entsprechend *C* enthalten, als Ergebnisse im Sinne der Fragestellung, falls die Kardinalität von *AFGR_B* die spezifizierte Bedingung erfüllt. Ergebnisse mit Ergebniselementen entsprechend *B* werden in diesem Fall von der Relation IF nicht adressiert.

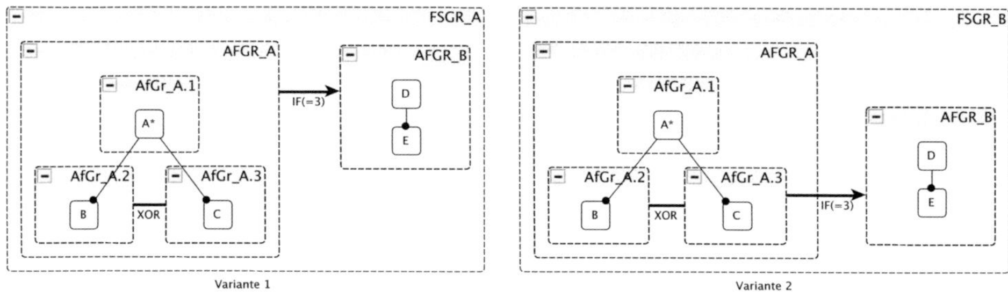

Abbildung 9.18: Beispiel IF auf Ebene von Fragestellungsgraphen

Definition 9.25 *Gerichtete, bedingte, logische Relation* IF *auf Ebene von Fragestellungsgraphen: Über die gerichtete, bedingte, logische Relation* IF *wird jeweils eine Bedingung spezifiziert, welche erfüllt sein muss, damit Ergebnisse eines Abfragegraphen der Ergebnismenge eines Fragestellungsgraphen zugerechnet werden.*

Quelle der Relation ist ein Abfragegraph oder eine Abfragegruppe. Ziel der Relation ist ein Abfragegraph. Erfüllt die Kardinalität der Ergebnismenge des Relationsziels die über einen Vergleichsoperator der Menge $\{<, \leq, =, \neq, \geq, >\}$ spezifizierte Bedingung, so werden Ergebnisse des Abfragegraphen, welcher die Relationsquelle darstellt oder diese enthält zur Ergebnismenge im Sinne der Fragestellung zugeteilt. Bei dieser Zuteilung werden nur diejenigen Ergebnisse auf Erfüllung der Bedingung hin überprüft, welche Ergebniselemente entsprechend der Relationsquelle enthalten.

9.8.2 Logische Relationen auf Ebene von Abfragegraphen

Auf der Ebene von Abfragegraphen können die logischen Relationen XOR, OR, NOR, AND, NAND, EQUIV, IMPLIC, NOT und VERALLGNOT, angewendet werden. Die Relationen NOT und VERALLGNOT sind ähnlich zu Konjunktionsrelationen und werden daher gesondert betrachtet. Die folgenden Ausführungen adressieren diese beiden Relationen nicht.

Auf der Ebene von Abfragegraphen bestehen logische Relationen immer zwischen Abfragegruppen. Jede Abfragegruppe ist dabei in einen Kantenzug des Suchpfades vom Abfragegraphwurzelabfrageelement zum den Anfragegraphblattabfrageelementen eingebunden.

Der linke Graph von Abbildung 9.19 zeigt ein Beispiel der logischen Relation XOR auf der Ebene des Abfragegraphen *AFGR_A*. Die Relationsenden sind die beiden Abfragegruppen *AfGr_A.2* und *AfGr_A.3*. Beide Abfragegruppen stehen jeweils über die Abfrageelementkante ihres Abfragegruppenwurzelabfrageelements mit einem Abfrageelement entsprechend des Suchpfades des Abfragegraphen in Verbindung. Diese Abfrageelementvorgänger sind jeweils nicht Element der Abfragegruppen. Im dargestellten Beispiel ist der Abfrageelementvorgänger jeweils das Abfragegraphwurzelabfrageelement A^* als Element der Abfragegraphwurzelgruppe *AfGr_A.1*.

Eine logische Relation bezieht sich jeweils sowohl auf die Abfragegruppen an ihren Enden sowie die Abfrageelementkanten, über welche die Abfragegruppenwurzelabfrageelemente dieser Abfragegruppen mit Abfrageelementen außerhalb der betrachteten Abfragegruppen in Verbindung stehen.

Die logischen Relationen auf der Ebene von Abfragegraphen beziehen sich ebenfalls auf die zuvor vorgestellten Wahrheitstafeln. Die Spaltenbezeichner A und B stehen jeweils für eine Menge von Ergebniselementen in einem Ergebnis des Abfragegraphen sowie die Existenz von Zusammenhängen unter Beteiligung dieser Ergebniselemente. Eine 1 fordert die Existenz entsprechender Ergebniselemente und Zusammenhänge. Eine 0 fordert, dass keine Zusammenhänge zu entsprechenden Elementen des M-Graphen bestehen. Ein Ergebnis muss die Bedingungen beider Spaltenbezeichner erfüllen.

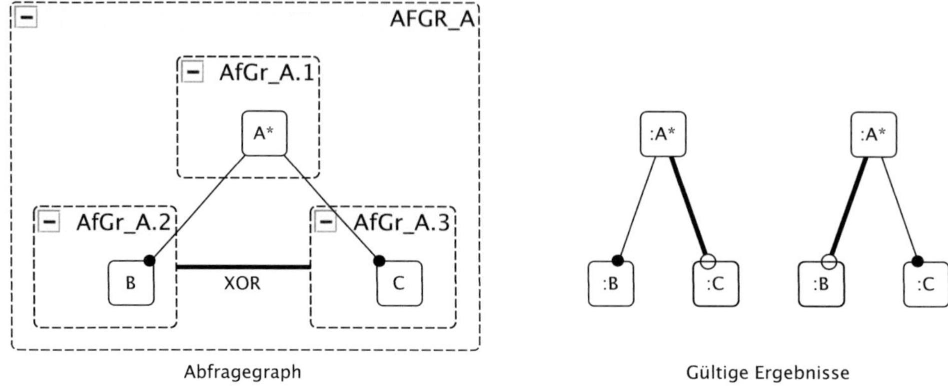

Abbildung 9.19: Beispiel logischer Relation auf Ebene von Abfragegraph

Dies wird am Beispiel des Abfragegraphen aus Abbildung 9.19 erläutert. Ein Ergebnis in Bezug auf diesen Abfragegraphen ist gültig, falls ihm der Wahrheitswert 1 für den Spaltenbezeichner A und 0 für den Spaltenbezeichner B zugeordnet wird, oder umgekehrt. Im Folgenden wird durch $:Y$ ein Ergebniselement entsprechend eines Abfrageelementknotens mit der Bezeichnung Y benannt. Gültige Ergebnisse enthalten somit ein Element $:A^*$ sowie entweder ein Element $:B$, wobei der Zusammenhang zwischen $:A^*$ und $:B$ der Abfrageelementkante (A^*,B) entsprechen muss, oder entsprechendes in Bezug auf das Abfrageelement C. Im ersten Fall wird durch die logische Relation XOR zusätzlich gefordert, dass es im M-Graphen kein Element $:C$ gibt, mit welchem $:A^*$ im Zusammenhang entsprechend der Abfrageelementkante (A^*,C) steht. Gleiches gilt im zweiten Fall bezüglich der Abfrageelementkante (A^*,B).

Im rechten Teil von Abbildung 9.19 ist jeweils die Struktur gültiger Ergebnisse dargestellt. Ergebniselemente entsprechend Abfrageelementknoten, die über eine dünn dargestellte Abfrageelementkante mit ausgefülltem Ende in Beziehung stehen, sind erforderlich. Ein Zusammenhang entsprechend Abfrageelementknoten, die über eine fett dargestellte Abfrageelementkante mit nicht ausgefülltem Ende angehängt sind, darf nicht bestehen. Im Beispiel gehört ein Element $:A^*$ zu jedem Ergebnis. Die Existenz von Ergebniselementen $:B$ bzw. $:C$ sowie die entsprechenden Zusammenhänge zu $:A^*$ unterliegen der logischen Relation und damit den Spaltenbezeichnern A und B der Wahrheitstafel.

Demnach beziehen sich die Spaltenbezeichner der Wahrheitstafeln der betrachteten logischen Relationen auf die Existenz von Ergebniselementen unter Erfüllung des durch eine entsprechende Abfrageelementkante geforderten Zusammenhangs zu ihrem Vorgänger bzw. auf die Nichtexistenz eines Zusammenhangs zwischen dem Vorgänger der entsprechenden Abfragekante und einer Kombination von Elementen des M-Graphen, welche der Abfrageelementgruppe am Ende der logischen Relation genügen.

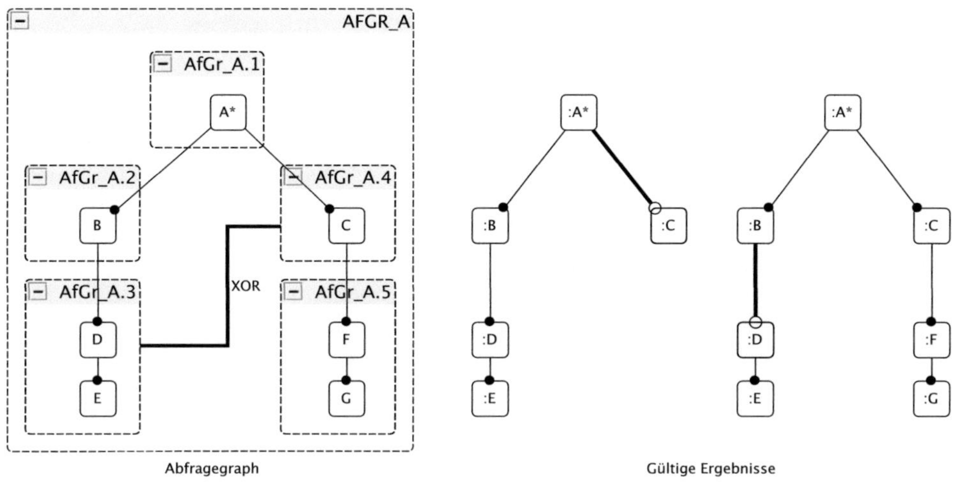

Abbildung 9.20: Beispiel logischer Relation auf Ebene von Abfragegraph

Dies wird an einem weiteren Beispiel dargestellt. Der linke Teil von Abbildung 9.20 zeigt dazu einen weiteren Abfragegraphen mit einer logischen Relation. Dieser enthält Abfragegruppen mit mehreren Abfrageelementen.

Die logische Relation XOR besteht zwischen zwei Abfragegruppen, von welchen eine mit einer Nachfolgerabfragegruppe über eine Abfrageelementkante verbunden ist. Den Spaltenbezeichnern der Wahrheitstafel der logischen Relation werden die Abfragegruppen zugeordnet, zwischen welchen die logische Relation besteht, sowie deren Nachfolger. Dem Spaltenbezeichner A wird die Existenz von Ergebniselementen mit den entsprechenden Zusammenhängen bezüglich der Abfragegruppe $AfGr\_A.3$ zugeordnet.

Dem Spaltenbezeichner B wird die Existenz mit dem zugehörigen Zusammenhang entsprechend Abfragegruppe $AfGr\_A.4$ und bedingt die Existenz mit den zugehörigen Zusammenhängen entsprechend Abfragegruppe $AfGr\_A.5$ zugeordnet. Diese bedingte Zuordnung gilt für den Wahrheitswert 0. Hier wird von einem Ergebnis gefordert, dass es kein Element $:C$ des M-Graphen gibt, mit welchem $:A^*$ als Element des betrachteten Ergebnisses in dem durch die Abfrageelementkante (A^*,C) spezifizierten Zusammenhang steht. In diesem Fall sind weitere Zusammenhänge zwischen der Gruppe welche C enthält und anderen Gruppen, welche Nachfolger der Gruppe mit C sind, vernachlässigbar.

Der rechte Teil der Abbildung zeigt dies anhand der Strukturen gültiger Ergebnisse. Die erste Ergebnisstruktur enthält Ergebniselemente entsprechend $AfGr\_A.3$, weshalb es keine Zusammenhänge zu Elementen des M-Graphen entsprechend den Abfrageelementen $AfGr\_A.4$ geben darf. Ergebniselemente entsprechend $AfGr\_A.5$ werden dabei vernachlässigt.

Die zweite Ergebnisstruktur enthält Ergebniselemente entsprechend *AfGr_A.2* (und *AfGr_A.4*) weshalb es keine Zusammenhänge zu Elementen des M-Graphen entsprechend der Abfrageelemente in *AfGr_A.3* geben darf. Das Relationsende ist in diesem Fall eine Abfragegruppe mit mehreren Abfrageelementen. Ein Wahrheitswert von 0 für den Spaltenbezeichner A bedeutet, dass es in Bezug auf ein Ergebniselement *:B* kein Element *:D* des M-Graphen geben darf, mit welchem *:B* in einem Zusammenhang entsprechend der Abfrageelementkante *(B,D)* steht und welches mit einem Element *:E* des M-Graphen im Zusammenhang entsprechend *(D:E)* steht. Das bedeutet, dass für ein gültiges Ergebnis die Kombination aus Zusammenhang entsprechend der Abfragekante *(B:D)* als auch die Struktur entsprechend der Gruppe *AfGr_A.3* erfüllt sein muss. Treffen alle anderen Bedingungen hinsichtlich der zweiten Ergebnisstruktur zu und steht *:B* zu einem *:D* in einem Zusammenhang entsprechend *(B:D)*, gibt es jedoch kein *:E* im M-Graph mit welchem *:D* in einem Zusammenhang entsprechend *(D:E)* steht, so handelt es sich um ein gültiges Ergebnis.

Dieses Beispiel zeigt, dass sich durch das Zusammenfassen von Abfrageelementen zu Abfragegruppen sowie der Anwendung logischer Relationen komplexe Fragestellungen beschreiben lassen.

Definition 9.26 *Logische Relationen auf Basis von Abfragegraphen: Eine logische Relation auf der Ebene von Abfragegraphen adressiert Elemente des M-Graphen entsprechend der Abfrageelemente in den Abfragegruppen an den Relationsenden. Ein Spaltenbezeichner der Wahrheitstafel einer logischen Relation beziehen sich auf die Struktur von Abfrageelementen innerhalb der Abfragegruppe am entsprechenden Relationsende, sowie auf die Abfrageelementkante des Abfragegruppenwurzelabfrageelements. Eine Zeile einer Wahrheitstafel einer logischen Relation beschreibt eine Kombination von Anforderungen an die Ergebniselemente eines Ergebnisses des Abfragegraphen. Diese Anforderungen ergeben sich durch die Wahrheitswerte, welche in der Zeile jeweils den Spaltenbezeichnern zugewiesen sind.*

Der Wahrheitswert 1 drückt aus, dass Ergebniselemente als Untermenge eines Ergebnisses der Struktur der Abfrageelemente in der durch den Spaltenbezeichner adressierten Abfragegruppe entsprechen müssen. Hierzu zählt auch die Abfrageelementkante des Abfragegruppenwurzelabfrageelements.

Der Wahrheitswert 0 drückt aus, dass es in einem Ergebnis vom Ergebniselement, welches dem direkten Vorgänger des Abfragegruppenwurzelelements der Abfragegruppe am Ende der logischen Relation entspricht, keinen Zusammenhang entsprechend der Abfrageelementkante dieses Abfragegruppenwurzelabfrageelements zu Elementen des M-Graphen gibt, welche der Struktur der Abfragegruppe am betrachteten Ende der logischen Relation entsprechen.

Die Ergebnisspalte der Wahrheitstafel drückt aus, ob eine Kombination von Anforderungen, ausgedrückt durch Wahrheitswerte für die Spaltenbezeichner, ein gültiges Ergebnis im Sinne der logischen Relation darstellt.

Diese Definition gilt für die logischen Relationen XOR, OR, NOR, NAND, EQUIV und IMPLIC. Die logische Relation AND wird auf der Ebenen von Abfragegraphen nicht unterstützt, da diese Art der Relation durch Konjunktionsrelationen ausgedrückt wird. Die logischen Relationen NOT und VERALLGNOT unterscheiden sich vom Verwendungskonzept und der Bedeutung der übrigen logischen Relationen und werden im Folgenden separat betrachtet.

9.8.2.1 Logische Relation NOT

Im Gegensatz zu den übrigen logischen Relationen ist NOT eine unäre Relation, die auf Abfrageelementgruppen angewendet wird. Im Abfragegraph in Abbildung 9.21 sei die NOT Relation auf die Abfrageelementgruppe *AfGr_A.3* angewendet.

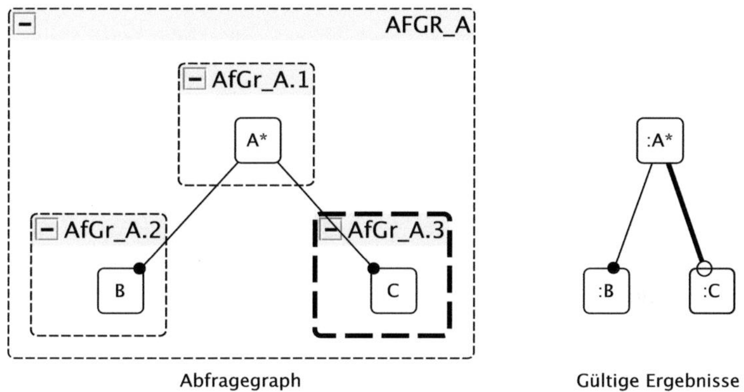

Abbildung 9.21: Logische Relation NOT auf Ebene von Abfragegraphen

Dies ist durch die fett gezeichnete Begrenzungslinie dieser Gruppe dargestellt. Ähnlich einem zugewiesenen Wahrheitswert von 0 in den Wahrheitstafeln der zuvor behandelten logischen Relationen bezieht sich NOT auf das Nichtvorhandensein von Elementen bzw. das Nichtvorhandensein von Beziehungen zu Ergebniselementen in gültigen Ergebnissen, im Sinne der logischen Relation. Der Spaltenbezeichner *A* steht für die Abfragegruppe, auf welche die Relation NOT bezogen ist, sowie der Abfragekante des Abfragegruppenwurzelabfrageelements dieser Abfragegruppe zum entsprechenden Abfrageelementvorgänger. Für das dargestellte Beispiel ist ein Ergebnis gültig, falls es kein Element *:C* des M-Graphen gibt, mit welchem das Ergebniselement *:A** des betrachteten Ergebnisses in der über die Abfragekante *(A*,C)* spezifizierten Verbindung steht. Dies wird durch die Struktur gültiger Ergebnisse im rechten Teil der Abbildung dargestellt.

Befindet sich in der Abfragegruppe, auf welche die Relation NOT bezogen wird, eine (hierarchische) Struktur mehrerer Abfrageelemente, so adressiert das Nichtvorhandensein der Verbindung zwischen Elementen des M-Graphen entsprechend Abfrageelementwurzelabfrageelement und Ergebniselementen entsprechend dem Abfrageelementvorgänger, die gesamte, durch diese Abfragegruppe spezifizierte Struktur.

Die Wahrheitstabelle der logischen Relation NOT drückt aus, dass ein Ergebnis (Spaltenbezeichner NOT A) im Sinne der logischen Relation korrekt ist, also einen Wahrheitswert von 1 zugewiesen bekommt, falls es eine Verbindung zu Strukturen gemäß der Abfragegruppe, auf welche sich die logische Relation bezieht, nicht gibt. In die Spalte mit dem Spaltenbezeichner A wird ein Wahrheitswert von 0 eingetragen, falls es diese Verbindung nicht gibt, sowie ein Wahrheitswert von 1 falls es diese Verbindung gibt. Im Falle eines Wahrheitswertes von 1 umfasst das Ergebnis Ergebniselemente entsprechend der durch die Abfragegruppe spezifizierten Struktur, auf welche sich die logische Relation NOT bezieht.

Definition 9.27 *Logische Relation* NOT *auf Ebene von Abfragegraphen: Die logische Relation* NOT *ist eine unäre Relation, welche sich auf Ergebniselemente eines Ergebnisses eines Abfragegraphen hinsichtlich der Abfragegruppe bezieht auf welche die logische Relation* NOT *angewendet wird. Die logische Relation bezieht sich auf eine Abfragegruppe sowie die Abfrageelementkante des entsprechenden Abfragegruppenwurzelabfrageelements zu seinem Abfrageelementvorgänger. Ein Ergebnis ist gültig im Sinne der logischen Relation* NOT*, falls es keine Elemente im M-Graphen gibt, die der Struktur der Abfragegruppe entsprechen, auf welche sich die logische Relation* NOT *bezieht, mit welchen das Ergebniselement entsprechend des Abfrageelementvorgängers in der über die entsprechend der genannten Abfrageelementkante spezifizierten Verbindung steht.*

9.8.2.2 Logische Relation VERALLGNOT

Anders als die übrigen logischen Relationen bezieht sich VERALLGNOT auf alternative Ergebniselemente. Es ist die einzige logische Relation, deren Relationsenden Abfrageelementknoten bzw. Abfrageelemente und nicht Abfragegruppen sind. Durch die logische Relation VERALLGNOT wird ein Komplement in Bezug auf Ergebniselemente gültiger Ergebnisse im Sinne der logischen Relation gebildet.

Abbildung 9.22 stellt einen Abfragegraphen dar, in welchem die logische Relation VERALLGNOT verwendet wird. Sie ist durch eine fette Linie mit unausgefüllter Raute an einem Relationsende dargestellt [8]. Am Relationsende ohne Raute steht ein Abfrageelementknoten entsprechend eines spezielleren Konzeptes, am Relationsende mit Raute ein Abfrageelementknoten entsprechend eines allgemeineren Konzeptes.

---

[8]Diese Darstellung hat nichts zu tun mit der Darstellung von Aggregationen als spezielle Assoziationen in der UML.

Dabei ist vorausgesetzt, dass die Menge der Elemente des M-Graphen entsprechend des Abfrageelementknotens des spezielleren Konzeptes (Menge M_{spez}) vollständig in der Menge der Elemente des M-Graphen entsprechend des Abfrageelementknotens des allgemeineren Konzeptes (Menge M_{allg}) enthalten sind ($M_{spez} \subseteq M_{allg}$).

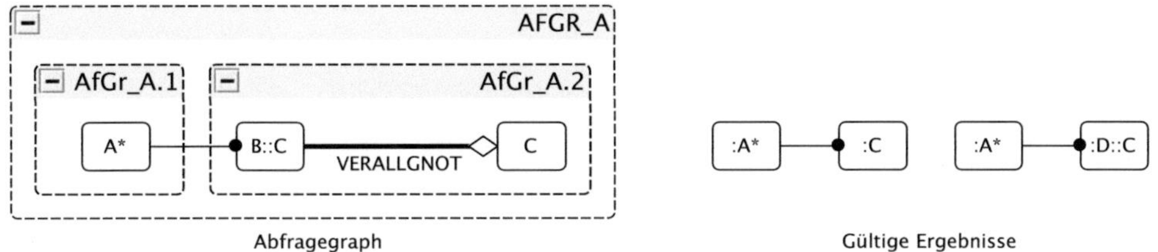

Abbildung 9.22: Logische Relation VERALLGNOT auf Ebene von Abfragegraphen

Durch diese Relation wird das Komplement von M_{spez} bezüglich M_{allg} gebildet. Dieses werde $M_{verallgnot}$ genannt. Damit dürfen die Ergebniselemente gültiger Ergebnisse an den entsprechenden Stellen des spezielleren Konzeptes nur Elemente der Menge $M_{verallgnot}$ enthalten.

Im Beispiel bezieht sich der Abfrageelementknoten $B::C$ auf eine Klasse B des zugrundeliegenden MM-Graphen, welche eine Spezialisierung der Superklasse C ist. Die Abfrageelementkante $(A^*, B::C)$ setzt den Abfrageelementknoten $B::C$ in Beziehung zum Abfrageelement A^*. Die Relation VERALLGNOT als Kante $(B::C, C)$ drückt aus, dass Ergebniselemente entsprechend des Abfrageelementknotens $B::C$ nicht Instanzen der Klasse B sein dürfen, wohl aber Instanzen der Klasse C (mit Ausnahme von deren Spezialisierung B). Der rechte Teil von Abbildung 9.22 zeigt die Struktur möglicher Ergebnisse. In der ersten Struktur stehen Elemente $:C$ des M-Graphen entsprechend der allgemeinen Klasse C, anstelle von Elementen entsprechend der speziellen Klasse $B::C$. Hier gilt zusätzlich, dass die Ergebniselemente $:C$ nicht der Klasse $B::C$ entsprechen dürfen. In der zweiten Struktur steht $D::C$ für eine spezielle Klasse ungleich B, welches von C abgeleitet ist.

Neben Klassen und Superklassen bezieht sich die Unterscheidung zwischen speziellen und allgemeinen Konzepten [9] auf die Eingrenzung der Menge gültiger Elemente durch Spezifikation konkreter Werte. Beispielsweise alle Elemente vom Typ X, welchen nicht der konkrete Wert »Motorsteuergerät« entsprechend des Attributs *Name* zugeordnet ist.

---

[9] Dabei ist ein Konzept eine intentionale Beschreibung hinreichender Bedingungen, welche Elemente erfüllen müssen um einen Konzept zugerechnet zu werden.

Definition 9.28 *Logische Relation* VERALLGNOT *auf Ebene von Abfragegraphen: Die logische Relation* VERALLGNOT *verbindet ein Abfrageelement (Quelle), mit einem Abfrageelementknoten entsprechend des spezielleren Konzeptes* M_{spez}, *mit einem Abfrageelementknoten (Ziel) entsprechend eines allgemeineren Konzeptes* M_{allg}, *wobei gilt* $M_{spez} \subseteq M_{allg}$. *Das Konzept* $M_{verrallgnot}$ *beschreibe das Komplement von* M_{spez} *bezüglich* M_{allg} *beschreibt* $(M_{verrallgnot} = M_{allg} - M_{spez})$. *Ergebnisse sind im Sinne der logischen Relation* VERALLGNOT *gültig, wenn an der jeweiligen Stelle entsprechend des Abfrageelements, welches die Quelle der Relation darstellt, nur Elemente aus* $M_{verrallgnot}$ *vorkommen.*

9.9 Zerlegung von Fragestellungen

In den vorigen Kapiteln wurde die graphenbasierte Darstellung von Fragestellungen und eine Serialisierungsformat zur formalen Spezifikation und der rechnerbasierten Speicherung von Fragestellungen vorgestellt, sowie logische Relationen definiert, die zur Spezifikation graphenbasierter Darstellungen von Fragestellungen verwendet werden sollen. Die Menge der logischen Relationen geht über die Verfügbarkeit eines Basissystems hinaus und bietet einen umfangreichen Satz an Ausdrucksmöglichkeiten zur präzisen Spezifikation von graphenbasierten Darstellungen von Fragestellungen. Diese logischen Relationen erweitern bestehende Ansätze zur formalen Darstellung von Fragestellungen in der Domäne der EEA Modellierung.

In diesem Kapitel werden die notwendigen Schritte dargestellt, um Fragestellungen, welche unter Einsatz der genannten Methoden spezifiziert und serialisiert wurden, auf graphenbasierten Modellen (M-Graphen) auszuführen. Das vorgestellte Vorgehen soll auf Modellen von EEA angewendet werden. Für die Ausführung von Konjunktionsketten auf EEAs Modellen in Form von M-Graphen besteht bereits eine Werkzeugrealisierung. Diese wird vom vorgestellten Vorgehen verwendet.

Damit besteht die Herausforderung Fragestellungsgraphen durch ein Menge von Konjunktionsketten auszudrücken sowie durch Bearbeitungsschritte, welche die Kombination bzw. Verarbeitung von Konjunktionskettenergebnissen zu Fragestellungsergebnissen spezifizieren. Dies wird im folgenden Kapitel beschrieben.

9.9.1 Übersicht über das Vorgehen

Bevor die Zerlegung von Fragestellungsgraphen in Konjunktionsketten, deren Ausführung auf einem M-Graphen sowie die Bestimmung von Ergebnissen im Sinne des Fragestellungsgraphen aus den Ergebnissen dieser Ausführung im Detail erläutert wird, gibt dieses Kapitel eine Kurzübersicht über das Vorgehen. Abbildung 9.23 zeigt die generelle Übersicht über das Vorgehen.

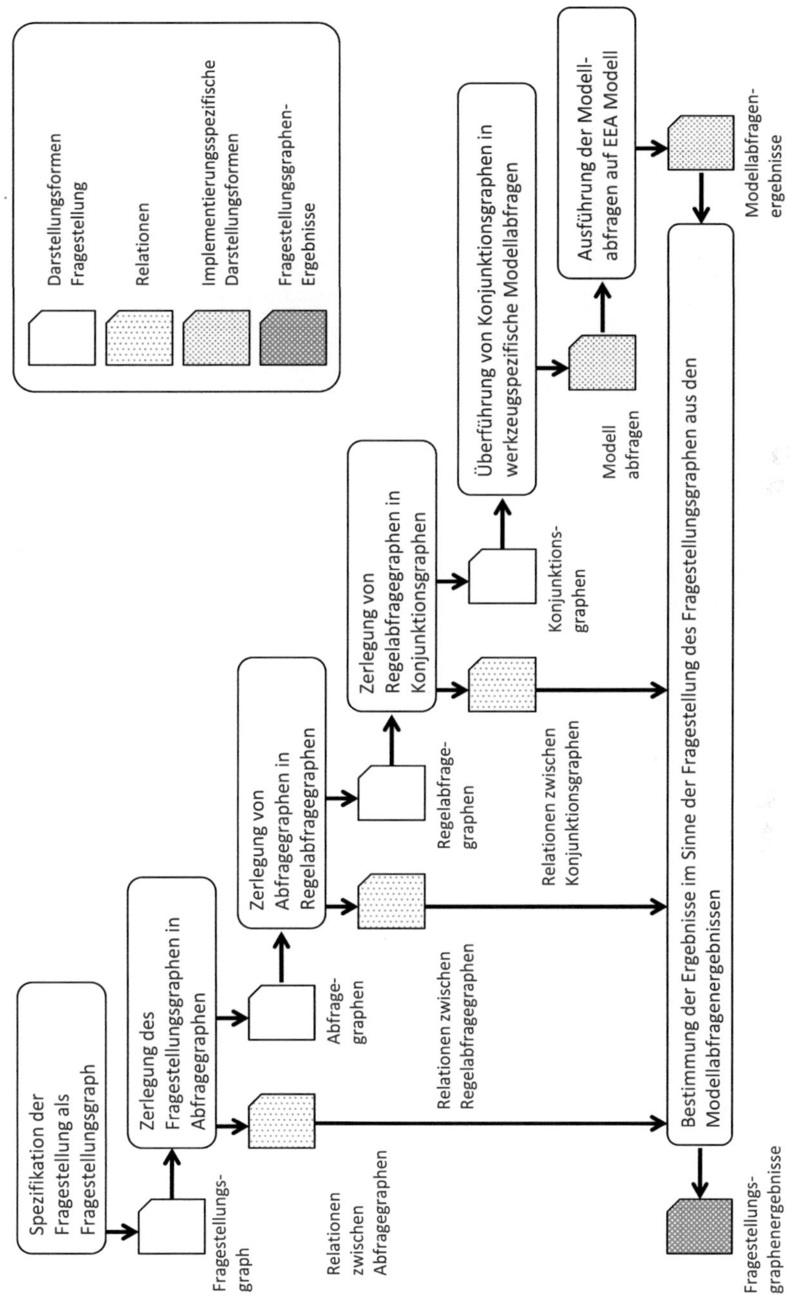

Abbildung 9.23: Vorgehensübersicht

Im ersten Schritt wird die Fragestellung in Form eines Fragestellungsgraphen gefasst. Dieser wird anschließend in Abfragegraphen aufgeteilt. In diesem Schritt werden ebenfalls die zwischen den Abfragegraphen geltenden logischen Relationen auf Ebene von Fragestellungsgraphen festgehalten. Abfragegraphen können logische Relationen auf Ebene von Abfragegraphen enthalten. Diese werden im zweiten Schritt aufgelöst. Dabei wird auf Basis jedes Abfragegraphen eine Menge sog. Regelabfragegraphen erzeugt. Die Auflösung erfolgt entsprechend der Zeilen der Wahrheitstafeln der jeweiligen logischen Relationen, welche zu einem gültigen Ergebnis im Sinne der logischen Relation führen. Dabei lässt sich ein Abfragegraph jeweils durch einen Graphen darstellen, der nur noch Konjunktionsrelationen sowie die logische Relation NOT enthält. In diesem Schritt werden ebenfalls die zwischen den einzelnen Regelabfragegraphen geltenden Beziehungen festgehalten. Im dritten Schritt wird jeder Regelabfragegraph durch eine Menge von Konjunktionsgraphen festgehalten sowie Komplementbeziehungen zwischen diesen Konjunktionsgraphen ausgedrückt. In einem Konjunktionsgraphen gibt es ausschließlich Konjunktionsrelationen.

Für jede logische Relation NOT eines ursprünglichen Regelabfragegraphen wird eine Menge von Konjunktionsgraphen erzeugt, welche jeweils die Grundmenge dieser Relation und die davon auszuschließende Menge von Ergebnissen bestimmt. Diese stehen zueinander in Komplementbeziehungen. Im folgenden Schritt werden aus den bestehenden Konjunktionsgraphen werkzeugspezifische Konjunktionsketten erzeugt, die auf M-Graphen, welche im eingesetzten Werkzeug vorliegen, ausgeführt werden können. Diese Ausführung erfolgt im fünften Schritt. Basierend auf den bestimmten Ergebnissen dieses Schritts sowie den jeweils in vorhergehenden Schritten festgehaltenen Beziehungen, wird die Ergebnismenge im Sinne des Fragestellungsgraphen bestimmt.

9.9.2 Aufteilung von Fragestellungsgraphen

Im ersten Schritt werden Relationen des Typs IF aufgelöst. Abfragegraphen als Ziele von IF Relationen werden im Folgenden als eigenständige Abfragegraphen betrachtet. Abfragegraphen als Quellen von IF Relationen erhalten eine Referenz auf das Relationsziel. Da jeweils ein Abfragegraph als Relationsziel der IF Relation exklusiv für diese Relation ist, wird die Bedingung mit entsprechenden Abfragegraphen weitergeführt. Nach diesem Schritt gibt es im Fragestellungsgraphen keine IF Relationen mehr.

Im zweiten Schritt werden Fragestellungsgraphen in Abfragegraphen sowie die zwischen diesen geltenden logischen Relationen zerlegt. Dabei werden alle logischen Kombinationen in Bezug auf die Kardinalität der Ergebnismengen der Abfragegraphen aufgeschlüsselt. Dies erfolgt in Form einer Liste. Diese Liste umfasst für jede bestehende logische Relation auf der Ebene von Fragestellungsgraphen zwei Spalten, jeweils eine für jedes Relationsende. Im Tabellenkopf werden die Abfragegraphen in ihrer Eigenschaft als Relationsenden durch ihren Bezeichner identifiziert.

Ist ein Abfragegraph Relationsende in Bezug auf mehrere Relationen, so wird er hinsichtlich jeder dieser Relationen durch eine Spalte repräsentiert. Jede Zeile der Tabelle entspricht einer Kombination des Fragestellungsgraphen in Bezug auf geforderte leere oder nichtleere Ergebnismengen seiner Abfragegraphen. Eine leere Menge wird dabei durch den Wahrheitswert 0 dargestellt, eine nichtleere Menge durch den Wahrheitswert 1. In Bezug auf die logischen Relationen werden nur Kombinationen betrachte, die zu einem gültigen Ergebnis im Sinne des Fragestellungsgraphen führen. Zweimal der Wahrheitswert 0 für die in Relation stehenden Mengen wird nicht betrachtet.

Damit ergeben sich für die logischen Relationen auf der Ebene von Fragestellungsgraphen folgende betrachtete Kombinationen:

- $AFGR\_A$ AND $AFGR\_B$: {1,1}

- $AFGR\_A$ XOR $AFGR\_B$: {1,0};{0,1}

- $AFGR\_A$ OR $AFGR\_B$: {1,0};{0,1};{1,1}

Abbildung 9.24 zeigt ein Beispiel eines Fragestellungsgraphen, mit zwischen seinen Abfragegraphen geltenden logischen Relationen. Details über die interne Struktur der Abfragegraphen sind in der Abbildung nicht dargestellt. Die erste Tabelle in Abbildung 9.25 zeigt die logischen Relationen sowie die im Sinne dieser Relationen gültigen Kombinationen von Ergebnismengen der Abfragegraphen.

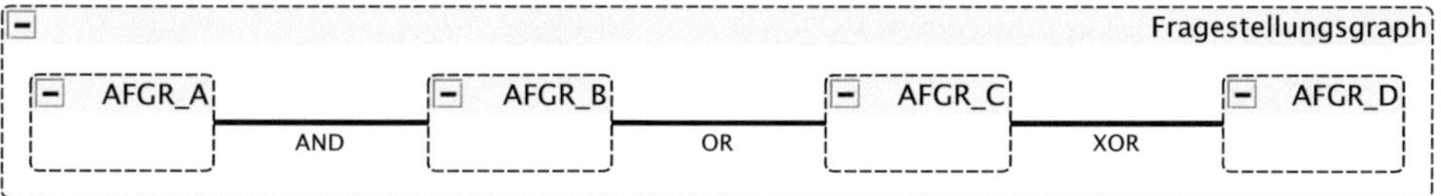

Abbildung 9.24: Beispiel Fragestellungsgraph mit logischen Relationen

Die jeweils in einer Farbe unterlegten Zellen markieren sich gegenseitig ausschließende logische Kombinationen in Bezug auf Ergebnismengen des gleichen Abfragegraphen. Die entsprechenden Zeilen stellen keine gültige Kombination von Ergebnismengen im Sinne des Fragestellungsgraphen dar. Die zweite Tabelle der Abbildung fasst die übrigen gültigen Kombinationen zusammen. Damit ergeben sich für Ergebnismengen von $AFGR\_A$ bis $AFGR\_D$ folgende gültige Kombinationen: $\{1,1,0,1\};\{1,1,1,0\}$. Diese Informationen werde gespeichert und einem späteren Schritt während des Zusammensetzens der Ergebnismengen der Abfragegraphen im Sinne des Fragestellungsgraphen verwendet.

ZeilenNr.	AND		OR		XOR	
	AFGR_A	AFGR_B	AFGR_B	AFGR_C	AFGR_C	AFGR_D
1	1	1	0	1	0	1
2	1	1	0	1	1	0
3	1	1	1	0	0	1
4	1	1	1	0	1	0
5	1	1	1	1	0	1
6	1	1	1	1	1	0

Kombinationen von Abfragegraphen entsprechend geltender logischer Kombinationen

ZeilenNr.	AND		OR		XOR	
	AFGR_A	AFGR_B	AFGR_B	AFGR_C	AFGR_C	AFGR_D
3	1	1	1	0	0	1
6	1	1	1	1	1	0

Gültige Kombinationen von Abfragegraphen

Abbildung 9.25: Tabellarische Darstellung der Kombinationen von Ergebnismengen

9.9.3 Aufteilung von Abfragegraphen

Nach der Auflösung von logischen Relationen zwischen den Abfragegraphen des Fragestellungsgraphen liegen nur noch Abfragegraphen vor, zwischen welchen keine Relationen mehr bestehen. Im Folgenden wird jeder dieser Abfragegraphen separat betrachtet.

In einem Abfragegraphen existieren Abfragegruppen sowie logische Relationen auf der Ebene von Abfragegraphen. Es wird eine Methode vorgestellt, mit welcher jeder Abfragegraph durch eine Menge von Konjunktionsketten sowie zwischen diesen Konjunktionsketten geltenden logischen Relationen ausgedrückt werden kann. Diese Konjunktionsketten können unter Verwendung bestehender Realisierungen auf M-Graphen ausgeführt werden. Die zwischen den Konjunktionsketten bestehenden logischen Relationen werden anschließend dazu verwendet um die Ergebnismengen der einzelnen Konjunktionsketten im Sinne des Abfragegraphen zu kombinieren.

Die Zerlegung von Abfragegraphen erfolgt in drei Stufen. Hierbei werden folgende Zwischenformate erzeugt:

Definition 9.29 *Regelabfragegraph: In einem Regelabfragegraph sind alle Abfrageelemente in Hierarchien von Gruppen gekapselt. Ein Regelabfragegraph enthält als einzige logische Relationen zwischen diesen Gruppen Konjunktionen und Negationen.*

Definition 9.30 *Konjunktionsgraph: In einem Konjunktionsgraph sind alle Abfrageelemente in Hierarchien von Gruppen gekapselt. Ein Konjunktionsgraph enthält als einzige logische Relation zwischen diesen Gruppen Konjunktionen.*

Alle in einem Abfragegraphen vorkommenden logischen Relationen beziehen sich auf das Vorhandensein oder Nichtvorhandensein von Ergebnissen in der Ergebnismenge des Abfragegraphen. Ein Abfragegraph kann daher durch Konjunktionsketten ausgedrückt werden, sowie durch Komplementbeziehungen zwischen den Ergebnissen dieser Konjunktionsketten. Dieses Vorgehen umfasst folgende Schritte:

- **Zerlegung in Regelabfragegraphen**: Im ersten Schritt wird eine Menge von Regelabfragegraphen und Relationen zwischen diesen erzeugt, die synonym zum betrachteten Abfragegraphen sind.

- **Zerlegung in Konjunktionsgraphen**: Im zweiten Schritt wird jeweils eine Menge von Konjunktionsgraphen und den zwischen ihnen geltenden Komplementrelationen erzeugt, die synonym zum betrachteten Regelabfragegraphen sind.

- **Transformation in Konjunktionsketten**: Im dritten Schritt wird aus jedem Konjunktionsgraphen eine Konjunktionskette erzeugt, die jeweils zu diesem synonym ist.

9.9.3.1 Aufteilung in Regelabfragegraphen

Bei der Zerlegung von Abfragegraphen in Regelabfragegraphen werden alle logischen Relationen mit Ausnahme von NOT und VERALLGNOT aufgelöst. Dabei wird der Abfragegraph durch eine Menge von Regelabfragegraphen realisiert, die bezüglich ihrer Ergebnismengen in einer Disjunktionsrelation stehen. Jeder Regelabfragegraph stellt eine boolesche Kombination von Gruppen dar, die im Sinne des Abfragegraphen gültig ist.

Abbildung 9.26 stellt einen Abfragegraphen mit logischen Relationen dar. Alle Abfrageelemente sind darin in Abfragegruppen gekapselt. Das Wurzelabfrageelement jeder Gruppe sowie die Wurzelabfragegruppe des Abfragegraphen sind darin jeweils durch ein (*) nach dem Bezeichner identifiziert. Im dargestellten Abfragegraphen existiert eine OR sowie eine XOR Relation.

Zur Erfüllung einer OR Relation gibt es drei boolesche Kombinationen der Relationsenden ({1,0};{0,1};{1,1}), für die Erfüllung einer XOR Relation sind es zwei ({1,0};{0,1}). Daher existieren maximal 6 Regelabfragegraphen (diese Zahl kann geringer sein, falls sich boolesche Kombinationen in Bezug auf gleiche Relationsenden gegenseitig ausschließen).

Tabelle 9.2 zeigt eine Tabelle mit den 6 resultierenden Regelabfragegraphen. Wahrheitswerte von 0 bzw. 1 beziehen sich jeweils auf ein gefordertes Vorhandensein oder Nichtvorhandensein von Ergebniselementen in einem Ergebnis entsprechend des Regelabfragegraphen. Eine 0 spezifiziert, dass ein Ergebnis nur gültig ist, wenn es nicht mit einem Ergebniselement vom Typ der durch 0 markierten Gruppe in Verbindung steht. Dies gilt immer bei VERALLGNOT Relationen, weshalb diese im aktuellen Schritt nur mitgezogen und nicht aufgelöst werden, sowie bei den übrigen logischen Relationen in Bezug auf die booleschen Kombinationen der Relationsenden.

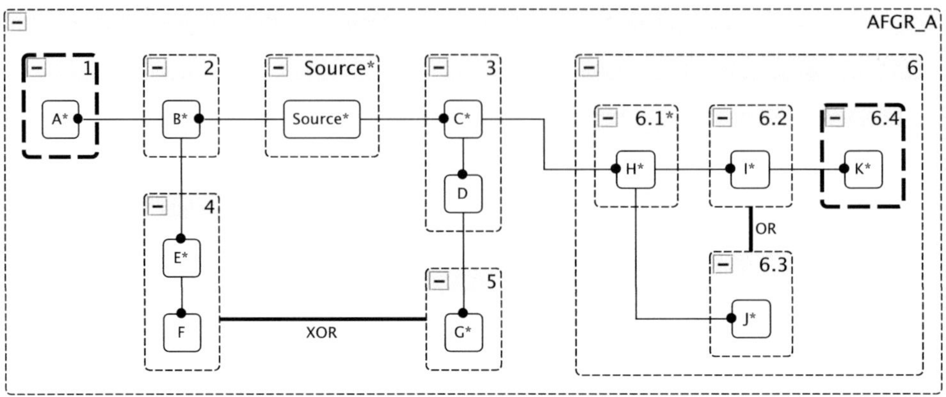

Abbildung 9.26: Beispiel Abfragegraph für Zerlegung in Regelabfragegraphen

Gruppe 6.4 steht im Beispiel in einer NOT Relation zu Gruppe 6.2, die ihrerseits in Bezug auf ihre OR Relation zu Gruppe 6.3 durch eine 0 in der Tabelle repräsentiert sein kann. In diesen Fällen werden theoretisch folgende Werte von 0 entsprechend des Suchpfades nicht weiter betrachtet. In der Tabelle ist dies in Spalte 6.4 durch das Zeichen (-) dargestellt.

ZeilenNr.	Source*	1	2	3	4	5	6	6.1	6.2	6.3	6.4
1	1	*0*	1	1	1	*0*	1	1	1	1	*0*
2	1	*0*	1	1	1	*0*	1	1	*0*	1	-
3	1	*0*	1	1	1	*0*	1	1	1	*0*	*0*
4	1	*0*	1	1	*0*	1	1	1	1	1	*0*
5	1	*0*	1	1	*0*	1	1	1	*0*	1	-
6	1	*0*	1	1	*0*	1	1	1	1	*0*	*0*

Tabelle 9.2: Resultierende Regelabfragegraphen

Abbildung 9.27 zeigt den resultierenden Regelabfragegraphen entsprechend Zeile 3 aus Tabelle 9.2. Darin sind die logischen Relationen aufgelöst. Auf die in dieser Zeile der Tabelle mit dem Wahrheitswert 0 belegten Gruppen wird die logische Relation NOT angewendet. Diese werden im Folgenden als »Negierte Gruppen« bezeichnet. Abbildung 9.28 zeigt den Programmablaufplan der Aufteilung von Abfragegraphen und die Erzeugung der Tabelle der resultierenden Regelabfragegraphen.

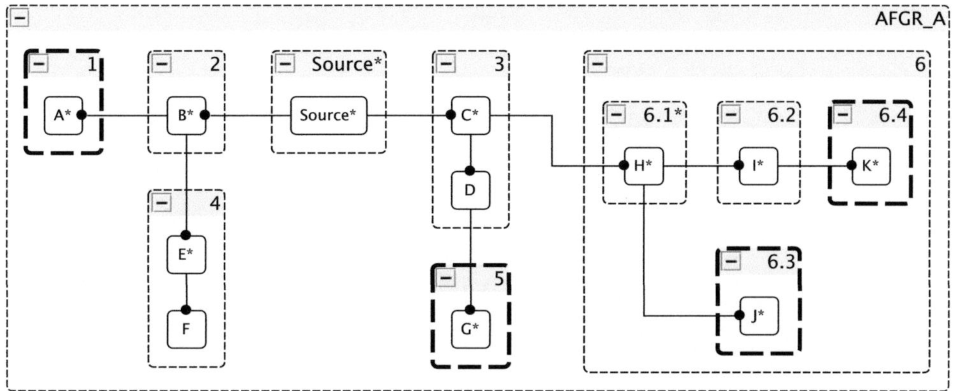

Abbildung 9.27: Regelabfragegraph entsprechend Zeile 3 Abbildung 9.2

9.9.3.2 Aufteilung in Konjunktionsgraphen

In diesem Schritt wird je ein Regelabfragegraph durch eine Menge von Konjunktionsgraphen sowie den zwischen diesen geltenden Relationen ausgedrückt. Dabei wird die NOT Relation aller negierten Gruppen aufgelöst. In Bezug auf eine negierte Gruppe werden jeweils zwei Konjunktionsgraphen erzeugt.

Der erste Konjunktionsgraph (**Grundmengenkonjunktionsgraph**) enthält die negierte Gruppe nicht, der zweite Konjunktionsgraph (**Negationskonjunktionsgraph**) enthält diese, betrachtet sie jedoch nicht als negiert. Die Ergebnismenge des Negationskonjunktionsgraphen enthält genau die Ergebnisse, die nicht zur Ergebnismenge des Konjunktionsgraphen gehören. Die Ergebnismenge des Negationskonjunktionsgraphen bildet eine Untermenge der Ergebnismenge des Grundmengenkonjunktionsgraphen. Durch Bildung des Komplements des Negationskonjunktionsgraphen gegenüber dem Grundmengenkonjunktionsgraphen wird die Menge der gültigen Ergebnisse ermittelt.

In ähnlicher Weise wird mit VERALLGNOT Relationen verfahren. Diesbezüglich wird ebenfalls ein Grundmengenkonjunktionsgraph erzeugt, welcher das allgemeinere Konzept enthält und ein Negationskonjunktionsgraph, der das speziellere Konzept enthält. Auch in diesem Fall enthält die Ergebnismenge des Negationskonjunktionsgraphen diejenigen Ergebnisse, welche aus der Ergebnismenge des Grundmengenkonjunktionsgraphen gelöscht werden sollen.

Ebenfalls wird durch Bildung des Komplements des Negationskonjunktionsgraphen gegenüber dem Grundmengenkonjunktionsgraphen die Menge der gültigen Ergebnisse ermittelt.

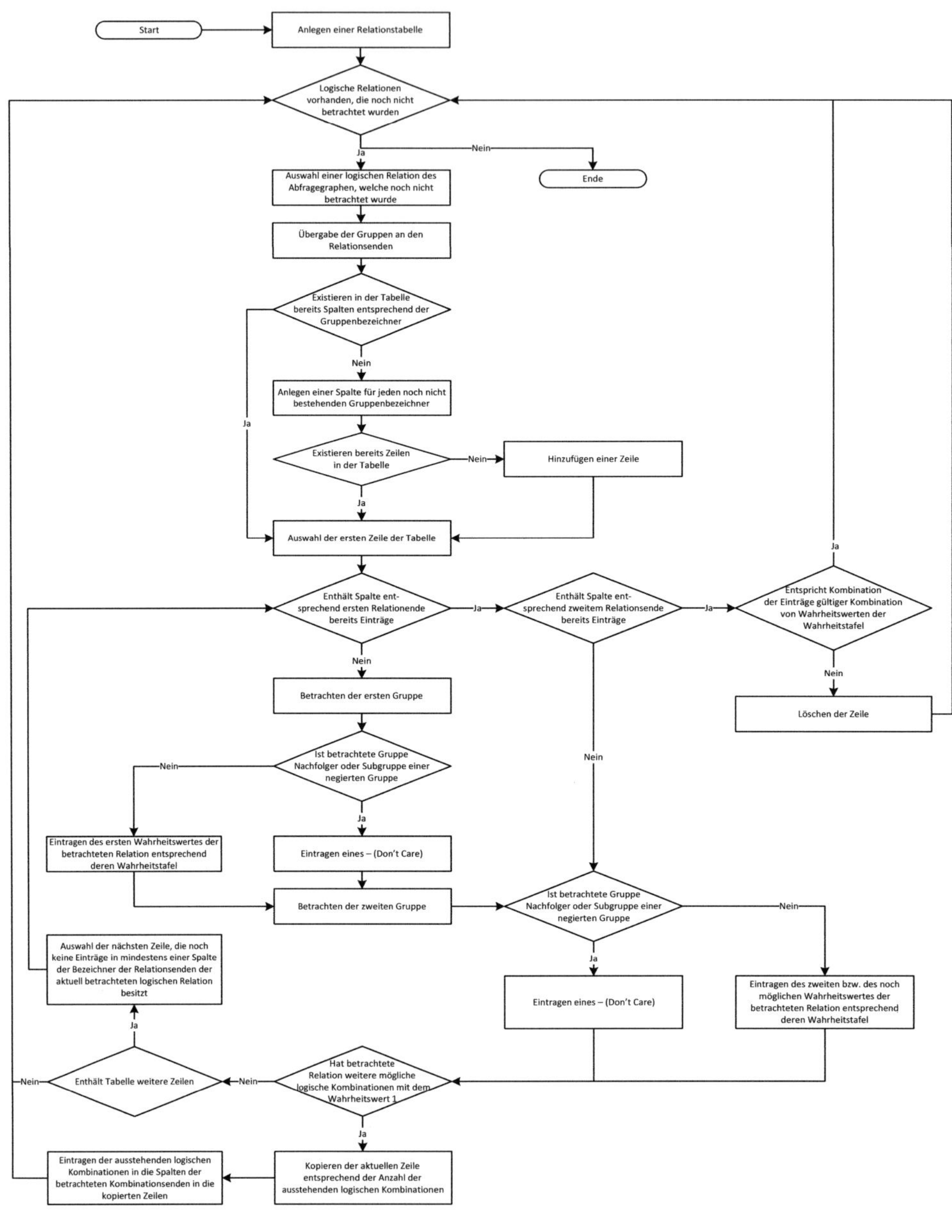

Abbildung 9.28: Aufteilung Abfragegraphen in Regelabfragegraphen

Tabelle 9.3 zeigt eine Tabelle mit den resultierenden Konjunktionsgraphen entsprechend Abbildung 9.27 und damit entsprechend Zeile 3 der tabellarischen Darstellung resultierender Regelabfragegraphen aus Tabelle 9.2. Zeile 1 repräsentiert den Grundmengenkonjunktionsgraphen, die Zeilen 2 bis 5 repräsentieren die Negationskonjunktionsgraphen. Die mit dem Wahrheitswert (1) belegten Gruppen sind Bestandteile des jeweiligen Konjunktionsgraphen, die mit dem Zeichen (−) beschriebenen Gruppen jeweils nicht.

ZeilenNr.	Source	1	2	3	4	5	6	6.1	6.2	6.3	6.4
1	1	-	1	1	1	-	1	1	1	-	-
2	1	*1*	1	1	1	-	1	1	1	-	-
3	1	-	1	1	1	*1*	1	1	1	-	-
4	1	-	1	1	1	-	1	1	1	*1*	-
5	1	-	1	1	1	-	1	1	1	-	*1*

Tabelle 9.3: Resultierende Konjunktionsgraphen entsprechend Abbildung 9.27

9.9.3.3 Transformation in Konjunktionsketten

Alle bisher erfolgten Aufteilungsschritte erfolgten auf Gruppen. Diese werden bei der folgenden Transformation von Konjunktionsgraphen in Konjunktionsketten aufgelöst. Abbildung 9.29 zeigt die Konjunktionskette entsprechend des Konjunktionsgraphen von Zeile 2 aus Tabelle 9.3.

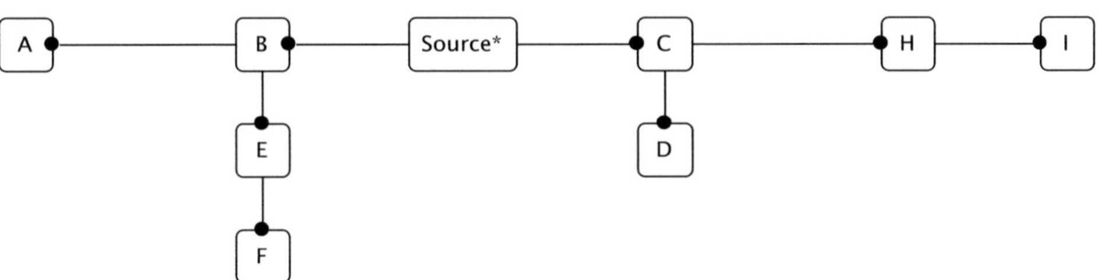

Abbildung 9.29: Konjunktionskette entsprechend Zeile 2 aus Tabelle 9.3

Konjunktionsketten können durch bestehende Implementierungen auf M-Graphen ausgeführt werden. In der vorliegenden Arbeit wird die Ausführung auf EEA Modellen basierend auf der EEA-ADL dargestellt.

Die Realisierung der Zerlegung von Fragestellungsgraphen, Integration bestehender Implementierungen sowie die Bestimmung von Ergebnissen wird in Kapitel 9.10 dargestellt. Zuvor wird ein Überblick über die Aufteilungsresultate gegeben sowie das Vorgehen zur Bestimmung von Ergebnissen im Sinne des Abfragegraphen aus den Ergebnissen von Konjunktionsketten.

9.9.3.4 Übersicht der Aufteilungsresultate

Nach Durchführung der Aufteilungsschritte wird der ursprüngliche Abfragegraph durch Konjunktionsgraphen (bzw. Konjunktionsketten) repräsentiert sowie durch Relationen, die nach der Ausführung der Konjunktionsketten auf einem M-Graphen auf die Ergebnisse angewendet werden. Die Resultate der Aufteilungsschritte (angewendet auf den Abfragegraphen aus Abbildung 9.26) und damit die bestehenden Graphen und zwischen ihnen geltende logische Relationen sind in Abbildung 9.30 dargestellt.

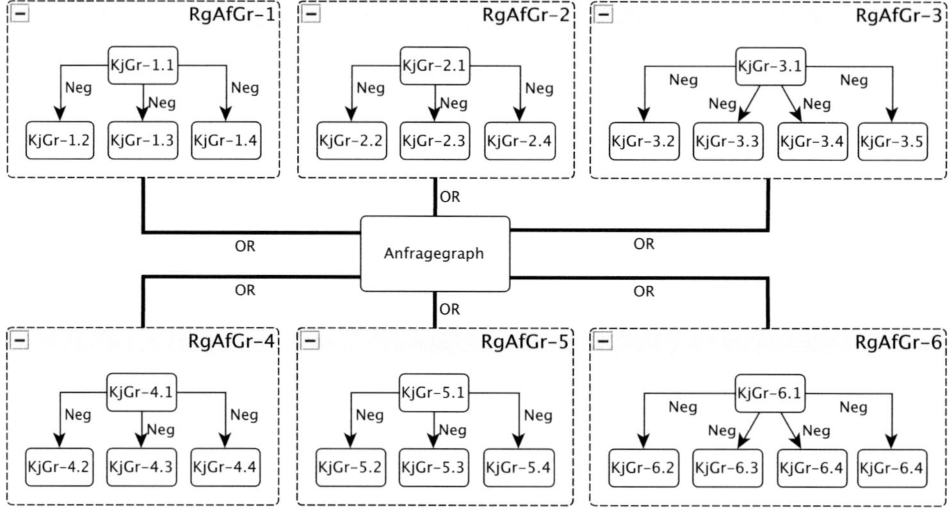

Abbildung 9.30: Übersicht der Zerlegung des Abfragegraphen aus Abbildung 9.26

Jede Gruppe bzw. jeder Knoten dieser Darstellung repräsentiert einen Graphen als Ergebnis eines Aufteilungsschritts. Zuerst wurde der Abfragegraph entsprechend Abbildung 9.26 in sechs Regelabfragegraphen zerlegt, welche durch die Gruppen *RgAfGr-(1-6)* dargestellt werden. Die Ergebnisse dieser Regelabfragegraphen stehen in Hinblick auf die Ergebnisse im Sinne des Abfragegraphen in OR Beziehungen.

Anschließend wurde jeder Regelabfragegraph durch eine Menge von Konjunktionsgraphen ausgedrückt. Hierbei entstehen in Bezug auf einen Regelabfragegraphen je ein Konjunktionsgraph für jede Gruppe, auf welche die Relation NOT angewendet war oder im Zuge der Aufteilung wurde (Negationskonjunktionsgraph), plus einen Grundmengenkonjunktionsgraph.

Grundmengenkonjunktionsgraphen sind in Abbildung 9.30 durch die Knoten *KjGr-#.1* dargestellt, Negationskonjunktionsgraphen jeweils durch Knoten *KjGr-#.#′* mit *#′>1*. Die mit *Neg* beschriebenen Kanten drücken die Komplement-Relationen jeweils zwischen Grundmengenkonjunktionsgraphen und Negationskonjunktionsgraphen aus. Entsprechend dieser Darstellung werden die Ergebnisse entsprechend Konjunktionsketten im Sinne des Abfragegraphen ermittelt.

9.9.4 Ermittlung von Ergebnissen

Nach der Ausführung von Konjunktionsketten auf einem M-Modell existiert für jede Konjunktionskette eine Ergebnismenge. Jedes Konjunktionskettenergebnis enthält eine geordnete Menge von Ergebniselementen als Knoten des M-Graphen, die durch ihre Anordnung im M-Graphen der durch die Konjunktionskette spezifizierten Struktur entsprechen.

Konjunktionskettenergebnisse werden in Konjunktionskettenergebnistabellen dargestellt. Jedes Konjunktionskettenergebnis besitzt ein Konjunktionskettenergebniselement in Bezug auf das Konjunktionskettenwurzelelement.

Alle aus einem Abfragegraphen abgeleiteten Konjunktionsketten besitzen das gleiche Konjunktionskettenwurzelelement, das seinerseits das Abfragegraphwurzelabfrageelement ist. Das Zusammensetzen von Ergebnissen erfolgt in umgekehrter Reihenfolge wie die Zerlegung.

Im ersten Schritt werden aus den Konjunktionskettenergebnissen die Regelabfrageergebnisse bestimmt. Dabei wird jeweils ein Ergebniselement in Bezug auf das Konjunktionskettenwurzelelement betrachtet. Gibt es in der Ergebnismenge der Gesamtmengenkonjunktionskette Ergebnisse in Bezug auf das betrachtete Ergebniselement und existiert in keiner der Ergebnismengen der entsprechenden Negationskonjunktionsketten ein Ergebnis in Bezug auf dieses Ergebniselement, so wird dieses Konjunktionskettenergebnis zur Ergebnismenge des Regelabfragegraphen hinzugefügt. Am Ende dieses Schritts gibt es für jeden Regelabfragegraphen eine (möglicherweise leere) Ergebnismenge.

In zweiten Schritt werden die Ergebnisse der Ergebnismengen aller Regelabfragegraphen des betrachteten Abfragegraphen zusammengefasst. Dies ist möglich, da die Ergebnismengen verschiedener Regelabfragegraphen in Bezug auf den betrachteten Abfragegraphen keine gleichen Ergebnisse besitzen.

Im dritten Schritt werden die Kardinalitäten der Ergebnismengen derjenigen Abfragegraphen bestimmt, welche Ziel einer IF Relation sind. Ist ein Abfragegraph Quelle der Relation und erfüllt die Ergebnismenge des Relationsziels nicht die geforderte Bedingung, so werden alle Ergebnisse des Abfragegraphen, der die Quelle der Relation darstellt, verworfen. Ist eine Gruppe Quelle der Relation, so werden nur Ergebnisse gelöscht, die Ergebniselemente entsprechend dieser Gruppe enthalten.

Im vierten Schritt werden die Kardinalitäten der Ergebnismengen derjenigen Abfragegraphen bestimmt, die mit anderen Abfragegraphen auf der Ebene des Fragestellungsgraphen in einer logischen Relation stehen. Eine leere Menge wird in Bezug auf einen Abfragegraphen mit einer 0, eine nicht leere Menge mit einer 1 codiert. Entspricht die entstehende Codierung der Abfragegraphen einer gültigen Kombination, die während der Zerlegung von Fragestellungsgraphen ermittelt wurde, so werden die Ergebnismengen aller Abfragegraphen zur Ergebnismenge des Fragestellungsgraphen kombiniert. Anderenfalls ist die Ergebnismenge des Fragestellungsgraphen die leere Menge.

9.10 Realisierung

In diesem Kapitel wird die Umsetzung der Spezifikation von graphenbasierten Fragestellungen, der Zerlegung und Ausführung von Fragestellungsgraphen sowie der Bestimmung von Ergebnissen im Sinne dieser Fragestellungsgraphen beschrieben.

9.10.1 Aktivitäten der Ergebnisermittlung

Die vorgestellte Methode ist generell auf Modellen anwendbar, die als M-Graphen vorliegen und aus einem Metamodell abgeleitet sind, das den Anforderungen eines MM-Graphen entspricht. Für die Anwendung der Methode auf konkreten Modellen müssen deren spezifische Eigenschaften bei der Realisierung berücksichtigt werden. Greift die Realisierung auf bestehende Werkzeugrealisierung zurück, so sind deren Eigenschaften und Schnittstellen an den entsprechenden Stellen der Realisierung ebenfalls zu berücksichtigen.

Zur Umsetzung der Methode als rechnergestütztes Werkzeug werden im Folgenden die erforderlichen Schritte der Ausführung dargestellt. Teile der Umsetzung beziehen sich nur auf die Eigenschaften spezifischer M-Graphen bzw. MM-Graphen in der Domäne der Anwendung. Andere Teile beziehen sich auf die Einbindung bestehender Werkzeugrealisierungen und sind damit werkzeugspezifisch.

Abbildung 9.31 zeigt den generellen Ablauf der Ausführung von Fragestellungsgraphen auf M-Graphen. Die Aktivitäten der ersten Spalte sind werkzeug- und realisierungsunabhängig. Hier werden Rollen-, Klassen- und Attributnamen entsprechend des MM-Graphen verwendet, aus welchem M-Graphen abgeleitet wurden, auf die sich die Fragestellung bezieht.

Des weiteren sind in der Spezifikation des Fragestellungsgraphen und den Arbeitsprodukten aller Auflösungs- und Transformationsschritte dieser Spalte Attribute enthalten, die sich auf die verwendete Werkzeugrealisierung beziehen. Diese Attribute
werden in den Aktivitäten der ersten Spalte mitgezogen und haben keinen Einfluss
auf die Verarbeitung oder die Erzeugung der jeweiligen Arbeitsprodukte.

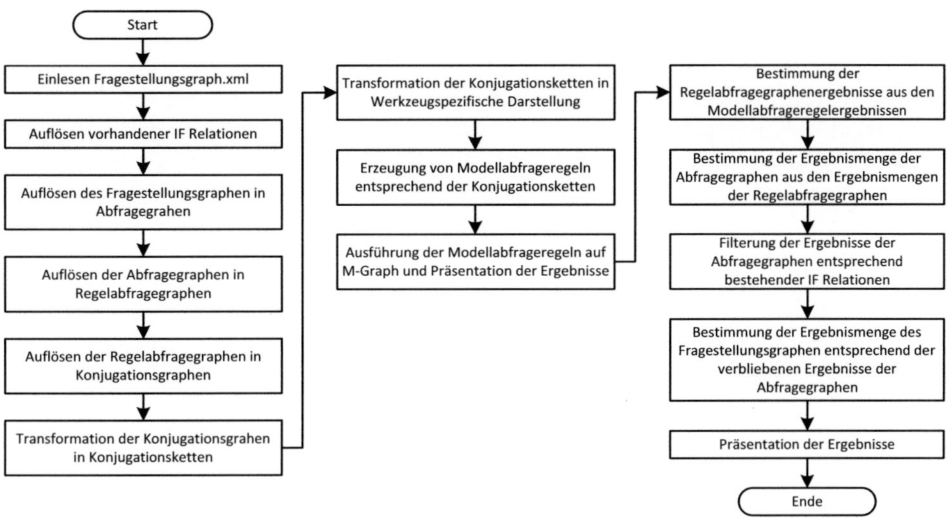

Abbildung 9.31: Ablaufplan Ausführung Fragestellungsgraphen auf M-Graphen

Die Aktivitäten der zweiten Spalte beziehen sich auf die Verwendung einer Werkzeugrealisierung und sind damit werkzeugspezifisch. In der ersten Aktivität dieser
Spalte werden Konjunktionsketten in eine werkzeugspezifische Darstellung von Modellabfragen transformiert, welche in der zweiten Aktivität im Werkzeug selbst erzeugt werden. In der dritten Aktivität werden die erzeugten Modellabfragen auf einem M-Graphen ausgeführt und die Ergebnisse entsprechend der Werkzeugrealisierung präsentiert.

Die dritte Spalte stellt Aktivitäten dar, welche aus den Ergebnissen durch Ausführung der erzeugten Modellabfragen die Ergebnisse des Fragestellungsgraphen ermitteln. Diese Aktivitäten verknüpfen die werkzeugunabhängigen Zusammenhänge der ersten Spalte mit der werkzeugabhängigen Präsentation der Ergebnisse der
Ausführung von Modellabfragen und müssen damit auf das verwendete Werkzeug
angepasst sein.

Die vorgestellte Methode wird beispielhaft für die Ermittlung von Ergebnissen im Sinne von Fragestellungsgraphen in der Domäne der EEA Modellierung angewendet. Hierfür wird die Werkzeugrealisierung des EEA Modellierungswerkzeugs PREEvision [10] zur Spezifikation und Ausführung von Modellabfragen auf EEA Modellen auf Basis der EEA-ADL verwendet. Hierzu wird die Methode entsprechend den durch das Werkzeug gestellten Anforderungen implementiert. Um eine Portierung der Implementierung auch in andere Domänen und die Verwendung anderer Werkzeuge zur Ausführung von Modellabfragen zu vereinfachen, wird eine Unterteilung entsprechend der Spalten von Abbildung 9.31 vorgenommen. Da die Aktivitäten der ersten Spalte unabhängig vom eingesetzten Werkzeug sind, werden diese als eigenständiges Programm in einer gängigen Programmiersprache realisiert. Die werkzeugabhängigen Aktivitäten der zweiten Spalte werden als Plugin umgesetzt, welches im Werkzeug verwendet wird und die Erzeugung und Ausführung von Modellabfragen ermöglicht. Die Ausführung der Aktivitäten der dritten Spalte erfordern eine enge Verzahnung mit den erzeugten Modellabfragen und deren Ergebnissen. Außerdem besteht in den meisten Fällen die Anforderung Abfrageergebnisse innerhalb der Werkzeugumgebung für weitere Aktivitäten verwenden zu können. Damit ist es erforderlich auch die Ergebnisse von Fragestellungsgraphen innerhalb der Werkzeugumgebung zu präsentieren. Daher wird für die Aktivitäten der dritten Spalte ebenfalls eine Realisierung als Plugin bevorzugt.

Die Implementierung der Methode verwendet im Folgenden die bestehende Realisierung des EEA Modellierungswerkzeugs PREEvision, die in Kapitel 9.1.2 vorgestellt wurde.

9.10.2 Anforderungen durch Verwendung bestehender Realisierung

Für die Verwendung der bestehenden Werkzeugrealisierung zur Spezifikation und Ausführung von Modellabfrage müssen die entsprechenden Aktivitäten in die Realisierung der Methode zur Ausführung von Modellabfragegraphen eingebettet werden. Abbildung 9.32 zeigt die Schritte der Spezifizierung und Ausführung von Modellabfragen der einzubettenden Realisierung.

Die Werkzeugrealisierung ist so ausgelegt, dass die dargestellten Schritte manuell angestoßen bzw. durchgeführt werden. Die Spezifikation von Modellabfragen erfolgt manuell in einem graphischen Editor. Die Schritte *Generierung* und *Synchronisation* von Modellabfragen wird üblicherweise ebenfalls manuell angestoßen [11]. Vor der Ausführung von synchronisierten Modellabfragen (als *LHS-basierte Abfrageregeln* bezeichnet) müssen diese von sog. *Modellabfragen* referenziert werden. Die Ausführung von LHS-basierten Abfrageregeln erfolgt jeweils im Zuge der Ausführung einer Modellabfrage.

---

[10]Eine Erklärung zum Umgang mit Modellabfragen in PREEvision findet sich in PREEvision Version 3.1.1 - Inhalte der Hilfetexte - PREEvision User Manual - Model Query Rules

[11]Bei entsprechender Einstellung im Werkzeug besteht auch die Möglichkeit, dass graphisch spezifizierten Modellabfragen nebenläufig im Hintergrund generiert werden.

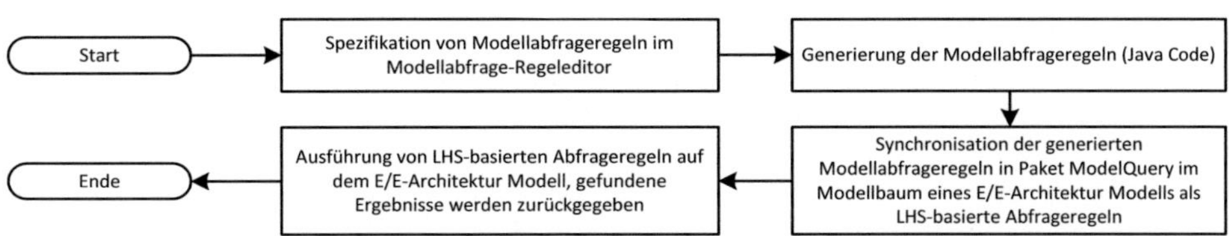

Abbildung 9.32: Aktivitäten zur Ausführung von Modellabfragen in PREEvsion

Für die Realisierung der Methode müssen diese Schritte automatisiert durchgeführt werden. Des Weiteren muss ein Übergabeformat spezifiziert werden, welches alle Informationen von im Verlauf der Auflösung von Fragestellungsgraphen erzeugten Konjunktionsketten in einer Form darstellt, die der werkzeuginternen Spezifikation von Modellabfragen entspricht.

9.10.3 Aktivitäten der Realisierung

Abbildung 9.33 stellt die Aktivitäten zur Ermittlung von Ergebnissen im Sinne von Fragestellungsgraphen in ihrer Abfolge dar. Diese werden im Folgenden genauer beschrieben.

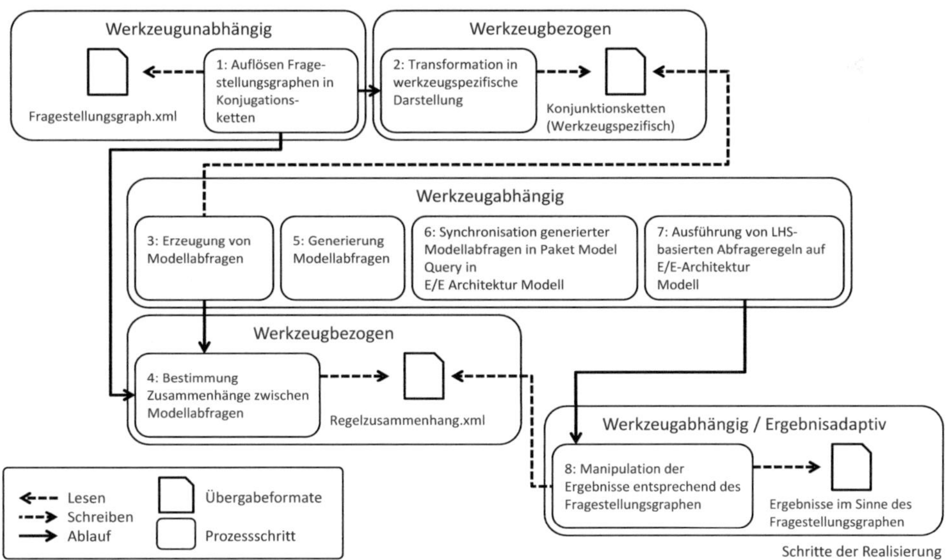

Abbildung 9.33: Übersicht über Schritte der Realisierung

1. Die Auflösung des Fragestellungsgraphen in Konjunktionsketten liest die Beschreibung eines Fragestellungsgraphen (*Fragestellungsgraph.xml*) ein und löst deren Inhalte in Konjunktionsketten auf. Die Ergebnisse werden an den folgenden Transformationsschritt übergeben. Des Weiteren werden die Zusammenhänge zwischen den Konjunktionsketten an Aktivität 4 übergeben. Die Implementierung dieser Aktivität ist unabhängig von den Inhalten des Fragestellungsgraphen. Sie ist werkzeugunabhängig, da sie werkzeugspezifische Informationen zur Realisierung von Modellabfragen nicht verarbeitet bzw. nur weiterreicht.

2. Die übergebenen Konjunktionsketten werden in eine werkzeugspezifische Darstellung transformiert und in Form einer Liste an die folgende Aktivität übergeben. Die Implementierung dieser Aktivität ist bezogen auf das Werkzeug bzw. die darin verwendete Darstellung von Modellabfragen, welches im weiteren Verlauf verwendet wird.

3. Erzeugung von Modellabfragen aus der übergebenen Liste mit werkzeugspezifischen Darstellungen von Konjunktionsketten. Dabei wird jeder erzeugten Modellabfrage ein Bezeichner zugewiesen, über welchen sie im weiteren Verlauf eindeutig identifiziert werden kann. Diese Informationen werden an Aktivität 4 übergeben. Die Implementierung der Erzeugung von Modellabfragen erfolgt unter Verwendung von Methoden des Werkzeugs und ist damit werkzeugabhängig.

4. Aus den Informationen über die Zusammenhänge zwischen Konjunktionsketten aus Aktivität 1 und der Identifikation von Modellabfragen die in Schritt 3 aus diesen Konjunktionsketten erzeugt wurden, generiert diese Aktivität eine Beschreibung (`Regelzusammenhang.xml`), welche die Zusammenhänge (entsprechend der Aufteilung des Fragestellungsgraphen in Konjunktionsketten) in Bezug auf die Bezeichner von Modellabfragen enthält. Durch die werkzeugspezifischen Bezeichner für Modellabfragen ist diese Aktivität werkzeugabhängig.

5. In dieser Aktivität wird die Generierung der in Aktivität 3 erzeugten Modellabfragen angestoßen. Da sie direkt auf Methoden des Werkzeugs arbeitet, ist sie werkzeugabhängig.

6. Anstoßen der Synchronisation der generierten Modellabfragen angestoßen. Da diese Aktivität direkt auf Methoden des Werkzeugs arbeitet, ist sie werkzeugabhängig.

7. Die Ausführung der synchronisierten Modellabfragen (LHS-basierte Abfrageregeln) wird in dieser Aktivität unter Verwendung von Methoden des Werkzeugs durchgeführt. Die Ergebnisse werden direkt der nachfolgenden Aktivität zur Verfügung gestellt. Da die Aktivität auf Methoden des Werkzeugs arbeitet, ist sie werkzeugabhängig.

8. Nach Ausführung von Aktivität 7 liegen die Ergebnisse jeder einzelnen ausgeführten LHS-basierten Abfrageregel der Aktivität 8 als Eingangsinformationen vor. Da die LHS-basierten Abfrageregeln mit dem gleichen Bezeichner versehen sind, wie die entsprechende Modellabfrage, werden in dieser Aktivität aus den Abfrageergebnissen der einzelnen Abfragen und den Informationen über deren Zusammenhänge entsprechen der Beschreibung in der Serialisierung `Regelzusammenhang.xml` die Ergebnisse im Sinne des Fragestellungsgraphen ermittelt. Die Implementierung diese Aktivität ist werkzeugabhängig, da die Eingangsinformationen und die Ausgangsinformationen innerhalb des Werkzeugs vorliegen bzw. vorliegen sollen. Die Implementierung soll wiederverwendbar sein und sich auf unterschiedliche Anzahlen von Mengen von Eingangsinformationen entsprechend unterschiedlicher Abfragen adaptieren können. Daher ist sie ergebnisadaptiv auszulegen.

9.10.4 Datenformat für Regelzusammenhang

In Abbildung 9.33 wird ein Übergabeformat verwendet, welches die Struktur der Bestimmung der Ergebnismenge im Sinne des Fragestellungsgraphen aus den Ergebnismengen der erzeugten Modellabfragen enthält. Es trägt die Bezeichnung `Regelzusammenhang.xml`. Listing 9.2 zeigt ein Beispiel einer solchen Datei.

Die *Graphs* Sektion enthält eine Liste mit allen Abfragegraphen des betrachteten Fragestellungsgraphen. Jeder Abfragegraph wird über den Knoten *Graph* mit dem Bezeichner der Gruppe identifiziert, welche das Abfragegraphwurzelabfrageelement enthält. Das Beispiel enthält drei Abfragegraphen, die Gruppen tragen die Bezeichner *id0*, *id1* bzw. *id2*. Abfragegraphen werden in Regelabfragegraphen aufgelöst, deren Ergebnisse *verodert* werden. Dies wird durch den Knoten *OR* in der Sektion jedes Abfragegraphen repräsentiert. Regelabfragegraphen werden in Konjunktionsgraphen aufgeteilt, wobei es zu jedem Regelabfragegraphen einen Grundmengenkonjunktionsgraphen und einen oder mehrere Negationskonjunktionsgraphen gibt. Die Konjunktionsgraphen eines Regelabfragegraphen sind jeweils in einer *ANDNOT* Sektion enthalten, falls eine Komplementrelationen besteht. Ist dies nicht der Fall, wie im Beispiel für die Modellabfrage mit dem Bezeichner *def011*, so ist die Regel ein direktes Kindelement der *OR* Sektion. Das erste Element jeder *ANDNOT* Sektion identifiziert diejenige Modellabfrage, die entsprechend eines Grundmengenkonjunktionsgraphen erzeugt wurde. Die übrigen Elemente der *ANDNOT* Sektion identifizieren die Modellabfragen entsprechend den Negationskonjunktionsgraphen in Bezug auf den jeweiligen Regelabfragegraphen.

```xml
   <?xml version ="1.0" encoding="utf -8"?>
2  <Root>
    <Graphs>
4    <Graph id="id0">
      <OR>
6      <ANDNOT>
        <Regel id="def001" >
8        <IF value="3" compareType="less" graph.id="id2" />
        </Regel>
10       <Regel id="def002" />
         <Regel id="def003" />
12      </ANDNOT>
        <ANDNOT>
14       <Regel id="def004" />
         <Regel id="def005" />
16       <Regel id="def006" />
        </ANDNOT>
18     </OR>
      </Graph>
20    <Graph id="id1">
       <OR>
22      <ANDNOT>
         <Regel id="def007" />
24        <Regel id="def008" />
        </ANDNOT>
26      <ANDNOT>
         <Regel id="def009" />
28        <Regel id="def010" />
        </ANDNOT>
30     </OR>
      </Graph>
32    <Graph id="id2">
       <OR>
34      <Regel id="def011" />
       </OR>
36    </Graph>
     </Graphs>
38
     <LogikTabelle >
40    <Zeile >
       <positiv >
42       <graph graph.id="id0" />
       </positiv >
44     <negativ >
         <graph graph.id="id1" />
46     </negativ >
      </Zeile >
48    <Zeile >
       <positiv >
50       <graph graph.id="id1" />
       </positiv >
52     <negativ >
         <graph graph.id="id0" />
54     </negativ >
      </Zeile >
56   </LogikTabelle >
     </Root>
```

Listing 9.2: Beispiel für Datei <code>Regelzusammenhang.xml</code>

Im Beispiel wurde der Abfragegraph *id0* in zwei Regelabfragegraphen aufgeteilt.
Die Modellabfragen bezüglich deren Grundmengenkonjunktionsgraphen sind *def001*
und *def004*, entsprechend sind *def002* und *def003* bzw. *def005* und *def006* die Modellabfragen bezüglich den jeweiligen Negationskonjunktionsgraphen. Im Beispiel besteht
eine IF Relation zwischen der Modellabfrage mit dem Bezeichner *def001* und dem
Abfragegraphen mit dem Bezeichner *id2*. Dies wird durch einfügen eines Kindele-
ments innerhalb der Definition der Modellabfrage *def001* spezifiziert.

Das Beispiel stellt die bedingte Relation IF(<3) dar. Der Wert »3« wird dabei dem Attribut value zugeordnet, der Vergleichstyp < (codiert als »less«) dem Attribut compareType.

Die Sektion *LogikTabelle* bezieht sich auf die Ermittlung der Ergebnisse des Fragestellungsgraphen entsprechend der Kardinalitäten der Ergebnismengen der Abfragegraphen. Entsprechend der Beschreibung aus Kapitel 9.9.2 können die gültigen Kombinationen leerer und nicht leerer Abfragegraphergebnismengen als Zeilen einer Tabelle repräsentiert werden. Jeweils ein Knoten mit dem Bezeichner *Zeile* im vorgestellten Datenformat bezieht sich auf eine solche Zeile. Unter dem Knoten *positiv* werden hier die Abfragegraphen gelistet, deren Ergebnismengen nicht leer sein dürfen, unter dem Knoten *negativ* diejenigen, deren Ergebnismengen gleich der leeren Menge sein müssen um in Kombination ein valides Ergebnis im Sinne des Fragestellungsgraphen darzustellen. Das Beispiel stellt eine XOR Relation zwischen den Abfragegraphen dar, die über *id0* bzw. *id1* identifiziert werden.

9.10.5 Struktur der Realisierung

In der Darstellung der Aktivitäten (s. Abbildung 9.33) wird zwischen den Kategorien »werkzeugunabhängig«, »werkzeugbezogen«, »werkzeugabhängig« und »ergebnisadaptiv« unterschieden. Entsprechend dieser Kategorien wird die Realisierung ausgeführt. Die erste Aktivität wird werkzeugunabhängig in einer gängigen Programmiersprache implementiert. Zur Verwendung in einer entsprechenden Werkzeugumgebung werden die Schnittstellen angepasst. Die zweite Aktivität wird ebenfalls als werkzeugunabhängiges Programm implementiert, wobei sich die darin beschriebene Transformation auf die Konzepte des Zielwerkzeugs bezieht. Die Aktivitäten 3 bis 7 werden werkzeugabhängig implementiert. Sie sind unabhängig von der eingehenden Menge von Modellabfragebeschreibungen, den zu bearbeitenden und auszuführenden Regeln sowie dem M-Graphen auf welchem dies geschehen soll. Die einzelnen Aktivitäten werden als Plugin für das Zielwerkzeug realisiert. Die Struktur der Aktivitäten wird in einem separaten Paket unter Verwendung des Plugin festgehalten. Diese Struktur bleibt unverändert und kann für die Ausführung in beliebige Modellumgebungen des Werkzeugs importiert bzw. kopiert werden. Die letzte Aktivität wird ebenfalls als Teil des Plugin realisiert. Jedoch kann sie nicht der statischen Struktur der Aktivitäten 3 bis 7 zugeordnet werden, da ihre Struktur ergebnisadaptiv ist. Daher wird diese Aktivität in einer Vorlagenstruktur festgehalten, von welcher während der Ausführung von Aktivität 7 eine Arbeitskopie erstellt und diese entsprechend der Ergebnisse angepasst wird.

9.10.6 Realisierung im E/E-Architektur Werkzeug PREEvision

Der Metrikeditor des EEA Werkzeugs PREEvision [12] bietet die Möglichkeit Teile eines Programms als Blöcke eines Blockdiagramms (Metrikdiagramm) [13] zu spezifizieren. Verbindungen zwischen den Blöcken entsprechen dem Datenfluss zwischen den Programmteilen. Des Weiteren besteht die Möglichkeit benutzerdefinierte Programme in der Programmiersprache JAVA in sog. Berechnungsblöcken zu kapseln, welche in einem Metrikdiagramm verwendet werden können. Programme, welche durch in diesen Blöcken gekapselten JAVA Code beschrieben sind, werden während der Ausführung des enthaltenden Metrikdiagramms erzeugt und ausgeführt. Um diesen Erzeugungsschritt zu umgehen, können derartige Programme vor-compiliert und in Form von benutzerdefinierten Blöcken in Metrikdiagrammen verwendet werden. Diese Möglichkeiten werden zur Realisierung der in Kapitel 9.10.3 beschriebenen Aktivitäten angewendet.

Abbildung 9.34 zeigt ein Metrikdiagramm der statischen Struktur der Realisierung mit den Blöcken, welche die Aktivitäten 1 bis 7 realisieren. Diese werden im Folgenden beschrieben. Die Abbildung zeigt unter anderem Blöcke, die Bestandteile des in Kapitel 9.10.5 beschriebenen Plugins sind. Dieses Plugin wird im Folgenden unter der Bezeichnung »Regelgenerierungs- und Ausführungs-Plugin« geführt.

- **Fragestellungsinput**: Block vom Typ *Parameterblock* aus der Standardpalette des PREEvision Metrikdiagrammeditors. Dient zur Spezifikation des Pfades zur Serialisierung der auszuführenden Fragestellung (Fragestellung.xml) über Port *output*.

- **GraphZerlegung**: Block vom Typ *Berechnungsblock* der Standardpalette des Metrikdiagrammeditors von PREEvision . Dieser Block kapselt die JAVA Implementierungen der Aktivitäten 1 und 2. Liest Serialisierung der Fragestellung (Port *input*). Führt die Aufteilung des eingelesenen Fragestellungsgraphen in Abfragegraphen durch. Eine Tabelle entsprechend dieser Aufteilung (s. Abbildung 9.25) wird an Port *Table* bereitgestellt. Führt die Aufteilung von Abfragegraphen über Regelabfragegraphen, Konjunktionsgraphen und die Transformation von Konjunktionsgraphen in Konjunktionsketten durch. Beschreibt die Struktur des Zusammensetzens der Ergebnisse der erstellten Konjunktionsketten im Sinne der Abfragegraphen. Informationen dieser Struktur werden über Port *XMLDataWrapper* bereitgestellt. Transformiert Konjunktionsketten in werkzeugspezifische Beschreibung von Modellabfragen. Eine Liste mit diesen Beschreibungen wird über Port *RM3Api* bereitgestellt.

---

[12]Für die Realisierung wird ein Entwicklungsderivat von PREEvision Version 3.1.1 verwendet, welches in Zusammenarbeit mit dem Werkzeughersteller *Aquintos* auf die speziellen Anforderungen der Realisierung der vorgestellten Methode angepasst wurde. Diese Anpassungen sollen in einer späteren Version des Werkzeugs verfügbar sein.

[13]Eine Erklärung zum Umgang mit Metrikdiagrammen in PREEvision findet sich in PREEvision Version 3.1.1 - Inhalte der Hilfetexte - PREEvision User Manual - Metric Development.

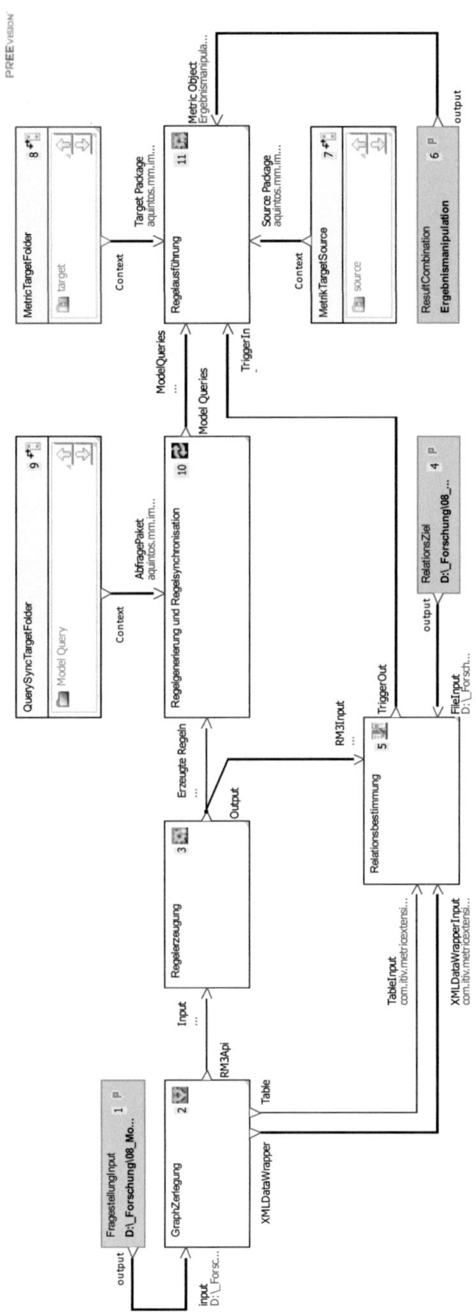

Abbildung 9.34: Metrikdiagramm mit statischer Struktur der Realisierung

- **Regelerzeugung**: Block vom Typ *Rule Creation Block* als Bestandteil des *Regelgenerierungs- und Ausführungs Plugin*. Kapselt die Implementierung von Aktivität 3. Erzeugt entsprechend der übergebenen Beschreibungen an Port *Input* Modellabfragen im Modellabfrageregelwerkeditor in PREEvision. Eine Liste mit den Bezeichnern der erzeugten Modellabfragen wird an Port *Output* bereitgestellt.

- **Relationsziel**: Block vom Typ *Parameterblock* aus der Standardpalette des PREEvision Metrikdiagrammeditors. Dient zur Spezifikation des Pfades unter welchem die von Block *Relationsbestimmung* erzeugte Datei gespeichert werden soll an Port *output*.

- **Relationsbestimmung**: Block vom Typ *Berechnungsblock* aus der Standardpalette des PREEvision Metrikdiagrammeditors. Kapselt die Implementierung von Aktivität 4. Erzeugt eine Datei mit der Bezeichnung `Regelzusammenhang.xml` unter dem an Port *FileInput* angegebenen Pfad. Diese Datei enthält die Zusammenhänge entsprechend der an den Ports *TableInput* und *XMLDataWrapperInput* übergebenen Informationen über Relationen zwischen den erzeugten Modellabfragen. Die Bezeichner der erzeugten Modellabfragen werden von Port *RM3Input* eingelesen. Die Inhalte dieser Datei spezifizieren wie aus den Ergebnissen der einzelnen Modellabfragen die Ergebnisse im Sinne des Fragestellungsgraphen bestimmt werden. Stellt an Port *TriggerOut* eine Information über eine erfolgreiche Generierung der Datei `Regelzusammenhang.xml` zur Verfügung.

- **QuerySyncTargetFolder**: Block vom Typ *Metrikkontextblock* aus der Standardpalette des PREEvision Metrikdiagrammeditors. Enthält eine Referenz auf das Paket des Modellbaums, in welchen die generierten Modellabfragen synchronisiert werden sollen (Port *Context*).

- **Regelgenerierung und Regelsynchronisierung**: Block vom Typ *Synchronizing Block* als Bestandteil des *Regelgenerierungs- und Ausführungs-Plugin*. Kapselt die Implementierung der Aktivitäten 5 und 6. Generiert die Modellabfragen entsprechend der Liste von Bezeichnern, die über Port *Erzeugte Regeln* eingelesen werden. Synchronisiert diese nach der Generierung in das entsprechend Port *AbfragePaket* spezifizierte Paket des Modellbaums. Stellt an Port *Model Queries* eine Liste mit den synchronisierten LHS-basierten Abfrageregeln zur Verfügung.

- **MetricTargetSource**: Block vom Typ *Metrikkontextblock* aus der Standardpalette des PREEvision Metrikdiagrammeditors. Enthält eine Referenz auf das Paket des Modellbaums, welches die Vorlagenstruktur der ergebnisadaptiven Implementierung entsprechend Aktivität 8 enthält (Port *Context*).

- **MetricTargetFolder**: Block vom Typ *Metrikkontextblock* aus der Standardpalette des PREEvision Metrikdiagrammeditors. Enthält eine Referenz auf das Paket des Modellbaums, in welches die Vorlagenstruktur der ergebnisadaptiven Implementierung entsprechend Aktivität 8 kopiert werden soll (Port *Context*).

- **ResultCombination**: Block vom Typ *Parameterblock* der Standardpalette des Metrikdiagrammeditors von PREEvision . Dient zur Spezifikation des Blocks, welcher die Ergebnismanipulation von Ergebnissen der Modellabfragen im Sinne der Bestimmung der Ergebnisse hinsichtlich des Fragestellungsgraphen durchführt (Port *output*).

- **Regelausführung**: Block vom Typ *Metric Generation Block* als Bestandteil des *Regelgenerierungs- und Ausführungs Plugin*. Kapselt die Implementierung von Aktivität 7. Kopiert die Vorlagenstruktur aus dem über Port *Source Package* spezifizierten Paket in das über Port *Target Package* spezifizierte Paket des Modellbaums. Erzeugt am Block mit der entsprechend über Port *Metric Object* eingelesenen Bezeichnung der Kopie der Vorlagenstruktur eine Anzahl von Eingangsports. Die Anzahl von Eingangsports entspricht der Kardinalität der über Port *ModelQueries* übergebenen LHS-basierten Abfrageregeln. Erzeugt für jede über Port *ModelQueries* übergebene LHS-basierte Abfrageregel einen Modellabfrageblock [14] als Block im Metrikdiagramm der Kopie der Vorlagenstruktur. Stellt für jeden erzeugten Modellabfrageblock eine Referenz zu je einer LHS-basierten Abfrageregel her. Benennt jeden Modellabfrageblock entsprechend der referenzierten LHS-basierten Abfrageregel. Verbindet je einen erzeugten Modellabfrageblock mit je einem der erzeugten Eingangsports am entsprechend Port *Metric Object* bezeichneten Block. Die Reihenfolge dieser Verbindungen entspricht dabei der Reihenfolge von Modellabfragen in der Serialisierung entsprechend der Datei `Regelzusammenhang.xml`. Führt die erzeugten Modellabfrageblöcke aus.

Abbildung 9.35 zeigt das Metrikdiagramm der Vorlagenstruktur vor dem Kopierschritt. Es beinhaltet zwei Blöcke. Abbildung 9.36 zeigt ein Metrikdiagramm der Vorlagenstruktur nach Ausführung des Blocks »Regelausführung«. Es wurden 30 Modellabfrageblöcke erzeugt und an den Block »Ergebnismanipulation« zur Bestimmung der Ergebnisse im Sinne des Fragestellungsgraphen angebunden. Grundlage für die Erzeugung ist die das Beispiel, welches im folgenden Kapitel 9.11 vorgestellt wird.

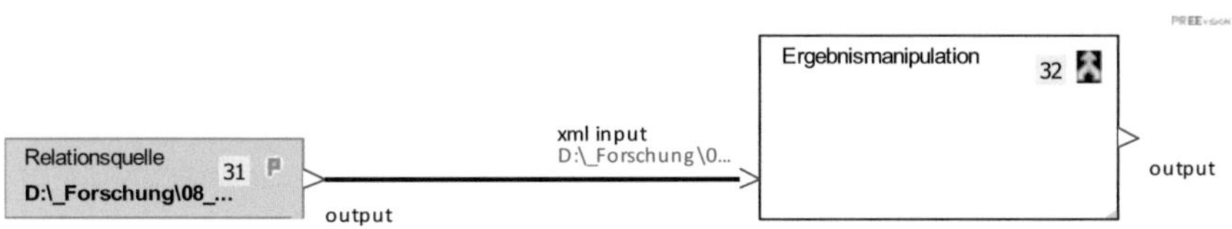

Abbildung 9.35: Metrikdiagramm mit dynamischer Struktur der Realisierung

---

[14] Als Modellabfrageblock wird hier ein Block des Typs *Modellabfrage* aus der Standardpalette des PREEvision Metrikdiagrammeditors bezeichnet. Ein Modellabfrageblock referenziert oder mehrere LHS-basierte Abfrageregeln. Bei Ausführung des Modellabfrageblocks werden diese auf dem Modell ausgeführt. Die Ergebnisse der Ausführung stehen am Ausgang des Modellabfrageblocks zur Verfügung.

- **Relationsquelle**: Block vom Typ *Parameterblock* aus der Standardpalette des PREEvision Metrikdiagrammeditors. Dient zur Spezifikation des Pfades, unter welchem die Datei `Regelzusammenhang.xml` gespeichert ist (Port *output*).

- **Ergebnismanipulation**: Block vom Typ *Metric Result Combination Block* als Bestandteil des *Regelgenerierungs- und Ausführungs-Plugin*. Kapselt die Implementierung von Aktivität 8. Liest vom über Port *xml input* spezifizierten Pfad die Datei
`Regelzusammenhang.xml`. Kombiniert bzw. manipuliert die Ergebnisse der Ausführung von LHS-basierten Abfrageregeln die an seinen weiteren Eingangsports anliegen (s. Abbildung 9.36) entsprechend der serialisierten Spezifikation der eingelesenen Datei. Gibt die bestimmten Ergebnisse im Sinne des Fragestellungsgraphen in Form einer Liste aus, deren Einträge zur weiteren werkzeugspezifischen Verwendung bereitstehen.

9.11 Beispiel

In diesem Kapitel wird die zuvor beschriebene Realisierung an einem überschaubaren Beispiel angewendet. Dabei wird eine Fragestellung, deren Fragestellungsgraph in Abbildung 9.37 graphisch dargestellt ist, auf dem EEA Modell aus Abbildung 9.38 ausgeführt [15].

Das EEA Modell stellt Steuergeräte (ECUs), Sensoren und Aktuatoren in einem Komponentennetzwerk (CMPN) dar, die über verschiedene Typen von Bussystemen und konventionellen Verbindungen vernetzt sind. Zusätzlich sind funktionale Sicherheitsziele mit verschiedenen ASILs spezifiziert und den Steuergeräten zugeteilt. Eine zugewiesene Anforderung wird jeweils unten links innerhalb einer ECU dargestellt. Die Bezeichnung der Sicherheitsanforderungen sind so gewählt, dass ihr letzter Buchstabe jeweils dem ASIL des Sicherheitsziels entspricht, das sie repräsentieren (»SZ_A« entspricht einem Sicherheitsziel mit ASIL A).

Der Fragestellungsgraph besteht aus drei Abfragegraphen, wobei ein Abfragegraph (*AFGR_C*) das Ziel einer IF Relation ist. *AFGR_A* spezifiziert ECUs, welche über eine konventionelle Verbindung mit einem Sensor oder einem Aktuator, bzw. über ein Bussystem mit einem Sensor der keine konventionelle Anbindung besitzt, verbunden sind. *AFGR_B* spezifiziert Sensoren, die keine konventionelle Anbindung besitzen und über eine Bussystem vom Typ »Lin« mit einer ECU verbunden sind, die keinen Sicherheitszielen mit »ASIL A« bzw. »ASIL B« genügt. *AFGR_C* sucht nach Aktuatoren und ist das Ziel der bedingten Relation. Der erste Teil der Bezeichner von dargestellten Abfrageelementkonten sind teilweise gleich (z.B. source:ECU*, source:Sensor*). Damit werden entsprechende Ergebniselemente der Ergebnisse in der resultierenden Ergebnistabelle in der gleichen Spalte eingeordnet. Dies resultiert in einer übersichtlicheren Ergebnistabelle.

---

[15] Das im beschriebenen Beispiel erzeugte Metrikdiagramm der dynamischen Struktur mit Regeln ist in Kapitel 9.10.6, Abbildung 9.36 dargestellt.

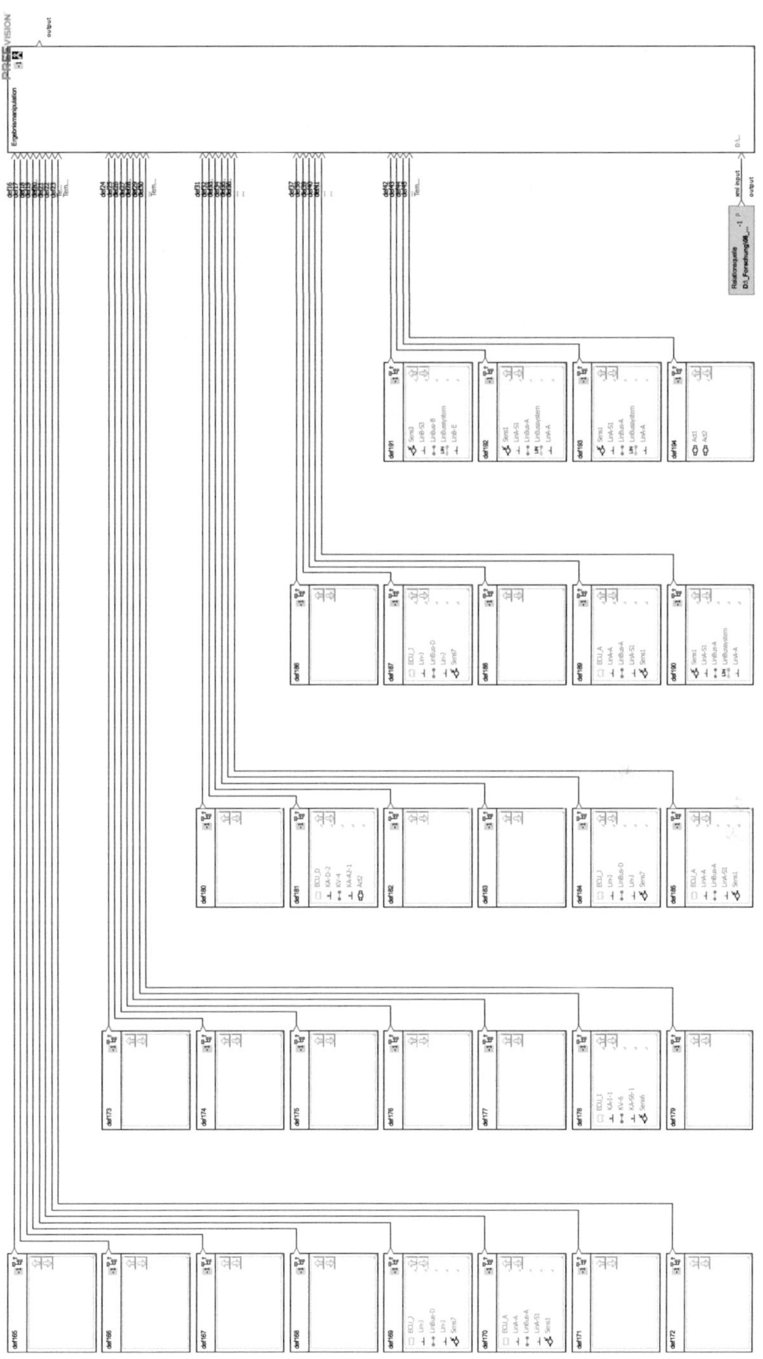

Abbildung 9.36: Metrikdiagramm mit dynamischer Struktur mit Regeln

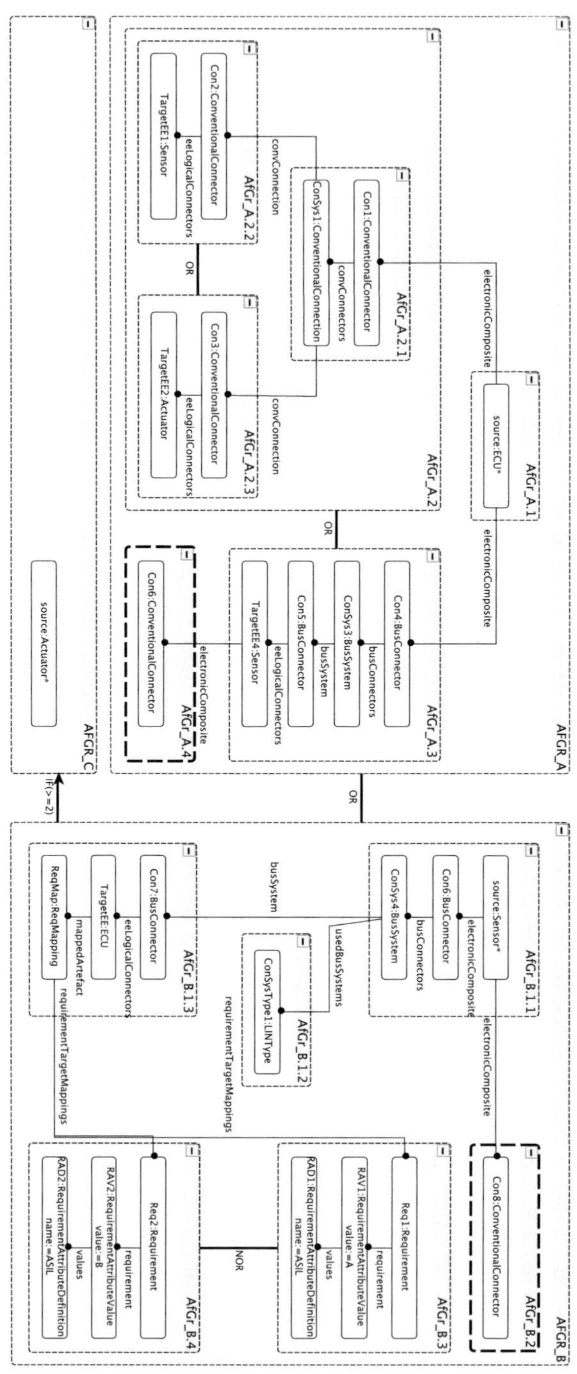

Abbildung 9.37: Beispiel Fragestellungsgraph

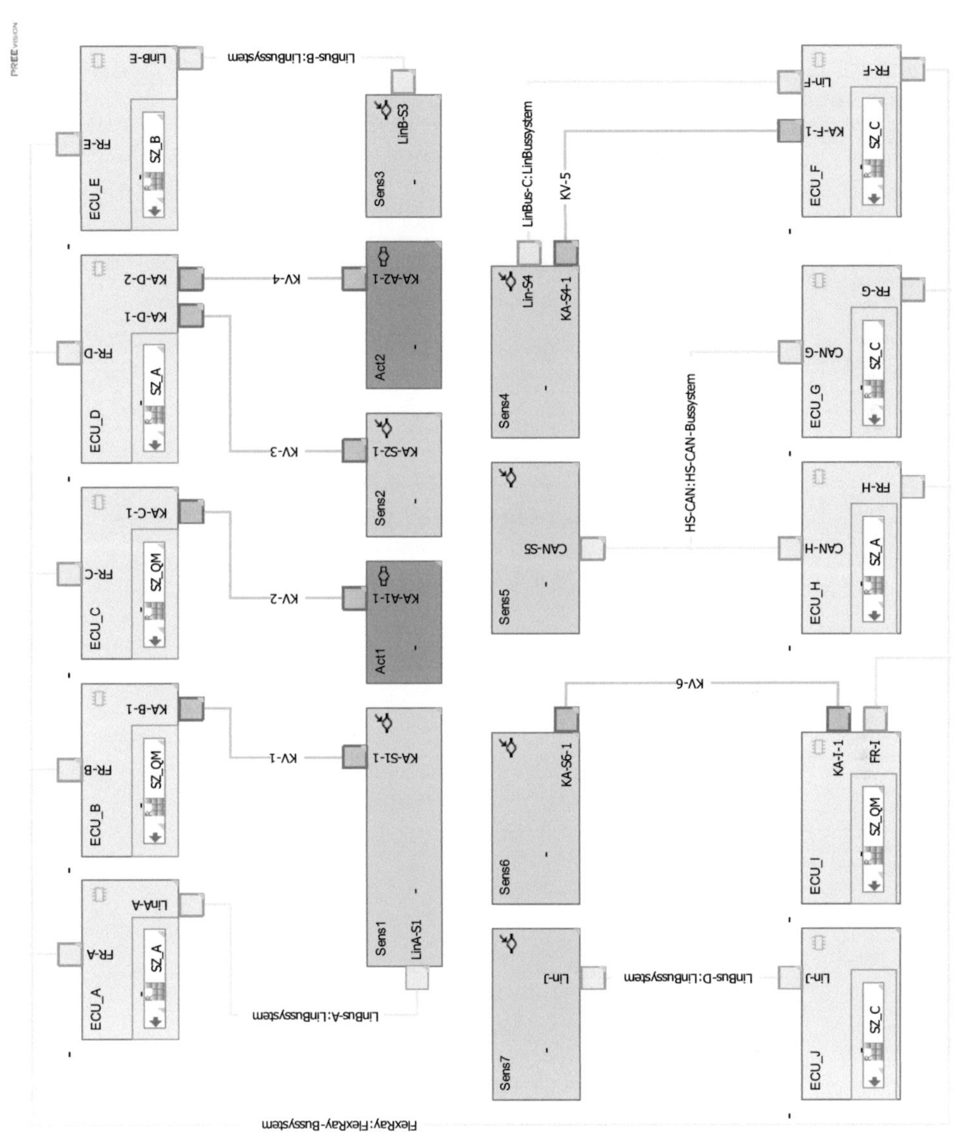

Abbildung 9.38: Beispiel E/E-Architektur Modell

Vor der Ausführung wird das EEA Modell vorbereitet. Hierzu wird das Pakte mit den Inhalten entsprechend der Abbildungen 9.34 und 9.35 in das EEA Modell importiert. Anschließend wird der dargestellte Fragestellungsgraph (s. Abbildung 9.37) im Serialisierungsformat nach Kapitel 9.6 spezifiziert und auf dem Rechner gespeichert. Listing 9.3 zeigt die Datei `Fragestellung.xml` als Serialisierung des Fragestellungsgraphen entsprechend Abbildung 9.37.

```xml
<?xml version="1.0" encoding="UTF-8"?>
<Root xmlns:xsi="http://www.w3.org/2001/XMLSchema-instance" xsi:noNamespaceSchemaLocation="Schema.xsd">
 <NodeSection>
  <GroupNode id="AfGr_A.1">
      <Node anchor="-1" name="source" returnOrder="0" roleName="" type="ECU" id ="0"/>
  </GroupNode>
  <GroupNode id="AfGr_A.2.1">
   <Node anchor="-1" name="Con1" returnOrder="1" roleName="electronicComposite" type="ConventionalConnector" id ="1"
    parent.id="0">
    <Node anchor="-1" name="ConSys1" returnOrder="2" roleName="convConnectors" type="ConventionalConnection" id ="2"/>
   </Node>
  </GroupNode>
  <GroupNode id="AfGr_A.2.2">
   <Node anchor="-1" name="Con2" returnOrder="3" roleName="convConnection" type="ConventionalConnector" id ="3"
    parent.id="2">
    <Node anchor="-1" name="TargetEE1" returnOrder="4" roleName="eeLogicalConnectors" type="Sensor" id ="4"/>
   </Node>
  </GroupNode>
  <GroupNode id="AfGr_A.2.3">
   <Node anchor="-1" name="Con3" returnOrder="5" roleName="convConnection" type="ConventionalConnector" id ="5"
    parent.id="2">
    <Node anchor="-1" name="TargetEE2" returnOrder="6" roleName="eeLogicalConnectors" type="Actuator" id ="6"/>
   </Node>
  </GroupNode>
  <GroupNode id="AfGr_A.3">
   <Node anchor="-1" name="Con4" returnOrder="7" roleName="electronicComposite" type="BusConnector" id ="7"
    parent.id="0">
    <Node anchor="-1" name="ConSys3" returnOrder="8" roleName="busConnectors" type="BusSystem" id ="8">
     <Node anchor="-1" name="Con5" returnOrder="9" roleName="busSystem" type="BusConnector" id ="9">
      <Node anchor="-1" name="TargetEE4" returnOrder="10" roleName="eeLogicalConnectors" type="Sensor" id ="10"/>
     </Node>
    </Node>
   </Node>
  </GroupNode>
  <GroupNode id="AfGr_A.4">
   <Node anchor="-1" name="Con6" returnOrder="11" roleName="electronicComposite" type="ConventionalConnector" id ="11"
    parent.id="10"/>
  </GroupNode>
  <GroupNode id="AfGr_A.2">
   <Group group.id="AfGr_A.2.1">
    <Group group.id="AfGr_A.2.2"/>
    <Group group.id="AfGr_A.2.3"/>
   </Group>
  </GroupNode>
  <GroupNode id="AfGr_B.1.1">
   <Node anchor="-1" name="source" returnOrder="12" roleName="" type="Sensor" id ="12">
    <Node anchor="-1" name="Con6" returnOrder="13" roleName="electronicComposite" type="BusConnector" id ="13">
     <Node anchor="-1" name="ConSys4" returnOrder="14" roleName="busConnectors" type="BusSystem" id ="14"/>
    </Node>
   </Node>
  </GroupNode>
  <GroupNode id="AfGr_B.1.2">
   <Node anchor="-1" name="ConSysType1" returnOrder="15" roleName="usedBusSystems" type="LINType" id ="15"
    parent.id="14"/>
  </GroupNode>
  <GroupNode id="AfGr_B.1.3">
   <Node anchor="-1" name="Con7" returnOrder="16" roleName="busSystem" type="BusConnector" id ="16" parent.id="14">
    <Node anchor="-1" name="TargetEE" returnOrder="17" roleName="eeLogicalConnectors" type="ECU" id ="17">
     <Node anchor="-1" name="ReqMap" returnOrder="18" roleName="mappedArtefact" type="ReqMapping" id ="18"/>
    </Node>
   </Node>
  </GroupNode>
  <GroupNode id="AfGr_B.2">
   <Node anchor="-1" name="Conv8" returnOrder="19" roleName="electronicComposite" type="ConventionalConnector" id ="19"
```

```
65        parent.id="12"/>
       </GroupNode>
67     <GroupNode id="AfGr_B.3">
        <Node anchor="-1" name="Req1" returnOrder="20" roleName="requirementTargetMappings" type="Requirement" id ="20"
69       parent.id="18">
         <Node anchor="-1" name="RAV1" returnOrder="21" roleName="requirement" type="RequirementAttributeValue" id ="21">
71        <Attribute name="value" value="=A"/>
          <Node anchor="-1" name="RAD1" returnOrder="22" roleName="values" type="RequirementAttributeDefinition" id ="22">
73         <Attribute name="name" value="=ASIL"/>
          </Node>
75        </Node>
        </Node>
77     </GroupNode>
      <GroupNode id="AfGr_B.4">
79      <Node anchor="-1" name="Req2" returnOrder="23" roleName="requirementTargetMappings" type="Requirement" id ="23"
        parent.id="18">
81       <Node anchor="-1" name="RAV2" returnOrder="24" roleName="requirement" type="RequirementAttributeValue" id ="24">
         <Attribute name="value" value="=B"/>
83        <Node anchor="-1" name="RAD2" returnOrder="25" roleName="values" type="RequirementAttributeDefinition" id ="25">
          <Attribute name="name" value="=ASIL"/>
85       </Node>
        </Node>
87      </Node>
      </GroupNode>
89    <GroupNode id="AfGr_C">
       <Node anchor="-1" name="source" returnOrder="26" roleName="" type="Actuator" id ="26"/>
91    </GroupNode>
     </NodeSection>
93   <GroupSection>
      <Group group.id="AfGr_A.1">
95     <Group group.id="AfGr_A.2"/>
       <Group group.id="AfGr_A.3">
97      <Group group.id="AfGr_A.4"/>
       </Group>
99    </Group>
      <Group group.id="AfGr_B.1.1">
101    <Group group.id="AfGr_B.1.2"/>
       <Group group.id="AfGr_B.2"/>
103    <Group group.id="AfGr_B.1.3">
        <Group group.id="AfGr_B.3"/>
105     <Group group.id="AfGr_B.4"/>
       </Group>
107   </Group>
      <Group group.id="AfGr_C"/>
109   </GroupSection>
     <RelationsSection>
111    <Relation type="OR">
        <group1 group.id="AfGr_A.2"/>
113     <group2 group.id="AfGr_A.3"/>
       </Relation>
115    <Relation type="OR">
        <group1 group.id="AfGr_A.2.2"/>
117     <group2 group.id="AfGr_A.2.3"/>
       </Relation>
119    <Relation type="NOT">
            <group1 group.id="AfGr_A.4"/>
121         <group2 group.id="AfGr_A.4"/>
       </Relation>
123    <Relation type="NOT">
        <group1 group.id="AfGr_B.2"/>
125     <group2 group.id="AfGr_B.2"/>
       </Relation>
127    <Relation type="NOR">
        <group1 group.id="AfGr_B.3"/>
129     <group2 group.id="AfGr_B.4"/>
       </Relation>
131    <Relation type="OR">
        <group1 group.id="AfGr_A.1"/>
133     <group2 group.id="AfGr_B.1.1"/>
       </Relation>
135    <Relation type="IF" value="2" compareType="GreaterEqual">
        <group1 group.id="AfGr_C"/>
137     <group2 group.id="AfGr_B.1.1"/>
       </Relation>
```

```
139   </RelationsSection>
      </Root>
```

Listing 9.3: `Fragestellung.xml` für Fragestellungsgraph entsprechend Abbildung 9.37 und EEA Modell entsprechend Abbildung 9.38

Nun wird der Parameter im Block *Fragestellungsinput* auf dem Pfad zur gespeicherten Serialisierung des Fragestellungsgraphen gesetzt. Zusätzlich wird ein Pfad zur Speicherung der Datei `Regelzusammenhang.xml` durch den Block *Relationsziel* festgelegt. Damit sind alle Vorkehrungen getroffen und die Ausführung kann gestartet werden. Durch die Ausführung wird der Fragestellungsgraph bis auf Konjunktionsgraphen aufgeteilt, welche in Konjunktionsketten transformiert werden. Entsprechend dieser Konjunktionsketten werden Modellabfragen erzeugt und als LHS-basierte Abfrageregeln ins Modell der EEA importiert. Die zur Ergebnisbestimmung des Fragestellungsgraphen bestehenden Relationen zwischen erzeugten Modellabfragen werden in der Datei `Regelzusammenhang.xml` gespeichert. Listing 9.4 zeigt die erzeugte Datei `Regelzusammenhang.xml` für den Fragestellungsgraphen entsprechen Abbildung 9.37.

```
      <?xml version="1.0" encoding="UTF-8"?>
2     <Root>
       <Graphs>
4       <Graph id="id0">
         <OR>
6         <ANDNOT>
           <Regel id="RM3Rule: source Con1 ConSys1 Con2 TargetEE1 Con3 TargetEE2 Con4 ConSys3 Con5 TargetEE4 " />
8          <Regel id="RM3Rule:  source Con1 ConSys1 Con2 TargetEE1 Con3 TargetEE2 Con4 ConSys3 Con5 TargetEE4 Con6 " />
          </ANDNOT>
10        <ANDNOT>
           <Regel id="RM3Rule: source Con1 ConSys1 Con2 TargetEE1 Con3 TargetEE2 " />
12         <Regel id="RM3Rule: source Con1 ConSys1 Con2 TargetEE1 Con3 TargetEE2 Con4 ConSys3 Con5 TargetEE4 " />
          </ANDNOT>
14        <ANDNOT>
           <Regel id="RM3Rule: source Con4 ConSys3 Con5 TargetEE4 " />
16         <Regel id="RM3Rule: source Con1 ConSys1 Con2 TargetEE1 Con3 TargetEE2 Con4 ConSys3 Con5 TargetEE4 " />
           <Regel id="RM3Rule: source Con4 ConSys3 Con5 TargetEE4 Con6 " />
18        </ANDNOT>
          <ANDNOT>
20         <Regel id="RM3Rule: source Con1 ConSys1 Con2 TargetEE1 Con4 ConSys3 Con5 TargetEE4 " />
           <Regel id="RM3Rule: source Con1 ConSys1 Con2 TargetEE1 Con3 TargetEE2 Con4 ConSys3 Con5 TargetEE4 " />
22         <Regel id="RM3Rule: source Con1 ConSys1 Con2 TargetEE1 Con4 ConSys3 Con5 TargetEE4 Con6 " />
          </ANDNOT>
24        <ANDNOT>
           <Regel id="RM3Rule: source Con1 ConSys1 Con3 TargetEE2 Con4 ConSys3 Con5 TargetEE4 " />
26         <Regel id="RM3Rule: source Con1 ConSys1 Con3 TargetEE2 Con4 ConSys3 Con5 TargetEE4 Con6 " />
           <Regel id="RM3Rule: source Con1 ConSys1 Con2 TargetEE1 Con3 TargetEE2 Con4 ConSys3 Con5 TargetEE4 " />
28        </ANDNOT>
          <ANDNOT>
30         <Regel id="RM3Rule: source Con1 ConSys1 Con2 TargetEE1 " />
           <Regel id="RM3Rule: source Con1 ConSys1 Con3 TargetEE2 Con4 ConSys3 Con5 TargetEE4 " />
32         <Regel id="RM3Rule: source Con1 ConSys1 Con2 TargetEE1 Con3 TargetEE2 " />
          </ANDNOT>
34        <ANDNOT>
           <Regel id="RM3Rule: source Con1 ConSys1 Con3 TargetEE2 " />
36         <Regel id="RM3Rule: source Con1 ConSys1 Con2 TargetEE1 Con3 TargetEE2 " />
           <Regel id="RM3Rule: source Con1 ConSys1 Con3 TargetEE2 Con4 ConSys3 Con5 TargetEE4 " />
38        </ANDNOT>
          <ANDNOT>
40         <Regel id="RM3Rule: source Con4 ConSys3 Con5 TargetEE4 " />
           <Regel id="RM3Rule: source Con4 ConSys3 Con5 TargetEE4 Con6 " />
42         <Regel id="RM3Rule: source Con1 ConSys1 Con2 TargetEE1 Con3 TargetEE2 Con4 ConSys3 Con5 TargetEE4 " />
          </ANDNOT>
44        <ANDNOT>
           <Regel id="RM3Rule: source Con4 ConSys3 Con5 TargetEE4 " />
46         <Regel id="RM3Rule: source Con4 ConSys3 Con5 TargetEE4 Con6 " />
```

```
48      <Regel id="RM3Rule: source Con1 ConSys1 Con2 TargetEE1 Con3 TargetEE2 Con4 ConSys3 Con5 TargetEE4 " />
        </ANDNOT>
        </OR>
50    </Graph>
      <Graph id="id1">
52      <OR>
         <ANDNOT>
54        <Regel id="RM3Rule: source Con6 ConSys4 ConSysType1 Con7 TargetEE ReqMap ">
           <IF value="2" compareType="GreaterEqual" graph.id="id2" />
56        </Regel>
          <Regel id="RM3Rule: source Con6 ConSys4 ConSysType1 Con7 TargetEE ReqMap Req2 RAV2 RAD2 ">
58         <IF value="2" compareType="GreaterEqual" graph.id="id2" />
          </Regel>
60        <Regel id="RM3Rule: source Conv8 Con6 ConSys4 ConSysType1 Con7 TargetEE ReqMap ">
           <IF value="2" compareType="GreaterEqual" graph.id="id2" />
62        </Regel>
          <Regel id="RM3Rule: source Con6 ConSys4 ConSysType1 Con7 TargetEE ReqMap Req1 RAV1 RAD1 ">
64         <IF value="2" compareType="GreaterEqual" graph.id="id2" />
          </Regel>
66       </ANDNOT>
        </OR>
68    </Graph>
      <Graph id="id2">
70     <OR>
        <Regel id="RM3Rule: source " />
72     </OR>
      </Graph>
74  </Graphs>
    <LogikTabelle>
76   <Zeile>
      <positiv>
78      <graph graph.id="id1" />
      </positiv>
80     <negativ>
        <graph graph.id="id0" />
82     </negativ>
      </Zeile>
84    <Zeile>
       <positiv>
86      <graph graph.id="id0" />
       </positiv>
88     <negativ>
        <graph graph.id="id1" />
90      </negativ>
      </Zeile>
92    <Zeile>
       <positiv>
94      <graph graph.id="id0" />
        <graph graph.id="id1" />
96     </positiv>
       <negativ />
98    </Zeile>
     </LogikTabelle>
100 </Root>
```

Listing 9.4: `Regelzusammenhang.xml` für Fragestellungsgraph entsprechend Abbildung 9.37 und EEA Modell entsprechend Abbildung 9.38

Modellabfragen, welche die erzeugten LHS-basierten Abfrageregeln referenzieren, werden ebenfalls erzeugt und mit dem Block »Ergebnismanipulation« verbunden, welcher basierend auf den Ergebnissen der Modellabfragen die Ergebnisse im Sinne des Fragestellungsgraphen bestimmt. Diese sind im verwendeten Werkzeug PREE-vision in der Perspektive »PREEvision Standard« bei Selektion des Blocks »Ergebnis-manipulation« unter dem Reiter »Eigenschaftsansicht / Ergebnisse« als Ergebnistabelle dargestellt.

Abbildung 9.39 zeigt einen Screenshot der resultierenden Ergebnistabelle bezüglich des Fragestellungsgraphen aus Abbildung 9.37 und des EEA Modells aus Abbildung 9.38.

9.12 Zusammenfassende Diskussion von Fragestellungsgraphen

In diesem Kapitel wurde eine Methode und deren Realisierung vorgestellt, welche die verfügbaren Ansätze zur formalen Spezifikation und Ausführung von Fragestellungen in der Domäne der EEA Modellierung auf ein Basissystem erweitert.

Hierzu wurde die Modellierung von EEAs und die spezifischen Bedürfnisse von Fragestellungen in dieser Domäne analysiert und darauf basierend ein Format zur Spezifikation von graphenbasierten Darstellungen von Fragestellungen vorgestellt. Hierzu wurden die Konzepte der Abfrageelemente sowie der Abfragegruppen eingeführt. Nach der Festlegung verwendbarer logischer Relationen und deren Bedeutung bei Verwendung in Fragestellungen wurde eine Methode zur Aufteilung von Fragestellungsgraphen und Konjunktionsgraphen vorgestellt. Zur nahtlosen Ausführung dieser Konjunktionsketten auf EEA Modellen und der Bestimmung der Ergebnisse der ursprünglichen Fragestellung wurde beispielhaft eine Implementierung für EEA-ADL basierte Modelle unter Verwendung des Werkzeugs PREEvision gezeigt und anhand eines Beispiels dokumentiert.

9.12.1 Diskussion

Die vorgestellte Methode erweitert bestehende Vorgehensweisen, da sie die Möglichkeit zur Spezifikation logischer Relationen bietet und damit auch zur formalen Beschreibung komplexer Fragestellungen verwendet werden kann. Die Diskussion und Entwicklung der Methode erfolgte in Hinblick auf die Domäne der Modellierung von EEAs. Jedoch ist sie grundsätzlich auch für andere Modelle oder Zusammenhänge von Elementen anwendbar, welche den Anforderungen eines M-Graphen genügen und auf Basis einer Sprache spezifiziert sind, die wiederum den Anforderungen eines MM-Graphen genügt.

Die Einführung von Abfrageelementen erleichtert den domänenspezifischen Umgang mit Kanten und Knoten des M-Graphen, da diese häufig nur in Kombination Sinn haben. Die Vorstellung von hierarchisierbaren Abfragegruppen ermöglicht die graphenbasierte Repräsentation der Festlegung einer Ausführungssemantik ähnlich dem Verwenden von Klammern in algebraischen Ausdrücken. Darüber hinaus haben Abfragegruppen in Bezug auf den domänenspezifischen Einsatz der Methode eine weitere wichtige Bedeutung.

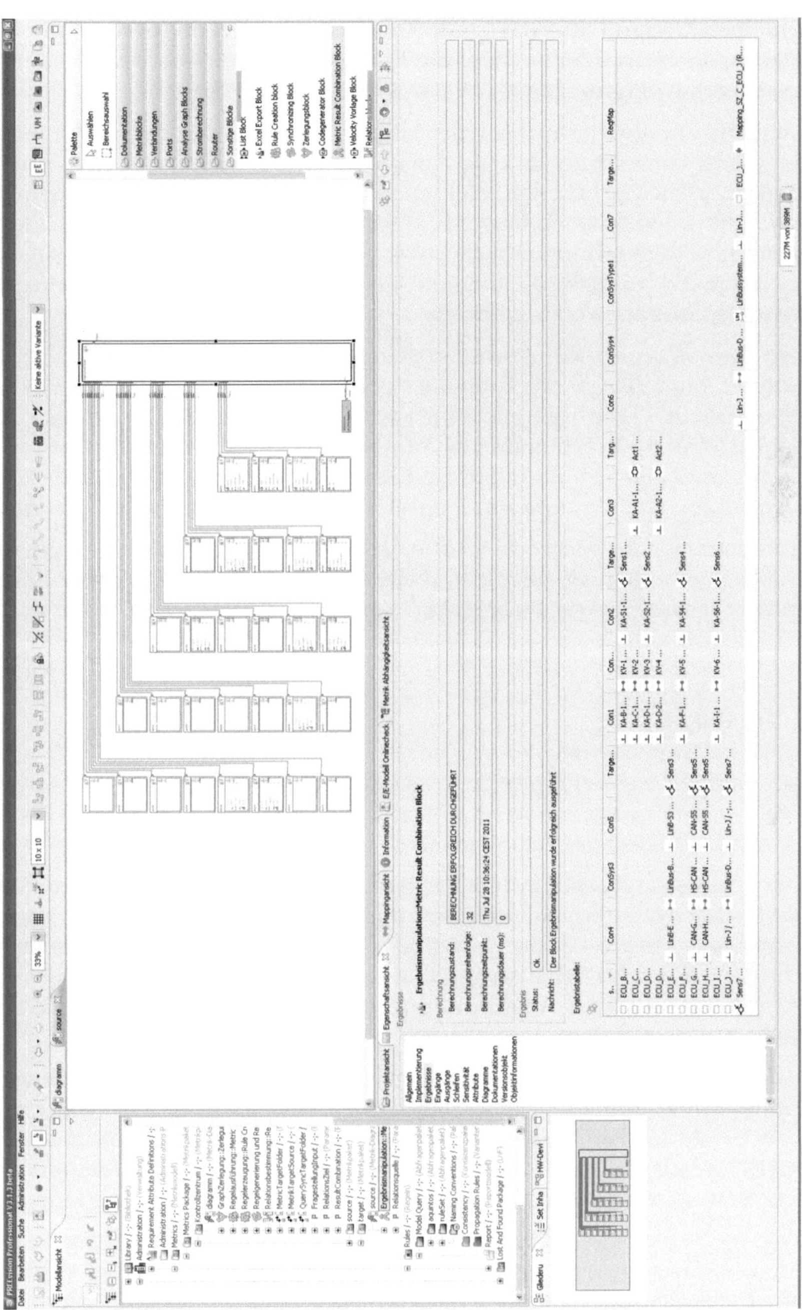

Abbildung 9.39: Screenshot PREEvision EEA Modell, dynamischer Struktur und Ergebnissen

Sie beschreiben Design Pattern (engl. für Entwurfsmuster). In diesem Sinne können Abfragegruppen verwendet werden, um Elemente zusammenzufassen, deren Kombination sich erfahrungsgemäß als sinnvoll herausgestellt hat.

Die formale Beschreibung umfassender Fragestellungen ist auch mit der Verfügbarkeit eines Basissystems keine triviale Aufgabe. Während die Bedeutung von Teilfragestellungsgraphen [167] für den erfahrenen Betrachter eindeutig ist, so trifft dies bei der Verwendung logischer Relationen zwischen Elementen graphenbasierter Darstellungen von Fragestellungen nicht zwangsläufig zu. Grund hierfür sind die Bedeutungen von Negationen sowie deren Auswirkungen auf andere Relationen oder verschachtelte Gruppen von Elementen.

In diesem Kapitel wurde ein Ansatz für ein Basissystem zur Verwendung auf graphenbasierten Modellen in der Domäne der EEA Modellierung mit seinen Ausprägungen vorgestellt. Diese ermöglicht die Spezifikation von Fragestellungen in Bezug auf beliebige logische Kombinationen von Elementen. Die Verwendung wird jedoch nicht als trivial eingestuft, da mögliche Ergebnisstrukturen auch aus einer graphischen Darstellung einer komplexen Fragestellung nicht unmittelbar hervorgehen.

Für die Benutzung der Methode wird empfohlen für spezifizierte Fragestellungsgraphen Beispielmodelle zu erstellen, welche mit Gutfällen und Schlechtfällen eine ausreichende Testabdeckung realisieren.

9.12.2 Ausblick

In der zukünftigen Anwendung der vorgestellten Methode können sich Erweiterungen sowohl in Bezug auf die Methode und das schrittweise Vorgehen als auch in Hinblick auf ihre Implementierung ergeben. Einige können direkt adressiert werden.

- Es wird ein graphischer Editor vorgeschlagen, mit welchem Fragestellungsgraphen benutzerfreundlich modelliert und im vorgestellten Serialisierungsformat gespeichert werden können. Für modellierungssprachen- und domänenspezifische Anwendungen wird vorgeschlagen, die Beschreibung von Fragestellungsgraphen sowie deren Ausführung direkt im entsprechenden Modellierungswerkzeug zu realisieren.

- In Bezug auf das EEA Modellierungswerkzeug PREEvision könnte eine Integration direkt in die graphisch Modellierung von Modellabfragen in der Perspektive »Modellabfrage-Regeleditor« erfolgen. Dies würde hinsichtlich der vorgestellten Beispielimplementierung die Transformation von Konjunktionsgraphen in werkzeugspezifische Konjunktionsketten sowie die Erzeugung entsprechender Modellabfragen vereinfachen bzw. überflüssig machen.

- Zur Vereinfachung der Verifikation von Fragestellungsgraphen wird eine automatische Erzeugung von zwei Kategorien von Strukturen im Sinne von Elementen des M-Graphen vorgeschlagen. Gutfälle stellen Strukturen dar, welche durch die Fragestellung gefunden werden. Schlechtfälle sind leichte Variationen von Gutfällen, die jedoch nicht in die Ergebnismenge übernommen werden. Eine graphenbasierte und graphische Darstellung dieser Fälle erleichtert die Spezifikation von Fragestellungsgraphen im Sinne der jeweiligen Fragestellungen.

- Die Spezifikation von Abfragegruppen kann mit Erfahrungen in der Erstellung domänenspezifischer Modelle gekoppelt werden. Häufig vorkommende modellierungsebenenübergreifende Kombinationen von Elementen können als Entwurfsmuster katalogisiert und in der Modellierung als auch in der Spezifikation von Fragestellungen verwendet werden. Fragestellungen lassen sich auch als Konsistenz Checks verwenden. Werden Entwurfsmuster mit Anforderungen (z.B. Sicherheitsanforderungen) verknüpft, denen sie genügen, so lässt sich durch die Verwendung der vorgestellten Methode zur Spezifikation von Fragestellungen die Überprüfung eines Modells in Hinblick auf bestehende Anforderungen unterstützen.

10 E/E-Architekturen als Ontologien

Die vorangegangenen Kapitel haben gezeigt, dass bei der Entwicklung von Elektrik/Elektronik Architekturen (EEAs) im Automobilbereich viele Randbedingungen und Anforderungen berücksichtigt werden müssen. Diese sind nicht nur technischer oder funktionaler Natur, sondern beziehen sich unter anderem auch auf Vorgaben durch die Gesetzgebung, Standards, Normen und Richtlinien. Weitere Anforderungen ergeben sich durch die angestrebte Positionierung von Produkten am Markt, der Abgrenzung von Konkurrenzprodukten sowie der administrativen Struktur und den damit verbundenen Rollen und Zuständigkeiten in Unternehmen.

Obwohl diese Anforderungen den Entwurfsraum einschränken, so sind deren Anzahl sowie die sich daraus ergebenden Realisierungsalternativen für die EEA sowie die erforderliche Vernetzung und Abstimmung zwischen Modellartefakten zu vielfältig, als dass sie von Entwicklern in ihrer Gesamtheit einfach überblickt werden könnten. Die Erarbeitung sowie die Auswahl von Realisierungsalternativen ist eine hochgradig kognitive Aktivität und basiert auf Erfahrung sowie gesundem Menschenverstand. Als gesunden Menschenverstand bezeichnet Sowa das, was vielen Menschen klar ist, aber nur wenige verbalisieren [213]. Da in Bezug auf Innovation im Bereich der Automobiltechnik und speziell im Bereich Elektrik/Elektronik auch in Zukunft keine Stagnation zu erwarten ist (s. Kapitel 1), ist Werkzeugunterstützung erforderlich, um Entwickler- und Entwurfswissen festzuhalten und Architekturentscheidungen mit diesem Wissen abzugleichen.

In diesem Kapitel werden Möglichkeiten zum Festhalten von Wissen im Bereich der EEA Entwicklung von Fahrzeugen aufgezeigt und anhand von Beispielen diskutiert. Die erste vorgestellte Methode entspricht, wie die modellbasierte Entwicklung von EEAs, dem Paradigma des Model Driven Engineering (MDE) (s. Kapitel 2.9.2). Dabei werden Annotationen und Modellabfragen zum Festhalten von Wissen betrachtet. Der zweite Ansatz bezieht sich auf Ontologien, die als Modelle aus der Domäne der Wissensmodellierung und künstlichen Intelligenz betrachtet werden können. Sie entsprechen nicht dem Paradigma des MDE und ihr Einsatz bietet interessante Möglichkeiten in Bezug auf die Domäne der EEA Entwicklung [1] [2].

---

[1] Teile der in diesem Kapitel dargestellten Inhalte haben der Autor der hier vorliegenden Arbeit zusammen mit Co-Autoren in [113] veröffentlicht.

[2] Teile der in diesem Kapitel dargestellten Inhalte wurden im Zuge der vom Autor der vorliegenden Arbeit betreuten Studienarbeit von Herrn Jochen Kramer mit dem Titel »Evaluation und Perspek-

10.1 Möglichkeiten zum Fassen und Ableiten von Wissen in der Entwicklung von EEAs

Nach dem Ansatz des MDE besteht eine Modell auf M1 Ebene aus Modellartefakten, die Instanzen von Klassen eines Metamodells auf M2 Ebene sind. Das Metamodell stellt eine Sprache dar, welche für die Spezifikation dieser Modelle verwendet wird. Dabei wird durch die Sprache eine Syntax, sprich Terme sowie deren erlaubte Kombination, festgelegt. Die Inhalte eines Modells, welche konform aus einem Metamodell abgeleitet/instanziiert wurden, sind syntaktisch korrekt, im Sinne der durch das Metamodell spezifizierten Sprache.

Aus dieser Tatsache ergibt sich jedoch nicht, dass bestimmte Kombinationen von Modellartefakten, welche der Syntax einer Sprache entsprechen, auch sinnvoll oder bedeutsam sein müssen. In Bezug auf EEAs ist Bedeutung an bestimmte Kontexte gekoppelt, beispielsweise eine Menge von Anforderungen, welche von einer spezifischen Kombination von Modellartefakten erfüllt werden soll. Die Bedeutung solcher Kombinationen erschließt sich für den Experten, der diese betrachtet. Er interpretiert die Inhalte eines Modells auf Basis seines Domänenwissens. Die Inhalte des Modells selbst enthalten allein aus der Verwendung von Konstrukten der Sprache (des Metamodells) heraus noch keine Bedeutung.

10.1.1 Annotationen

Eine Art die Semantik von Kombinationen von Modellartefakten in der Domäne der EEA Modellierung zu fassen, besteht in der Verwendung von Annotationen. Diese werden eingesetzt, um Modellartefakte mit zusätzlichen Informationen zu versehen, welche sich nicht aus dem Metamodell ableiten lassen (z.B. «*Sonderausstattung ab Baujahr 2011*»). Annotationen stellen ihrerseits Modellartefakte dar und stehen jeweils in Relation zu den Modellartefakten über welche sie informieren.

Kann eine Annotation zu mehreren Modellartefakten in Relation gesetzt werden, so besteht die Möglichkeit der Vernetzung dieser Artefakte in einem gewissen Kontext, der seinerseits in der Annotation beschrieben ist. Wird für die Beschreibung ein Vokabular semantisch vordefinierter Begriffe verwendet, so besteht direkt innerhalb von EEA Modellen die Möglichkeit der formalen Wissensmodellierung.

Basierend auf der EEA Modellierungssprache EEA-ADL können Instanzen der Klasse *Requirement* (engl. Anforderung) als Annotationen verwendet werden, obwohl sie im eigentlichen Sinne nicht dafür vorgesehen sind. Einem *Requirement* kann als Bezeichner eine beliebige Zeichenfolge zugeordnet werden. Die Menge der Attribute von Requirements ist erweiterbar.

---

tiven Semantischer Netze und Ontologien zur Unterstützung von Architekturentscheidungen in der Konzeptphase der Automobilentwicklung« [Kra11] erarbeitet.

Darüber lässt sich die Ausprägung der gekapselten Information/Bedeutung differenziert spezifizieren. Requirement-Artefakte lassen sich über *Mapping-Objekte* mit Instanzen fast aller Klassen der EEA-ADL in Relation setzen.

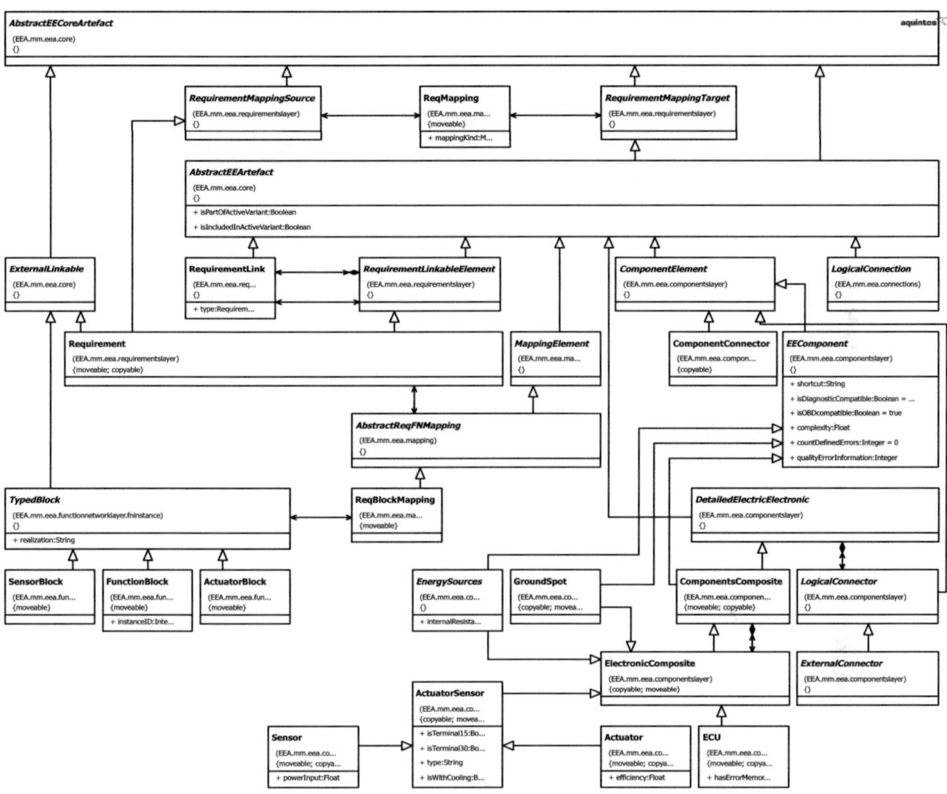

Abbildung 10.1: Requirements in der EEA-ADL

Abbildung 10.1 zeigt einen Auszug aus der EEA-ADL, aus welchem die Möglichkeit der Verwendung von Requirements als Annotationen hervorgeht. Die Klasse *Requirement*, als *RequirementMappingSource*, steht in Relation zu *ReqMapping*. *ReqMapping* wiederum steht in Relation zu *RequirementMappingTarget* steht. *AbstractEEArtefact* erbt von *RequirementMappingTarget* und stellt über weitere Vererbungsrelationen eine Superklasse für die Klassen des Komponentennetzwerks (CMPN) dar. Die Abbildung zeigt mit den Klassen *LogicalConnection, ComponentConnector, LocalConnector, EnergySources, Actuator, Sensor, ECU* und *Groundspot* einen Auszug aus der Menge der Klassen des CMPN.

Klassen des Kabelsatzes und der Topologie sind ebenfalls Spezialisierungen von *AbstractEEArtefakt*. Aus Gründen der Übersichtlichkeit sind diese jedoch in der Abbildung nicht dargestellt. Um Requirements mit Artefakten des Funktionsnetzwerkes in Relation zu setzen, besteht ein separater Mechanismus. Über die Klasse *ReqBlockMapping*, welche die Eigenschaften von *AbstractReqFNMapping* erbt, können Modellartefakte vom Typ *Requirement* zu Artefakten der Klasse *TypedBlock* in Relation gesetzt werden. Diese wiederum ist Superklasse unter anderem von *SensorBlock*, *FunctionBlock* und *ActuatorBlock*.

Abbildung 10.2 zeigt als Erweiterung von Abbildung 7.12 die prinzipielle Anwendung von *Requirement-Artefakten* als Annotationen am Beispiel eines CMPN.

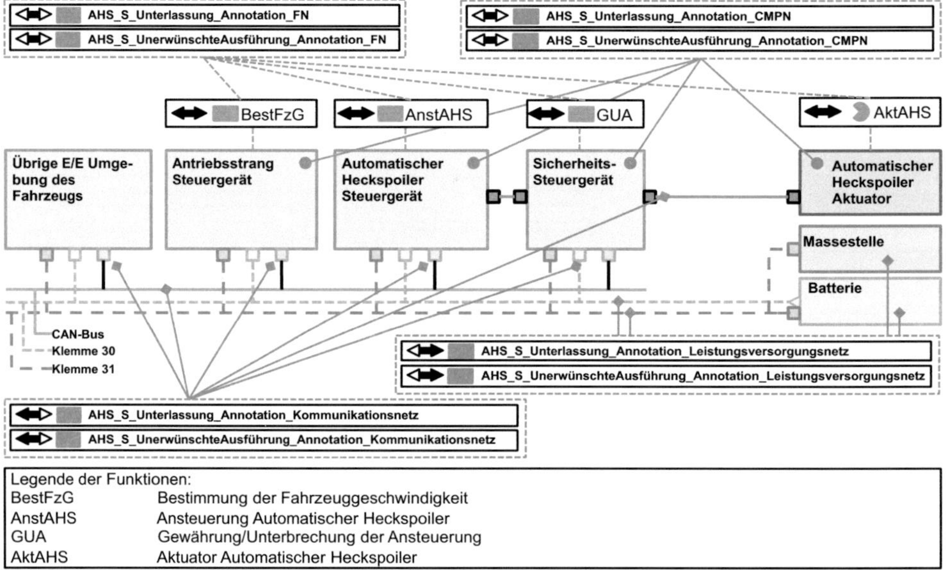

Abbildung 10.2: Anforderungsartefakte als Annotationen (Erweiterung von Abbildung 7.12)

Dabei werden Requirements zum Ausdruck vierer verschiedener Arten von Annotationen (jeweils durch die gestrichelte Umrandung gekennzeichnet) genutzt. Die dargestellten Inhalte orientieren sich am Beispiel aus Kapitel 7.4.4. Dabei kapseln die Annotationen zwei Gefährdungen (*Unterlassung* und *Unerwünschte Ausführung*), die in Zusammenhang mit dem dargestellten System bestehen. Das System wird repräsentiert durch die Softwarefunktionen *BestFZG*, *AnstAHS*, *GUA* (vom Typ *FunctionBlock*) und *AktAHS* (vom Typ *ActuatorBlock*) sowie den Hardwarekomponenten *Antriebsstrang Steuergerät*, *Automatischer Heckspoiler Steuergerät*, *Sicherheitssteuergerät* (jeweils vom Typ *ECU*) und *Automatischer Heckspoiler Aktuator* (vom Typ *Actuator*) und den Kommunikations- und Leistungsversorgungsnetzen [3]. Durch Verwendung der Zusammenhänge im Metamodell, welche im vorigen Abschnitt beschrieben wurden, werden diese Annotationen zu den dargestellten Modellartefakten in Relation gesetzt [4]. Jede Annotation der Abbildung steht in Bezug zu mehreren Modellartefakten. Damit werden diese im Sinne des in der Annotation festgehaltenen Kontextes bzw. der festgehaltenen Bedeutung zusammengefasst. Diese Informationen über Kontext bzw. Bedeutung lassen sich nicht aus dem Metamodell ableiten.

10.1.2 Modellabfragen

Eine weitere Art zum Festhalten von Informationen und Wissen ist die Beschreibung von Modellabfragen (s. Kapitel 9). Hierbei werden Strukturen oder Baupläne von Artefaktkombinationen spezifiziert und in Bezug auf einen Kontext in logische Relationen zueinander gesetzt bzw. als gültig oder ungültig im Sinne eines Kontextes befunden. Darüber hinaus können in der Spezifikation von Modellabfragen auch Annotationen und die darin enthaltenen Informationen verwendet werden, um über diese im Modell spezifiziertes Wissen abzufragen.

Abbildung 10.3 zeigt beispielhaft die Spezifikation einer Modellabfrage in der Perspektive *Modellabfrage Regeleditor* des EEA Modellierungswerkzeugs PREEvision (s. Kapitel 9.1.2). Diese hält das Wissen fest, dass Softwarekomponenten, welche Funktionen von Rückhaltesystemen berechnen, auf ECUs ausgeführt werden müssen, die in Crash-sicheren Einbauorten zu platzieren sind.

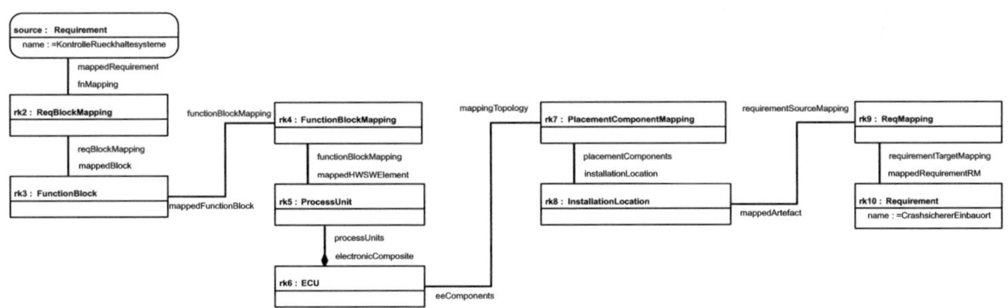

Abbildung 10.3: Beispiel zum Festhalten von Wissen mit einer Modellabfrage

---

[3]Diese Modellartefakte sind Instanzen der Klassen *EnergySources*, *GroundSpot*, *ComponentConnector* und *LogicalConnector*.

[4]Verbindungslinien zwischen Annotationen und Modellartefakten entsprechen Instanzen von *Mapping-Klassen* des Metamodells.

In den Spezifikationen der Modellabfragen werden zwei Annotationen in Form von *Requirements* verwendet. Den Startknoten (*source*) der Modellabfrage bildet eines dieser *Requirement*-Objekte. Alle weiteren Knoten werden im Beispiel mit *rk#* (für *Modellabfrageknoten*) bezeichnet. *FunctionBlock* wird über *ReqBlockMapping* mit der Annotation *KontrolleRueckhaltesysteme* versehen, die durch den Startknoten dargestellt wird. Dieser *FunctionBlock* wird auf einer *ProcessUnit*, als Bestandteil einer *ECU* ausgeführt. Diese wiederum wird in einer *InstallationLocation* platziert, die ihrerseits mit einer Annotation in Form eines *Requirement*s versehen wird, welches die *InstallationLocation* mit der Eigenschaft *CrashsichererEinbauort* belegt. Die Bezeichnungen an den Enden der Kanten stehen jeweils für Rollennamen. Diese Rollennamen entsprechen den Bezeichnungen von Assoziationsenden derjenigen Assoziation, welche die von den Modellabfrageknoten referenzierten Klassen des Metamodells verbinden. Ergebnisse der Modellabfrageausführung auf einem Modell der EEA sind jeweils Mengen (Ergebnisse) von Instanzen (Ergebniselementen), welche den durch die Modellabfrage spezifizierten notwendigen Bedingungen entsprechen. Die dargestellte Modellabfrage beschreibt somit jeweils ein Ergebnis, bestehend aus Ergebniselementen, die in der spezifizierten Relationsverkettung (Konjunktionsgraph, s. Kapitel 9.7) zueinander stehen, als valide im Sinne des durch die Modellabfrage beschriebenen Kontextes / der beschriebenen Bedeutung.

Unter Einsatz von Modellabfragen ergibt sich die Möglichkeit abstrakte Anforderungen oder die Spezifikation valider Entwurfsalternativen in Bezug auf einen Kontext extensional [5] zu beschreiben. Diese Art der Beschreibung basiert darauf, dass bestimmten Realisierungsalternativen von Artefaktkombinationen eine gewisse Bedeutung zugewiesen wird. Alternativen werden in Form von Modellabfragen gefasst, die auf einem Modell der EEA ausgeführt werden. Damit wird das EEA Modell auf Konformität in Bezug auf die extensionalen Beschreibung überprüft. Ergeben sich hieraus Übereinstimmungen in Form von Artefaktkombinationen im EEA Modell, so wird diesen die beschriebene Bedeutung zugewiesen. Dieser Ansatz wird als *Geschlossene Welt Annahme* [6] bezeichnet, da das abstrakte Konzept (die Bedeutung) durch eine endliche Menge von Individuen (den Modellabfragen) beschrieben ist. Die Zuweisung einer Artefaktkombination des EEA Modells zu einem abstrakten Konzept findet nur statt, wenn sie einem Individuum der Menge der extensionalen Beschreibung entspricht (s. Abbildung 10.4).

10.1.3 Bewertung

Modellabfragen unterliegen der *Geschlossenen Welt Annahme*. Wird zur Spezifikation von Modellabfragen eine Modellabfragesprache eingesetzt, die kein Basissystem bereitstellt (wenn beispielsweise als logische Verknüpfung nur Konjunktionen verwendet werden können), so muss zusätzliches Wissen in die Formulierung der eigentli-

---

[5]Wird ein Konzept durch eine Menge von Objekten definiert, so spricht man von extensionaler Beschreibung dieses Konzeptes.
[6]vgl. [218] S. 34 und [116] S. 255.

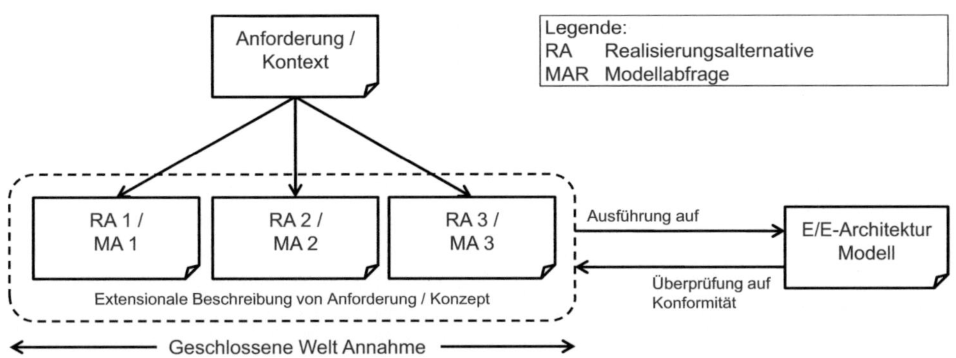

Abbildung 10.4: Extensionale Beschreibung von Anforderungen durch Modellabfragen

chen Aussagen in Form von mehreren Modellabfragen sowie die Interpretation von deren Ergebnissen einfließen [7].

Das Festhalten semantischen Wissens wird durch Annotationen ermöglicht. Ohne Einsatz eines semantisch vordefinierten Vokabulars sind Aussagekraft, Wartbarkeit und Wiederverwendbarkeit jedoch begrenzt.

Durch die Kombination der beiden Ansätze entsteht die Möglichkeit Wissen unter Verwendung von Annotationen zu modellieren. Werden Abfragen auf den entstehenden Netzwerken ausgeführt, können sich Erkenntnisse ergeben, die Aussagen bezüglich der Konformität der modellierten Inhalte gegenüber komplexen Anforderungen oder der Notwendigkeit der Überarbeitung nach sich ziehen.

10.2 Ansätze zur Wissensmodellierung

In der Literatur finden sich verschiedene Ansätze und Methoden zum formalen Festhalten von Wissen. Der Kerngedanke der Wissensmodellierung liegt dabei in der Erstellung von Konzepten im Sinne von Begriffen oder Eigenschaften, durch welche Individuen bezeichnet bzw. beschrieben werden können, sowie von Relationen zwischen Konzepten und Individuen. Es folgen Beschreibungen ausgewählter Methoden, die im hier gesetzten Rahmen zur Wissensmodellierung geeignet sind.

Eine **Taxonomie** oder Konzept-Hierarchie stellt eine hierarchische Kategorisierung oder Klassifizierung von Dingen in einer Domäne dar [95].

---

[7]Eine Lösung des Problems wurde in Kapitel 9 vorgestellt.

Mit **Thesaurus** wird nach DIN 1463-1 [67] im Bereich der Information und Dokumentation »{...} *eine geordnete Zusammenstellung von Begriffen und deren (vorwiegend natürlichsprachigen) Beziehungen bezeichnet, die in einem Dokumentationsgebiet zum Indizieren, Speichern und Wiederauffinden dienen.*« Damit ist ein Thesaurus ein kontrolliertes Vokabular, dessen Begriffe zueinander in Relation gesetzt sind. Diese Relation bezieht sich häufig in erster Linie auf Synonyme sowie Unter- und Oberbegriffe (Hyponyme / Hyperonyme).

Ein **Semantisches Netzwerk** ist eine graphische Notation zur Darstellung von Wissen als Muster von untereinander verbundenen Knoten und Kanten [211]. Kanten stehen dabei für Relationen. Semantische Netzwerke zeichnen sich dadurch aus, dass sie zwischen unterschiedlichen Typen von Kanten unterscheiden, die für unterschiedliche Arten von Relationen stehen. Semantische Netzwerke stellen jedoch in den seltensten Fällen eine vollständige Beschreibung hinreichender Bedingungen von Konzepten dar, die es erlauben, Individuen eindeutig einer entsprechenden Kategorie zuzuordnen [218].

Der Begriff **Ontologie** stammt aus dem Griechischen und kann übersetzt werden mit der »*Lehre von Dingen die sind*« [8]. In den technischen Wissenschaften werden Ontologien im Sinne des *Semantic Web* und im Zuge der Erforschung künstlicher Intelligenz betrachtet [116]. Eine Ontologie einer bestimmten Domäne umfasst deren Terminologie im Sinne ihres domänenspezifischen Vokabulars, alle essenziellen Konzepte dieser Domäne, deren Klassifikation und Taxonomie, den bestehenden Relationen sowie den Axiomen der Domäne [95]. Die am häufigsten verwendete Definition von Ontologie stammt von Gruber [102]: »*An ontology is an explicit specification of a conceptionalization*«. Eine eloquentere und im Kontext dieses Kapitels passendere Definition von Ontologien wird von Blomqvist [44] gegeben: »*An ontology is a hierarchically structured set of concepts describing a specific domain of knowledge that can be used to create a knowledge base*«. Eine Ontologie beschreibt damit in einer formalen Weise Konzepte sowie Relationen zwischen Konzepten die in einer Domäne existieren und die verwendet werden können, um eine Wissensbasis aufzubauen.

Im weiteren Verlauf dieses Kapitels wird untersucht, ob und wie unter Verwendung von Ontologien ein Beitrag zur EEA Entwicklung geleistet werden kann. Hierzu ist die Darstellung einige Grundlagen erforderlich.

10.3 Grundlagen zur Wissensmodellierung mit Ontologien

In Kapitel 2.9.2 wurde ontologische Metamodellierung nach Atkinson und Kühne [18] beschrieben als orthogonale Modellierungsausprägung zu linguistischer Metamodellierung, die weitestgehend den Ansätzen des Model Driven (MDE) Engineering entspricht. MDE wird im Sinne von »*etwas Neues schaffen*« eingesetzt.

---

[8]*Ontos* steht für *Sein* und *Logos* für *Lehre* oder *Wort*.

Dabei werden Modelle unter Verwendung der Konzepte von Metamodellen/Sprach-definitionen abgeleitet. Das hat zur Folge, dass nur Dinge erschaffen werden können, die konform zum Metamodell bzw. der Sprache sind. Dies wird als *Geschlossene Welt Annahme* bezeichnet (s. Kapitel 10.1.2).

Im Gegensatz dazu werden beim Ontological Engineering [9] Klassifizierungen / Kategorisierungen / Hierarchisierungen von Konzepten vorgenommen, in welche existierende Dinge / Individuen [10] eingeordnet werden sollen. Während bei der MDE nur Dinge beschrieben werden können, die sich aus der jeweiligen Beschreibungssprache (dem Metamodell) direkt ableiten lassen, so ist es im Ontological Engineering durchaus möglich, dass sich ein Individuum nicht in die bestehenden Kategorien einordnen lässt. Ontologien basieren auf der *Open World Asumption* (engl. für Offene Welt Annahme), da in diesem Fall die Ontologie erweitert werden kann, motiviert durch das Hinzufügen bestehender Dinge (Bottom Up). Ontologien stellen die ursprüngliche Art der Wissenschaft, wie beispielsweise der frühen Biologie oder Medizin dar, bei welcher Dinge der realen Welt (Individuen) klassifiziert und in Kategorien eingeordnet wurden. Das Hinzufügen von Relationen zwischen Individuen und Konzepten sowie zwischen Konzepten ermöglicht das Festhalten von Wissen über die reale Welt und das deduktive [11] Schlussfolgern (nach Aristoteles Sylogismus genannt [16]).

10.3.1 Logischer Hintergrund

Es existieren verschiedene Sprachen, die zur Darstellung der formalen Semantik von Ontologien verwendbar sind. Diese basieren auf Beschreibungslogiken (s. Kapitel 2.3.5) und unterscheiden sich in ihrer Ausdrucksstärke bezüglich der darstellbaren Inhalte. Dabei wird zwischen verschiedenen Arten von Wissen unterschieden, die Teil der Ontologie sind. Zum einen werden modellierte Konzepte und Relationen als explizites Wissen oder explizite Modellierung bezeichnet. Lässt sich aufgrund der dargestellten Zusammenhänge auf weitere Konzepte oder Relationen schließen, so spricht man von implizitem Wissen. Dieses wurde nicht modelliert, ist aber dennoch im Modell beinhaltet. Um Ontologien rechnergestützt bearbeiten zu können, basieren Schlussfolgerungen auf einem Satz von Regeln, die auf dem verwendeten, vordefinierten Vokabular von Ontologiebeschreibungssprachen ausgeführt werden können. Aktuelle Beschreibungssprachen für Ontologien wurden für spezifische Anwendungen in Hinblick auf das Semantic Web entwickelt.

---

[9] Ontological Engineering bezieht sich auf die Menge von Aktivitäten, welche den Entwicklungsprozess von Ontologien, den Ontologie-Lebenszyklus und die Methoden zum Erstellen von Ontologien sowie Werkzeuge und Sprachen, welche diese Aktivitäten unterstützen [105].

[10] Als Individuen werden im eigentlichen Sinne Dinge der realen Welt bezeichnet. Im Kontext der EEA Modellierung werden Modellartefakte als Individuen interpretiert.

[11] Deduktion wird als Schlussfolgerung vom Allgemeinen zum Besonderen verstanden.

10.3.2 Darstellung und Methodik von Ontologien

Ontologiebeschreibungssprachen zielen auf eine formale Darstellung von Ontologien ab sowie deren Verwendbarkeit auf Computern. Im Folgenden werden aktuelle Ontologiebeschreibungssprachen vorgestellt.

10.3.2.1 Resource Description Framework

Das *Resource Description Framework* (RDF) ist ein Standard des *World Wide Web Consotrium (W3C)* zur Repräsentation von Informationen über Ressourcen [12] und eine Sprache, um Konzepte und die zwischen ihnen bestehenden Relationen als Knoten und Kanten eines Graphen zu beschreiben [151]. Eine Aussage wird dabei als Subjekt-Prädikat-Objekt Tripel (s. Kapitel 2.3.5) interpretiert. Subjekt und Objekt sind dabei Konten des Tripels. Die zwischen ihnen bestehende, gerichtete Relation, das Prädikat [13], wird durch eine Kante dargestellt. Eine Menge von Tripeln wird als *RDF Graph* bezeichnet. Die Bedeutung eines RDF Graphen entspricht der Konjunktion (logisches AND) aller Aussagen, welche den enthalten Tripeln entsprechen [151].

Mit RDF kann Aussagenwissen, sog. »assertionales Wissen« dargestellt werden [116]. RDF basiert auf der Beschreibungslogik $\mathcal{SHIQ}$ [31]. Für RDF ist eine XML-basierte Serialisierungs-Syntax definiert, die mit RDF/XML bezeichnet wird [37]. Tripel werden dabei in der *N-Tripes* Notation wiedergegeben [36]. Ein XML-Dokument der von RDF vordefinierten Begriffe ist in einem Namensraumdokument zusammengefasst, welches unter [229] zu finden ist.

Die Anwendbarkeit von Ontologiesprachen im Web macht es erforderlich, Subjekte, Prädikate und Objekte eindeutig zu referenzieren. Hierzu werden bei RDF sog. *Universal Resource Identifier* (URI) Referenzen verwendet. Diese beginnen mit der Definition eines Namensraumes und einem optionalen Fragment am Ende [166]. In `http://www.itiv.kit.edu/staff/professor` wäre `http://www.itiv.kit.edu/staff` der Namensraum und `professor` das Fragement.

Abbildung 10.5 zeigt einen einfachen RDF-Graphen bestehend aus den beiden Knoten *professor* (als Subjekt), *Systems-And-Software-Engineering* (als Objekt) sowie dem Prädikat *givesLecture*. Vor diesen Fragmenten stehen jeweils die Namensräume. Listing 10.1 stellt die Serialisierung dieses Graphen in RDF/XML Syntax dar. In Zeile zwei werden die Namensräume deklariert und die Bezeichner angegeben, welche sie innerhalb des Dokumentes referenzieren. Zeile 4 eröffnet das Subjekt, Zeile 5 das Prädikat und Zeile 6 das Objekt der Aussage.

---

[12]Ressourcen sind Dinge, die über einen sog. *Universal Resource Identifier* (URI) direkt identifizierbar sind.

[13]In der Literatur werden Prädikate auch als *Properties* bezeichnet [151].

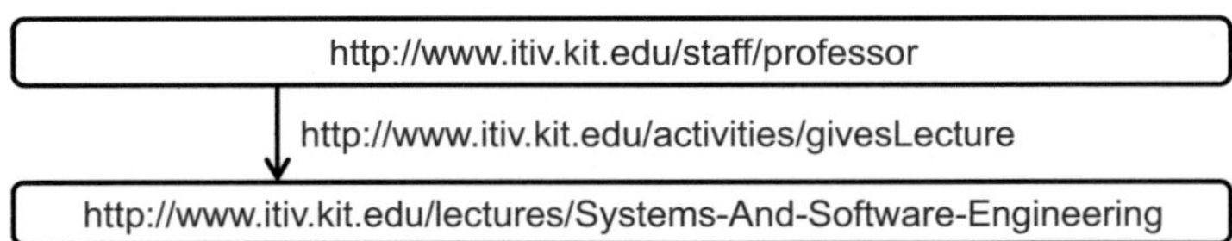

Abbildung 10.5: Beispiel eines einfachen RDF Graphen

```
   <?xml version="1.0" encoding="utf-8"?>
2  <rdf:RDF xmlns:rdf="http://www.w3org/1999/02/22-rdf-syntax-ns" xmlns:activity="http://www.itiv.kit.edu/activity">

4    <rdf:Description rdf:about="http://www.itiv.kit.edu/staff/professor">
     <activity:givesLecture>
6      <rdf:Description rdf:about="http://www.itiv.kit.edu/lectures/Systems-And-Software-Engineering">
       </rdf:Description>
8     </activity:givesLecture>
     </rdf:Description>
10 </rdf:RDF>
```

Listing 10.1: RDF/XML Serialisierung des RDF-Graphen aus Abbildung 10.5

10.3.2.2 RDF Schema

Resource Description Framework Schema (RDFS) erweitert das Vokabular von RDF zum Ausdrücken terminologischen Wissens [116]. Dies wird erreicht, durch die Spezifikation von Hintergrundinformationen über die Terme eines Vokabulars. Beispiel hierfür ist die Festlegung von Definitionsbereich (*domain*) und Wertebereich (*range*) eines Prädikates. So kann eine Relation in Bezug auf die Subjekte und Objekte die sie verbindet, eingeschränkt werden. Damit stellt RDFS eine einfache Ontologiesprache dar. Die Verfügbarkeit von semantisch vordefinierten Begriffen in RDFS erlaubt die Schlussfolgerung impliziten Wissens. Das Namensraumdokument von RDFS ist unter [230] zu finden.

Im Gegensatz zum MDE ist es mit Ontologien generell möglich, dass verschiedene Konzepte im Sinne von Synonymen das gleiche Ding beschreiben. Um auszudrücken, dass verschiedene Konzepte auch verschiedene Dinge beschreiben, müssen sie als *unequal* (engl. ungleich) oder *disjoint* (engl. disjunkt) zu einander in Relation gesetzt werden. Es ist mit RDF oder RDFS nicht möglich, Ungleichheit, Negation oder Disjunktion auszudrücken, was aussagekräftigere Sprachen wie OWL erforderlich macht.

10.3.2.3 Web Ontology Language

Die *Web Ontology Language* (OWL) [14] ist ebenfalls vom *W3C* standardisiert und erweitert wiederum das Vokabular von RDFS. Es stellt eine umfassendere Sammlung semantisch vorbelegter Begriffen bereit.

---

[14]Es gibt nach [87] sinnvolle Erklärungen sowie Anekdoten für den Buchstabendreher in dieser Abkürzung.

OWL baut auf RDFS und somit auch auf RDF auf. Es existieren drei unterschiedliche Sprachausprägungen von OWL, die sich in ihrer Beschreibungsmächtigkeit aber auch in der Entscheidbarkeit ihrer Aussagen unterscheiden [168].

- **OWL Full** bietet die Möglichkeit der vollständigen Verwendung von RDF, RDFS und OWL Artefakten. Damit können beliebige Beziehungen zwischen terminologischem und assertionalem Wissen dargestellt werden. Dies kann jedoch dazu führen, dass Ontologien nicht mehr entscheidbar sind und keine Schlussfolgerung möglich ist.

- **OWL DL** [15] basiert auf der Beschreibungslogik $\mathcal{SHOIN}$(D) und schränkt die Nutzung von Logikelementen auf solche erster Ordnung ein. Damit sind sämtliche Definitionen entscheidbar und Schlussfolgerungen führen in endlicher Zeit zu Ergebnissen. Die Einschränkungen von OWL DL beziehen sich z.B. darauf, dass keine Individuen als Klassen verwendet werden dürfen.

- **OWL Lite** ist eine vereinfachte Version von OWL DL mit Einschränkungen beispielsweise bezüglich Kardinalitäten. In der Praxis findet OWL Lite kaum Verwendung, da diese Einschränkungen die Stärken von OWL gegenüber anderen Sprachen zunichte machen.

Es werden nun ausgewählte Elemente für die Beschreibung von Ontologien mit der Sprache OWL vorgestellt.

owl:Class definiert Klassen, *owl:ObjectProperty* und *owl:DatatypeProperty* geben Objekt- bzw. Datentypeneigenschaften an. *owl:NamedIndividual* wird verwendet, um Individuen zu referenzieren. Eine Klasse kann als Kategorie verwendet werden, in welche sich Individuen einordnen lassen. *rdfs:subClassOf* stellt eine Klassenhierarchie her. Darüber können notwendige Bedingungen spezifiziert werden. Im Gegensatz dazu werden durch *owl:equivalentClass* hinreichende Bedingungen spezifiziert. Ein Individuum ist ein Element, welches vom Typ einer Klasse ist und damit Objekt- und Dateneigenschaften besitzen kann. In Bezug auf ein Prädikat bestimmen *rdfs:domain* und *rdfs:range* den Definitionsbereich bzw. den Wertebereich als Mengen von Eigenschaften, welche Individuen erfüllen müssen, um als Subjekt-Konzept oder Objekt-Konzept dieser Relation hinzugefügt werden zu können.

Verglichen mit RDFS stellt OWL Terme zur Spezifikation von Relationen zwischen Klassen (*owl:disjointWith*, *owl:equivalentClass*, etc.) und ebenfalls zwischen Individuen (*owl:sameAs*, *owl:differentFrom*, *owl:distinctMembers*, etc.) bereit.

OWL bietet logische Konstruktoren auf Klassen (*owl:intersectionOf* (AND), *owl:unionOf* (OR), *owl:complementOf* (NOT)).

Es werden Quantoren bereitgestellt wie (*owl:allValuesFrom* ($\forall$), *owl:someValuesFrom* ($\exists$), *owl:cardinality* (e.g. $\geq 5x_i A$), etc.) und Einschränkungen von Rollen (functional, transitive, symmetric, etc. [119]).

---

[15]DL steht in diesem Fall für *Description Logic*.

Listing 10.2 zeigt ein Beispiel einer Ontologie in der Sprache OWL. Darin ist beschrieben, dass die Objekteigenschaft *hasConnector* durch die *domain* Einschränkung nur von Individuen des Typs *Component* verwendet werden darf. Die Klasse *ECU* ist über *rdfs:subClassOf* mit notwendigen Bedingungen von *Component* definiert. Das Individuum *PSD_Controller* ist vom Typ *ECU* und damit auch vom Typ *Component*. Somit darf *PSD_Controller* die Objekteigenschaft *hasConnector* verwenden.

```
    <owl:ObjectProperty rdf:about="&itiv;hasConnection">
2     <rdfs:domain rdf:resource="&itiv;Component"/>
    </owl:ObjectProperty>
4
    <owl:Class rdf:about="&itiv;ECU">
6     <rdfs:subClassOf rdf:resource="&itiv;Component"/>
    </owl:Class>
8
    <owl:NamedIndividual rdf:about="&itiv;PSD_Controller">
10    <rdf:type rdf:resource="&itiv;ECU"/>
      <itiv:hasConnector rdf:resource="&itiv;PSD_Controller_Con1"/>
12  </owl:NamedIndividual>
```

Listing 10.2: OWL Beispiele

10.3.2.4 F-Logic

F-Logic [16] ist eine Sprache zur Darstellung von Ontologien, die als Erweiterung der Prädikatenlogik zur Darstellung von objektorientierten Konzepten wie Klassen und Vererbung entwickelt wurde [218]. Im Gegensatz zu RDF bietet F-Logic die Möglichkeit domänenspezifische (auch mehrwertige) Relationen zu definieren und zu verwenden. Ebenfalls ist es möglich, beliebige Ableitungsregeln als Logikprogramme zu spezifizieren. Da sich so komplexe Zusammenhänge auch innerhalb großer Systeme einfacher beschreiben lassen, bedeutet dies einen Vorteil gegenüber RDFS. Die bekannteste Syntax und Implementierung von F-Logic bietet *ontobroker*, eine kommerzielle Inferenzmaschine der Firma *ontoprise GmbH* [186].

10.3.2.5 Schlussfolgerungen

Obwohl die Modellierung bestimmter Relationen für den menschlichen Betrachter eine semantische Bedeutung tragen können, bleiben die Darstellungen für den Rechner, der diese Zusammenhänge verarbeiten soll, reine Syntax. Im Falle der Wissensmodellierung mit Ontologien wird die Semantik durch Ableitungsregeln, sog. Deduktionsregeln ausgedrückt, die sich auf die Begriffe eines semantisch vordefinierten Vokabulars beziehen. Durch Anwendung dieser Regeln kann auf implizites Wissen geschlossen werden. Im Folgenden wird dies anhand von RDFS erläutert.

---

[16]F-Logic steht für Frame-Logic. Für weitere Informationen, siehe [95] S.18f und S. 27ff.

Deduktionsregeln entsprechen der Form $\frac{s_1...s_n}{s}$. Dies bedeutet, dass falls $s_1...s_n$ gültige Aussagen einer Ontologie sind, s ebenfalls eine gültige Aussage darstellt und daher der Ontologie hinzugefügt werden kann. Dies wird beispielhaft an einer Deduktionsregel (*Regel 1*) dargestellt [17]. Diese sagt aus, dass wenn u eine Unterklasse von x und v vom Typ u ist, ebenfalls v vom Typ x ist.

$$Regel\ 1 : \frac{u\ rdfs{:}subClassOf\ x.\quad v\ rdf{:}type\ u.}{v\ rdf{:}type\ x.} \tag{10.1}$$

Es liege der RDF Graph aus Abbildung 10.6 vor, der durch zwei Subjekt-Prädikat-Objekt Tripel dargestellt werden kann:

```
AirbagSteuergerät rdf:type KontrollEinheit .

KontrollEinheit rdfs:subClassOf Komponente .
```

Abbildung 10.6: Einfache Beispiel-Ontologie

Durch Anwendung von *Regel 1* auf diesen RDF Graph wird das folgende Tripel hinzugefügt:

```
AirbagSteuergerät rdf:type Komponente .
```

Damit ist gefolgert, dass `AirbagSteuergerät` auch vom Typ `Komponente` ist.

10.3.2.6 Abfragen

Neben Deduktionsregeln existieren auch Abfragesprachen für Ontologien. Hier ist vor allem *SPARQL* [18] zu nennen, eine zu SQL[19] ähnliche Abfragesprache, die auf RDF-Daten arbeitet [193]. Das Java Programm *Pellet* stellt eine Implementierung von SPARQL bereit.

---

[17] Eine detaillierte Beschreibung der Ableitungsregeln von RDFS finden sich in [116] S. 105ff.

[18] Die Abkürzung SPARQL steht für SPARQL Protocol and RDF Query Language.

[19] SQL steht für Sturctured Query Language. Für Informationen über SQL wird auf weiterführende Literatur wie [158] oder [154] verwiesen.

Eine SPARQL Abfrage ist unterteilt in einen Kopf, der *PREFIX* Angaben enthalten kann, um lange URIs in der Abfrage verkürzt darzustellen, sowie der Abfrage selbst. Diese besteht aus einer `SELECT`-Anweisung mit den Variablen, die in der Ausgabe aufgeführt werden sollen, sowie einer `WHERE`-Anweisung, welche Filterregeln definiert.

Das Beispiel für eine SPARQL Abfrage ist in 10.3 dargestellt. Hier sind `?individual` und `?class` die aufzuführenden Variablen, der `WHERE`-Teil enthält die Suchgraph-Regel. Im Abfrageergebnis werden RDF-Tripel gesucht, die `rdf:type` als Prädikat verwenden.

```
   PREFIX rdf: <http://www.w3.org/1999/02/22-rdf-syntax-ns#>
2
   SELECT ?individual ?class
4  WHERE {
     ?individual rdf:type ?class.
6  }
```

Listing 10.3: Beispiel einer SPARQL Abfrage

SPARQL unterstützt die Spezifikation von alternativen Graphmustern über das Schlüsselwort `UNION` sowie optionale Teile von Graphmustern über `OPTIONAL`. Die Vergleichsoperatoren <, >, =, <=, >=, != sind auf allen in SPARQL speziell definierten Datentypen definiert. Weiterhin werden boolesche Operationen in Form von logischem UND, logischem ODER oder logischer NEGATION sowie arithmetische Operationen (+,-,*,/) zur Kombination numerischer Werte unterstützt.

10.3.2.7 Graphische Darstellung

Im Gegensatz zu UML im Bereich des MDE besteht bisher keine standardisierte graphische Darstellung für Ontologien. In [95] findet sich jedoch ein Vorschlag, um UML hierfür einzusetzen. Die in diesem Kapitel verwendeten Darstellungen von Ontologien entsprechen daher folgender selbst gewählter Konvention: Ellipsen stehen für Konzepte, Quadrate mit abgerundeten Ecken für Individuen. Pfeile und deren Bezeichnung repräsentieren Prädikate. In den Abbildungen nimmt der Abstraktionsgrad von unten nach oben zu.

10.4 Motivation für den Einsatz von Ontologien

Die Möglichkeit zur formalen Wissensmodellierung wird vom Autor der vorliegenden Arbeit als potente Methode angesehen, um auch zukünftig den sich aus steigender Komplexität von EEAs ergebenden Ansprüchen gerecht zu werden und konform zu bestehenden heterogenen Anforderungen zu entwickeln. Die Wissensmodellierung wird als eine Methode zur Spezifizierung und der Weitergabe von Wissen in Bezug auf Architekturentscheidungen betrachtet. Ebenso stellen die Möglichkeit zur regelbasierten Schlussfolgerung von implizitem Wissen und die Anwendbarkeit einer umfassenden Abfragesprache wie SPARQL entscheidende Kriterien zum Einsatz von Ontologien in der Entwicklung dar. Im Folgenden wird daher das Potential des Einsatzes dieser Methoden und Konzepte im Umfeld der EEA Entwicklung von Automobilen betrachtet.

10.4.1 Anforderungen an die Transformation und die Nutzung der ontologiebasierten Darstellung

Aus der Motivation heraus Ontologien im Bereich der EEA Modellierung einzusetzen, ergeben sich im ersten Schritt folgende abstrakte Anforderungen, welche die Betrachtung von EEAs unter ontologischen Gesichtspunkten ermöglichen:

- Die Modellierung von Domänenwissen unabhängig von konkreten EEA Modellen sowie die werkzeuggestützte Unterstützung bei der Zuordnung von modellierten Inhalten zu den Konzepten, die von Domänenwissen dargestellt werden.

- Rechnergestützte Übersetzung vorliegender EEA Modelle auf Basis einer Beschreibungssprache (z.B. EEA-ADL), welche von etablierten Entwicklungswerkzeugen (z.B. PREEvision) eingesetzt werden, in eine ontologiesprachenbasierte Darstellung.

- Methodik zum Hinzufügen von Wissen im Sinne von Bedingungen, Kategorien, Konzepten und Relationen.

- Einsetzbarkeit von rechnergestützten Schlussfolgerungen und Abfragesprachen für Ontologien.

Die weiteren Teile dieses Kapitels sind wie folgt gegliedert: Zuerst wird der Stand der Wissenschaft und Forschung in Bezug auf die Anwendung von Ontologien in der Fahrzeugentwicklung bzw. in der Architekturentwicklung betrachtet. Dem folgt die Darstellung einer Methode mit der EEA Modelle, die basierend auf der Architekturmodellierungssprache EEA-ADL erstellt sind, in eine ontologische Repräsentation, basierend auf der Ontologiesprache OWL, übersetzt werden können. Anschließend wird dargestellt, wie diese Repräsentation mit Wissen angereichert werden kann.

Möglichkeiten für Schlussfolgerungen und Abfragen auf Basis der entstandenen Inhalte werden an Beispielen demonstriert. Schließlich werden die Ergebnisse diskutiert und ein Ausblick auf weitere Forschungsarbeiten gegeben.

10.5 Stand der Forschung und Technik

Im folgenden Abschnitt wird ein Überblick über den aktuellen Stand der Forschung und Technik bezüglich der Verwendung von Ontologie in der modellbasierten Entwicklung von Automobilsystemen gegeben. Eine Abgrenzung des derzeitigen Standes der Forschung und Technik gegen die in diesem Kapitel beschriebene Methodik schließt sich an.

10.5.1 Ontologie-basierte Ansätze zur Auswertung von Hardware-in-the-Loop Testergebnissen

In [219] wird die Verwendung von Ontologien im Bereich der Auswertung von Hardware-in-the-Loop (HiL) Testdaten von Motorsteuergeräten beschrieben. Dabei wird durch die Ontologie ein einheitliches Vokabular zur Beschreibung von Regeln dieser Domäne bereitgestellt. Diese Regeln beschreiben Konzepte und Eigenschaften von Zustandsautomaten einer Motorsteuerung und Abhängigkeiten von Testdaten, die in einer Domänenontologie gefasst werden. Aufgezeichnete Testdaten werden als Individuen dieser Ontologie formatiert. Anschließend wird überprüft, ob und welchen Konzepten der Domänenontologie sie zugeordnet werden können.

Abgrenzung: Der genannte Beitrag beschreibt die Anwendung von Ontologien in der Integrations- und Testphase der Entwicklung, nicht in der Architekturmodellierung. Die Domänenontologie wird aus Expertenwissen aufgebaut. Eine bestehende Modellierungssprache wird hierfür nicht verwendet.

10.5.2 Design Process Model for Automotive Systems (DeSCAS)

Die DeSCAS (Design Process Model for Automotive Systems) Initiative, bestehend aus Partnern des German Aerospace Center, der Universität Oldenburg und der Technischen Universität Braunschweig, befasst sich mit der Entwicklung eines benutzerzentrierten Entwicklungsprozesses für sicherheitskritische Automobilsysteme. Dieser ist angelehnt an Entwicklungsprozesse wie das V-Modell XT [117] oder auch den Sicherheitslebenszyklus nach ISO 26262 [139]. Ziel ist es, unterschiedliche, verzahnte Aktivitäten der Entwicklung in einem Entwicklungsprozess zu verflechten. Die Grundzüge des DeSCAS Entwicklungsprozesses sind in [93] veröffentlicht.

Im Entwicklungsprozess und in dessen Beschreibung kommen Ontologien als gemeinsame und verständliche Sprache zur formalen Repräsentation von Prozesselementen zum Einsatz. Ein Entwicklungsprozess setzt sich dabei aus sog. *Development Streams* (beispielsweise Architektur und Funktionsentwicklung, Sicherheitsmaßnamen, etc.) zusammen, welche unter anderem Prozessschritte, Beteiligte und eine Ontologie umfassen, die den Kontext dieses Development Streams definieren. Ontologien werden abhängig vom Development Stream dazu verwendet, das Wissen der jeweiligen Domäne zu formalisieren. Dieses bezieht sich auf die Taxonomie, sowie Relationen zwischen Konzepten. Der sog. *Core* umfasst domänenunabhängige Konzepte und Beschreibungen (Ontologien) in Bezug auf Prozesse, Domänen, Produkte und Services. Darauf basierend dieser werden domänenspezifische Konzepte und Beschreibungen erstellt, die sich zum überwiegenden Teil auf den linken Ast der V-Darstellung von Entwicklungsmodellen (wie beispielsweise dem V-Modell XT) beziehen. Eine spezielle Ausprägung des DeSCAS Projektes ist die Betrachtung von Sicherheitsanforderungen und Maßnahmen nach ISO 26262. Dabei wurde das Modell der ISO 26262 unter Verwendung von Ontologien formalisiert, analysiert und auf das DeSCAS Prozessmodell gempappt. Eine Methodik für den ontologiegestützten Umgang mit diesen Sicherheitsanforderungen ist in [94] veröffentlicht. Darin werden die im Folgenden aufgeführten Schritte beschrieben, bei welchen die Inhalte überwiegend in Form der OWL dargestellt werden:

- Funktionale Anforderungen werden basierend auf dem KAOS Metamodell in einer Ontologie ausgedrückt. Diese Anforderungen werden mit domänenspezifischen Attributen annotiert.

- Auf Basis der annotierten Attribute werden mögliche Kombinationen der Parameter einer Gefahren- und Risikoanalyse abgeleitet.

- Auf Grundlage der abgeleiteten Gefährdung wird der ASIL bestimmt und zugeordnet. Die Auswirkungen von ASILs verschiedener Komponenten aufeinander wird betrachtet. Um diese Auswirkungen ableiten zu können, werden die typisierten Relationen *fulfills, hasToFulfill, despendsOn, neededBy* eingeführt, sowie Regeln, so dass basierend auf den Relationen Schlussfolgerungen angestellt werden können.

- Als nächster Schritt werden auf Grundlage der ASIL Klassifizierungen Links zur Nachverfolgung eingeführt. Diese zeigen auf Sicherheitsanforderungen, die ihrerseits mit Methoden und Maßnahmen verbunden sind, welche eingesetzt werden können, um die Sicherheitsanforderungen zu erfüllen. Diese Methoden und Maßnahmen sind auch mit den Entwicklungsphasen verknüpft, in denen sie zum Einsatz kommen.

- Daraus wird ein angepasster Workflow abgeleitet, der sich aus den funktionalen Anforderungen und ihrem Einfluss auf das Produkt und den Entwicklungsprozess ergibt.

Abgrenzung: Der DeSCAS Entwicklungsprozess setzt Ontologien ein, um die Konzepte, die in der Entwicklung von sicherheitskritischen Systemen vorkommen und deren gegenseitige Relationen in Terminologien zu fassen. Dabei liegt das Hauptaugenmerk auf der ganzheitlichen Betrachtung des Entwicklungsprozesses bzw. des Vorschlags zu einer Solchen (siehe [93]). Die spezielle Ausprägung des DeSCAS Entwicklungsprozesses in Bezug auf die Entwicklung sicherheitskritischer Automobilsysteme wird in [94] beschrieben. Um den Entwicklungsprozess anzupassen, werden dabei Ontologien zur Darstellung von Zusammenhängen zwischen funktionaler Entwicklung und den Schlussfolgerungen der Auswirkungen von ASIL Klassifizierungen angewendet.

Auf die Anpassung dieses Ansatzes auf Modelle, die mit etablierten Werkzeugen zur Erstellung der EEA eingesetzt werden (beispielsweise PREEvision), wird nicht eingegangen. Haben derartige Werkzeuge im Entwicklungsprozess einen festen und etablierten Stellenwert, so ist die Verwendung von ontologiebasierten Inhalten von Architekturmodellen und den sich daraus ergebenden Möglichkeiten zu beachten. Anstelle eines umfassenden, neuen Entwicklungsprozesses müssen die Möglichkeiten, die aus der ontologischen Betrachtung und Bewertung bestehender Architekturmodelle erwachsen mit dem bestehenden Entwicklungsprozess in Verbindung gebracht, bzw. in diesen integriert werden können. Diesem Ansatz widmet sich die vorliegende Arbeit.

10.5.3 ModelCVS

ModelCVS [171] ist ein Projekt der Universität von Linz und Wien, das sich mit der Austauschbarkeit von Modellen befasst. Hieraus ergeben sich Möglichkeiten zur transparenten Transformation von Modellen in Hinblick auf verschiedene Werkzeuge, Sprachen und Austauschformate sowie die Versionierung der Modelle unter Nutzung von Syntax und Semantik. Dabei kommen semantische Technologien sowie Integrationsmuster auf der Ebene von Metamodellen zum Einsatz. Eine Wissensbasis hält darüber hinaus wichtige Informationen für die Werkzeugumsetzung fest. Das sog. »*Meta Modell Bridging*« unterstützt den Umgang mit heterogenen Metamodellen basierend auf sog. »*Bridging Pattern*«. Diese wiederum sind Grundlage für eine spezielle *Meta Modell Bridging Sprache*. Durch die Betrachtung von Integrationsproblemen auf semantischer Ebene wird eine Steigerung der Qualität der Werkzeugunterstützung erreicht. Hierzu werden die Metamodelle in Ontologien beschrieben, in denen Wissen über die Metamodelle selbst und über das Bridging festgehalten wird.

Abgrenzung: Das ModelCVS Projekt befasst sich mit einer generischen Methode zur Austauschbarkeit von Modellen, die auf heterogene Metamodelle angewendet werden kann. Dabei werden Ontologien als Wissensbasis in Bezug auf die Modelltransformationen eingesetzt. In der hier vorliegenden Arbeit sind die Anforderungen an die Transformation zwischen zwei ähnlichen Metamodellen (beide implementieren im weiteren Sinnen MOF) klar zu bestimmen.

Das für die Transformation erforderliche Wissen kann direkt in der Implementierung der Transformationen umgesetzt werden. Für den Umgang mit ontologiebasierten Darstellungen von Modellen der EEA von Fahrzeugen zeigt ModelCVS keine dedizierten Lösungen auf.

10.6 Anforderungen an die ontologische Betrachtung von E/E-Architekturen

In diesem Kapitel werden die Anforderungen an die ontologiebasierte Betrachtung von EEAs erforderlichen Bereiche dargestellt und deren Bewertung vorgenommen. Ein Vergleich mit dem Stand der Technik sowie die systematische Zusammenfassung der Anforderungen schließen sich an. Eine Betrachtung der Vorgehensweise folgt.

10.6.1 Anforderungen an die Übersetzung

Das Hauptziel der im Folgenden dargestellten Aktivitäten ist es, die Stärken von Ontologien, nämlich Offenheit und die Möglichkeit zur Wissensmodellierung und Schlussfolgerung in der Entwicklung von EEA Modellen zu nutzen.

Da die Prozesse der EEA Entwicklung sowie die Werkzeuglandschaft bei Automobilherstellern bereits einen etablierten Teil des Gesamtentwicklungsprozesses darstellen, soll die Nutzung von Ontologien eine mögliche Erweiterung der Entwicklungsaktivitäten darstellen und Perspektiven für die entwickelten Inhalte bieten. Dabei sollen Architekturen, die mit Hilfe bestehender Methoden und Werkzeuge entwickelt wurden, unverändert in die ontologische Betrachtung übernommen werden können. Eine Rückkopplung von Ergebnissen der ontologiebasierten Betrachtung in den etablierten Entwicklungsprozess soll ebenfalls als optional angesehen werden.

Für dieses Vorgehen ist im ersten Schritt eine möglichst automatisierte Transformation von bestehenden EEA Modellen in eine ontologiebasierte Darstellung von deren Inhalten erforderlich. Das zugehörige Metamodell der EEA umfasst Informationen über die Taxonomie von Konzepten sowie deren Relationen aus der Perspektive des MDE. Um Redundanzen in der Modellierung und Übertragungsfehlern vorzubeugen, sollen diese Informationen ebenfalls automatisiert in eine Domänenontologie abgebildet bzw. transformiert werden.

10.6.2 Anforderungen an die Nutzung der ontologiebasierten Betrachtung

Durch die ontologiebasierte Betrachtung von Elektrik/Elektronik Architekturen sollen Wissensmodellierung, Schlussfolgerung und Anwendung auf Grundlage von existierenden Ontologieabfragesprachen bewerkstelligt werden. Dabei sollen auch nichtfunktionale Anforderungen, wie beispielsweise Sicherheitsanforderungen abgebildet und mit semantischen Zusammenhängen versehen werden können. Die Stärken von Ontologien können erst zum Zug kommen, wenn die entsprechenden Informationen in der Ontologie vorhanden sind.

Da die EEA nach der Transformation einen ähnlichen Inhalt aufweisen wird wie zuvor, muss sie mit diesem Wissen angereichert werden. Diese Anreicherung soll bereits auf einer ontologischen Darstellung der EEA und möglichst mit Werkzeugunterstützung erfolgen. Dazu ist ein Transformationsziel (Sprache) zu wählen, in welches die Inhalte von bestehenden EEA Modellen und dem entsprechenden Metamodell möglichst verlustfrei übersetzt werden können und welches von etablierten Werkzeugen im Bereich des Ontological Engineering unterstützt wird.

Die Anreicherung der Transformationsergebnisse mit Wissen soll möglichst unabhängig von den dedizierten EEAs sein, auf welchen dieses Wissen zur Anwendung kommen soll.

Weiter sollen die Ergebnisse der ontologiebasierten Betrachtung und Bewertung von EEAs in die Entwicklung (entlang eines etablierten Entwicklungsprozesses) zurückfließen können.

10.6.3 Vergleich mit dem Stand der Technik

Alle in Kapitel 10.5 dargestellten Beiträge nutzen Offenheit sowie die Möglichkeit der Schlussfolgerung als Stärken der Ontologie im jeweiligen Kontext.

Während sich die Methodik zur ontologiebasierten Betrachtung von HiL Testergebnissen relativ einfach an einen bestehenden Entwicklungsprozess adaptieren lässt, so stellt DeSCAS selbst einen umfassenden Entwicklungsprozess dar, was die Adaption erschwert. Allerdings werden bei DeSCAS Arbeitsergebnisse von Entwicklungsschritten in ontologiesprachenbasierte Darstellungen übersetzt, um Methoden des Ontology Engineering anzuwenden.

ModelCVS stellt einen generischen Ansatz zum Umgang mit heterogenen Modellen dar und verwendet Ontologien zur Wissensmodellierung bezüglich der Transformationen zwischen diesen Modellen. Die Umsetzung einer umfassenden Transformationsmethodik ist im Rahmen der vorliegenden Arbeit nicht erforderlich. Als notwendig erweist sich hier nur eine unidirektionale Transformation von Modellen zweier Modellierungssprachen (Sprache zur MDE-basierten Modellierung von EEAs und Ontologiesprache).

Aus der Betrachtung von HiL Testergebnissen kann die Interpretation von Entwicklungsdaten (in der vorgestellten Anwendung in Form von Testergebnissen) als Individuen einer Domänenontologie auch für die Inhalte eines EEA Modells angewendet werden. Jedoch wird angenommen, dass in der EEA Entwicklung einsetzbare Domänenontologien deutlich umfangreicher sind, als Zustandsautomaten eines zu testenden, eingebetteten Systems. Der DeSCAS Entwicklungsprozess zeichnet sich durch eine umfassende Betrachtung und Berücksichtigung von Sicherheitsanforderungen während früher Entwicklungsphasen aus, die unter Ausnutzung von Stärken der Ontologie-basierten Betrachtung gelingt. Der Fokus liegt neben der Durchführung einer Gefahren- und Risikoanalyse und der Betrachtung der Auswirkungen von ASIL-Sicherheitsklassifizierungen auf dem Requirements Engineering in Bezug auf die Durchführung realisierender und implementierender Entwicklungsphasen sowie auf der Anpassung des Gesamtentwicklungsprozesses. Auf die Anwendung in Verbindung mit etablierten Werkzeugen zur EEA Modellierung sowie die allgemeine Verwendbarkeit der ontologiebasierten Darstellung derartiger Architekturen wird nicht eingegangen.

10.6.4 Systematische Zusammenfassung der Anforderungen

Basierend auf der vorangegangenen Diskussion lassen sich folgende Anforderungen an die vorliegende Arbeit ableiten:

- Übersetzung des EEA Metamodells in eine ontologiebasierte Darstellung als initiale Domänenontologie.

- Übersetzung von EEA Modellen in eine ontologiebasierte Darstellung. Diese sollen sich auf die Konzepte der Domänenontologie beziehen.

- Entwicklung / Bereitstellung von Methoden zur Überarbeitung von Transformationsergebnissen sowie zur Anreicherung mit Domänenwissen (notwendige und hinreichende Bedingungen).

- Anwendung bestehender Werkzeuge im Umfeld des Ontology Engineering, speziell für Schlussfolgerungen und Abfragen.

- Schaffen einer Möglichkeit für die Einordnung in den Entwicklungsprozess von EEAs.

10.6.5 Vorgehensweise

Die sich aus den dargestellten Anforderungen ergebenden Aktivitäten werden in folgenden Teilschritten erarbeitet, die in den weiteren Kapiteln dargestellt werden. Zuerst erfolgt die Auswahl einer Zieldarstellung (Sprache) für Transformationsergebnisse. Darauf aufbauend werden die Transformationen von EEA Modell und dem zugehörigen Metamodell in ontologiebasierte Darstellungen durchgeführt (s. Kapitel 10.7).

In einem weiteren Schritt werden die Transformationsergebnisse aufbereitet und mit zusätzlichem Domänenwissen angereichert (s. Kapitel 10.8). Besonders wird dabei auf notwendige und hinreichende Bedingungen eingegangen. Die Ergebnisse dieses Schrittes werden für die Durchführung von Schlussfolgerungen und Abfragen verwendet (s. Kapitel 10.9). Am Beispiel des EEA Modells einer automatischen Schiebetür wird dann der beschriebene Verlauf demonstriert. Die Einordnung der ontologiebasierten Betrachtung von EEAs in deren Entwicklungsprozess (s. Kapitel 10.10) schließt sich an.

10.7 Transformation

10.7.1 Einführung des Beispielmodells

Als Fallbeispiel für die folgenden Betrachtungen wird ein sicherheitsbezogenes System herangezogen, das in der ISO 26262 ebenfalls als Beispielsystem verwendet wird [20]. Dabei handelt es sich um die automatische Schiebetür eines Fahrzeugs. Abbildung 10.7 zeigt die Hardwarearchitektur des Systems. Dargestellt sind die beiden Steuergeräte *PT_Controller* (Power Train Controller [21]) und *PSD_Controller* (Powered Sliding Door Controller [22]), welche Informationen bezüglich der Fahrzeuggeschwindigkeit austauschen und der Aktuator *PSD_Actuator* (Powered Sliding Door Actuator [23]), welcher vom *PSD_Controller* angesteuert (engl. control) wird. Mit »*_Con#« werden jeweils Anbindungen der Komponenten bezeichnet.

Im Beispiel aus ISO 26262 Part 10 resultiert die durchgeführte Gefahren- und Risikoanalyse für das System in der Klassifizierung mit ASIL C für das Sicherheitsziel: »*Die Tür wird nicht geöffnet, so lange die Fahrzeuggeschwindigkeit höher als 15 km/h ist*«.

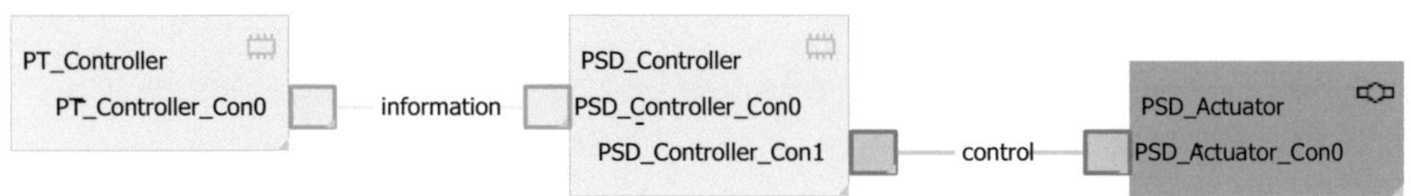

Abbildung 10.7: EEA eines sicherheitsbezogenen Systems in Anlehnung an [139]

---

[20] vgl. ISO 26262, Part 10.
[21] engl. für Steuergerät des Antriebsstrangs.
[22] engl. für Steuergerät der *Automatischen Schiebetür*.
[23] engl. für Aktuator der *Automatischen Schiebetür*.

10.7.2 Konzeption der Transformation

Das in Abbildung 10.7 dargestellte Modell besteht aus Modellartefakten, welche sich durch Instanziierung der Klassen des darüberliegenden Metamodells ergeben. Die Inhalte dieses Metamodells (Klassen und Relationen zwischen diesen Klassen) stellen einen Teil des Wissens in der Domäne der EEA Entwicklung dar und sollen auch in die ontologiebasierte Darstellung einfließen.

Aussagekräftige Sprachen zur Wissensmodellierung basieren auf Beschreibungslogiken. In Bezug auf die modellierten Inhalte wird bei diesen zwischen einer *A-Box* und einer *T-Box* unterschieden (s. Kapitel 2.3.5). Die A-Box enthält assertionales Wissen und konkrete Objekte (Individuen). Die *T-Box* enthält terminologisches Wissen und bezieht sich auf Konzepte und Relationen einer Domäne. Verglichen mit der EEA Modellierung unter dem Paradigma des Model Driven Engineering entspricht das Modell der EEA, bestehend aus Modellartefakten, einer A-Box. Die Metamodell Artefakte des darüberliegende Metamodells sind Konzepten und Relationen einer T-Box zuzurechnen. Aus dem Metamodell kann somit eine Domänenontologie und aus dem Modell eine Instanzontologie aufgebaut werden. Diese Trennung bringt entscheidende Vorteile mit sich, die in der ontologiebasierten Darstellung der EEA genutzt werden sollen. Das Wissen lässt sich in der Domänenontologie konzentrieren und ist unabhängig von einer konkreten Instanzontologie. Somit können verschiedene Instanzontologien gegenüber den Konzepten der Domänenontologie der EEA bewertet werden.

An die Sprache, welche zur ontologiebasierten Darstellung der EEA verwendet werden soll, werden so folgende Anforderungen gestellt:

- Hohe Aussagekraft in Bezug auf semantische Zusammenhänge.
- Etabliertheit in der Domäne der Wissensmodellierung, hohe Verbreitung, möglichst Standardisierung.
- Gute Werkzeugunterstützung für Modellierung, Schlussfolgerung und Abfragen
- Werkzeugunterstützung möglichst frei erhältlich (ohne Lizenzgebühren).
- Gute Lesbarkeit für Menschen.

Als aktuelle Ontologiebeschreibungssprachen aus dem Umfeld der Wissensmodellierung und des Semantic Web sind vor allem die Web Ontology Language (OWL) und F-Logic zu nennen. OWL baut auf den ebenfalls vom W3C [24] standardisierten Sprachen RDFS und RDF auf, bietet eine XML-basierte Serialisierung und stellt ein umfassendes und domänenunabhängiges Vokabular semantisch vorbelegter Begriffe bereit. Mit F-Logic lassen sich zwar domänenspezifische Relationen und Ableitungsregeln definieren, allerdings sind umfassende Werkzeugumgebungen nicht frei erhältlich.

---

[24]W3C steht für World Wide Web Consortium.

OWL erfüllt die gestellten Anforderungen am besten, vor allem durch die Standardisierung und frei erhältliche Werkzeugunterstützung und soll daher für die ontologiebasierte Darstellung von EEAs verwendet werden.

Im Folgenden werden die Transformationen von Modell und Metamodell der EEA, basierend auf dem Paradigma des MDE, in OWL-Ontologien vorgestellt. Die Realisierung von Transformationen [25] ist stark vom jeweiligen Datenformat der Transformationsquellen sowie deren Serialisierung abhängig. Transformationsquellen werden auch als LHS (engl. für Left Hand Side) (s. Kapitel 9.1.1.1) einer Transformation bezeichnet, während die Transformationsergebnisse RHS (engl. für Right Hand Side) genannt werden.

Die im Rahmen dieser Arbeit durchgeführten Transformationen beziehen sich als Beispiel für die vorgestellte Methodik auf die Übersetzung von EEA Modellen sowie das darüberliegende Metamodell basierend auf EEA-ADL.

EEA-ADL ist das Metamodell für EEAs, welche im EEA Modellierungswerkzeug PREEvision erstellt werden [26]. Es basiert auf der Metasprache MOF Version 1.3 [176]. Es wird in einer XML-basierten Serialisierung entsprechend XMI Spezifikation Version 1.1 [177] abgelegt. Für OWL basierte Ontologien existieren verschiedene Serialisierungen, unter anderem OWL/XML und RDF/XML. In RDF/XML werden Tripel nach Subjekten gruppiert dargestellt [27]. Es gibt eine bestimmte Übersetzung für OWL Konstrukte nach RDF/XML [28]. Die OWL/XML Syntax stellt eine, durch ein XML Schema definierte, XML Syntax für OWL dar [29].

Ein Teil der Übersetzung kann durch bestehende Transformatoren unterstützt werden. Das Open Source Projekte *emftriple* [30] stellt eine Reihe von Eclipse Plugins zur Verfügung, die beim Bridging [31] von EMF [32] und Technologien des Semantischen Web wie OWL, RDF oder SPARQL helfen können. Neben anderen Hilfsmitteln stellt *emftriple* eine Transformation von ECORE-basierten Metamodellen in OWL-basierte Ontologien (OWL RDF/XML Syntax [33]) bereit. Zum Nachweis der Effizienzsteigerung ist es sinnvoll für einen Machbarkeitsnachweis bestehende Quellen und Implementierungen einzubinden. Daher soll *emftriple* für die Transformation von EEAs in Ontologien verwendet werden.

---

[25] Eine Übersicht über Modell zu Modell Transformationen finden sich in [196].

[26] In dieser Arbeit wird Version 3.0.611 des PREEvision EEA Metamodells EEA-ADL verwendet.

[27] siehe [116] S.43.

[28] Das Mapping von OWL nach RDF ist in [235] beschrieben.

[29] Die XML Serialisierung von OWL ist in [234] beschrieben.

[30] Zur Zeit der Bearbeitung der vorliegenden Arbeit befindet sich *emftriple* in der Entwicklung (Version 0.6.1) [110].

[31] *Bridging* wird hier im Sinne von Brücken schlagen bzw. überbrücken verwendet.

[32] EMF steht für Eclipse Modeling Framework, siehe Kapitel 2.9.3.8.

[33] Es existieren Konverter, beispielsweise im Werkzeug Protégé [98], mit welchen die OWL Serialisierungen OWL/XML und RDF/XML ineinander überführt werden können.

Es ergeben sich somit zwei Transformationspfade (s. Abbildungen 10.8 und 10.11). Um *emftriple* für die Übersetzung anzuwenden, ist eine vorhergehende Transformation des im Werkzeug PREEvision MOF-basiert implementierten Metamodells in ein ECORE-basiertes Metamodell erforderlich. Anschließend können daraus unter Verwendung von *emftriple* OWL-basierte Ontologien in OWL/XML-Syntax erzeugt werden. Diese werden als Domänenontologien der EEA oder kurz EEA-DOs bezeichnet. Der zweite Transformationspfad bezieht sich auf die Übersetzung von EEA Modellen, welche auf dem genannten Metamodell basieren, in entsprechende OWL-basierte Ontologien. Diese werden als Instanzontologien der EEA oder kurz als EEA-IOs bezeichnet. Die Individuen von EEA-IOs referenzieren dabei die Konzepte der EEA-DO.

Für alle Inhalte entlang der Transformationspfade gibt es jeweils eine XML-basierte Serialisierung. Das Metamodell der EEA basiert auf MOF. Es liegt durch Anwendung von XMI als XML Dokument vor (*eea300.xml*). Ebenfalls werden Modelle von EEAs als XML-Dokumente abgelegt. Im vorgestellten Beispiel steht *EeaM1Mod.eea* für ein solches Dokument. Die darin serialisierte EEA ist vergleichbar mit der eines Fahrzeugs der unteren Mittelklasse. Auch für ECORE-basierte Metamodelle besteht eine XML-basierte Serialisierung [34]. Die entlang des Transformationspfades entstehenden Ontologien können in OWL/XML-Syntax serialisiert werden. Transformationen können daher auf den XML-basierten Serialisierungen vorgenommen werden. Hierzu kommt die Transformationssprache XSLT zum Einsatz. In den folgenden beiden Kapiteln werden die Schritte der Transformation entlang der Transformationspfade beschrieben.

10.7.3 Transformation des E/E-Architektur Metamodells

Abbildung 10.8 stellt eine Übersicht über die Schritte und Formate zur Übersetzung des EEA Metamodells (EEA-MM) in eine OWL-basierte Domänenontologie (EEA-DO) entlang des Transformationspfades dar.

Der Transformationspfad geht dabei über drei parallele Modeling Spaces. Zwei davon basieren auf Metametamodellen aus dem Paradigma des MDE und werden als MOF- bzw. ECORE-Modeling Space bezeichnet. Der dritte Modeling Space betrifft die ontologiebasierte Darstellung von EEAs. In [95] wird ein solches Konstrukt als *RDF(S)* Modeling Space bezeichnet [35]. Bei diesem steht RDF(S) auf M3, RDF(S) und OWL auf M2 sowie RDF(S) Modelle bzw. OWL Ontologien auf M1-Ebene. Bei der Übertragung dieser Bezeichnung auf den hier vorliegenden Fall ist jedoch zu beachten, dass die OWL Ontologie auf M1-Ebene des RDF(S) Modeling Space sowohl die Domänenontologie als auch die Instanzontologie der EEA Modellierung umfasst. Nach [18] kann dies mit der gegenseitigen Orthogonalität von linguistischer und ontologischer Metamodellierung erklärt werden (siehe Kapitel 2.9.3.9).

---

[34]Die Spezifikation für die Abbildung zwischen ECORE und XML ist zu finden in [83].
[35]vgl. Seite 170.

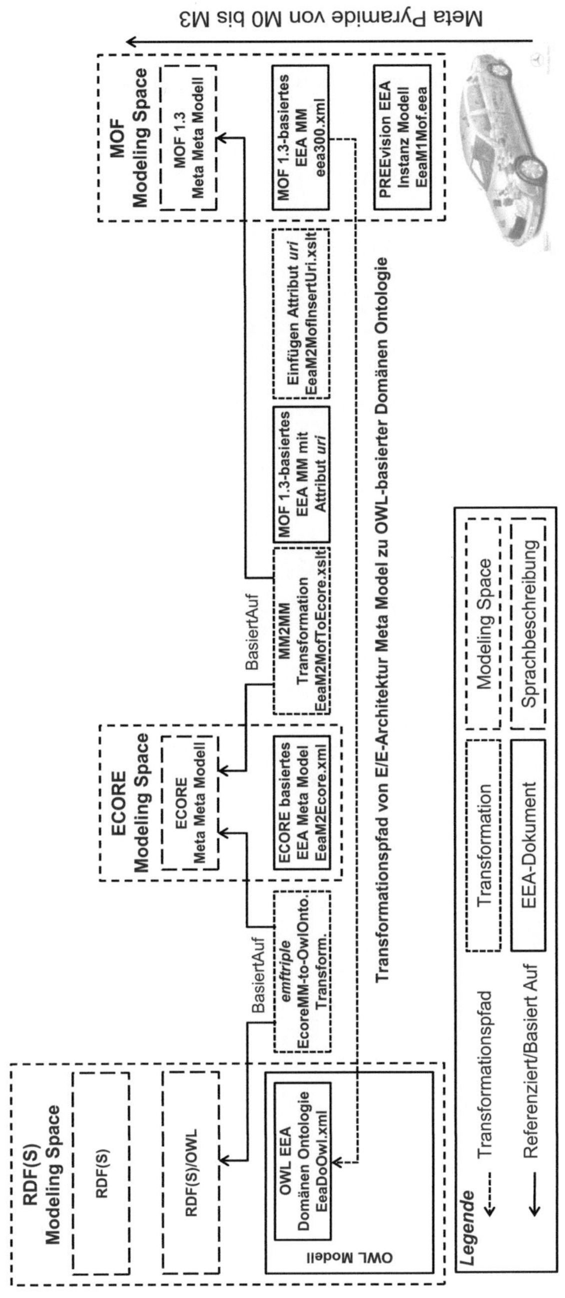

Abbildung 10.8: Transformationspfad vom Metamodell der EEA in eine OWL-basierte Domänenontologie

Die Ebenen des RDF(S) Modeling Space stellen die linguistische Metamodellierung dar, während die (hierarchische) Kategorisierung der Domänendefinition sowie die Objekte der Domäne selbst von der ontologischen Metamodellierung abgedeckt werden.

In Ontologien ist es erforderlich, dass Konzepte und Individuen eindeutig identifizierbar sind. Dies wird über den URI (Universal Resource Identifier) erreicht. Die Konzepte des Metamodells der EEA sind in Pakete aufgeteilt, die kein Attribut *uri* tragen. Daher wird in einem ersten Schritt jedem Paket des Metamodells der EEA dieses Attribut hinzugefügt. Die entsprechenden Regeln sind im Transformationsdokument *EeaM2MofInsertUri.xslt* beschrieben und werden auf die Serialisierung des EEA Metamodells *eea300.xml* angewendet. Ergebnis dieser Transformation ist das Dokument *EeaM2MofInsertedUri.xml*.

EeaM2MofInsertedUri.xml ist Eingangsdokument für die Transformation des MOF 1.3 basierten Metamodells der EEA in ein ECORE-basiertes Metamodell. Die entsprechenden Regeln sind im Transformationsdokument *EeaM2MofToEcore.xslt* festgehalten. Bei dieser Transformation ergeben sich folgende Besonderheiten:

- **Assoziationen** und **Referenzen**: Ein Beispiel für die Serialisierung von MOF (Version 1.3) entsprechend XMI (Version 1.1) wurde in Listing 2.5 dargestellt. Diese Serialisierung bezog sich auf das einfache MOF-basierte UML Modell nach Abbildung 2.18. Die Serialisierung aus Listing 2.5 wird in Abbildung 10.9 veranschaulicht. Dabei wird deutlich, dass eine Referenz als Bestandteil einer Klasse aufgefasst wird und auf ein Assoziationsende verweist, welches seinerseits eine Klasse (genau genommen die von der Referenz referenzierte Klasse) referenziert. In ECORE hingegen gibt es keine Assoziationen, nur Referenzen. Eine Referenz in der XMI-Serialisierung von MOF ist wie in der XMI-Serialisierung von ECORE Bestandteil einer Klasse. Referenzen sind in ECORE immer unidirektional. Abbildung 10.10 stellt einen Auszug des ECORE Metamodells dar. Hieraus ist ersichtlich, dass der Typ *eOpposite* verwendet werden kann, um den bidirektionalen Charakter einer Assoziation auszudrücken.

- **Klassen**: In der XMI-Serialisierung von MOF-basierten Metamodellen sind Elemente über die `xmi.id` eindeutig identifizierbar (z.B. `xmi.id=a0`). Die `xmi.id` wird auch für die Referenzierung von Superklassen verwendet. In ECORE hingegen wird der Pfad der Superklasse als Referenz genutzt (z.B. #*//mm/eea/core/EEcomposite*). Daher löst die Transformation die `xmi.id` in den Pfad auf.

- **Datentypen**: Viele Datentypen des Metamodells (EEA-ADL) der EEA entsprechen JAVA-Datentypen und sind nicht von MOF abgeleitet. Dies kann auf die Tatsache zurückgeführt werden, dass das Werkzeug PREEvision auf dem Eclipse Framework aufbaut. Jedoch werden die JAVA-Datentypen überwiegend für die Codegenerierung/Regelgenerierung verwendet und somit für die ontologiebasierte Darstellung der EEA nicht benötigt. Die in Tabelle 10.1 aufgeführten Datentypen werden bei der Transformation berücksichtigt.

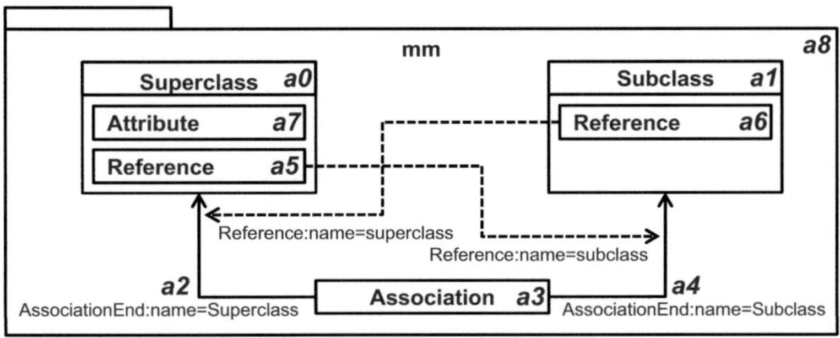

Abbildung 10.9: Darstellung der XMI-basierten Serialisierung eines MOF-basierten Modells

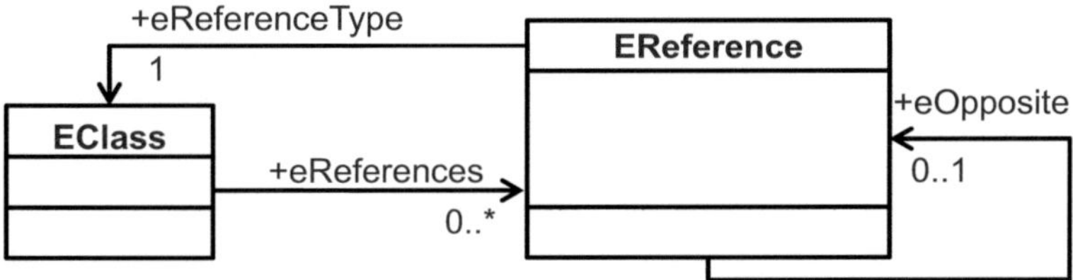

Abbildung 10.10: Auszug aus ECORE - *Referenzen*

Das Ergebnis dieser zweiten Transformation (*EeaM2MofToEcore.xslt*) ist die XMI-Serialisierung des EEA Metamodells basierend auf ECORE (*EeaM2Ecore.xml*).

Bei der dritten Transformation handelt es sich um eine, für die in dieser Arbeit vorgestellte Anwendung angepasste Version von *emftriple* [36]. Für die hier dargestellte Transformation werden die *emftriple*-Dateien *ecore2owl.atl* und *ecore2owlhelpers.atl* benötigt. Ergebnis der Transformation ist das Dokument *EeaDoOwl.xml*. Da OWL keine Pakete unterstützt, wird jedes Paket des ECORE-basierten Metamodells in ein separates OWL RDF/XML-Dokument übersetzt. Die Übersetzung des EEA Metamodells (Version 3.0.611) resultiert in 49 OWL RDF/XML Dokumenten. Die Vereinigung dieser Dokumente bildet die Domänenontologie. Tabelle 10.2 präsentiert ECORE Datentypen und ihre Transformationsergebnisse.

---

[36] Die Anpassung des Quellcodes von *emftriple* bezieht sich auf die korrekte Transformation des Attributes *eOpposite*, sowie *enumerations* und die Differenzierung zwischen Elementen, welche im Eingangsdokument gleiche Namen tragen.

MOF Datentyp	ECORE Datentyp
Integer	`EInt`
Boolean	`EBoolean`
String	`Estring`
Double	`EDouble`
{Hecadecimal, Number, Text, File, RGB}	`EString`
Enumeration	`EEnum`

Tabelle 10.1: Transformation von Datentypen bei der Übersetzung von MOF nach ECORE

Ecore Type	OWL Attribute
EClass	`owl:Class`
EAttribute	`owl:DataProperty`
EReference	`owl:ObjectProperty`
EPackage	Separate Ontology
Enumeration	`owl:oneOf` and `owl:Literal`
eOpposite	`owl:inverseObjectPorperty`

Tabelle 10.2: Transformation von ECORE Datentypen in OWL Attribute

Tabelle 10.3 stellt die Dokumente dar, welche im Transformationspfad der Übersetzung vom MOF-basierten Metamodell der EEA in eine entsprechende Domänenontologie vorkommen. Diese ist in OWL RDF/XML Syntax serialisiert.

In Bezug auf das Ergebnis der Transformation sollen Assoziationen bzw. Referenzen erneut betrachtet werden. Diese stellen in MOF-basierten Metamodellen Referenzen zwischen Klassen dar. Der Ursprung von MOF und UML liegt im Software Engineering. Die Motivation der Darstellungen liegt demnach darin, Programme graphisch darzustellen bzw. aus grafischen Darstellungen Programme erzeugen zu können.

Name	Type	Size	LoC
eea300.xml	EEA-MM	2455 kB	36721
EeaM2MofInsertUri.xslt	Transf.	3 kB	46
EeaM2MofToEcore.xslt	Transf.	15 kB	236
EeaM2Ecore.xml	EEA-MM	688 kB	7634
ecore2owl.atl	Transf.	20 kB	621/637
ecore2owlhelpers.atl	Transf.	13 kB	372
EeaDoOwl.xml	EEA-DO	1663 kB	40431

Tabelle 10.3: Transformations-, Quellen- und Ergebnisdokumente der Übersetzung des MOF-basierten EEA Metamodells in eine Domänenontologie

Eine Assoziation repräsentiert eine gegenseitige Zugriffsmöglichkeit von Klassen auf ihre Attribute und Operationen und wird im Falle einer Assoziation oder Aggregation als Pointer übersetzt. Die Rollennamen an den Assoziationsenden entsprechen dem Bezeichner unter dem die referenzierte Klasse bekannt ist. Listing 10.4 zeigt die Deklaration der Klasse *Superclass* aus Abbildung 2.18.

```
class Superclass {
  public: Subclass* subclass;
}
```

Listing 10.4: Deklaration der Klasse *Superclass* entsprechend Abbildung 2.18

Die Bezeichnung der Assoziation selbst hat hierfür die Darstellung von Programmen nur eine geringe Bedeutung. Nicht so in der Ontologie. Hier werden durch Relationen Zusammenhänge zwischen Subjekten und Objekten von Aussagen dargestellt. Der Fokus liegt dabei nicht in der Darstellung von Softwareprogrammen sondern im Festhalten von Domänenwissen. Relationen in Ontologien sind noch am ehesten mit Referenzen und den Rollennamen der Assoziationsenden auf welche sie zeigen vergleichbar (vorausgesetzt es wird MOF als M3 Modell zugrunde gelegt). Im Gegensatz jedoch zur Spezifikation des (Rollen-)Namens unter welchem die referenzierte Klasse bekannt ist, drückt in einer Ontologie der Bezeichner einer Relation deren semantische Bedeutung aus (beispielsweise *hatKonnektor*). Obwohl sich derartige Semantik dem Betrachter erschließen mag, so ist sie doch im MOF-basierten Metamodell der EEA nicht hinterlegt.

Die Ontologie bietet die Möglichkeit der Typisierung von Relationen, so dass auch auf Basis der eingesetzten Relationen Schlussfolgerungen angestellt werden können. Dieser Ausdruck der Semantik einer Relation bzw. deren Typisierung kann erst nach der Transformation vorgenommen werden. Dennoch werden bestehende Assoziationen bei der Transformation berücksichtigt.

Jede Assoziation wird in zwei Relationen (*owl:ObjectProperty*) übersetzt. Listing 10.5 zeigt das Transformationsergebnis der Assoziation zwischen den Klassen *DetailedElectricElectronic* und *LogicalConnector* des Metamodells der EEA. *eeLogicalConnectors* und *electronicComposite* entsprechen den Rollennamen der Assoziation, die in zueinander inverse Objekteigenschaften übersetzt werden. Die dargestellte Objekteigenschaft zeigt von *DetailedElectricElectronic* zu *LogicalConnector*, was durch *domain* und *range* angegeben ist. Damit ist auch im Transformationsergebnis der Domänenontologie festgehalten, wie Konzepte in gegenseitiger Verbindung stehen. Jedoch sind die Relationsnamen wenig aussagekräftig, da sie auf Rollennamen basieren. Im Hinblick darauf bedarf das Transformationsergebnis gewisser Überarbeitung.

```
1    <owl:ObjectProperty rdf:about="#DeteiledElectricElectronic.eeLogicalConnectors">
       <owl:inverseOf>
3        <owl:ObjectProperty rdf:about="#LogicalConnector.electronicComposite"/>
       </owl:inverseOf>
5       <rdfs:domain rdf:resource="#DetailedElectricElectronic"/>
       <rdfs:range rdf:resource="#LogicalConnector"/>
7    </owl:ObjectProperty>
```

Listing 10.5: Beispiel einer Objekteigenschaft als Ergebnis der Transformation einer Assoziation

10.7.4 Transformation des E/E-Architektur Modells

Abbildung 10.11 zeigt den Transformationspfad für die Übersetzung eines MOF-basierten EEA Modells in eine OWL-basierte Instanzontologie.

Die Individuen einer Instanzontologie referenzieren die Konzepte einer Domänenontologie, welchen sie zugeordnet sind, sowie den Namensraum in dem sie betrachtet werden. Dabei werden in der Instanzontologie auch Attribute als eigenständige Individuen betrachtet, die im EEA Modell Teil eines Objektes sind. Listing 10.6 stellt den Auszug aus einem EEA Modell dar, in dem das Objekt *PTController* als Instanz der Klasse *ECU* beschrieben wird (an den mit {...} markierten Stellen stehen zusätzliche Attributwerte auf deren Darstellung hier aus Gründen der Übersichtlichkeit verzichtet wurde).

```
1    <UML:ECU ... isChangeable="true" ... xmi.id="gsid:a55" ... name="PTController" ...>
     </UML:ECU>
```

Listing 10.6: Auszug einer Objektdefinition aus *EeaM1Mof.eea*

Das Attribut *isChangable* wird jedoch nicht in der Klasse *ECU* des Metamodells der EEA beschrieben, sondern in einer ihrer Superklassen. Aus der Objektbeschreibung ist nicht ersichtlich, in welcher Superklasse diese Beschreibung vorgenommen wird. Dieses Attribut stellt in der Instanzontologie ein eigenständiges Individuum dar und erfordert die komplette Auflösung des Namensraumes des Konzeptes, also der Klasse des EEA Metamodells, aus welchem es sich ableitet. Um dies zu bestimmen müsste das Metamodell beginnend von der Definition der Klasse *ECU* entlang der Vererbungshierarchie durchsucht werden, bis zur Superklasse, in welcher das Attribut *isChangable* definiert ist. Durch den rekursiven Aufbau der Serialisierung des Metamodells erfordert dies mehrere Schritte. Diese Prozedur wäre für jedes Attribut des EEA Modells erforderlich, was einen erheblichen zeitlichen Aufwand mit sich bringen würde.

Um dies zu umgehen, wird die Serialisierung des Metamodells der EEA vor der Transformation des EEA Modells in eine Serialisierung mit flacher Hierarchie übersetzt. Darin werden die Beschreibungen von Attributen, die in Superklassen der jeweils betrachteten Klasse definiert sind, direkt in die Beschreibung dieser Klasse eingefügt. Listing 10.7 stellt einen Auszug des Dokuments *EeaM2Summary.xml* dar, welches durch die Transformation *EeaM2MofSummary.xslt* aus der Serialisierung des EEA Metamodells mit eingefügtem URI (durch Anwendung der Transformation *EeaM2MofInsertUri.xslt*) erzeugt wurde ({...} steht auch hier für Platzhalter). Aus dieser Darstellung ist zu erkennen, dass *isChangable* ein Attribut der Klasse *ECU* ist, in deren Superklasse *IsChangeable* definiert wird, die sich im Paket */mm/commoncore* befindet.

```
  <abc:Class name="ECU" uri="http://www.itiv.kit.edu/mm/eea/componentslayer">
  ...
   <abc:Attribute name="isChangeable" type="Boolean" class="IsChangeable" uri="http://www.itiv.kit.edu/mm/commoncore"/>
  ...
  </abc:Class>
```

Listing 10.7: Auszug der Klassendefinition von *ECU* aus *EeaM2Summary.xml*

Diese Darstellung der Inhalte des EEA Metamodells vereinfacht die Übersetzung des EEA Modells, da keine rekursiven Suchen zum Auflösen des Namensraumes von Attributen erforderlich ist. Listing 10.8 zeigt einen Auszug der Instanzontologie als Ergebnis der Transformation *EeaM1MofToOwl.xslt* des EEA Modells *EeaM1Mof.eea* [37]. Das dargestellte Individuum ist die Übersetzung des Attributes *isChangeable* von Objekt *gsid:a55* aus Listing 10.6.

Die Tabelle 10.4 stellt die Dokumente dar, welche im Transformationspfad der Übersetzung vom MOF-basierten EEA Modell zur Individuenontologie vorkommen. Diese ist in OWL/XML Syntax serialisiert. Von *EeaM1MofToOwl.xslt* werden folgende Transformationen vorgenommen:

- Ein Objekt (Modell Artefakt) wird in `owl:NamedIndividual` transformiert.

- Relationen zwischen Klassen werden in `owl:ClassAssertion`, `owl:DataPropertyAssertion` oder `owl:ObjectPropertyAssertion` übersetzt.

10.7.5 Durchführung der Transformation und Diskussion der Ergebnisse

Zu Beginn liegen das EEA Metamodell (EEA-ADL) im Werkzeug PREEvision sowie ein EEA Modell vor, welches ebenfalls mit diesem Werkzeug erstellt wurde. Zuerst wird die Transformation des Metamodells durchgeführt.

---

[37] Die Endung »*eea*« steht für Electric/Electronic Architecture und ist der Datentyp der XMI-Serialisierung von Modellen des Werkzeugs PREEvision.

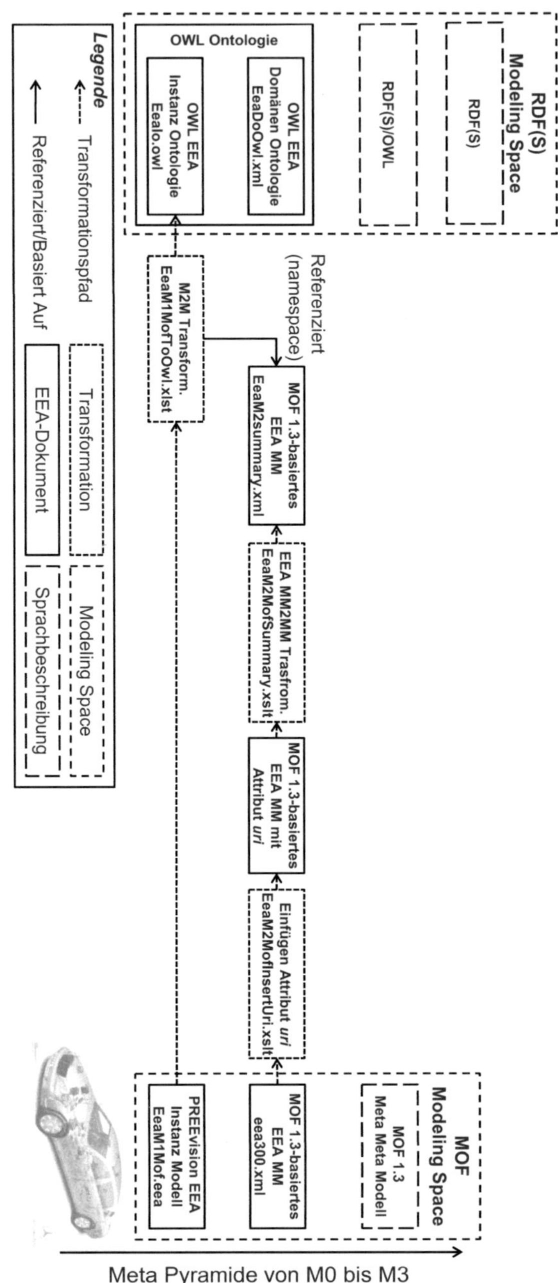

Abbildung 10.11: Transformationspfad vom Modell der EEA in eine OWL-basierte Instanzontologie

```
1   <owl:DataPropertyAssertion>
      <owl:DataProperty IRI="http://www.itiv.kit.edu/mm/commoncore#IsChangeable.isChangeable"/>
3     <owl:NamedIndividual IRI="#gsid:a55"/>
      <owl:Literal datatypeIRI="http://www.w3.org/2001/XMLSchema#boolean">true</owl:Literal>
5   </owl:DataPropertyAssertion>
```

Listing 10.8: Auszug der Instanz-Ontologie EeaIo.owl

Name	Type	Size	LoC
eea300.xml	EEA-MM	2455 kB	36721
EeaM2MofSummary.xslt	Transformation	6 kB	109
EeaM2Summary.xml	EEA Metamodell	3971 kB	35612
EeaM1Mof.eea	EEA Instanzmodell	15714 kB	145272
EeaM1MofToOwl.xslt	Transformation	24 kB	330
EeaM1Owl.owl	EEA Individuenontologie	120625 kB	2678100

Tabelle 10.4: Transformations-, Quellen- und Ergebnisdokumente der Übersetzung einer EEA-ADL basierten EEA in eine Individuenontologie.

Die beiden Transformationen *EeaM2MofInsertUri.xslt* und *EeaM2MofToEcore.xslt* werden mit dem XSLT-Transformator Kernow [38] durchgeführt. Schließlich kommt *emftriple* zum Einsatz. Bei jedem Transformationsschritt werden Quelldokumente und Zieldokument manuell angegeben und die Transformation manuell gestartet. Die Laufzeiten der Transformationen liegen im Sekundenbereich. Ergebnis sind 49 Ontologien. Jede resultiert aus einem Paket des MOF-basierten Metamodells. Dies Ontologien bilden gemeinsam die Domänenontologie.

Zur Übersetzung eines EEA Modells in eine Instanzontologie kommt für die Ausführung der Transformationen *EeaM2MofSummary.xslt* und *EeaM1MofToOwl.xslt* ebenfalls das Werkzeug Kernow zum Einsatz. Die Laufzeiten liegen auch hier im Sekundenbereich.

Wird die Transformation auf ein EEA Modell vom Umfang eines Fahrzeuges der unteren Mittelklasse angewendet, so resultiert dies in einer Instanzontologie als XML-Dokument mit ca. 2,5 Mio Zeilen. Dies liegt zum einen an den besonderen Anforderungen von Ontologien zusätzliche Aussagen einzufügen (wie beispielsweise der Ungleichheit verschiedener Individuen), an der gewählten Serialisierungssyntax OWL/XML sowie an der Tatsache, dass jedes Modellartefakt (auch Attribute) in eigenständige Individuen in der Ontologie übersetzt werden. Im Vergleich zu OWL RDF/XML erlaubt diese eine geradlinige textbasierte Transformation. Mit verfügbaren Transformatoren können diese Darstellungen ineinander überführt werden [39].

---

[38] Kernow ist ein Open Source Werkzeug zur Ausführung von XSLT Transformationen [241].

[39] Ein Transformator für die Überführung von OWL/XML nach OWL RDF/XML sind beispielsweise im Werkzeug *Protégé* verfügbar.

Bei der Übersetzung werden Enumerationen noch nicht berücksichtigt. Dies liegt darin begründet, dass Enumerationen selbst Klassen sind, die als Literale bereits Individuen enthalten. Diese Individuen können daher nicht nochmals in der Instanz-Ontologie instanziiert werden. In der Modellierung von EEAs in PREEvision werden Enumerationen überwiegend in benutzerdefinierten Datentypen verwendet, die zusätzlich zu den vom Werkzeug bereitgestellten Datentypen bestimmt werden können. Da sie für die Modellierung nicht unbedingt erforderlich sind, kann für den Machbarkeitsnachweis der Transformationsmethode auf sie verzichtet werden.

Die Realisierung der Überführung von EEAs in Ontologien erfüllt die in Kapitel 10.6.4 gestellten Anforderungen. Durch die Organisation der Transformationen auf zwei Ebenen kann die Überführung des Metamodells der EEA unabhängig von der Überführung entsprechender Modelle durchgeführt werden. Die Durchführung der Transformationen *EeaM2MofInsertUri.xslt*, *EeaM2MofToEcore.xslt*, *ecore2owl.atl* und *EeaM2MofSummary.xslt* wird nur bei Versionsänderungen des Metamodells der EEA erforderlich und auch nur, wenn die Objekte des EEA Modells Inhalte des Metamodells referenzieren, die von den Versionsänderungen betroffen sind. Die Konzepte der Domänenontologie werden von den Transformationsergebnisse von *EeaM1MofToOwl.xslt* referenziert. Das Hinzufügen von Wissen durch zusätzliche Konzepte wird auf Basis der Domänenontologie durchgeführt.

Aktuell ist noch kein Mechanismus realisiert, mit dem diese, nach der Transformation hinzugekommenen Konzepte auf eine andere Version der Domänenontologie übertragen werden können, die beispielsweise durch die Aktualisierung des Metamodells der EEA erforderlich wird. Dies wird als möglicher Inhalt nachfolgender Arbeiten angesehen.

10.8 Bearbeitung der ontologiebasierten Darstellung von E/E-Architekturen

Die ontologiebasierte Darstellung der EEA erlaubt das hinzufügen von Domänenwissen und bietet die Möglichkeit zur logischen Schlussfolgerung. Die Überführung der MDE-basierten Darstellung der EEA in eine ontologiebasierte, wurde im vorigen Kapitel dargestellt. Da die Transformationen keine zusätzlichen Informationen im Sinne der Wissensmodellierung einfügen, ist der Informationsgehalt der EEA Darstellungen vor und nach der Überführung in etwa gleich. Da beispielsweise Assoziationen nicht in den Transformationsergebnissen betrachtet werden, entstehen einige Verluste. Um das in der Domäne der EEA Modellierung vorhandene Wissen in Form einer Ontologie zu fassen, gilt es im nächsten Schritt die Transformationsergebnisse mit zusätzlichen Aussagen, Konzepten und Relationen anzureichern, die dieses Wissen ausdrücken. im folgenden Kapitel wird die Bearbeitung der Transformationsergebnisse sowie die Anreicherung zur Ontologie am Beispiel der automatischen Schiebetür aus Abbildung 10.7 erläutert.

10.8.1 Aufbereitung der Transformationsergebnisse

Eine graphische Darstellung der übersetzten und teilweise überarbeiteten Ontologie der EEA der automatischen Schiebetür aus Abbildung 10.7 ist in Abbildung 10.12 zu sehen. Individuen der Instanzontologie stehen darin über die Relation *rdf:type* mit Konzepten der Domänenontologie in Verbindung.

Die Klassenhierarchie zwischen Klassen des Metamodells der EEA sind in der Domänenontologie durch die Verwendung der Relation `rdfs:subClassOf` modelliert. Thing stellt das allgemeinste Konzept der Domänenontologie dar. Durch `rdfs:subClassOf` stehen alle Konzepte mit Thing in Relation, was bedeutet, dass alle diese Konzepte notwendigerweise die Eigenschaften von Thing erfüllen.

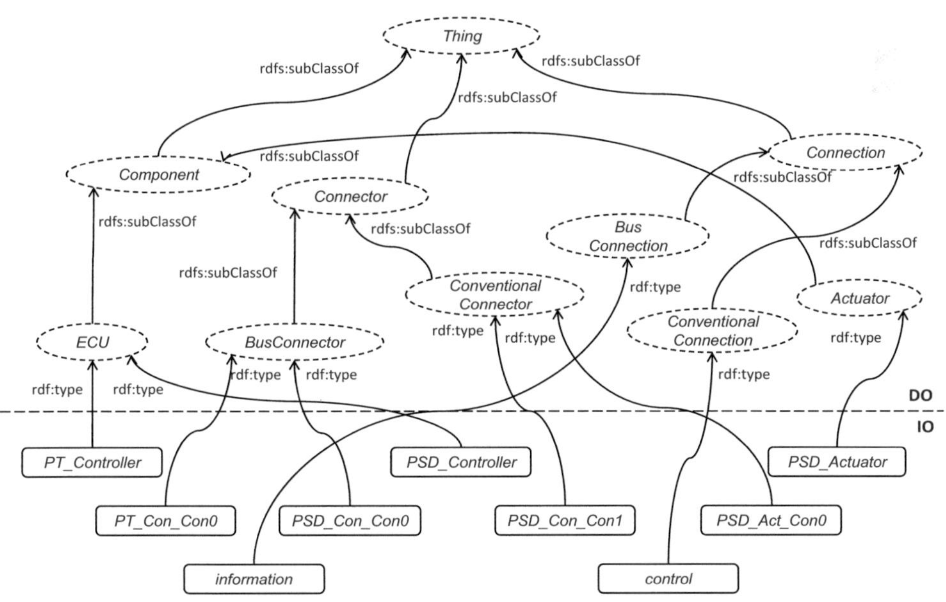

Abbildung 10.12: Vereinfachte Domänenontologie (DO) und Instanzontologie (IO)

Die abgebildete Ontologie wird nun mit zusätzlichen Konzepten und Relationen angereichert. Hierzu werden die Relationen `eea:hasConnector`, `eea:hasConnection` und `eea:hasComponent` hinzugefügt. {`eea:...`} bezieht sich auf den Namensraum der Relation. Im Beispiel wird hierfür {`http://www.itiv.kit.edu/`} angenommen.

Abbildung 10.13 zeigt Relationen des Typs `owl:ObjectProperty` sind. Für diese Objekteigenschaften werden jeweils Definitionsbereich (*rdfs:domain*) und Wertebereich (*rdfs:range*) angegeben. Z.B. gilt für die Relation `eea:hasConnector`, dass sowohl Konzepte des Typs `Component` als auch Konzepte des Typs `Connection` diese Relation als Subjekt verwenden dürfen. Der Definitionsbereich von `eea:hasConnector` ergibt sich aus der Vereinigungsmenge der beiden Konzepte, die über eine `OR`-Relation spezifiziert wird. Entsprechend dürfen nur Konzepte des Typs `Connector` diese Relation als Objekt verwenden.

Diese Relationen werden der Ontologie hinzugefügt. Die in Abbildung 10.13 dargestellten Relationen vom Typ *owl:ObjectProperty* werden in der Domänenontologie spezifiziert.

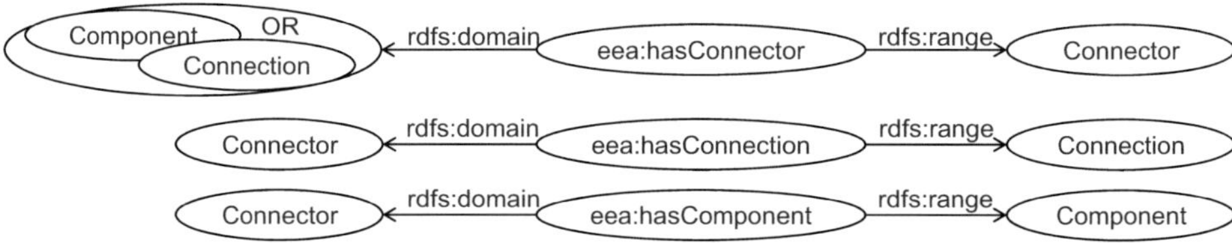

Abbildung 10.13: Objekteigenschaften der Domänenontologie

Zusätzlich wird die Verwendung dieser Relationen in der Instanzontologie in Form von Tripeln beschrieben. Hierbei wird für ein Individuum (beispielsweise als Subjekt des Tripels) die Relation sowie das darüber in Verbindung stehende Individuum (in diesem Falle das Objekt des Tripels) spezifiziert. Daraus ergibt sich die in Abbildung 10.14 graphisch dargestellte Instanzontologie.

10.8.2 Anreicherung mit Domänenwissen

Diese vorangegangenen Schritte werden unter »Überarbeitung der Transformationsergebnisse« eingeordnet, da sie lediglich ausdrücken, was die miteinander in Verbindung stehenden Modell Artefakte eines EEA Modells für einen kundigen Betrachter bedeuten. Nun folgt die Anreicherung der Ontologie mit Domänenwissen. Diese bezieht sich auf die Spezifikation von hinreichenden und notwendigen Bedingungen.

Abbildung 10.15 stellt eine hinreichende Bedingung dar. Diese sagt aus, dass wenn ein Individuum mit dem Bezeichner *I1* vom Typ *Konzept_1* ist und über eine Objekteigenschaft *eea:relationXy_1* mit einem weiteren Individuum mit dem Bezeichner *I2* in Relation steht, welches vom Typ *Konzept_2* ist, *I1* vom Typ *NeuesKonzept_1* ist.

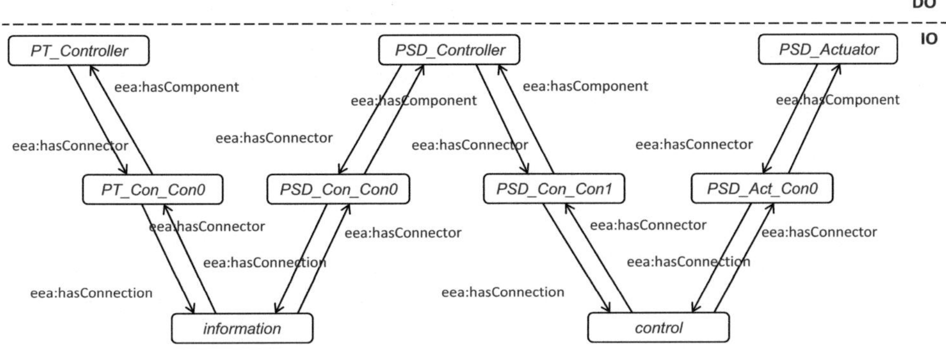

Abbildung 10.14: Assoziationen der Instanzontologie

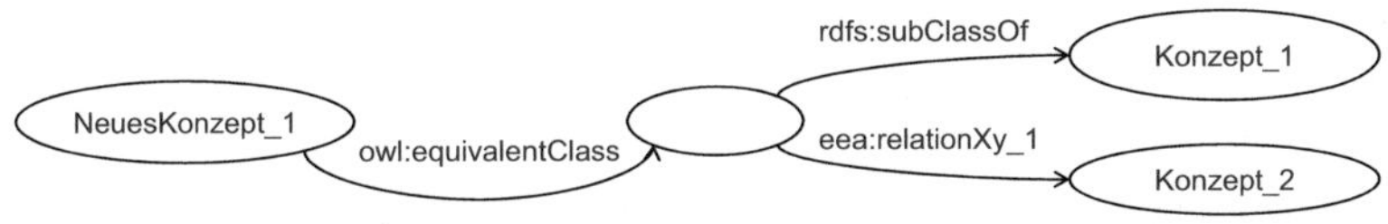

Abbildung 10.15: Beispiel für die Modellierung von hinreichenden Bedingungen

Abbildung 10.16 zeigt die Spezifikation einer notwendigen Bedingung und sagt aus, dass jedes Individuum *I1* vom Typ *NeuesKonzept_2*, notwendigerweise eine Objekteigenschaft *eea:relationXy_2* zu einem Individuum *I2* vom Typ *Konzept_3* besitzt.

Abbildung 10.16: Beispiel für die Modellierung von notwendigen Bedingungen

Die Anreicherung sowie die daraus entstehenden Schlussfolgerungen werden am Beispiel der Propagation von *Automotive Safety Integrity Leveln* (ASIL) veranschaulicht. Sowohl die Domänenontologie als auch die Instanzontologie enthält bisher nur Inhalte, die bereits im EEA Modell bzw. im darüberliegenden Metamodell nach dem Paradigma des MDE modelliert wurden. Einzige Erweiterung stellen die zusätzlich eingeführten Relationen nach Abbildung 10.14 dar. Nun wird die Domänenontologie mit zusätzlichem Wissen angereichert. Dem vorgestellten Beispiel liegt zugrunde, dass jede Komponente, die in Interaktion mit einer als ASIL-C eingestuften Komponente steht, ebenfalls das Konzept ASIL-C erfüllen soll.

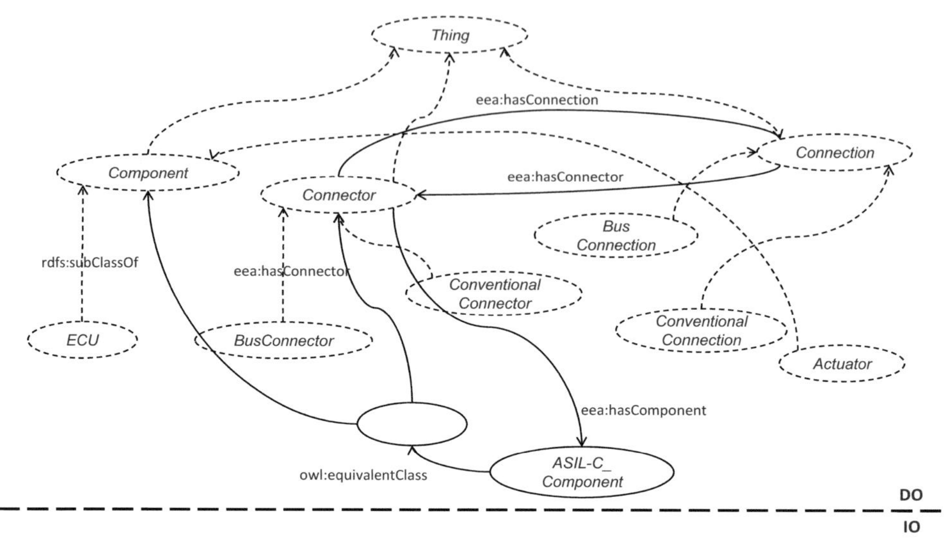

Abbildung 10.17: Domänenontologie angereichert mit terminologischem Wissen

In Abbildung 10.17 ist dieses hinzugefügte Wissen in der Domänenontologie dargestellt. Gestrichelten Verbindungen sowie gestichelt eingefassten Konzepte stellen die Inhalte der Domänenontologie aus Abbildung 10.12 dar. Durchgezogene Verbindungen sowie durchgezogen eingefasste Konzepte repräsentieren hinzugekommene Inhalte.

Das Konzept *ASIL-C_Component* ist über die Relation *owl:equivalentClass* gleich einem Konzept, das den hinreichenden Bedingungen des Konzeptes *Component* genügt (dies wird über die Relation *rdfs:subClassOf* modelliert) und über *eea:hasConnector* mit dem Konzept *Connector* in Relation steht. Ebenfalls wird beschrieben, dass das Konzept *Connector* über die Relation *eea:hasConnector* mit dem Konzept *ASIL-C_Component* in Relation stehen kann. Diese hinreichenden Bedingungen von *ASIL-C_Component* sind in Listing 10.9 dargestellt. Sie besagen, dass das Konzept *ASIL-C_Component* einen *Connector* hat, welcher über eine *Connection* wiederum mit einem *Connector* verbunden ist und dieser über *hasComposite* in Relation zum Konzept *ASIL-C_Component* steht.

Die in Abbildung 10.14 eingeführten Relationen *eea:hasConnection* und *eea:hasConnector* bestehen zwischen den Konzepten *Connector* und *Connection* und werden ebenfalls in der Domänenontologie hinzugefügt.

```
1    Component
       and (hasConnector some
3        (Connector
         and (hasConnection some
5          (Connection
           and (hasConnector some
7            (Connector
             and (hasComposite some ASIL–C_Component))))))
```

Listing 10.9: Hinreichende Bedingung für *ASIL-C_Component*

10.9 Verwendung der ontologiebasierten Darstellung von E/E-Architekturen

10.9.1 Schlussfolgerung impliziten Wissens

Im verwendeten Beispiel wird davon ausgegangen, dass das System der automatischen Schiebetür basierend auf den Ergebnissen einer Gefahren- und Risikoanalyse als ASIL-C eingestuft wird. Diese Einstufung bezieht sich auf Gefährdungen, die entstehen, wenn der Aktuator der Schiebetür fälschlicherweise die Tür öffnet. Da diese Gefährdung in erster Linie direkt mit dem Aktuator zusammenhängt wird davon ausgegangen, dass die repräsentierende Komponente *PSD_Actuator* im Zuge der Gefährdungs- und Risikoanalyse dem Konzept *ASIL-C_Component* hinzugefügt wurde.

Da *PSD_Actuator* von einem Kontrollsystem angesteuert wird, das die fehlerhafte Ansteuerung hervorrufen kann, ist es erforderlich, dass dieses System ebenfalls den durch die Klassifizierung ASIL-C gestellten Anforderungen genügt. Für das Beispiel bedeutet dies, dass auch das Kontrollsystems, also *PSD_Controller*, den hinreichenden Bedingungen des Konzepts *ASIL-C_Component* genügen soll. Dies wird nun durch logische Schlussfolgerung bestimmt.

PSD_Actuator ist vom Typ *ASIL-C_Component* sowie vom Typ *Actuator* und damit auch vom Typ *Component*. Er hat einen *Connector*, der über eine *Connection* mit einem anderen *Connector* verbunden ist, der wiederum zu einer Instanz vom Typ *Component* gehört. Somit erfüllt diese Instanz die in Listing 10.9 spezifizierten hinreichenden Bedingungen einer *ASIL-C_Component*. Diese Information steckt bereits implizit in der Ontologie, auch wenn explizit noch keine Relation besteht, die aussagt, dass *PSD_Controller* vom Typ *ASIL-C_Component* ist.

In Anlehnung an Kapitel 10.3.2.5 wurde dies durch Ausführen einer Inferenzmaschine [40] (auch Reasoner genannt) der Ontologie hinzugefügt.

---

[40] In dieser Arbeit wurde der Reasoner *Pellet* verwendet. Dieser ist als Plugin für das Werkzeug *Protégé* verfügbar, welches für das Hinzufügen von Domänenwissen verwendet wurde.

Ist diese Relation für *PSD_Controller* vorhanden, besteht zwischen diesem Individuum und *PT_Controller* der gleiche Zusammenhang, wie zw. *PSD_Actuator* und *PSD_Controller*, was zur Folge hat, dass *PT_Controller* ebenfalls die hinreichenden Bedingungen des Konzeptes *ASIL-C_Component* erfüllt. Abbildung 10.18 stellt die Domänen- und Instanzontologie der EEA des Beispiels nach Ausführung der Inferenzmaschine dar.

Die Schlussfolgerung des impliziten Wissens resultiert im Hinzufügen der beiden durchgezogenen Verbindungen. Über diese werden *PSD_Controller* und *PT_Controller* dem Konzept *ASIL-C_Component* zugeordnet.

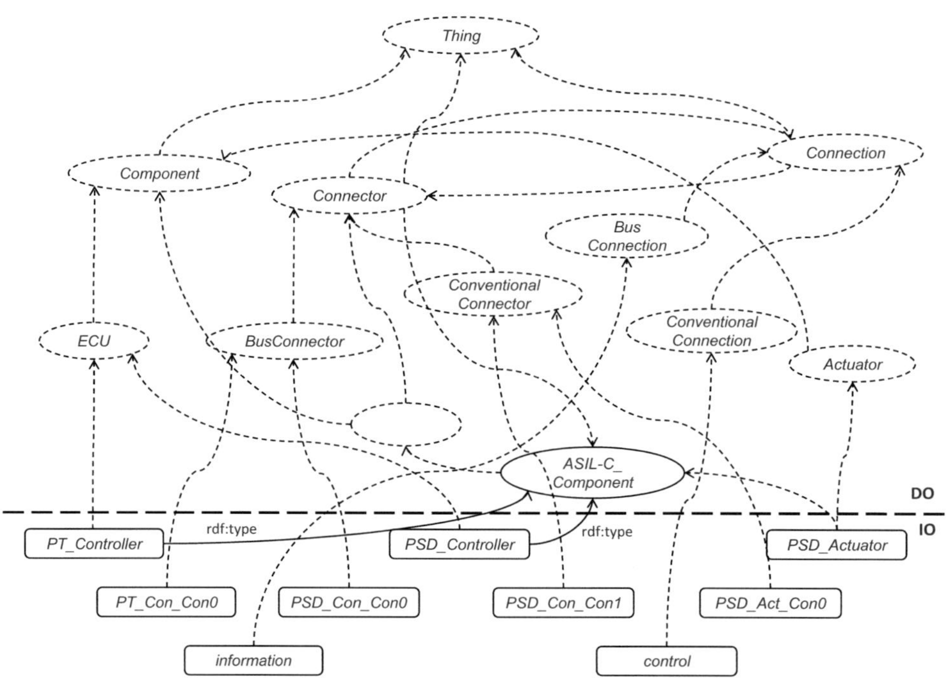

Abbildung 10.18: EEA-Ontologie mit Ergebnis aus Schlussfolgerung

10.9.2 Regelabfragen

Nachdem im vorigen Kapitel die Möglichkeiten zur Schlussfolgerung impliziten Wissens und dem damit verbundenen Hinzufügen von Relationen zur Ontologie beschrieben wurden, geht dieses Kapitel nun auf die Abfrageregeln ein.

Dies wird unter Verwendung der Abfragesprache *SPARQL* veranschaulicht. Listing 10.10 stellt eine einfache Abfrage entsprechend der Syntax der Abfragesprache *SPARQL* dar. Diese sucht nach Instanzen, welche die Anforderungen der Konzepte *ECU* und *ASIL-C_Component* erfüllen und eine Anbindung vom Typ *ConventionalConnector* aufweisen.

Weiter wird gesucht nach Instanzen, welche den Anforderungen der Konzepte *Actuator* und *ASIL-C_Component* entsprechen und ebenfalls eine Anbindung vom Typ *ConcentionalConnector* aufweisen. Beide Varianten werden über *owl:unionOf*, das einem logischen OR entspricht, als alternativ zueinander betrachtet.

Abbildung 10.19 stellt die SPARQL Abfrage aus Listing 10.10 graphisch dar.

```
   %entspricht File new.sparql
 2 PREFIX rdfs: <http://www.w3.org/2000/01/rdf-schema#>
   PREFIX rdf:  <http://www.w3.org/1999/02/22-rdf-syntax-ns#>
 4 PREFIX owl:  <http://www.w3.org/2002/07/owl#>
   PREFIX eea:  <http://itiv.kit.edu#>
 6
   SELECT ?component ?connector
 8 WHERE {
       ?component rdf:type [
10        owl:intersectionOf (
             eea:ASIL-C_Component
12           [ owl:unionOf (
                eea:ECU
14              eea:Actuator
             ) ]
16        )
       ] .
18     ?component eea:hasConnector ?connector .
       ?connector rdf:type eea:ConventionalConnector .
20 }
```

Listing 10.10: Beispiel einer Ontologie-Abfrage mit SPARQL

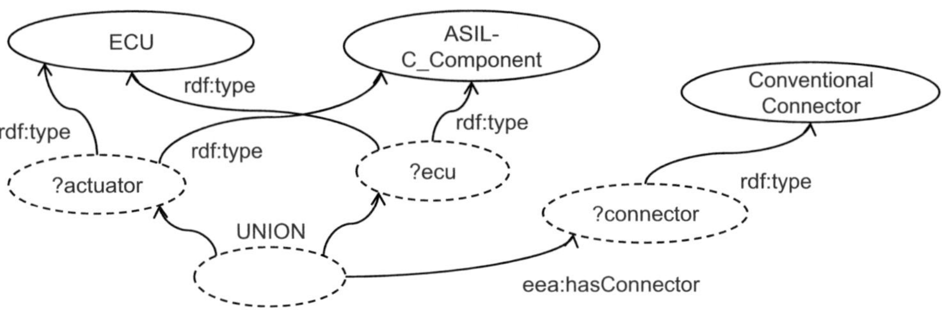

Abbildung 10.19: Graphische Darstellung der SPARQL Abfrage aus Listing 10.10

```
  %entspricht File new2.sparql
2 Query Results (2 answers):
  component         | connector
4 =====================================
  PSD_Actuator      | PSD_Actuator_Con0
6 PSD_Controller    | PSD_Controller_Con
```

Listing 10.11: Ergebnis einer SPARQL-Abfrage entsprechend Listing 10.10

Listing 10.11 zeigt das Ergebnis der Abfrage. Durch die Verwendbarkeit von OR übertrifft diese die aktuellen Möglichkeiten zur Spezifikation und Ausführung von Fragestellungen des EEA Modellierungswerkzeugs PREEvision.

10.9.3 Diskussion der Ergebnisse

Neben der Möglichkeit des formalen Festhaltens von Wissen motivieren sowohl Schlussfolgern von implizitem Wissen aus auch die Möglichkeit zum Einsatz mächtiger Abfragesprachen zur ontologiebasierten Darstellung von EEAs.

Ontologien basieren auf Beschreibungslogiken. Über die sich hieraus ergebende Möglichkeit zur Verwendung und Kombination von Ontologiesprachelementen ergibt sich die Folgerung von Aussagen, die sich zwar logisch aus der Menge von bestehenden Aussagen ergeben, allerdings nicht explizit in dieser Menge vorhanden sind. Zur Erläuterung der Methodik von Schlussfolgerungen wurde mit Abbildung 10.18 ein Beispiel gewählt, dessen Menge von Aussagen noch übersichtlich ist und auf dessen Basis die logischen Konsequenzen, die sich aus der Menge bestehender Aussagen ergeben, nachvollzogen werden können.

Es mag auf Grund der Verwendung des einfachen Beispiels der Eindruck entstehen, dass der Aufwand, der zur Wissensanreicherung der Domänenontologie und für das Ermöglichen derartiger Schlussfolgerungen betrieben werden muss, nicht in einem effizienten Verhältnis zur erreichten Unterstützung durch die Schlussfolgerung steht.

Es ist im Beispiel offensichtlich, dass die Individuen *PSD_Controller* und *PT_Controller* entsprechend der Einstufung *ASIL-C* betrachtet werden müssen. Das in diesem Beispiel betrachtete, ontologiebasierte EEA Modell umfasst, wie in Abbildung 10.14 dargestellt, neun Instanzen.

EEA Modelle aktueller Fahrzeuge können mehrere 100.000 Modellartefakte und damit Instanzen enthalten. Die Entwicklung des EEA Modells muss eine Vielzahl verschiedener Anforderungstypen beachten; die Zuordnung zu ASILs und die damit verbundenen Auswirkungen ist nur eine davon. Um logische Zusammenhänge in dieser Menge von Aussagen herstellen und nachvollziehen zu können, ist Werkzeugunterstützung erforderlich. Inferenzmaschinen sind hier in der Lage, einen entscheidenden Beitrag zu leisten.

Komplexe Abfragesprachen wie SQL oder SPARQL übersteigen die Ausdrucksmöglichkeiten des Modellabfrageregelwerks von PREEvision. EEAs werden in bestehenden Werkzeugen als Graphen/Netze modelliert, was auch der Sichtweise bzw. der Assoziation von Entwicklern auf Architekturen entspricht. Die Überführung derartiger Architekturen in auf RDF basierende Sprachen, in welchen Konzepte und Relationen als Knoten und Kanten eines Graphen interpretiert werden, entspricht dieser Sichtweise und damit der Nachvollziehbarkeit der Darstellung. Die Möglichkeit hierauf eine ausdrucksstarke Abfragesprache wie SPARQL anzuwenden, die ihrerseits auf RDF-Anfragen in Form von Graph-Mustern [41] basiert, unterstützt ebenfalls diese Sichtweise. In SPARQL können zur Beschreibung komplexerer Abfragemuster nützliche Mechanismen wie die Bildung von Alternativen, Verwendung von Vergleichsoperatoren oder Boolescher Funktionen verwendet werden. Dies unterstützt die direkte Spezifikation und Notation von Suchmustern ohne die Notwendigkeit der speziellen Partitionierung der eigentlichen Fragestellung. Die Einsetzbarkeit von SPARQL wird damit als eine der Hauptmotivationen für die ontologiebasierte Betrachtung von EEAs angesehen.

10.10 Einordnung in den Entwicklungsprozess

Wie anfänglich dargestellt, soll es nicht die Zielsetzung der ontologiebasierten Darstellung von EEA Modellen sein, etablierte Entwicklungsmethoden und -werkzeuge abzulösen. Die modellbasierte Entwicklung nach dem Paradigma des MDE hat wegen ihrer Nähe zur Realisierung (im Sinne von Codegenerierung) sowie zu Simulation und Test im Vergleich zum Ontological Engineering entscheidende Vorteile in der Entwicklung von softwarebasierten, eingebetteten Systemen. Das Potential der Ontologien wird in der Beurteilung/Bewertung von EEAs gesehen, die unter dem Paradigma der MDE entwickelt wurden.

Bezogen auf die Entwicklung von EEAs von Fahrzeugen umfasst dies die Modellierung von Domänenwissen und die Bottom-Up Zuordnung der modellierten Konstrukte zu den Konzepten dieses Domänenwissens. Damit basiert die Beurteilung bzw. Bewertung von EEAs durch die Verwendung ontologiebasierter Darstellungen auf bereits vorhandenen Metamodellen und Modellen, die unter dem Paradigma des MDE entwickelt wurden. In den Kapiteln 10.7.3 und 10.7.4 wurde dargestellt, wie diese jeweils in Ontologien transformiert werden können, die zueinander in Beziehung stehen. Nach der Transformation wird die entstandene Domänenontologie mit Domänenwissen in Form von zusätzlichen Konzepten angereichert, wie in Kapitel 10.8.2 vorgestellt. Die Individuen der Instanzontologie müssen, zumindest teilweise, diesen Konzepten zugeordnet werden, um Schlussfolgerungen von implizitem Wissen zu ermöglichen. Dies liegt daran, dass sich die Individuen der Instanz-Ontologie nach der Transformation aus EEA Modellen lediglich auf Konzepte beziehen, die auch in deren Metamodell bereits spezifiziert sind.

---

[41]vgl. [116] S. 202.

Erst durch die Beschreibung von bedeutungsbehafteten Relationen in der Domänenontologie, wie die in Abbildung 10.17 dargestellten *eea:hasConnection* oder *eea:hasConnector* und deren Verwendung als Relationen zwischen Instanzen der Instanzontologie ergeben sich Aussagen, die logisch bewertet werden können.

Nun besteht die Möglichkeit der Schlussfolgerung impliziten Wissens und der Ausführung komplexer Abfragen. Dies geht über die Fähigkeiten von MDE basierten Werkzeugen zur Architekturmodellierung hinaus.

Auf Grund des beschriebenen Stellenwertes etablierter Methoden und Werkzeuge in der modellbasierten Entwicklung von EEAs sollen die Ergebnisse von Schlussfolgerung und Abfragen in diese zurückfließen. Von einer automatisierten Rückkopplung wird abgesehen. Dies liegt daran, dass nach der vorgestellten Methode die Menge von Individuen der Instanzontologie nicht verändert wird. Diese werden den angereicherten Konzepten der Domänenontologie ausschließlich über Schlussfolgerung zugeordnet. Hierdurch ergeben sich zwar Informationen über die modellierten Inhalte, das Modell selbst, als Menge der Individuen der Instanzontologie, aber bleibt unangetastet. Somit entstehen keine neuen Inhalte, die direkt in das Modell zurück gekoppelt werden können.

Die Ergebnisse von Schlussfolgerungen und Abfragen müssen von Experten gedeutet werden, um jeweils dem Kontext angepasste Maßnahmen zur Überarbeitung zu ergreifen. Diese sind in Abbildung 10.20 als Maßnahme 1 bis 3 bezeichnet und können folgender Art sein:

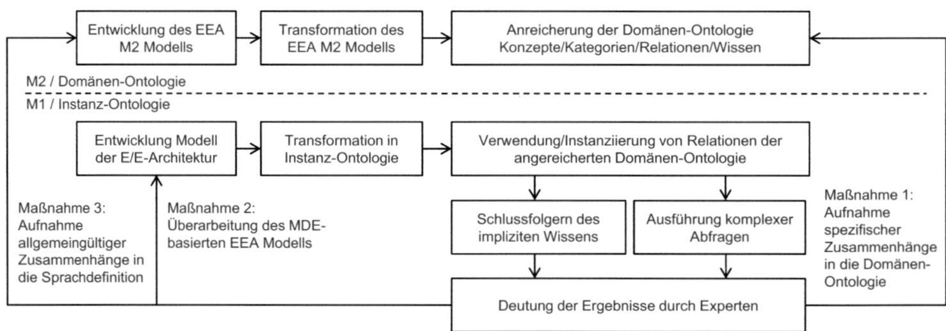

Abbildung 10.20: Adaption der ontologiebasierten Betrachtung von EEAs im Entwicklungsprozess

- **Überarbeitung der Domänenontologie**: Durch Schlussfolgerung kann sich der Inhalt der Instanzontologie in Bezug auf Relationen zu Konzepten der Domänenontologie ändern. Dies betrifft die Zuordnung von Individuen zu Konzepten. Darüber hinaus kann auch die Domänenontologie von Erweiterungen betroffen sein, welche sich durch die Schlussfolgerung impliziten Wissens ergeben. Werden beispielsweise transitive [42] Relationen verwendet, so können diese zusätzliche Relationen implizieren, welche durch Schlussfolgerung innerhalb der Domänenontologie hinzugefügt werden. Die Ergebnisse von Schlussfolgerungen sollten von Experten begutachtet werden. Daraus können sich Erkenntnisse ergeben, welche dazu führen können, dass das angereicherte Wissen der Domänenontologie überarbeitet oder erweitert werden muss.

- **Überarbeitung des EEA Modells**: In Abbildung 10.18 wurden als Ergebnisse des Schlussfolgerns dargestellt, dass die Komponenten *PSD_Controller* und *PT_Controller* den hinreichenden Bedingungen von *ASIL-C_Component* genügen. Im EEA Modell sind sie jedoch bereits Instanzen der Klasse *ECU*. Ihre Zugehörigkeit zu *ASIL-C_Component* ist zwar eine wichtige Information, jedoch wird sich hierdurch nicht der Typ ändern, von welchem diese Objekte instanziiert werden. Die Information, dass diese beiden Objekte dem Konzept *ASIL-C_Component* genügen, kann im Modell der EEA auf verschiedene Arten dargestellt/modelliert werden. Eine Möglichkeit stellt das Hinzufügen entsprechender Annotationen dar, wie es in Kapitel 10.1.1 vorgestellt wurde. Es liegt in der Natur der jeweils angewendeten Modellierungsmethoden, wie derartige Informationen festzuhalten sind. Darüber hinaus können sich aus der Deutung von Schlussfolgerungen und den Ergebnissen von Abfragen Hinweise auf Modellierungs- und Entwurfsfehler ergeben. In diesem Falle ist das Modell der EEA zu überarbeiten.

- **Überarbeitung des Metamodells der EEA**: Die Konzepte, mit denen die Domänenontologie als Transformationsergebnis des Metamodells angereichert wurde, können sich als geeignet für die Verwendung als Klassen im Sinne der Metamodellierung erweisen. Ist dies der Fall, so kann dies eine Überarbeitung des Metamodells nach sich ziehen.

Abbildung 10.20 ordnet die Verwendung der ontologiebasierten Betrachtung von EEAs in deren Entwicklung ein und stellt die sich ergebenden Auswirkungen und Maßnahmen dar. Diese sind stets als alternativ und optional zu betrachten.

---

[42]Unter Transitivität oder Kettenschluss wird ein aussagenlogischer Schluss der Form aus $A \rightarrow B$ und $B \rightarrow C$ folgt auch $A \rightarrow C$ verstanden.

10.11 Zusammenfassung und Ausblick

Die dargestellten Beispiele haben gezeigt, dass die Möglichkeiten der ontologiebasierten Betrachtung von EEA Modellen die Möglichkeiten und Fähigkeiten aktueller Modellierungsmethoden unter dem Paradigma des MDE übersteigen. Domänenwissen formal festzuhalten ist im Bereich der EEA Modellierung, die sich einer großen Anzahl von Anforderungen und Randbedingungen gegenüber sieht, fast unerlässlich. Die Verwendung von semantisch vordefinierten Sprachkonstrukten, wie sie von OWL bereitgestellt werden, ermöglicht die Erstellung einer gemeinsamen Wissensbasis, die darüber hinaus zur logischen Schlussfolgerung verwendet werden kann.

Um diese Möglichkeiten nutzen zu können, sind jedoch zusätzliche Aktivitäten erforderlich. Die vorgestellten Transformationen unterstützen bei der Überführung bestehender EEA Modelle und des darüberliegenden Metamodells. Sie tragen zur Minimierung von Übertragungsfehlern bei, die bei der manuellen Erstellung der Ontologien als Abbilder der Modelle nicht auszuschließen sind.

Die Anreicherung der Transformationsergebnisse mit Domänenwissen stellt eine große Herausforderung und umfangreiche Aufgabe dar. Der Mehrwert besteht in der formalen und logikbasierten Darstellung, der Möglichkeit zur Schlussfolgerung von implizitem Wissen unter Anwendung der formalen Semantik und den damit verbundenen Regeln als Teil der eingesetzten Ontologiesprache sowie der Nutzbarkeit mächtiger Abfragesprachen.

Die Domänenontologie entspricht dem Metamodell der EEA und kann mit allen Instanzontologien verwendet werden, welche Modellen entsprechen, die auf Basis dieses Metamodells erstellt wurden. Da die Assoziationen des Metamodells in Hinblick auf das Werkzeug PREEvision derzeit keine im Sinne von Ontologien bedeutsame Namen wie beispielsweise *eea:hasConnector* tragen, müssen Instanzontologien in dieser Hinsicht überarbeitet werden. Diese Überarbeitung ist für jede Instanzontologie als Transformationsergebnis eines Modells erforderlich. Da die notwendigen Informationen nicht oder nur zum Teil aus Modell und Metamodell der EEA erschlossen werden können, ist es erforderlich diese Aktivität manuell durchzuführen. Wären die Assoziationen des Metamodells der EEA mit derartigen Bezeichnern versehen, so könnten diese anstatt der derzeit verwendeten Rollennamen während der Transformation berücksichtigt werden. Für die effiziente Verwendung der ontologiebasierten Betrachtung ist die Verfügbarkeit derartiger Informationen im Metamodell erforderlich.

Die formale Modellierung von Domänenwissen in Form von Ontologien wird in Bereichen der modellbasierten bzw. modellgetriebenen Entwicklung an Stellenwert gewinnen. Die enge Abstimmung und Verzahnung der beiden Paradigmen bzw. der im Entwicklungsprozesses eingesetzten Werkzeuge und Sprachen muss dabei berücksichtigt werden.

11 Zusammenfassung und Ausblick

11.1 Zusammenfassung

Die ISO/FDIS 26262, deren Veröffentlichung als internationaler Standard für 2011 erwartet wird, stellt hohe Anforderungen an die funktionale Sicherheit von auf Elektrik/Elektronik basierenden Automobilsystemen sowie deren Entwicklung. Die vorliegende Arbeit befasst sich mit der Berücksichtigung bzw. der Anwendung dieses Standards bereits in der Phase der Elektrik/Elektronik Architektur (EEA) Modellierung. Diese stellt eine frühe Aktivität im Entwicklungslebenszyklus von Kraftfahrzeugen dar.

Eine große Herausforderung besteht in der Tatsache, dass durch die ISO 26262 funktionale Zusammenhänge adressiert werden, die EEA hingegen ein statisches Modell der Vernetzung von Software und Hardware eines Fahrzeugs darstellt, jedoch keine Funktionalität oder Modellierung dieser beinhaltet. Architekturentscheidungen in Bezug auf die Realisierung der Vernetzung sicherheitsbezogener Softwarefunktionen sowie deren Verteilung auf ausführende Komponenten des Hardwarenetzwerks beeinflussen jedoch nachhaltig die Sicherheitsklassifizierung von Steuergeräten des Fahrzeugs. Dies hat direkte Auswirkungen auf die damit verbundenen Entwicklungsaktivitäten und Dokumentationsaufwände.

Die vorliegende Arbeit adressiert die formale Darstellung von Sicherheitsanforderungen, ihren Bezug zu Software- und Hardwarekomponenten der EEA sowie den Umgang mit Architekturänderungen. Als allgemeine Erweiterung des Umgangs mit EEA Modellen wird eine bestehende Methode zur Spezifikation und Ausführung von Modellabfragen auf die Verfügbarkeit eines Basissystems hin erweitert. Durch Anwendung dieser Erweiterung können Fragestellungen mit logischen Relationen formal spezifiziert, ausgeführt und die entsprechenden Ergebnisse bestimmt werden. In der Domäne der EEA Modellierung ist viel Wissen und Expertise seitens der Entwickler vorhanden. Dieses ist notwendig um die beschriebenen nachhaltigen Architekturentscheidungen zu treffen und sichere Kraftfahrzeuge kostenoptimal produzieren und anbieten zu können. Um dieses Wissen gemeinsam mit Architekturdaten zu fassen und implizites Wissen schlusszufolgern, werden EEA Modelle sowie ein EEA Metamodell unter einem Paradigma aktueller Wissensmodellierung betrachtet.

Das Umfeld der vorliegenden Arbeit wurde im Einleitungskapitel abgesteckt. Dabei werden die Herausforderungen im Automobilbereich bzgl. E/E und funktionaler Sicherheit dargestellt. Ebenso werden die Anforderungen und Möglichkeiten von Kraftfahrzeugen hinsichtlich funktionaler Sicherheit gegenüber Flugzeugen und Schienenfahrzeugen verglichen. Auf Grundlage dessen wurden Motivation und Ziele der vorliegenden Arbeit abgeleitet. Im Grundlagenkapitel wurden Inhalte dargestellt, auf denen die weitere Arbeit aufbaut.

11.1.1 ISO 26262 in der Entwicklungsphase der Modellierung von Elektrik/Elektronik Architekturen

Die für die EEA Modellierung relevanten Teile des zukünftigen Standards ISO 26262 wurden im folgenden Kapitel gemeinsam mit den Herausforderungen seiner Umsetzung in der Domäne der EEA Modellierung sowie dem diesbezüglichen Stand der Wissenschaft und Technik vorgestellt. Anforderungen an die vorliegende Arbeit wurden daraufhin aufgestellt und gegen den Stand der Wissenschaft und Technik abgegrenzt. Dem folgte die systematische Zusammenfassung der Anforderungen sowie die Ableitung der Vorgehensweise.

Der Begriff »Item« wird in der ISO 26262 jeweils für die Geltungsrahmen verwendet, auf welche der Standard selektiv anzuwenden ist. Die gesamte EE eines Fahrzeugs wird im EEA Modell hinsichtlich mehrerer Betrachtungsperspektiven dargestellt. Der Geltungsrahmen eines Item wird daher gegenüber den Modellartefakten und Zusammenhängen der EEA beschrieben.

Dem folgt eine formalisierte Darstellung von Sicherheitsanforderungen mit wechselseitigen Beziehungen im Sinne der ISO 26262. So können während der Entwicklung spezifizierte Anforderungen gefasst sowie zwischen ihnen geltende Abhängigkeiten dargestellt und nachvollzogen werden.

Die Einführung einer architekturabhängigen Bibliothek technischer Sicherheitsanforderungen sowie die Erläuterung ihrer Verwendung in Kombination mit der formalisierten Spezifikation von Sicherheitsanforderungen erweitern diesen Ansatz.

Artefakte, entsprechend verschiedener Perspektiven (Funktionsnetzwerk, Komponentennetzwerk, etc.) der EEA, leisten in unterschiedlicher Weise einen Beitrag zu funktionaler Sicherheit. Anforderungsartefakte im Sinne von Annotationen werden für die formale, manuelle oder teilautomatisierte Zuteilung von Sicherheitsanforderungen auf Artefakte von EEA Modellen verwendet.

Der Standard ISO 26262 beschreibt die Methode der ASIL Dekomposition zur Aufteilung hoher Sicherheitsklassifizierungen in mehrere Geringere. Dies wird erreicht durch Zuteilung auf mehrere Komponenten. Da sich ASILs selektiv auf Gefährdungen beziehen, deren Geltungsbereich sich in Bezug auf die Komponenten eines Item teilweise überlagern können, muss die ASIL Dekomposition ebenfalls gefährdungsselektiv durchgeführt werden.

Die Dekomposition eines ASILs bezüglich einer Gefährdung sowie der Einsatz von Redundanzmitteln zum Ermöglichen der Dekomposition, kann Auswirkungen auf andere Gefährdungen haben, die in Zusammenhang mit dem Item bestehen. Dies wurde anhand eines Zuverlässigkeits-Block-Diagramms dargestellt. Ebenfalls wurde eine Methode zur qualitativen Bewertung von Architekturalternativen hinsichtlich systembezogener Fehlerarten präsentiert, welche die in direktem Bezug zu den betrachteten Gefährdungen stehen. Diese Gefährdungen basierten auf Fehlerarten von Systemkomponenten und können bereits in der Phase der EEA Modellierung angewendet werden. Ebenfalls können sie als Grundlagen für Architekturentscheidungen oder Sicherheitsüberarbeitungen dienen.

Im Modell der EEA eines Fahrzeugs sind alle Architekturdaten und deren Abhängigkeiten über E/E basierte Systeme vorhanden. Diese beruhen auf einem gemeinsamen Datenmodell. Das EEA Modell umfasst Informationen, die Eingangsinformationen für andere Entwicklungsphasen darstellen.

Zur Bestimmung und Akkumulation von kontextbezogenen Daten aus EEA Modellen wird die aus der Mechanik und Statik stammende Methode des Freischneidens adaptiert. Dies wurde an einem Beispiel aus der Domäne »Sicherheitsassessment« (konkret an der FMEA) sowie »Verifikation und Test« durchgeführt. Im Falle der FMEA wurden diejenigen Hardwarekomponenten des EEA Modells bestimmt, welche Softwareteile entsprechend eines Systemmerkmals bzw. einer Funktionalität ausführen.

Durch die ergebnisbezogene Generierung von FMEA Objekten entsprechend FMEA Formblättern wird ein Werkzeugwechsel verzichtbar.

Im Falle des Freischnitts zur Spezifikation von Hardware-in-the-Loop Testsystemen wurden die Ergebnisse in einem angepassten Datenformat serialisiert, welches die Betrachtungsperspektiven von HiL Entwicklern aufgreift.

11.1.2 Fragestellungsgraphen zur domänenspezifischen Anwendung auf Elektrik/Elektronik Architekturen

Die vorangegangen Kapitel haben aufgezeigt, dass wegen der Nichtverfügbarkeit eines Basissystems in der eingesetzten Werkzeugumgebung zur Spezifikation und Ausführung von Modellabfragen zur Datenbestimmung, die manuelle Aufteilung der eigentlichen Fragestellung in mehrere Konjugationsketten notwendig wird. Evtl. bestehen dabei Modellabfragen mit großen Gleichanteilen.

Daher wurde der Stand der Technik in Bezug auf den Umgang mit Fragestellungen bezüglich EEA-ADL basierter EEA Modelle identifiziert. Entsprechend wurde eine Erweiterung der bestehenden Methoden zur Verfügbarkeit eines Basissystems vorgeschlagen.

Zur Spezifikation und Serialisierung von Fragestellungsgraphen wurde ein Datenformat vorgestellt sowie eine graphenbasierte Darstellung von Fragestellungen und Abfragen unter Verwendung der eingeführten Konzepte *»Abfrageelement«* und *»Abfragegruppe«*.

Logische Relationen wurden in Hinblick auf ihre Verwendung in Fragestellungsgraphen identifiziert und ihre Bedeutung definiert.

Eine Methode zur Aufteilung von Fragestellungsgraphen in Konjugationsgraphen wurde vorgestellt sowie die Bestimmung von Ergebnissen im Sinne der Fragestellung durch die Anwendung der Mengenoperationen *Vereinigung* und *Komplement* auf den Ergebnismengen von Konjugationsgraphen.

Für die Ausführung von Fragestellungsgraphen auf EEA-ADL basierten EEA Modellen wurde die Methode im EEA Modellierungswerkzeug PREEvision implementiert.

Wiederverwendbarkeit der Implementierung wurde durch die Kapselung werkzeugabhängiger Methoden in einem PREEvision Plugin sowie der Modellierung des Programmablaufes in Form eines importierbaren EEA Modellpakets erreicht.

11.1.3 Elektrik/Elektronik Architekturen als Ontologien

Durch die gesamtheitliche Betrachtung von E/E Systemen erfordert die EEA Modellierung viel Wissen und Erfahrung seitens der Entwickler.

Im vorigen Kapitel wurde dargestellt, dass durch die Verwendung von Annotationen und deren bedingten Zuteilung auf Artefakte der EEA semantische Netze gebildet werden können. Ebenfalls wurde diskutiert, dass durch die Spezifikation von bedeutungsbehafteten Modellabfragen und Fragestellungsgraphen Wissen über gültige und nicht gültige Kombinationen von Modellartefakten spezifiziert werden können.

Hierdurch kann in der Domäne der EEA Modellierung Wissen in Verbindung mit den EEA Modellen dokumentiert und gespeichert werden.

Im Verlauf des Kapitels wird eine weiter Möglichkeit vorgestellt und erarbeitet, wobei EEAs unter der Perspektive und mit den Mitteln der Wissensmodellierung betrachtet werden.

Zuerst wurde hierzu der Stand der Wissenschaft und Technik bezogen auf den Einsatz von Ontologien im Zusammenhang mit EEAs in der Automobilentwicklung dargestellt.

Die diesbezüglichen Ziele der hier vorliegenden Arbeit wurden gegenüber dem Stand der Wissenschaft und Technik abgegrenzt sowie das Vorgehen für eine ontologiebasierte Betrachtung und Bearbeitung von EEAs abgeleitet. Dieses umfasst die Schritte *»Transformation der MDE basiert dargestellten EEA«*, *»Überarbeitung der Transformationsergebnisse«* und *»Anreicherung der Überarbeitungsergebnisse«* mit Domänenwissen.

Es wurden zwei Transformationspfade zur Transformation der EEA-ADL sowie EEA-ADL basierter EEA Modelle in ihre ontologischen Entsprechungen vorgestellt. Diese entsprechen Domänen- und Instanzontologien unter Verwendung der Sprache OWL.

Nach Darstellung der Schritte »*Überarbeitung*« und »*Anreicherung*« wurde die Verwendung der ontologiebasierten Darstellung von EEA Modellen zur Schlussfolgerung impliziten Wissens demonstriert. Die Anwendung der Methode sowie der Verwendung der Ergebnisse wurde gegenüber dem Entwicklungslebenszyklus von Fahrzeugen positioniert.

Zusammenfassungen und Diskussionen der einzelnen Themenschwerpunkte der vorliegenden Arbeit wurden jeweils am Ende eines thematisch zusammengehörenden Abschnitts gegeben.

11.2 Ausblick

Der Stellenwert der individuellen Mobilität wird sich mittelfristig für die Menschen in Westeuropa nicht bedeutend verändern. Bisher ist noch der Verbrennungsmotor ein entscheidendes, wettbewerbsdifferenzierendes Merkmal der Automobilhersteller und ihrer Produkte. Die Bedeutung dessen wird im Zuge der Elektromobilität zurückgehen, so dass Qualität, Komfort und Sicherheit eine größere Relevanz zukommt. Aktuelle Entwicklungen auf dem Sektor von Fahrerassistenzfunktionen ebnen den Weg zu autonomem Fahren. Da diese Funktionen und Systeme aktiv Einfluss auf die Bewegung des Fahrzeugs nehmen, muss ihre funktionale Sicherheit ausreichend gewährleistet sein.

Es ist eine Komplexitätsanstieg softwarebasierter Systeme im Fahrzeug zu verzeichnen. Um die bestehenden Sicherheitsanforderungen umfassend zu berücksichtigen, ist es notwendig, funktionale Sicherheit von Beginn der Entwicklung an zu betrachten. Dies wird durch den internationalen Standard ISO 26262 adressiert, dessen Veröffentlichung in 2011 erwartet wird. Zur effizienten Erfüllung der durch diesen Standard gestellten Anforderungen wird die Betrachtung und Bewertung funktionaler Sicherheit in nächster Zukunft nahtloser in Entwurfsaktivitäten und Entwurfswerkzeuge integriert werden.

In die Entwicklungsphase der Modellierung von Elektrik/Elektronik Architekturen werden weitere Methoden Einzug erhalten, welche die Entwicklung und Bewertung von Architekturen hinsichtlich funktionaler Sicherheit nachhaltig vereinfachen, bei gleichzeitiger Erhöhung des Informations- und Formalisierungsgrades.

Einige Aufmerksamkeit sollte auf den Ausbau der Bibliothek für technische Sicherheitsanforderungen sowie auf das Hinterlegen entsprechender Architektur- oder Realisierungsvarianten gerichtet werden. Dies betrifft ebenfalls die Anreicherung und Pflege des Nachschlagewerks von Redundanzmitteln und deren Referenzen auf Beispielarchitekturen.

Die Verwendung der entsprechenden Methoden im produktiven Einsatz sowie deren Verbesserung anhand der gemachten Erfahrungen und Erkenntnisse.

Eine bedarfsgerechte Integration derartiger Maßnahmen in die werkzeugunterstützte Modellierung von EEAs sowie die teilautomatisierte Auswahl und Anwendung von optimalen Architekturalternativen ist wünschenswert. Folgende Aktivitäten sollten sich neben einem weiteren Ausbau der in der vorliegenden Arbeit beschriebenen Unterstützung der FMEA im Werkzeug der EEA Modellierung auch der FTA in Verbindung mit HiP-HOPS widmen.

Eine weitere Herausforderung besteht in der Überprüfung von EEAs auf Konformität gegenüber Sicherheitsanforderungen. Dies ist keine triviale Aufgabe, da die Anforderungen von Standards bezüglich früher Phasen der Entwicklung überwiegend abstrakt gehalten sind. Hierfür kann die in dieser Arbeit vorgestellte Methode im Umgang mit Fragestellungsgraphen auf EEA Modellen einen entscheidenden Beitrag leisten, da Entwurfsalternativen spezifiziert und logisch in Relation gesetzt werden können. Eine Herausforderung besteht in der Erarbeitung der Verwendung dieser Methode für umfassende Konformitätschecks gegenüber abstrakten Anforderungen sowie der bedarfsgerechten Spezialisierung der Methode.

Die steigende Komplexität der zu entwickelnden Systeme in verteilten Entwicklungen erfordert einen formalisierten Umgang mit dem Wissen, welches in den jeweiligen Entwicklungsdomänen vorhanden ist. Ontologien bilden eine gute Möglichkeit Domänenwissen festzuhalten. Darüber hinaus kann ihnen implizites Wissen geschlussfolgert werden. Die vorliegende Arbeit hat einen Vorstoß hinsichtlich des Einsatzes von Ontologien in der Entwicklung von EEAs unternommen und die daraus erwachsenden Möglichkeiten demonstriert. Für deren effizienten Einsatz ist eine engere Kopplung zwischen MDE basierter Modellierung von EEAs und deren ontologischer Betrachtung erforderlich. Dies kann im ersten Schritt durch die Anreicherung des zur Transformation verwendeten EEA Metamodells geschehen. Die Spezifikation von Assoziationsnamen kann hierbei einen großen Beitrag leisten. Doch neben den technischen Möglichkeiten muss eine Akzeptanz des Einsatzes von Konzepten der Wissensmodellierung in der Domäne der EEA Entwicklung etabliert werden.

Abbildungsverzeichnis

Tabellenverzeichnis

Abkürzungsverzeichnis

ABS	Antiblockiersystem
ACC	Adaptive Cruise Control
ADL	Architecture Description Language
AF-Graph	Abfragegraph
AFGR	Abfragegraph
AfGr	Abfragegruppe
AHS	Automatischer Heckspoiler
AHSS	Automatischer Heckspoiler Steuergerät
AktAHS	Aktuator automatischer Heckspoiler
AnStAHS	Ansteuerung automatischer Heckspoiler
ASG	Antriebsstrang Steuergerät
ASIL	Automotive Safety Integrity Level
ATESST	Advancing Traffic Efficiency and Safety Through Software Technology
AUTOSAR	AUTomotive Open System Architecture
BestFzG	Bestimmung der Fahrzeuggeschwindigkeit
BGB	Bürgerliches Gesetzbuch
bzgl.	bezüglich
bzw.	beziehungsweise
CAD	Comupter-Aided Design, engl. für rechnergestützter Entwurf oder rechnergestützte Konstruktion
CAN	Controler Area Network
CIM	Computer Independent Model
CMMI	Capability Maturity Model Integration
CMPN	Komponentennetzwerk
COTS	Commercial off-the-shelf
CRC	Cyclic Redundancy Check
CWM	Common Warehouse Model
DAMUK	Definition, Analyse, Massnahmenentscheidung, Umsetzung, Kommunikation
DIN	Deutsches Institut für Normung e. V.
DIS	Draft International Standard
DKG	Doppel-Kupplungs-Getriebe
DL	Description Logic
DO	Domänenontologie

DTD	Document Type Description
E/E-Artefakt	Elektrik/Elektronik Artefakt
E/E/PE	elektrisch/elektronisch/programmierbar elektronisch
EAST-ADL	Electronic Architecture and Software Technology - Architecture Description Language
ECU	Electronic Control Unit
EDV	Elektronische Datenverarbeitung
EE	Elektrik/Elektronik
EEA	Elektrik/Elektronik Architektur
EEA-ADL	Elektrik/Elektronik Architektur Architecture Description Language
EEA-DO	Elektrik/Elektronik Architektur Domänenontologie
EEA-IO	Elektrik/Elektronik Architektur Instanzontologie
EEAs	Elektrik/Elektronik Architekturen
EFQM	European Foundation for Quality Managment
EMF	Eclipse Modeling Framework
ESF	Experimental-Sicherheits-Fahrzeug
ESP	Elektonisches Stabilitätsprogramm
evtl.	eventuell
F-Logic	Frame Logic
FA	Fehlerart
FAA	Functional Analysis Architecture
FDA	Functional Design Architecture
FDIS	Final Draft Interational Standard
FFA	Functional Failure Analysis
FIBEX	Field Bus Exchange Format
FMEA	Failure Mode and Effect Analysis
FMECA	Failure Modes, Effects and Criticality Analysis
FN	Funktionsnetzwerk
FSA	Funktionale Sicherheitsanforderung
FTA	Fault Tree Analysis
FuSi	Funktionale Sicherheit
GPSG	Geräte- und Produktsicherheitsgesetz
GUA	Gewährung/Unterbrechung der Ansteuerung
HDA	Hardware Design Architecture
HiL	Hardware-in-the-Loop
HiP-HOPS	Hierarchically Performed Hazard Origin and Propagation Studies
IEC	International Electrotechnical Commission
IO	Instanzenontologie
ISO	International Organization for Standardization
IT	Informationstechnik
KjGr	Konjugationsgraph

KM	Konfigurationsmanagement
LHS	Left Hand Side
Lin	Local Interconnect Network
M-Graph	Modell Graph
M2ToS	Model to Model Transformation Language nach Reichmann [196]
MAR	Modellabfrageregel
MAttrE	M-Graph Kante (Attribut)
MDA	Model Driven Architecture
MDE	Model Driven Engineering
ME	M-Graph Kante
MLnkE	M-Graph Kante (Link)
MM-Graph	Metamodell Graph
MMAsszE	MM-Graph Kante (Assoziation)
MMAttrE	MM-Graph Kante (Attribut)
MMAttrWrtV	MM-Graph Knoten (Attributwert)
MME	MM-Graph Kante
MMKlssV	MM-Graph Knoten (Klasse)
MMV	MM-Graph Knoten
MMVrrbE	MM-Graph Kante (Vererbung)
MObjV	M-Graph Knoten (Objekt)
MOF	Meta Object Facility
MOST	Media Oriented Systems Transport
MTTF	Mean Time to Failure
MV	M-Graph Knoten
MWrtV	M-Graph Knoten (Wert)
NVP	N-Version Programming
ODX	Open Diagnostic Data Exchange
OEM	Original Equipment Manufacturer
OMG	Object Management Group
OO	Objektorientiert / Objektorientierung
OSI	Open Systems Interconnection
OWL	Web Ontology Language
OWL DL	Web Ontology Language Description Logic
PDU	Protocol Data Unit
PIM	Plattform Independent Model
PiUA	Proven in Use Argument
Pkw	Personenkraftwagen
PM	Projektmanagment
PSD	Powered Sliding Door
PSM	Plattform Specific Model
PT	Powertrain
QS	Qualitätssicherung

RA	Realisierungsalternative
RDF	Resource Description Framework
RDFS	Resource Description Framework Schema
RgAfGr	Regelabfragegraph
RHS	Right Hand Side
RIF	Requirements Interchange Format
RTE	Realtime Environment (AUTOSAR)
SA	Sicherheitsannotation
SbFA	Systembezogene Fehlerarten
SE	Systemerstellung
SEooC	Safety Element out of Context
SFE	Simulation of the Functional Environment
SGML	Standard Generalized Markup Language
SHSG	Sicherheitssteuergerät
SIL	Safety Integrity Level
sog.	sogenannte / sogenannte
SPARQL	SPARQL Protocol and RDF Query Language
SPICE	Software Process Improvement and Capability Determination
SQL	Structured Query Language
SRS	Sicherheitsrelevantes System
SRS	Software Requirements Specification (AUTOSAR)
SuT	System under Test
SW-C	Software Component (AUTOSAR)
SW-Cs	Software Components (AUTOSAR)
Sys	System
SysML	Systems Modeling Language
SZ	Sicherheitsziel
TFS	Teilfragestellung
TFS-Graph	Teilfragestellungsgraph
TFSAttrE	TFS-Graph Kante (Attribut)
TFSE	TFS-Graph Kante
TFSLnkE	TFS-Graph Kante (Link)
TFSObjV	TFS-Graph Knoten (Objekt)
TFSV	TFS-Graph Knoten
TFSWrtV	TFS-Graph Kante (konkreter Wert)
TQM	Total Quality Managmement
TSA	Technische Sicherheitsanforderung
UA	Unerwünschte Ausführung
UL	Unterlassung
UML	Unified Modeling Language
UML2	Unified Modeling Language 2
URI	Universal Resource Identifier
UUID	Universally Unique Identifier

VDA	Verband der Automobilindustrie
VFB	Virtual Functional Bus (AUTOSAR)
W3C	World Wide Web Consortium
XMI	XML Metadata Interchange
XML	Extensible Markup Language
XSL	Extensible Stylesheet Language
XSLT	XSL Transformation
XT	Extreme Tailoring
z.B.	zum Beispiel
ZBD	Zuverlässigkeits Block Diagramm
ZBDe	Zuverlässigkeits Block Diagramme

Literatur- und Quellennachweise

[1] ADLER, N., D. GEBAUER, C. REICHMANN und K. D. MÜLLER-GLASER: *Modellbasierte Erfassung von Optimierungsaktivitäten als Grundlage zur Systemoptimierung von Elektrik-/Elektronik-Architekturen.* In: *14. MBMV Workshop, Methoden und Beschreibungssprachen zur Modellierung und Verifikation von Schaltungen und Systemen*, 2011.

[2] ADVANCING TRAFFIC EFFICIENCY AND SAFETY THROUGH SOFTWARE TECHNOLOGY PHASE 2 (ATESST2): *EAST-ADL Overview Design Level, ATESST2 Concept presentation 2009 Q2.* Website, 2009. www.atesst.org letzter Zugriff 03.06.2011.

[3] ADVANCING TRAFFIC EFFICIENCY AND SAFETY THROUGH SOFTWARE TECHNOLOGY PHASE 2 (ATESST2): *EAST-ADL Analysis Level ATESST2 Concept presentation 2010 Q2.* Techn. Ber., 2010.

[4] ADVANCING TRAFFIC EFFICIENCY AND SAFETY THROUGH SOFTWARE TECHNOLOGY PHASE 2 (ATESST2): *EAST-ADL Domain Model Specification.* Deliverable D4.1.1 2.1 RC3 (Release Candidate), 06 2010.

[5] ADVANCING TRAFFIC EFFICIENCY AND SAFETY THROUGH SOFTWARE TECHNOLOGY PHASE 2 (ATESST2): *EAST-ADL Overview, ATESST2 Concept presentation 2010 Q2.* Techn. Ber., 2010.

[6] ADVANCING TRAFFIC EFFICIENCY AND SAFETY THROUGH SOFTWARE TECHNOLOGY PHASE 2 (ATESST2): *EAST-ADL Overview Implementation Level, ATESST2 Concept presentation 2010 Q2.* Techn. Ber., 2010.

[7] ADVANCING TRAFFIC EFFICIENCY AND SAFETY THROUGH SOFTWARE TECHNOLOGY PHASE 2 (ATESST2): *EAST-ADL2 Vehicle Level, ATESST2 Concept presentation 2010 Q2.* Techn. Ber., 2010.

[8] ADVANCING TRAFFIC EFFICIENCY AND SAFETY THROUGH SOFTWARE TECHNOLOGY PHASE 2 (ATESST2): *Requirements and V&V, ATESST2 Final Workshop June 21 2010.* Techn. Ber., 2010.

[9] ADVANCING TRAFFIC EFFICIENCY AND SAFETY THROUGH SOFTWARE TECHNOLOGY PHASE 2 (ATESST2): *Requirements and V&V RIF Plugin, ATESST2 Final Workshop June 21 2010.* Techn. Ber., 2010.

[10] ADVANCING TRAFFIC EFFICIENCY AND SAFETY THROUGH SOFTWARE TECHNOLOGY, PHASE 2 (ATESST2): *Safety, ATESST2 Final Workshop, June 21 2010.* Techn. Ber., 06 2010.

[11] ANKER, S.: *Warum unsere Autos immer schwerer werden*. Techn. Ber., Welt Online, 2009. Zuletzt aufgerufen am 05.07.2011.

[12] APIS: *APIS IQ-FMEA*. Procuct, APIS Informationstechnologien GmbH www.apis.de/de/produkte, 2010.

[13] AQUINTOS: *EE-Architekturwerkzeug PREEvision*. Techn. Ber., aquintos GmbH, www.aquintos.com, 2009.

[14] ARBEITSGRUPPE DER NTG: *Zuverlässigkeitsbegriffe im Hinblick auf komplexe Software und Hard- ware (NTG-Empfehlung 3004)*. Nachrichtentechnische Zeitschrift, 35(05):325 – 333, 1982.

[15] ARDELT, M., P. WALDMANN, N. KAEMPCHEN, F. HOMM und BMW-GROUP: *Strategic Decission-Making Process in Advanced Driver Assistance Systems*. In: *IFAC-Symposium Advances in Automotive Control AAC 2010*, München, Germany, 2010.

[16] ARISTOTLE und G. STRIKER: *Aristotle: Prior Analytics, Book I: Translated with an Introduction and Commentary: Bk. 1 (Clarendon Aristotle)*. Oxford University Press, 2009.

[17] ASSMANN, U., S. ZSCHALER und G. WAGNER: *Ontologies for Software Engineering and Software Technology*. Springer-Verlag Berlin Heidelberg, 2006.

[18] ATKINSON, C. und T. KÜHNE: *Model-driven development: a metamodeling foundation*. Software, IEEE, 20(5):36 – 41, sep. 2003.

[19] AUTORENKOLLEKTIV: *Aktuelle Wirtschaftsgesetze 2009: Bürgerliches Gesetzbuch (Auszug), Produkthaftungsgesetz, Handelsgesetzbuch (Auszug), UN-Kaufrecht, Gesetz gegen den ... Kreditwesengesetz, Wertpapierhandelsgesetz*. Verlag C.H. Beck, 10 Aufl., 03 2009. ISBN-13: 978-3406600036.

[20] AUTORENKOLLEKTIV: *Bürgerliches Gesetztbuch BGB*. Deutscher Taschenbuch Verlag, 66 Aufl., 08 2010. ISBN-13: 978-3423050012.

[21] AUTOSAR: *Technical Overview*. Techn. Ber. 2.2.2, Autosar Consortium, www.autosar.org, 08 2008. Part of Release 3.1.

[22] AUTOSAR: *Layered Software Architecture*. Techn. Ber. 3.0.0, Autosar Consortium, www.autosar.org, 11 2009. Part of Release 4.0.

[23] AUTOSAR: *Requirements on Communication*. Techn. Ber. 3.0.0, 11 2009. Part of Release 4.0, Document: AUTOSAR_SRS_COM.pdf.

[24] AUTOSAR: *Specification of Communication*. Techn. Ber., 11 2009. Part of Release 4.0, Document: AUTOSAR_SWS_COM.pdf.

[25] AUTOSAR: *Specification of RTE*. Techn. Ber. 3.0.0, Autosar Consortium, www.autosar.org, 12 2009. Part of Release 4.0.

[26] AUTOSAR: *Specification of SW-C End-to-End Communication Protection Library*. Techn. Ber. 1.0.0, Autosar Consortium, www.autosar.org, 12 2009. Part of Release 4.0, Document: AUTOSAR_SWS_E2ELibrary.

[27] AUTOSAR: *Technical Safety Concept Status Report.* Techn. Ber. 1.0.0, Autosar Consortium, www.autosar.org, 11 2009. Part of Release 4.0, Document: AUTO-SAR_TR_SafetyConceptStatusReport.pdf.

[28] AUTOSAR: *Virtual Functional Bus.* Techn. Ber. 2.0.0, Autosar Consortium, www.autosar.org, 11 2009. Part of Release 4.0, Document: AUTO-SAR_EXP_VFB.pdf.

[29] AVENHAUS, R.: *Vorlesung Zuverlässigkeitstheorie der Universität der Bundeswehr München,* 2003.

[30] AVIZIENIS, A.: *The N-Version Approach to Fault-Tolerant Software.* IEEE Trans. Softw. Eng., 11:1491–1501, December 1985.

[31] BAADER, F., I. HORROCKS und U. SATTLER: *Description Logics.* In: STAAB, S. und R. STUDER (Hrsg.): *Handbook on Ontologies,* International Handbooks on Information Systems, S. 21–43. Springer Berlin Heidelberg, 2009. 10.1007/978-3-540-92673-3_1.

[32] BALZERT, H.: *Lehrbuch der Software-Technik, Software-Entwicklung.* Spektrum Akademischer Verlag, 02 Aufl., 12 2000. ISBN-13: 978-3827404800.

[33] BALZERT, H.: *Lehrbuch der Software-Technik: Software-Management.* Spektrum Akademischer Verlag, 02 2008. ISBN-13: 978-3827411617.

[34] BÄRO, T.: *Analyse und Bewertung des Testprozesses von Automobilsteuergeräten.* Doktorarbeit, Universität Karlsruhe, 04 2008.

[35] BBC, B. B. C.: *BMW M3 vs Mercedes C63 AMG vs Audi RS4 in Spain - Top Gear - BBC.* Techn. Ber., British Broadcasting Corporation BBC, 2008. Aufgerufen am 05.02.2011.

[36] BECKETT, D. und B. MCBRIDE: *RDF Test Cases.* Techn. Ber., World Wide Web Consortium (W3C), 2004.

[37] BECKETT, D. und B. MCBRIDE: *RDF/XML Syntax Specification (Revised).* Techn. Ber., World Wide Web Consortium W3C, 2004.

[38] BELSCHNER, R., J. FREESS und M. MROSSKO: *Gesamtheitlicher Entwicklungsansatz für Entwurf, Dokumentation und Bewertung von E/E-Architekturen.* In: *VDI Bericht,* Nr. 1907, S. 511–521. VDI-Verlag Düsseldorf, 2005.

[39] BENINGTON, H. D.: *Production of Large Computer Programs.* In: *Advanced Programming Methods for Digital Computers, ONR Symposium,* S. 15–27, 06 1956. Also available in Annals of the History of Computing, pp. 350-361, October 1983 and Proc. Ninth International Conference Software Engineering, Computer Society Press, 1987.

[40] BENZ, S.: *Eine Entwicklungsmethodik für sicherheitsrelevante Elektroniksysteme im Automobil.* Doktorarbeit, University Karlsruhe, 2004.

[41] BERTRAM, T., P. DOMINIKE und B. MÜLLER: *The Safety-Related Aspect of CAR-TRONIC.* In: *SAE World Congress,* 1999.

[42] BEZIVIN, J.: *On the unification power of models*. Software and System Modeling, 4(2):171–188, 2005.

[43] BIROLINI, A.: *Zuverlässigkeit von Geräten und Systemen*. Springer, Berlin, 01 Aufl., 1997. ISBN-13: 978-3540609971.

[44] BLOMQVIST, E. und K. SANDKUHL: *Patterns in Ontology Engineering: Classification of Ontology Patterns*. In: *ICEIS2005 7th International Conference on Enterprise Information Systems*, 2005.

[45] BOBDA, C.: *Introduction to Reconfigurable Computing: Architectures, Algorithms, and Applications*. Springer Netherlands, 10 2007. ISBN-13: 978-1402060885.

[46] BOEHM, B. W.: *A Spiral Model of Computer Development and Enhancement*. Computer, IEEE Computer Society, 21(05):61–72, 1988.

[47] BORTOLAZZI, J.: *Lecture Systems Engineering for Automotive Electronics*. Techn. Ber., Institute for Information Processing Technology (ITIV), Karlsruhe Institute of Technology (KIT), 2011.

[48] BÖSRCSÖK, J.: *Funktionale Sicherheit: Grundzüge sicherheitstechnischer Systeme*. Hüthig, 01 Aufl., 2006. ISBN-13: 978-3778529850.

[49] BOWLES, J. B. und R. D. BONNELL: *Failure Mode, Effects, and Criticality Analysis*. In: *Annual Reliability and Maintainability Symposium*, 1994.

[50] BROMMUNDT, E. und G. SACHS: *Technische Mechanik*. Oldenbourg Wissenschaftsverlag, 06 1998. ISBN-13: 978-3486248326.

[51] BRONSTEIN, I. N., K. A. SEMENDJAJEW, G. MUSIOL und H. MUEHLIG: *Taschenbuch der Mathematik*. Verlag Harri Deutsch, 07 Aufl., 07 2008. ISBN-13: 978-3817120079.

[52] BROY, M.: *Informatik, eine grundlegende Einführung, Band 1: Programmierung und Rechnerstrukturen*. Springer, 1998.

[53] BRÜNGLINGHAUS, C.: *Fahrerassistenzsysteme von Mercedes-Benz mit neuen Funktionen*. ATZonline, 06 2009. Aufgerufen am 03.02.2011.

[54] BUSINESSDICTIONARY.COM: *Failure Mode*. Zuletzt aufgerufen am 13.02.2011.

[55] CANTOR, G.: *Beiträge zur Begründung der transfiniten Mengenlehre*. Math. Ann., 46, 49:481–512, 207–246, 1885.

[56] CEA: *Papyrus, Open Source Tool for Graphical UML2 Modelling*. Techn. Ber., Commissariat a l'Energy Atomique et aux Engines Alternatives, 2009. Zuletzt aufgerufen am 16.03.2011.

[57] CHEN, L. und A. AVIZIENIS: *N-VERSION PROGRAMMINC: A FAULT-TOLERANCE APPROACH TO RELIABILITY OF SOFTWARE OPERATION*. In: *Fault-Tolerant Computing, 1995, ' Highlights from Twenty-Five Years'., Twenty-Fifth International Symposium on*, S. 113, Juni 1995.

[58] CHING, W.-K. und M. K. NG: *Markov Chains: Models, Algorithms and Applications*, Bd. 83 d. Reihe *International Series in Operations Research & Management*

Science. Springer US, 2006. 10.1007/0-387-29337-X.

[59] CHRYSLER CORPORATION, FORD MOTOR COMPANY, G. M. C.: *Advanded Product Quality Planning and Control Plan (APQP)*. 01 Aufl., 1994.

[60] CLARK, J. und D. A. HOLTON: *Graphentheorie: Grundlagen und Anwendungen*. Spektrum Akademischer Verlag Heidelberg Berlin Oxford, 1994.

[61] CLAUS, V. und A. SCHWILL: *DUDEN, Informatik A-Z, Fachlexikon für Studium, Ausbildung und Beruf*. Bibliographisches Institut und F.A. Brockhaus AG, 02 2006. ISBN-13: 978-341191016.

[62] DATO-SOFT: *DATO-SOFT FMEA (Access 97-2003)*. Product, DATO-SOFT www.qm-data.de/Fmea/Stammdaten.html, 2010.

[63] DCMERMOTT, R. E. und R. J. BEAUREGARD: *The basics of FMEA*. Productivity Press, 1996.

[64] DESTATIS, S. B. D.: *Entwicklung der Zahl der im Straßenverkehr Getöteten 1953 bis 2010*. Techn. Ber., Statistisches Bundesamt, Wiesbaden, 2010. Zuletzt aufgerufen am 05.02.2010.

[65] DEUTSCHE PRESSE-AGENTUR (DPA): *Autos werden immer stärker - Durchschnitt liegt bei 134 PS*. Techn. Ber., Auto Motor und Sport, 2011. Zuletzt aufgerufen am 05.08.2011.

[66] DEUTSCHES INSTITUT FÜR NORMUNG: *DIN 25424 Fehlerbaumanalyse. Teil 1: Methode und Bildzeichen; Teil 2: Handrechenverfahren zur Auswertung eines Fehlerbaumes*. Beuth Verlag GmbH, Berlin, 1981, 1981.

[67] DEUTSCHES INSTITUT FÜR NORMUNG: *DIN 1463-1, Erstellung und Weiterentwicklung von Thesauri; Einsprachige Thesauri*, 11 1987.

[68] DEUTSCHES INSTITUT FÜR NORMUNG: *VDE 31000, DIN VDE 31000-2:1987-12, Allgemeine Leitsätze für das sicherheitsgerechte Gestalten technischer Erzeugnisse*, 12 1987.

[69] DEUTSCHES INSTITUT FÜR NORMUNG: *DIN 40041: Zuverlässigkeit; Begriffe*, 12 1990.

[70] DEUTSCHES INSTITUT FÜR NORMUNG: *VDE 0801, DIN V VDE 0801:1990-01, rundsätze für Rechner in Systemen mit Sicherheitsaufgaben*, 01 1990.

[71] DEUTSCHES INSTITUT FÜR NORMUNG: *DIN V 19250, Leittechnik - Grundlegende Sicherheitsbetrachtungen für MSR-Schutzeinrichtungen*, 1995.

[72] DEUTSCHES INSTITUT FÜR NORMUNG: *DIN EN 50129, VDE 0831-129:2003-12, Bahnanwendungen - Telekommunikationstechnik, Signaltechnik und Datenverarbeitungssysteme - Sicherheitsrelevante elektronische Systeme für Signaltechnik*, 12 2003.

[73] DEUTSCHES INSTITUT FÜR NORMUNG: *DIN EN 60812: Analysetechniken für die Funktionsfähigkeit von Systemen - Verfahren für die Fehlzustandsart- und- auswirkungsanalyse (FMEA)*, 11 2006.

[74] DITTMANN, L. U.: *OntoFMEA*. DUV, 2007. 10.1007/978-3-8350-9572-4_4.

[75] DJURIC, D., D. GASEVIC und V. DEVEDZIC: *Adventures in Modeling Spaces: Close Encounters of the Semantic Web and MDA Kinds*. In: KENDALL, E. F., D. OBERLE, J. Z. PAN und P. TETLOW (Hrsg.): *Workshop on Semantic Web Enabled Software Engineering (SWESE 2005)*, Galway, Ireland, 2005.

[76] DOUGLASS, B. P.: *Real-Time Design Patterns: Robust Scalable Architecture for Real-Time Systems*. Addison-Wesley Professional, 10 2002. ISBN-13: 978-0201699562.

[77] DROSDOWSKI, G., W. MÜLLER, W. SCHOLZE-STUBENRECHT und M. WERMKE: *Duden, Die deutsche Rechtschreibung*. Bibliographisches Institut und F.A. Brockhaus AG, 21 Aufl., 1996.

[78] DROSDOWSKI, G., W. SCHOLZE-STUBENRECHT und M. WERMKE: *Duden, Das Fremdwörterbuch*. Bibliographisches Institut und F.A. Brockhaus AG, 06 Aufl., 1997.

[79] EBERT, C. und D. LEDERER: *Dem Kostendruck begegnen - Effizienz nachhaltig steigern*. Automobil-Elektronik, S. 46–48, 10 2007.

[80] ECHTLE, K.: *Fehlertoleranzverfahren*. Springer-Verlag GmbH, 05 1998. ISBN-13: 978-3540526803.

[81] ECO, U. und J. TRABANT: *Einführung in die Semiotik*. UTB. Uni-Taschenb/ücher. Fink, 2002.

[82] EIBEGGER, M.: *Logic Rulez: Einführung in die mathematische Logik*. E-Book, TU-Wien, 11 2007. http://www.logic-rulez.net/index.php.

[83] EMF (ECLIPSE MODELING FRAMEWORK PROJECT): *XML Schema to Ecore Mapping*. Techn. Ber., The Eclipes Foundation, 06 2004.

[84] ETAS: *ASCET Software-Produkte*. Techn. Ber., ETAS Group www.etas.com/de/products/ascet_software_products.php, 2011.

[85] FARMAN, S.: *Der Beitrag der Linguistik zur Grammatikvermittlung- Theoretische und unterrichtspraktische Ansätze*. GRIN Verlag GmbH, 2008.

[86] FAVRE, J. M.: *Foundations of Meta-Pyramids: Languages vs. Metamodels – Episode II: Story of Thotus the Baboon*. In: BEZIVIN, J. und R. HECKEL (Hrsg.): *Language Engineering for Model-Driven Software Development*, Nr. 04101 in *Dagstuhl Seminar Proceedings*, Dagstuhl, Germany, 2005. Internationales Begegnungs- und Forschungszentrum für Informatik (IBFI), Schloss Dagstuhl, Germany.

[87] FININ, T.: *Re: NAME:SWOL versus WOL*. Techn. Ber., World Wide Web Consortium (W3C), 2001.

[88] FOCUSONLINE: *Parkassistent - Volkswagen kann jetzt auch quer*. Focus online, 07 2010. Aufgerufen am 05.02.2011.

[89] FRIEDMAN, J.: *MATLAB/Simulink for Automotive Systems Design*. Bd. 1, S. 1 –2, mar. 2006.

[90] FUCHS, S.: *Automatisches Generieren und Optimieren von Hardware-in-the-Loop-Prüfstandskonfigurationen*. Doktorarbeit, Universität Karlsruhe, 2011.

[91] FUCHS, S. und E. SAX: *Automatisierte Konfiguration von HiL-Prüfständen*. In: *auto test*, 2008.

[92] FÜRST, S.: *ISO 26262 and AUTOSAR. Requirements and Solutions for Safety Related Software*. In: *5th Vector Congress*, 12 2010.

[93] GACNIC, J., J. RATAJ, F. KÖSTNER, H. JOST und D. BEISEL: *DeSCAS Design Process Model for Automotive Systems - Development Streams and Ontologies*. SAE International, 2009.

[94] GACNIK, J.: *Providing Guidance in an Interdisciplinary Model-Based Design Process*. Object/Component/Service-Oriented Real-Time Distributed Computing Workshops , IEEE International Symposium on, 0:130–137, 2010.

[95] GASEVIC, D., D. DJURIC und V. DEVEDZIC: *Model Driven Engineering and Ontology Development*. Springer Berlin Heidelberg, 2009. 10.1007/978-3-642-00282-3_7.

[96] GEBAUER, D., J. MATHEIS, M. KÜHL und K. D. MÜLLER-GLASER: *Inetrierter, graphisch notierter Ansatz zur Bewertung von Elektrik/Elektronik-Architekturen*. In: *Moderne Elektronik im Kraftfahrzeug IV, Haus der Technik Fachbuch Band 105, Renningen: Expert Verlag*, S. 49–61. Bernard Bäker, 2009.

[97] GEBAUER, D., J. MATHEIS, C. REICHMANN und K. D. MÜLLER-GLASER: *Ebenenübergreifende, varientengerechte Beschreibung von Elektrik/Elektronik-Architekturen*. In: *Diagnose in mechantronischen Fahrzeugsystemen, Haus der Technik Fachbuch Band 95, Renningen: Expert Verlag*, S. 142–153. Bernard Bäker and Andreas Unger, 2008.

[98] GENNARI, J. H., M. A. MUSEN, R. W. FERGERSON, W. E. GROSSO, M. CRUBÉZY, H. ERIKSSON, N. F. NOY und S. W. TU: *The evolution of Protégé: an environment for knowledge-based systems development*. Int. J. Hum.-Comput. Stud., 58(1):89–123, 2003.

[99] GIESE, H., M. HUHN, J. PHILIPPSA und B. SCHÄTZ: *Dagstuhl-Workshop MBEES: Modellbasierte Entwicklung eingebetteter Systeme VII*. In: *Tagungsband Dagstuhl-Workshop MBEES: Modellbasierte Entwicklung eingebetteter Systeme VII*, 02 2011.

[100] GRELL, D.: *Rad am Draht - Innovationslawine in der Autotechnik*. c't, (14):170–183, 2003. http://www.heise.de/artikel-archiv/ct/2003/14/170.

[101] GRELL, D.: *by-wire - doch ganz anders als im Airbus, Innovationslawine in der Autotechnik, Teil 2*. c't, 03 2007.

[102] GRUBER, T. R.: *A translation approach to portable ontology specifications*. Knowl. Acquis., 5(2):199–220, 1993.

[103] GRUHN, V., D. PIEPER und C. RÖTTGERS: *Projektplanung*. In: *MDA®*, Xpert.press, S. 269–326. Springer Berlin Heidelberg, 2006. 10.1007/3-540-28746-9_8.

[104] GRÄBNER, M.: *Brain Computer, Forschungsprojekte auf der CeBIT*. c't, 6:38, 2010.

[105] GÓMEZ-PÉREZ, A., M. FERNÁNDEZ-LÓPEZ und O. CORCHO: *Ontological Engineering, With Examples from the Areas of Knowledge Management, e-Commerce and the Semantic Web*. Springer, 2004.

[106] HAGGETT, P. und R. J. CHOLEY: *Models in Geography*, Kap. Models, paradigms and new geography, S. 19–39. Methuen and Co. Ltd., 1967.

[107] HEINZ, M., M. HILLENBRAND und K. D. MÜLLER-GLASER: *Electric/electronic architecture mdoel driven FlexRay configuration*. In: *Dagstuhl Workshop: Modellbasierte Entwicklung Eingebetteter Systeme (MBEES)*, 2011.

[108] HEINZ, M., M. HILLENBRAND, P. VON BRUNN und K. D. MÜLLER-GLASER: *A FlexRay parameter calculation methodology based on the electric/electronic architecture of vehicles*. In: *IFAC-Symposium Advances in Automotive Control*, 2010.

[109] HENLE, L., U. REGENSBURGER, B. DANNER, E. HENTSCHEL und C. HÄMMERLING: *Fahrerassistenzsysteme*. In: *Die Neue E-Klasse von Mercedes Benz*, Nr. 01. ATZextra, 2009.

[110] HILLAIRET, G.: *emftriple (Meta)Models on the Web of Data*, 2010. Zuletzt aufgerufen am 01.10.2010.

[111] HILLENBRAND, M., M. HEINZ, N. ADLER, J. MATHEIS und K. D. MÜLLER-GLASER: *Failure Mode and Effect Analysis based on Electric and Electronic Architectures of Vehicles to Support the Safety Lifecycle ISO/DIS 26262*. In: *21st IEEE/IFIP International Symposium on Rapid System Prototyping*, 2010.

[112] HILLENBRAND, M., M. HEINZ, N. ADLER und K. D. MÜLLER-GLASER: *A Metric-Based Safety Workflow for Electric/Electronic Architectures of Vehicles*. In: *ISARCS 2011*, 2011.

[113] HILLENBRAND, M., M. HEINZ, M. MOHRHARD, J. KRAMER und K. D. MÜLLER-GLASER: *Ontology-Based Consideration of Electric/Electronic Architectures for Vehicles*. In: GIESE, H., M. HUHN, J. PHILIPPS und B. SCHÄTZ (Hrsg.): *Dagstuhl Workshop: Modellbasierte Entwicklung Eingebetteter Systeme (MBEES)*, 02 2011.

[114] HILLENBRAND, M., M. HEINZ und K. D. MÜLLER-GLASER: *Rapid Specification of Hardware-in-the-Loop Test Systems in the Automotive Domain Based on the Electric/Electronic Architecture Description of Vehicles*. In: *21st IEEE/IFIP International Symposium on Rapid System Prototyping*, 2010.

[115] HILLENBRAND, M. und K. MÜLLER-GLASER: *An Approach to Supply Simulations of the Functional Environment of ECUs for Hardware-in-the-Loop Test Systems Based on EE-architectures Conform to AUTOSAR*. S. 188 –195, jun. 2009.

[116] HITZLER, P., M. KRÖTZSCH, S. RUDOLPH und Y. SURE: *Semantic Web: Grundlagen*. Springer, Berlin, 2008.

[117] HÖHN, R. und S. HÖPPNER: *Das V-Modell XT. Grundlagen, Methodik und Anwendungen*. eXamen.press. Springer Berlin Heidelberg, 2008. 10.1007/978-3-540-30250-6_6.

[118] HÖRMANN KLAUS, LARS DITTMANN, BERND HINDEL und MARKUS MÜLLER: *SPICE in der Praxis*. dPunkt Verlag, Heidelberg, 2 Aufl., 2006.

[119] HORRIDGE, M.: *A Practical Guide To Building OWL Ontologies Using Protégé 4 and CO-ODE Tools*. The University of Manchester, 1.2 Aufl., 2009.

[120] HORSTKÖTTER, J., P. METZ und A. NTIMA: *Funktionale Sicherheit und ISO 26262 - Entmystifiziert*. Techn. Ber., F+S Fleckner und Simon Informationstechnik GmbH, 2010.

[121] HUNGER, J. W.: *Engineering the System Solution: A Practical Guide to Developing Systems*. Prentice Hall, 1995. ISBN-13: 978-0135945247.

[122] HUNTINGTON, E. V.: *Sets of independent postulates for the algebra of logic*. Trans. AMS, 5:288–309, 1904.

[123] HUPPERTZ, H.: *E-Gas (Electronic Accelerator Pedal)*, 2001-2011. http://www.kfz-tech.de/EGas.htm.

[124] IABG: *V-Modell 97*. Techn. Ber., Industrieanlagen-Betriebsgesellschaft mbH IABG, 1997.

[125] IABG: *V-Modell Vorgehensmodell, Entwicklungsstandard für IT-Systeme des Bundes, Kurzbeschreibung*. Techn. Ber., Industrieanlagen-Betriebsgesellschaft mbH IABG, 1997.

[126] IABG: *V-Modell 97 - komplett im Format Word (Teil1-3)*. Techn. Ber., Industrieanlagen-Betriebsgesellschaft mbH IABG, 2006. Zuletzt Aufgerufen am 11.02.2011.

[127] IABG: *V-Modell XT Gesamt*. Techn. Ber., Industrieanlagen-Betriebsgesellschaft mbH IABG, 2006.

[128] IABG: *Das V-Modell*. Techn. Ber., Industrieanlagen-Betriebsgesellschaft mbH IABG, 2011. Zuletzt Aufgerufen am 11.02.2011.

[129] IBM CORPORATION AND OTHERS: *EMF Meta Model (ECORE)*, 2001-2006. Zuletzt aufgerufen am 26.02.2011.

[130] IEC: *IEC 61025, Fault Tree Analysis (FTA)*. International Electrotechnical Commission, Geneva, Switzerland, 1990, 1990.

[131] IEC: *IEC 61508, Functional safety of electrical/electronic/programmable electronic safety-related systems*, 1997.

[132] IEC: *IEC 62280-2, Railway applications - Communication, signalling and processing systems - Part 2: Safety-related communication in open transmission systems*, 10 2002.

[133] IEC: *IEC 60601-1, Medical electrical equipment - Part 1: Medical electrical equipment - Part 1: General requirements for basic safety and essential performance*, 12 2005.

[134] ISERMANN, R., K. SCHMITT und R. MANNALE: *Collision Avoidance PRORETA: Situation Analysis and Intervention Control*. In: *IFAC-Symposium Advances in Automotive Control AAC 2010*, 2010.

[135] ISO: *ISO 8879:1986, Information Processing - Text and Office Systems - Standard Generalized Markup Language (SGML)*, 1986.

[136] ISO: *ISO 8402:1994, Quality management and quality assurance – Vocabulary*, 1994.

[137] ISO: *ISO 9000:2005, Quality management systems – Fundamentals and vocabulary*, 09 2005.

[138] ISO: *ISO 9001, Quality Managment Systems*, 11 2008.

[139] ISO: *ISO/FDIS 26262 Roadvehicles- Functional Safety, Part 1 - 10*, 01 2011.

[140] ISO / IEC: *ISO/IEC 10027, Information Technology - Information Resoure Dictionary System (IRDS)*, 1990.

[141] ISO / IEC: *ISO/IEC 7498: Information technology - Open Systems Interconnection - Basic Reference Model: The Basis Model*, 1994.

[142] ISO / IEC: *ISO/IEC 14977, Extended BNF*, 1996.

[143] ISO / IEC: *ISO/IEC 15504, Infromation Technology - Process Assessment*, 2004.

[144] ISO / IEC: *ISO/IEC 19501, Information technology – Open Distributed Processing – Unified Modeling Language (UML) Version 1.4.2*, 04 2005.

[145] ISO / IEC: *ISO/IEC 19502, Information technology – Meta Object Facility (MOF)*, 05 2005.

[146] ISO / IEC: *ISO/IEC 19503, Information Technology – XML Metadata Interchange Specification*, 2005.

[147] JONDRAL, F. und A. WIESLER: *Grundlagen der Wahrscheinlichkeitsrechnung und stochastischer Prozesse für Ingeniere*. B. G. Teubner Stuttgart, 2000.

[148] KANG, K. C., S. G. COHEN, J. A. HESS, W. E. NOVAK und A. S. PETERSON: *Feature-Oriented Domain Analysis (FODA) Feasibility Study*. Techn. Ber., Carnegie-Mellon University Software Engineering Institute, November 1990.

[149] KATH, O., E. HOLZ und M. BORN: *Softwareentwicklung mit UML 2, Die neuen Entwurfstechniken UML 2, MOF 2 und MDA*. Addison-Wesley Verlag, 11 2003. ISBN 3-8273-2086-0.

[150] KILIMANN, S.: *ESP - elektronisches Stabilitätsprogramm, Mit dem Elchtest kam der Erfolg*. auto-motor-und-sport.de, 03 2010. Zuletzt aufgerufen am 05.02.2011.

[151] KLYNE, G., J. J. CARROL und B. MCBRIDE: *Resource Description Framework (RDF): Concepts and Abstract Syntax*. Techn. Ber., World Wide Web Consortium W3C, 2004.

[152] KNEUPER, R.: *CMMI. Verbesserung von Softwareprozessen mit Capability Maturity Model Integration.*. dpunkt Verlag, Heidelberg, 2007.

[153] KOEPERNICK, J. und S. BURTON: *Funktionale Sicherheit in der Entwicklung von Fahrwerks- und Fahrerassistenz-Systeman: Fokus Systemarchitektur*. In: *Vector Congress 2008 Stuttgart*, 10 2008.

[154] KOFLER, M.: *MySQL. Einführung, Programmierung, Referenz.* Addison-Wesley, 03 2001. ISBN-13: 978-3827317629.

[155] KRAMER, F.: *Passive Sicherheit von Kraftfahrzeugen, Biomechanik - Simulation - Sicherheit im Entwicklungsprozess.* Vieweg Verlagsgesellschaft, 01 Aufl., 05 2006. ISBN-13: 978-3528069155.

[156] KRÜGER, M.: *Testen von Software als analytische Massnahme der Software-Qualitätssicherung.* Doktorarbeit, Universität Ulm, Fakultät für Mathematik und Wirtschaftswissenschaften, 1990.

[157] KUBICA, S., W. FRIESS, T. KOELZOW und W. SCHROEDER-PREIKSCHAT: *Using signal-oriented feature trees for model-based automotive functions.* In: *Proceedings of the 17th IASTED international conference on Modelling and simulation,* S. 459–464, Anaheim, CA, USA, 2006. ACTA Press.

[158] KUHLMANN, G. und F. MÜLLMERSTADT: *SQL - Der Schlüssel zu relationalen Datenbanken.* rororo, 05 2004. ISBN-13: 978-349961245.

[159] KWIATKOWSKI, G.: *Duden. Schülerduden. Philosophie.* Bibliographisches Institut, Mannheim, 02 Aufl., 07 2002. ISBN-13: 978-3411712625.

[160] LAPRIE, J.-C. (Hrsg.): *Dependability: Basic Concepts and Terminology in English, French, German, Italian and Japanese.* Springer-Verlag, Wien, 1992. ISBN 3-211-82296-8.

[161] LIGGESMEYER, P.: *Software-Qualität: Testen, Analysieren und Verifizieren von Software.* Spektrum Akademischer Verlag, 02 Aufl., 06 2009. ISBN-13: 978-3827420565.

[162] LIPP, H. M. und J. BECKER: *Grundlagen der Digitaltechnik.* Oldenbourg Wissensch.Vlg, 10 2007. ISBN-13: 978-3486582741.

[163] LÖBNER, S.: *Semantik: eine Einführung.* De Gruyter Studienbuch. Walter de Gruyter, 2003.

[164] LÖW, P., R. PABST und E. PETRY: *Funktionale Sicherheit in der Praxis: Anwendung von DIN EN 61508 und ISO/DIS 26262 bei der Entwicklung von Serienprodukten.* dpunkt Verlag, 01 Aufl., 05 2010. ISBN-13: 978-3898645706.

[165] LYONS, R. E. und W. VANDERKULK: *The Use of Triple-Modular Redundancy to Improve Computer Reliability.* IBM Journal of Research and Development, 6(2):200–209, 1962.

[166] MANOLA, F. und E. MILLER: *RDF Primer.* Techn. Ber., World Wide Web Consortium (W3C), 2004.

[167] MATHEIS, J.: *Abstraktionsebenenübergreifende Darstellung von Elektrik/Elektronik-Architekturen in Kraftfahrzeugen zur Ableitung von Sicherheitszielen nach ISO 26262.* Doktorarbeit, Universität Karlsruhe, 03 2010.

[168] MCGUINNESS, D. L. und F. VAN HARMELEN: *OWL Web Ontology Language Overview.* Techn. Ber., World Wide Web Consortium (W3C), 2009.

[169] MELLINGHOFF, U., T. BREITLING, R. SCHÖNEBURG und H.-G. METZLER: *Das Experimental-Sicherheits-Fahrzeug ESF 2009 von Mercedes-Benz.* In: *VDI-Jahrbuch Fahrzeug- und Verkehrstechnik 2010*, Nr. 2010-03. Automobiltechnische Zeitschrift ATZ, 2010.

[170] MEYNA, A.: *Beitrag zur Entwicklung einer allgemeinen probabilistischen Sicherheitstheorie..* Doktorarbeit, Gesamthochschule Wuppertal, 1980. Habilitationsschrift, Fachbereich 14 (Sicherheitstechnik).

[171] MODELCVS: *The ModelCVS Project*, 02 2008.

[172] MÜLLER, C.: *Durchgängige Verwendung von automatisierten Steuergeräte-Verbundtests in der Fahrzeugentwicklung.* Doktorarbeit, Universität Karlsruhe, 06 2007.

[173] MÜLLER, M., K. HÖRMANN, L. DITTMANN und J. ZIMMER: *Automotive SPICE in der Praxis.* dpunkt Verlag, Heidelberg, 2007.

[174] MÜLLER-GLASER, K. D.: *Systems and Software Engineering.* Lecture Notes, Institute for Information Processing Technology (ITIV), Karlsruhe Institute of Technology (KIT), 2009.

[175] OGDEN, C. und I. A. RICHARDS: *The Meaning of Meaning: A Study of the Influence of Language Upon Thought and of the Science of Symbolism..* 8th ed. 1923. Reprint New York: Harcourt Brace Jovanovich, 1923.

[176] OMG: *Meta Object Facility (MOF) Specification Version 1.3.* Techn. Ber., Object Management Group, www.omg.org, 2000.

[177] OMG: *OMG XML Metadata Interchange (XMI)Specification, Version 1.1.* Techn. Ber., Object Management Group, www.omg.org, 2000.

[178] OMG: *Common Warehouse Metamodel (CWM) Specification, Versuib 1.1, Volume 1.* Techn. Ber., Object Management Group, www.omg.org, 03 2003.

[179] OMG: *MDA Guide Version 1.0.1.* Techn. Ber., Object Management Group, www.omg.org, 06 2003.

[180] OMG: *MOF 2.0/XMI Mapping Specification, v2.1.* Techn. Ber., Object Management Group, www.omg.org, 2005.

[181] OMG: *Meta Object Facility (MOF) Core Specification Version 2.0.* Techn. Ber., Object Management Group, www.omg.org, 2006.

[182] OMG: *MOF 2.0/XMI Mapping, Version 2.1.1.* Techn. Ber., Object Management Group, www.omg.org, 2007.

[183] OMG: *OMG Systems Modeling Language (OMG SysML) Version 1.2.* Techn. Ber., Object Management Group, www.omg.org, 06 2010.

[184] OMG: *OMG Unified Modeling Language (OMG UML), Infrastructure, Version 2.3.* Techn. Ber., Object Management Group, www.omg.org, 05 2010. Version 2.3 is a minor revision to the UML 2.2 specification. It supersedes formal/2009-02-04.

[185] OMG: *OMG Unified Modeling Language (OMG UML), Superstructure, Version 2.3.*

Techn. Ber., Object Management Group, www.omg.org, 05 2010. Version 2.3 is a minor revision to the UML 2.2 specification. It supersedes formal/2009-02-02.

[186] ONTOPRISE GMBH: *ontoprise know how to use Know-How*, 2011. Zuletzt aufgerufen am 03.03.2011.

[187] OPENOFFICE: *OpenOffice.org, The Free and Open Productivity Suite.* Zuletzt aufgerufen am 23.04.2011.

[188] PAPADOPOULOS, Y.: *Safety & Dependability, ATESST2 Final Workshop June 21 2010.* Techn. Ber., Advancing Traffic Efficiency and Safety through Software Technology, Phase 2 (ATESST2), 06 2010.

[189] PAPADOPOULOS, Y., J. MCDERMID, R. SASSE und G. HEINER: *Analysis and synthesis of the behaviour of complex programmable electronicsystems in conditions of failure.* Reliability Engineering & System Safety, 71(3):229 – 247, 2001.

[190] PAPADOPOULOS, Y., M. WALKER, M.-O. REISER, M. WEBER, D. CHEN, M. TÖRNGREN, D. SERVAT, A. ABELE, F. STAPPERT, H. LONN, L. BERNTSSON, R. JOHANSSON, F. TAGLIABO, S. TORCHIARO und A. SANDBERG: *Automatic allocation of safety integrity levels.* In: *CARS '10: Proceedings of the 1st Workshop on Critical Automotive applications*, S. 7–10, New York, NY, USA, 2010. ACM.

[191] PASQUINI, A., Y. PAPADOPOULOS und J. MCDERMID: *Hierarchically Performed Hazard Origin and Propagation Studies.* In: KANOUN, K. (Hrsg.): *Computer Safety, Reliability and Security*, Bd. 1698 d. Reihe *Lecture Notes in Computer Science*, S. 688–688. Springer Berlin / Heidelberg, 1999. 10.1007/3-540-48249-0_13.

[192] PETERSON, W. und D. BROWN: *Cyclic Codes for Error Detection.* Proceedings of the IRE, 49(1):228 –235, 1961.

[193] PRUD'HOMMEAUX, E. und A. SEABORNE: *SPARQL Query Language for RDF (W3C Recommendation).* Techn. Ber., World Wide Web Consortium (W3C), 2008.

[194] RAUTENBERG, W.: *Prädikatenlogik.* In: *Einführung in die Mathematische Logik*, S. 33–70. Vieweg+Teubner, 2008. 10.1007/978-3-8348-9530-1_2.

[195] RECHENBERG, P.: *Informatik-Handbuch.* 2., aktualisierte und erweiterte Aufl., 1999.

[196] REICHMANN, C.: *Grafisch notierte Modell-zu-Modell-Transformationen für den Entwurf eingebetteter elektronischer Systeme.* Doktorarbeit, University Karlsruhe, 2005.

[197] ROBERT BOSCH GMBH: *Sicherheits- und Komfortsysteme.* Vieweg+Teubner, 03 Aufl., 11 2004. ISBN-13: 978-3528138752.

[198] ROYCE, W. W.: *Managing the development of large software systems: concepts and techniques.* In: *ICSE '87: Proceedings of the 9th international conference on Software Engineering*, S. 328–338, Los Alamitos, CA, USA, 1987. IEEE Computer Society Press.

[199] RTCA, I.: *DO-178B, Software Considerations in the Airborne Systems and Equip-

ment Certification, 12 1992.

[200] RUPP, C.: *Requirements-Engineering und -Management.* Hanser Fachbuchverlag, 03 Aufl., 2004. ISBN-13: 978-3446228771.

[201] RUPP, C., J. HAHN, S. QUEINS, M. JECKLE und B. ZENGLER: *UML 2 glasklar: Praxiswissen für die UML-Modellieung und -Zertifizierung.* Hanser Fachbuchverlag, 02 Aufl., 2005. ISBN-13: 978-3446225756.

[202] SAX, E.: *Automatisiertes Testen eingebetteter Systeme in der Automobilindustrie.* Carl Hanser Verlag, 01 Aufl., 11 2008. ISBN-13: 978-3446416352.

[203] SCHAFFNER, J.: *Gefahrenanalyse und Sicherheitskonzept nach ISO 26262 für Fahrerassistenzsysteme.* ATZ elektronik, S. 34–39, 01 2011.

[204] SCHMIDT, D.: *Guest Editor's Introduction: Model-Driven Engineering.* Computer, 39(2):25 – 31, 2006.

[205] SCHNUPP, R.: *Neue Autos sind größer, sparsamer und schöner.* Techn. Ber., Welt Online, 2009. Zuletzt aufgerufen am 05.07.2011.

[206] SEIBEL, A.: *Entwurfsmuster und Softwarearchitekturen für sicherheitskritische Systeme, Seminararbeit.* Diplomarbeit, Universität Paderborn, 2004.

[207] SEIDEWITZ, E.: *What models mean.* Software, IEEE, 20(5):26 – 32, sep. 2003.

[208] SELIC, B.: *The pragmatics of model-driven development.* Software, IEEE, 20(5):19 – 25, 2003.

[209] SOCIETY OF AUTOMOTIVE ENGINEERS: *ARP4754: Certification Considerations for Highly-Integrated Or Complex Aircraft Systems.* Standard, SAE www.sae.org/technical/standards/ARP4754, 1996.

[210] SOCIETY OF AUTOMOTIVE ENGINEERS: *ARP4761: Guidelines and Methods for Conducting the Safety Assessment Process on Civil Airborne Systems and Equipment.* Standard, SAE www.sae.org/technical/standards/ARP4761, 1996.

[211] SOWA, J. F.: *Principles of Semantic Networks.* Morgan Kaufmann, 1991.

[212] SOWA, J. F.: *Knowledge Representation: Logical, Philosophical, and Computational Foundations.* Brooks Cole Publishing, Pacific Grove, CA, USA,, 2000.

[213] SOWA, J. F.: *The Challenge of Knowledge Soup.* Research Trends in Science, Technology and Mathematics Ecuaction, 2006.

[214] STACHOWIAK, H.: *Allgemeine Modelltheorie.* Springer, Wien, 12 1974. ISBN-13: 978-3211811061.

[215] STAMATIS, D. H.: *Failure mode and effect analysis: FMEA from theory to execution.* American Society for Quality, 2003.

[216] STEINBERG, D., F. BUDINSKY, M. PATERNOSTRO und E. MERKS: *EMF: Eclipse Modeling Framework (2nd Edition) (Eclipse).* Addison-Wesley Longman, Amsterdam, 2nd Revised edition (REV). Aufl., January 2009.

[217] STOREY, N.: *Safety Critical Computer Systems.* Addison Wesley Pub Co Inc, 02

Aufl., 07 1996. ISBN-13: 978-0201427875.

[218] STUCKENSCHMIDT, H.: *Ontologien - Konzepte, Technologien und Anwendungen.* Informatik im Fokus. Springer Berlin Heidelberg, 2009. 10.1007/978-3-540-79333-5_5.

[219] SYLDATKE, T., W. CHEN, J. ANGELE, A. NIERLICH und M. ULLRICH: *How Ontologies and Rules Help to Advance Automobile Development.* Techn. Ber., Audi AG Ingolstadt, Achievo Inproware GmbH Ingolstadt, ontoprise GmbH Karlsruhe, 2007.

[220] SYSTEMA ENGINEERING GMBH: *Markov-Analyse*, 2011. Letzter Aufruf: 21.02.2011.

[221] THE ECLIPSE FOUNDATION: *Eclipse Modeling Framework Project (EMF)*, 2011. Zuletzt aufgerufen am 26.01.2011.

[222] TÜV HESSEN, E. N.: *Entwurf der neuen VDI/VDE-Richtlinie 2180 veröffentlicht*, 12 2005.

[223] U.S. DEPARTMENT OF DEFENSE: *Electronic Reliability Design Handbook, B. MIL-HDBK-338B.* Techn. Ber., U.S. Department of Defense, 1998.

[224] VDA: *Sicherung der Qualität vor Serieneinsatz - System-FMEA.* Verband der Automobilindustrie e.V. (VDA), 01 Aufl., 1996.

[225] VDA: *Sicherung der Qualität vor Serieneinsatz - Produkt- und Prozess FMEA.* Verband der Automobilindustrie e.V. (VDA), 02 Aufl., 2006.

[226] VDE: *VDE 0803, Funktionale Sicherheit sicherheitsbezogener elektrischer/elektronischer/programmierbarer elektronischer Systeme.* Letzer Aufruf: 19.02.2011.

[227] VDI-FACHBEREICH ZUVERLÄSSIGKEIT: *VDI 4008 Blatt 7 - Strukturfuntion und ihre Anwendung*, 05 1985.

[228] VERMEER, H.: *Allgemeine Sprachwissenschaft.* Rombach Hochschul Paperback. Rombach, 1972.

[229] W3C: *RDF namespace dokument*, 1999.

[230] W3C: *RDFS namespace document*, 2000.

[231] W3C und A. BERGLUND: *Extensible Stylesheet Language (XSL) Version 1.1*, 12 2006. Zuletzt aufgerufen am 04.03.2011.

[232] W3C, T. BRAY, J. PAOLI, C. M. SPERBERG-MCQUEEN, E. MALER und F. YERGEAU: *Extensible Markup Language (XML) 1.0 (Fifth Edition).* Techn. Ber., World Wide Web Consortium, 11 2008. Aufgerufen am 24.02.2011.

[233] W3C und M. KAY: *XSL Transformations (XSLT) Version 2.0*, 01 2007. Zuletzt aufgerufen am 04.03.2011.

[234] W3C, B. MOTIK, B. PARSIA, P. F. PATEL-SCHNEIDER, S. BECHHOFER, B. C. GRAU, A. FOKOUE und R. HOEKSTRA: *OWL 2 Web Ontology Language XML Serialization*, 10 2009. Zuletzt aufgerufen am 04.03.2011.

[235] W3C, P. F. PATEL-SCHNEIDER, B. MOTIK, B. C. GRAU, I. HORROCKS, B. PARSIA, A. RUTTENBERG und M. SCHNEIDER: *OWL 2 Web Ontology Language Mapping to RDF Graphs*, 10 2009. Zuletzt aufgerufen am 04.03.2011.

[236] W3C, D. C. F.: *XML Schema Teil 0: Einf
ührung, W3C-Empfehlung 2. Mai 2001, Deutsche
Übersetzung*. Techn. Ber., World Wide Web Consortium (W3C), 05 2001.

[237] WALDMANN, K.-H. und U. M. STOCKER: *Stochastische Modelle: Eine Anwendungsorientierte Einführung*. Springer, 01 Aufl., 2004. ISBN-13: 978-3540032410.

[238] WALLENTOWITZ, H. und K. H. REIF: *Handbuch Kraftfahrzeugelektronik*. Friedrich Vieweg & Sohn Verlag, GWV Vachverlage GmbH, Wiesbaden, 2006.

[239] WAPPIS, J., B. JUNG und F. J. BRUNNER: *Taschenbuch Null-Fehler-Management: Umsetzung von Six Sigma*. Hanser Fachbuchverlag, 03 Aufl., 09 2010. ISBN-13: 978-3446422629.

[240] WATSON, H. A. und B. T. LABORATORIES: *Launch Control Safety Study*. Techn. Ber., Bell Telephone Laboratories, Murray Hill, NJ, 1961.

[241] WELCH, A. J.: *Kernow 1.7*, 2010. Zuletzt besucht am 05.03.2011.

[242] WILLINK, E. D.: *Adapting EMOF/EssentialOCL/QVT to Ecore/MDT-OCL/EQVT*. Techn. Ber., Thales Research and Technology (UK) Ltd, 2008.

Betreute studentische Arbeiten

[Bel09] BELAU, VLADIMIR: *Implementierung der FMEA Methodik in die Modellierung von E/E-Architekturen im Automobilbereich mit PREEvision*. SA, Universität Karlsruhe, Institut für Technik der Informationsverarbeitung, 2009.

[Bre09] BREMER, HOLGER: *Eingabehilfen zur Effizienzsteigerung beim Regelmodellieren einer Modell-zu-Modelltransformation*. SA extern bei Aquintos, Universität Karlsruhe, Institut für Technik der Informationsverarbeitung, 2009. Betreuer: Dipl.-Ing. Martin Hillenbrand (ITIV) und Dr.-Ing. Clemens Reichmann (Aquintos GmbH).

[Bre10] BREMER, HOLGER: *Entwicklung und Realisierung einer Syntheseschritt Modellierung und deren automatischer Ausführung in E/E Architekturen*. DA extern bei Aquintos, Universität Karlsruhe, Institut für Technik der Informationsverarbeitung, 2010. Betreuer: Dipl.-Ing. Martin Hillenbrand (ITIV) und Dr.-Ing. Clemens Reichmann (Aquintos GmbH).

[Dal11] DALAL, AZIZ: *Evaluation von Methoden und Werkzeugen zur Modellierung von Hardware-in-the-Loop Architekturen mit konfigurierbaren Teilsystemen*. SA, Universität Karlsruhe, Institut für Technik der Informationsverarbeitung, 2011. Betreuer: Dipl.-Ing Martin Hillenbrand und Dipl.-Ing. Mattias Heinz.

[Fuc06] FUCHS, SEBASTIAN: *Konzeption einer Mensch-Maschine-Schnittstelle für automatisierte, interaktive Steuergerätetests im Fahrzeug*. DA extern bei MBtech, Universität Karlsruhe, Institut für Technik der Informationsverarbeitung, 2006. Betreuer: Dipl.-Ing. Martin Hillenbrand (ITIV) und Dipl.-Ing. Christian Müller (MBtech).

[Ger09a] GERBER, TIMO: *Untersuchung zur Eignung einer Wireless-LAN-Schnittstelle für ein hochleistungsfähiges Automotive-Gateway*. DA extern bei X2E, Universität Karlsruhe, Institut für Technik der Informationsverarbeitung, 2009. Betreuer: Dipl.-Ing. Martin Hillenbrand (ITIV) und Dr. Karlheinz Weiss (X2E).

[Ger09b] GERECKE, MICHAEL: *Analyse und Entwicklung einer LIN Description File Schnittstelle zu einem E/E-Architekturmodell*. SA extern bei Aquintos, Universität Karlsruhe, Institut für Technik der Informationsverarbeitung, 2009. Betreuer: Dipl.-Ing. Martin Hillenbrand (ITIV) und Dr.-Ing. Clemens Reichmann (Aquintos GmbH).

[Ger10] GERECKE, MICHAEL: *Modellierung und Evaluation von E/E-Architekturen im Luftfahrzeug mit besonderer Berücksichtigung redundanter Systemauslegung*. DA extern bei Airbus Hamburg, Universität Karlsruhe, Institut für Technik der

Informationsverarbeitung, 2010. Betreuer: Dipl.-Ing. Martin Hillenbrand (ITIV) und Dr.-Ing. Clemens Reichmann (Aquintos GmbH).

[Glo11] GLOCK, THOMAS: *Methodische Beschreibung von Redundanz in Bezug auf ASIL Dekomposition nach ISO 26262 zur Erhöhung der funktionalen Sicherheit in Automobilen.* SA, Universität Karlsruhe, Institut für Technik der Informationsverarbeitung, 2011. Betreuer: Dipl.-Ing Martin Hillenbrand und Dipl.-Ing. Mattias Heinz.

[Hus11] HUSSEIN, KOBEISI: *Analyse und Konzeption einer auf RAP basierenden Benutzeroberfläche für ein E/E-Architekturmodellierungswerkzeug.* DA extern bei Aquintos, Universität Karlsruhe, Institut für Technik der Informationsverarbeitung, 2011. Betreuer: Dipl.-Ing. Martin Hillenbrand (ITIV) und Dr.-Ing. Clemens Reichmann (Aquintos GmbH).

[Kli10] KLINDWORTH, KAI SÖNKE: *Automatisch Auswahl von Bussytemen zur Kommunikation von Steuergeräten im Automobil.* BA, Universität Karlsruhe, Institut für Technik der Informationsverarbeitung, 2010. Betreuer: Dipl.-Ing. Mattias Heinz und Dipl.-Ing Martin Hillenbrand.

[Kra11] KRAMER, JOCHEN: *Evaluation und Perspektiven Semantischer Netze und Ontologien zur Unterstützung von Architekturentscheidungen in der Konzeptphase der Automobilentwicklung.* SA, Universität Karlsruhe, Institut für Technik der Informationsverarbeitung, 2011. Betreuer: Dipl.-Ing Martin Hillenbrand und Dipl.-Ing. Mattias Heinz.

[Krü09a] KRÜSSELIN, MATTHIAS: *Design und Implementierung einer Robotersteuerung als System-on-Chip auf rekonfigurierbarer Hardware.* SA, Universität Karlsruhe, Institut für Technik der Informationsverarbeitung, 2009. Betreuer: Dipl.-Ing Matthias Kühnle und Martin Hillenbrand.

[Krü09b] KRÜŞELIN, RAINER: *Entwicklung einer grafischen Visualisierung von Modelldifferenzen in einer E/E-Architektur.* DA extern bei Aquintos, Universität Karlsruhe, Institut für Technik der Informationsverarbeitung, 2009. Betreuer: Dipl.-Ing. Martin Hillenbrand (ITIV) und Dr.-Ing. Clemens Reichmann (Aquintos GmbH).

[Kuh09] KUHN, DANIEL: *Entwurf eines FPGA-basierten Sytem on Chip zur Kommunikation zwischen Prozessoren und CAN-/ Lin-/ FlexRay-Controllern.* Diplomarbeit, Universität Karlsruhe, Institut für Technik der Informationsverarbeitung, 2009. Betreuer: Dipl.-Ing Martin Hillenbrand und Dipl.-Ing. Mattias Heinz.

[Lia09] LIANG, ZHONGJIAN: *Entwurf eines domänenspezifischen EE-Fahrzeugmodells mit PREEvision zur Konfiguration und Bewertung von Realisierungsalternativen.* SA, Universität Karlsruhe, Institut für Technik der Informationsverarbeitung, 2009. Betreuer: Dipl.-Ing. Mattias Heinz und Dipl.-Ing Martin Hillenbrand.

[Liu08] LIU, JING: *Realisierung einer modularen Bussytem-Verifikationsumgebung aus dem Automotive Umfeld auf rekonfigurierbarer Hardware (FPGA)*. DA, Universität Karlsruhe, Institut für Technik der Informationsverarbeitung, 2008. Betreuer: Dipl.-Ing. Martin Hillenbrand.

[Lix09] LIXIA, NIU: *Konzept zur Kommunikation und Synchronisation von Rechenknoten in einem dezentralen Steuerungssystem*. DA extern bei Aquintos, Universität Karlsruhe, Institut für Technik der Informationsverarbeitung, 2009. Betreuer: Dipl.-Ing. Martin Hillenbrand (ITIV) und Dr.-Ing. Clemens Reichmann (Aquintos GmbH).

[Ma09] MA, YIXIN: *Erstellen eines Spartan3-Demonstrators zur Umgebungssimulation für eingebettete Sytseme*. MA, Universität Karlsruhe, Institut für Technik der Informationsverarbeitung, 2009. Betreuer: Dipl.-Ing Martin Hillenbrand.

[Mar11] MARZEN, ALEXANDER: *System-on-Chip (SoC) Design eines Automotive-Testsystems zum Testen der CAN-Network-Management Funktionalität*. SA, Universität Karlsruhe, Institut für Technik der Informationsverarbeitung, 2011. Betreuer: Dipl.-Ing Martin Hillenbrand.

[Ö11] ÖTZTÜRK, KUTLU CAGRI: *Dynamische Erweiterung der Konfiguration von Flex-Ray Parametern*. SA, Universität Karlsruhe, Institut für Technik der Informationsverarbeitung, 2011. Betreuer: Dipl.-Ing. Mattias Heinz und Dipl.-Ing Martin Hillenbrand.

[Sch10a] SCHAUPP, RAOUL ROMAN: *Analyse von Einsatzszenarien und Tailoring in Produktlinien eines EE-Architekturwerkzeuges*. DA extern bei Aquintos, Universität Karlsruhe, Institut für Technik der Informationsverarbeitung, 2010. Betreuer: Dipl.-Ing. Martin Hillenbrand (ITIV) und Dr.-Ing. Clemens Reichmann (Aquintos GmbH).

[Sch10b] SCHICK, FRIEDRICH: *Portierung von eCos auf ein Zentrales Steuergerät ZGW mit anschließender Implementierung eines per Ethernet konfigurierbaren, intelligenten CAN zu CAN Switches*. SA extern bei X2E, Universität Karlsruhe, Institut für Technik der Informationsverarbeitung, 2010. Betreuer: Dipl.-Ing. Martin Hillenbrand (ITIV) und Dr. Karlheinz Weiss (X2E).

[Sie11] SIEBLER, BENJAMIN: *Konfiguration des dynamischen FlexRay Segments*. BA, Universität Karlsruhe, Institut für Technik der Informationsverarbeitung, 2011. Betreuer: Dipl.-Ing. Matthias Heinz and Dipl.-Ing Martin Hillenbrand.

[Sim10] SIMO CHIEGANG, BORIS ARTHUR: *Konzeption und Implementierung eines Mechanismus zur inkrementellen Verschmelzung von Deltamodellen für ein E/E-Architekturwerkzeug*. SA extern bei Aquintos, Universität Karlsruhe, Institut für Technik der Informationsverarbeitung, 2010. Betreuer: Dipl.-Ing. Martin Hillenbrand (ITIV) und Rixin Zhang (Aquintos GmbH).

[vB09] BRUNN, PATRICK VON: *Konfiguration von time-triggered Bussystemen zur Kommunikation von Steuergeräten im Automobil*. DA, Universität Karlsruhe, Institut für Technik der Informationsverarbeitung, 2009. Betreuer: Dipl.-Ing. Mattias Heinz und Dipl.-Ing Martin Hillenbrand.

[Wal10] WALID, EL KASSEM: *Dimensionierung und Aufbau einer schaltreglerbasierten Spannungsversorung für eine Infotainmentplatform.* SA extern bei X2E, Universität Karlsruhe, Institut für Technik der Informationsverarbeitung, 2010. Betreuer: Dr. Karlheinz Weiss (X2E) und Dipl.-Ing. Martin Hillenbrand (ITIV).

Eigene Veröffentlichungen

Konferenzbeiträge

[HHA⁺10a]   HILLENBRAND, MARTIN, MATTHIAS HEINZ, NICO ADLER, JOHANNES MATHEIS und KLAUS D. MÜLLER-GLASER: *Failure Mode and Effect Analysis based on Electric and Electronic Architectures of Vehicles to Support the Safety Lifecycle ISO/DIS 26262*. In: *21st IEEE/IFIP International Symposium on Rapid System Prototyping*, 2010.

[HHA⁺10b]   HILLENBRAND, MARTIN, MATTHIAS HEINZ, NICO ADLER, KLAUS D. MÜLLER-GLASER, JOHANNES MATHEIS und CLEMENS REICHMANN: *An Approach for Rapidly Adapting the Demands of ISO/DIS 26262 to Electric/Electronic Architecture Modeling*. In: *21st IEEE/IFIP International Symposium on Rapid System Prototyping*, 2010.

[HHA⁺10c]   HILLENBRAND, MARTIN, MATTHIAS HEINZ, NICO ADLER, KLAUS D. MÜLLER-GLASER, JOHANNES MATHEIS und CLEMENS REICHMANN: *ISO/DIS 26262 in the Context of Electric and Electronic Architecture Modeling*. In: GIESE, HOLGER (Herausgeber): *Architecting Critical Systems*, Band 6150 der Reihe *Lecture Notes in Computer Science*, Seiten 179–192. Springer Berlin / Heidelberg, 2010. 10.1007/978-3-642-13556-9_11.

[HHAMG11]   HILLENBRAND, MARTIN, MATTHIAS HEINZ, NICO ADLER und KLAUS D. MÜLLER-GLASER: *A Metric-Based Safety Workflow for Electric/Electronic Architectures of Vehicles*. In: *ISARCS 2011*, 2011.

[HHKMG11]   HEINZ, MATTHIAS, MARTIN HILLENBRAND, KAI KLINDWORTH und KLAUS D. MÜLLER-GLASER: *Rapid Automotive Bus System Synthesis Based on Communication Requirements*. In: *22nd IEEE International Symposium on Rapid System Prototyping*, 2011.

[HHM⁺11]   HILLENBRAND, MARTIN, MATTHIAS HEINZ, MARKUS MOHRHARD, JOCHEN KRAMER und KLAUS D. MÜLLER-GLASER: *Ontology-Based Consideration of Electric/Electronic Architectures for Vehicles*. In: GIESE, HOLGER, MICHAELA HUHN, JAN PHILIPPS und BERNHARD SCHÄTZ (Herausgeber): *Dagstuhl Workshop: Modellbasierte Entwicklung Eingebetteter Systeme (MBEES)*, 02 2011.

[HHMG10] HILLENBRAND, MARTIN, MATTHIAS HEINZ und KLAUS D. MÜLLER-GLASER: *Rapid Specification of Hardware-in-the-Loop Test Systems in the Automotive Domain Based on the Electric/Electronic Architecture Description of Vehicles*. In: *21st IEEE/IFIP International Symposium on Rapid System Prototyping*, 2010.

[HHMG11] HEINZ, MATTHIAS, MARTIN HILLENBRAND und KLAUS D. MÜLLER-GLASER: *Electric/electronic architecture mdoel driven FlexRay configuration*. In: *Dagstuhl Workshop: Modellbasierte Entwicklung Eingebetteter Systeme (MBEES)*, 2011.

[HHvMG10] HEINZ, MATTHIAS, MARTIN HILLENBRAND, PATRIC VON BRUNN und KLAUS D. MÜLLER-GLASER: *A FlexRay parameter calculation methodology based on the electric/electronic architecture of vehicles*. In: *IFAC-Symposium Advances in Automotive Control*, 2010.

[HMG09] HILLENBRAND, MARTIN und KLAUS D. MÜLLER-GLASER: *An Approach to Supply Simulations of the Functional Environment of ECUs for Hardware-in-the-Loop Test Systems Based on EE-architectures Conform to AUTOSAR*. In: *20th IEEE International Symposium on Rapid System Prototyping*, Seiten 188 –195, jun. 2009.

[KHB08] KÜHNLE, MATTHIAS, MARTIN HILLENBRAND und JÜRGEN BECKER: *A systems engineering laboratory in the context of the Bologna Process*. EW-ME 2008 Budapest Hungary, 2008.

[KHBMG08] KÜHNLE, MATTHIAS, MARTIN HILLENBRAND, JÜRGEN BECKER und KLAUS D. MÜLLER-GLASER: *STUD2COMM - RP-design of an embedded system in ecucation based on th process assessment model*. In: *RCEducaton 2008, Montpellier, France*, 2008.